금형기능사

과정평가형
국가자격시험

이상민 · 진종우
박병석 · 이대근 공저

기전연구사

머리말

우리 주변에는 일반 금속 철판물에서부터 정밀 프레스 부품, 반도체, 범용 플라스틱, 엔지니어링 플라스틱, 금속 인젝션 몰드 등 사출 제품이 널리 사용되고 있다. 다양한 시장의 요구는 제품의 life cycle을 더욱 짧게 하고 있어 금형설계, 제작시간 단축에 의한 상품화 기간 단축효과는 상당한 것이다. 그 중 프레스금형과 사출금형의 수요는 다종소량 생산 추세에 맞추어 증대되고 있다.

본 교재는 지금까지의 현장경험과 다년 간의 강의 경험을 바탕으로 하여 얻은 산지식을 바탕으로 금형 설계와 금형 제작에 관심있는 공학도와 수험생은 물론 현장에서 금형 설계 제작을 하고 있는 실무자에게도 도움을 줄 수 있도록 하였으며, 금형을 처음 대하는 사람일지라도 쉽게 이해, 응용할 수 있도록 하기 위함이다.

본 교재는 이제까지 금형공업을 발전시켜 온 선배님들의 피땀 어린 노력과 앞으로 금형을 배우려는 후배님들에게 많은 도움이 되었으면 한다. 그리고 맞춤형 과정평가의 사출금형산업기사에 효과적으로 공부할 수 있으며, 향후 계속적으로 본 교재의 수정 보완에 미력을 다할 것이다.

본 교재는 "사출금형 조립도설계" "사출금형 3D부품모델링" "사출금형 3D어셈블리모델링" "사출금형 부품도설계" "사출금형 2D도면작성" "사출 제품도 분석" "가공지원 도면작성" "시제품 측정"의 8과목으로 이루어졌으며 또 각 단원마다 풍부하고 정선된 예상문제를 수록하여 사출금형산업기사 시험에 많은 도움이 되도록 하였다.

끝으로 본 교재가 나오기까지 협조하여 주신 기전연구사 사장님과 편집부 여러분, 특성화 고등학교의 많은 선생님께 깊은 감사를 드립니다.

이상민 저

E-mail : lsm8287@hanmail.net

차 례

chapter 01 사출금형 3D부품 모델링(사출금형설계) — 009
- 1-1 모델링 작업 준비하기 — 011
- 1-2 부품모델링하기 — 020
- 1-3 부품모델링 데이터 출력하기 — 053

chapter 02 사출금형 부품가공(사출금형제작) — 065
- 2-1 가공용 프로그램 생성하기 — 067
- 2-2 부품 세팅하기 — 095
- 2-3 가공조건 결정하기 — 106
- 2-4 프로그램 검증하기 — 115

chapter 03 사출금형 다듬질(사출금형조립) — 125
- 3-1 수·사상 공구 준비하기 — 127
- 3-2 가공부품 모서리 면취하기 — 152
- 3-3 와이어·방전가공 면 다듬질하기 — 165
- 3-4 끼워 맞춤 면 작업하기 — 175

chapter 04 사출금형 도면해독(사출금형조립) — 187
- 4-1 도면해독 준비하기 — 189
- 4-2 제품도 검토하기 — 199
- 4-3 금형조립도 검토하기 — 228
- 4-4 조립공차 검토하기 — 251

chapter 05 프레스금형 2D 도면작성(프레스금형설계) ·········· 267

    5-1 2D 데이터 생성하기   269
    5-2 2D 작업하기   276
    5-3 2D 데이터 출력하기   311

chapter 06 프레스금형제작 안전관리(프레스금형제작) ·········· 329

    6-1 안전교육 수행하기   331
    6-2 안전기준 확인하기   352
    6-3 안전수칙 준수하기   364
    6-4 안전예방 활동하기   374

chapter 07 프레스 금형 측정기 사용요령(프레스금형품질관리) ·········· 387

    7-1 일반측정하기   389
    7-2 정밀측정하기   413
    7-3 비교측정하기   433
    7-4 측정기유지관리하기   442

chapter 08 프레스금형 부품 다듬질(프레스금형조립) ·········· 453

    8-1 다듬질작업 준비하기   455
    8-2 다듬질작업 작업하기   478
    8-3 경면 작업하기   504
    8-4 작업 정리 정돈하기   528

chapter 09 프레스금형 도면해독(프레스금형조립) ── 537

- 9-1 도면해독 준비하기   539
- 9-2 제품도 해독하기   566
- 9-3 금형도면 해독하기   583
- 9-4 조립공차 검토하기   596

chapter 10 기본작업(밀링가공) ── 609

- 10-1 작업 준비하기   611
- 10-2 본 가공 수행하기   623
- 10-3 검사 및 수정하기   653

chapter 11 기본작업(연삭가공) ── 677

- 11-1 작업 준비하기   679
- 11-2 본 가공 수행   696
- 11-3 검사·수정하기   714

chapter 12 CNC밀링(머시닝센터)조작(CAM) ── 729

- 12-1 CNC밀링(머시닝센터) 조작 준비하기   731
- 12-2 CNC 밀링(머시닝 센터) 조작하기   744
- 12-3 측정 및 검사하기   761

NCS적용

CHAPTER 01

사출금형 3D부품 모델링
(사출금형설계)

LM1502030106_14v2

1-1 모델링 작업 준비하기

1. 사용자 인터페이스 & 환경 설정

1) 2D 도면 이해

장치나 기계는 여러 개의 부품으로 구성되어져 있고, 각각의 부품들이 상호 작용하여 하나의 역할을 한다. 따라서 제작하기 전에 세밀하게 조사, 검토한 후 제작계획을 세워야 하며, 이 계획을 종합하고 시행하는 기술을 설계라 한다.

이는 기계 장치가 목적하는 바를 다할 수 있는 가장 알맞은 작동 원리를 선택하여 크기·모양·강도 등을 결정하고, 원활한 기능을 할 수 있도록 전체적인 구조를 결정해야 한다.

2) 3D CAD 이해

(1) 3차원 좌표계에 대한 이해

먼저 3차원 좌표계에 대한 부분을 이해하고, 입체형상에 대한 상상과 3D 공간에 대한 인식이 있어야 쉽게 3D 형상을 구현해 낼 수 있다.

변하지 않고 고정되어진 절대 좌표계와 모델링 작업에 기준이 되는 작업 좌표계를 적절히 사용하여 모델링 작업이 이루어져야 한다.

(2) 1차원 좌표계

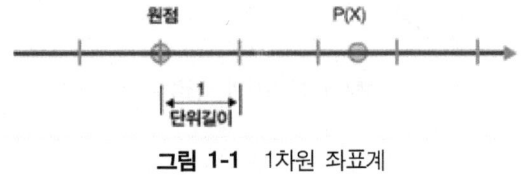

그림 1-1 1차원 좌표계

① 주로 직선과 같은 1차원 선형에 있어서 점의 위치를 표시하기 위한 좌표계
② 직선 위의 한 대상 점의 위치를 표시하려고 할 때 직선상에 기준이 되는 점을 원점으로 잡고 양·음의 방향을 결정한 다음, 원점에서 대상 점까지의 거리는 하나의 수치로 나타낼 수 있으며 한 점의 위치는 하나의 실수와 대응하게 됨
③ 실수를 이 점의 좌표라 하고, 원점으로부터 거리 x에 있는 점 p의 좌표는 p(x)로 표시됨.

(3) 2차원 좌표계

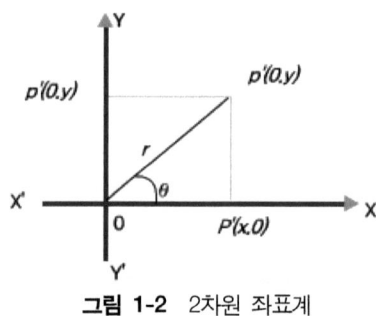

그림 1-2 2차원 좌표계

① 직교하는 두 개의 직선을 좌표축으로 하고 그 교점을 원점으로 하여 원점에서 대상점에 이르는 거리의 각 축 성분의 값으로 그 점의 위치를 표시하는 방법으로서, 평면상 1점의 위치를 표시하는 가장 대표적인 좌표계임
② 좌표표현의 방법을 원점에서 대상 점에 이르는 거리와 원점을 지나는 기준선과 그 선분이 이루는 각으로 위치를 표시하는 좌표계

(4) 3차원 좌표계

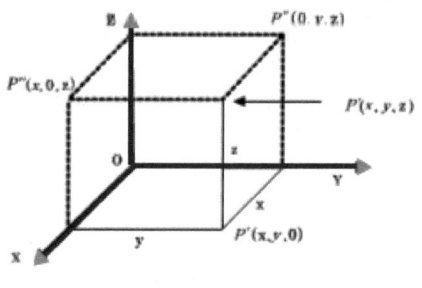

그림 1-3 3차원 좌표계

① 원점 O와 서로 직교하는 세 축 OX, OY, OZ를 좌표축으로 함
② 공간의 한 점 P에서 Z축에 평행하게 XY평면에 내린 수선의 발 P′의 좌표를 (x, y)라 하고 PP′의 값을 Z축 좌표로 하여, 점 P의 위치를 세 실수로 된 좌표 (x, y, z)로 표시
③ 공간상의 한 점 P의 좌표는 원점에서 점 P에 이르는 거리 X, Y, Z축 성분 값 (x, y, z)으로 표시(3차원 원주좌표계)
④ 3차원 직각 좌표계에서 좌표 표현방법을 X-Y평면에서의 좌표 (x, y)대신 극좌표 (γ, θ, x)로 표현(3차원 구면좌표계)

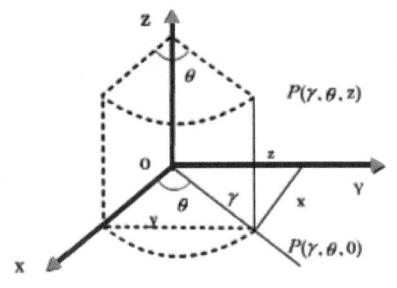
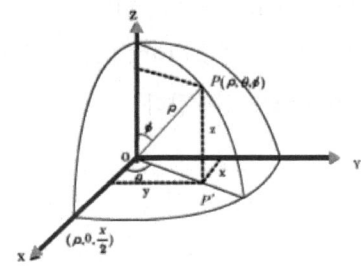

그림 1-4 3차원 원주좌표계   그림 1-5 3차원 구면좌표계

(5) 3D CAD의 기능
3D CAD 프로그램의 모든 기능들을 알고, 시기 적절히 상황에 맞추어 자유롭게 명령들을 사용한다면 물론 좋겠지만 모든 기능을 익히는 데에는 오랜 시간과 노력이 필요하다.
먼저 기본이 되는 명령, 활용도가 높은 명령 위주로 기능들을 학습하고 작업해 나간다면 조금 더 쉽게 3D CAD에 접근할 수 있다.

실기 내용

1. 유틸리티 조정하기
1) 사용자 정의(Customer Setting)
초기화면 및 메뉴를 정의한다.
(1) 화면 조절 : 화면 확대, 축소, 부분 확대, 화면에 가득 채우기 등이 있다.
(2) 거리 조정 : 거리에 대한 공차를 적용하다.
(3) 스케치 치수 레벨 : 치수 구속의 표시 값을 보여준다.
(4) 스케치 치수 텍스트 높이 : 텍스트의 높이 값을 임의로 수정 가능하다.
(5) 모델 템플릿 파트의 Preference 변경 : 세션에 적용할 경우는 커스텀 디폴트(Customer Defaults)를 변경하고, 파트 파일(Part file)에 적용되는 경우는 Preference를 수정하면 된다.
(6) 주석 대화상자 : 치수(Dimensions)는 치수에 관련 표현에 대한 설정으로 치수에 관련된 단위나 치수 표현 방식을 나타낸다. 치수 배치 옵션을 자동 치수 셋팅을 한다. 공칭 치수 정확성 옵션은 소수점 아래 자리 수를 의미한다.
(7) 단위 셋팅(Units setting) : 소숫점 방식(Decimal) 옵션을 변경한다.
(8) 재생 작업 설정 : 치수선이 깨질 경우 클릭한다.

2) 효과적인 잔상 제거 방법
기능에 따라 다소 차이를 보이지만, 잔상 제거 시에 이 순서에 의거해 실행해 보도록 한다.

(1) 전환 : Refresh를 이용한다.
(2) 업데이트 디스플레이 : Update Display를 선택한다.
(3) 재생작업을 선택한다.

3) 사용자 정의화면 설정
"명령" 탭에서 아이콘을 끌어다 프로그램 상단 명령아이콘이 있는 줄에 드래그 해서 옮기면 아이콘이 생성된다. 툴바(Toolbar)에서 아이콘 추가나 제거가 가능하다.

4) 중량, 부피 등을 구하는 방법(Density : 밀도, Weight or Mass : 무게)
중량, 부피 등을 구하는 방법은 2가지 단계가 있다. 단위 밀도를 입력하고 실제 측정하고자 하는 대상을 선택하여 중량을 알 수 있게 한다. KS 규격은 kg/m이므로 선택 상자 확인가능하다. 중량을 확인하는 방법은 측정할 버디에서는 선택한 제품의 중량이나 부피에 대한 히스토리가 저장된다. 제품 또는 부품 간에 결합된 상태가 아니라면 각각의 제품별로 중량측정이 가능하다. 추가로 선택할 수 있는 측정 옵션이 있다.

5) 옵션(Option) 설정
작업 중인 화면 및 변수를 정의하고 설정한다.

6) 구속조건(Constraint) 및 치수(Dimension)의 설정
구속조건과 치수에 관련된 변수를 정의하고 설정한다.

7) 해상도(Accuracy) 설정
2D 해상도(Accuracy)와 3D 해성도(Accuracy)의 고정(Fixed) 값을 조절하여 2D와 3D 상에 진원도 조절

8) 시각화(Visualization) 정의
화면의 바탕색(Background), 선택 요소들의 색(Elements), 모서리의 색(Edges), 스케치(Sketcher)화면에서 그리드(Grid)색 등을 정의할 수 있다.

9) 객체 스냅(Object snap)
객체 스냅에서는 객체의 선, 면, 커브 등을 선택할 수 있는 옵션이 있다. 이 옵션들을 잘 선택하여 모델링하면 모델링 시 불필요한 부분이 선택되는 것을 조절 가능하다.

2. 3D 형상 정의를 위한 이해

1) 2D, 3D 형상 정의

제품을 제작하기 전에 2D, 3D 모델링 데이터 생성에 필요한 정보를 수집해야 한다. 제품의 두께가 균일하지 않거나 제품의 보강이나 휨이 발생되는 부분의 리브의 설계를 어떻게 할 것인지, 또는 구조적 성능에 맞고 설계자의 의도에 따른 디자인에 만족할 수 있는 제품을 설계하였는가를 파악해야 한다.

2) 피쳐 기반 모델링

피쳐 기반 모델링 프로그램의 3D CAD 소프트웨어는 특징 형상을 생성하는 피쳐 명령들로 구성되어서 하나의 부품으로 완성되어진다.
2D 도면을 보고 3D 형상으로 만들기 위하여 모델링 작업을 시작할 때, 전체적인 형상에 따라 작업 순서를 정하고 베이스부터 단계별로 작업이 진행된다.

3) 파라메트릭 모델링

파라메트릭 모델링 작업에서는 최종형상과 비슷하게 대충 생성해 놓고, 구속조건과 치수를 입력하여 정확한 형상으로 만들어 간다.
나중에 치수를 수정하게 되더라도 형상은 그대로인 상태로 치수 값만 변하게 되어 쉽고 빠르게 형상을 변경할 수 있다. 또한 피쳐가 상호 연관성을 가지고 있어서 한 피쳐를 수정하게 되면, 그 부분과 관련된 피쳐도 함께 수정되어진다.

실기 내용

1. 반사

반사는 곡면의 반사광을 시뮬레이션 하여 외양 품질을 분석하고 결함을 찾는다.

그림 1-6 반사 적용 전 모델

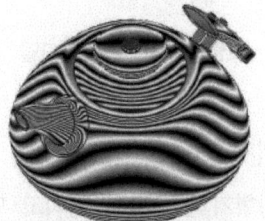

그림 1-7 결과 모델

곡면 같은 경우, 단순히 모델링 형상을 육안으로 보는 것만으로는 면의 품질을 확인하기 어렵다. 이러한 경우에 반사광을 이용하여 면의 품질을 확인할 수 있다.

면과 면이 연결되어지는 부분에 있어서 면의 품질이 조절이 중요하다.

2. 기울기

곡면 상의 모든 점에서 곡면 법선과 참조 곡선에 수직인 평면 사이 각도를 시각화 한다. 기울기 해석은 금형 설계자에게 특히 유용하다.

지정한 벡터를 참조하여 면에 대한 기울기가 색상별로 표현된다.

전체 형상에서의 각 면의 기울기를 확인할 수 있다.

그림 1-8 기울기 적용 전 모델

그림 1-9 기울기 검증

3. 구배

금형에서 성형품을 쉽게 분리하기 위해서는 구배가 필요하다. 수직의 벽에는 각 측면에 1°~2°의 빼기 구배가 들어간다. 성형품 측면에 2°구배 작업이 완료되었다.

그림 1-10 성형품 모델

그림 1-11 구배 작업 후 모델

4. 언더컷

사출 성형기의 금형이 열리고 닫히고는 한 방향으로 작업하는 것이 표준 방식이다. 따라서 금형 개폐의 방향에 대해서 뽑아 낼 수 있는 성형품이 아니면 성형할 수 없다. 금형이 열리는 방향으로 성형품을 분리할 수 없는 부분을 언더컷이라고 한다.

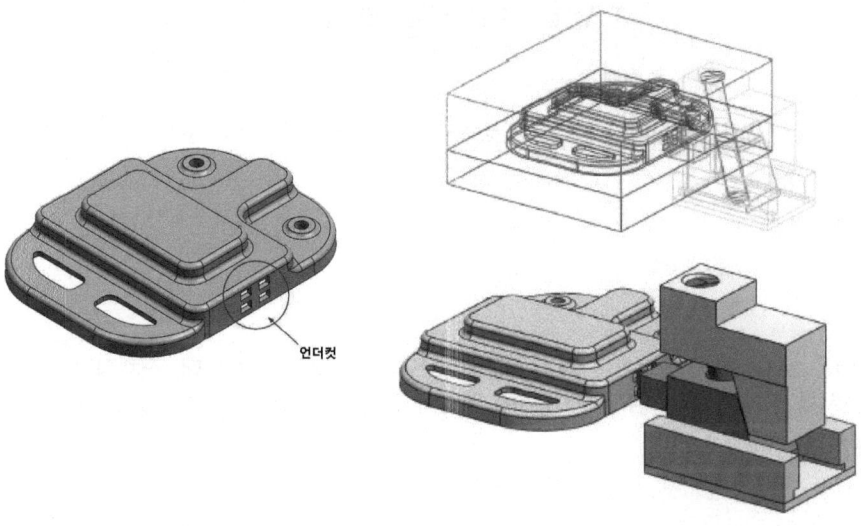

그림 1-12 언더컷 부위(2)   **그림 1-13** 슬라이드 코어 처리 후 형상

단원 핵심 학습 문제

01 다음 중 객체 스냅에서 선택할 수 있는 옵션이 아닌 것은?
① 객체의 선　　　　② 객체의 면
③ 객체의 커브　　　④ body

해설 : ④ 객체 스냅에서는 객체의 선, 면, 커브 등을 선택할 수 있는 옵션이 있다.

02 2D 도면을 보고 3D 형상으로 만들기 위하여 모델링 작업을 시작할 때, 전체적인 형상에 따라 작업 순서를 정하고 베이스부터 단계별로 작업이 진행하는 작업을 무엇이라 할 수 있는가?

해설 : 피처 기반 모델링

03 최종형상과 비슷하게 대충 생성해 놓고, 구속조건과 치수를 입력하여 정확한 형상으로 만들어 가는 모델링 기법은 무엇인가?

해설 : 파라메트릭 모델링

04 객체의 선, 면, 커브 등을 선택할 수 있는 옵션으로 모델링하면 모델링 시 불필요한 부분이 선택되는 것을 무엇이라 하는가?

해설 : 객체 스냅

05 금형 개폐의 방향에 대해서 뽑아 낼 수 있는 성형품이 아니면 성형할 수 없다. 금형이 열리는 방향으로 성형품을 분리할 수 없는 부분을 무엇이라 하는가?

해설 : 언더컷

06 금형에서 성형품을 쉽게 분리하기 위해서는 필요하며 수직의 벽에는 각 측면에 1°~2°의 빼기가 들어가는 것은?

해설 : 구배

07 곡면 같은 경우, 단순히 모델링 형상을 육안으로 보는 것만으로는 면의 품질을 확인하기 어렵다. 이러한 경우에 반사광을 이용하여 면의 품질을 확인할 수 것은?

해설 : 반사

08 효과적인 잔상 제거 방법을 서술하시오.

해설 : ① 전환 - Refresh를 이용한다.
　　　② 업데이트 디스플레이 - Update Display를 선택한다.
　　　③ 재생작업을 선택한다.

09 공간의 한 점 P에서 Z축에 평행하게 XY평면에 내린 수선의 발 P'의 좌표를 (x, y)라 하고 PP' 의 값을 Z축 좌표로 하여, 점 P의 위치를 세 실수로 된 좌표 (x, y, z)로 표시하는 좌표계는?

해설 : 3차원 좌표계

10 좌표표현의 방법을 원점에서 대상 점에 이르는 거리와 원점을 지나는 기준선과 그 선분이 이루는 각으로 위치를 표시하는 좌표계는?

해설 : 2차원 좌표계

1-2 부품모델링하기

1. 스케치 모델링하기

1) 와이어프레임(Wire-frame) 모델링 시스템
물체 위의 특정한 선과 끝점으로 형상을 표현한다. 따라서 물체의 화면 표시도 이들 선과 점으로 구성되고 이들 선과 점의 수정을 통해 모델의 형상 수정이 이루어진다.

2) 곡면(Surface) 모델링 시스템
와이어프레임 모델에서 지원하는 특정한 선 및 끝점 정보에 덧붙여 면의 정보에 대한 수학적 표현을 포함하고 있다. 따라서 화면 위의 시각 모델을 조작하면 곡면 방정식의 목록, 곡선 방정식의 목록(List) 및 끝점의 좌표로 이루어진 모델 데이터가 갱신된다.

3) 솔리드(Solid) 모델링 시스템
솔리드 모델이란 정점, 선, 곡선, 면 및 질량을 표현한 형상 모델로서, 이것을 작성하는 것을 솔리드 모델링이라고 한다. 솔리드 모델링은 형상만이 아닌 물체의 다양한 성질을 좀 더 정확하게 표현하기 위해 고안된 방법이다. 솔리드 모델은 입체 형상을 표현하는 모든 요소를 갖추고 있어서, 중량이나 무게중심 등의 해석도 가능하다. 솔리드 모델은 설계에서부터 제조 공정에 이르기까지 일관하여 이용할 수 있다.

4) 솔리드 모델의 자료구조
솔리드 모델을 기술하기 위한 자료구조(Data Structure)는 저장되는 개체가 무엇이냐에 따라 크게 3가지로 나눌 수 있다.

(1) CSG(Constructive Solid Geometry) 표현
기본 입체에 적용한 집합연산(Boolean Operation)의 과정을 트리(tree) 구조로 저장한다.

(2) 경계표현법(Boundary Representation ; B-Rep)
솔리드의 경계정보(꼭지점, 모서리, 면과 이들의 연결 관계)를 저장한다.

(3) 분해모델(Decomposition model)
정육면체와 같은 간단한 기본 모델의 집합체로 솔리드를 표현하는 방법이다.

실기 내용

1. 스케치(그리기)

1) 스케치 곡선(Sketch Curve)

(1) 프로파일(Profile) : 선(Line)과 호(Arc)을 선택하여 연속성 있는 곡선(Curve)을 생성한다.

그림 1-14 프로파일

(2) 선(Line) : 직선의 선(Line)을 하나씩 생성한다. 옵션(Option)을 이용하면 선(Line)을 생성할 수 있다.

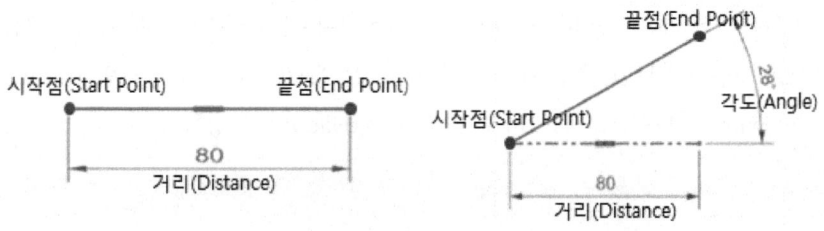

그림 1-15 선 그리기

(3) 원호(Arc) : 원호를 생성한다.

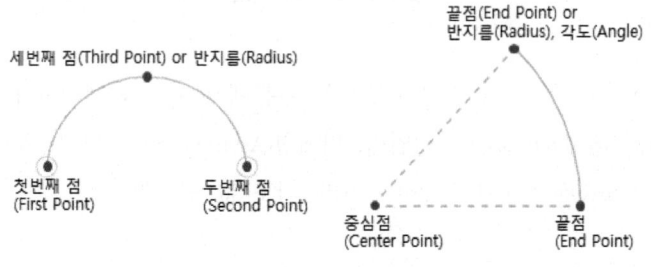

그림 1-16 원호 그리기

(4) 원(Circle) : 원을 생성한다.
① 중심 및 직경에 의한 원
② 3점에 의한 원

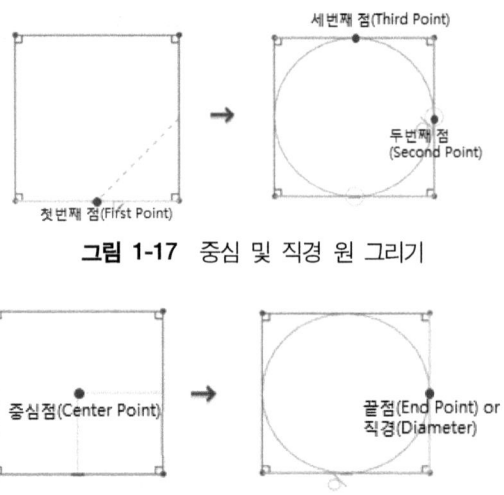

그림 1-17 중심 및 직경 원 그리기

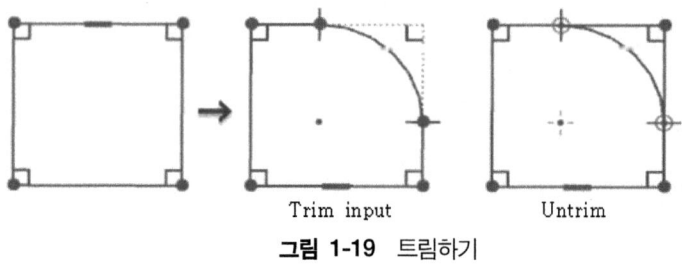

그림 1-18 3점원 그리기

(5) 필렛(Fillet) : 두 개의 곡선(Curve)이 교차하는 부분에 라운드(Radius)값을 적용한다.
① 트림(Trim input) : 트림 옵션(Trim Option)을 온오프(On/Off)하여 트림(Trim)을 적용한다.
② 언트림(Untrim) : 트림(Trim)을 하지 않고 필렛(Fillet)만 생성한다.

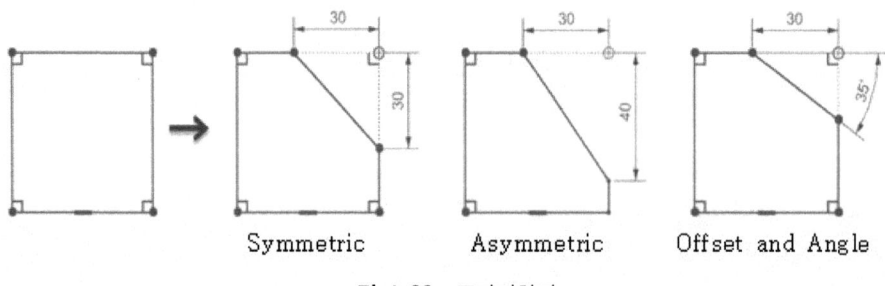

그림 1-19 트림하기

(6) 모따기(Chamfer) : 두 개의 곡선이 만나는 부분에 모따기를 생성한다.
　　오프셋을 대칭(Symmetric) : 거리입력, 비대칭(Asymmetric) - 거리1, 거리2 입력한다.
　　오프셋 및 각도(Offset and Angle) - 거리, 각도 값 입력한다.

그림 1-20 모따기하기

(7) 직사각형(Rectangle) : 직사각형을 생성한다.
① 2점으로(By 2 Points) : 그림과 같이 대각선 두 개의 점을 선택하여 생성한다.
② 3점으로(By 3 Points) : 3개의 모서리 점을 정의하여 생성한다.
③ 중심에서(From Center) : 중심점을 기준으로 나머지 두 점을 정의하여 생성한다.

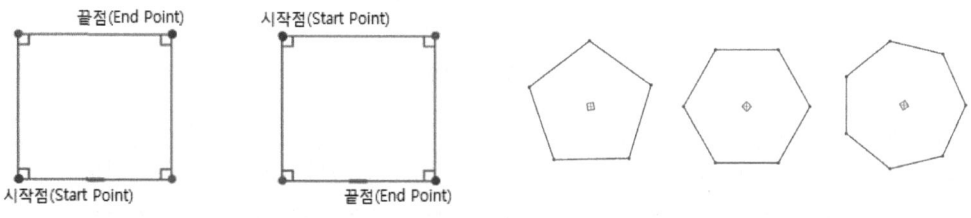

그림 1-21 직사각형 그리기   그림 1-22 다각형 그리기

(8) 다각형(Polygon) : 지정한 변의 수를 가지는 다각형을 생성한다.
① 중심점(Center Point) : 다각형의 중심 포인트를 선택한다.
② 면수(Number of Sides) : 다각형 면의 수를 입력한다.
③ 크기(Size) : 변의 길이를 결정할 수 있다.

(9) 스플라인(Spline) : 다수의 점을 통과하는 곡선을 생성한다.
점 통과(Through Pont) : 각도(Degree)값과 같은 양의 점(Points)을 선택하여 스플라인을 스플라인(Spline)을 정의한다.
생성된 스플라인(Spline)은 다시 정의가 가능하다.

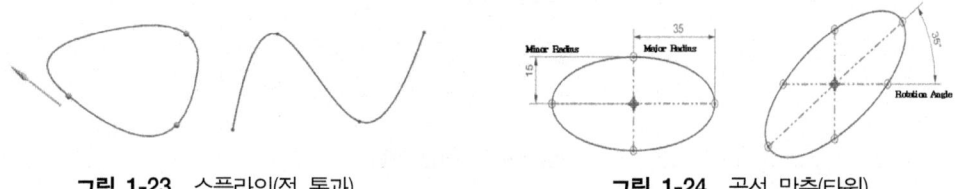

그림 1-23 스플라인(점 통과)   그림 1-24 곡선 맞춤(타원)

(10) 곡선 맞춤(타원) : 지정한 데이터 점에 맞춰 스플라인, 선, 원, 타원을 생성한다.

2) 스케치(수정, 편집하기)

(1) 오프셋 곡선(Offset Curve) : 커브(Curve)를 외측이나 내측으로 지정한 값만큼 오프셋(Offset)한다.

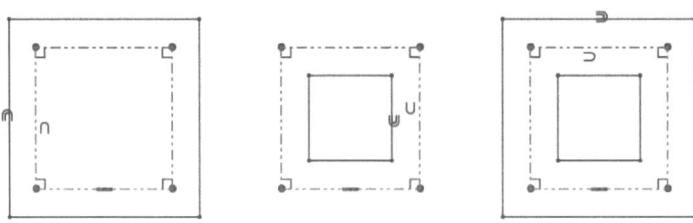

그림 1-25 오프셋 곡선

(2) 패턴 곡선(Pattern Curve) : 커브(Curve)를 패턴(Pattern)에 따라 정렬 복사한다.
① 선형 패턴(Linear) : 1개 또는 2개의 선형 방향을 사용하여 레이아웃을 정의한다.
② 원형 패턴(Circular) : 회전축 및 선택 점의 방사형 간격 매개 변수를 사용하여 배열한다.

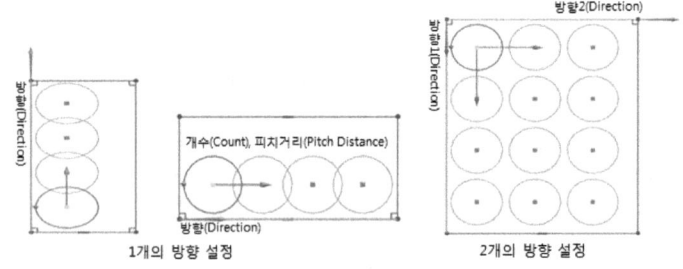

그림 1-26 선형 패턴

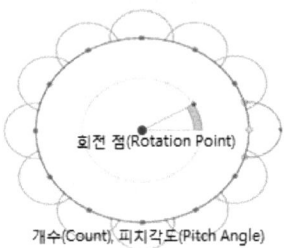

그림 1-27 원형 패턴

(3) 대칭 곡선(Mirror Curve) : 중심선(Center line)을 기준으로 선택한 커브(Curve)를 미러(Mirror)한다.

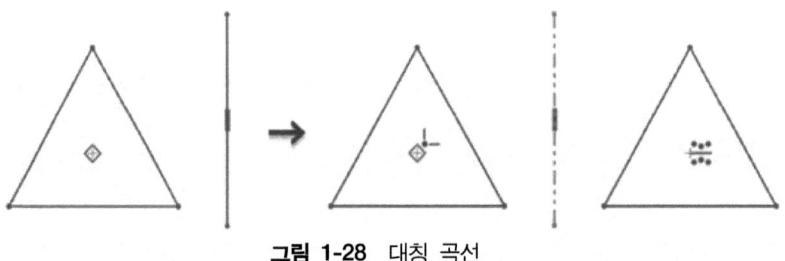

그림 1-28 대칭 곡선

(4) 곡선 투영(Project Curve) : 스케치 평면(Sketch plane)과 다른 위치에 있는 커브(Curve)나 형상의 모서리(Edge)를 스케치 평면으로 투영시켜 새로운 커브를 생성한다. 생성된 커브는 원본 커브와 연관성을 갖게 된다. 따라서 원본 커브가 수정되면 연관성을 갖는 생성된 커브도 같이 수정된다.

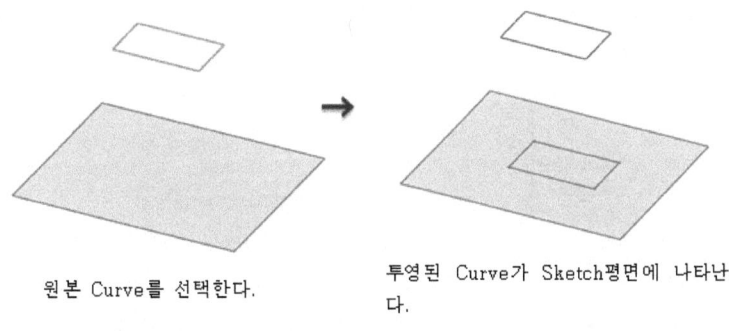

원본 Curve를 선택한다.   투영된 Curve가 Sketch평면에 나타난다.

그림 1-29 투영 곡선

(5) 빠른 트리밍 : 가상의 교차되는 특정 곡선(Curve)까지 자르기(Trim)한다. 자르기(Trim)하고자 하는 곡선(Curve)을 선택한다.

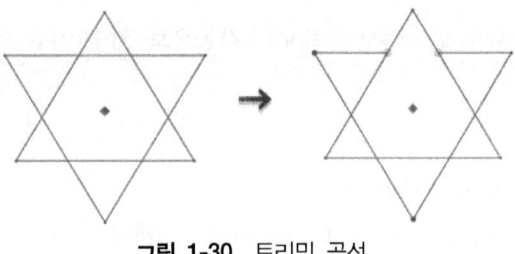

그림 1-30 트리밍 곡선

3) 스케치 치수(Sketch Dimensions)

(1) 추정치수(Inferred) : 자동으로 추측하여 치수를 기입하며, 치수(Dimensions)를 제외한 모든 명령을 대신하여 사용이 가능하다. 등록된 치수를 수정하려면 해당 치수를 선택한다.

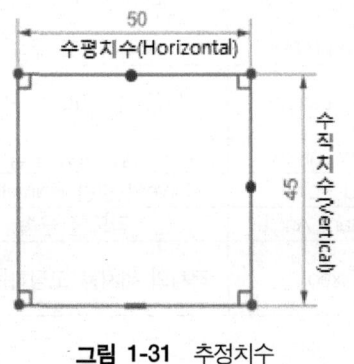 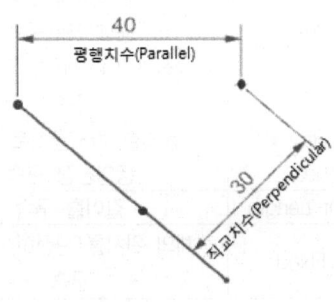

그림 1-31 추정치수   **그림 1-32** 평행치수 직교치수

(2) 평행치수(Parallel) : 두 점을 선택하여 두 점을 지나는 직선에 평행 치수를 기입한다.
(3) 직교치수(Perpendicular) : 하나의 직선과 하나의 점을 선택 하여 직선에 수직 치수를 기입한다.
(4) 각도치수(Angular) : 두 선 사이의 각도 치수를 기입한다.
(5) 직경치수(Diameter) : 지름 치수를 기입한다.

그림 1-33 각도치수   그림 1-34 직경치수

(6) 반경치수(Radius) : 원이나 호의 반지름 치수를 기입한다.
(7) 둘레치수(Perimeter) : 체인형상의 둘레길이의 합산 치수를 기입한다.
(8) 자동치수(Auto Dimensioning) : 선택한 곡선에 자동적으로 치수를 생성한다.
(9) 커브에 치수기입(Curves to Dimension) : 자동으로 치수 기입 할 곡선 및 포인트를 선택한다.

4) 스케치 구속조건(Sketch Constraints)

(1) 지오메트리 구속조건(Geometric Constraints) : 스케치 상에서 생성한 곡선에 정의될 수 있는 다수의 구속을 제시한다.

표 1-1 구속조건

Horizontal	수평 구속	Vertical	수직 구속
Coincident	두 개 이상의 Point 위치가 동일하게 구속	Point on Curve	선상의 점으로 구속
Parallel	평행으로 구속	Perpendicular	직각으로 구속
Tangent	곡선과 Tangent한 Curve로 구속	Equal Length	동일한 길이로 구속
Equal Radius	동일한 반지름으로 구속	Concentric	동심으로 구속
Collinear	동일선상 구속	Mid Point	Curve의 중간 Point에 구속
Constant Length	길이를 구속	Constant Angle	각도를 구속
Fully Fixed	객체의 위치를 완전히 고정하는 구속	Fixed	객체의 위치를 고정하는 구속

① 수직 구속
② 선상의 점으로 구속

그림 1-35 수직 구속   **그림 1-36** 선상의 점으로 구속

③ 수평 구속
④ 직각 구속

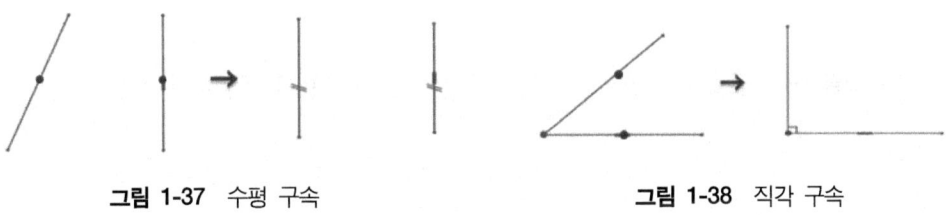

그림 1-37 수평 구속   **그림 1-38** 직각 구속

⑤ 접선 구속
⑥ 동등 길이 구속

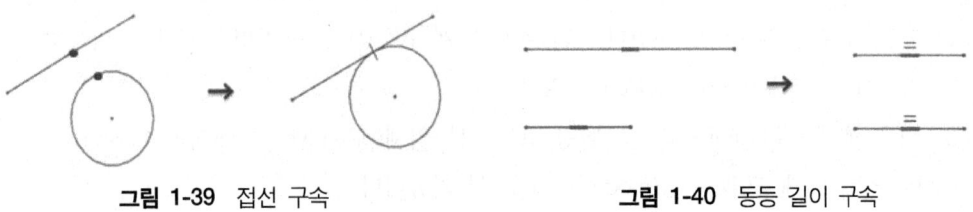

그림 1-39 접선 구속   **그림 1-40** 동등 길이 구속

⑦ 동등 원 구속 : 먼저 그려진 객체의 반지름에 구속

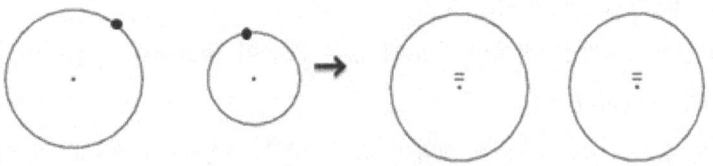

그림 1-41 동등 원 구속

⑧ 동심 구속 : 먼저 그려진 객체의 동심으로 구속

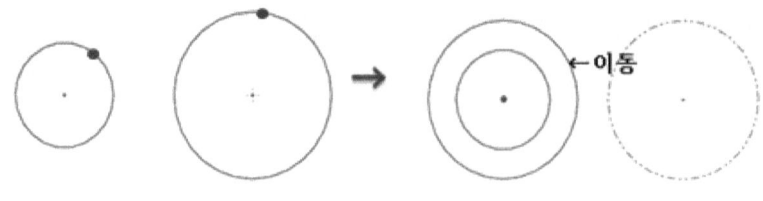

그림 1-42 동심 구속

⑨ 동일 선상 구속
⑩ 커브의 중간 점 구속

그림 1-43 동일 선상 구속   그림 1-44 커브의 중간 점 구속

2. 솔리드 모델링하기

1) CSG(Constructive Solid Geometry) 모델링 장점

(1) 간단하고 간결한(compact) 자료로 데이터 구조의 관리가 용이하다.
(2) 항상 유효한 입체를 표현한다. CSG에서 경계 표현(B-Rep) 방법으로 변환 가능하여 접속 가능한 응용 분야(application)가 많다.
(3) 쉬운 매개변수(parametric) 모델링으로 기본 입체(primitive)의 매개변수(parameter) 변화에 의해 쉽게 모델 수정(model change)이 가능하다.

2) CSG(Constructive Solid Geometry) 모델링 단점

(1) 집합 연산만이 가능하다.
(2) 경계면이나 경계선 정보의 유도에 많은 계산이 필요하여 직접적인 표현(interactive display)가 곤란하다.
(3) 모델링 할 수 있는 형상에 제약이 있다. 국부 수정(local modification) 기능의 사용이 불가하다.

3) 설계 이력(Design History)

돌출(Extrude)은 2차원 스케치한 도면을 한 방향 또는 양 방향으로 당겨서 모델링하는 방법이고 회전(revolution)은 회전하여 3차원 물체를 생성하는 것이다. 이런 내용들을 모아서 트리(Tree)화 시켜 수정이나 편집을 편리하게 할 수 있다.

4) 넙스(NURBS)

비 균일 유리 B-스플라인(Non-Uniform Rational B-spline)의 약자로서 3차원 기하형체를 수학적으로 재현하는 방식 중 하나이다. 2차원의 간단한 선분 원, 호, 곡선부터 매우 복잡한 3차원의 유기적 형태의 곡면이나 덩어리까지 매우 정확하게 표현할 수 있으며 그 편집이 무척쉽다. 이러한 유연성과 정밀성 때문에 넙스는 그림, 애니메이션이나 곡면의 물체를 생산하는 산업에 까지 다양한 영역에서 사용된다.

실기 내용

1. 솔리드 모델링(Solid Modeling)
1) 피쳐 디자인(Design Feature)
(1) 돌출(Extrude)

돌출 명령은 모든 모델링 프로그램에 기본이 되는 명령으로 곡선, 모서리, 면, 스케치 곡선등을 선택하여 원하는 방향으로 돌출시켜 바디를 생성할 수 있다.

※불리안(Boolean) : 돌출로 형상을 생성 시 바로 차집합/교집합/합집합으로 연산 기능

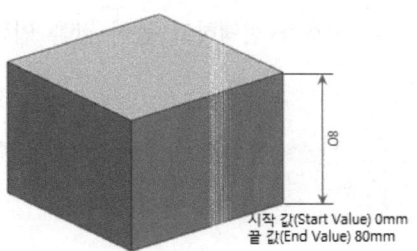

그림 1-45 돌출

구배에서 각도 값을 입력하여 돌출 바디를 구배 면으로 생성할 수 있다. 오프셋에서 돌출 생성방향의 가로방향으로 폭을 지정해 줄 수 있다.
설정 값에서 바디 유형을 솔리드 또는 시트로 설정해 줄 수 있고, 공차 값을 지정해 줄 수 있다.

(2) 회전

회전 명령은 단면 곡선을 선택하는 축을 기준으로 회전시켜 특징형상을 생성한다.

※불리안(Boolean) : 회전으로 형상을 생성 시 바로 차집합/교집합/합집합으로 연산 가능

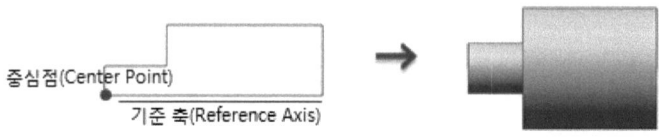

그림 1-46 회전

먼저 회전시킬 단면으로 곡선을 선택하거나 또는 스케치로 곡선을 생성하여 선택할 수 있다. 축에서 회전의 기준이 되는 축과 축의 중심점을 선택할 수 있다.

2. 피쳐 모델링(Feature Modeling)

1) 블록(Block) : 사각형을 생성할 수 있다.
(1) 원점, 모서리 길이(Origin, Edge Lengths) - 원점, 모서리의 길이로 생성된다.
(2) 두 개의 점, 높이(Two Point, Height)
(3) 두 개의 대각선 점(Two Diagonal Point

2) 원통(Cylinder) : 원통의 기본을 생성한다.
(1) 축, 직경, 높이(Axis, Diameter, and Height) : 직경 및 높이 값을 정의 한다.
(2) 호와 높이(Arc and Height) : 원호를 선택하고 높이 값을 입력하여 원통을 생성한다.

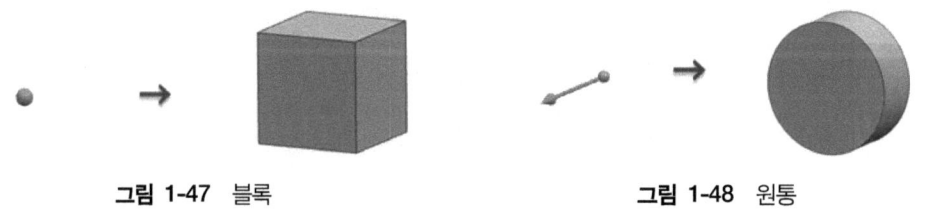

그림 1-47 블록   그림 1-48 원통

3) 원뿔(Cone) : 원뿔의 기본을 생성할 수 있다.
(1) 직경과 높이(Diameters and Height) - 직경과 높이 값을 정의한다.
(2) 직경과 반각(Diameters and Half Angle) - 직경과 반각 값을 정의한다.
(3) 기준직경과 높이 절반 꼭지점 높이 각도(Base Diameter, Height and Half Angle)
(4) 윗면 직경, 높이 그리고 절반 꼭지점 높이 각도(Top Diameter, Height and Half Angle)
(5) 두 원호 동심 호(Two Coaxal Arcs) - 두 원호를 선택하여 정의한다.

4) 구(Sphere) : 구를 기본으로 생성할 수 있다.
(1) 중심점과 직경(Center Point and Diameter) : 원의 중심점의 위치와 직경의 값으로 구를 생성한다.
(2) 호(Arc) : 미리 만들어 놓은 Arc로 구를 생성한다.

그림 1-49 원뿔   그림 1-50 구

5) 홀(Hole)
구멍 옵션을 사용하면 솔리드 형상에 간단한 구멍, 카운터보어 또는 카운터싱크 구멍을 생성할 수 있다.

6) 나사산(Thread)
이 명령은 특징 형상의 구멍이나 원통형 형상에 대해 심볼 및 상세적인 형상을 생성할 수 있다.

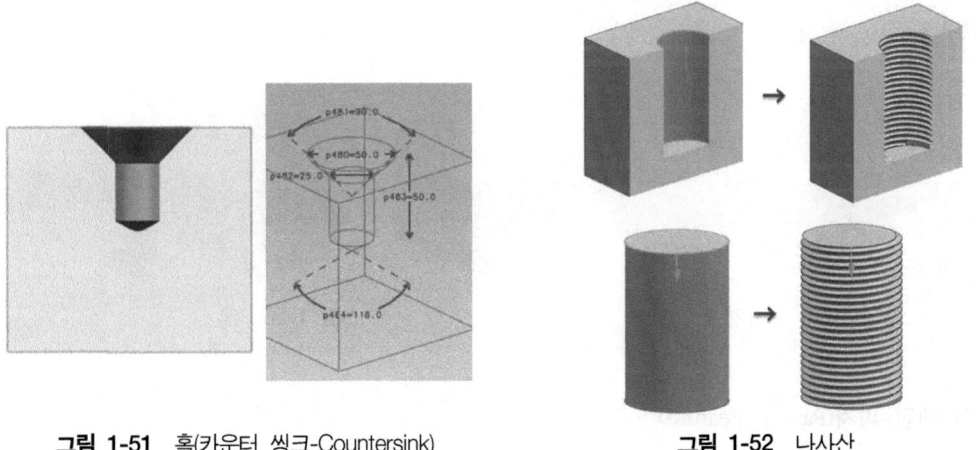

그림 1-51 홀(카운터 씽크-Countersink)   그림 1-52 나사산

7) 구배(Draft)
Draft 옵션을 사용하면 지정된 벡터 및 선택적인 참조 점을 기준으로 면 또는 모서리에 테이퍼를 적용할 수 있다.
구배는 지정된 축을 기준으로 연 또는 모서리에 테이퍼를 적용할 수 있다.

8) 모서리 블랜드(Edge Blend)

모서리에서 만나는 면에 볼이 계속 접촉하도록 유지하면서 블랜드(Blend) 할 모서리(Blend 반경)를 따라 볼을 굴려 수행된다.

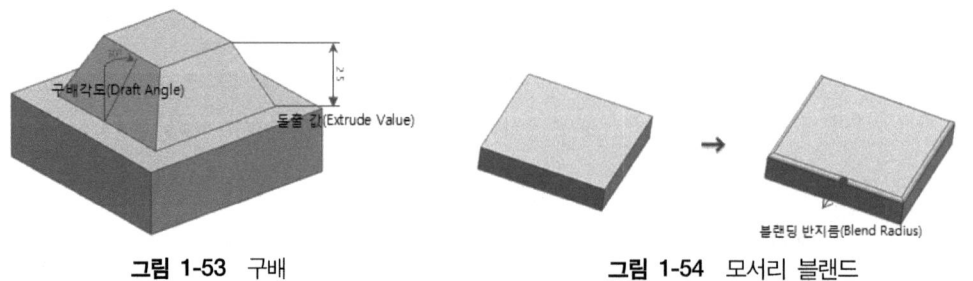

그림 1-53 구배   그림 1-54 모서리 블랜드

9) 모따기(Chamfer)

이 옵션을 사용하면 원하는 모따기 치수를 정의하여 솔리드 바디의 모서리에 빗각을 낼 수 있다. 모따기 기능의 작동 방식은 블랜드(Bland) 기능의 경우와 매우 흡사하다

10) 쉘(Shell)

이 옵션을 사용하면 지정된 두께 값을 사용하여 솔리드 바디의 내부를 비우거나 그 주위에 쉘을 생성할 수 있다. 각 면에 대해 개별 두께를 힐딩하고 천공할 면의 영역을 선택할 수 있다.

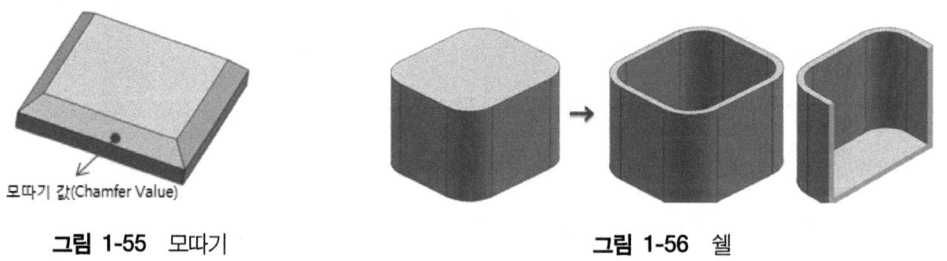

그림 1-55 모따기   그림 1-56 쉘

11) 패턴 피쳐(Pattern Feature)

기존의 형상에서 패턴 배열을 생성할 수 있다. 전 버전들과는 다르게 선형과 원형 다각형 나선 등 다양한 패턴을 생성할 수 있다.

12) 미러 피쳐(Mirror Feature)

피쳐(Feature)를 대칭 복사, 또는 회전 복사, 배열할 수 있는 기능이 있다.

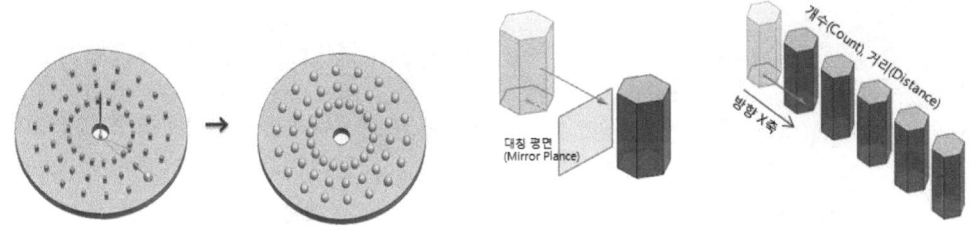

그림 1-57 원형 패턴 피쳐   **그림 1-58** 다양한 패턴 피쳐

13) 형상 트림

면, 데이텀 평면 또는 기타 지오메트리를 사용하여 하나 이상의 형상을 트리밍 할 수 있다. 유지하려는 형상의 부분을 선택하면 지오메트리의 트림이 적용된다.

14) 형상 분할

이 옵션을 사용하면 면, 데이텀 평면(Datum plane) 또는 형상을 사용하여 하나 이상의 형상을 분할할 수 있다.

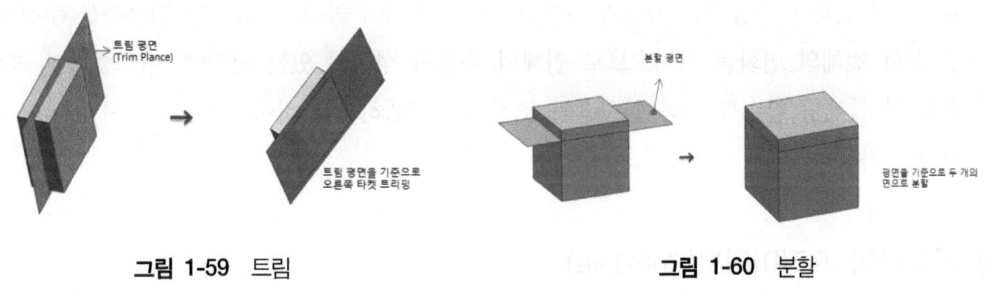

그림 1-59 트림   **그림 1-60** 분할

15) 연결

연결 옵션을 사용하면 두 개 이상의 시트 바디를 함께 결합하여 단일 시트를 생성할 수 있다. 연결할 시트의 컬렉션이 볼륨을 둘러싸는 경우 솔리드 형상이 생성된다.

16) 패치

옵션을 사용하면 면을 생성하여 솔리드 형상의 면의 일부를 교체할 수 있다.
트림으로 정의를 할 수 있지만 트림 면으로 지정할 땐 패치가 되는 부분에 대해서 정확하게 만나 있어야 한다.

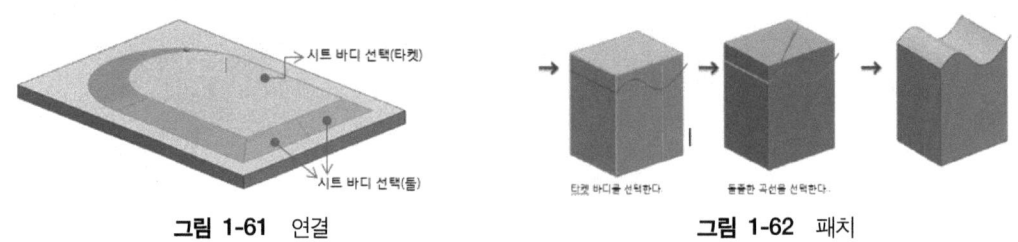

그림 1-61 연결   그림 1-62 패치

3. 서페이스 모델링하기

1) 점과 벡터

점과 벡터의 차이점은 사영 공간에 존재하지만, 벡터는 선형 공간에 존재한다. 점은 공간에 구속/고정된 것이며, 벡터는 이 점들에 움직임을 추가한 것이다.

2) 베지어(Bezier) 곡선과 비-스플라인(B-spline) 곡선

베지어 곡선과 비스플라인 곡선의 차이점으로는 베지어 곡선은 어느 한 일부분을 수정할 경우 곡선 전체의 변화를 가져오므로 전체의 수정의 성질이 있는 반면에, 비스플라인 곡선은 적용 시 블랜딩 함수를 통하여 치수와 조정점이 무관하도록 하여, 베지어 곡선과 달리 부분 수정이 가능하다.

3) 기하학적 프리미티브(Primitive)

프리미티브는 컴퓨터 그래픽스에서 그래픽스 프로그램에 의해 개별적인 실체로 그려지고 저장, 조작될 수 있는 선·원·곡선·다각형과 같은 그래픽 디자인을 창작하는 데 필요한 요소로, 기하학적 프리미티브라고도 한다.

기본 입체(primitive)는 r-set에 의하여 표현되는 자체적으로 유효하며 경계가 있는 CSG 모델을 말한다. 예를 들면, 블록(Block), 원통(Cylinders), 원추(Cones), 구(Spheres) 등을 말하며, 생성되는 방법의 절차(procedure)에 의하여 저장되고, 크기를 결정하는 매개변수(parameters)는 그 절차에 해당되는 인자(Arguments)로 전달된다.

실기 내용

1. 서페이스 모델링(Surface Modeling)

1) 가이드 따라서 생성되는 곡면

하나 이상의 곡선, 모서리 또는 면을 통해 구성된 가이드(경로)를 따라 열려있거나 닫힌 경계 스케치, 곡선, 모서리 또는 면을 돌출시켜 단일 바디를 생성할 수 있다.

곡선 스트링 선택 방법을 사용하는 경우 곡선 또는 단면 곡선을 스윕하여 곡면을 생성할 수 있다.

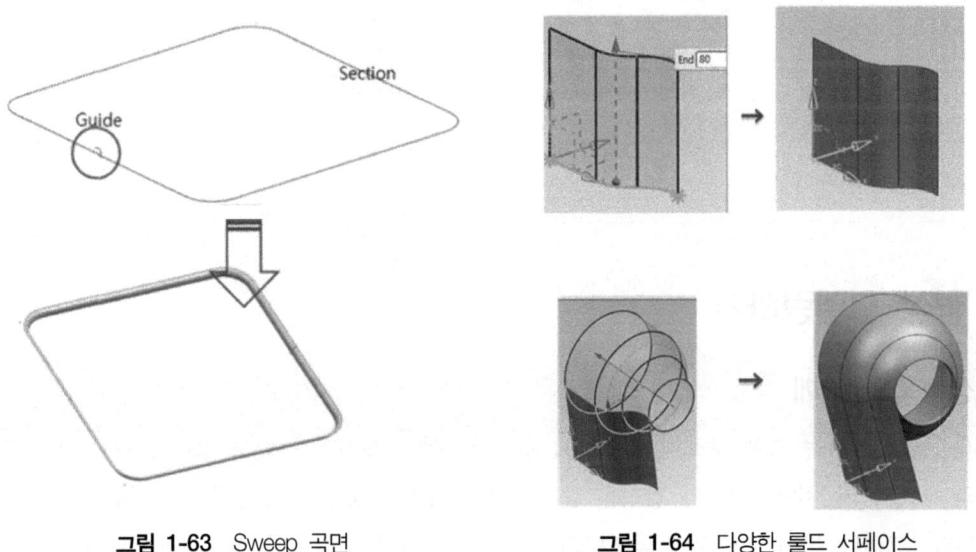

그림 1-63 Sweep 곡면   그림 1-64 다양한 룰드 서페이스

2) 두 개의 곡선에 생성되는 곡면

마주보는 두 개의 단면 형상을 선택하여 서페이스 곡면을 생성한다.

3) 연속 단면 곡선에 생성되는 곡면

2개 이상의 단면 연속선(Section string)을 선택하여 서페이스 곡면을 생성한다. 단면 연속선은 한 객체 또는 여러 객체로 구성될 수 있다.

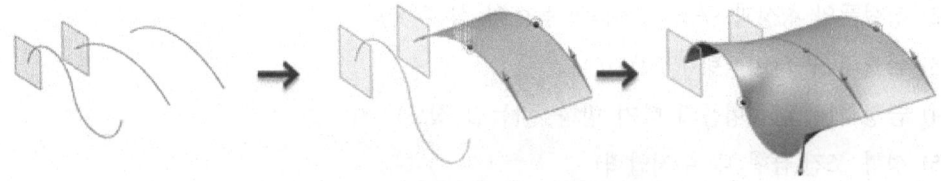

그림 1-65 단면 연속선을 따라 면 생성

각 개체로는 커브(Curve), 솔리드 모서리(Solid Edge), 또는 솔리드 면(Solid Face)을 사용할 수 있다.

4) 스웹(Swept)

공간상의 정의한 3차원 경로 곡선을 따라가는 단면 곡선을 선택하여 곡면을 생성할 수 있다. 단면 곡선은 반드시 가이드 곡선에 연결될 필요는 없다.

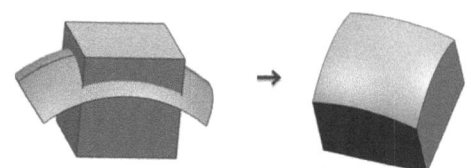

그림 1-66 곡선 따라 면 생성

4. 형상 모델링하기

1) 성형품의 두께

제품을 설계하는 경우 구조적인 기능이 우수하면서 경제적인 측면도 고려하여야 한다. 제품의 두께가 커질수록 강도와 강성은 증가하고 수지의 유동성도 좋아지며 변형량도 감소하게 된다. 그러나 두께가 커지면 금형내의 냉각 고화 시간이 길어져 성형 사이클 타임 시간이 길어지므로 비경제적이다. 두께가 작아질수록 제품으로서 강도와 강성이 감소하여 금형으로부터 이형될 때에도 파손이 쉽게 올 수 있으므로 제품의 두께를 신중히 결정하여 설계되어야 한다.

2) 빼기 구배

빼기 구배 설계 시에는 빼기 구배의 값은 다음과 같이 고려하여 결정한다.
 (1) 재료의 특성(성형 수축률, 강성 및 윤활성)
 (2) 성형품의 형상과 구조(성형품의 높이와 살 두께)
 (3) 금형의 구조(이젝팅 방법)
 (4) 금형의 제작(성형품의 빼기 방향, 다듬질 정도)
 (5) 성형 조건(금형 내 수지압력)

표 1-2 플라스틱 종류별 표준적인 제품의 두께

플라스틱	표준적인 두께(mm)
폴리에칠렌(중밀도, 고밀도)	0.5~3.0
폴리프로필렌	0.6~3.0
폴리아미드(나이론)	0.5~3.0
폴리아세탈	1.5~5.0
PBT수지	0.8~3.0
폴리스치렌	1.2~3.5
ABS수지	1.2~3.5
플라스틱	표준적인 두께(mm)
메탈크릴수지	1.5~5.0
폴리카보네이트	1.5~5.0
경질염화비닐수지	2.0~5.0

표 1-3 수지에 따르는 빼기구배

재료	빼기 구배 허용값		
	정밀급	표준급	거친급(조급)
일반용 폴리스티렌	1/4	1/2	1
내충격성 폴리스티렌	1/4	1/2	1
고밀도 폴리에틸렌	1/2	3/4	1, 1/2
저밀도 폴리에틸렌	1/2	1	2
AS수지	1/4	1/2	1
메타크릴 수지	1/4	1/2	1

3) 파팅 라인(Parting line)

분할금형의 분할선이다. 보통 금형은 2개 이상으로 분할한다. 그 금형을 열 때의 2개 이상의 부분이 분리, 또는 금형을 닫을 때의 2개 이상의 부분이 접촉하는 선이다. 또 이런 금형을 사용하여 얻은 플라스틱 성형품의 외부 표면에 생기는 금형의 분할선의 줄흔이다. 통상은 플라스틱 성형재료가 금형의 분할선의 맞춤 짬에 흘러 들어가서 플래시를 성형하기 쉬우므로 그것을 삭제한 줄 흔적이 많이 남는다.

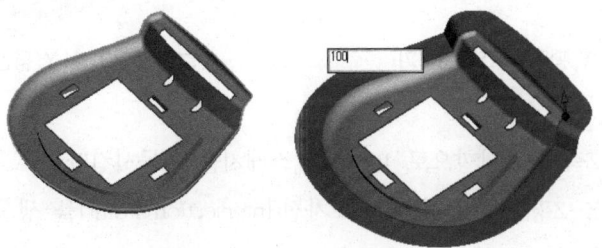

그림 1-67 파팅 라인과 파팅 서페이스

실기 내용

1. 모델 형상 1

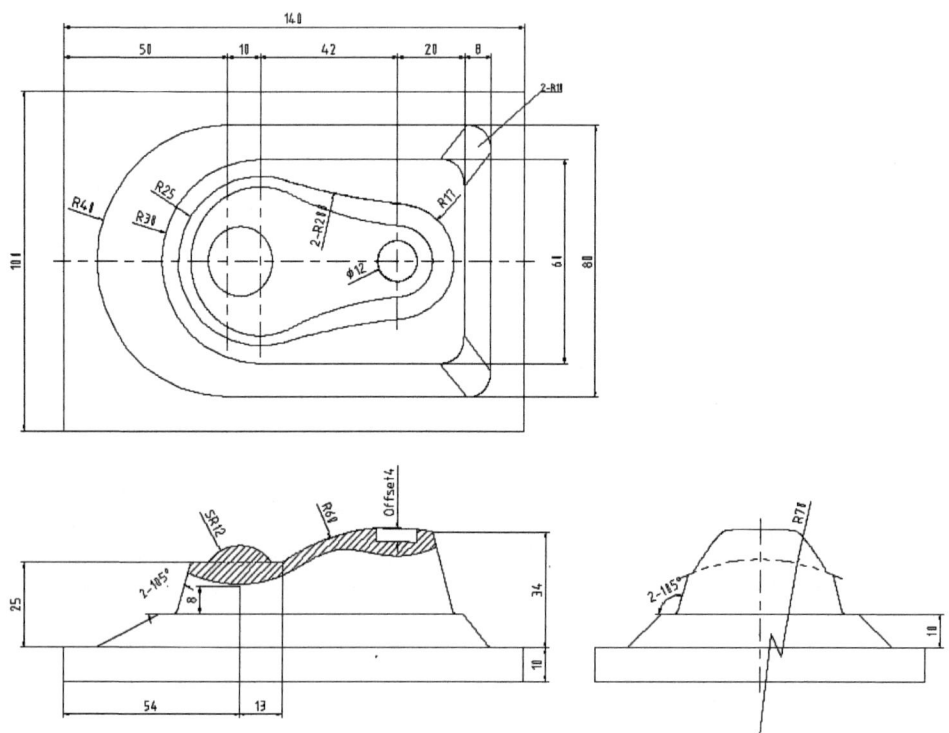

그림 1-68 제품도면

(1) 스케치 평면을 정의한 그림과 같이 스케치를 한다.
    치수 조건과 구속조건을 이용한다.
(2) 바닥 베이스를 Z축 (-)방향으로 10mm 돌출한다.

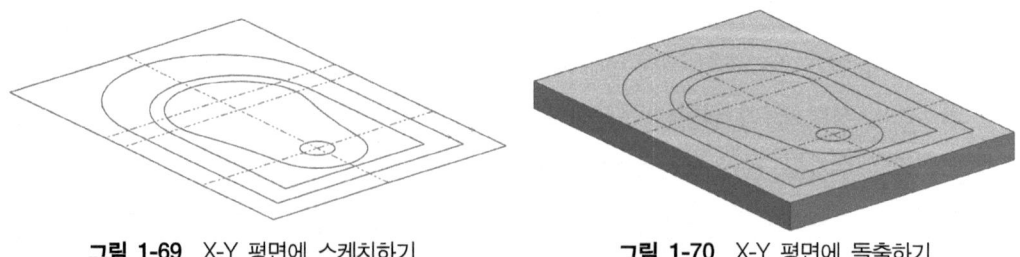

그림 1-69 X-Y 평면에 스케치하기   그림 1-70 X-Y 평면에 돌출하기

(3) 이동 거리를 Z축 (+) 방향으로 10mm로 스케치를 이동시킨다.
(4) 스케치 면을 X-Z평면을 선택하고, 교차점(Intersection Point)을 생성하고 직선을 이용하여 스케치한다.

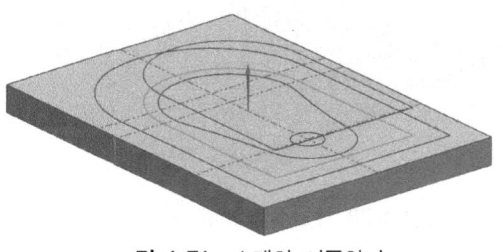 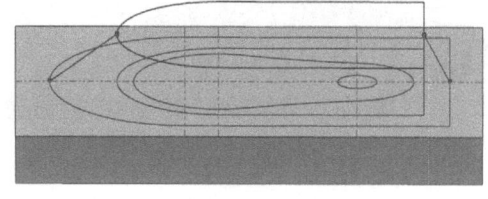

그림 1-71 스케치 이동하기   그림 1-72 X-Z 평면에 스케치

(5) 스케치 면을 Y-Z평면을 선택하고, 교차점(Intersection Point)을 생성하고 직선을 이용하여 스케치한다.
(6) 두 개의 평면에서 생성된 커브를 스윕(Sweep)을 이용하여 면을 생성한다.

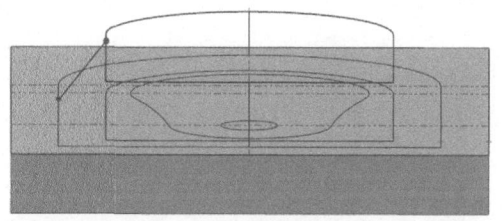 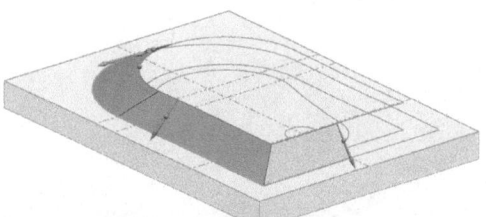

그림 1-73 Y-Z 평면에 스케치   그림 1-74 스윕 이용하여 면 생성

(7) 미러(Mirror)을 이용하여 X-Z면을 기준으로 대칭한다.
(8) 경계 평면을 이용하여 윗면을 생성한다.

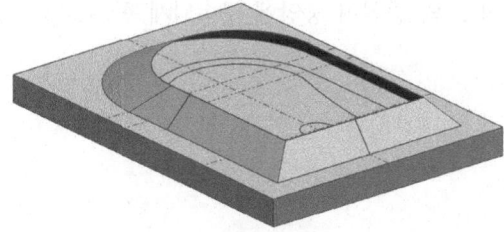 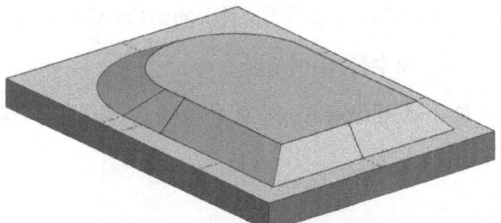

그림 1-75 미러 이용하여 면 대칭   그림 1-76 경계 평면으로 면 생성

(9) 생성된 스윕(Sweep)한 면과 경계 평면을 결합한다.
(10) 연결을 이용하여 연결한 면(서페이스 상태)을 솔리드로 변환한다.

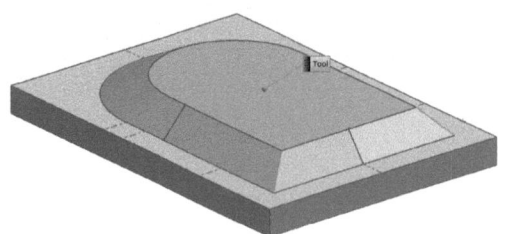
그림 1-77 생성된 두 개의 면 결합

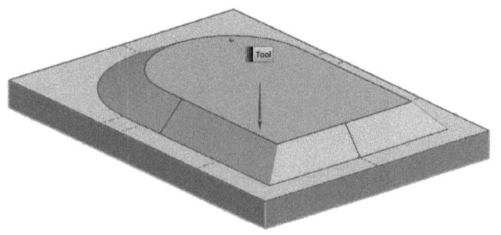
그림 1-78 면(서페이스)을 솔리드로 전환

(11) 가장 안쪽에 있는 스케치를 선택하고 구배(Draft)설정을 각도(Angle) 15도로 지정하여 돌출(Extrude)한다.

(12) 스케치 면을 X-Z평면으로 선택한다. 직선(Line), 호(Arc), 원호(Circle)로 스케치하고 치수를 기입한다.

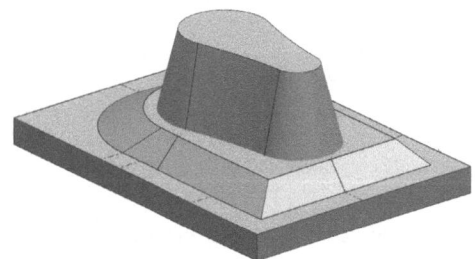
그림 1-79 구배각 설정하여 돌출

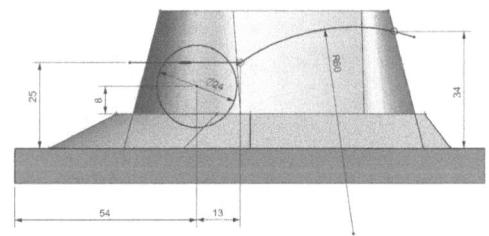
그림 1-80 X-Z 평면에 스케치하기

(13) 스케치 면을 경로상(On Path)으로 유형을 변형한 뒤 생성한다. 호(Arc)를 그리고 구속조건 곡선 상의 점(Point On Curve)을 주어 호의 중심이 중앙에 구속되게 한 뒤 나머지 치수를 부여한다.

(14) 스윕(Sweep)을 이용하여 면을 생성한다.

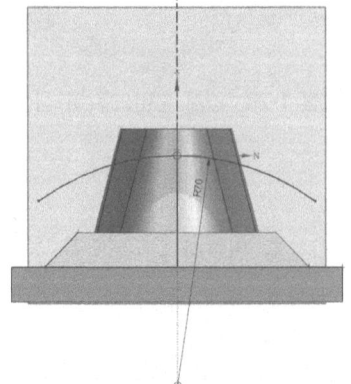
그림 1-81 평면 설정 후 스케치

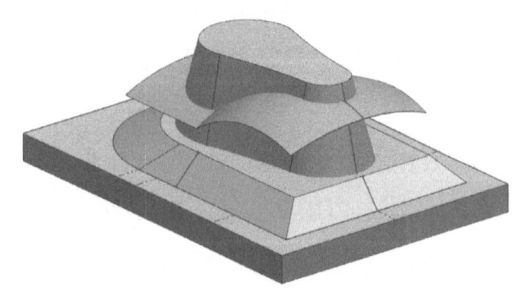
그림 1-82 스윕 이용하여 면 생성

(15) 바디를 트림을 이용하여 스윕 면을 기준으로 위쪽 바디를 잘라낸다.
(16) 스케치한 원을 선택하며, 불리안(Boolean) 옵션에서 결합(Unite)으로 설정 후 구(Sphere)를 생성한다.

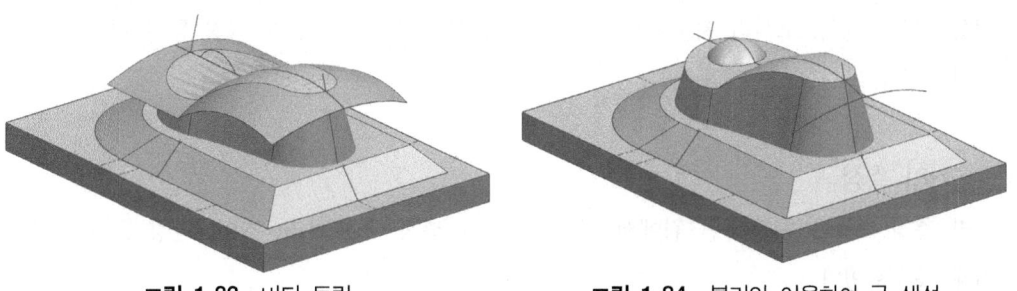

그림 1-83 바디 트림   그림 1-84 불리안 이용하여 구 생성

(17) 곡면 오프셋(Offset Surface)을 이용하여 윗면을 Z축 (−)방향으로 4mm 오프셋을 한다.
(18) 오프셋 면을 선택하여, 불리안(Boolean) 옵션에서 빼기(Subtract)로 설정한 뒤 돌출한다.

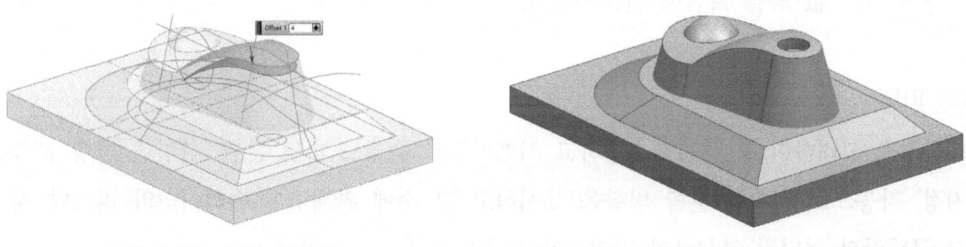

그림 1-85 곡면 오프셋   그림 1-86 오프셋 곡면 불리안 이용하여 빼기

(19) 라운드 부분을 필렛(Edge Blend)을 이용하여 블랜딩 한다.

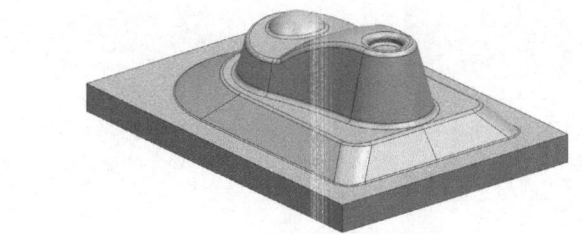

그림 1-87 라운드 블랜딩

5. 어셈블리하기

1) 정보 확인

모델링에 관련된 추가 적인 정보를 도출하고 생성할 수 있다.

(1) 개체

확인하고자 하는 개체를 선택하여 정보를 확인한다.

원호 형상의 모서리를 선택하여 정보를 확인하는 상태이다. 날짜, 작업파트, 레이어, 유형, 색상, 폰트, 단위, 모서리 지오메트리, 포인트에 대한 좌표 값, 반경 직경 등의 여러 가지 정보리스트를 확인할 수 있다.

(2) 거리 측정

거리 측정 기능을 사용하면 점에서 점으로의 거리측정, 투영거리, 길이, 반경 등의 값을 확인해 볼 수 있다.

(3) 각도 측정

각도 측정 기능을 사용하면 면과 면의 각도측정, 모서리와 모서리 사이의 각도, 세 개의 점으로의 각도 값 등을 확인해 볼 수 있다.

(4) 파팅

제작성을 고려하여 용이하게 수정하고 서페이스나 솔리드 파팅 분할, 다양한 파팅 분할방향 지정, 자동으로 정확한 분할 방향을 표시하고 그 수에 관계없이 슬라이더와 리프터 지원하고 구배각과 언더컷 분석하여 작업시간 단축을 단축할 수 있다.

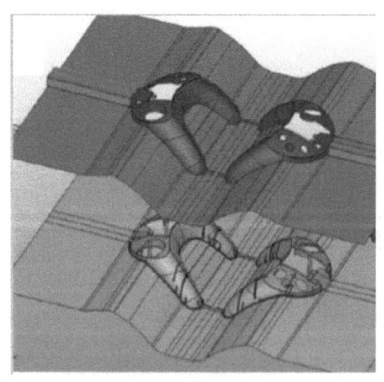

그림 1-88 파팅

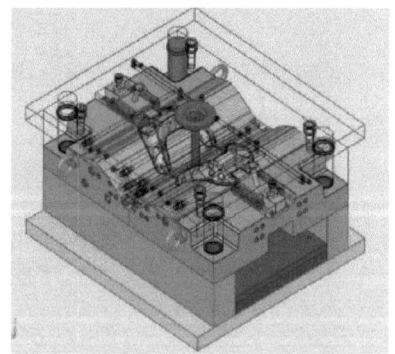

그림 1-89 몰드 디자인

(5) 금형 디자인

3D 몰드 베이스 기능은 측정기능, 분석 도구 및 파트간 충돌 검사 통해 설계 중 작업내용 검증할 수 있다.

2) 파트 조립 제작상의 고려할 사항

제품 모델링 과정에서 제작상의 문제점을 미리 검토하여 제작에 차질이 생기지 않도록 작업을 한다.

제작상의 고려할 사항에는 제품 모델링 후 가공 시에 문제점, 제작 형상의 강도, 안전성, 열적 특성, 강성, 마모, 체적 등이 있다.

3) 성형품의 두께 설계

(1) 기계적 강도 및 성형과 관련

① 두께가 두꺼우면 강도가 크고, 유동이 쉬우며, 휨이 적고, 냉각시간이 길다. 싱크마크나 보이드가 발생한다.
② 두께가 얇으면 강도가 낮고, 유동이 어려우며 웰드라인이 뚜렷하고 고화시간이 빠르다.
③ 가볍고 재료를 절감할 수 있다.
④ 균일한 두께는 균일한 냉각과 균일한 수축이 이루어진다.
⑤ 불균일한 두께는 냉각속도의 차이와 수축의 불균일에 의해 변형과 싱크마크가 발생한다.

(2) 살 두께 설정시의 설계 기준

① 부품의 기능상 두께에 변화를 주어야 할 때는 해당 부분에 코너 R을 가능한 크게 준다.
② 인서트 외주의 살 두께 ≥ 인서트의 외경 × 1/2

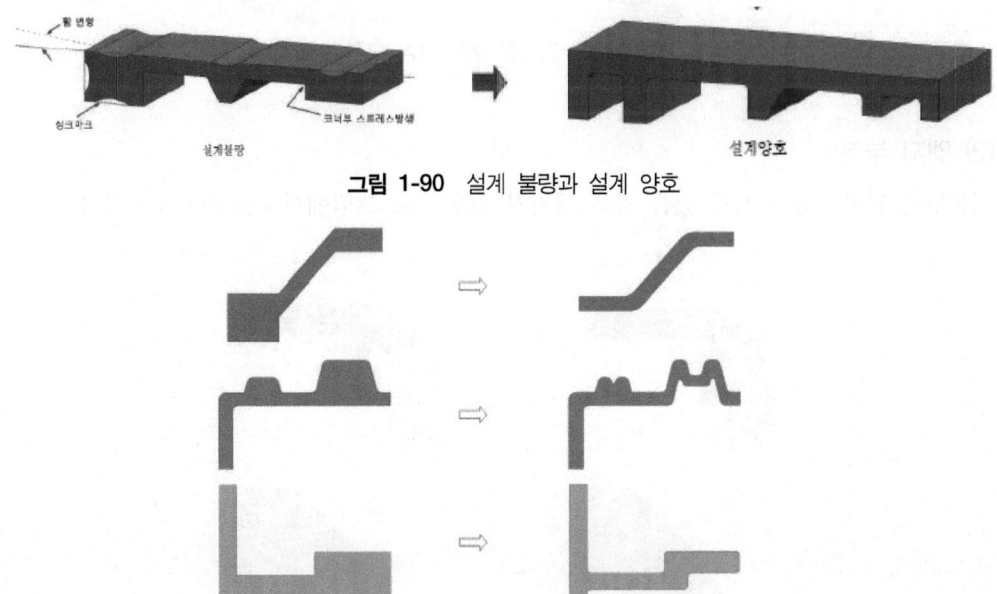

그림 1-90 설계 불량과 설계 양호

그림 1-91 살 두께 예

③ 힌지부의 살 두께는 0.3~0.5mm로 한다.

4) 가공을 고려한 모델링 수정 및 보정

(1) 언더컷부분

내부에 언더컷이 있을 경우 가공이 힘들다. 그림에서처럼 상측에 구멍을 내어 슬라이드 없는 구조로 바꾼다.

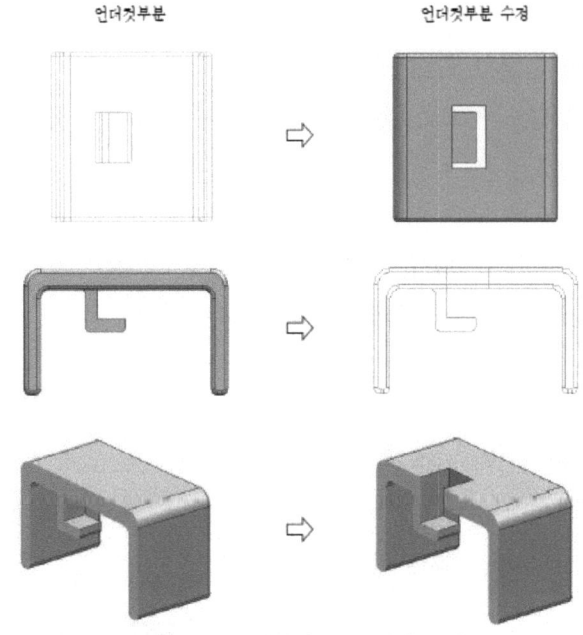

그림 1-92 언더컷 부분 형상 수정

(2) 엣지 부분

제품부에 날카로운 엣지가 있을 경우 깨지기 쉬우므로, 그림에서처럼 R로 생성한다.

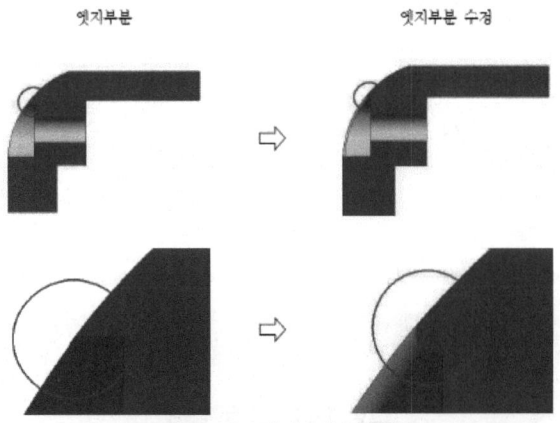

그림 1-93 엣지 부분 수정

실기 내용

1. 2매 구성 금형 부품

로케이트링
스프루 부시
가이드 부시
가이드 핀
리턴 핀
이젝트 핀
앵귤러 핀
슬라이드 코어

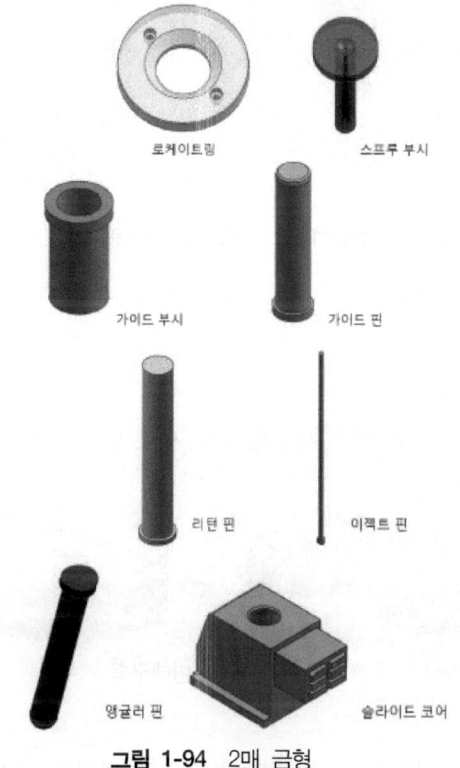

그림 1-94 2매 금형

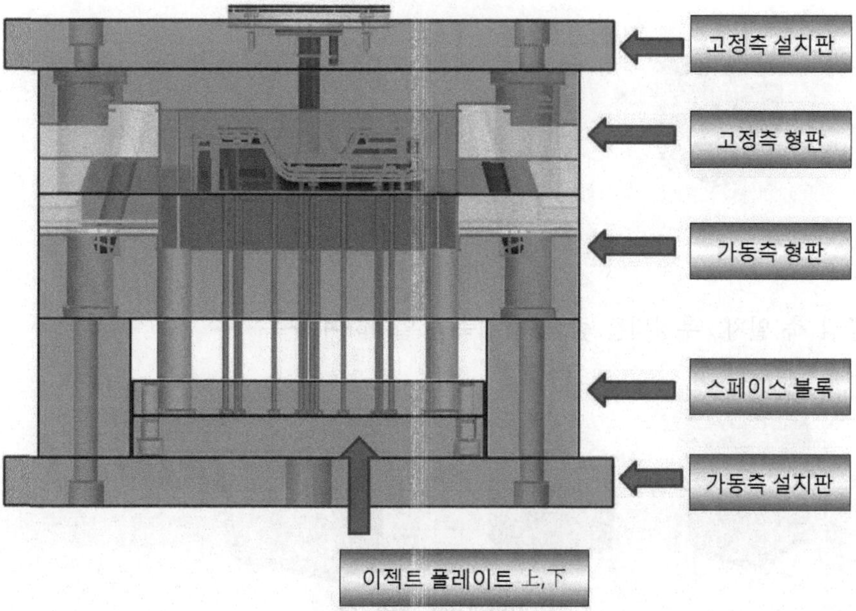
고정측 설치판
고정측 형판
가동측 형판
스페이스 블록
가동측 설치판
이젝트 플레이트 上,下

그림 1-95 몰드 베이스

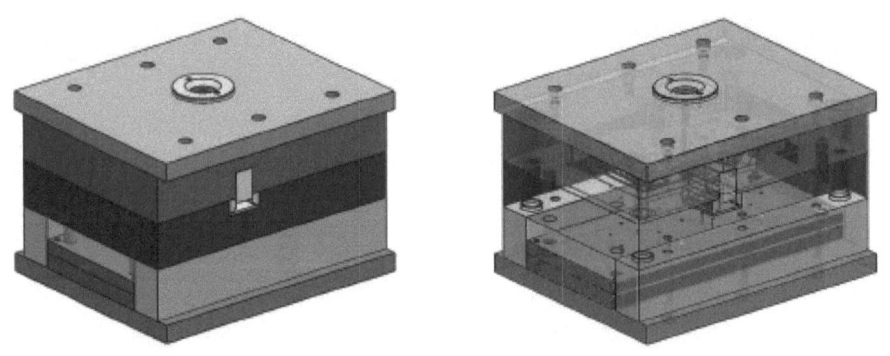

그림 1-96 몰드 베이스조립 형상

2. 어셈블리(Assembly)

1) 구속 조건(Constraints)

(1) 반대 구속 : 형상의 면이 마주보는 방향이 서로 반대 방향에 있도록 개체를 구속

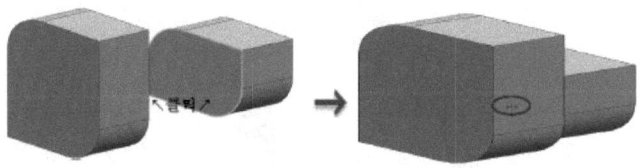

그림 1-97 반대구속

(2) 정렬 : 형상의 면의 방향이 같은 방향이 되도록 개체를 구속

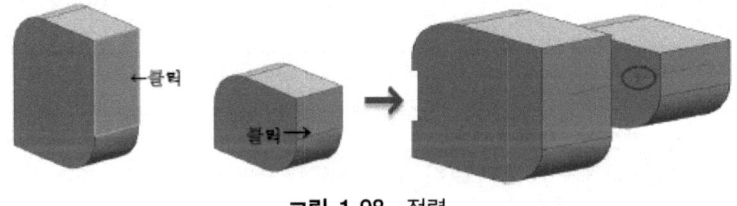

그림 1-98 정렬

(3) 중심 축 일치 : 추정되는 중심, 중심축을 일치하여 구속

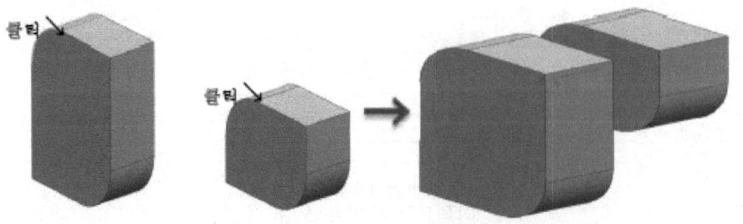

그림 1-99 중심 축

(4) 동심 : 중심이 일치하고 모서리가 동일 평면상에 놓이도록 두 컴포넌트를 원형 또는 타원형 모서리로 구속한다.

그림 1-100 동심

(5) 거리 : 두 객체 사이를 거리 값으로 위치 구속한다.

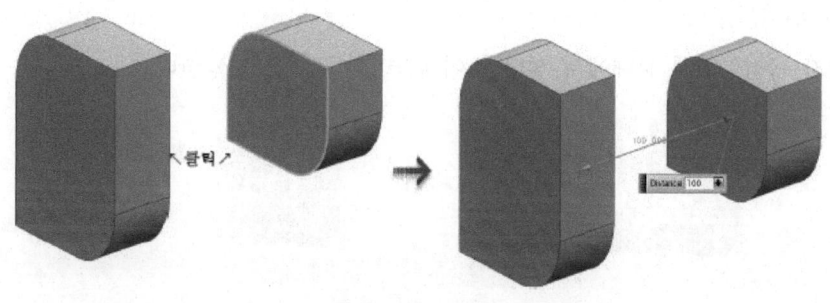

그림 1-101 거리

(6) 평행 : 두 객체의 방향 벡터를 서로 평행하게 정의한다.

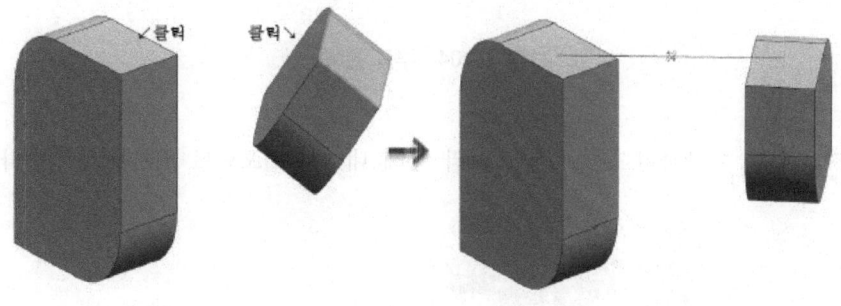

그림 1-102 평행

(7) 맞춤 : 선택한 두 개의 Hole의 중심축을 일치시킨다.
  ① 접착 : 두 객체를 하나로 연결시킨다.
  ② 중심 : 선택하는 객체의 위치를 일치시켜 구속한다.
  ③ 각도 : 두 객체 간에 각도를 지정하여 구속한다.

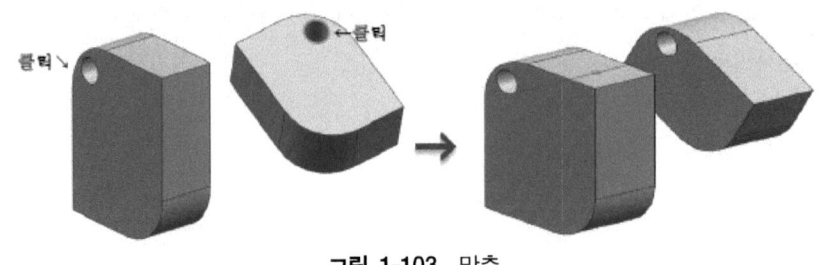

그림 1-103 맞춤

3. 분해 뷰(Exploded Views)

1) 새 분해

작업 뷰에서 새 분해를 생성한다. 새로운 분해에서 컴포넌트 위치를 변경하여 분해된 뷰를 생성할 수 있다.

(1) 위치 수정 : 현재 분해에서 선택한 어셈블리의 위치를 변경한다.

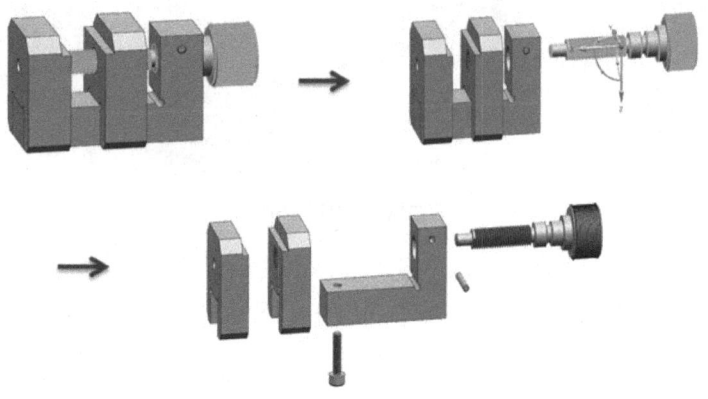

그림 1-104 부품 분해하기

(2) 위치 변경 : 어셈블리 구속조건에 따라 분해 내에서 컴포넌트 위치를 변경한다.

그림 1-105 부품 위치 변경하기

(3) 원래 위치로 되돌리기 : 컴포넌트를 분해되지 않은 원래 위치로 되돌린다.
(4) 분해 삭제 : 뷰에서 표시되지 않은 어셈블리 분해를 삭제한다.
(5) 숨기기 : 뷰에서 선택한 컴포넌트를 숨긴다.
(6) 보이기 : 뷰에서 선택한 컴포넌트를 표시한다.
(7) 추적 : 분해에서 컴포넌트 추적선을 생성한다. 추적선은 컴포넌트가 조립된 위치를 표시한다.

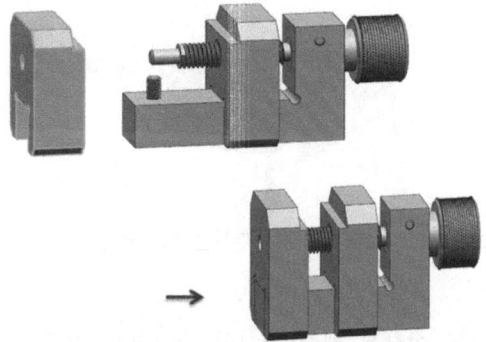

그림 1-106 부품 원래 위치 되돌리기

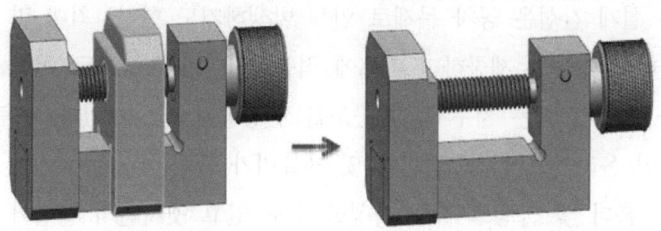

그림 1-107 부품 숨기기

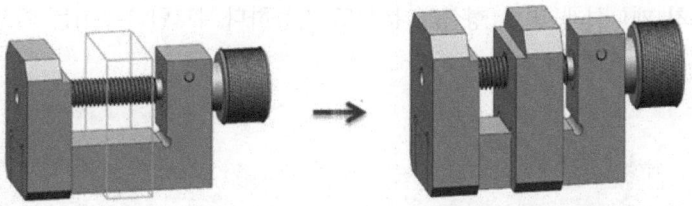

그림 1-108 부품 보이기

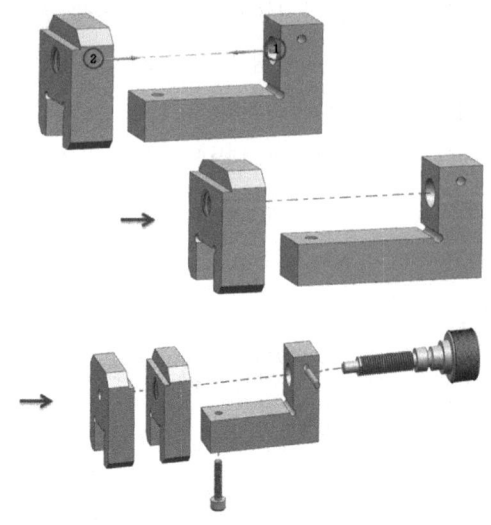

그림 1-109 추적선 생성하기

4. 간섭 체크

3D에서는 파트 간의 충돌 여부를 계속 검사할 수 있다. 충돌이 감지되면 모션이 자동으로 정지되고 간섭 부위가 강조 표시된다.

2D와 3D CAD 설계 간섭은 공차 문제로 인해 발생하기도 한다. 최대 및 최소 공차 조건을 자동으로 검사하는 기능도 제공하며 파트에 적용한다. 이 기능으로 어떤 공치기 공차 누적 문제에 공차를 줄일지 또는 치수 기입 구조를 변경할지 알 수 있다. 조립 및 기능 오류가 줄어들면 효율이 올라가고 시간, 인건비 및 재료비가 줄어든다.

전극영역 추출, 홀더 및 블랭크 자동 생성할 수도 있고 엣지면의 간섭이 생기면 엣지를 연장하여야 한다. 전극에서도 간섭이 일어나는 부위를 찾아서 형상을 수정하여 작업한다.

측정 기능, 분석 기능 및 파트간의 충돌 검사를 통해 설계 중 작업 내용을 검사할 수 있고 많은 양의(수천 개) 설계 변경 형상을 분석도 가능하다. [그림 1-111]은 이젝션 시스템 설계의 형상이다.

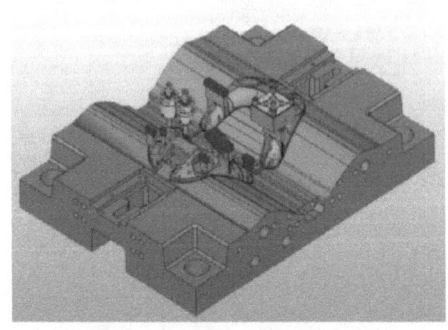

그림 1-110 전극 설계 간섭 체크

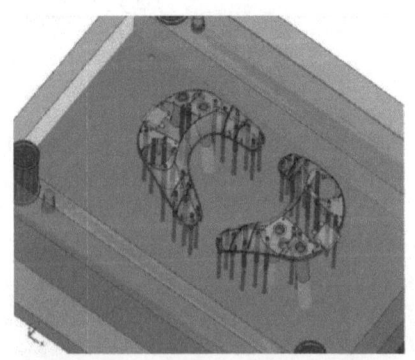

그림 1-111 이젝션 시스템 간섭 체크

냉각 설계에서는 냉각 채널, 플러그, 커넥터, 버플, 니풀 등을 설계하여야 하는데 다른 냉각 채널들이 근접하여 있을 경우 간섭이 발생을 한다. 이런 부분도 간섭 체크를 통한 설계가 필요하다.

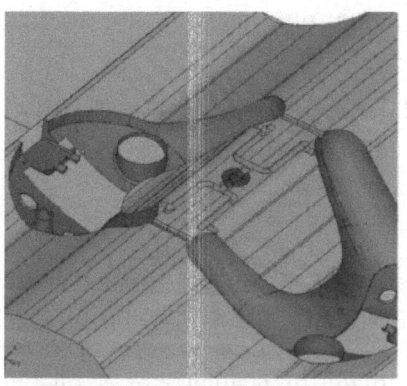

그림 1-112 냉각 시스템 간섭 체크

단원 핵심 학습 문제

01 다음 중 서페이스 모델링 곡면이 아닌 것은?
① 가이드 따라서 생성되는 곡면　　② 두 개의 곡선에 생성되는 곡면
③ 연속 단면 곡선에 생성되는 곡면　　④ 경사지게 생성되는 곡선

해설 : ④ 서페이스 모델링 곡면 - 가이드 따라서 생성되는 곡면, 두 개의 곡선에 생성되는 곡면, 연속 단면 곡선에 생성되는 곡면, 스웹(Swept)

02 2D와 3D CAD 설계 간섭은 공차 문제로 인해 발생하기도 합니다. 최대 및 최소 공차 조건을 자동으로 검사하는 기능도 제공하며 파트에 적용한다. 이 기능으로 어떤 공차가 공차 누적 문제에 공차를 줄일지 또는 치수 기입 구조를 변경할지 알 수 있다. 조립 및 기능 오류가 줄어들면 효율이 올라가고 시간, 인건비 및 재료비가 줄일 수 있는 기능은?

해설 : 간섭체크

03 언더컷부분은 가공을 고려한 모델링 수정 및 보정은 어떻게 해야 하는가?

해설 : 내부에 언더컷이 있을 경우 가공이 힘들다. 상측에 구멍을 내어 슬라이드 없는 구조로 바꾼다.

04 금형 부품의 어셈블리(Assembly)시 구속조건을 쓰시오.

해설 : 반대 구속, 정렬, 중심 축 일치, 동심, 거리, 평행, 맞춤, 접착, 중심, 각도

05 이 옵션을 사용하면 지정된 두께 값을 사용하여 솔리드 바디의 내부를 비우거나 그 주위에 셸을 생성할 수 있다. 각 면에 대해 개별 두께를 할당하고 천공할 면의 영역을 선택할 수 기능은?

해설 : 쉘(Shell)

06 모서리에서 만나는 면에 볼이 계속 접촉하도록 유지하면서 블랜드(Blend) 할 모서리(Blend반경)를 따라 볼을 굴려 수행하는 기능은?

해설 : 모서리 블랜드(Edge Blend)

07 두 개의 곡선(Curve)이 교차하는 부분에 라운드(Radius)값을 적용하는 기능은?

해설 : 필렛(Fillet)

1-3 부품모델링 데이터 출력하기

1. 2D 도면화 작업

1) 도면 규격

(1) 설계의 표준규격

일정한 규격에 맞게 제품을 생산하면 생산을 능률화 할 수 있고, 제품의 균일화와 품질 향상 등 상호간의 호환성이 확보된다. 따라서 각 국가의 사정에 알맞은 산업표준이 제정되어 있으며 각국의 공업규격은 아래 표와 같다.

표 1-4 각국의 공업규격

국가명	규격기호	제정년도
한국 공업규격	KS [Korean(Industrial) Standards]	1966
영국 공업규격	BS [British Standards]	1901
독일 공업규격	DIN [Deutsche Industrie Normen]	1917
미국 공업규격	ANSI [American National Standards Institute]	1918
스위스 공업규격	VSM [Normen des Vereins Schweizerischer Machinen Industrieller]	1918
일본 공업규격	JES-JIS [Japanese Industrial Standards]	1921(1952)
국제 표준화기구	ISA-ISO [International Organization for Standardization]	1928(1947)

우리나라의 경우 일반 공업에 적용되는 기본적인 제도통칙이 1966년에 KS A 0005로 제정되었고, 기계제도는 KS B 0001로 1967년 제정되었다.

표 1-5 한국 산업 표준

분류기호	KS A	KS B	KS C	KS D	KS E	KS F	KS G	KS H	KS I	KS J	KS K
부문	기본	기계	전기	금속	광산	건설	일용품	식료품	환경	생물	섬유
분류기호	KS L	KS M	KS P	KS Q	KS R	KS S	KS T	KS V	KS W	KS X	
부문	요업	화학	의료	품질경영	수송기계	서비스	물류	조선	항공우주	정보	

2) 도면의 크기

우리나라는 (KS A 5201 또는 KS A 0106) A열의 A0~A6에 따르며, 도면의 길이방향을 좌우 방향으로 놓아서 그리는 것을 원칙으로 하며 A4는 예외이다.

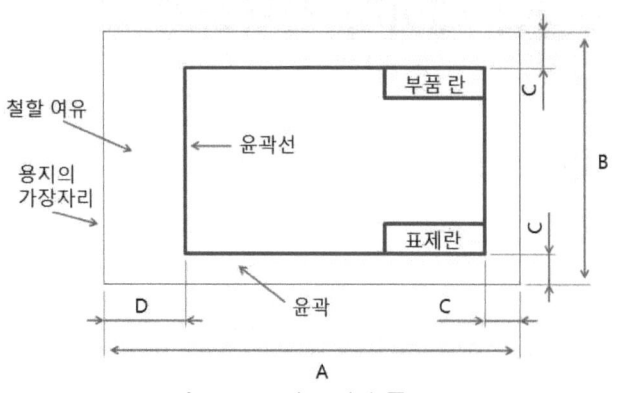

그림 1-113 한국 산업 표준 분류

표 1-6 도면 규격

크기＼호칭	A	B	C	D 철할 경우	D 철하지 않을 경우
A0	1189	841	10	25	10
A1	841	594	10	25	10
A2	594	420	10	25	10
A3	420	294	5	25	5
A4	294	210	5	25	5

실기 내용

1. 뷰(View) 생성하기

1) **단면** : 생성한 섹션을 기준으로 단면 뷰를 추가로 생성한다. 파트 안쪽의 보이지 않는 형상을 자세히 표현할 때 사용된다.

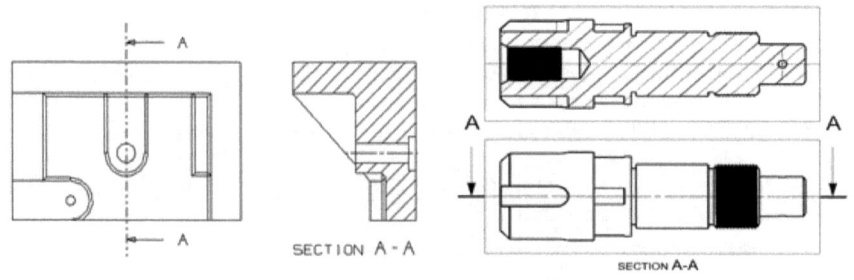

그림 1-114 단면

2) **회전 단면 뷰** : 회전된 부품의 섹션 뷰를 생성한다.

3) **상세 뷰** : 영역이 작은 부위에 중요한 치수나 기호가 있는 경우 확대하여 적당한 위치에 표기한다.

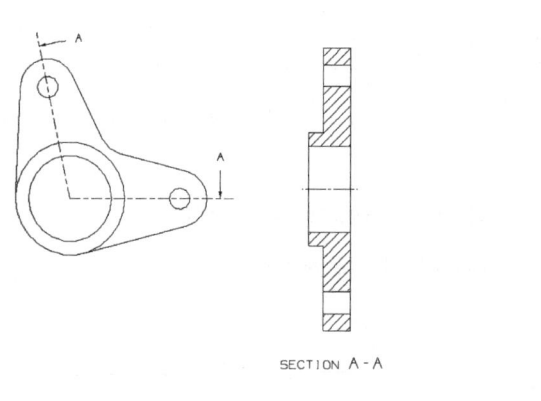

그림 1-115 회전 단면

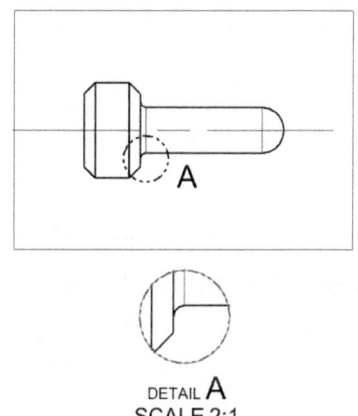

그림 1-116 상세도

4) **반 단면도(Half Section View)** : 투영된 반 단면 뷰를 생성한다.
5) **파단(Drawing View)** : 도면 시트에 빈 뷰를 생성하여 스케치와 뷰 독립 개체를 생성한다.

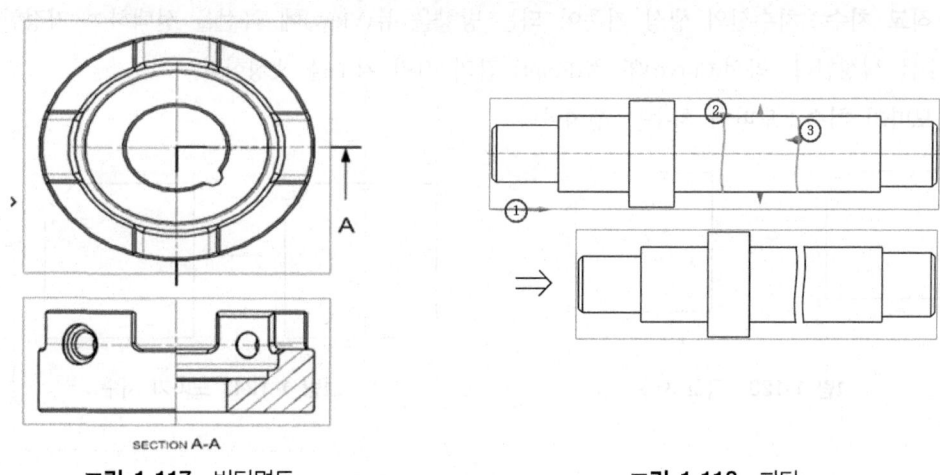

그림 1-117 반단면도

그림 1-118 파단

2. 치수 생성

1) **추정 치수** : 치수 기입은 가장 많이 사용되는 명령으로 선택되는 방향과 선분의 위치를 기준으로 추정하여 대부분의 Dimension 명령을 대신한다.
2) **수평 치수**
3) **수직 치수**

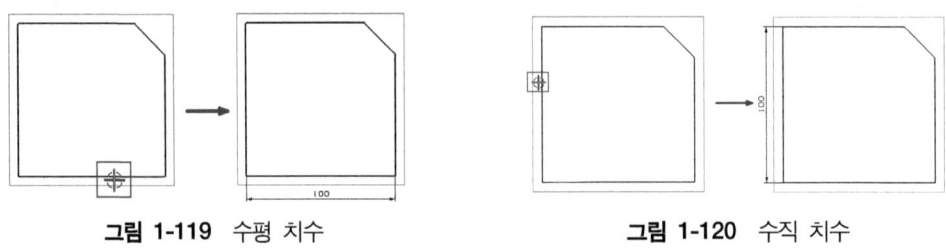

그림 1-119 수평 치수　　　　　　　　그림 1-120 수직 치수

4) **각도 치수** : 각도(Angle)를 이용하여 치수 생성 각의 방향을 선택할 수 있다.
5) **평행 치수** : 점(Point)과 점(Point)의 직선거리 치수를 생성한다.

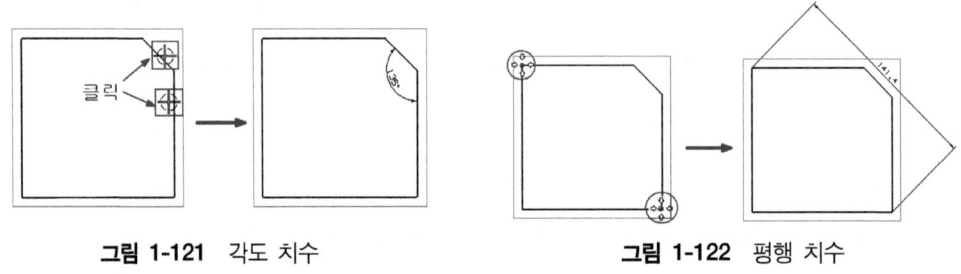

그림 1-121 각도 치수　　　　　　　　그림 1-122 평행 치수

6) **직교 치수** : 치수선의 생성 기준이 되는 방향을 뷰(View)에 곡선을 선택하여 지정한 후 치수를 생성한다. 곡선(Curve)와 점(Point) 간의 거리 치수를 생성한다.
7) **모따기 치수** : 모따기 치수를 생성한다.

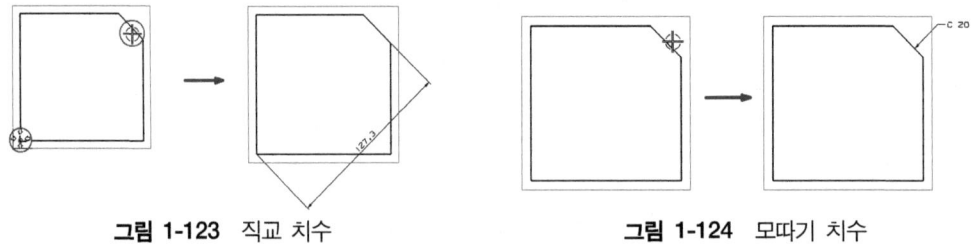

그림 1-123 직교 치수　　　　　　　　그림 1-124 모따기 치수

8) **원통형 치수** : 기준선(Baseline)은 치수선의 기준이 되는 선(Line)을 선택한다.
9) **구멍 치수** : Hole 치수를 생성한다.

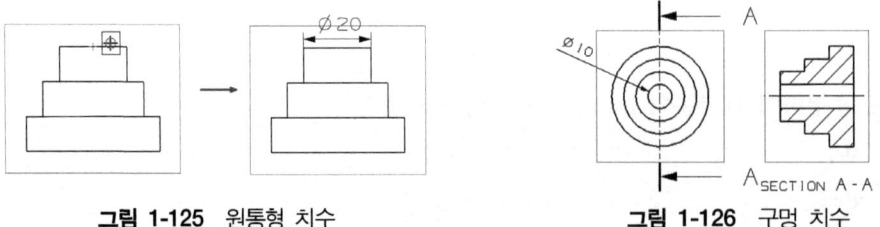

그림 1-125 원통형 치수　　　　　　　　그림 1-126 구멍 치수

10) 직경 치수
11) 반경 치수

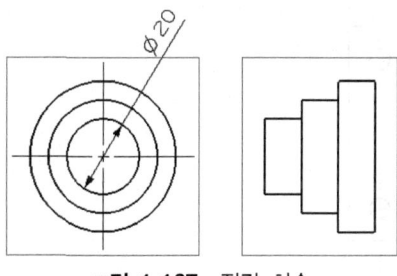
그림 1-127 직경 치수

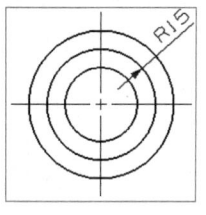
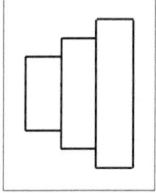
그림 1-128 반경 치수

12) 중심 반경 치수
13) 꺾인 반경 치수 : 임의의 위치 중심 표시 접힌 반경 치수 생성이다.

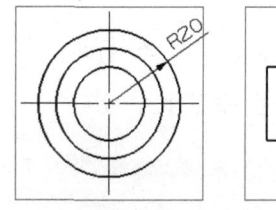
그림 1-129 중심 반경 치수

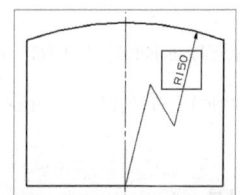
그림 1-130 꺾인 반경 치수

14) 두께 치수
15) 원호 치수 : 치수 위에 ⌒ 표시가 된다.

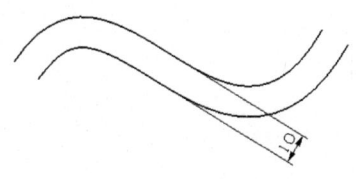
그림 1-131 두께 치수

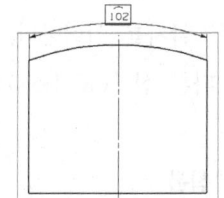
그림 1-132 원호 치수

16) 직렬 치수 : 수평(수직)으로 동시에 생성되는 치수이다.

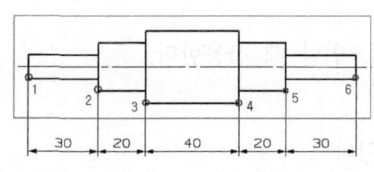
그림 1-133 직렬 치수

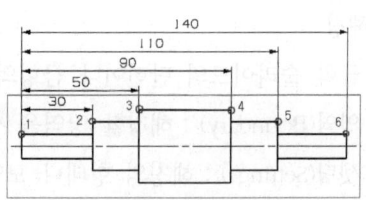
그림 1-134 병렬 치수

17) **병렬 치수** : 수평(수직)에 관한 1번 선을 기준으로 치수를 생성한다.
18) **좌표 치수** : 하나의 좌표를 기준으로 치수선 생성한다.

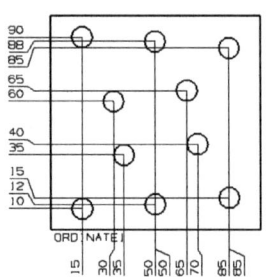

그림 1-135 좌표 치수

3. 주석

1) 노트
(1) 심볼(Symbols)에서 도면(Drafting)용 기호를 넣거나 형상기호를 넣을 수 있다.
(2) 형태(Style) : 주석(Annotation)의 모양, 크기, 칼라, 위치 등을 수정할 수 있다

2) 식별 심볼
(1) 금형부품의 파트리스트 넘버를 표현할 때 사용한다.
(2) 유형 : 원하는 모양을 선택한다.
(3) 원점 : Symbol의 위치를 정한다.
(4) 지시선 : 리더 선으로 위치를 지정하여 생성한다.
(5) 텍스트 : 글자를 입력한다.
(6) 상속 : 다른 심볼(Symbols)의 속성을 가지고 온다.

3) 사용자 심볼
(1) 금형 이젝트-핀(Eject-pin)의 위치 등을 표현할 때 사용된다.
(2) 심볼을 가져와서 쓰거나 심볼을 생성하여 리스트에 추가한다.

4) 해칭
(1) 금형 슬라이드의 단면이나 금형의 섹션 단면을 표현할 때 사용한다.
(2) 영역(Boundary) : 해칭할 영역을 선택한다.
(3) 셋팅(Settings) : 해칭의 형태나 모양을 바꿀 수 있다.

2. 2D, 3D 인터페이스

1) 데이터 전송 방법

(1) 병렬 전송(parallel Transfer)과 직렬 전송(Serial Transfer)
병렬 전송은 복수의 Bit를 모아서 한 번에 전송하는 방식으로 주로 16Bit 또는 32Bit 등의 단위로 통신한다. HDD, FDD, CD-ROM 등이 대표적인 방식이다.

직렬 전송은 복수의 Bit를 한 Bit씩 나열하여 전송하는 방식으로, 장거리 전송에 주로 사용되며 전송로의 비용을 저렴하게 구성할 수 있다. LAN, RS232C 등이 대표적인 방식이다.

(2) 통신의 종류(Communication Type)
통신의 종류에는 단방향 통신, 반이중 통신, 전이중 통신 방식이 있고, 데이터의 전송로는 2선식, 4선식 등이 있다. 주로 4선식 회선이 사용되나 필요하면 주파수 분할로 2선식 회선도 사용 가능하다.

(3) 통신의 방법
① 동기 방식

Time slot의 구분을 수신측에 알려주기 위하여 Data 신호선 외에 동기 체크용 신호선을 별도로 설치하는 방법이 있으나 현재는 많이 사용하지 않는다.

한 번에 긴 Data를 송수신 할 수 있으며, 비동기 방식에 비하여 전송 효율이 높아 문자 전송에 많이 사용한다.

② 비동기 방식

일정한 길이의 데이터(7 또는 9Bit) 앞뒤에 Start(0), Stop(1), Bit를 붙여서 전송하는 방법으로 NC data를 전송하는 경우에 많이 사용한다.

(4) RS-232C
직렬전송장치의 일종인 RS-232C는 ELA(Electronic Industries Association : 미국 전자 공업 협회)가 RS232B의 개정판으로 1969년에 발표, 1981년에 개정 승인한 규격이다.

RS-232C는 15m 이내의 거리나 9.6Kbps보다 낮은 비트율의 거리일 때 사용하며 RS-422은 1Mbps 상태에서 100m 이상의 거리에 사용한다.

① 규격 정의

직렬로 이어진 2진 데이터를 교환하는 데이터 터미널 장비(DTE)와 데이터 통신 장비(DCE) 사이의 인터페이스에 대한 제반사항을 규정한 것이다.

※ RS-232C 표준
- RS : Recommended
- 232 : 표준 식별 번호
- C : 최근에 발표된 버전 번호

② RS-232C와 전송 방식

RS-232C를 사용하는 경우는 반이중 방식과 비동기식 방법이 있다.

실기 내용

1. 2D 변환(Exchange) 작업

1) 2D 변환 파일 형식 : IGES, DXF, DWG 등이 있다.

(1) Cavity, Core 또는 Moldel 2차원 dwg 파일로 내보낸다.

(2) Drafting의 단면도 형상으로 작성해야 변환 가능하다.

2) 2D Cad로 저장

Export에서 CAD 파일로 출력하여 저장된다.

2. 3D 데이터 형식 저장 및 출력하기

1) 파일 내보내기

내보내기를 사용하면 3D 데이터를 다른 형태의 데이터로 내보낼 수 있다.

파트, Parasolid, STL, JT, 이미지파일, IGES, STEP, DXF/DWG, CATIA 등의 파일 형식으로 내보낼 수 있다.

2) 파일 변환

(1) Parasolid : Parasolid는 XT 파일 포맷을 갖는다.

(2) STL : 인터페이스 데이터 포맷으로 3D 프린터에서 많이 사용된다.

(3) JT : JT는 표준파일 포맷이다.

(4) 이미지파일 : JPEG, GIF, TIFF, BMP 등의 여러 가지 이미지 파일 형식을 지원한다.

(5) IGES : IGES는 3D 프로그램에서 많이 사용 되어지는 범용 데이터로 면의 형태로 데이터를 지원한다.

(6) STEP : STEP은 stp파일 포맷을 갖고, 3D 프로그램에서 많이 사용되어지는 범용 데이터로 솔리드의 형태로 데이터를 지원한다.

(7) DXF/DWG : DXF/DWG는 도면파일로 2D파일로의 변환이 가능하다.

(8) 3D Cad 고유 파일 : 3D Cad 고유 형식 파일로 변환이 가능하다.

3. 출력하기

1) 조립도 배치

① 조립도에서 평면도의 상측은 열린 상태를 뒤집어서 보는 방향의 평면도를 왼쪽에 배치하고, 하측은 열린 상태를 위에서 본 평면도를 오른쪽에 위치하도록 배치한다.
② 조립도에서 측면도는 정면에서 본 것과 우측에서 본 것으로 나누어 나타내어 준다.
③ 측면도의 단면도는 해칭을 하지 않음을 원칙으로 하나, 성형재질이 들어가는 부위, 즉 스프루, 러너, 게이트, 캐비티에는 해칭도 가능하다.

(1) 성형품이 대칭일 경우 조립도 배치

① 가동측 평면도 절반은 평면도 중심선의 좌측이나 또는 아래측 고정측 평면도 절반은 중심선의 우측이나 또는 위측에 그린다.
② 복합조립 측면도는 정면도 와 측면도 절반씩 그린다.
③ 조립도에서 평면도는 도면 중심에서 위쪽 측면도(정면도와 측면도를 복합한 측면도)는 도면 중심 아래쪽에 그린다.

(2) 조립도의 작성 방법

① 조립도의 측면도 작성 시 단면표기는 평면도에 표시되어 있는 모든 부품들을 중복되지 않게 나타내기 위하여 단면을 최대한 절단하여 복수 단면으로 그린다.
② 측면도의 단면에는 해칭을 하지 않음을 원칙으로 하나 성형수지가 흘러 들어가는 부위, 즉 스프루, 러너, 게이트, 캐비티에는 스모징(smudging) 한다.
③ 평면도상의 원형 이젝터 핀에는 판독하기 쉽게 4등분 원을 대칭되게 해칭한다.
④ 금형의 부품들은 조립도 상에 형상 및 치수를 모두 표기한다.
⑤ 구조가 간단한 부품들은 조립도에 그 부품의 형상 및 치수를 표기하고 부품도를 별도로 작성하지 않아도 제작에 지장 없다고 판단되면 생략한다.
⑥ 복잡한 부품은 별도로 부품도를 작성한다.
⑦ 조립도에 가이드포스트 및 부싱의 조립관련 치수, 이젝터 스트로크 등 가동부품의 움직이는 이동량 등의 기능적인 치수를 기입한다.
⑧ 가공자에게 보다 알기 쉽게 모든 명칭은 약어로 표기할 수 있다.
⑨ 표준품들은 호칭명과 호칭치수 [X] 전체 길이로 표시한다.

⑩ 조립도의 우측여백에 기본적으로 표기하여야 할 사항은 아래와 같다.
   (가) 금형 중량
   (나) 성형 수지명
   (다) 수지의 수축률
   (라) 캐비티 수
   (마) 천지 표기

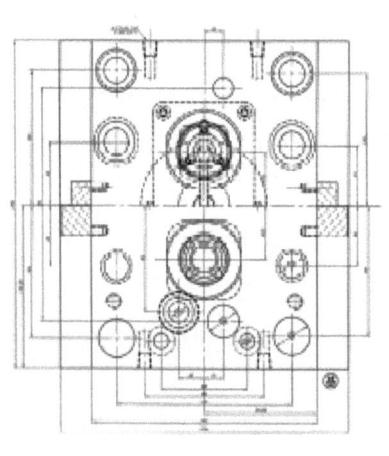

그림 1-136 쌍면도

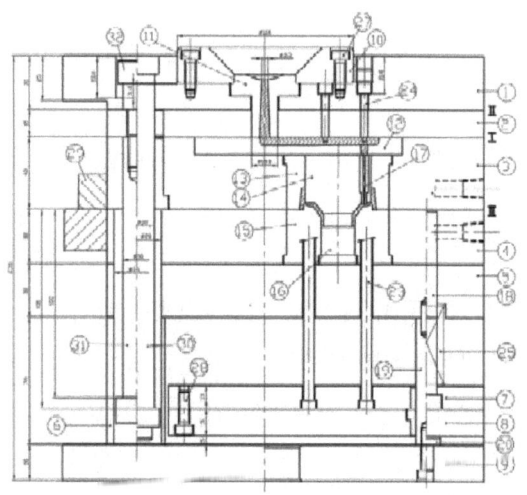

그림 1-137 복합단면 조립도

실기 내용

1. 2D 데이터 출력

사출금형설계 제도는 KS의 기계제도를 기본으로 하며 사출금형의 설계, 구조, 조립 등을 표현하는 제도방법으로 표시한다.

(1) 3D로 모델링된 파트를 2D데이터로 변환하기 위해서는 드래프팅(Drafting) 작업을 해야 한다.
(2) 드래프팅(Drafting)에서 뷰(View) 기능을 이용하여, 2D 데이터로 변환이 가능하다.
(3) 변환된 2D 데이터는 Plot이나 Printer를 통하여 인쇄가 가능하며 Export를 통하여 타 소프트웨어의 확장자로 변환이 가능하다.

2. BOM 출력

3D 데이터에서의 BOM생성 및 정보 산출은 3D 모델링 환경에서 이루어진다. 연관된 3D CAD 시스템으로 작업하면 현재 상태의 BOM을 정확히 반영할 수도 있다.
BOM은 파트와 어셈블리의 변경 사항을 자동으로 반영하므로 항상 정확하다. 데이터 관리는 제품 개발 과정에 있어 언제나 매우 중요하다. 설계는 개념 수립, 세부 엔지니어링 설계, 조립 및 테스트, 그리고 최종 제품 출시에 이르는 개발의 전단계를 거치는 경우가 많다. 제품 개발과 제조에 관여하는 모든 사람들을 고려할 때 데이터 제어는 특히 중요하다.

몰드베이스 및 표준 기술을 표준화, 인적 에러 감소, 생산주기 단축, 금형 설계의 효율성을 높일 수 있도록 많은 몰드베이스 및 표준 파트들이 사용 가능하다.

MISUMI, FUTABA, HASCO, DME와 LKM 등을 포함한 유명 업체로 부터 다양한 종류의 표준 몰드베이스와 표준 파트를 제공합니다.

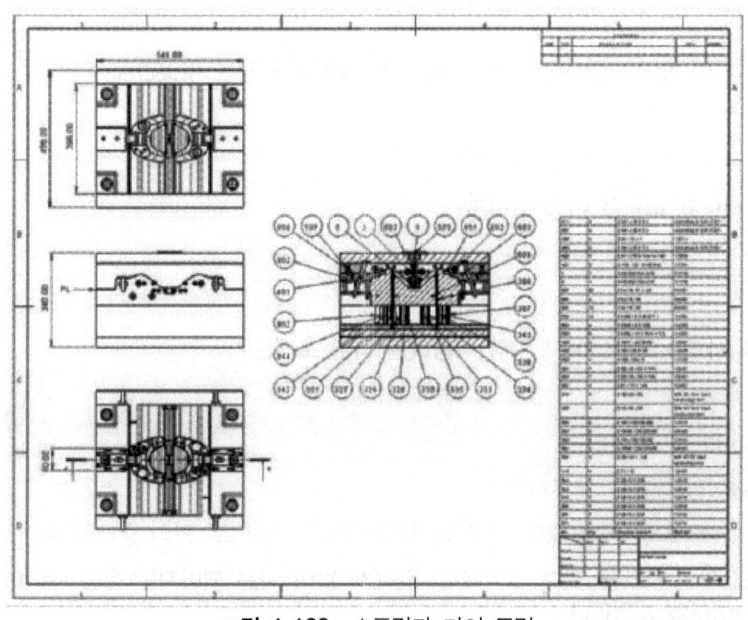

그림 1-138 스트립과 다이 도면

단원 핵심 학습 문제

01 다음 중 2D/3D 데이터 출력 형식이 아닌 것은?
① STL   ② IGES
③ DXF/DWG   ④ JPG

해설 : ④ 파일 내보내기 - 파트, Parasolid, STL, JT, 이미지파일, IGES, STEP, DXF/DWG, CATIA 등의 파일 형식으로 내보낼 수 있다.

02 RS-232C 표준 통신 방법에서 RS, 232, C가 의미하는 것은 무엇인가?

해설 : RS - Recommended, 232 - 표준 식별 번호, C - 최근에 발표된 버전 번호

03 2차원 형식으로 파일을 변환 형식은?

해설 : IGES, DXF, DWG 등이 있다.

04 3D 프린터나 3D 스캐너에서 많이 사용하는 파일 포멧은?

해설 : STL File

05 ( )에 들어갈 내용을 채우시오.
( )는 3D 프로그램에서 많이 사용 되어지는 범용 데이터로 면의 형태로 데이터를 지원한다.
( )은 stp파일 포맷을 갖고, 3D 프로그램에서 많이 사용 되어지는 범용 데이터로 솔리드의 형태로 데이터를 지원한다.

해설 : IGES, STEP

06 측면도의 단면도는 해칭을 하지 않는 것을 원칙으로 하나 예외인 경우는 무엇인가?

해설 : 성형재질이 들어가는 부위(스푸르, 런너, 캐비티)

07 3D 모델링 소프트웨어에서 재료주문, 품질 관리, 도면 관리 및 현장 작업자도면 생성하여 도면 표준 형식으로 도면 템플리트 생성 또는 기존 템플리트 재사용도 할 수 있는 것은 무엇이라 하는가?

해설 : BOM

NCS적용

CHAPTER 02

사출금형 부품가공
(사출금형제작)

LM1503030208_14v2

2-1 가공용 프로그램 생성하기

1. 가공 부품도를 파악한 후 가공 공정 작성

1) 금형도면 분석 및 공정계획표

(1) 금형도면 분석

금형도면은 크게 제품도, 금형제작을 위한 금형부품도, 조립도 등으로 분류할 수 있다. 도면 분석을 할 때는 2D와 3D의 두 가지 모두 분석을 하는데 이는 2D로만 분석하는 것보다 효율성이 좋고 분석오류를 방지하고자 산업현장에서는 혼용하여 사용하고 있다. 두 도면에서 치수의 오차가 발생하는 경우에는 설계자와 협의하여 진행하는 것도 좋은 방법이다.

설계자는 2D를 기반으로 다시 3D를 생성해야 하고 그로 인해 많은 시간적 손실을 줄이기 위해 2D와 3D의 두 가지 도면을 모두 확보함으로 시간과 오류를 줄이고 NC 코드 생성을 위해 CAM프로그래밍 작업으로 빠르게 진행할 수 있는 장점을 가진다.

① NC 가공 영역과 가공 방법

금형 설계된 조립도를 기반으로 상하의 인서트 캐비티와 코어를 내보내기하여 기계가공으로 진행할 수 있고, 제품을 기반으로 상하의 캐비티 코어 분할을 통해 신속한 NC가공을 할 수 있으며 일체형과 인서트 형식의 특성을 고려하여 정밀도 있는 금형제작을 위하여 기계를 선정한다. 일체형의 경우 공작물이 큰 특성으로 중대형 기계를 선정하고 통상적으로 정밀도가 낮은 특성이 있다. 사출성형 시 형체력을 고려한 가공이 필요하다. 인서트 유형의 경우 생산수량과 재질 그리고 열처리 여부를 고려하여 가공해야 한다.

열처리를 하는 경우 통상변형을 고려한 가공여유를 남기고 중정삭을 진행한 뒤 열처리를 하고 열처리된 인서트 캐비티와 코어를 최종정삭을 한다.

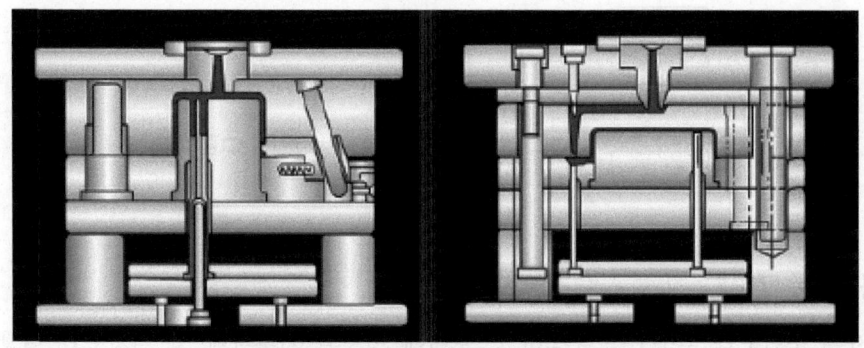

그림 2-1 2단 금형과 3단 금형의 조립도

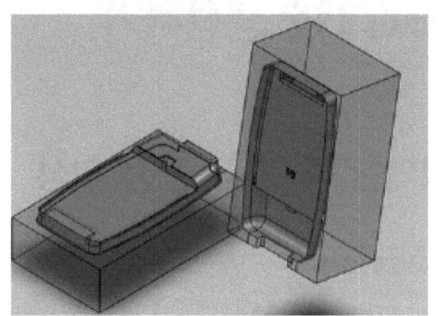

그림 2-2 코어와 캐비티

(2) 공정계획표

제품제작 프로세스를 보면 초기 상품기획에서부터 설계를 통해 MOCK-UP을 먼저 제작하여 개발에 착수한다. 설계, 구매, 금형, 사출 등의 금형구도 검토회의를 거쳐 금형설계에 들어가고, 가공은 자체 가공센터가 있는 경우 사내에서 진행하거나 또는 외주에 가공을 의뢰한다. 가공된 금형을 검사하고 조립하여 제품을 사출하고 측정을 통해 전체 프로세스가 진행된다.

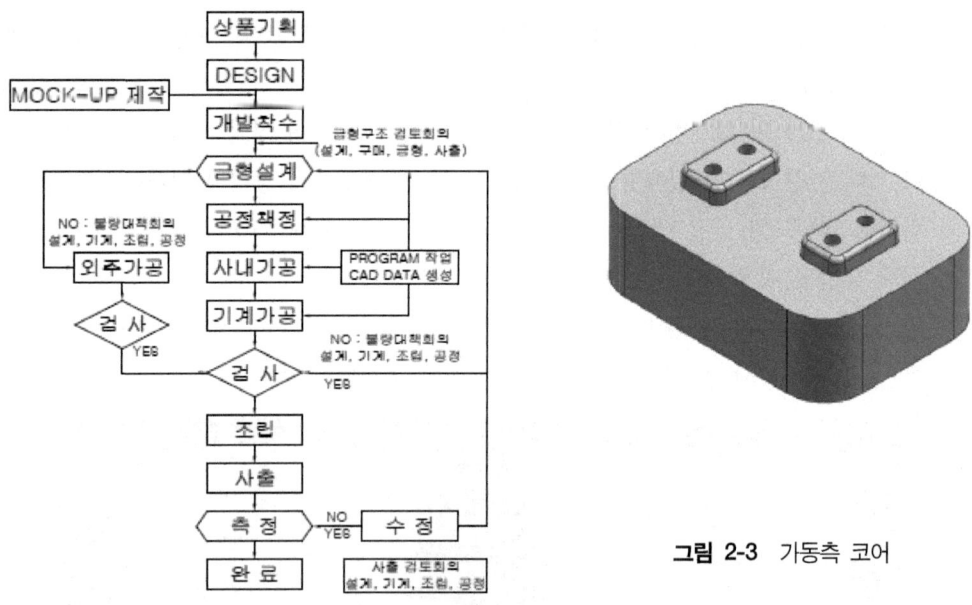

그림 2-3 가동측 코어

2) 가공 부품 결정

작업자는 조립도와 부품도를 분석하고, 도면에 명시된 치수관계 및 위치도와 형상 공차를 잘 검토하고 적용하여, 제작에 임하여야 한다.

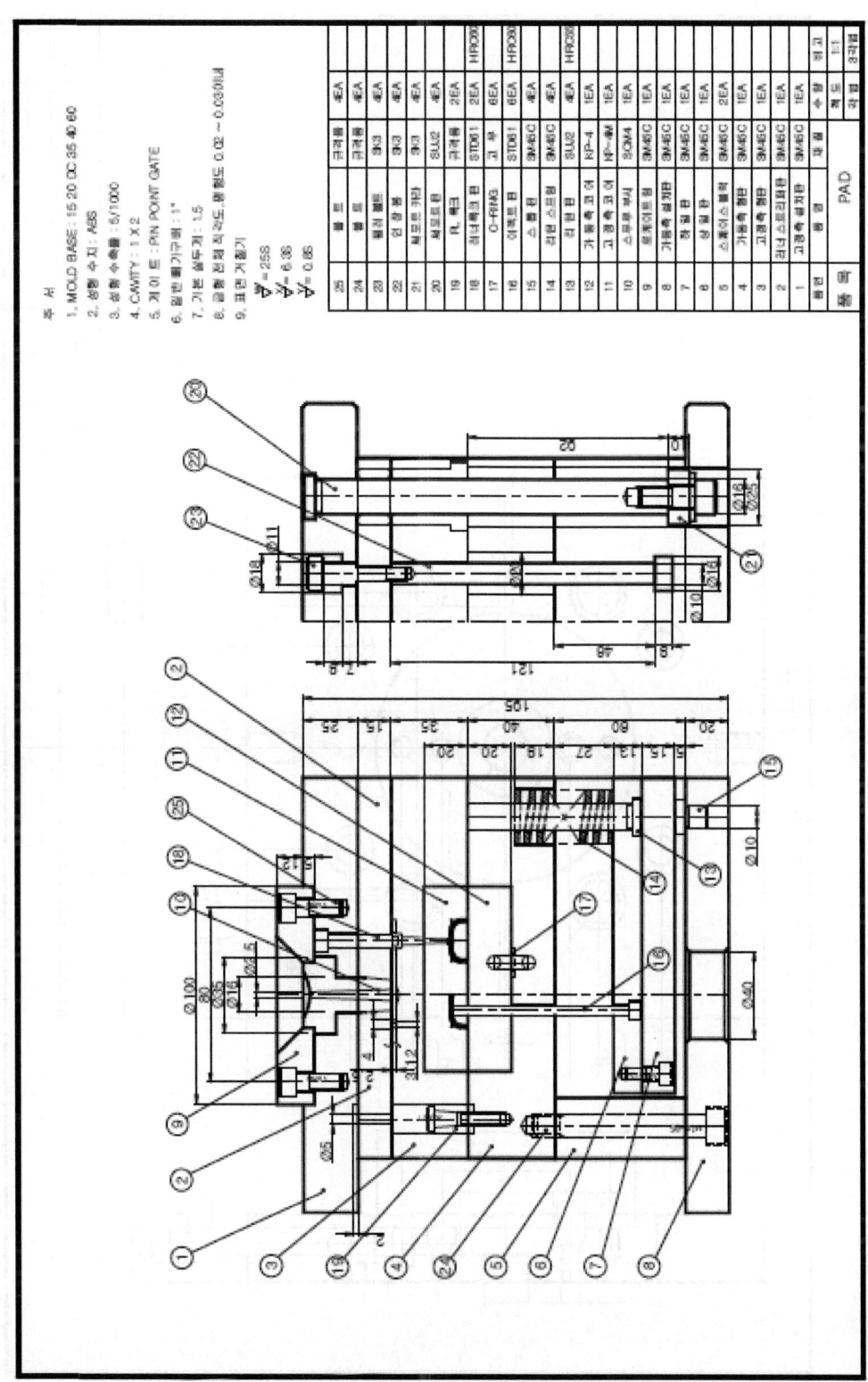

그림 2-4 단면 조립도

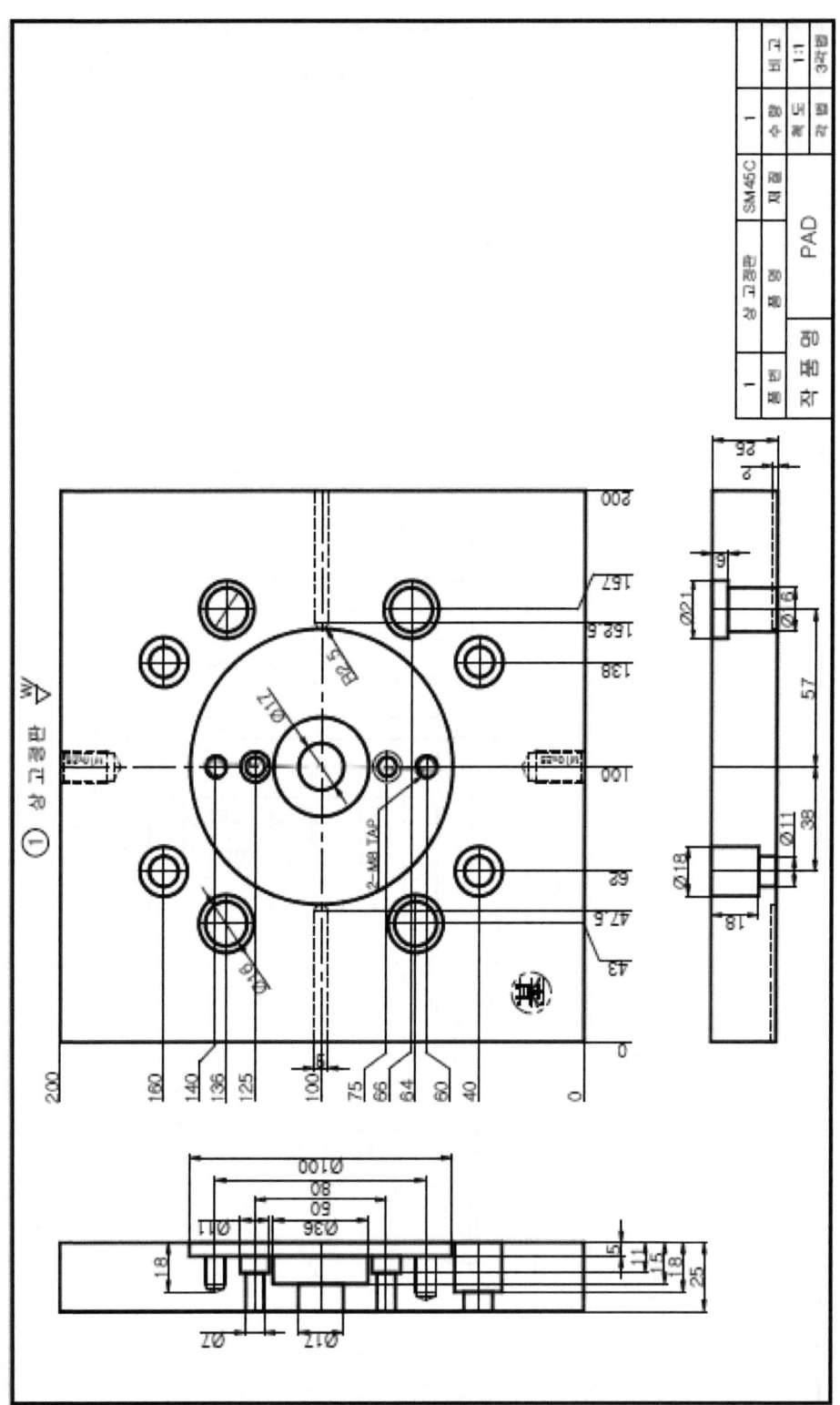

그림 2-5 상 고정판

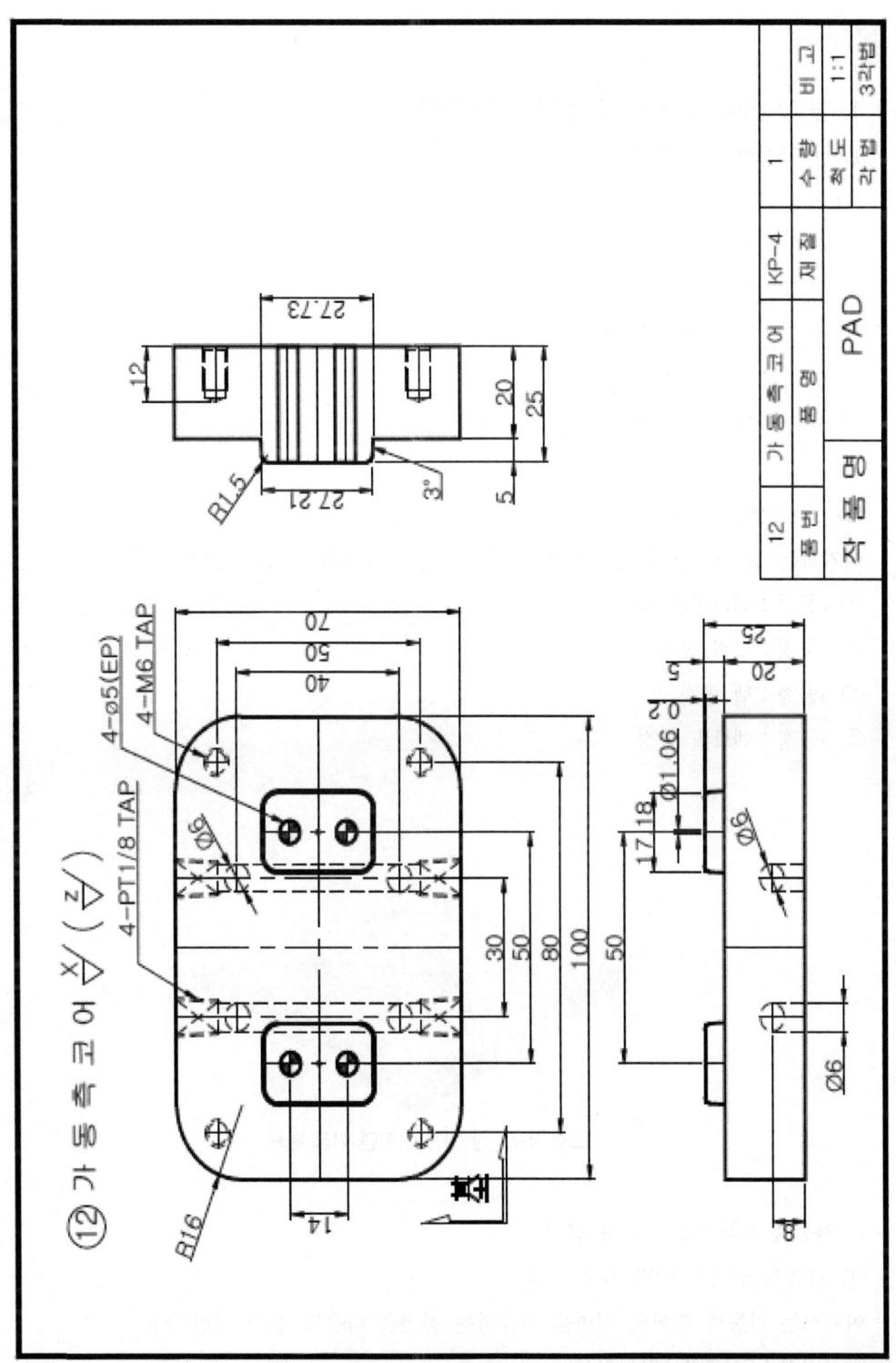

그림 2-6 가동측 코어

실기 내용

1. 상 고정판과 가동측 코어 가공 공정 작성

1) 상 고정판 가공 공정

(1) 가공 순서

① 작업 준비를 한다.
② 상 고정판의 육면을 가공한다.
③ 상 고정판의 윗면을 가공한다.
④ 상 고정판의 뒷면을 가공한다.
⑤ 상 고정판의 앞면 및 측면을 가공한다.

(2) 상 고정판의 윗면 가공 공정
여기서는 상 고정판의 윗면을 가공하는 공정을 다음과 같이 결정한다.

① 1공정 : 센터드릴 공정
② 2공정 : 드릴 공정
③ 3공정 : 탭 공정
④ 4공정 : 엔드밀 공정

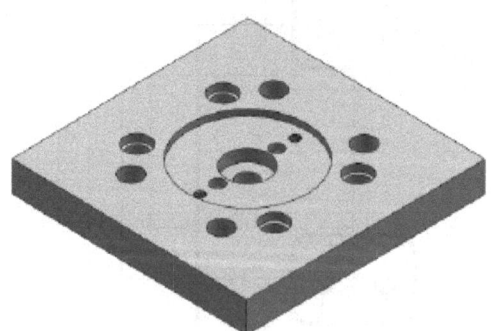

그림 2-7 상 고정판 윗면 가공 완료

2) 가동측 인서트코어 가공 공정

(1) 가동측 코어의 윗면 가공 공정
여기서는 가동측 코어의 윗면을 가공하는 공정을 다음과 같이 결정한다.

① 1공정 : CAVITY_MILL(황삭)
② 2공정 : CONTOUR_AREA(정삭)
③ 3공정 : FLOWCUT_SINGLE(잔삭)

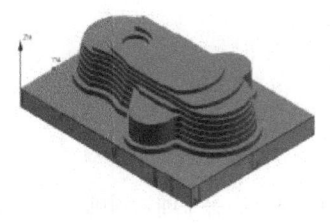
그림 2-8 황삭 가공

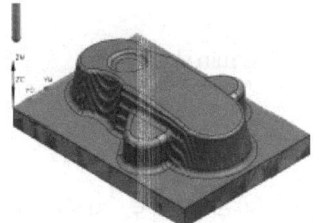
그림 2-9 정삭 가공

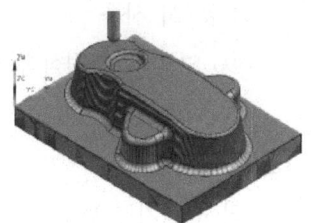
그림 2-10 잔삭 가공

2. 수동프로그램 작성

1) 좌표어와 제어축

(1) 좌표어

좌 표 어		내 용
기 본 축	X, Y, Z	서로 직교하는 3축에 대응하는 어드레스로 좌표의 위치나 거리를 지정
부 가 축	A, B, C U, V, W	부가축의 어드레스로 회전축의 각도와 축의 길이 및 위치를 지정
원 호 보 간	R	원호 반지름을 지정
	I, J, K	X, Y, Z를 따라가는 원호의 시작점부터 원호중심까지의 거리를 지정

(2) 제어축

머시닝센터에서 제어축은 좌표어의 X, Y, Z를 사용하여 제어축을 지령하며, 각 축에 대한 회전축에 A, B, C를 사용하기도 하며 이를 부가축이라 한다.

(3) 좌표축

프로그램을 작성할 때 기계 좌표축과 운동기호가 다르면 프로그램 작성 시 혼란이 생기므로 사용하는 좌표계는 표준 좌표계인 오른손 좌표계를 사용하며, 실제는 가공 시 테이블과 주축이 움직이지만 공작물은 고정되어 있고 공구가 이동하면서 가공하는 것처럼 프로그램 한다.

2) 기타 기능

(1) 주축 기능

주축의 회전 속도(rpm)를 지정하는 기능으로 "S" 다음에 4자리 숫자 이내로 지정한다.

① 머시닝센터에서 사용

　G97 S1500 M03(1500rpm으로 정회전)

② 선반에서 사용

G96 S150 M03(절삭속도가 150m/min로 정회전)

(2) 공구 기능

공구의 선택기능으로 "T" 다음에 2자리 숫자로 지령하여 일반적으로 공구매거진에 공구 포트 수만큼 지령할 수 있다.

T12 M06(12번 공구로 교환)

(3) 이송 기능

① 분당이송(G98)

공구를 분당 얼마만큼 이동하는가를 F로서 지령하며 밀링계의 종류에서 많이 사용한다.

(가) 지령방법

G98 F__ ;

F : 1분간에 해당하는 이동량, 단위 : mm/min

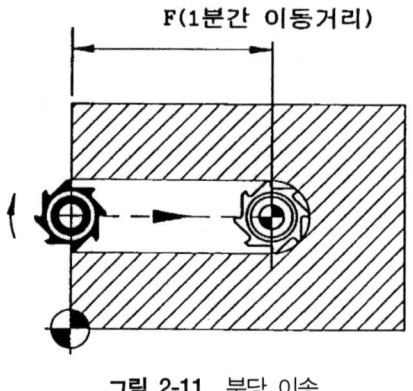

그림 2-11 분당 이송

② 회전당 이송(G99)

공구를 주축 1회전당 얼마만큼 이동하는가를 F로 지령하며 선반계의 종류에서 많이 사용한다.

(가) 지령방법

G99 F__ ;

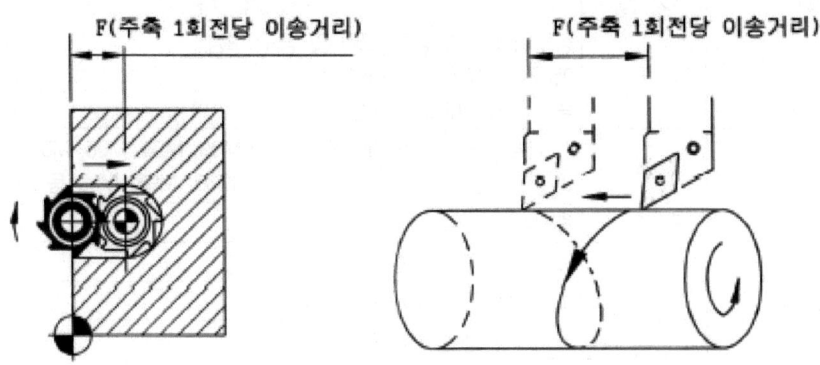

그림 2-12 회전당 이송

관계식 : $F = f \times N$

F : 분당이송(mm/min)

f : 회전당 이송(mm/rev)

N : 주축회전수(rpm)

3) 보조기능 및 준비기능

(1) 어드레스

어드레스(address)는 영문 대문자 중 1개로 표시되며, 각각의 어드레스 기능은 아래와 같다.

표 2-1 어드레스와 의미

어드레스	기 능	의 미
프로그램 번호	O	프로그램의 이름에 해당
전개번호	N	지령절의 첫머리에 주소N 과 함께 임의의 4자리 숫자 이내로 한다(생략할 수 있다). 예) N0093 : 블록의 전개번호가 93
준비기능	G	동작조건을 정의(직선, 원호) NC 지령절의 제어기능을 준비하기 위한 기능
좌표어 (지령단위 mm, inch)	X, Y, Z	각 축의 이동 위치를 명령
	A, B, C	부가축의 이동명령
	I, J, K	원호 중심까지의 거리
	R	원호의 반경지정
이송 기능	F	이송속도(Feedrate)로서 공작물과 공구의 상대속도를 지정 보통 NC선반은 mm/rev, 머시닝센터는 mm/min으로 표시
주축 기능	S	주축의 회전수를 지령하는 기능으로 주축 motor의 회전속도를 제어한다. 보통 주소 S 다음에 2자리수나 4자리수로 표시 예) S1500 : 1500rpm을 의미.

어드레스	기 능	의 미
공구 기능	T	공구의 선택과 공구 교환 및 공구 보정 예) T03 : 3번 공구 지령. 즉, 공구선택번호가 3번을 의미
보조 기능	M	1) 기계 보조장치의 ON/OFF 기능 : M03, M04, M05, M06, M08, M09 등 2) 프로그램 제어기능 : M00, M02, M30, M98, M99 등
휴지 시간	P, X, U	휴지시간 지정
프로그램 번호 지정	P	보조 프로그램 호출
전개번호	P, Q, R	고정 사이클의 파라미터
반복 횟수	L	프로그램 반복 횟수 지정
EOB	;	블록의 끝

(2) 보조기능

기계의 ON/OFF 제어에 사용하는 보조 기능은 "M" 다음에 2자리 숫자로 지령한다.

표 2-2 보조기능(M코드)

코드	기 능
M00	프로그램 정지(Program Stop)
M01	선택적 멈춤(Optional Stop)
M02	프로그램 끝냄(End Of Program)
M30	프로그램 끝냄(End Of Tape)
M03	주축 정 회전(Spindle Forward Running)
M04	주축 역 회전(Spindle Reverse Running)
M05	주축 정지(Spindle Stop)
M08	냉각수 ON(Coolant ON)
M09	냉각수 OFF(Coolant OFF)
M10	척 잠김(Chuck Clamp)
M11	척 풀림(Chuck Unclamp)
M16	공구 교환 모드
M19	주축 정 위치(Spindle Orientation On)
M20	주축 정 위치 해제(Spindle Orientation Off)
M40	TOOL PORT GRIP ON
M41	TOLL PORT GRIP OFF
M98	부 프로그램의 호출
M99	호출된 프로그램의 복귀

(3) 준비기능

어드레스 G아래 2자리 수치로서 블록내의 공구 및 각 축의 동작, 프로그램 좌표계설정 등 CNC제어장치의 기능을 동작하기 위한 기능을 의미한다.

① 준비기능의 구분

표 2-3 준비기능의 구분

종 류	의 미	Group
1회 지령 코드	명령된 블록에 한하여 G Code가 수행	"00"그룹
연속 지령 코드	동일그룹의 다른 G Code가 나올 때까지 유효한 기능	"00"이외의 그룹

② G코드 종류

G Code는 "G" 다음에 "00"에서 "99"까지의 두 자리 숫자로 지정한다.

표 2-4 준비기능(G코드)

G-코드	그룹	기 능	G-코드	그룹	기 능
G00	01	급속 위치결정(급속이송)	G73		고속심공 드릴 싸이클
G01		직선보간(직선가공)	G74		역 탭핑 싸이클(왼나사)
G02		원호보간 CW(시계방향)	G76		정밀보링 싸이클
G03		원호보간 CCW(반시계방향)	G80		고정 싸이클 취소
G04	00	드웰(Dwell)	G81		드릴 / Spot 드릴 싸이클
G17	02	X-Y 평면지정	G82		드릴 / 카운터 보링 싸이클
G18		Z-X 평면지정	G83	09	심공 드릴 싸이클
G19		Y-Z 평면지정	G84		탭핑 싸이클
G20	06	Inch Data 입력	G85		보링 싸이클
G21		Metric Data 입력	G86		보링 싸이클
G27	00	원점복귀 Check	G87		백보링 싸이클
G28		자동원점 복귀(제 1원점 복귀)	G88		보링 싸이클
G30		제 2원점 복귀	G89		보링 싸이클
G40	07	인선 R보정 말소	G90	03	절대지령
G41		인선 R보정 좌측	G91		증분지령
G42		인선 R보정 우측	G92	00	공작물 좌표계 설정
G43	08	공구길이 보정 "+"	G94	05	분당이송
G44		공구길이 보정 "-"	G95		회전당이송
G49	08	공구길이 보정 취소	G96	13	주속 일정제어
G54	14	공작물 좌표계 선택 1	G97		주속 일정제어 취소
G55		공작물 좌표계 선택 2	G98	10	고정 싸이클 초기점 복귀
G56		공작물 좌표계 선택 3	G99		고정 싸이클 R점 복귀
G57		공작물 좌표계 선택 4			
G58		공작물 좌표계 선택 5			
G59		공작물 좌표계 선택 6			

3. 자동 프로그램 작성

1) 황삭, 정삭, 잔삭

(1) MILL_CONTOUR

MILL_CONTOUR에는 여러 가공방법이 있으나 CAVITY_MILL, CONTOUR_AREA, FLOWCUT_SINGLE이 주를 이룬다.

① CAVITY_MILL

CAVITY_MILL은 Z축을 사용자가 원하는 깊이별로 나누어서 작업을 할 수 있으며, 주로 황삭 가공을 하는데 사용하면 편리하다.

만약, 가공 형상이 평면 가공만이 있는 형상이라면 CAVITY_MILL만으로도 정삭 가공이 가능하다.

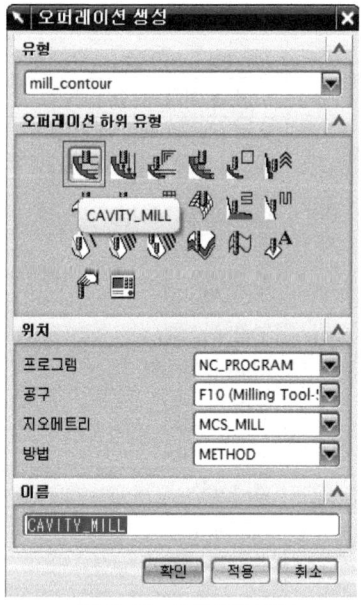

그림 2-13 CAVITY_MILL

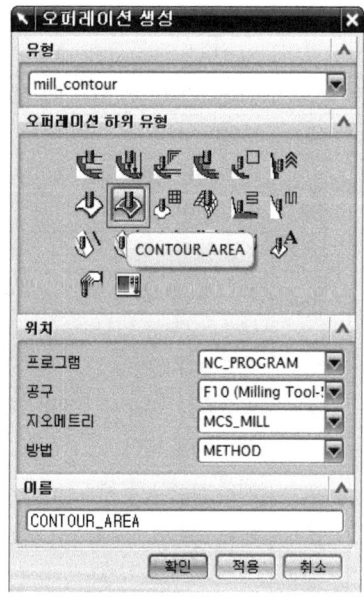

그림 2-14 CONTOUR_AREA

② CONTOUR_AREA

CONTOUR_AREA는 CAVITY_MILL처럼 Z축을 Cut Level로 나누어 가공하는 것이 아니라 가공 형상의 면을 따라서 가공하는 정삭 가공 방식이다.

③ FLOWCUT_SINGLE

FLOWCUT_SINGLE은 이전 공구로 가공되지 않은 부분을 잔삭 처리하는 가공 방식이다.

그림 2-15 CAVITY_MILL

실기 내용

1. NC 절삭 지시서

표 2-5 NC 절삭 지시서

NO 공구 번호	작업 내용	파일명	공구조건		경로 간격 (mm)	절삭조건				비고
			종류	직경		회전수 (rpm)	이송 (mm/min)	절입량 (mm)	잔량 (mm)	
01	황삭	01.NC	평E/M	⌀10	5	1200	120	3	0.5	
02	정삭	02.NC	볼E/M	⌀5	0.5	1650	85			
03	잔삭	03.NC	평E/M	⌀10		1200	85			

1) 도면에 명시된 원점을 기준으로 NC data를 생성한다.
2) NC data 생성 후 공구번호, 절삭조건 등을 절삭 지시서에 맞도록 작업한다.
3) 공작물을 고정하는 베이스(20mm) 윗 부분이 절삭가공되도록 NC data를 생성하여야 한다.

그림 2-16 가동측 코어

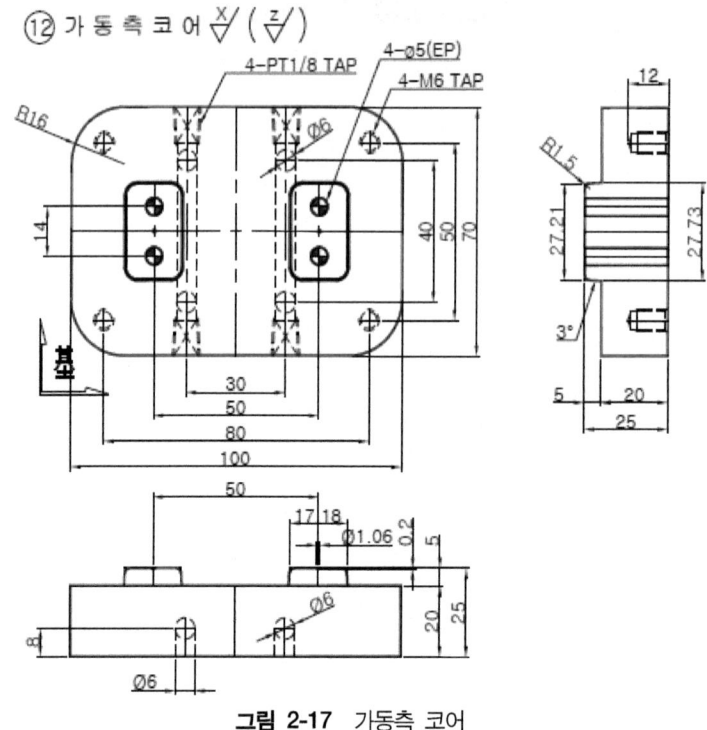

그림 2-17 가동측 코어

2. 모델링 수정

원활한 NC데이터 생성을 위해 그림과 같이 위의 구멍을 메꾼다.

삽입 → 곡면 → 경계 평면을 클릭하고 좌측의 그림과 같이 원의 모서리를 선택하여 구멍을 메꾼다. 나머지 구멍도 반복하여 오른쪽의 그림처럼 모든 구멍을 메꾼다.

3. Manufacturing

1) 황삭 가공

(1) Manufacturing 작업하기(시작 클릭 → Manufacturing 클릭)

(2) 가공환경 창이 활성화 되면 mill_contour 선택 후 확인

    mill_contour → 3D용, mill_planar → 2D용

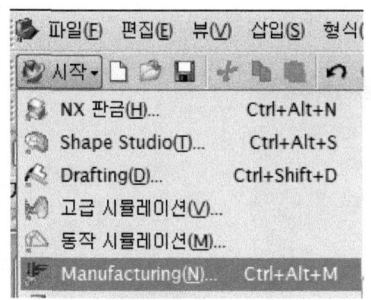 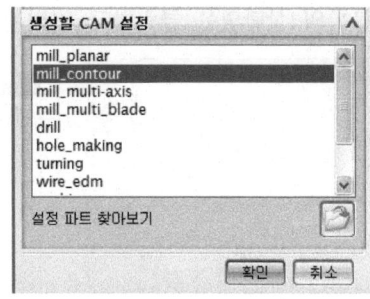

(3) Manufacturing 환경에 들어오면 좌측 리소스바에 오퍼레이션 탐색기가 생성된다.
(4) 오퍼레이션 탐색기의 빈 공간에서 마우스 우측 버튼을 클릭하고 지오메트리 뷰를 클릭한다.
(5) 리소스바 창에서 MCS_MILL과 WORKPIECE를 확인한다.

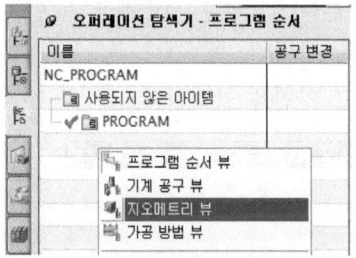 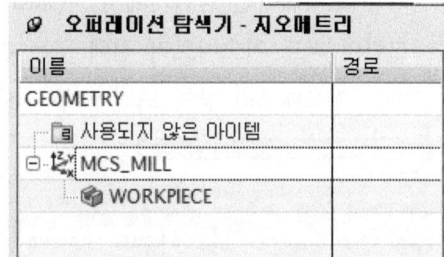

(6) 가공 원점 설정

위 그림의 MCS_MILL을 더블클릭하고 좌표계 다이얼로그 아이콘을 클릭한다.
좌표계 창이 뜨면 화면상에서 원점을 지정하고 확인 버튼을 클릭한다.

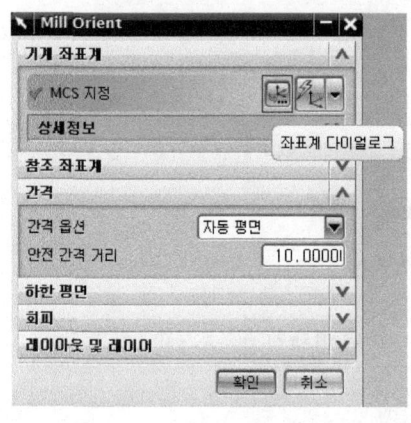 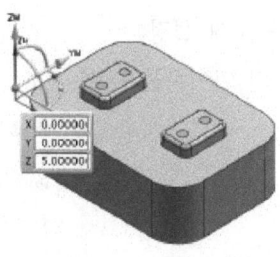

(7) 안전높이 설정

간격 옵션을 평면으로 지정하고 평면 다이얼로그 아이콘 클릭

블록의 상단면을 클릭하고 거리는 50을 입력한 후 확인 버튼 클릭

  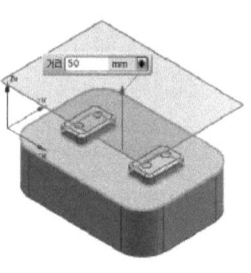

(8) 가공형상 설정

좌측 오퍼레이션 탐색기에서 WORKPIECE를 더블클릭 → 밀링 지오메트리 창이 뜬다.
그림의 파트 지오메트리 선택 또는 편집 아이콘을 클릭
파트 지오메트리 창이 뜨면 모두 선택을 클릭하고 확인을 클릭한다.

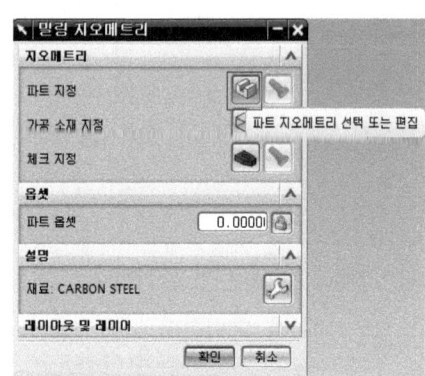 

(9) 가공 소재 설정

그림의 아이콘을 클릭

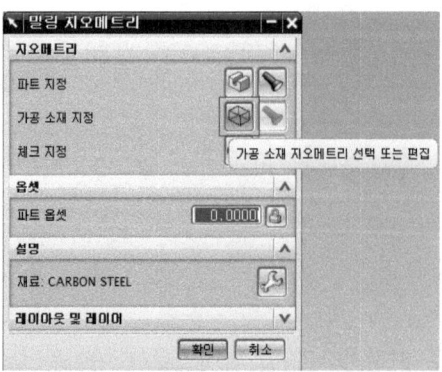

가공 소재 지오메트리 창이 뜨면
자동 블록으로 설정하고 ZM+에 3을 입력하고 확인 클릭

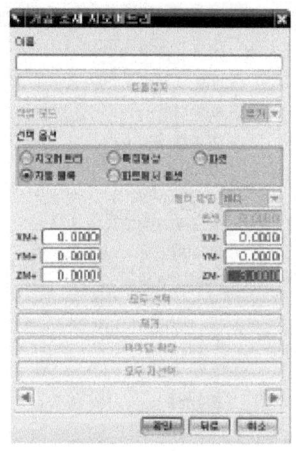
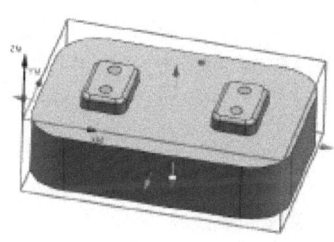

확인을 클릭하여 밀링 지오메트리 창을 종료한다.

(10) 공구 생성

오퍼레이션 탐색기의 빈 공간에서 마우스 우측 버튼을 클릭하고 기계 공구 뷰를 클릭한다.

(11) 황삭 공구 설정

삽입 → 공구 클릭하고 아래와 같이 설정한다.

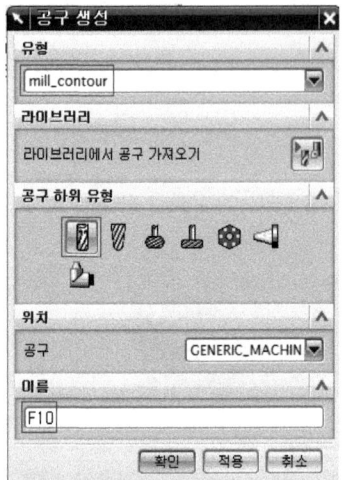 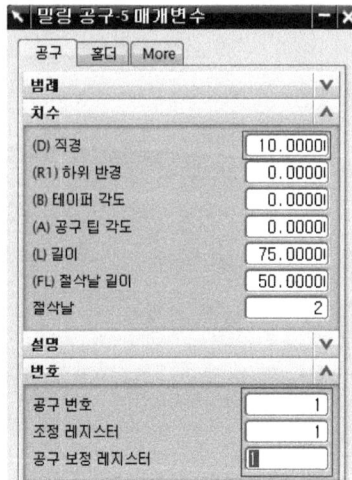

(12) 정삭 공구 설정

삽입 → 공구 클릭하고 아래와 같이 설정한다.

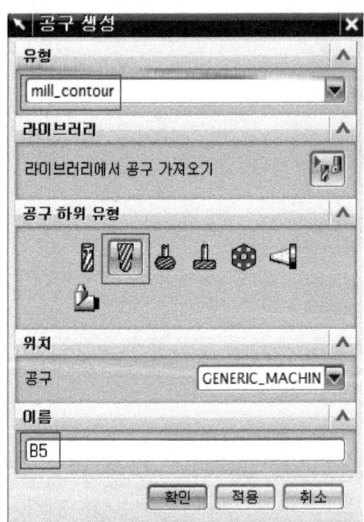 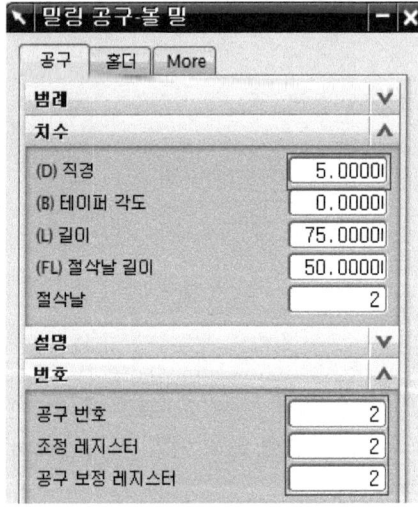

(13) 오퍼레이션 탐색기 영역에서 마우스 우측 버튼을 클릭하고 프로그램 순서 뷰를 클릭
(14) 황삭 Tool Path 생성(삽입 → 오퍼레이션 클릭)

그림과 같이 설정하고 확인 버튼을 클릭

절삭 영역 지정 아이콘을 클릭한다.
모두 선택 클릭

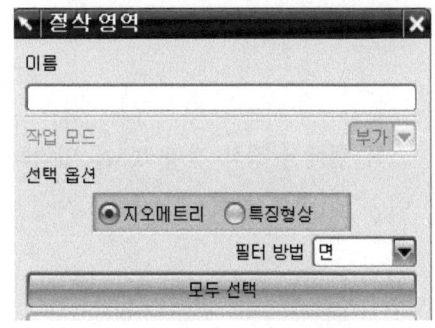

나타난 대화상자에서 모두선택을 클릭하면 아래 그림의 좌측과 같이 되는데 아래 그림의 우측과 같이 주황색 면을 제외한 면을 Shift키를 누른 상태에서 클릭하여 선택 해제시킨다. 이렇게 하면 블록의 상단면만 황삭 가공 데이터를 생성할 수 있다.

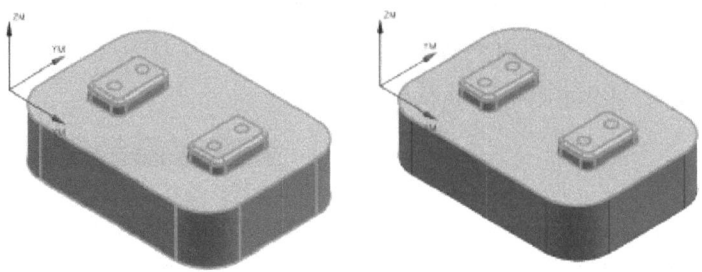

아래와 같이 설정하고 절삭 매개변수 클릭

전략 탭에서 패턴 방향은 안쪽으로 설정하고 벽면의 아일랜드 클린업을 체크한다.

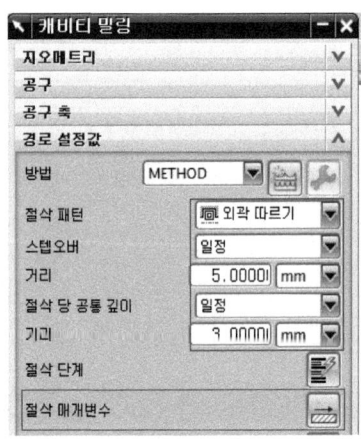
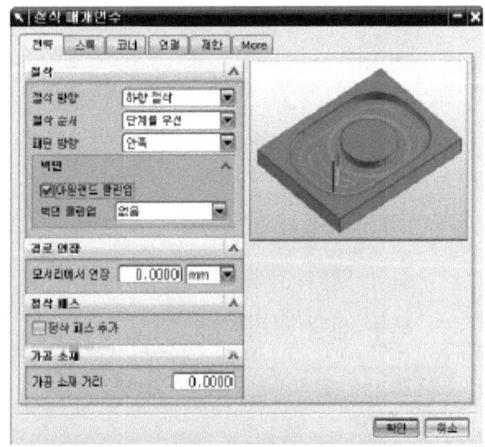

스톡 탭에서 정삭 잔량 0.5를 입력하고 확인 클릭

이송 및 속도 클릭

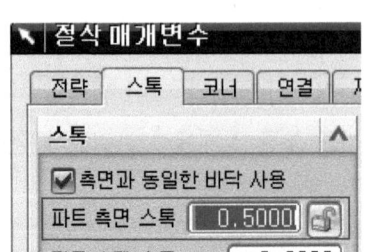
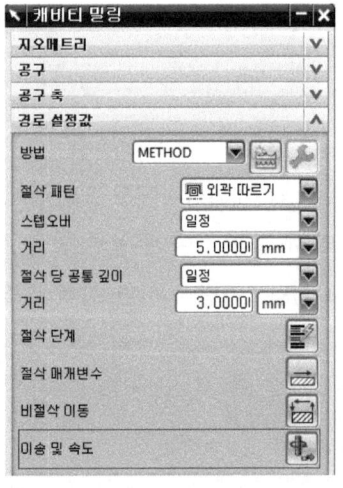

아래와 같이 입력하고 확인 클릭

작업의 생성 아이콘 클릭하고 확인 버튼 클릭

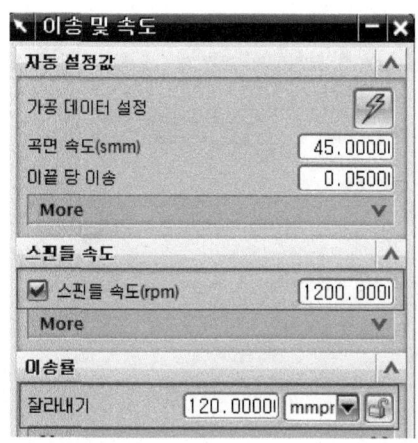
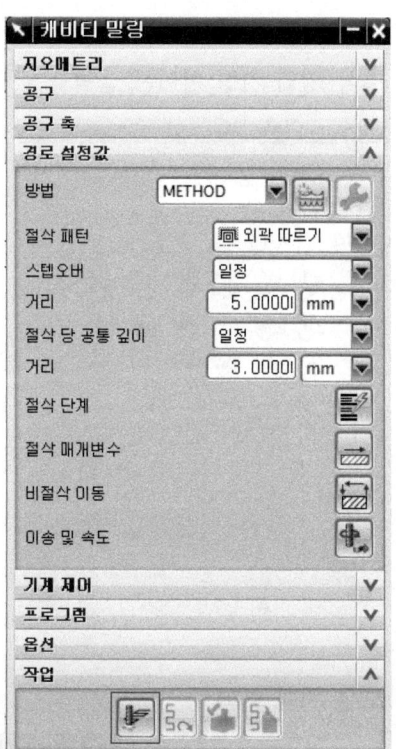

그림과 같이 황삭 Tool Path가 생성된다.

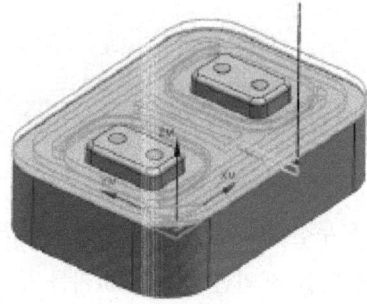

2) 정삭 가공

(1) 정삭 Tool Path 생성(삽입 → 오퍼레이션 클릭)

그림과 같이 설정하고 확인 버튼을 클릭

절삭 영역 지정 아이콘 클릭

모두 선택 클릭

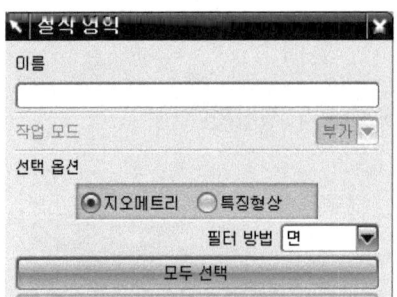

나타난 대화상자에서 모두선택을 클릭하면 아래 그림의 좌측과 같이 되는데 아래 그림의 우측과 같이 주황색 면을 제외한 면을 Shift키를 누른 상태에서 클릭하여 선택 해제시킨다. 이렇게 하면 블록의 상단면만 정삭 가공 데이터를 생성할 수 있다.

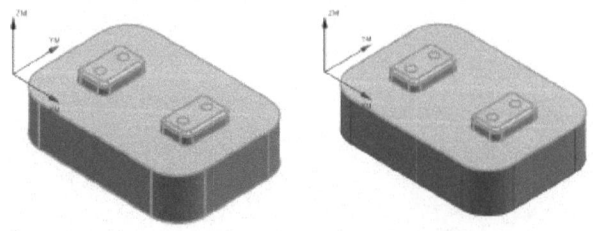

방법의 편집 아이콘 클릭
그림과 같이 설정하고 확인 클릭

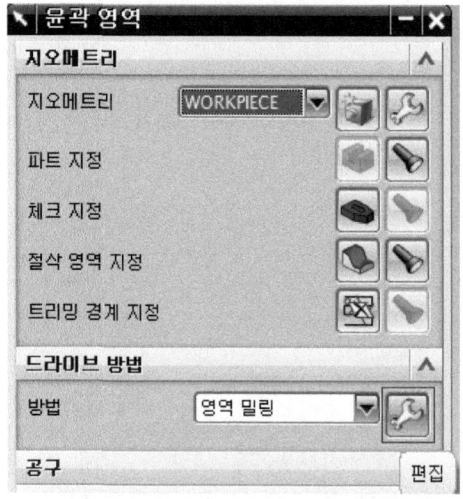
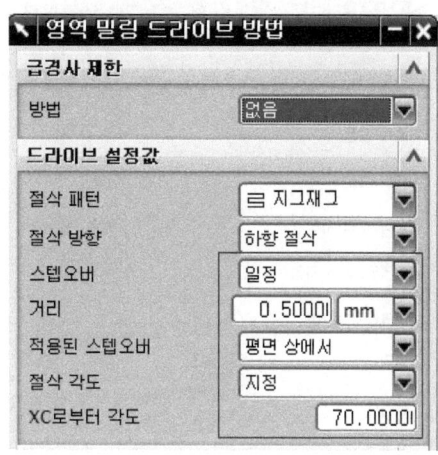

이송 및 속도 아이콘 클릭

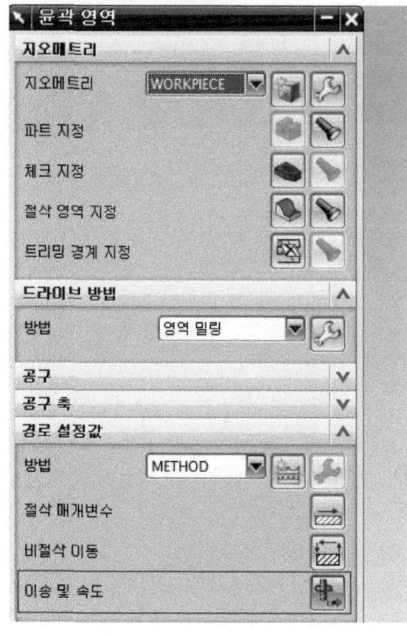
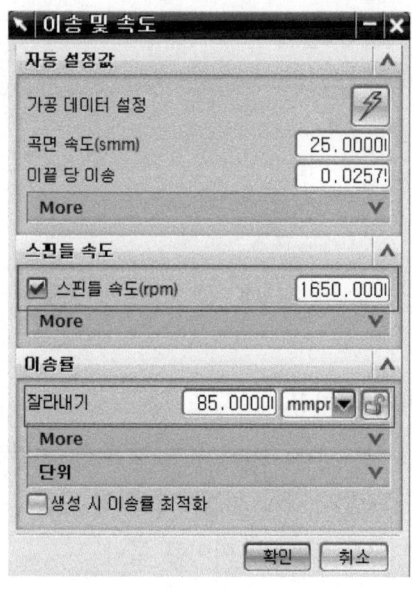

작업의 생성 아이콘 클릭

그림과 같이 정삭 Tool Path가 생성된다.

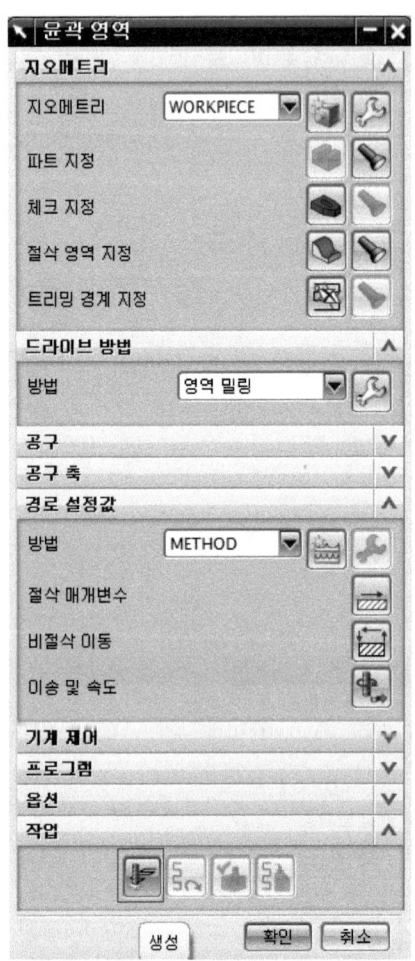
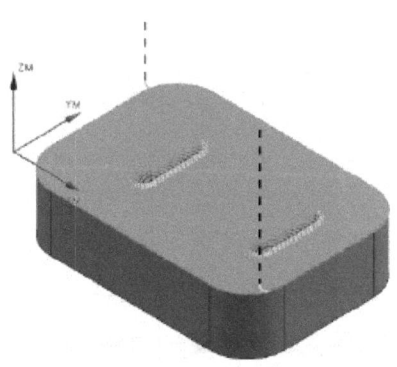

3) 잔삭 가공

(1) 잔삭 Tool Path 생성(삽입 → 오퍼레이션 클릭)

그림과 같이 설정하고 확인 클릭

이송 및 속도 아이콘 클릭

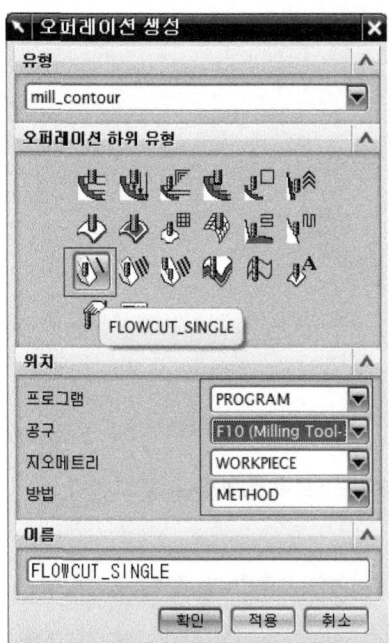
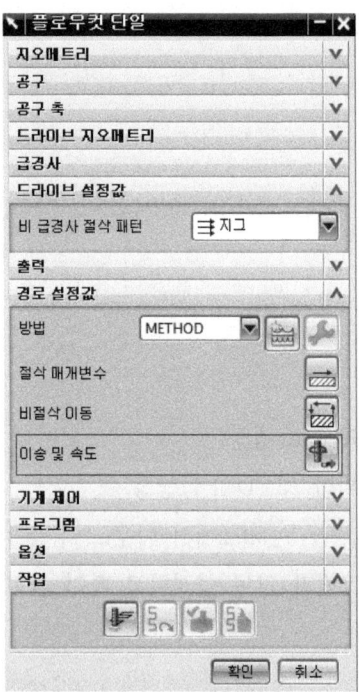

그림과 같이 설정하고 확인 클릭
작업의 생성 아이콘 클릭하고 확인 클릭

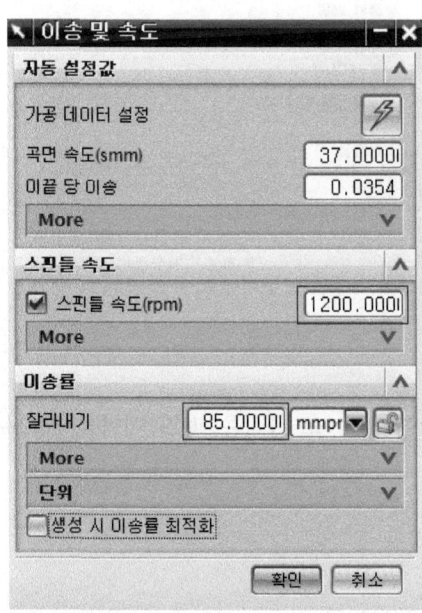

그림과 같이 잔삭 Tool Path가 생성된다.

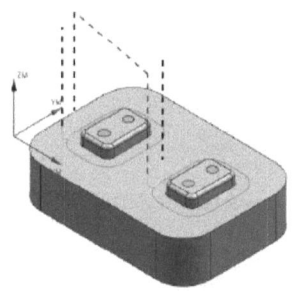

4) NC Data생성

(1) 황삭 NC DATA 생성

CAVITY_MILL에서 마우스 우측 버튼을 클릭하고 포스트프로세스를 클릭한다.
그림과 같이 설정하고 확인 클릭

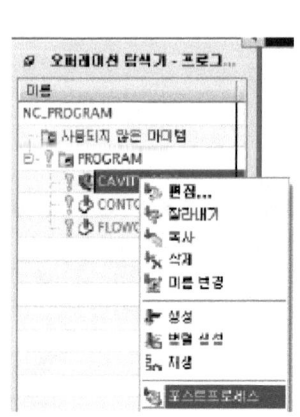

(2) 정삭 및 잔삭 NC DATA 생성

위의 과정과 동일하게 생성하며 정삭은 파일 이름을 02, 잔삭은 파일 이름을 03으로 저장한다.

5) NC Data수정

(1) 그림과 같이 ptp로 생성된 확장자를 nc로 변경한다.

📄 01.ptp	10KB	PTP 파일
📄 02.ptp	88KB	PTP 파일
📄 03.ptp	2KB	PTP 파일

(2) NC Data 수정 전

%
N0010 G40 G17 G90 G70
N0020 G91 G28 Z0.0
：0030 T01 M06
N0040 G0 G90 X42.393 Y-5.06 S1200 M03
N0050 G43 Z45. H01
N0060 Z.75
N0070 G1 Z-2.25 F120. M08

(3) NC Data 수정 후

%
N0010 G90 G80 G40 G49 G17
N0030 T01 M06
N0040 G0 G90 X42.393 Y-5.06 S1200 M03
N0050 G43 Z45. H01 M08
N0060 Z.75
N0070 G1 Z-2.25 F120.

(4) 정삭과 잔삭 NC Data도 같은 방법으로 수정한다.

단원 핵심 학습 문제

01 다음 중 머시닝센터의 기본축이 아닌 것은?

① X ② Y ③ Z ④ A

해설 : ④ 기본축 - X, Y, Z
　　　　부가축 - A, B, C, U, V, W

02 CNC 가공에서의 주축 기능에 대하여 설명하시오.

해설 : 주축의 회전 속도(rpm)를 지정하는 기능으로 "S" 다음에 4자리 숫자 이내로 지정
　　　① 머시닝센터에서 사용 - G97 S1500 M03(1,500rpm으로 정회전)
　　　② 선반에서 사용 - G96 S150 M03(절삭속도가 150m/min로 정회전)

03 CNC 가공에서의 이송 기능에 대하여 설명하시오.

해설 : ① 분당이송(G98)
　　　　공구를 분당 얼마만큼 이동하는가를 F로서 지령하며 밀링계의 종류에서 많이 사용한다.
　　　　G98 F__ ;　　F : 1분간에 해당하는 이동량, 단위 : mm/min
　　　② 회전당 이송(G99)
　　　　공구를 주축 1회전당 얼마만큼 이동하는가를 F로 지령하며 선반계의 종류에서 많이 사용한다.
　　　　G99 F__ ;

04 머시닝센터의 원호가공 G02, G03에 대하여 설명하시오.

해설 : G02 - 원호보간 CW(시계방향)
　　　　G03 - 원호보간 CCW(반시계방향)

05 머시닝센터의 확장자를 쓰시오.

해설 : .NC

06 공작물 좌표계 설정에 대하여 설명하시오.

해설 : G92 - 공작물 좌표계 설정
　　　　G54 - 공작물 좌표계 선택 1

07 머시닝센터의 황삭, 정삭, 잔삭에 대하여 설명하시오.

해설 : ① CAVITY_MILL(황삭)
　　　　CAVITY_MILL은 Z축을 사용자가 원하는 깊이별로 나누어서 작업을 할 수 있으며, 주로 황삭 가공을 하는데 사용하면 편리하다.
　　　② CONTOUR_AREA(정삭)
　　　　CONTOUR_AREA는 CAVITY_MILL처럼 Z축을 Cut Level로 나누어 가공하는 것이 아니라 가공 형상의 면을 따라서 가공하는 정삭 가공 방식이다.
　　　③ FLOWCUT_SINGLE(잔삭)
　　　　이전 공구로 가공되지 않은 부분을 잔삭 처리하는 가공 방식이다.

2-2 부품 세팅하기

1. 기계에 대한 사양을 파악

1) 공작기계 분류 및 선정

(1) 가공 방법에 의한 공작기계 분류

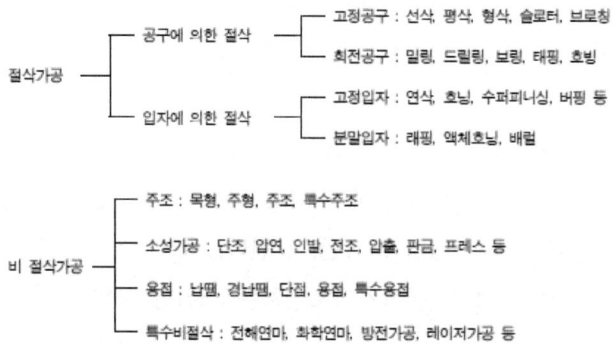

(2) 절삭 공구에 의한 공작기계 분류

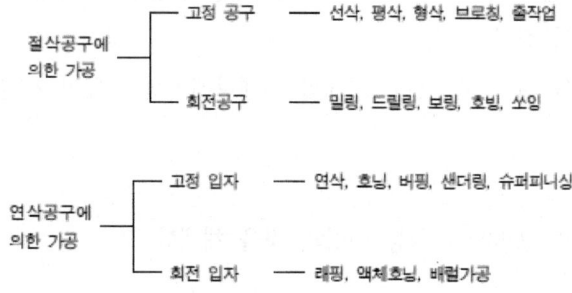

(3) 가공 능률 분류에 따른 공작기계
① 범용 공작기계 : 가공범위가 넓고 조작이 용이하다.
② 전용 공작기계 : 특정한 모양이나 치수의 제품 대량 생산에 적합
③ 단능 공작기계 : 단순한 기능의 공작 기계로서 한가지의 가공만 가능
④ 만능 공작기계 : 다양한 가공을 할 수 있도록 제작(선반, 드릴링머신, 밀링머신 등의 공작기계 포함)

실기 내용

1. 기계 사양 파악
사양 파악의 한 예로 CNC 수직형 밀링머신의 사양서를 검토하기로 한다.

1) 장비의 특성 및 품질
(1) 고속절삭 시 높은 정밀도를 유지해야 하며, 뛰어난 가동성으로 소형 공작물의 정밀가공에 적합함은 물론 강력절삭이 가능해야 한다.
(2) 본 제품은 CAD/CAM용 CNC MCT로서 CAM용 소프트웨어에서 생성된 NC 가공용 데이터와 호환성을 가져야 한다.
(3) 컨트롤러 및 인터페이스는 해당기관 컴퓨터와 100% 호환이 되어야 하며, DNC Software와 표준 G-Code(KSB 4206)에 대응하여 DNC 구축이 가능해야 한다.
(4) 구성은 MCT 기계부 본체, 메인 조작반, 강전반, 서보제어장치, PMC(또는 PLC) 전기회로장치, ATC 등으로 구성되며, 전기회로장치는 스위칭 파워를 사용해 안전성이 있어야 한다.
(5) 본 장비는 FANUC 컨트롤러와 100%호환이 되어야 하며 조작반은 10.4″ 이상 COLOR TFT LCD 화면, MDI, 기계측 조작스위치로 구성되어야 한다.
(6) PMC(또는 PLC)는 DYNAMIC LADDER 표시기능이 있어서 기계의 상태를 쉽게 파악 및 보수가 용이해야 한다.
(7) 프로그램 검증을 위한 공구경로 그래픽과 애니메이션 기능이 지원되어야 한다.

2. 컨트롤러 사양
1) FANUC 컨트롤러 F-0iMD급 성능 이상의 것을 채택할 것

2) 제어축
(1) 최대 제어축 수 : 5축 이상(기본 3축, 테이블 2축)
(2) 동시 제어축 수 : 4축 이상
(3) 제어축 확장 : 기본축 X, Y, Z 3축을 제외하고 2축 확장가능
(4) Fine 자동 가감속 : 급속이송(직선형), 절삭이송(지수형)

3) 피드
(1) 피드 오버라이드 : 0~200%
(2) 조그 이송 : 0~5000mm/min 이상

(3) 급송 오버라이드 : 0, 25%, 50%, 100%

(4) 핸들이송 배율 : X1, X10, X100

4) 주축제어

(1) 주축속도 지령 : S5행 직접지령

(2) 오버라이드 : 50~120% 이상

(3) 주축 오리엔테이션 : Magnet Sensor 혹은 Built-in Sensor

5) 프로그램

(1) 지령방식 : 증분, 절대

(2) 최소입력단위 : 0.001/0.0001″

(3) 프로그램 메모리 : 640m 이상

(4) 운전중 편집 : 백그라운드 EDIT 가능

(5) 미러이미지 : 각축

(6) 스케일링 기능 : G50, G51

(7) 이그젝트 스톱 : G09, G61

(8) 스트로크 리미트 : 1, 2

(9) 워크 좌표계 : 40조 이상

(10) 리지드 태핑기능 가능

(11) 커스텀 매크로B

6) 조작 및 세팅, Display 기능

(1) 표시화면 : 10.4″ COLOR TFT LCD

(2) 부하율 표시 가능

(3) 실가공 그래픽 표시 가능

(4) 공구경로 표시 가능

(5) 이송축 조정 화면

(6) 자동코너 가감속 가능

(7) Software Operating Panel 기능

(8) 한국어 표시

(9) Work좌표계 표시 및 Pre-set 기능

(10) 200블럭 선독 제어 기능

7) 보간 기능

(1) 직선, 원호 : G01, G02, G03

(2) 헬리컬 보간 : G02, G03

(3) 극좌표 지령 : G15, G16

(4) 원통 보간 : G71

(5) 고정 사이클 : G73, G74, G76, G80-G89

(6) 좌표 회전 : G68, G69

(7) 한 방향 위치결정 : G60

(8) 스킵 : G31

(9) 반경지정 원호 보간 : 기본축+C, R

(10) AI-Nano 및 선행제어 가능

8) 통신 기능

(1) 테이프 코드 : EIA/ISO 자동판별

(2) 통신포트 : RS232C/RS422 및 Ethernet기능 지원

(3) 통신 속도 : 19200bps 이상

(4) DNC 운전 : DNC 기능

(6) 입·출력 동시 운전 가능

(7) Data Server 기능 가능

9) 보정 기능

(1) 기억형 피치에러보정

(2) 백래쉬 보정

(3) 원호 돌기 보상 : 백래쉬 가속 기능

10) 조작 지원

싱글블록, 머신록, M00/01, 프로그램번호/시퀀스 번호 탐색, 메로리록, 제2~제4 원점 복귀, 프로그램체크, Z축 캔슬, 드라이런, 자가진단 기능

2. 부품 형상에 대한 자주검사

1) 자주검사

(1) 자주검사의 장 · 단점

표 2-6 자주검사의 장 · 단점

구 분		장 점	단 점
원가면		적절히 실시하면 원가절감	적절히 실시하지 못하면 오히려 원가상승(신용도 잃는다.)
품질면	신속성	빨라진다.	이상을 깨닫지 못하면 반대로 지연
	정확성	요인 추구의 마음자세와 지식이 있으면 정확도가 높아진다.	판단이 엄격하지 않게 되기 쉬워 충분한 시간을 취할 수 없다.
	대책	실시 가능	대책 능력이 부족하고 가능성이 없으면 오히려 트러블의 원인이 된다.
참가의식		품질의식의 향상	실패하면 자신을 잃어 역효과가 난다.

(2) 자주검사 전제조건

① 자주관리 대상의 올바른 선정과 개선
  (가) 제품 · 부품 · 공정 · 설비 · 작업자를 지정한다.
  (나) 작업자 교육 철저
  (다) 설비 관리 항목 지정(Fool Proof화, 자동검사화)
  (라) 제품 · 부품공정의 선정
  (마) 후공정에서 발견 가능하도록
  (바) 공정이 안정되어 있을 것

② 시스템의 충실과 교육 철저
  (가) 작업표준
  (나) 이상처리규정
  (다) 한도견본 충실
  (라) 검사 교육 철저
  (마) 검사 기구
  (바) 환경 정비
  (사) 불량신고제
  (아) 후공정 Check 충실
  (자) Check sheet 충실

③ 자주관리 체제의 평가와 개선
    (가) 자주관리 상황의 확인·개선
    (나) QC Patrol의 실시(검사부문·관리감독자)
    (다) 재발대책 상황의 확인
    (라) 불량·Claim의 추적 조사와 개선
    (마) 검사의 생략 결정 또는 검사
    (바) 생략의 취소

실기 내용

1. 자주검사 시트 작성과 자주검사

1) 자주검사 시트 작성
자주검사는 작업자 스스로가 자신이 만든 제품의 품질을 확인하는 검사활동이다.

2) 자주검사
(1) 전수 육안검사
작업 도중 100% 육안검사 실시

(2) 초기 제품, 중간 제품, 마지막 제품 검사
자주검사 체크시트에 검사 결과를 반드시 기록

(3) 불량품 식별 및 격리
① 불량품이 양품과 혼입되지 않도록 표시하여 지정된 장소에 격리시킨다.
② 불량품은 사후처리를 확실히 하며 혼입 또는 납품되는 일이 없도록 한다.
③ 태그 등을 부착하여 식별한다.

(4) 불량품 처리 절차

(5) Tool 교환
작업표준에 규정된 교환주기에 따라 Tool 교환

Tool 교환 후 반드시 초기 제품을 검사한다.
Tool 교환주기는 사용 가능한 한계 수명을, 일반적으로 생산 가능한 수량으로 정한다.

3. 부품도를 파악한 후 고정구 선택

1) 고정구의 형태별 종류

공작물의 형태에 따라 고정구의 형태가 결정되며 주로 플레이트형태와 앵글플레이트형태가 가장 많이 사용된다. 지그와 고정구는 위치 결정구와 클램핑 장치에 관한 한 근본적으로 동일하다. 절삭력이 증가되기 때문에 같은 치공구 요소라 하더라도 지그 보다는 더욱 견고하게 만들어져야 하며, 기준면에 의한 지지구도 고려하여야 한다.

(1) 플레이트 고정구

고정구 중에서 가장 많이 사용되어 적용되며 가장 단순한 형태이다. 기본적인 고정구는 플레이트 또는 V블록에 공작물을 기준설정과 위치 결정 시키고 클램프 시킬 수 있도록 만들어진 형태이다. 이 고정구는 단순하게 만들어지며 공작기계, 용접, 검사 등에 가장 많이 활용되는 형태이다. 본체는 강력한 절삭력에 견디어야 하므로 무엇보다 견고성이 필요하다. 고정구의 사용목적은 공작물의 위치 결정과 강력한 고정에 있다.

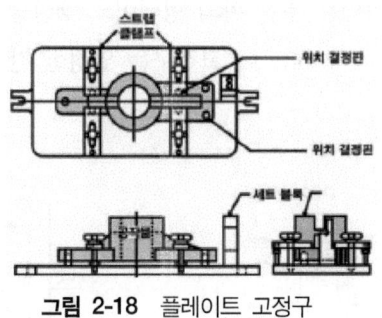

그림 2-18 플레이트 고정구

(2) 앵글 플레이트 고정구

플레이트 고정구에 수직 판을 직각으로 설치한 것으로 밀링고정구와 면판에 의한 선반고정구가 많이 사용되고 있다. 이 고정구는 공작물을 위치 결정구와 직각으로 기계 가공되는 것으로 강력한 절삭력에는 본체가 구조상 약하므로 보강 판을 설치하여야 한다.
이 고정구는 90°의 각도로 만들어지거나 다른 각도가 필요할 때가 있다. 이때는 수정된 앵글 플레이트 고정구를 사용한다.

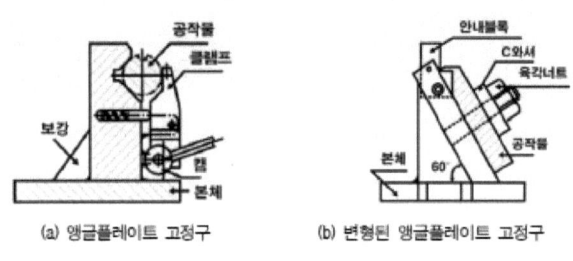

그림 2-19 앵글플레이트 고정구

(3) 바이스 조-오 고정구

일반적으로 표준 바이스를 약간 응용 한 것으로 작은 공작물을 기계 가공하기 위해서 사용된다. 이 형태의 고정구는 표준 바이스의 조-오 부분을 공작물의 형태에 맞도록 개조한 것으로 제작비가 염가이나 정밀도가 떨어지고 바이스 조-오의 이동량에 제한을 받게 되므로 소형 공작물을 가공하는데 적합하다.

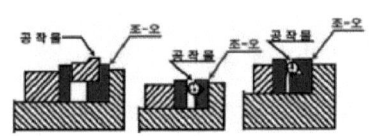

그림 2-20 바이스-죠 고정구

(4) 분할 고정구

분할 고정구는 플레이트 형태는 분할 판의 형태이고 앵글플레이트 형태는 인덱스 장치를 사용하며 분할 지그와 매우 유사하다. 이 고정구는 일정한 간격으로 기계 가공해야 할 공작물의 가공에 사용된다.

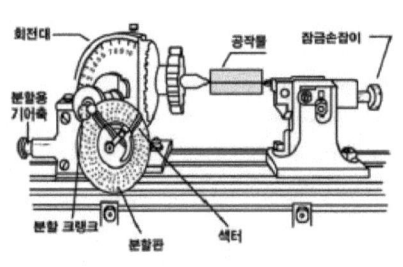

그림 2-21 분할 고정구

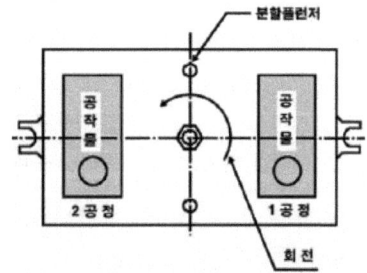

그림 2-22 멀티스테이션 고정구

(5) 멀티스테이션 고정구

이 고정구는 가공 사이클이 계속되어야 할 경우에 생산 속도와 생산량의 향상을 위하여 사용된다. 이단 고정구(duplex fixture)는 단지 2개의 스테이션을 가진 가장 간단한 다단 고정구이다. 이 고정구는 절삭 작업이 계속되는 동안 장착과 탈착을 할 수가 있다.

(6) 총형 고정구

이 고정구는 공작기계 자체로는 절삭할 수 없는 윤곽을 절삭할 수 있도록 절삭공구를 안내하는 데 사용된다. 이 윤곽은 내면과 외면 모두 가능하나 커터는 고정구와 계속적으로 접촉되고 있으므로 공작물은 고정구의 윤곽대로 절삭된다.

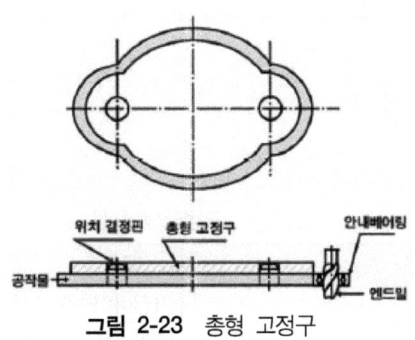

그림 2-23 총형 고정구

(7) 모듈러 시스템

조절형 치공구는 공작물의 품종이 다양하고 소량생산에 적합하도록 고안된 치공구로서, 부품이 조립될 수 있도록 가공되어 있는 본체와 각종 치공구 부품, 볼트 등으로 구성되어 이다. 치공구는 부품의 조합에 의해서 완성되며 또한 쉽게 분해가 가능하므로 다양한 공작물의 형태에 간단히 대처할 수 있으며 고정밀도를 제공하고 규격화, 표준화되어 있으므로 생산의 자동화 추진이 가능하다. 또한 CAD/CAM system에 의하여 공작물에 적합한 치공구의 형태와 부품의 종류 및 위치 등을 설정할 수 있는 등의 장점이 있다. 조절용 고정구의 활용 범위는 자동화생산용, 밀링 고정구, 선반 고정구, 보링 고정구, 검사(3차원측정 등)지그 등에 사용되며 복합용 머시닝센터에서 가장 많이 사용된다고 볼 수가 있다.

실기 내용

1. 고정의 개요

고정의 의미는 공구의 추력과 기타 제반 작업의 결과로 발생하는 공작물의 물리적 이동을 적절한 임으로 구속하는 것이다.

1) 고정구 사용 목적

(1) 복잡한 부품의 경제적인 생산
(2) 기존 기계의 작업 수행 능력 증가

(3) 공작물의 요구되는 정밀도에 부합시킴
(4) 비 경제적인 추가 시설을 개발하지 않고 최대 공구수명 유지
(5) 보조 공구의 이용으로 기존 장비의 최대 이용

2) 고정구 계획
이전 단계에서 생성된 셋업 및 공구 정보 등을 이용하여 공작물과 가공의 상황에 맞는 적절한 고정구의 선택과 사용을 결정한다.

3) 고정구의 구성

표 2-7 고정구의 구성

	명 칭	고정구 구성조건
전용 요소	마우스 피스	머신바이스에 부착
	센터링 도구	베이스플레이트에 고정
	플레이트(no hole)	앵글플레이트나 매스정반에 부착
	플레이트(hole)	앵글플레이트에 부착, 관통 구멍 작업시
범용 요소	조임쇠, 지지바, 받침대, 블록, 로케이트 핀	공작물의 조임과 위치 결정
범용 고정구	머신 바이스	베이스플레이트에 고정
	베이스 플레이트	
	각형 앵글 플레이트	가공물의 기준면을 테이블과 수직인 면에 고정할 때
	구멍부착 편면 앵글 플레이트	
	매스 정반	

4) 고정구의 선택
(1) 부품의 형태를 대표적인 형태의 패턴으로 분류하고 고정구를 고려한다.
(2) 엔드밀작업, 페이스커터 작업, 드릴링, 보링 등 작업의 형태에 따라 고정구를 선택한다.

2. 부품 기준면 선정
부품의 전체적인 조립관계와 구조 및 가공 용이성을 고려하여 기준면을 설정한다.

단원 핵심 학습 문제

01 다음 중 고정구 사용 목적이 아닌 것은?
① 기존 기계의 작업 수행 능력 증가
② 공작물의 요구되는 정밀도에 부합시킴
③ 비 경제적인 추가 시설을 개발하지 않고 최대 공구수명 유지
④ 간단한 부품의 경제적인 생산

해설 : ④ 고정구 사용 목적
- 복잡한 부품의 경제적인 생산
- 기존 기계의 작업 수행 능력 증가
- 공작물의 요구되는 정밀도에 부합시킴
- 비 경제적인 추가 시설을 개발하지 않고 최대 공구수명 유지
- 보조 공구의 이용으로 기존 장비의 최대 이용

02 고정구 중에서 가장 많이 사용되어 적용되며 가장 단순한 형태이다. 기본적인 고정구는 플레이트 또는 V블록에 공작물을 기준설정과 위치 결정 시키고 클램프 시킬 수 있도록 만들어진 형태의 고정구는?

해설 : 플레이트 고정구

03 공작물의 품종이 다양하고 소량생산에 적합하도록 고안된 치공구로서, 부품이 조립될 수 있도록 가공되어 있는 본체와 각종 치공구 부품, 볼트 등으로 구성되어 있는 것은?

해설 : 모듈러 시스템(조절형 치공구)

04 작업자 스스로가 자신이 만든 제품의 품질을 확인하는 검사활동은?

해설 : 자주검사

05 머시닝센터의 구성에 대하여 쓰시오.

해설 : MCT 기계부 본체, 메인 조작반, 강전반, 서보제어장치, PMC(또는 PLC) 전기 회로장치, ATC

06 범용 고정구의 종류를 쓰시오.

해설 : 머신 바이스, 베이스 플레이트, 각형 앵글 플레이트, 구멍부착 편면 앵글 플레이트 매스 정반

07 공작기계 자체로는 절삭할 수 없는 윤곽을 절삭할 수 있도록 절삭공구를 안내하는 데 사용되는 고정구는?

해설 : 총형 고정구

2-3 가공조건 결정하기

1. 절삭조건 판별

1) 절삭조건

(1) 공구에 맞는 절삭조건

NC가공의 절삭 조건 지정 시 공구의 선정이 우선되어야 하며 절삭공구를 선택할 때는 절삭에 의한 공구마모(tool wear)와 과부하에 따른 공구의 파손 및 공구의 휨(deflection)과 진동(chatter) 등을 고려해야 한다. NC 데이터를 생성하기 위한 CAM작업 시 각 작업공정에 따른 절삭조건을 결정하고 공구의 진입과 도피 방법 및 가공 시작점과 다음 가공영역으로 이동 방법 등을 정의하여야 한다. 또한 공구의 퇴각과 진입에 따른 안전높이를 정의하고 가공 초기점 가공 완료 후 복귀점 등을 정의한다.

공구 수명이란(Tool life)란 같은 일감으로 일정한 조건으로 절삭하기 시작하여 깎을 수 없게 될 때까지의 총 절삭 시간을 분으로 나타낸 것이다.

구멍을 뚫을 때는 절삭한 구멍 깊이의 총계로 나타내기도 한다. 공구 수명은 마멸이 주된 원인이며, 열 또한 원인이 된다.

① 테일러의 공구수명 식

$$VT^n = C \text{ (Taylor 방정식)}$$

T : 공구수명(min)

V : 절삭속도(m/min)

n : 지수(공구와 공작물에 의해서 변하는 지수 1/n=1/10~1/5)
고속도강 0.1, 초경합금 0.125~0.25, 세라믹 0.40~0.55

C : 상수(공구수명 1分으로 할 때의 절삭속도)
생산성을 올리기 위해 절삭속도를 올리면, 공구 수명이 급속하게 줄어들게 되고 그 결과 공구비용과 공구 교체 시간이 증가하게 된다.

실기 내용

1. 기계에 맞는 절삭조건

머시닝센터는 일반적으로 NC 밀링과 구분하여 자동공구 교환장치인 ATC(Auto Tool Change)가 장착된 기계를 통칭하여 말한다.

머시닝 센터의 종류는 여러 가지가 있지만 주축의 방향에 따라 수직형 머시닝센터(Vertical type : 버티컬 타입)와 수평형 머시닝센터(Horizontal type : 호리젠탈 타입)로 구분하고 있으며, 최근 대형 머시닝센터에는 수평형이 많이 사용되고 있다.

머시닝 센터의 주요 구성 요소는 주축대, 베이스와 컬럼, 테이블, 조작반, 서보기구, 전기회로 장치, ATC(자동 공구 교환장치) 및 APC(자동 파렛트 교환장치)로 구성되어 있다.

1) CNC 공작기계의 조건 설정
(1) 황삭
가공성을 고려하여 지름이 큰 공구로 선택하고 공구의 마모보다는 가공속도를 중요시하여 최대한 빠르게 가공을 완료한다.
(2) 중삭
정삭 전에 균일한 잔량을 남겨 정삭공정 시 공구마모를 줄이기 위한 가공으로 빠르게 가공을 완료한다.
(3) 정삭
제품의 품질에 많은 영향을 주는 정삭가공은 공구의 마모를 고려하여 이송속도를 적절히 줄여 마모 없는 공구의 최종가공을 중시하여 절삭조건을 결정한다.
(4) 잔삭
정삭가공 후 남아있는 미세 잔량을 가공하는 공정으로 가공조건이 어렵고 정삭공정의 표면상태와 층이 생기지 않는 범위에서 최대한의 미 절삭 영역을 줄인다.

2. 부품 재질에 따른 절삭조건
1) 엔드밀과 페이스 커터 절삭조건
엔드밀공구는 가공 특성에 따라 절삭조건과 공구의 재질선택이 달라진다. 아래 표를 참조하여 적절한 가공조건을 통해 공구마모와 기계의 부하를 줄일 수 있다.

표 2-8 엔드밀 절삭조건

			강		주철		알루미늄	
			절삭속도 (m/min)	날당이송속도 (mm/tooth)	절삭속도 (m/min)	날당이송속도 (mm/tooth)	절삭속도 (m/min)	날당이송속도 (mm/tooth)
엔드밀	HSS	황삭	25~29	0.1~0.25	25~29	0.1~0.25	30~60	0.1~0.3
		정삭	25~29	0.08~0.12	25~29	0.08~0.15	30~60	0.1~0.12
	초경합금	황삭	30~50	0.1~0.25	42~46	0.1~0.25	50~80	0.15~0.3
		정삭	45~50	0.08~0.12	45~50	0.08~0.15	50~80	0.1~0.12

표 2-9 페이스 커터(초경합금) 절삭조건

피삭재		절삭조건		비 고
		절삭속도 (m/min)	이송속도 (mm/tooth)	
탄소강	저탄소강	150~250	0.2~0.5	
	중탄소강	100~180	0.1~0.4	
	고탄소강	90~150	0.1~0.3	
합금강	Annealed	100~160	0.1~0.4	
	Hardned	80~130	0.1~0.3	
공구강		50~90	0.1~0.2	
주강	비합금	80~150	0.1~0.4	
	저합금	70~130	0.1~0.4	
	고합금	50~90	0.1~0.3	
스테인리스강	200, 300계	100~180	0.1~0.4	
	400, 500계	120~200	0.1~0.4	
회주철	저인장	80~150	0.1~0.5	
	고인장	60~100	0.1~0.4	
가단주철	짧은 칩	80~130	0.1~0.4	
	긴 칩	50~100	0.1~0.3	
구상흑연주철	펄라이트	70~120	0.1~0.4	
	페라이트	60~90	0.1~0.3	
칠드주철		10~20	0.1~0.2	
열처리 경강		10~15	0.1~0.2	

2. 도면에 따라 공구의 종류 및 크기 결정

1) 공구재료의 구비조건

(1) 공구재료의 구비조건

① 고온경도가 클 것

② 마모저항이 클 것

③ 인성이 클 것

④ 마찰계수가 작을 것

⑤ 가격이 저렴할 것

(2) 공구재료의 경도 크기 순서

탄소공구강 → 고속도강 → 초경합금 → 세라믹 → CBN

2) 공구재료의 분류

(1) 탄소공구강
C함유량 0.06~1.5%, 저속절삭용, 수공구용

(2) 합금공구강
① 탄소공구강+Cr, W, Ni, Mo, Co, V등 1종내지 2종을 함유
② 기계적성질 개선
③ 저속절삭용, 총형공구용, STS로 표시, 450℃연화

(3) 고속도강
C함유량 0.7~0.85%, SKH로 표시, 650℃경도 저하

(4) 주조경질합금
주조에 의해 Co-Cr-W-C합금, 500~850℃ 적열상태, 고속도강의 2배 절삭속도

(5) 초경합금
금속의 탄화물 분말을 소성해서 만든 경도가 대단히 높은 합금
WC 94%, Co 6%

3) 공구의 종류

(1) 가공 소재의 종류
고탄소강이거나 열처리강인 경우 피삭재의 내마모성이 우수하므로 공구선정 시 확인이 필요한 내용이다. 위의 경우 초경 공구나 다이아몬드 코팅 공구를 사용하여야 가공이 가능하다. 이 외의 비철금속과 연질의 경도를 갖고 있는 소재인 경우는 하이스 공구라고 하는 연질 소재 가공 전용공구로 가공해도 무관하다.

(2) 공구의 종류
플랫 공구는 면적당 가공 범위가 가장 넓은 공구로 주로 황삭에서 많이 사용하나 중삭이나 정삭에서도 형상에 따라 사용된다. 면적이 넓어 저항이 많이 발생하는 공구이므로 x, y 피치는 많은 양을 가공할 수 있지만 z는 면적당 큰 저항이 발생하여 볼 공구보다 상대적으로 적은 양의 z피치를 적용하게 된다.
볼 공구는 공구의 가공 면적 범위가 가장 작은 공구로 금형 가공에 있어서 황, 중, 정삭에

가장 많이 사용되는 공구이다. 공구 면적당 가공 범위가 점에 불과하기 때문에 x, y피치는 플랫공구보다 상대적으로 적은 피치가 적용되나 z피치는 플랫공구보다 상대적으로 높은 피치를 적용할 수 있다.

그림 2-24 플랫 엔드밀

그림 2-25 볼 엔드밀

드릴 공구는 금형의 포켓부의 자리파기 부분 및 홀 가공에 적용되는 모든 드릴작업에 적용되는 공구이다.

탭 공구는 금형의 구성 요소들 중 볼트 자리를 가공하기 위한 공구로 주로 나사 가공에 적용되는 공구이다. 위에 나열한 공구들이 가공에 있어서 주로 사용되는 형태의 공구들로 가공상 가장 높은 사용 빈도를 가지고 있다.

그림 2-26 드릴 공구

그림 2-27 탭 공구

(3) 공작물 크기에 따라 공구 결정

절삭속도란 가공할 때 공작물과 공구가 접촉하면서 발생하는 속도이다. 일반적으로 공구의 지름이 크면 회전수를 느리게 하여 천천히 가공하고, 공구의 지름이 작으면 회전수를 빠르게 하여 가공한다.

$$N = \frac{1000\,V}{\pi D}$$

N : 회전수

V : 절삭속도(m/min)

D : 엔드밀의 직경(mm)

절삭속도는 다음과 같이 공식을 활용한다.

가공능력에 절대적 영향을 미치는 이송속도는 잇날 한 개당 이송량에 의하여 결정된다.

$$F = Ft \cdot Z \cdot N$$

F : 이송속도(mm/min)

Ft : 잇날 한 개당 이송량(mm/tooth)

Z : 날수

N : 회전수

4) 절삭공구와 부품 가공

금형 부품 가공을 위해 공구 선택을 해야 하는데 공구는 금형의 표면과 가공효율에 영향을 미치는 중요한 요소로 신중한 가공계획을 세워야 한다. 여러 가지 특성을 고려하여 절입량, 이송 속도 등 최종 절삭량을 결정하고 클램프의 위치와 고정방법 공작물의 정밀도를 고려한 가공계획을 수립한다.

금형도면을 보고 NC가공영역을 파악한 뒤 머시닝센터 작업과 범용장비운용 부품을 선별하여 가공해야 하며 부품 특성에 맞게 효율성과 경제성을 고려하여 적절한 장비선택을 해야 한다.

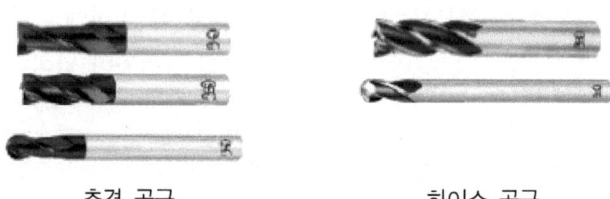

초경 공구   하이스 공구

그림 2-28 소재 종류에 따른 공구의 종류와 형태

(1) 밀링

회전하는 축에 고정된 커터공구를 장착하여 공작물을 대고 전후, 좌우, 상하로 움직여 자르거나 깎는 공작기계로, NC가공영역 중 2D가공 및 포켓 등을 수동으로 가공할 수 있으며, 부품의 외곽 6면체 가공 황삭 및 정삭 가공을 주로 할 수 있다.

(2) 선반

각종 금속 재료를 척에 고정하고 소재를 회전 시켜서 바이트(절삭공구)로 깎아내는 공작기계로 NC가공영역중 원형의 형태 부품을 주로가공하고 밀링과 함께 금형제작에 많이 사용되는 장비이다. 주로 핀을 절단하고 가공하는데 사용하며, 원형의 컵이나 피스톤 금형처럼 사각형의 금형 외형에 원형 캐비티 코어를 가공할 때도 사용할 수 있다.

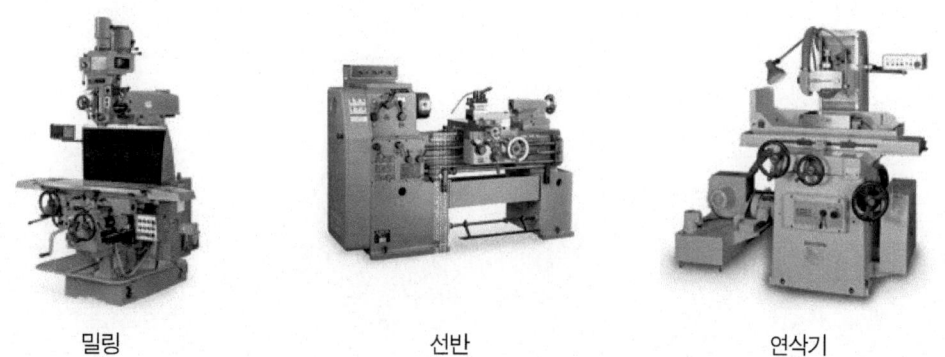

밀링   선반   연삭기

그림 2-29 범용 가공 장비의 종류와 형태

(3) 연삭기

숫돌을 고속으로 회전시켜 공작물이나 공구 등을 연삭하는 기계로 금형의 정밀도 가공이나 표면 거칠기를 정밀하게 가공할 때 사용한다. 평면연삭기와 성형연삭기, 원통연삭기, 내외경연삭기, 공구연삭기 등으로 공작물의 특성에 따라 다양하다. 정밀도는 보통 1~5μm 정도이며 입도가 미세한 숫돌을 사용하면 0.1μm급 마무리도 가능하다.

(4) 날 수

엔드밀의 성능을 좌우하는 중요한 요인이며 2날은 칩 포켓이 커서 칩 배출이 용의하나 공구의 단면적이 좁아 가성이 저하되는 단점이 있다. 주로 홈 절삭에 사용된다.
4날은 칩 포켓이 작아 칩 배출 능력은 적으나 공구의 단면적이 넓어 강성이 보강된다. 주로 측면 절삭에 많이 사용된다.
2날 단면적 : 50%, 3날 단면적 : 55%, 4날 단면적 : 60%

(5) 공구의 길이

날 길이를 짧게 해서 작업하면 공구의 수명은 증대된다. 엔드밀의 돌출 길이는 엔드밀의 강성에 직접적인 영향을 미치며 필요 이상으로 길게 작업하는 것은 비효율적이다.
공구가 길이지면 가공입에 의한 공구의 휨 현상으로 가공소재의 과설삭 및 공구의 떨림 현상이 생겨 좋지 못한 가공 면을 초래할 수 있다.

단원 핵심 학습 문제

01 다음 중 공구재료의 구비조건이 아닌 것은?
  ① 고온경도가 클 것　　② 마모저항이 클 것
  ③ 인성이 클 것　　　　④ 마찰계수가 클 것

  해설 : ④ 공구재료의 구비조건
  　　　　- 고온경도가 클 것
  　　　　- 마모저항이 클 것
  　　　　- 인성이 클 것
  　　　　- 마찰계수가 작을 것
  　　　　- 가격이 저렴할 것

02 일반적으로 공구의 크기에 따른 회전수의 공식을 쓰시오.

  해설 : 일반적으로 공구의 지름이 크면 회전수를 느리게 하여 천천히 가공하고, 공구의 지름이 작으면 회전수를 빠르게 하여 가공한다.
  $$N = \frac{1000\,V}{\pi D}$$
  N : 회전수
  V : 절삭속도(m/min)
  D : 엔드밀의 직경(mm)

03 면적당 가공 범위가 가장 넓은 공구로 주로 황삭에서 많이 사용하나 중삭이나 정삭에서도 형상에 따라 사용된다. 면적이 넓어 저항이 많이 발생하는 공구이므로 x, y 피치는 많은 양을 가공할 수 있지만 z는 면적당 큰 저항이 발생하여 볼 공구보다 상대적으로 적은 양의 z피치를 적용하게 되는 공구는?

  해설 : 플랫 공구(플랫 엔드밀)

04 회전하는 축에 고정된 커터공구를 장착하여 공작물을 대고 전후, 좌우, 상하로 움직여 자르거나 깎는 공작기계는?

  해설 : 밀링

05 정삭가공 후 남아있는 미세 잔량을 가공하는 공정으로 가공조건이 어렵고 정삭공정의 표면상태와 층이 생기지 않는 범위에서 최대한의 미 절삭 영역을 줄이는 가공은?

  해설 : 잔삭

06 일반적으로 NC 밀링과 구분하여 자동공구 교환장치인 ATC(Auto Tool Change)가 장착된 기계를 통칭하여 사용되는 공작기계는?

  해설 : 머시닝센터

07 숫돌을 고속으로 회전시켜 공작물이나 공구 등을 연삭하는 기계로 금형의 정밀도 가공이나 표면 거칠기를 정밀하게 가공할 때 사용하는 공작기계는?

해설 : 연삭기

08 금형의 구성 요소들 중 볼트 자리를 가공하기 위한 공구로 주로 나사 가공에 적용되는 공구는?

해설 : 탭 공구

2-4 프로그램 검증하기

1. 곡면의 Z값을 파악

1) 측정 기능

(1) 거리 측정

해석 → 거리 측정을 클릭하고 아래와 같은 창이 뜨면 다양한 유형으로 거리를 측정해 볼 수 있다.

아래 그림과 같이 거리, 투영 거리, 화면 거리, 길이, 반경, 곡선 상의 점, 세트 사이 등의 유형이 있다.

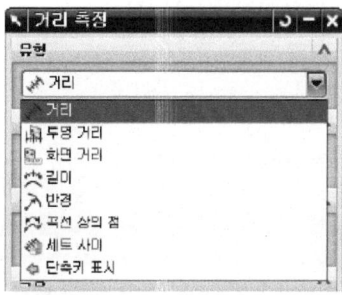

그림 2-30 거리 측정

① 거리

두 객체나 점 사이의 거리를 측정하는 기능이다.

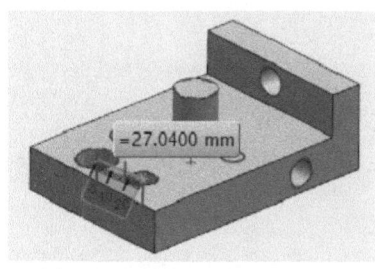
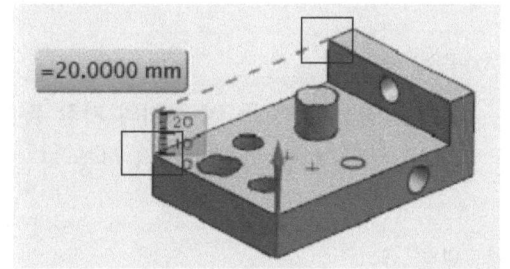

그림 2-31 두 구멍 사이의 거리 측정   그림 2-32 측정 방향이 정의된 두 점 사이의 투영 거리

② 투영 거리

두 객체 사이의 투영된 거리를 측정하는 기능이다. 두 사각박스 안의 끝점을 측정하였지만 Z축 방향으로 투영된 거리가 측정됨을 알 수 있다.

③ 화면 거리

화면상에서 두 객체의 대략적인 거리를 측정하는 기능이다.

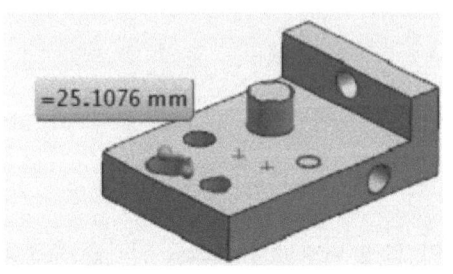

그림 2-33 곡선 상의 거리 측정

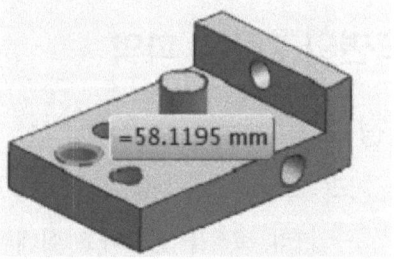

그림 2-34 곡선의 길이 측정

④ 길이

선택한 곡선의 실제 길이를 측정하는 기능이다.

⑤ 반경

선택한 곡선의 반지름을 측정하는 기능이다.

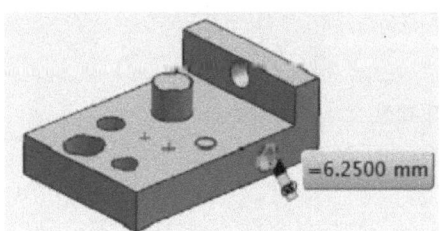

그림 2-35 반지름 측정

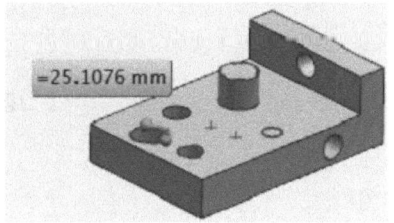

그림 2-36 곡선 상의 거리 측정

⑥ 곡선 상의 점

선택한 곡선 상의 두 점 사이의 가장 짧은 거리를 측정한다.

이때 곡선은 단일 곡선이 아닌 다중 곡선인 경우도 두 점 사이의 거리 측정이 가능하다.

⑦ 세트 사이

두 객체의 세트 사이의 거리를 측정한다.

각각의 객체 세트인 조립품을 선택하여 거리를 측정할 수 있다.

다음 그림은 첫 번째 객체의 세트와 두 번째 객체 세트 사이의 거리를 측정한 것이다.

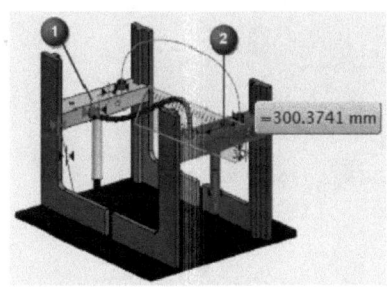

그림 2-37 세트 사이의 거리 측정

실기 내용

1. 기준점 파악

오퍼레이션 탐색기에서 마우스 우측 버튼을 클릭하고 지오메트리 뷰를 클릭한다.

MCS_MILL을 더블클릭하고 Mill Orient 창이 뜨면 아래 우측 그림의 좌표계 다이얼로그 아이콘을 클릭한다.

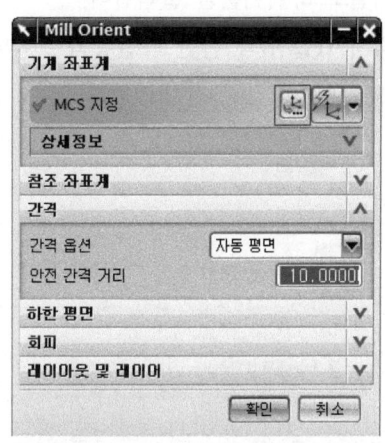

다음 그림과 같이 NC 데이터가 생성된 기준점을 파악할 수 있다.

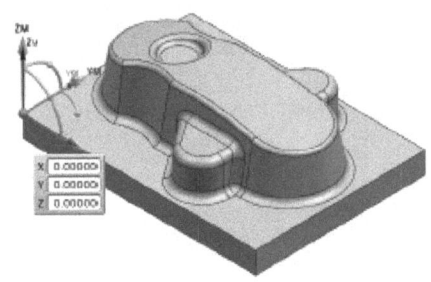

2. 곡면의 Z값 파악

1) 작업 단면 편집

뷰 → 단면 → 작업 단면 편집(Ctrl+H)을 클릭하면 아래의 우측 그림과 같이 된다.

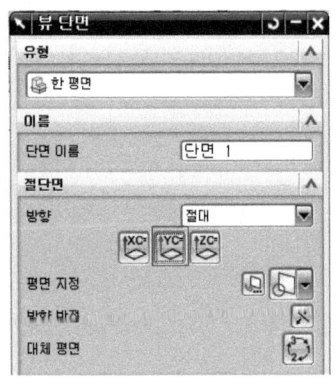
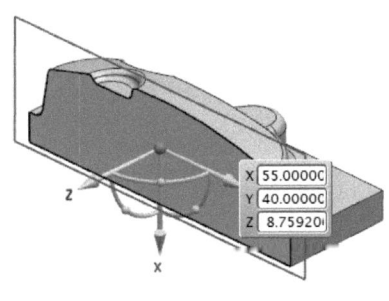

이 상태에서 해석 → 거리 측정을 클릭하고 유형은 투영거리, 벡터 지정은 ZC, 시작점은 점 다이얼로그 아이콘을 클릭한다.

그림의 1(끝점)과 단면 곡선상의 2(임의의 점)를 클릭한다.

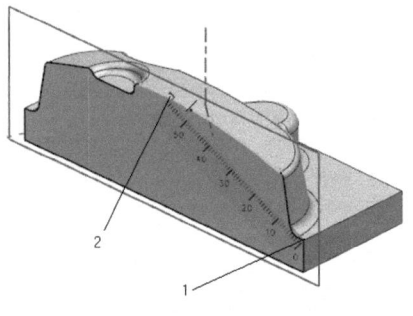

2. Z값에 공구를 터치하여 위치 값 검증

1) Verify

(1) Verify(검증)

산출된 공구 경로를 확인할 수 있으며, 공구 경로에서 공구의 위치를 직접 사용자가 확인할 수 있다.

소재로 설정한 가공 전 형상에서, 공구가 지나가면서 소재를 제거한 가공 후 형상이 나타나는 것을 확인할 수 있다.

실시간으로 확인을 할 수 있으므로, 공구가 올바른 경로로 이동하는지 확인할 수도 있다. 이때 실제 모델링 형상과 비교를 해서 과삭이나 미삭을 확인할 수 있으며, Simulation 후의 형상을 생성해서 다음 Operation에 적용해서 작업을 할 수 있다.

실기 내용

1. 위치 값 검증

1) 검증

오퍼레이션 탐색기에서 CAVITY_MILL을 더블 클릭한다.

아래의 창이 뜨면 검증 아이콘을 클릭한다.

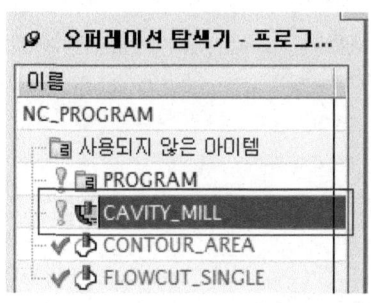

아래 그림과 같이 생성된 경로 중 임의의 위치를 클릭하면 공구 경로 시각화 창에서 현재의 X, Y, Z값을 파악할 수 있다.

황삭 가공 시 정삭 여유량을 0.5로 지정하였으며 공구 경로 시각화 창에서 맨 하단의 경로를 클릭하였을 때 Z값이 0.5임을 확인하여 위치 값을 검증할 수 있다.

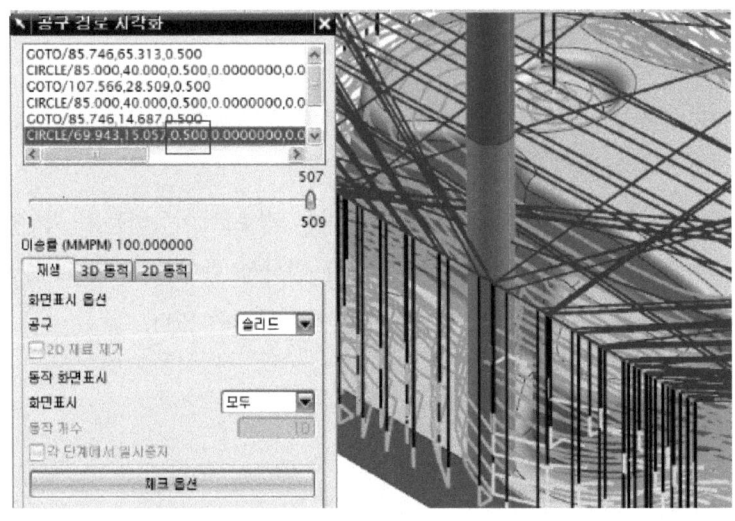

2. 시뮬레이션

1) 검증

오퍼레이션 탐색기에서 CAVITY_MILL을 더블 클릭하고 캐비티 밀링 창이 뜨면 검증 아이콘을 클릭한다.

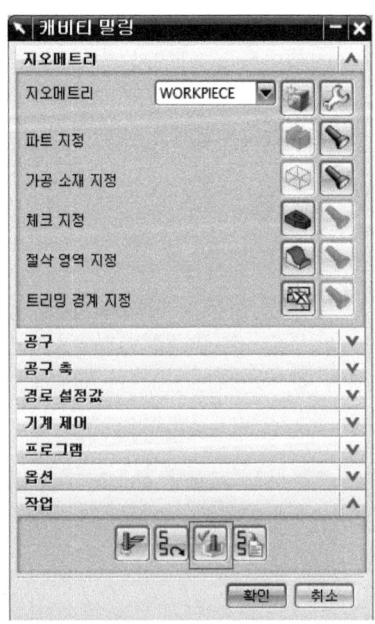

아래 그림처럼 3D 동적을 클릭하고, 재생 버튼을 클릭한다.
애니메이션 속도 조절바를 움직여서 시뮬레이션의 속도를 조절할 수 있다.
아래의 우측 그림처럼 황삭가공의 시뮬레이션을 통해 육안으로 가공 예상 모양을 검증해 볼 수 있다.

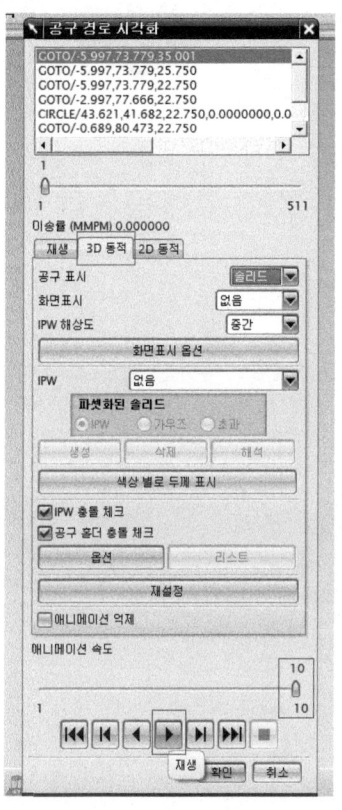
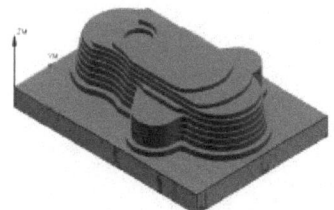

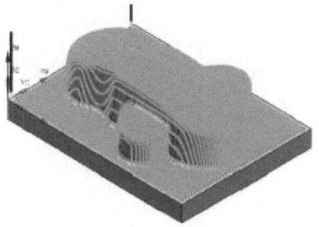
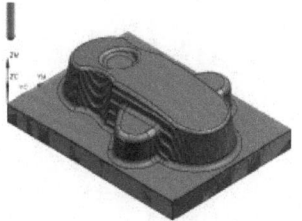

같은 방법으로 CONTOUR_AREA를 더블 클릭한 후 검증을 클릭하고 3D 동적으로 정삭 가공 모양을 검증해 본다.
다음은 같은 방법으로 FLOWCUT_SINGLE을 더블 클릭한 후 검증을 실행한 그림이다.

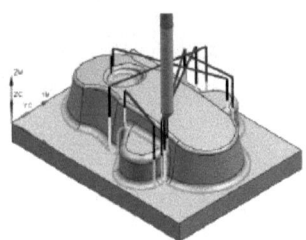 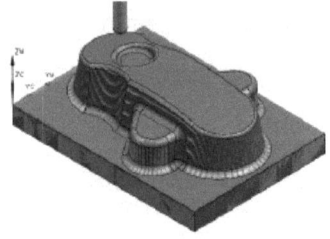

단원 핵심 학습 문제

01 다음 중 프로그램 검증하기에서 거리 측정하는 항목이 아닌 것은?
① 거리　　　　　　　② 투영 거리
③ 화면 거리　　　　　④ 깊이

해설 : ④ 프로그램 검증하기에서 거리 측정 항목 - 거리, 투영 거리, 화면 거리, 길이, 반경, 곡선 상의 점, 세트 사이

02 산출된 공구 경로를 확인할 수 있으며, 공구 경로에서 공구의 위치를 직접 사용자가 확인할 수 있으며, 소재로 설정한 가공 전 형상에서, 공구가 지나가면서 소재를 제거한 가공 후 형상이 나타나는 것을 확인할 수 있는 것은?

해설 : Verify(검증)

03 오퍼레이션 탐색기에서 CAVITY_MILL을 더블 클릭하고 캐비티 밀링 창이 뜨면 검증 아이콘을 클릭하여 검증하는 것은?

해설 : 시뮬레이션

04 오퍼레이션 탐색기에서 더블 클릭하고 캐비티 밀링 창이 뜨면 검증 아이콘을 클릭하여 검증할 수 있는 가공은?

해설 : CAVITY_MILL(황삭가공)
　　　　CONTOUR_AREA(정삭가공)
　　　　FLOWCUT_SINGLE(잔삭가공)

NCS적용

CHAPTER 03

사출금형 다듬질
(사출금형조립)

LM1502030403_14v2

3-1 수·사상 공구 준비하기

1. 수·사상 작업계획 수립

1) 다듬질 공구

공작 기계의 힘을 빌리지 않고 수공구를 사용해서 기계 부품을 가공하는 작업에는 주로 줄 작업, 정 작업, 스크레이퍼 작업, 끼워 맞춤 정반 작업, 구멍 뚫기, 리머 작업, 나사 깎기, 절단 작업, 랩 작업 등이 있다. 다듬질 공구에는 줄, 정, 스크레이퍼, 바이스, 드릴, 리머, 탭 등이 있다.

(1) 줄(file)
① 공작물의 표면을 깎아 평활하게 다듬질하거나 모따기를 할 때에 사용
② 재질 - 특수 공구강
③ 특징 - 표면에 줄 날을 무수히 세워 담금질한 것으로 매우 단단하다.
④ 종류 - 날을 세운 방법에 따라 홑줄날, 겹줄날, 날의 거칠기에 따라 거친눈줄, 중간눈줄, 고운눈줄, 단면의 모양에 따라 평줄, 둥근줄, 반원줄, 사각줄, 삼각줄 등으로 구분된다.
⑤ 줄의 용도별 사용법
　(가) 평줄 : 평면이나 볼록한 바깥 면을 다듬질할 때 사용
　(나) 사각줄 : 직각 부분이나 홈을 다듬질할 때 사용
　(다) 삼각줄 : 직각보다 작은 각의 두 면을 다듬질할 때 사용
　(라) 반원줄과 둥근줄 : 오목한 안쪽 면을 다듬질할 때 사용

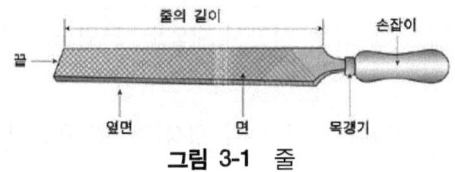

그림 3-1 줄

(2) 스크레이퍼
기계 부품의 가장자리가 걷어 올려지는 것을 제거하거나 또는 다듬질한 면을 다시 정밀하게 마무리하는 데 사용하는 공구로 평면용과 구멍용이 있고 합금공구강으로 제작된다.

(3) 드릴
나사 구멍, 리벳 구멍, 축을 끼우는 구멍 등 여러 종류의 구멍을 원하는 크기로 뚫는 공구

이다.

(4) 바이스
공작물을 고정하고 줄 작업, 쇠톱 작업, 정 작업 등을 할 때 쓰이는 공구이다. 바이스의 크기는 공작물을 물릴 수 있는 조의 폭과 조의 이동 거리로 나타낸다.

(5) 리머
드릴로 뚫은 구멍을 정확한 치수로 넓히거나, 다듬질하거나, 지름을 정밀하게 다듬질하는 데 사용하는 공구이다.

(6) 탭 및 탭 핸들
손작업 또는 기계에 장치하여 암나사를 만드는 공구이다.

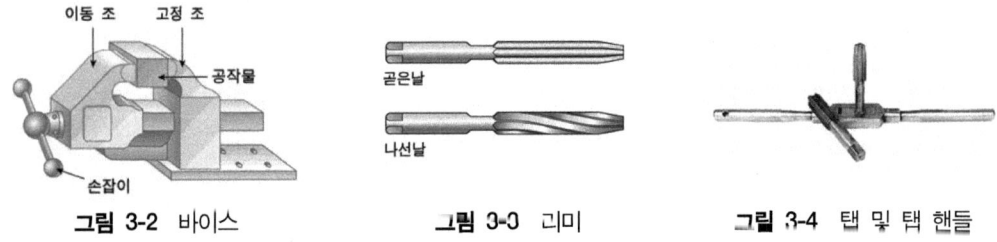

그림 3-2 바이스   그림 3-3 리머   그림 3-4 탭 및 탭 핸들

실기 내용

1. 수·사상 작업계획 수립

1) 금형 사양서에 의해 수·사상 작업계획 수립
작업계획을 수립하기 전에 먼저 금형 사양서(제품도, 조립도, 부품도, 파트 리스트 등)를 확인한다.
(1) 제품도를 검토한 후 모서리나 각 부분의 형상[라운드(R), 면취(C), 평면, 각 등] 모양을 파악하여 작업계획을 수립한다.
(2) 제품도의 제품 모서리 부분을 확인하면 제품 측면부분에 각이 형성되어 있고, R2.5 부분의 모서리는 둥근 모양임을 확인할 수 있어 작업계획을 수립할 때 참고한다.
(3) 제품도에서 제품 외측 부분을 부식처리 요구하였을 경우 외측 부분의 다듬질 작업계획에 참고하여 작업계획을 수립하여야 한다.
(4) 금형조립 상태를 파악하여 금형구조의 이해와 소요 부품 현황을 확인하고 필요한 작업공정을 검토한 후 작업절차를 파악하여 작업계획을 수립한다.

(5) 상 코어를 작업할 경우 성형부와 조립부분을 파악하여 작업계획을 수립한다.
(6) 조립도를 검토하여 부품들의 조립상태를 파악하고 부품의 성형품을 구성하는 부분과 몰드베이스나 금형 부품끼리 조립되는 부위를 파악하여 작업계획을 수립한다.
(7) 조립되는 모서리 부분이 각 모서리로 유지되어야 할 부분과 면취 또는 라운드부로 유지되어야 할 부분을 파악하여 작업계획을 수립하여야 한다.

2) 조립도 및 부품도, 파트 리스트, 주서란 검토
다듬질 작업이 필요한 부품을 판별하기 위해서는 금형 조립도, 부품도, 주서 및 사양서(재질, 규격, 메이커, 수량 등)를 검토한 후 다듬질 작업이 필요한 부품도를 파악하여 다듬질 작업계획을 수립한다.

2. 금형 사양서 검토
1) 제품도

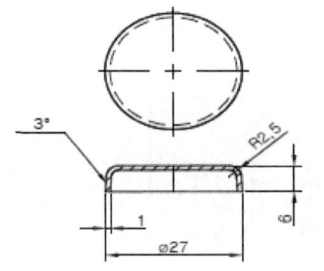

그림 3-5 제품도(KNOB)

(1) 요구 조건
① 몰드베이스 : 15 20 DC 35 40 60
② 사용수지 : ABS 수지(수축률 5/1,000)
③ 캐비티 수 : 1×2
④ 금형구조 : 3단 금형
⑤ 게이트 형식 : 핀 포인트 게이트 형식
⑥ 이젝터 방식 : A형 스트레이트 이젝터 핀 사용
⑦ 투상법은 제3각법으로 하고, 척도는 현척(1 : 1)을 원칙으로 한다.
⑧ 성형부의 상·하 코어는 인서트 형으로 설계한다.
⑨ 규격품은 구입하여 사용하고 부품도를 작도하지 않는다.
⑩ 기타 지시되지 않은 사항은 사출금형 설계 및 KS 제도법에 따라 완성한다.

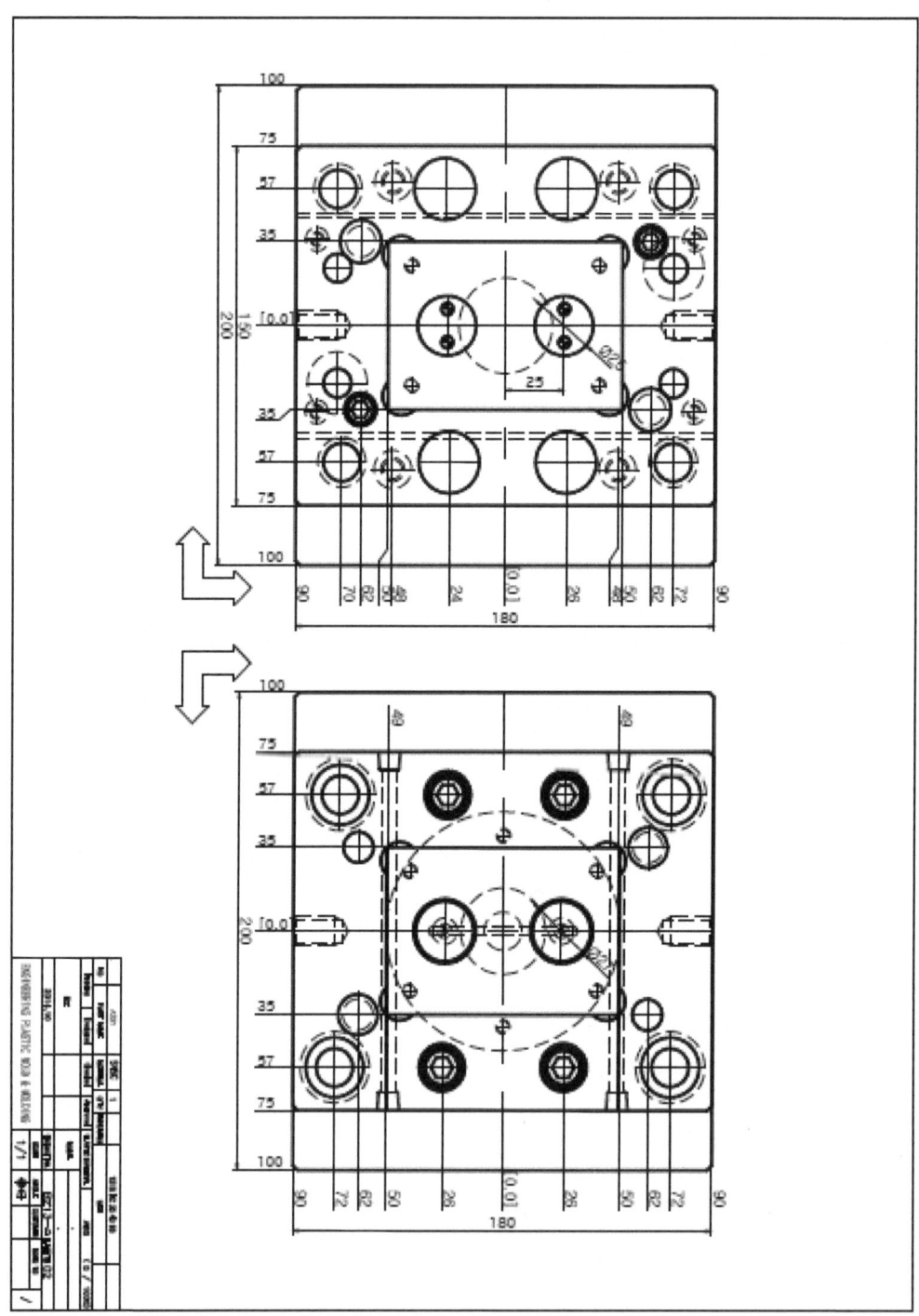

그림 3-6 조립도 I

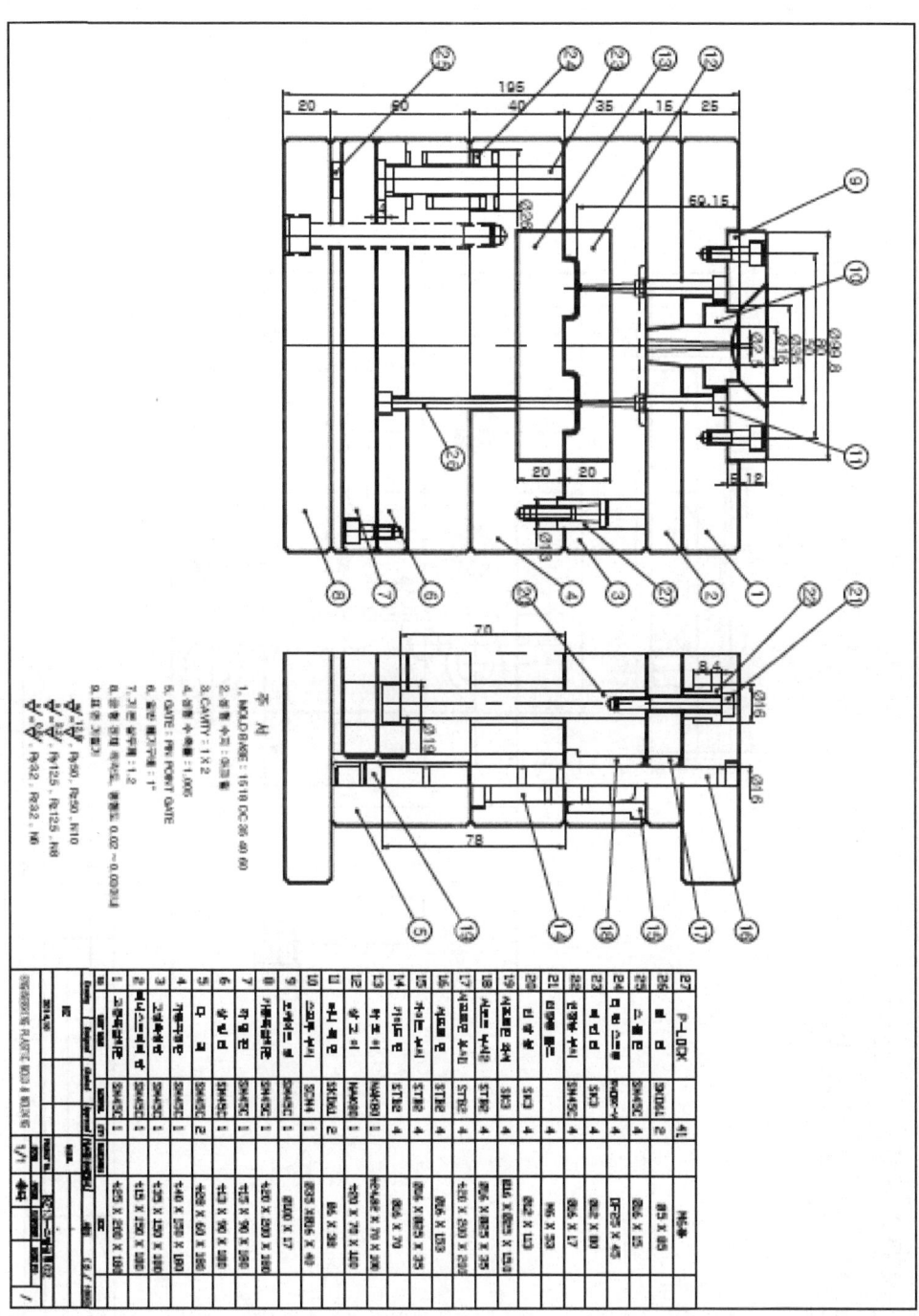

그림 3-7 조립도 II

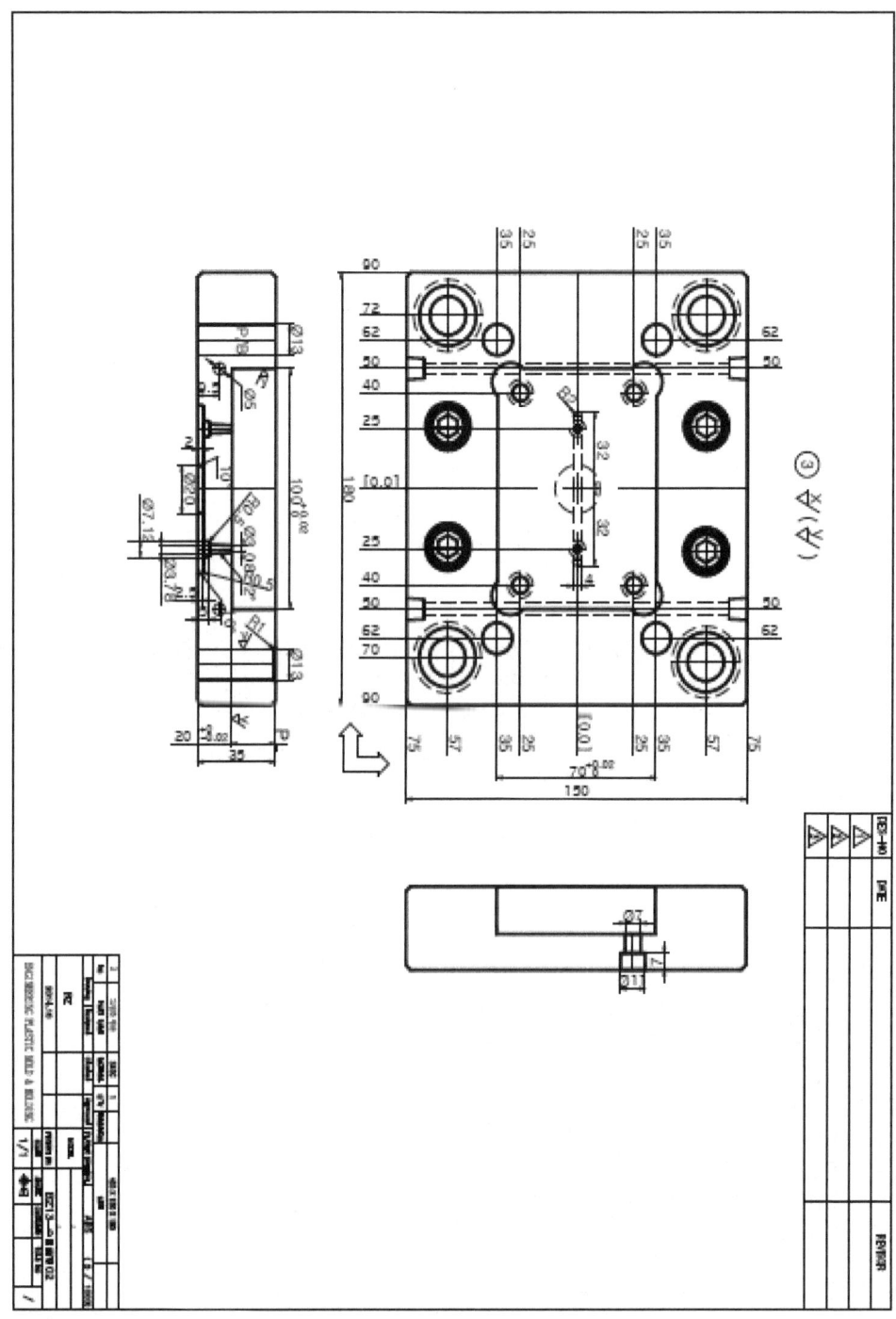

그림 3-8 고정측 형판

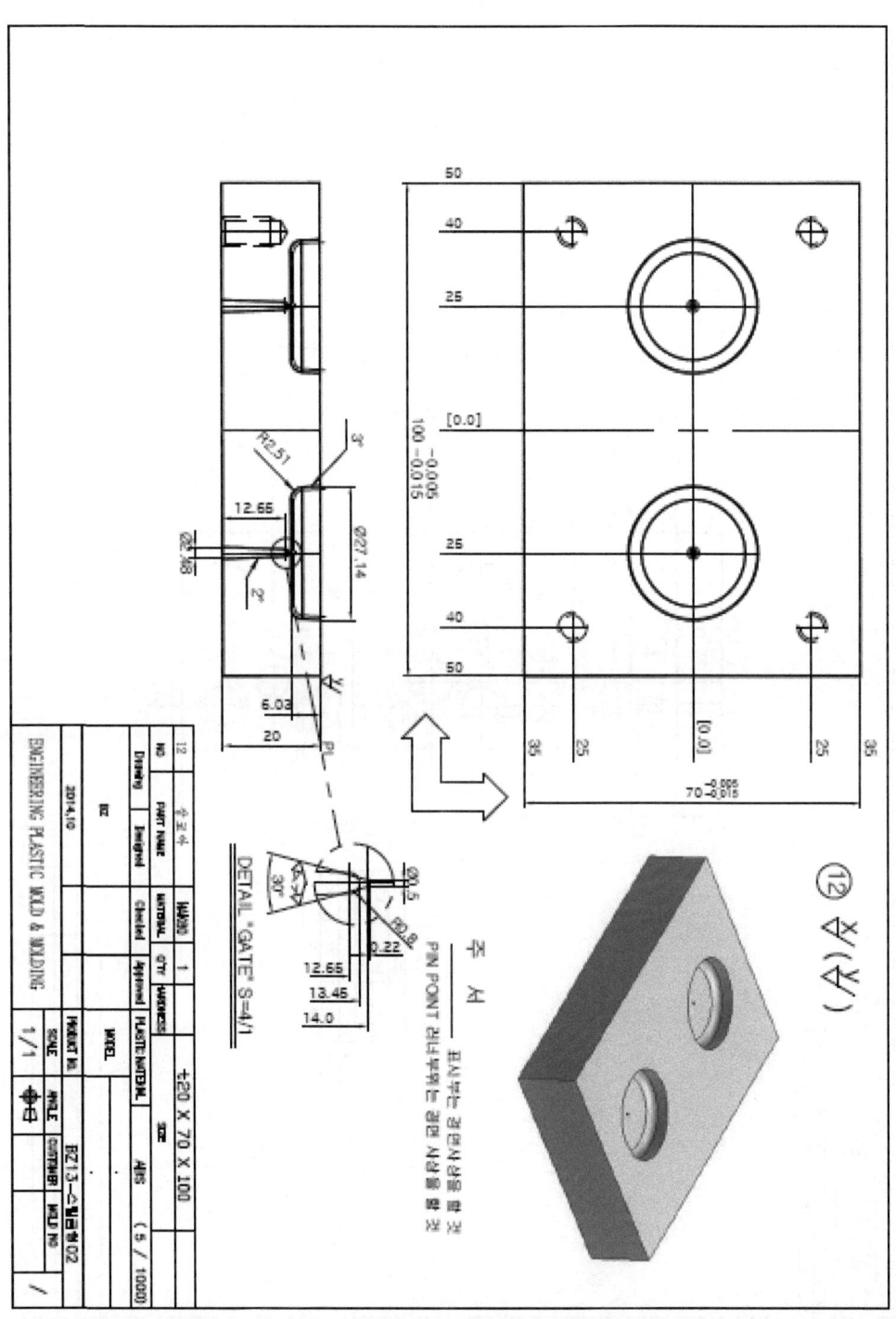

그림 3-9 고정측 인서트 코어

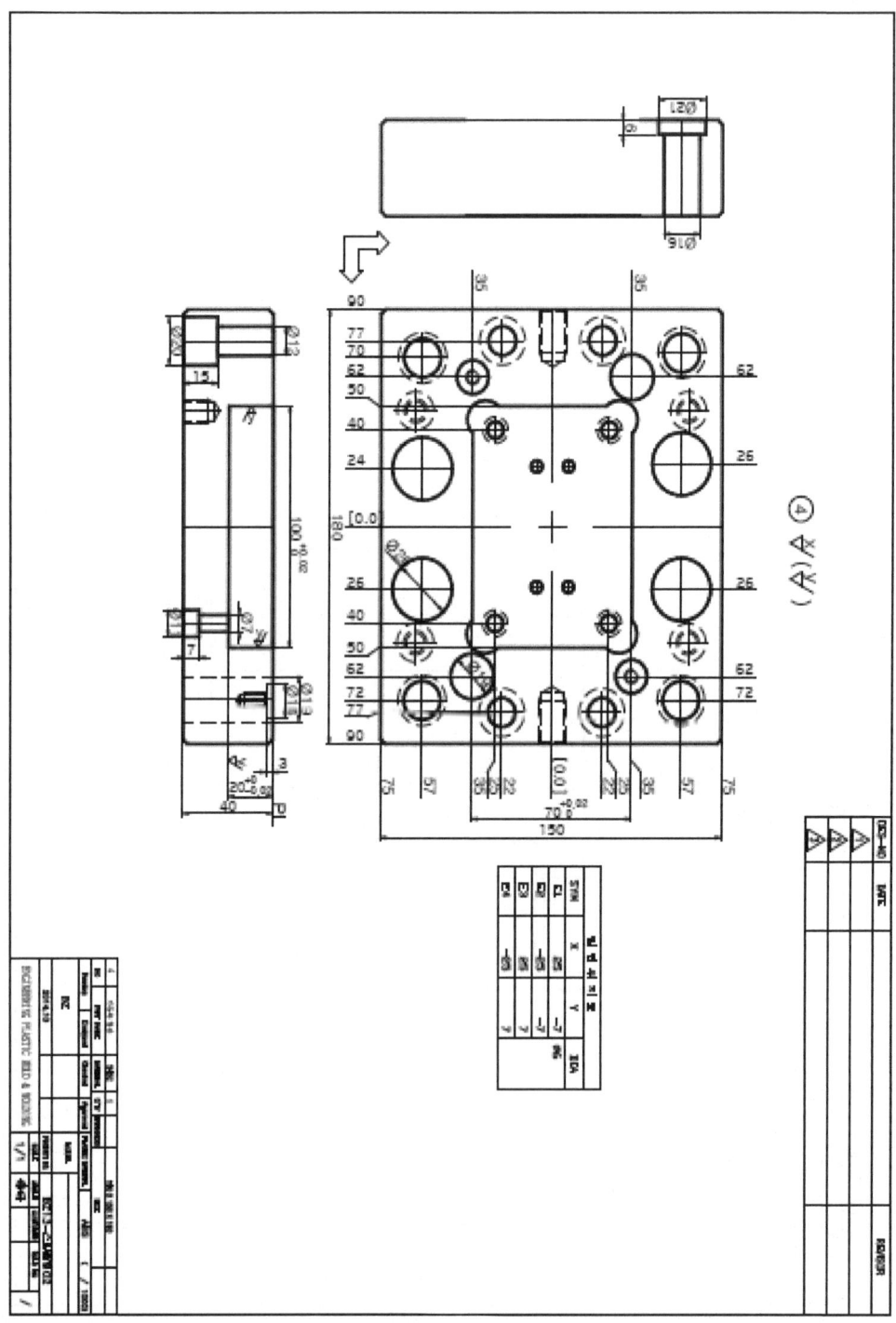

그림 3-10 가동측 형판

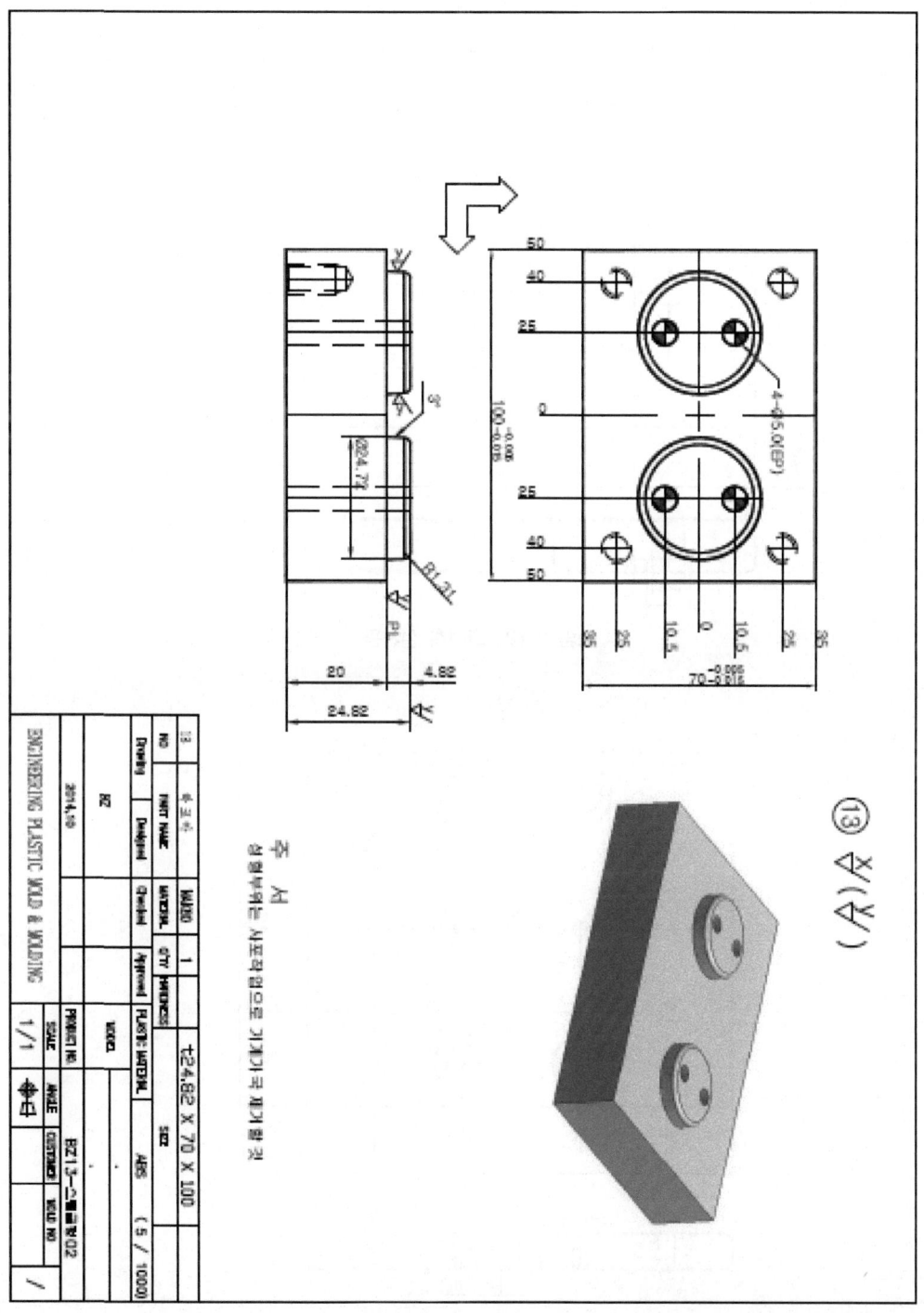

그림 3-11 가동측 코어

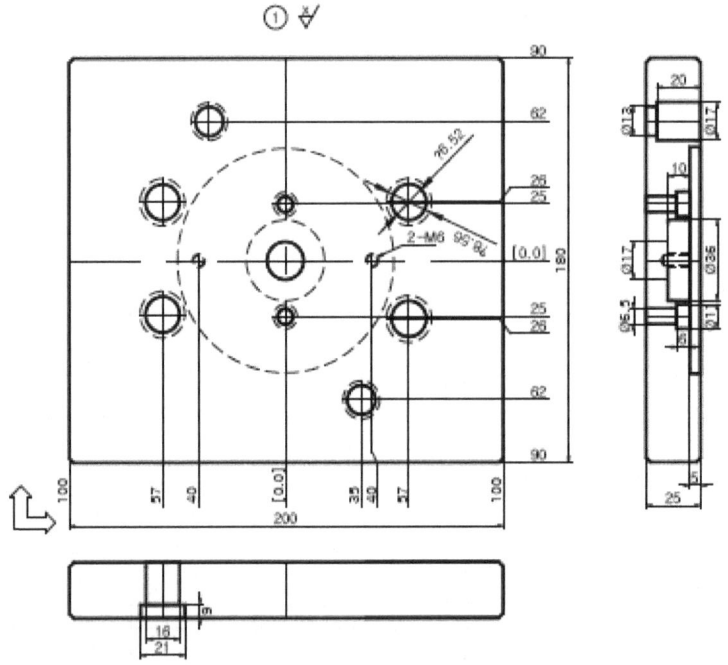

그림 3-12 고정측 설치판

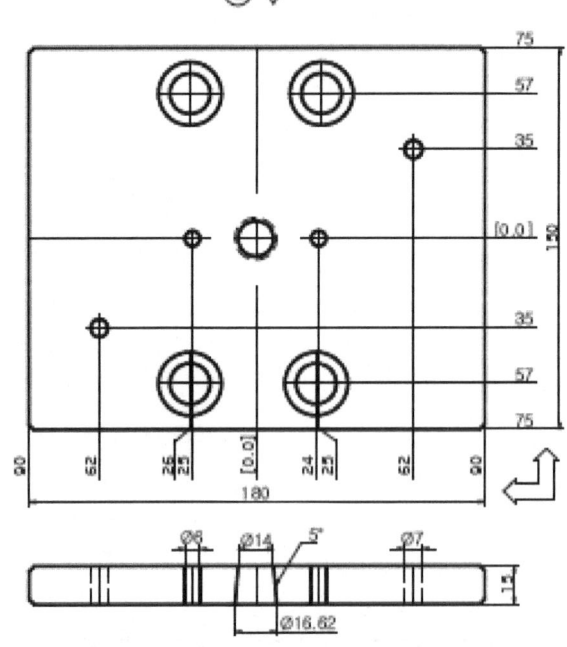

그림 3-13 러너 스트리퍼 판

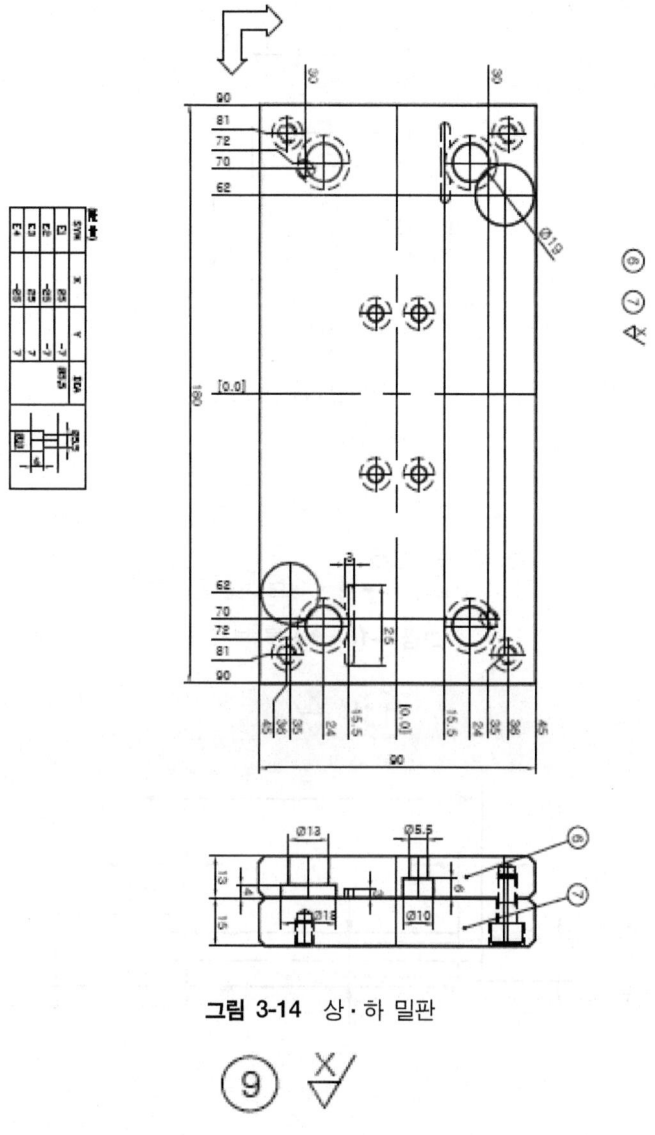

그림 3-14 상·하 밀판

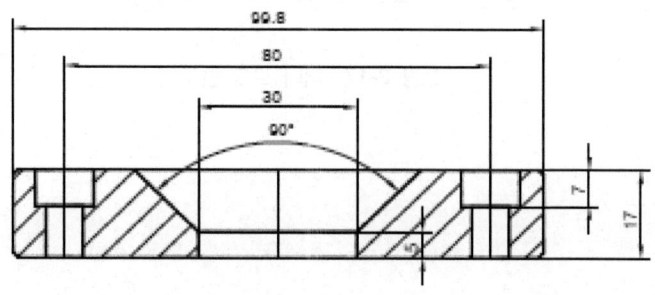

그림 3-15 로케이트 링

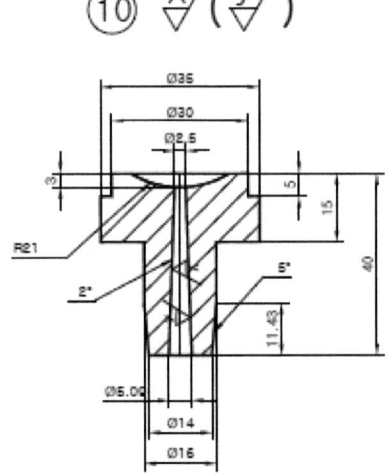

주 서
스프루 부위는 경면 사상을 할 것

그림 3-16 스프루 부시

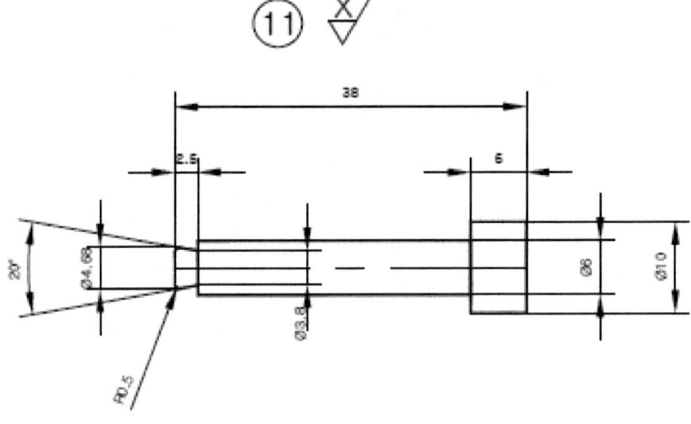

주 서
테이퍼 20°부위 사포로 기계자국 제거할 것

그림 3-17 러너 로크 핀

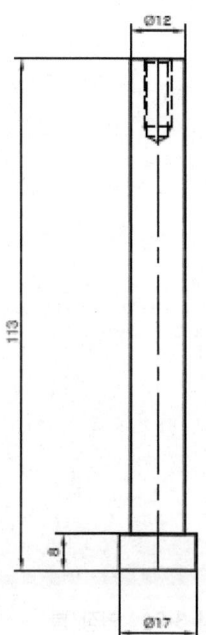

그림 3-18 인장 봉

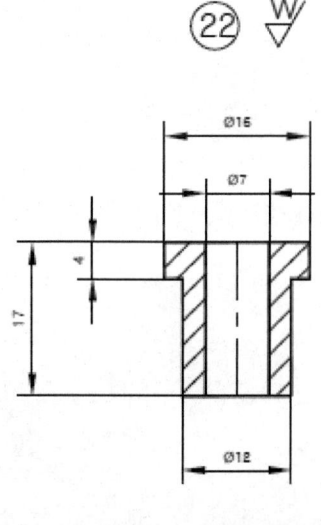

그림 3-19 인장 봉 부시

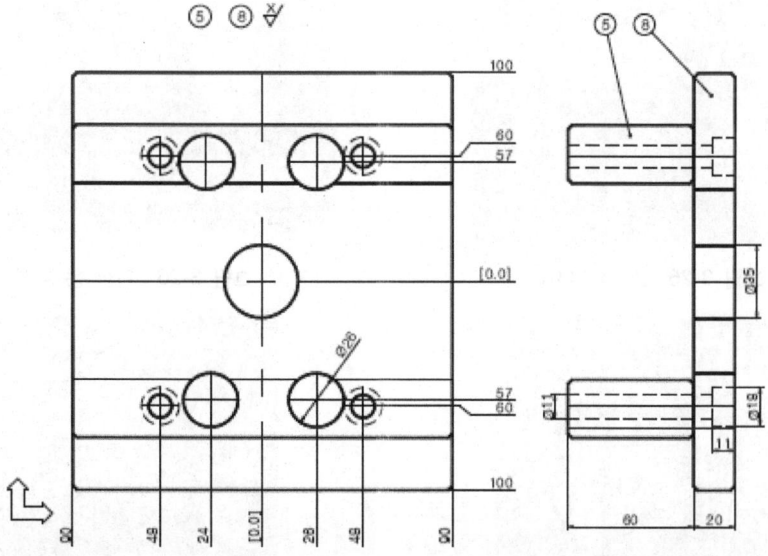

그림 3-20 가동측 설치판 및 다리

그림 3-21 고정측 인서트 코어(상 코어)

그림 3-22 가동측 인서트 코어(하 코어)

그림 3-23 로케이트 링

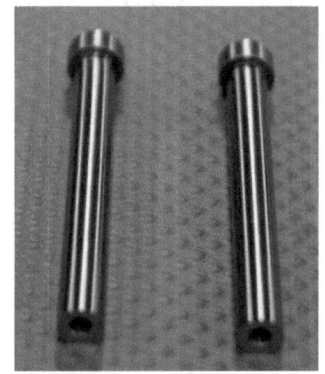

그림 3-24 인장 봉

그림 3-25 스프루 부시

그림 3-26 인장 봉 부시

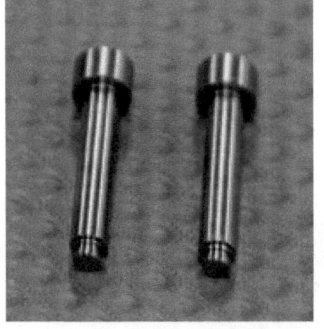

그림 3-27 러너 로크 핀

그림 3-28 스페이스 블록(다리)

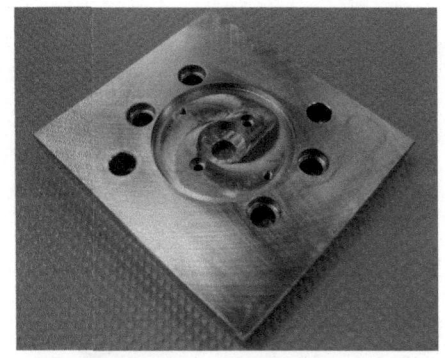

그림 3-29 고정측 설치판

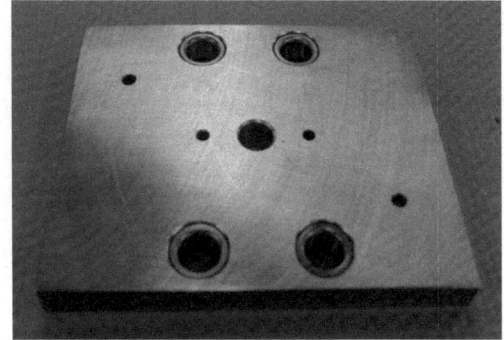

그림 3-30 스트리퍼 판

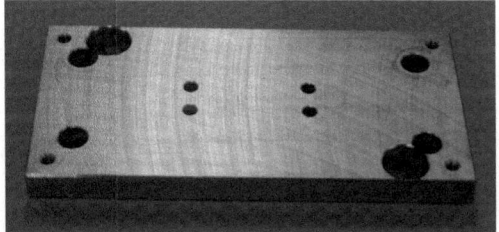

그림 3-31 이젝터 판(상 밀판)

그림 3-32 이젝터 판(하 밀판)

그림 3-33 가동측 설치판

그림 3-34 고정측 형판

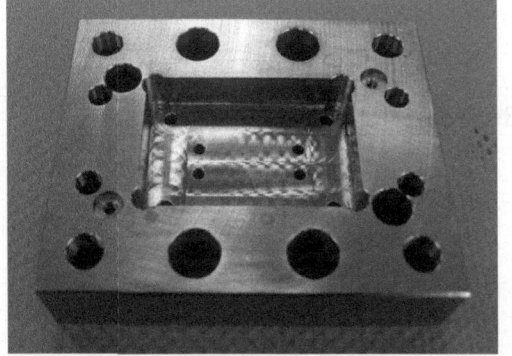

그림 3-35 가동측 형판

2. 수·사상 작업공구 선정

1) 수·사상 작업에 필요한 공구

(1) 수·사상 작업시 필요 공구

① 측정 공구

그림 3-36 측정 공구

② 수사상 및 래핑 공구

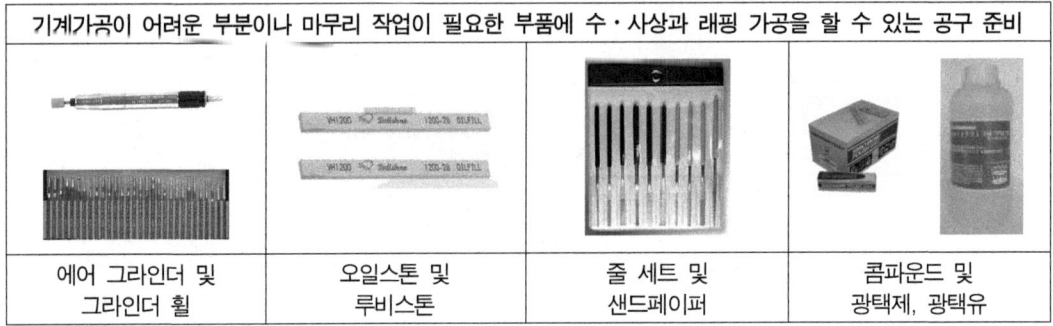

그림 3-37 수사상 및 래핑 공구

③ 접착제 및 세정제

그림 3-38 접착제 및 세정제

④ 금형 조립용 지그 및 공구

금형을 조립하기 위한 맞춤 핀 및 각종 수공구 준비			
금형 조립용 지그	맞춤 핀 뽑기 지그	Liner(심 테이프)	육각렌치 및 공구 세트

그림 3-39 금형 조립용 지그 및 공구

실기 내용

1. 수작업 공구의 선정

1) 다듬질 조립용 공구

(1) 분해·조립용 공구 렌치 및 스패너

수공구 중 분해·조립 공정에 가장 많이 사용하는 공구로써 각 금형마다 조립 위치나 방향 등의 특성 때문에 필요한 공구를 적절히 선택하여 작업을 효율적으로 할 수 있다.

(2) 공구의 선정

① L렌치 : 육각렌치볼트의 분해 및 조립용
② 스패너·몽키 스패너 : 육각머리볼트의 분해 및 조립용
③ 바이스그립 : 육각머리볼트, 기타 소형 부품 분해 및 조립용
④ 라쳇 핸들 : 금형 분해 및 조립 시 L렌치로 작업이 어려운 경우에 렌치나 소켓을 볼트에 결합 후 연속작업이 가능하여 편리하다. 규격별 사용 나사의 크기가 정해져 무리한 체결을 방지할 수 있다.
⑤ 에어 임팩터 : 볼트를 조이거나 풀 경우 에어를 이용하여 연속작업이 가능하고 나사 크기별 적용 규격이 있는데 매우 빠른 작업을 할 수 있어 효율적이다.
⑥ 핸드 소켓 세트 : 라쳇 핸들이나 에어 임팩터에 조립하여 사용하며, L렌치보다 작업 효율이 높다.
⑦ 토크 렌치 : 볼트나 너트를 조립할 경우 무리한 힘을 가하면 볼트나 너트가 파손이 될 수 있는 경우 규격별 토크 렌치에 지시하는 하중을 보며 작업할 수 있어 균일한 체결력을 얻을 수 있다.

(3) 사포(砂布)

숫자가 높을수록 입자가 크기가 작아 가공 면이 깨끗한 면을 얻을 때 사용한다.

사포의 선정은 입자의 크기에 따라 #가 낮을수록 거친 면 작업에 사용하고 #가 높을수록 표면 거칠기가 좋은 면을 얻을 수 있고 #150~#500은 기계가공 후 가공면 거칠기에 따라 1차 작업을 하는데 사용을 할 수 있고 #1,000 이상은 좋은 표면 거칠기가 필요할 때 사용하며 하며 경유 등을 묻혀서 사용하면 좋은 표면 거칠기 면을 얻을 수 있다.

(4) 숫돌의 종류와 규격

기계 가공면의 흔적을 제거하고 고운 면을 얻기 위하여 사용하는 공구로 오일숫돌은 순도가 높은 알루미나 연마재(WA)를 사용하여 결합도와 충격 저항이 높아 모서리, 코너, 홀 부등을 다듬질 할 때 사용된다.

규격은 #60~#1,500 정도가 많이 사용되고 숫자가 높을수록 입자 크기가 작아 고운 면을 얻을 수 있고 낮을수록 거친 가공이 된다.

숫돌의 선정은 기계가공 후 1차 오일숫돌 #180~#500을 사용하여 작업하고 차례 점차 높은 순으로 작업을 한다.

세라믹숫돌은 오일숫돌에 비하여 높은 강도에 부러지지 않고 열 발생도 없고, 가공된 금형재료가 엉겨 붙지도 않아 높은 능률을 올릴 수 있다. 금형재료가 열처리 되었거나 작업성이 좋지 않을 경우 사용하면 효율적이다. 열처리 경도는 HRC57 미만에 효율적으로 사용할 수 있다.

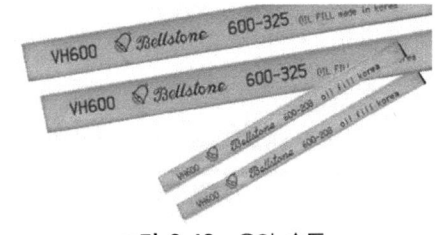

그림 3-40 오일 숫돌

그림 3-41 세라믹 숫돌

WA	70	K	M	V	A	205 X 19 X 15.88		
숫돌입자	입도	결합도	조직	결합제	연삭면형상	바깥지름	두께	구멍지름

(5) 줄, 세트 줄, 다이아몬드 줄

줄은 기계가공 후 매우 거친 면을 다듬질 할 때 사용하는데 사용용도에 따라 평줄 삼각줄, 원형줄, 반원줄, 정사각줄, 타원줄 등이 있고, 세트 줄과 다이아몬드 줄은 5본조, 7번조, 12번조 등이 있으며 숫돌 작업 전 기계가공 후 거친 면을 가공할 때 사용할 수 있다.

다이아몬드 줄은 열처리가 되어 경도가 높은 경우에도 가공성이 좋기 때문에 열처리 경도가 높을 경우 사용하면 효율적이다. 또한 기계가공 공구도 정밀 다듬질 할 수 있다.

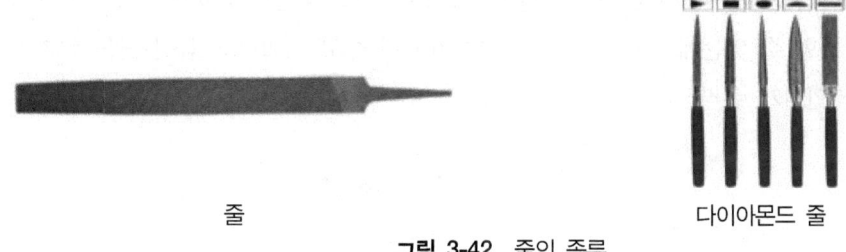

줄   다이아몬드 줄

그림 3-42 줄의 종류

(6) 탭, 다이스, 핸들, 리머, 카운트보어

금형을 조립하기 위하여 나사가공과 구멍의 정밀가공 및 볼트 머리가공을 할 때 사용되는 공구들이다.

탭은 금형 각 부분에 암나사를 가공할 때는 탭을 사용하고 숫나사를 가공할 때에는 다이스를 사용한다.

구멍의 정밀 가공을 할 때에는 드릴작업 후 리머를 이용하여 정밀 치수를 작업한다. 볼트가 조립되는 부분에 볼트머리의 자리 파기 작업시 카운트보어를 사용한다.

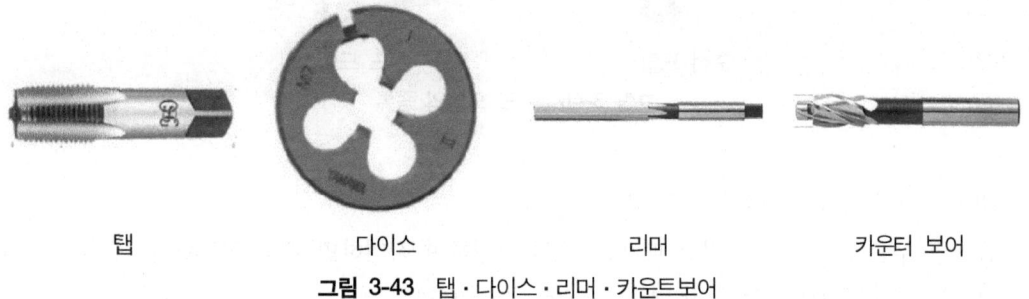

탭   다이스   리머   카운터 보어

그림 3-43 탭·다이스·리머·카운트보어

(7) 면 취기

기계 가공 후 각 금형 부품의 각 모서리는 가공 칩(chip)이 붙어 있거나 날카로운 모서리가 발생되어 금형조립, 분해 시 문제가 되거나 작업 중 날카로운 모서리가 찍혀서 다음 조립작업에 문제가 될 수가 있기 때문에 이를 제거하는 공구이다.

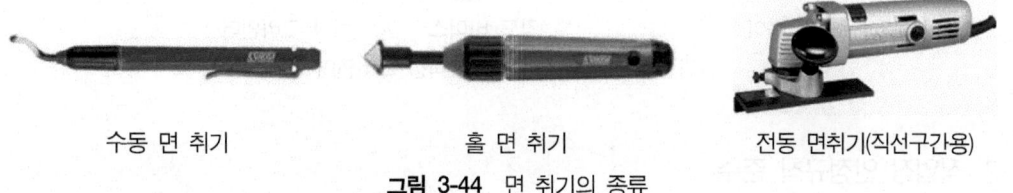

수동 면 취기   홀 면 취기   전동 면취기(직선구간용)

그림 3-44 면 취기의 종류

(8) 그라인더(전동·에어) – 회전·왕복·좌·우용

전동 및 에어그라인더는 추 숫돌, 커터, 연마 석, 고무 추 숫돌을 장착하여 작업하거나 사포를 감아서 작업할 수 있는데 고속회전으로 작업 효율이 좋고 정밀한 다듬질 면을 얻기 위해서는 전동그라인더가 유리하다.

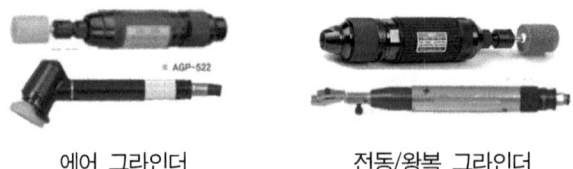

에어 그라인더　　　　전동/왕복 그라인더

그림 3-45 그라인더의 종류 및 공구

(9) 핸드 드릴

금형을 조립할 때 구멍 가공을 할 때 이동용으로 사용하며 충전 드릴은 전선이 없어 사용이 편리하다.

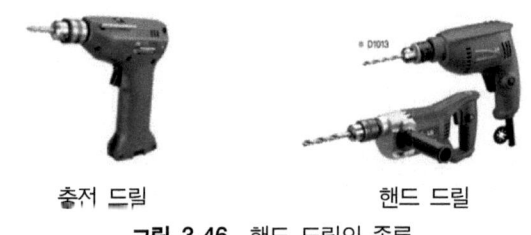

충전 드릴　　　　핸드 드릴

그림 3-46 핸드 드릴의 종류

(10) 바이스 종류 및 탁상 그라인더

금형의 부품을 다듬질 작업할 때 바이스에 고정하여 작업하면 편리하므로 바이스를 사용하고 경우에 따라서는 각도 바이스를 사용할 수도 있다.

탁상 그라인더는 모서리 제거 등 간단한 부위를 가공할 때 사용한다.

바이스　　　각도 바이스　　　탁상 그라인더

그림 3-47 바이스 종류 및 탁상 그라인더

2. 작업장 안정규칙 준수

1) 금형의 부품들은 철의 비중이 높아 무거워 운반을 할 때 호이스트나 지게차, 대차를 이용하기 위하여 체인이나 벨트를 필요금형부품에 체결하여 운반 중 이탈이 없도록 하여야 한다.

2) 종이 사포, 천 사포를 사용하여 작업 할 경우 가공칩이나 사포에 접착된 입자가 눈에 들어갈 수 있어 주의를 해야 하고 반드시 보안경을 착용할 수도 있다.

3) 숫돌작업 및 에어공구, 전동공구(그라인더)는 고속회전으로 작업 중 지석 등이 균열이 일어나고 가공칩이 발생되어 눈으로 들어갈 수가 있으므로 주의를 해야 한다.
(1) 회전 숫돌 작업의 안전수칙
① 숫돌은 조심하여 취급하고 작업 전에 반드시 손상유무를 점검하다.
② 숫돌에는 충격이 가지 않도록 한다.
③ 숫돌은 규격에 맞는 크기의 것을 규정 속도와 적당한 힘을 사용한다.
④ 안전덮개는 반드시 설치된 상태에서 사용한다.
⑤ 연삭숫돌은 정해진 사용면만 사용하여 작업한다.
⑥ 작업 시에는 반드시 보안경을 착용한다.
⑦ 공작물의 설치 및 해체 시에는 연삭숫돌에 닿지 않도록 한다.
⑧ 공작물은 확실하게 고정하고 작업 중에는 고정을 풀거나 이동시키지 않는다.
⑨ 연삭 압력이나 절단 속도를 최대로 하는 등 무리한 작업을 하지 않는다.

4) 탁상그라인더 작업은 고속회전 작업으로 시상이 발생 시 큰 사고를 불러올 수 있어 안전작업에 유의해야 한다.
(1) 연삭기는 방호덮개가 설치되어 있는 것을 사용한다.
(2) 연삭기를 가동 전에 작업보조대가 연삭숫돌과 3mm 이내에 안전하게 조정되어 있는지 확인한다.
(3) 연삭숫돌을 점검하여 손상된 부분이 없는지, 축 위에서 균형을 유지하면서 회전하는지 확인한다.
(4) 문제가 있거나 결함이 있는 것으로 보이는 연삭숫돌은 교체한다.
(5) 측면 연삭을 위해 설계되지 않은 연삭숫돌의 측면으로 연삭작업을 금지한다.
(6) 탁상 연삭기에 사용되는 대부분의 연삭숫돌은 정면연삭에만 사용하기 위한 것이므로 측면 작업을 금지한다.
(7) 가공물은 연삭숫돌에 충격을 가하지 말고 천천히 그리고 부드럽게 접촉한다.
(8) 손으로 가공물을 잡고 연삭작업을 할 때 숫돌에 너무 과도한 힘을 가하면 과열되면서 작업물이나 숫돌이 파손되거나 작업자가 부상을 입을 수 있다.
(9) 가공물은 연삭숫돌 중앙과 수평으로 일치하게 접촉시킨다. 이를 위해 받침대 높이를 적절하게 조절하여 사용하여야 한다.
(10) 연삭작업 전에 적어도 1분간 연삭숫돌을 공회전시켜 숫돌 상태를 확인한다.
(11) 보안경, 안전화, 귀마개, 방진마스크 등 적절한 개인보호구를 착용한다.

5) 드릴작업이나 회전 공구를 사용할 때 장갑을 끼면 장갑이 말려들어가서 위험하니 가능하면 장갑사용을 자제하고 사용할 경우는 주의를 해야 한다.

6) 작업안전에 대한 주의와 청결을 유지하고 각 작업에 적절한 안전장치를 실시 후 작업에 임하고 작업장 소음이 클 때에는 귀마개를 사용하고 가공 칩이 많거나 분진이 많을 경우 앞치마를 착용한다.

3. 작업공구의 유지·보수
1) 분해·조립용 공구
금형부품의 분해 조립용으로 사용되는 공구로 과도한 힘으로 조립을 할 경우 변형 비틀림이 종종 발생하는데 L렌치의 경우 육각부분이 손상되면 볼트 육각 홀 부분에서 공회전을 하게 되어 볼트 육각 홈 부분까지 손상되어 분해가 어려워진다. 무리한 힘을 주지 않아야 하고 정확히 삽입 후 작업을 하며 필요하면 토크렌지를 사용하는 것이 바람직하다.

2) 소모성 부품
다듬질 부품으로 사포, 숫돌, 오일숫돌, 세라믹 숫돌 등이 있으며 사포는 정상적으로 사용 후에는 재사용이 불가능 한 경우가 대부분이고 필요에 따라 적절한 크기로 잘라서 사용하는 것이 효율적이고 보관은 사포 번호별로 구분하여 보관하면 사용이 편리하다.

3) 에어그라인더(에어밀러) 및 전기그라인더(전기밀러) 등 동력 공구
에어그라인더, 전기그라인더는 고속회전용 작업 공구로 작업 중 무리한 힘을 가하거나 충격을 가하거나 장기 사용 등으로 베어링 등이 파손되면 가공시 필요한 가공 면을 얻기 어렵고 불안전한 회전으로 가공물 및 추 숫돌, 커터 등의 파손과 불안전한 가공 칩 등으로 신체를 다칠 수도 있으므로 주의를 요한다.

4. 작업공구의 보관 및 관리
1) 작업은 "정리·정돈으로 시작해서 정리·정돈으로 끝난다."
정리정돈은 작업의 기본이고 작업의 효율성을 좌우 한다. 작업장의 정리정돈 상태가 불규칙하면 필요 공구를 찾느라고 불필요한 시간을 낭비 하거나 재 구입 등으로 낭비가 발생한다.

2) 정리 정돈 청소상태가 불량하기 쉬우며 금형부품이나 치·공구 연장코드선 작업용구 등을 불안전한 상태에 놓일 때가 많으므로 **각각의 공구들의 위치를 정하여 제자리에 두도록 해야 한다.**

3) 작업공구와 작업대 부근의 청소

드릴이나 기타 작업 공구는 작업 중 사용한 절삭유 또는 가공 칩 등으로 더러워지기 쉽고 사용 공구(드릴, 줄, 숫돌 기타)들이 정해진 위치에 깨끗하게 정리 정돈되어 보관되어야 한다.

4) 작업에 필요한 수·공구는 쉽게 사용할 수 있도록 하는 것이 필요하다.

(1) 공구실이나 공구함을 준비하여 필요한 종류와 크기별로 정리 정돈하여 보관한다.
(2) 사용한 수공구는 방치하지 말고, 소정의 보관 장소에 보관하다.
(3) 날이 있거나 끝이 뾰족한 물건은 위험하므로 뚜껑을 씌워 두어야 한다.
(4) 회전 숫돌은 고속 회전상태이므로 보관 중 크랙 및 다른 결함이 생기면 사용 중 파손되어 위험성이 있으므로 교체 후 보관한다.
(5) 전용의 정리대나 상자에 보관할 필요가 있다.
(6) 숫돌은 수분, 습기가 있는 곳에 보관하면 강도가 떨어진다.

단원 핵심 학습 문제

01 다음 중 사출금형 다듬질 작업시 다듬질 공구로 많이 사용되는 공구가 아닌 것은?
  ① 줄(file)   ② 스크레이퍼
  ③ 드릴   ④ 망치
  해설 : ④ 다듬질 공구로 많이 사용되는 공구 명
  - 줄(file)   - 스크레이퍼
  - 드릴   - 바이스
  - 리머   - 탭 및 탭 핸들

02 기계 부품의 가장자리가 걷어 올려지는 것을 제거하거나 또는 다듬질한 면을 다시 정밀하게 마무리하는 데 사용하는 공구로 평면용과 구멍용이 있고 합금공구강으로 제작되는 공구는?
  해설 : 스크레이퍼

03 드릴로 뚫은 구멍을 정확한 치수로 넓히거나, 다듬질하거나, 지름을 정밀하게 다듬질하는 데 사용하는 공구는?
  해설 : 리머

04 육각렌치볼트의 분해 및 조립용에 사용하는 공구는?
  해설 : L렌치

05 금형 각 부분에 암나사를 가공할 때는 (①)을 사용하고 숫나사를 가공 할 때에는 (②)를 사용한다. ( )에 들어가는 것을 쓰시오.
  해설 : ① 탭
         ② 다이스

06 기계 가공 후 각 금형 부품의 각 모서리는 가공 칩(chip)이 붙어 있거나 날카로운 모서리가 발생되어 금형조립, 분해 시 문제가 되거나 작업 중 날카로운 모서리가 찍혀서 다음 조립작업에 문제가 될 수가 있기 때문에 이를 제거하는 공구는?
  해설 : 면 취기

07 볼트가 조립되는 부분에 볼트머리의 자리 파기 작업시 사용하는 공구는?
  해설 : 카운트보어

08 열처리가 되어 경도가 높은 경우에도 가공성이 좋기 때문에 열처리 경도가 높을 경우 사용하면 효율적인 줄은?
  해설 : 다이아몬드 줄

09 오일숫돌에 비하여 높은 강도에 부러지지 않고 열 발생도 없고, 가공된 금형 재료가 엉겨 붙지도 않아 높은 능률을 올릴 수 있고, 금형재료가 열처리 되었거나 작업성이 좋지 않을 경우 사용하면 효율적인 공구는?

해설 : 세라믹숫돌

10 공작물을 고정하고 줄 작업, 쇠톱 작업, 정 작업 등을 할 때 쓰이는 공구인 바이스의 크기는 나타내는 방법은?

해설 : 공작물을 물릴 수 있는 조의 폭과 조의 이동 거리로 나타낸다.

11 공작물의 표면을 깎아 평활하게 다듬질하거나 모 따기를 할 때에 사용하는 공구는?

해설 : 줄

3-2 가공부품 모서리 면취하기

1. 가공부품의 도면 파악 및 작업계획 수립

1) 표면 거칠기의 지시와 다듬질 기호

(1) 특수한 요구 사항의 지시 방법

① 가공 방법

표 3-1 가공 방법의 기호

가공방법	약호 I	약호 II	가공방법	약호 I	약호 II
선반 가공	L	선삭	호닝 가공	GH	호닝
드릴 가공	D	드릴링	액체호닝 가공	SPLH	액체 호닝
보링머신 가공	B	보링	배럴연마 가공	SPBR	배럴 연마
밀링 가공	M	밀링	버프 다듬질	SPBF	버핑
평삭(플레이닝) 가공	P	평삭	블라스트 다듬질	SB	블라스팅
형삭(세이핑) 가공	SH	형삭	랩 다듬질	GL	래핑
브로칭 가공	BR	브로칭	줄 다듬질	FF	줄 다듬질
리머 가공	DR	리밍	스크레이퍼 다듬질	FS	스크레이핑
연삭 가공	Q	연삭	페이퍼 다듬질	FCA	페이퍼 다듬질
벨트연삭가공	GBL	벨트 연삭	정밀 주조	CP	정밀 주조

원하는 표면의 결을 얻기 위하여 표면 처리를 포함한 특정한 가공 방법을 지시할 필요가 있는 경우에는, 면의 지시 기호의 긴 쪽 선에 가로 선을 긋고, 그 위에 문자 또는 기호로 기입한다. 가공 방법의 지시 기호 기입은 그림과 같이 가로선의 길이는 가공 방법의 지시내용과 같게 한다.

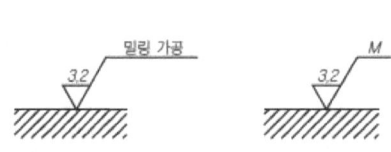

그림 3-48 가공방법의 지시 기호 기입 방법

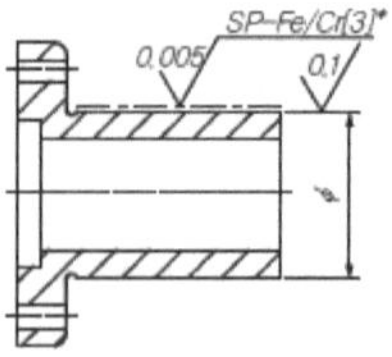

그림 3-49 표면처리 전·후의 지시 기호

SP(Surface treatment Polishing) : 표면처리 폴리싱(연마)
Fe : 소재는 철강, Cr : 크롬 도금
[3] : 도금의 등급, 3급으로 도금 두께 10㎛
* 기호는 KSD 0222의 표시에 따른다.

표면처리에 관한 사항을 지시하는 경우의 표면 거칠기 값은 표면 처리후의 값이며, 표면 처리 전과 후의 양쪽의 표면 거칠기를 지시할 필요가 있을 때에는 그림과 같이 표시한다.

② 줄무늬 방향

줄무늬 방향을 지시하여야 할 때에는 표에서 규정하는 기호를 가공면의 지시 기호 오른쪽에 그림과 같이 기입한다.

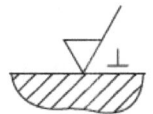

그림 3-50 줄무늬 방향의 기호 기입

표 3-2 줄무늬 방향의 기호

기 호	뜻	설 명 도
=	가공에 의한 커터의 줄무늬 방향이 기호를 기입한 그림의 투상 면에 평행 보기 : 기계가공 면	
⊥	가공에 의한 커터의 줄무늬 방향이 기호를 기입한 그림의 투상 면에 직각 보기 : 기계가공 면	
X	가공에 의한 커터의 줄무늬 방향의 기호를 기입한 그림의 투상 면에 경사지고 두 방향으로 교차 보기 : 호닝 다듬질 면	
M	가공에 의한 커터의 줄무늬가 여러 방향으로 교차 또는 무 방향 보기 : 래핑 다듬질 면, 수퍼 피니싱 면, 가로이송을 준 정면 밀링 또는 엔드밀 절삭 면	
C	가공에 의 한 커터의 줄무늬 방향의 기호를 기입한 면의 중심에 대하여 대략 동심원 모양 보기 : 끝 부분의 절삭 면	
R	가공에 의한 커터의 줄무늬가 기호를 기입한 면의 중심에 대하여 대략 레이디얼 모양	

*주) M : Multidirectional grooves, C : Circular grooves, R : Radial grooves

③ 각 지시 기호의 기입 위치

표면의 결에 관한 지시 기호는 면의 지시 기호에 대하여 표면 거칠기의 값, 컷오프 값 또는 기준 길이, 가공 방법, 줄무늬 방향의 기호, 표면 파상도 등을 그림에서 나타내는 위치에 배치하여 나타낸다.

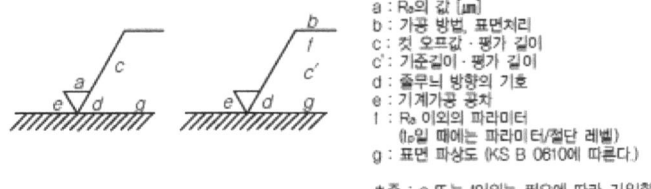

그림 3-51 각 지시 기호의 기입 위치

실기 내용

1. 금형 부품도면 파악 및 작업 계획 수립

1) 금형 부품 도면을 파악하여 작업이 필요한 부품을 확인한다.

2) 부품별 금형 재료의 특성과 작업성을 파악한다.

3) 금형 재료의 선택

(1) NAK-80

플라스틱 금형용 강(프리하든 강)으로서 재료 공급시 열처리(HRC40)가 되어 있으나 그대로 가공하여 사용할 수 있으며 Ni(니켈), Al(알루미늄), Cu(구리)계 시효경화 강으로 사용된다. 열처리가 되어 있어 열처리 변형을 염려하지 않아도 되므로 금형제작이 편리하다. 그러나 열처리 경도를 더 높이기 위해서는 추가적으로 열처리를 함으로 HRC50 정도의 경도를 얻을 수 있어 내구성을 향상시킬 수도 있다.

재료 특징은 다음과 같다.

① 경면 연마성이 우수하다.
② 방전 가공성이 우수하다.
③ 용접성이 양호하고, 열처리가 필요 없어 그대로 금형가공에 사용된다.

대표적인 적용 수지 재료는 ABS, AS, 아크릴, 폴리에틸렌, 폴리스틸렌, 나일론, 페놀, 멜라민 등이 있다. 사용 용도로는 렌즈, 안경, 고급 건축 커버, 라디오 및 카세트 케이스, 테이프 리코더, 화장품 용기, 조명등, 카메라 본체 등에 사용된다.

(2) STD-61

가공용 합금 공구강으로서 열간으로 사용되는 공구에 적합하다. 특징으로는 다음과 같다.

① 열 충격 및 열 피로에 강하므로 열간 프레스금형, 각종 다이스, 다이 블록 제조에 쓰이고 글라스가 포함된 나일론용 사출금형으로도 내구성이 좋아 많이 쓰인다.

② 내마모성과 내열성을 이용하여 열간가공용 공구로서 광범위하게 사용되고 있다.
③ 진공 탈 가스 처리와 재 용해 공정을 통하여 제품의 청정도와 품질이 우수하다.
④ 균질한 조직으로 고온강도와 인성이 양호하다.
⑤ 내구성이 좋아 생산 수량이 많을 경우 많이 사용하나 열처리 후 기계 가공성은 떨어진다. 대표적인 적용 수지로는 ABS, AS, 아크릴, 폴리에틸렌(PE), 폴리스틸렌(PS) 등이 있다. 사용 용도로는 열간 프레스금형, 각종 다이스, 다이 블록, 절단 날, 각종 슬라이드 코어 등에 사용된다.

(3) STD-11

냉간 가공용 합금 공구강으로서 고 탄소, 고 크롬강이며 내마모성이 커서 금형부품, 구형, 너트, 축조 롤러에 적합하지만 기계가공성이 까다롭고 담금질 온도가 1,020℃~1,050℃의 고온인 것이 흠이지만 다음과 같은 특성을 가지고 있다.

① 고 청정도와 고 품질
② 진공 탈 가스 처리와 재 용해 공정을 통하여 제품의 청정도와 품질이 우수하다.
③ 균질한 정도
④ 우수한 내마모성
⑤ 고온 강도

대표적인 수지로는 ABS, AS, 아크릴, 폴리에틸렌(PE), 폴리스틸렌(PS) 등이 있다. 사용 용도로는 프레스금형, 각종 다이스, 다이 블록, 절단 날, 각종 슬라이드 코어 등에 사용된다.

(4) 사출금형 재료 따른 특성 파악

금형 재료의 선정은 매우 중요하다. 재료 선정 기준은 다음과 같이 기계 가공성이 우수하고, 충분한 강도, 경도, 인성이 있고 내마모성이 좋아야 한다. 또한 열처리가 쉽고 변형이 적으며, 표면 가공성과 연마성이 우수한 재료를 선정하여야 한다. 그러나 가격이 너무 비싸면 금형 단가가 비싸지므로 경쟁력에서 뒤떨어질 수 있기 때문에 가격과 용도에 적합한 금형 재료 선택만이 부가가치를 높일 수 있다. 금형 재료는 기계 가공성이 좋아야 하는데 강도가 좋은 재료는 비교적 가공성이 떨어진다.

4) 모서리 면의 작업 계획

(1) 금형 부품 도면을 파악한다.
(2) 각 부품의 재질을 검토한 결과에 따라 열처리 경도가 높은 경우는 작업 소요시간을 파악한다.

(3) 선택된 소요 공구의 작업성을 감안하여 1차 계획된 조립 작업 계획 순서에 따라 수가공 작업 계획을 수립한다.

2. 가공부품의 모서리 면취 여부 판단

1) 다듬질 및 조립 방법

금형 가공을 끝낸 금형 부품을 조립 및 시험가공을 해서 제품을 확인하여, 금형으로서 완성시키는 사이는 많은 다듬질 작업을 필요로 하며, 시행착오 후 조정, 수정 등 예측할 수 없는 작업도 가해진다.

합리화에 있어서는 다음과 같은 방식으로 진행시킨다.

(1) 기계가공 비율을 올림과 동시에 가공정밀도를 향상시키고, 다듬질에 필요한 공수를 줄인다.
(2) 데이터의 수집과 표준화를 해서, 설계 단계의 신뢰성을 높인다.
(3) 불확정 요소가 남아서 수정이 필요한 경우는 설계 단계에서 방법을 결정한다.
(4) 조정이나 수정을 할 경우, 기준면 및 원래의 치수 형상을 명확하게 해 두고, 상태가 나쁜 경우는 원래의 상태로 되돌린다.
(5) 대폭적인 변경을 동반하는 수정의 경우는 개인에게 맡기지 말고, 금형 설계사 등의 협의를 얻어서 한다.
(6) 정규의 연마작업 및 조립 이외의 조정이나 수정은 모두 낭비로 생각하고 설계 또는 기계 가공 부문에서의 해결을 꾀하도록 한다.
(7) 금형부품을 분업으로 만들 경우도 완전한 생산으로 하지 않고, 우선해야 할 부품을 선행시켜서 상대 부품을 맞춘다. 특히, 많은 부품을 조합할 경우의 총합 정밀도를 필요로 할 경우는 유효하다.
(8) 금형부품을 가공하는 각 공정의 담당자는 금형 전체의 기능, 금형부품의 기능, 전·후의 공정 등을 충분히 이해한다.

실기 내용

1. 사출금형 부품의 모서리 면취 유·무 판단

1) 금형 조립도 및 부품도를 검토한다.
(1) 부품도에서 고정측 형판, 가동측 형판의 외측에 면취가 되어 있으나 몰드베이스 부품들은 몰드베이스 제작 처에서 기본적으로 면취 작업 후 출고하기 때문에 외관적인 부분은

추가로 면취 작업이 불필요하나 금형부품을 조립하기 위해서 상·하 원판의 가공을 한 부분에 대하여는 면취 작업을 선택해야 한다. 그러나 상·하 원판의 파팅면, 상·하 코어 플레이트 조립 부분은 면취를 하지 않고 상·하 코어 측에 면취 작업을 한다.
(2) 가동측 형판 상측 부분은 성형품 형상 구간으로 임의의 면취가 불가능한 부분이다. 면취 방법은 모서리를 둥글게(라운드) 처리하는 방법과 모따기 처리하는 방법이 있는데 조립성이나 관리적인 측면은 라운드처리가 유리하지만, 가공 특성상 수작업으로는 작업에 공수가 많이 소요되므로 원가적인 측면에서는 불리하다.

면취(모따기) 가공은 일부분 모서리각이 남아있어 작업에는 불리하나 작업성이 용이하여 통상적으로 많이 활용한다.

2) 조립도 및 부품도를 정확히 검토한 후 성형 부분은 성형품 도면을 검토하여 도면에 따라 조치하고 조립 부분의 파팅면 부분은 대부분 면취를 허용하지 않으며, 조립부분은 부품도면 검토 결과에 따라 면취 여부를 결정한다.

3. 면취 치수 결정 및 작업

1) 다듬질

(1) 다듬질 작업

① 다듬질 작업방법

절삭가공을 한 면은 커터의 흔적이 남고, 방전가공을 한 면은 방전 흔적과 이상 층이 남는다. 이들 표면의 요철을 평활한 면으로 다듬질하기 위해 연마가 실시된다.

다듬질은 합리화가 다듬질 공정만의 문제는 아니고, 금형제작 전체로서 생각할 필요가 있으며, 다음 내용을 고려해야 한다.

(가) 다듬질 전의 표면 조도를 가급적 좋게 한다.
(나) 다듬질하기 쉽도록 부품의 형상을 고려해서 설계를 한다.(부품의 분할 등)
(다) 다듬질에 적합한 공구를 준비한다.
(라) 지립의 종류 및 입도는 다듬질 정도에 맞추어 변경한다.
(마) 치수 및 형상의 수정은 다듬질 단계에서 하지 않는다.
(바) 다듬질 작업자는 기본 작업을 몸에 익히고, 습득한다. 미숙한 경우, 형상을 무너뜨리거나, 균일한 다듬질이 되지 않는다.
(사) 자동화를 도모한다.

② 수공구에 의한 다듬질 작업

(가) 연마 천에 의한 다듬질

연마 천에(통칭 페이퍼)에 의한 다듬질은 가장 일반적인 것으로, 연마 천을 손으로 잡고 면을 따라 연마한다. 연마 천은 다듬질 정도에 따라 순차로 메쉬가 적은 것으로 바꾼다.

(나) 기름숫돌에 의한 다듬질

기름숫돌로 다듬질하는 것은 주로 평탄부나 홈 등 직선부의 다듬질에 사용된다. 연삭가공 후의 연삭 거스러미의 제거와 표면의 다듬질이 가장 좋은 예다.

기름숫돌은 다듬질할 부분의 형상에 맞추어서, 지립의 종류와 입도, 형상, 크기 등이 있으며, 형상이 맞지 않을 경우나 좁은 부분의 다듬질을 할 경우는 그라인더로 성형한다.

표 3-3 수작업에 의한 다듬질 작업 방법

공구의 종류	작업의 명칭	용도 및 특징
수공구	- 줄 다듬질 - 연마 천에 의한 다듬질 - 기름숫돌에 의한 다듬질 - 래핑작업에 의한 다듬질	- 형상의 가공 및 다듬질 - 연마천의 종류에 의한 폭넓은 다듬질 - 미소 부분의 플래시 제거 및 래핑 - 경면 다듬질 등
특수공구 또는 진동공구	- 디스크 그라인더에 의한 연마 - 핸드 그라인더에 의한 연마 - 전해 연마 - 총합 연마 공구에 의한 연마	- 대형 금형의 비교적 거친 다듬질 - 소형 금형의 부분적인 다듬질 - 소형 금형의 다듬질 - 중·소형 금형의 나름질

실기 내용

1. 면취 치수 결정 및 작업

1) 면취 치수 결정

면취(둥글게)의 치수는 금형 부품의 조립 측 모서리 경우는 일반적으로 C1(가로 세로 각각 1mm로 하여 45°로 연결) 또는 R1(반지름 1mm)로 하는데 코어 조립부 치수가 적거나 클 경우를 감안하여 작업할 수도 있다.

2) 면취 가공 공구 선정

(1) 각종 줄

줄은 기계가공 후 거친 면을 가공할 때 사용하는 용도이고 조 줄은 5번, 7번, 12번 등의 조 줄이 있는데 숫자가 높을수록 줄의 눈이 적기 때문에 고운 면을 다듬질할 때 사용한다.

(2) 사포, 오일 및 세라믹 숫돌

사포는 금형 다듬질에 많이 쓰이는 것으로써, 사포(砂布)는 유리 가루나 금강사(金剛砂) 따위를 종이나 천에 바른 것이다. #60~#2,000 정도로 숫자가 작을수록 입자가 커서 거친 연마가 되고 숫자가 높을수록 작은 입자로 구성되어 부드러운 연마가 가능하며, 금형에서 마무리 작업에 사용되고 있다.

숫돌에 의한 다듬질은 금형의 홈이나 부분적 요철을 제거하는 가공으로써, 사용하는 숫돌의 입도는 대게 #80~#3,000 정도로 숫자가 작을수록 입자가 커서 거친 연마가 되고, 숫자가 높을수록 작은 입자로 구성되어 부드러운 연마가 가능해진다.

(3) 추 숫돌, 고무 추 숫돌, 커터, 핸드 그라인더 연마석

숫돌에 의한 금형의 다듬질 작업은 금형의 큰 홈이나 부분적 요철을 제거하는 가공이고 사용하는 숫돌의 입도는 대게 #150~#2,000 정도이다.

이 공구들은 고속 회전용 공구로 핸드 그라인더 연마석은 고속 회전용으로 부품의 외곽부분의 거친 돌출 부분을 제거하거나 열처리가 된 부품의 외측 면취용으로 사용하면 좋다.

(4) 에어 및 전기 그라인더(밀러, 루터), 에어 및 전동 공구(전·후 및 좌·우 왕복 면취기)

다듬질과 면취 작업이 수동 작업에 비하여 빠르기 때문에 다듬질 작업에 작업 효율이 좋은 공구이고 왕복 사상기는 좁은 면 전후 작업이 필요한 곳에 사용되며 수작업에 비해 고효율을 올릴 수 있고 좌우 움직이는 흔들이라는 공구도 있어 좌우 다듬질 작업에 효율적이다. 면취기는 수작업용과 전동용이 있는데 직선용 전동 면취기는 외부 직선 구간에 효율이 좋다.

3) 금형부품 면취 작업 방법

(1) 사포작업(사포=천, 사지=종이)

천이나 종이에 연마제를 접착시킨 것으로 사포는 일감의 곡면을 따라 다듬질하기 편리하고 사포의 뒷면에 표시된 숫자에 의해 거칠기를 알 수 있으며, #80~#2,000까지 입자의 크기로 숫자가 낮을수록 입자가 크고 숫자가 높을수록 작다. 줄 자국이나 기계 가공 자국을 없애고 금형 부품 표면을 다듬질할 때 필요한 작업이다.

(2) 숫돌 작업

숫돌에 의한 금형의 다듬질 작업은 금형의 큰 홈이나 부분적 요철을 제거하는 가공으로써 사용하는 숫돌의 입도는 #200~#3,000 정도를 사용한다. 숫돌 작업시 주의할 점은 강한 숫돌을 사용하여 강하게 힘을 가한다고 해서 무조건 연마가 빠르게 되거나 정확하게 되는 것이 아니라 오히려 칩이 눌어붙어서 깊은 홈을 낼 수 있으니 주의가 필요하다.

① 숫돌은 거친 숫돌에서 고운 숫돌 순으로 순차적으로 사용한다.

숫돌 작업은 가공기계종류(주축의 회전수)와 가공방법(가공피치, 가공량, 이송속도, 공구의 회전수 등)에 따라 차이가 나지만 일반 CNC 밀링 정삭가공 후 #150~#200 오일 숫돌로 다듬질을 하고 고속가공기(RPM 15000기준)는 정삭가공 후에는 #320 전후 숫돌을 사용하는데 숫돌의 번호가 점점 높은 숫돌을 사용하여 작업한다.

② 숫돌 작업 방향

오일 숫돌이나 세라믹 숫돌 등의 작업시 #600은 세워서 사용해도 무방하지만 #1,500부터는 반드시 눕혀서 사용해야만 한다.

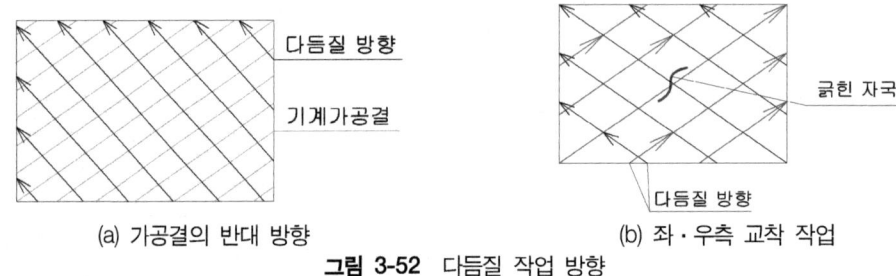

(a) 가공결의 반대 방향   (b) 좌·우측 교착 작업

그림 3-52 다듬질 작업 방향

기계가공 결 방향과 반대 사선 방향으로 반복해서 다듬질 작업을 해야 한다. 작업 중 발생된 작은 흠을 없애기 위해 국부적으로 작업하거나 한 방향으로만 작업하면 발생된 가공 자국의 제거가 어렵고 작업 후 가공 면이 울퉁불퉁해질 위험이 있으므로 빈듯이 좌측에서 우측으로 우측에서 좌측으로 사선 방향으로 작업한다.

③ 숫돌의 크기는 작업 면적보다 적은 것을 사용하고, 좁은 면적을 작업할 경우도 작업 면적보다 숫돌의 크기는 작아야 한다.

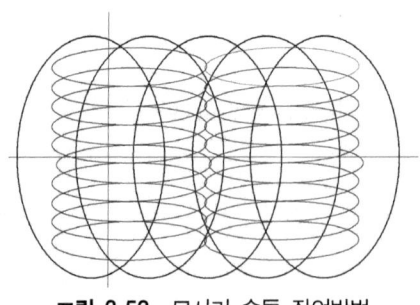

모서리 부분을 작업할 때 1차 큰 타원을 여러 개 중첩되게 그리듯 작업하고 2차 90도 회전하여 적은 타원으로 작업한다.

그림 3-53 모서리 숫돌 작업방법

④ 숫돌을 사용하여 사각 등의 바닥면을 다듬질할 때는 모서리 부분을 우선 작업 후 중간 부분을 작업한다.

⑤ 세라믹 숫돌의 장점

(가) 사출 금형 방전면의 코아 표면, 코너 부, 돌출부 정밀 연마가 가능하고

(나) 부러지지 않기 때문에 좁고, 깊은 곳에 사용도 가능하며
(다) 용도에 따라 형상을 자유롭게 바꿀 수 있어 복잡한 형상에 좋다.
(라) 열처리 경도가 높은 재질도 연마가 가능하고
(마) 환봉 타입은 에어(전기) 그라인더의 30,000rpm까지 사용이 가능하며
(바) 부러지지 않고, 우수한 내마모력 때문에 초음파 공구나 왕복 사상기, 에어 밀러, 좌우 흔들이와 함께 사용이 가능하다.

(3) 추 숫돌 작업
많은 시간이 소모되어 시간 절약을 위하여 추 숫돌, 초경 카터, 고무 지석을 전동 및 에어 그라인더, 왕복 사상기, 좌우 흔들이를 이용하여 작업하므로 높은 효율과 작업품질을 향상시킬 수 있어 현장에서 많이 활용되는 공구다.

(4) 면취 작업
금형부품들은 기계가공 후 각 금형부품의 각 모서리 부분이 기계가공 칩(거스러미)이 붙어 있거나 날카로운 모서리가 형성되어 금형 조립시 조립이 어렵고 금형부품끼리 작업공정 중에 부딪쳐 날카로운 모서리가 찍힐 때 그 부분에 돌출부가 형성되어 부품 조립이 어려워지므로 주의하여야 한다.

(5) 면취 치수 결정
① 고정측 및 가동측 형판 면취 작업
고정측 및 가동측 형판 외곽 부분의 면취는 일반적으로 C1~C3으로 하고, 설치판의 크기에 따라 치수가 달라지며, 대형일 때는 C5까지도 할 수 있다.
② 상·하 코어 플레이트
상·하 코어 판의 외곽 코너 부분은 고정측 및 가동측 형판에 도피 홈이 가공되었을 경우에는 가공 칩 제거 정도의 최소 면취를 하고, 도피 홈이 없을 경우는 면취 C1~C3 또는 R1~R3 작업을 금형 부품 크기에 따라 작업한다.
③ 스프루 부시
스프루 부시의 외형 모서리 부는 일반적으로 C1(R1)으로 다듬질하고, 스프루 부시의 끝 부위가 파팅 면으로 조립될 때는 가공 칩 제거 수준으로 하며, 내부 조립일 경우는 C1으로 한다.
④ 이젝터 핀
이젝터 핀 이젝터 부는 부품의 형상이 성형되는 부분으로 가공 칩만 제거하고, 머리 부분의 안쪽은 C0.3 정도의 적은 면취나 둥근 면취가 적합하며, 바깥 부분은 크기에 따라

C1~C3으로 면취 작업을 한다.
⑤ 각종 부품의 외곽치수 면취 작업
각종 부품의 외곽치수 면취 작업은 일반적으로 C1~C3으로 하고, 설치판의 크기에 따라 치수가 달라지며, 대형일 때는 C5까지도 할 수 있다.

단원 핵심 학습 문제

01 다음 중 수공구에 의한 다듬질 작업의 종류가 아닌 것은?

① 줄 다듬질
② 연마 천에 의한 다듬질
③ 기름숫돌에 의한 다듬질
④ 핸드 그라인더에 의한 연마

해설 : ④ 수공구에 의한 다듬질 작업의 종류
　　　　- 줄 다듬질
　　　　- 연마 천에 의한 다듬질
　　　　- 기름숫돌에 의한 다듬질
　　　　- 래핑작업에 의한 다듬질

02 금형 다듬질에 많이 쓰이는 것으로써, 사포(砂布)는 유리 가루나 금강사(金剛砂) 따위를 종이나 천에 바른 다듬질 공구는?

해설 : 사포

03 사출금형에서 가공부품의 도면을 파악할 때 가공방법에 따른 다듬질 기호를 이해하여야 한다. 리머 가공과 줄 다듬질의 기호를 쓰시오

해설 : 리머 가공과 줄 다듬질의 기호
　　　　리머 가공 - DR
　　　　줄 다듬질 - FF

04 사출금형에서 상·하 코어 재료로 NAK55와 NAK80을 많이 사용한다. 금형재료 NAK55와 NAK80의 특징에 대해서 3가지 이상을 쓰시오. (P39)

해설 : 금형재료 NAK55와 NAK80의 특징
　　　　- 경면 연마성이 우수하다.
　　　　- 방전 가공성이 우수하다.
　　　　- 용접성이 양호하다.
　　　　- 열처리가 필요 없다.

05 사출금형에서 내마모성과 내열성이 우수하여 열간가공용 금형재료로 광범위하게 사용되고 있는 재료 명은?

해설 : STD61

06 사출금형에서 다듬질 작업시 고려하여야 할 사항에 대해서 5가지 이상을 쓰시오.

해설 : ① 다듬질 전의 표면 조도를 가급적 좋게 한다.
　　　② 다듬질하기 쉽도록 부품의 형상을 고려해서 설계를 한다.(부품의 분할 등)
　　　③ 다듬질에 적합한 공구를 준비한다.
　　　④ 지립의 종류 및 입도는 다듬질 정도에 맞추어 변경한다.
　　　⑤ 치수 및 형상의 수정은 다듬질 단계에서 하지 않는다.

⑥ 다듬질 작업자는 기본 작업을 몸에 익힌다.
⑦ 자동화를 도모한다.

07 일반적으로 사용되는 사출금형 부품의 면취 작업방법 4가지에 대하여 쓰시오.
해설 : ① 사포 작업
② 숫돌 작업
③ 추 숫돌 작업
④ 면취기 사용 작업

08 사출금형 부품 중 고정측 및 가동측 형판의 일반적인 면취 치수는?
해설 : C1~C3

3-3 와이어 · 방전가공 면 다듬질하기

1. 방전 면의 작업계획 수립

1) 사출금형 다듬질 작업의 종류와 방법

사출금형 다듬질에서 래핑 작업의 종류와 방법은 고광택이든, 일반래핑속도는 그다지 중요치 않으나, 보통 입자가 비산하지 않는 정도로 한다. 건식 래핑에 있어서는 50~80m/min 범위이며, 너무 빠르면 열을 발생하고 열처리된 표면층은 템퍼링이 일어나 변질될 우려가 있다. 래핑 압력은 습식에서 $0.5kg/cm^2$ 정도이고, 너무 압력이 높으면 래핑유가 밀려 나오므로 건식이 된다.

(1) 래핑(Lapping)의 정의

공작물의 표면을 분말로 되어 있는 래핑입자(abrasives, lapping powder)를 넣어 양자에 상대운동을 시키면 랩 제에 의하여 공작물 표면이 아주 미세한 양의 칩을 발생하면서 치수가 정밀하고, 매끈한 가공 면을 얻는 가공법을 래핑(lapping)이라고 한다. 특히 거칠어진 방전 면에는 랩 제나 다이아 콤 파운드, 오일 스톤 등으로 작업하는 방법을 말한다.

블록 게이지(block gauge), 리밋 게이지(limit gauge), 플러그 게이지(plug gauge) 등 게이지류는 물론 볼(ball), 롤러(roller), 내연기관용 연료 분사 펌프 등 정밀한 기계 부품 및 렌지(lens), 금형 코어 부품, 상 코어, 하 코어 등의 고광택 래핑, 프리즘(prism) 등 광학기계용 유리기구, LED금형, 사출금형 등은 모두 래핑작업으로 마무리 작업한다.

① 래핑의 장 · 단점

(가) 장점

㉠ 가공 면이 매끈하고 적절한 방법에 의하여 거울과 같은 면을 얻을 수 있다.

㉡ 정밀도가 높은 제품을 얻을 수 있다. 평면도, 진원도, 직선도 등 기하학적 형상으로 거의 이상적인 것을 얻을 수 있으며, 개스킷이 없이 기밀을 유지할 수 있는 접합면을 얻을 수 있다.

㉢ 고광택 면을 얻을 수 있으므로 좋은 품질을 보장한다.

㉣ 작업 방법이 간단하고 설비도 많이 필요하지 않으며, 미숙련자도 정밀도가 높은 제품을 얻을 수 있다(오일 숫돌, 다이아 콤 파운드, 왕 · 복 사상기, 좌 · 우 사상기, 우드 스틱 등).

㉤ 우수한 고광택 가공 면은 내식성, 내마멸성이 좋다.

(나) 단점
- ㉠ 작업이 깨끗하지 못하고 작업자의 손과 옷을 더럽힌다(래핑 사업장은 취약하다).
- ㉡ 비산하는 래핑 입자가 다른 기계, 또는 제품에 부착하면 마멸시키는 원인이 된다(먼지로 인해 다른 제품 고광택 금형의 스크래치를 발생할 수 있어 경면 사상이 어려울 수 있다).
- ㉢ 가공 면에 랩 제가 잔류하면 부품의 마멸을 촉진시킨다(랩 제, 즉 콤 파운드나 다이아몬드 파우더와 오일숫돌(도이시) 연마제의 잔류는 신너나 석유로 닦아내지만 그 잔류물이 남을 수 있다).
- ㉣ 아주 높은 정밀도를 가진 공작물을 만들려면 고숙련이 필요하다.

래핑에 있어 래핑 유(석유 등)를 사용하는 것은 습식법, 사용하지 않는 것은 건식법이라고 한다. 습식법에 있어서는 래핑입자는 공작 액에 포위되어 래핑 입자는 공작물과 랩 사이에 끼워져서 전동하며 예리한 끝으로 공작물을 깎아내므로 가공 면은 광택이 적은 면이 된다.

건식법에 있어서는 세립으로 분쇄된 래핑 입자가 랩 표면에 매입되어 여분의 입자는 제거되므로 날이 가는 줄과 같은 작용을 하고, 공작물 표면에서 미량의 칩을 발생하면서 가공된다. 따라서 가공 면은 아름답고 광택을 내며, 거울 같은 면 즉 고광택 면을 얻을 수 있다. 작업 방법으로는 수작업에 의한 래핑과 기계를 사용하는 기계래핑으로 분류하며, 이에 사용하는 기계를 래핑머신이라고 한다.

② 랩 재료

기계래핑에는 랩 재료로서 주철이 가장 많이 사용된다. 재질은 연하고 입자는 치밀하며 표면에는 공극이나 그밖에 결함이 없어야 하며, 경도가 알맞은 회선철이나 미하나이트 주철은 모두 적합한 랩 재료다.

주철이 적합하지 않을 때는 강, 황동, 구리, 활자합금, 알루미늄, 배빗 또는 주석이 사용되고, 특히, 반도체 금형에서는 신주 브러시, 스텐 브러시가 쓰이기도 한다.

③ 래핑 입자와 래핑 유(abrasives and vehicle)

래핑은 결함 상태로 된 래핑입자 또는 분리된 상태의 래핑 입자에 따라 다르다. 래핑 유는 기름이나, 방전 유, 등을 사용하기도 하며, 석유계통의 일본 절삭유인 FM10을 사용하면 더 좋은 고광택 면을 얻을 수 있다.

래핑 유는 래핑입자가 섞어서 사용하는 것으로 입자를 지지하며 동시에 분리시키고 공작물에 윤활을 주어 긁히는 것을 방지한다.

실기 내용

1. 방전가공 부품의 면 작업 계획 수립

방전가공은 가공물과 전극 간에 전압을 가하여 간격을 좁혀 가면 절연이 파손(방전)되어 국부적으로 전류가 집중되면 고온이 되어 가공물이 녹는 원리를 이용하고 펄스(Pulse)를 이용함으로 용방전가공 다듬질 면이 요구 표면조도가 이루어지지 않으면 성형품의 외관이 불량이 될 수 있고 리브나 깊은 홈의 측면의 경우는 금형에서 분리할 때 성형품이 분리가 잘되지 않거나 긁힘 자국이 발생되기 때문에 요구 표면조도를 지켜야 한다. 융(방전), 냉각(충전)을 반복하면서 가공을 하는 것이다.

1) 면취나 다듬질을 하기위한 검토 내용
(1) 금형 부품이 요구하는 면취 사양이나 다듬질의 표면조도를 파악한다.
(2) 금형에 사용된 재료와 열처리 후 경도를 파악한다.
(3) 가공된 면의 요철 상태를 파악한다.
(4) 가공 부위 형상이나 크기 및 공구의 작업 공간 등을 파악하여 각각의 요구 조건과 작업성에 적절한 수작업 공구와 에어 및 전동 공구를 선택할 수 있어야 한다.

2) 면취 및 다듬질 작업계획 및 작업수행
(1) 방전가공 된 금형부품의 위치가 성형품의 외관 부분인가 아니면 내측 부분인지 등을 파악하고 요구 면취 사양이나 표면의 조도를 검토하여 다듬질 작업한다.
(2) 리브 형상처럼 좁고 깊은 곳의 작업은 많은 시간이 소요됨으로 작업할 부분의 형상을 파악하여 작업계획에 반영하여 작업한다.
(3) 다듬질 작업은 방전가공 면에 따라 차이가 나지만 보통 #200번 숫돌로 시작하여 #400, #800, #1,200 등의 순서로 점차 높은 번호 순으로 순차적으로 작업을 하면 원하는 조도를 얻을 수 있다. 금형의 재질이나 열처리 경도에 따라 숫돌의 조도를 차등 적용할 수가 있고 작업 공간의 크기에 따라서 숫돌의 종류를 선택 적용하여야 한다.

3) 기타 다듬질 작업
(1) 초음파 가공
전기적 에너지를 기계적 에너지로 변화시키며 초음파 주파수의 진동을 주고 공작물과 공구 사이에 연삭 입자와 연삭 액을 넣고 펌프로 순환시켜 입자와 공작물에 대한 충돌로 다듬질 하는데 경도가 높은 열처리 강, 초경합금, 수정 등을 가공하며 공구재료는 연강, 피아노선을 사용한다.

(2) 전해 가공

전기 도금장치와 반대 작용으로 공작물을 +극으로 하고 모형이나 공구는 −극으로 하여 알칼리성을 전해액 속에 넣어 통전 가공된다.
가공물이 전극 모양을 따라 가공(용해작용)되며 전기의 용해 작업을 이용한다.
주로 구멍, 홈, 형조각 등에 이용되며 특징은 다음과 같다.
① 전력 소모는 적고 단위 시간당 가공량이 많다.
② 가공 변질층이 없어 평활한 면을 얻을 수 있다.
③ 가공면에 방향성이 없다.
④ 복잡한 형상의 공작물도 가능하다.
⑤ 연마량이 적어 깊은 홈은 제거가 되지 않으며, 모서리가 둥글게 된다.

(3) 레이저 가공

레이저 광원의 빛은 밀도 높은 단색성과 평행도가 높은 지향성을 이용하여 렌즈나 반사경을 통해 파장을 집중시켜 공작물에 빛을 쏘면 순간적으로 국부에 가열하여 용해 또는 증발시켜 비 접촉으로 가공하는 것을 레이저 가공이라 한다.
비 접촉 가공으로 공구 마모가 거의 없고 임의의 위치 가공이 가능하며 열에 의한 변형이 적고 비금속(세라믹, 가죽)의 가공이 가능하고 미세 가공과 난삭재 가공이 용이하다.

2. 상·하 코어의 방전 면 다듬질 작업

기계가공과 조립과정이 끝이 나면, 마지막으로 사출 성형한 제품이 잘 빠질 수 있도록 캐비티나 코어의 리브 등을 다듬질 래핑 한다.

1) 상 코어(캐비티) 작업

캐비티는 일반적으로 제품의 상측 표면이 되기 때문에 경면 사상을 요구하는 경우가 많다. 캐비티는 방전가공을 하고 래핑을 하게 되는데, 기업체마다 기계가공된 면이나 방전 면을 래핑하는 방법이 다르다. 방전 면이 고울수록 래핑작업을 하기에는 빠르고 편리할 것이다. 그러나 다른 공정작업을 위해 일반적으로 래핑 다듬질 여유는 예비가공의 조도에 따라 틀리지만 보통 $5{\sim}10\mu m$(마이크로미터) 정도가 적당하며 가공 표면의 거칠기는 $0.01{\sim}0.025\mu m$ 정도로 하는 것이 일반적이다.

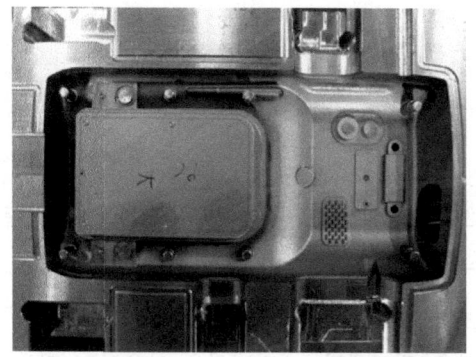 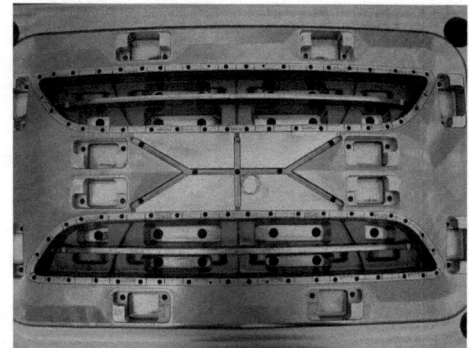

그림 3-54 상 코어의 방전가공 면

캐비티를 다듬질하기 위해서는 먼저 오일 숫돌을 준비한다. 구입한 오일 숫돌은 끝의 모양이 사각 형상이기 때문에 작업을 하기 좋게 끝을 삼각형 형상으로 만들어 가공한다.
오일 숫돌 작업은 방전가공 흔적이 없을 때까지 하고 오일 숫돌 작업이 끝나면 사포 작업을 하게 된다. 대나무 랩을 이용하여 사포를 적당하게 자르고, 오일 숫돌의 작업 방법처럼 수평으로 작업을 한다. 사포 작업은 #320의 거친 작업에서 부드러운 #1,000까지 작업을 한다.

2) 하 코어(코어) 작업

코어는 제품의 외관이 아니기 때문에 캐비티 만큼 외관이 중요하지는 않다. 그러나 리브에 가공 자국이 있으면 제품이 빠질 때 힘을 많이 받는다. 리브에 다듬질을 함으로서 힘을 적게 받아 제품이 빠지는데 쉽게 된다.

그림 3-55 하 코어의 방전 면

코어의 리브는 제품의 치수가 중요하지 않기 때문에 다이아몬드 줄과 같은 도구로 다듬질하고 다이아몬드 줄 작업이 끝나면 리브 틈새로 들어갈 수 있는 랩을 이용하여 사포로 마무리 작업을 한다.

2. 와이어 면의 작업계획 수립

1) 래핑의 종류 및 소재의 특성

(1) 래핑이란

랩을 공작물에 대고 랩 제를 가해 적당한 압력으로 상대운동을 시켜 그 움직임에 의해 공작물 표면의 돌기 부분이 제거된다. 랩은 보통 주철제(鑄鐵製)이지만 구리·납 또는 나무로 만드는 경우도 있다. 랩 제로는 거친 다듬질 때는 탄화규소계의 것을 사용하고, 일반적으로는 산화물계의 것을 사용한다. 손으로 작업하는 것을 핸드래핑, 래핑머신을 사용하는 것을 기계래핑이라고 한다. 또 랩 제에 윤활유를 가하는 경우를 습식래핑, 가하지 않는 경우를 건식래핑이라고 한다. 위·아래 2개의 랩 사이에 공작물을 끼우고 래핑을 하는 평면 래핑머신이 널리 사용되고 있다. 이밖에 공작물의 모양·종류에 따라 각각 전용 래핑머신이 있다.

(2) 래핑의 종류

① 기계 래핑

연삭기 등으로 정밀하게 다듬질한 공작물의 원통 외면, 구멍 내면, 평면, 구면 등을 더욱 평평하고 매끄럽게 하여 치수 정밀도를 높이기 위해서 사용한다. 작업은 공작물에 랩을 가볍게 누르고 그 사이에 랩 제를 넣은 후, 공작물 유지판을 요동시켜서 표면을 아주 조금씩 깎아가며 다듬질한다. 래핑머신에는 공작물의 회전축이 수직으로 된 수직형과 수평으로 된 수평형이 있다. 기어·게이지·강구용의 전용기도 있으며, 정밀부품의 다듬질에 사용된다.

② 일반 래핑

오일 숫돌과 사포를 이용하여 부식이나 스프레이 작업이 들어가는 금형에 사용되며, 대표적으로 자동차 금형에 쓰인다.

③ 고 경면 래핑

콤 파운드 #10,000 메쉬(Mesh) 조도를 필요로 하는 플라스틱 렌즈, 고글, 투명 품 노웰드 금형의 스팀금형 제작시 이용되는 래핑 방법이다.

(3) 고 광택 래핑 소재의 특성

① 고 경면 금형 재료(소재)

표 3-4 고 경면 금형 재료(소재)

재 질 명	장 점	단 점
NAK-80 경도 (HRC36~45)	가공성, 경면성, 방전 가공성, 치수 안정성이 우수하며, 시장성이 좋고 CENA-ONE에 비해 가공성과 래핑이 쉽다.	내 부식성이 CENA-ONE에 비해 약하고 변형이 많으므로 용접 후 래핑 후에도 용접자국이 남는다.

재 질 명	장 점	단 점
STAVAX 경도 (HRC45~55)	내 부식성, 경면성, 내마모성, 가공성, 치수 안정성이 우수하며, 카메라 및 선글라스 렌즈 등의 광학용품, 주사기 및 분석용기 등의 의료기기용 금형 소재에 아주 적합하고 열처리한 상태에서 매우 뛰어난 경면성을 갖고 있다.	경도가 강하므로 방전, CNC 가공 후 래핑하기가 어렵고 가격이 매우 비싸다.

실기 내용

1. 와이어가공 부품의 작업절차 파악 및 작업계획 수립

와이어 컷 가공은 가공물과 전극(와이어 +극) 간에 60~300[V] 정도의 전압을 양극 간에 걸어주면서 간헐적인 화염 방전을 일으켜 스파크를 톱날처럼 이용하여 가공물을 잘라내는 가공 방법이다.

와이어 컷 가공면이 정확한 요구 표면조도가 이루어지지 않으면 성형품의 외관이 불량이 될 수 있고, 리브나 깊은 홈의 측면의 경우는 금형에서 분리할 때 성형품이 분리가 잘 되지 않거나 긁힘 자국이 발생되기 때문에 요구 표면 조도를 반드시 지켜야 한다.

1) 다듬질 작업을 하기 위해서 검토되어야 하는 것은 와이어 컷 가공은 방전 가공과 비교할 때 침탄 작용이 적어 가공 변질층이 적으므로 다듬질 작업이 쉬워진다. 그러므로 공구 선택 시 참고하여 다듬질 공구를 선택하여야 한다.

2) 기타 다듬질 작업은 방전 가공과 동일하므로 동일한 방법으로 다듬질 작업계획을 수립하여 수행한다.

3. 방전 및 와이어 면의 다듬질 여부 판단

1) 다듬질의 기계화와 자동화

다듬질의 기계화, 자동화 방법으로서는 다음과 같은 것이 생각된다.
① 전기 및 화학적 다듬질 가공기
② 유리 지립에 의한 다듬질
③ 모방 방식의 자동 다듬질 기계
④ CNC 공작기계
⑤ 다듬질용 로봇

(1) 전기 및 화학적 다듬질 가공기

전기 및 화학적인 연마 방법으로서는 방전가공, 전해연마, 초음파 연마 등이 있다.

① 방전가공에 의한 다듬질은 광택이 있는 다듬질을 얻기 위해 특별한 전원을 사용된다. 면 거칠기는 0.5~0.8μm 정도가 가능하며, 다듬질 면으로서 그대로 사용되는 일이 많다. 또한 경면 다듬질을 필요로 할 경우는 다른 방법으로 가볍게 다듬질하면 된다.

② 전해 연마는 방전가공 후의 전극을 이용하여, 이를 금형가공 1mm정도의 간극으로 유지시켜, 이 간극에 전해액(인산)을 흘리고 금형을 ⊕극으로 해서 전류를 흘린다. 다듬질 여유는 10~20μm 정도이며, 몇 분 안에 가공을 끝낸다. 작업은 자동으로 행해지는데 금형의 재질에 제한이 있고, 일부의 유리형 등에 사용된다.

③ 초음파 연마는 초경합금, 다이어몬드 공구 또는 나무 조각 등의 공구에 진폭 10~30μm, 2만~3만회/sec의 공구 왕복 운동을 발생시켜, 직접 공구에 의하거나 지립을 이용해서 연마한다.

(2) 유리 지립에 의한 다듬질

일반적으로 지립을 사용해서 연마를 하는 경우는 숫돌과 같이 지립을 고형화 하거나, 공구와 공작물 사이에 지립을 끼우고, 문질러서 연마를 한다. 그러나 유리 지립에 의한 방법은 유체, 점탄성체, 분체 등 자유 형상인체의 상태로 연마를 한다.

(3) 모방 방식의 자동 다듬질 기계

3차원의 자유 형상을 다듬질공구 자체가 검출하면서 그 형상에 맞추어서 다듬질하는 기계이다. 모방 밀링머신 등과 달라서, 모방 모델을 모방해서 가공하는 것이 아니라, 직접 가공을 하는 공작물을 모방하는 방법이다.

이 다듬질 기계의 특징은 다음과 같다.

① 서보 기구에 의해 곡면의 변화를 검지하고, 이에 추종한다.
② 접촉 압력은 항상 일정하게 유지되어 있다.
③ 유니버설 홀더로 숫돌의 면은 항상 면 접촉을 하여, 공구의 마모와 자생작용에 의해 공작물의 곡면에 맞춘다.
④ 공구의 마모가 가공정밀도에 영향을 주지 않는다.
⑤ 전동식 숫돌 홀더 등을 이용하면 능률이 더욱 향상된다.

이 다듬질 기계의 용도는 프레스 드로잉 다이, 플라스틱 성형형, 유리형 등 3차원 형상으로 표면의 다듬질을 필요로 하는 금형 전반에 사용된다.

실기 내용

1. 방전 및 와이어 면의 다듬질 작업 여부 판단

방전 및 와이어가공 후 가공 표면이 통상 30~50μm 정도의 표면 거칠기인데 방전가공에서는 표면 거칠기를 향상시키기 위하여 기계적 다듬질(저 전류, 저속)과 전극의 교체 다듬질 작업과 저 마모용 전극(Cu-W, Ag-W)으로 다듬질 작업을 한다.

와이어 작업에서는 가공면의 거칠기를 향상 시키거나 치수 정밀도를 위하여 2차, 3차 등 반복 다듬질 가공을 함으로 표면 거칠기를 향상시킬 수 있다.

방전이나 와이어 컷 작업이 완료된 표면 거칠기와 금형 부품 도면에서 요구하는 표면 거칠기를 검토하여 도면에서 요구하는 표면 거칠기보다 가공면의 거칠기가 거칠 경우에는 다듬질 작업을 해야 하고 반대일 경우에는 생략할 수 있다.

단원 핵심 학습 문제

01 다음 중 래핑의 종류가 아닌 것은? 4
① 기계 래핑　　　　② 일반 래칭
③ 고 경면 래칭　　　④ 연마 래핑

해설 : 래핑의 종류
　　　　- 기계 래핑
　　　　- 일반 래칭
　　　　- 고 경면 래칭

02 사출금형 부품 중 방전가공 부품의 면취나 다듬질을 하기위한 검토 내용에 대해서 3가지 이상을 쓰시오.

해설 : ① 금형 부품이 요구하는 면취 사양이나 다듬질의 표면조도를 파악한다.
　　　② 금형에 사용된 재료와 열처리 후 경도를 파악한다.
　　　③ 가공된 면의 요철 상태를 파악한다.
　　　④ 가공 부위 형상이나 크기 및 공구의 작업 공간 등을 파악하여 각각의 요구 조건과 작업성에 적절한 수작업 공구와 에어 및 전동 공구를 선택할 수 있어야 한다.

03 사출금형에서 상·하 코어의 방전 면 다듬질 작업시 일반적으로 래핑 다듬질 여유와 가공 표면의 거칠기는 어느 정도인가?

해설 : 래핑 다듬질 여유 - 5~10㎛(마이크로미디)
　　　가공 표면의 거칠기 - 0.01~0.025㎛

04 사출금형 재료 중 고 경면 금형재료 인 NAK80에 대한 장점 3가지 이상과 단점 1가지를 쓰시오.

해설 : 장점 - ① 가공성 우수
　　　　　　② 고 경면성 우수
　　　　　　③ 방전가공성 우수
　　　　　　④ 치수안정성 우수
　　　　　　⑤ 시장성이 좋다.
　　　단점 - ① 내 부식성이 약함

05 사출금형의 각종 부품 다듬질 작업시 다듬질의 기계화, 자동화 방법에 대해서 3가지 이상 쓰시오.

해설 : ① 전기 및 화학적 다듬질 가공기
　　　② 유리 지립에 의한 다듬질
　　　③ 모방 방식의 자동 다듬질 기계
　　　④ CNC 공작기계
　　　⑤ 다듬질용 로봇

3-4 끼워 맞춤 면 작업하기

1. 끼워 맞춤 부품의 작업 및 조립계획 수립

1) 끼워 맞춤 작업을 위한 드릴 및 리머 가공

(1) 드릴 작업

① 드릴 작업의 특성

드릴링 머신(drilling machine)은 구멍 뚫는 작업뿐만 아니라 태핑, 리밍 등의 작은 구멍 가공에 필요한 여러 가지 일반적인 작업에 이용한다.

탁상 드릴 머신은 드릴의 지름이 13[mm] 이하 비교적 작고 구멍이 깊지 않은 가공에 적합하며 드릴의 이송은 수동으로 하지만 드릴의 직경이 13[mm] 이상 비교적 크고 구멍의 깊이가 깊은 가공에는 직립 또는 레이디얼 드릴머신이 적합하며 드릴의 이송은 자동으로 작업이 가능하며 주로 산업현장에서 사용되는 장비다.

② 드릴 작업시 스핀들의 회전 속도 변환

(가) 공작물과 드릴 지름에 맞는 소요 회전수를 구한다.

(나) 모터 위치 고정나사를 풀고 모터를 스핀들 쪽으로 움직여 벨트 걸이를 느슨하게 한다.

(다) 벨트를 지름이 큰 단차부터 벗긴다.

(라) 스핀들의 소요 회전수에 맞게 단차에 V-벨트를 걸어준다. 이때 지름 이 작은 단차 쪽을 먼저 끼우고 큰 지름을 손으로 돌려가면서 끼운다.

(마) 모터를 스핀들에서 멀어지도록 움직인 다음 모터 위치 고정나사를 조인다. 이때 V-벨트를 손가락으로 눌러 15~20[mm]의 헐거움이 있어야 한다.

③ 드릴 작업

(가) 정확한 구멍 위치 구멍 뚫기

정확한 위치에 구멍을 뚫기 위해서는 센터펀치로 작은 자국을 내고, 다음에는 직경이 작은 드릴로 드릴 자국을 낸 다음 그 드릴의 선각과 같은 각을 가진 직경의 드릴로 드릴 작업한다.

(나) 작업 순서

㉠ 작업 준비를 한다.

㉡ 가공 점을 확인한다.

㉢ 센터펀치 작업을 한다.

㉣ 드릴을 드릴 척에 고정한다.

(라) 절삭 날에 붙은 칩은 잘 닦아 내고 또한 절삭유를 사용하여 잘 씻어 낸다.

(마) 드릴 머신을 이용하여 리머 작업을 할 때는 기초 구멍의 중심과 리머의 중심을 잘 맞추어 일치시켜야 한다.

④ 리머의 절삭 조건

(가) 가공여유

리머 작업을 하기 위해 남겨놓은 여유치수로서 절삭량이 많으면 리머의 수명이 짧아지고 절삭된 칩의 제거가 어렵기 때문에 리머 지름에 대한 가공여유를 고려해야 한다.

(나) 절삭 속도와 이송량

리머는 날이 많고 절삭량이 적으므로 날의 떨림 및 마모가 작도록 저속으로 절삭하며, 이송량은 허용한도 내에서 크게 하는 것이 좋다.

실기 내용

1. 끼워 맞춤의 정의와 끼워 맞춤 종류

축과 구멍이 조립되는 과정에서 축이 구멍보다 적을 경우 생기는 치수차를 틈새라 하고 축이 구멍보다 클 경우 죔새라고 한다.

필요에 따라 적절한 틈새와 죔새를 조정하여 조립하는 것을 끼워 맞춤이라 한다.

끼워 맞춤의 종류를 크게 분류하면

① 헐거운 끼워 맞춤 : 구멍의 최소치수가 축의 최대치 수보다 큰 경우
② 중간 끼워 맞춤 : 구멍과 축의 치수에 따라 틈새와 죔 새가 발생되는 경우
③ 억지 끼워 맞춤 : 구멍의 최대 허용 치수보다 축의 최소치수가 큰 경우

1) 끼워 맞춤의 적용

KS에 끼워 맞춤이 정의되어 있는 기계요소, 예를 들어 베어링, 키 홈, 기어 등과 같은 것은 규정에 따라 끼워 맞춤을 적용한다.

공차의 기준은 다양하나 통상적으로 H7 구멍 기준 공차를 현장에서는 많이 사용하는 편이다.

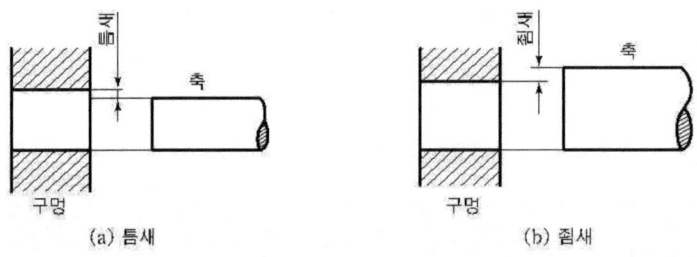

그림 3-56 틈새 및 죔새

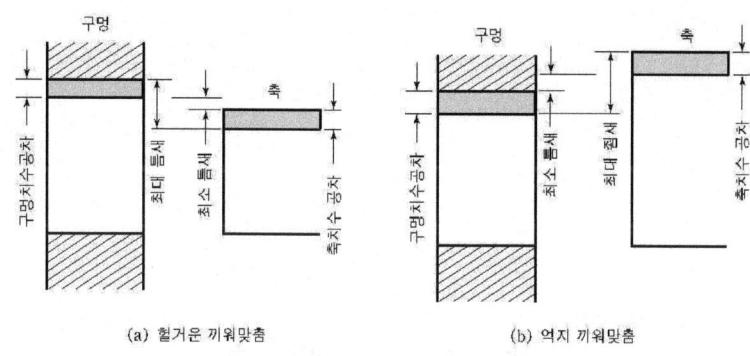

그림 3-57 헐거움 및 억지 끼워 맞춤

2. 금형부품 가공 도면에 의해 끼워 맞춤 절차를 파악하고 작업계획을 수립한다.

1) 맞춤 작업을 하기 위하여 금형 도면을 검토하여 맞춤 작업에 필요한 부품이 완료되었는지 확인을 하고 각 부품의 맞춤 작업 상태를 확인하고 우선순위를 정하여 맞춤 작업을 한다.

2) 사출금형 끼워 맞춤 작업 순서
(1) 성형품을 성형하는 상·하 캐비티 부를 1차 작업한다.
(2) 슬라이드 코어, 변형 밀핀 등 성형품과 관련된 부품을 작업을 한다.
(3) 밀핀(이젝터 핀), 리턴 핀 등 취출 장치 부분을 작업한다.
(4) 냉각라인을 작업한다.
(5) 유동시스템 스프루 부시, 로케트 링 등을 작업한다.

2. 끼워 맞춤 부품의 작업 유·무 판단

1) 끼워 맞춤 작업을 위한 자리파기·탭 작업

(1) 카운터 보어와 카운터 씽크

① 카운터 보어

기계 부품 조립 시 육각 구멍붙이 볼트나 둥근 머리 볼트를 공작물 표면에 돌출하지 않고 볼트의 머리를 공작물에 묻힘 작업을 하기 위해 자리 파기 가공에 사용되며, 구조는 안내 축과 동심으로 절삭 날 부분으로 구성되어 있다.

② 카운터 씽크

공구의 경사각이 60°, 90°, 120° 등이 있으며 접시 머리 볼트나 리벳의 자리파기에 사용된다. 또한 구멍 뚫기 가공 후 구멍 가장자리 모따기 작업에 많이 사용된다.

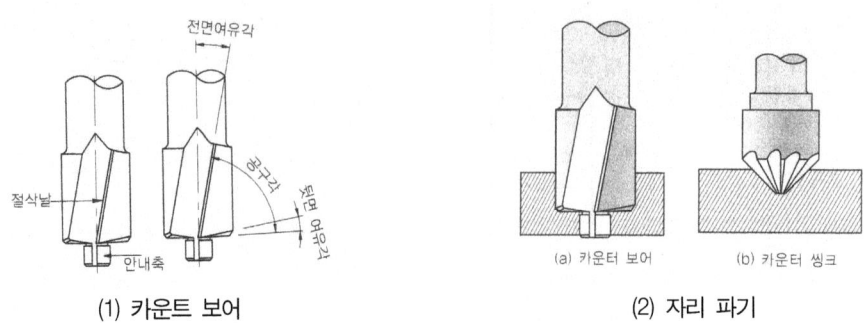

그림 3-58 카운터 보어 및 씽크

③ 카운터 보어 작업
　(가) 자리파기 작업은 2편 이상의 공작물을 조립할 때 볼트의 머리가 표면으로 나오지 않도록 볼트 안내구멍을 일정한 치수만큼 넓혀 주거나 일정한 각도로 가공하는 작업이다.
　(나) 자리파기 작업은 카운터 보어나 카운터 씽크를 안내 구멍의 중심과 일치시키고 드릴 절삭 속도의 20% 정도로 낮추어서 작업한다.

④ 카운터 씽크 작업
　(가) 기초구멍의 윗면에 카운터 씽크를 접촉시켜 드릴머신의 이송 눈금에 0점을 맞춘다.
　(나) 절삭유를 충분히 공급하면서 깊이 3[mm]까지 카운터 씽킹한다.
　(다) 수시로 깊이 및 지름을 측정하면서 카운터 씽킹한다.
　(라) 같은 방법으로 다른 부분도 절삭한다.
　(마) 접시머리 볼트를 넣어 깊이를 확인한다.

(2) 탭(나사)작업
① 탭 작업
　삼각나사로 원통의 외면에 나선을 감은 것을 수나사(bolt)라 하고, 내면에 감은 것을 암나사(nut)라 한다. 또한 암나사를 가공하는 공구를 탭(tap)이라 하며 수나사를 가공하는 공구를 다이스(dies)라고 한다.
② 탭의 구조
　탭은 나사부와 자루부로 되어 있다. 나사부에는 보통 탭 축에 평행하게 골이 파져 있거나, 비틀어져(헬리컬 타입) 있어서 이 부분이 절삭하는 날 끝이 되며 칩을 밖으로 내보내는 통로가 된다.

③ 같은 지름의 핸드 탭

수동 나사내기 작업에 사용되는 공구로 3개가 1조로 되어 있으며 고속도강이나 합금 공구강 등으로 만들어진다. 3개가 나사부의 바깥지름, 골 지름, 유효지름이 모두 같다.

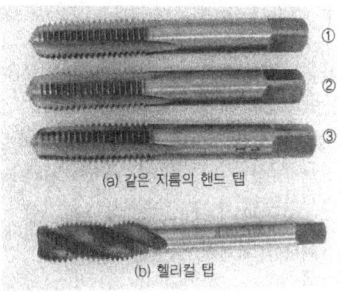

(1) 핸드 탭의 종류

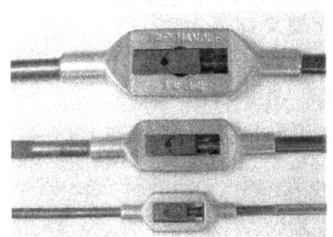

(2) 탭 핸들의 종류

그림 3-59 탭 및 탭 핸들의 종류

(가) 1번 탭(taper tap) : 먼저 사용하는 탭으로 9산이 테이퍼로 되어 있다.

(나) 2번 탭(plug tap) : 중간 절삭용으로 5산이 테이퍼로 되어 있다.

(다) 3번 탭(bottoming tap) : 마지막 끝마무리절삭용으로 1.5산이 테이퍼로 되어 있다.

④ 탭이 부러지는 원인과 빼는 방법

(가) 탭이 부러지는 원인

㉠ 나사 구멍이 작거나 구부러져 있을 때

㉡ 구멍에 탭이 기울어져서 들어갔을 때

㉢ 탭이 마모되어 2번각이 닳아 절삭 저항이 커진 경우

㉣ 열처리된 공작물을 작업할 경우

㉤ 막힌 구멍에 무리하게 탭을 더 돌렸을 때

㉥ 탭의 지름에 비해 탭 핸들을 너무 큰 것을 사용한 경우

(나) 부러진 탭 빼는 방법

㉠ 치수가 큰 탭의 경우에는 탭 홈에 정을 사용하여 풀리는 방향으로 돌리거나 초경 드릴을 이용하여 탭에 구멍을 작업하여 돌린다.

㉡ 부러진 탭이 돌출되어 있으면 용접하여 풀리는 방향으로 돌린다.

㉢ 부러진 탭에 방전가공을 하여 돌리거나 파손시켜 제거한다.

㉣ 제품과 함께 750~800℃로 가열하여 노속에서 서냉시켜 풀림 처리를 한 후 드릴로 구멍을 뚫는다.

㉤ 암나사에 왕수, 염산, 황산 등을 주입 시켜 12~24시간 정도 그대로 두면 부식되어 나사 구멍이 커져서 결국 간단히 뽑을 수가 있다.

3. 끼워 맞춤 면 작업

1) 끼워 맞춤 면 작업

(1) 스팀금형이나 전열금형의 코어 재질은 CENA-1 또는 STAVAX를 사용

① CENA-1은 성분편석 등이 적고 균질한 미크로 조직을 가진 연질이며 경도는 38~40까지 나와 래핑이 용이하다.

② STAVAX는 CENA-1과는 다르게 본의 성질이 약하지만 열처리 방법에 따라 강도와 경도는 매우 우수해진다. 이 재질은 경도(HRC48~55)가 높아 래핑성과 가공성은 아주 나쁘나 금형 관리 면에서는 우수한 면을 볼 수 있다.

(2) 오일 스톤(도이시)작업

① 기계가공 상태를 보고 도이시의 거칠기를 선택하여 작업한다.

② 기본적으로 국산(YEONJISA)도이시 #800, #1,200, #2,000 일본(BLACK STONE) #1,500, #2,000, #3,000 순서대로 사용한다.

③ 오일 스톤 작업시 반드시 전용 래핑 유(래핑 오일)로 작업

(3) BLACK STONE 작업

BLACK STONE 작업시 각각의 통에 #[방수별] 래핑 유를 넣은 후 도이시를 잘라 속에 담궜다가 사용하고 도이시 특성상 래핑 유가 충분히 흡수되어야 작업시 스크레치 발생이 적다.

(4) 도이시 작업시 #800은 세워서 사용해도 무방하나 #1,200부터는 눕혀서 사용하는 게 스크레치가 발생이 적고 깊지 않다.

(5) 도이시 작업시 작업방향은 한 방향으로 하지 않도록 주의

(6) 좁으면 사상시에는 사상할 면적보다 도이시 폭이 넓으면 안 된다.

(7) 도이시 작업 후 콤 파운드와 브러쉬를 이용한 폴리싱 작업

(8) 다이아몬드 콤 파운드는 #1,800, #3,000, #8,000, #14,000, #20,000을 순차적으로 작업

(9) 세척 도구로는 솜과 화장지 또는 세척용 패드로 터치하듯이 세척한다.

(10) 마무리 작업은 화장지를 일반적으로 사용하나 더 좋은 평면을 얻고자 하면 폴리싱 패드나 양모 가죽 패드로 처리하면 좋은 품질을 얻을 수 있다.

실기 내용

1. 가공된 금형부품의 끼워 맞춤 작업

1) 금형 부품 조립 도면에 의해 끼워 맞춤 작업 여부를 검토한 결과에 따라 끼워 맞춤 부품을 작업 순서에 따라 작업한다.
(1) 통상적인 작업은 구멍 작업을 완료 후 치수를 측정하여 축 부분 치수 측정 결과와 비교하여 적정할 경우는 끼워 맞춤 작업을 실시한다.
(2) 부품 및 주위의 먼지나 가공 칩 등의 이물질이 없도록 청결상태를 작업 전에 확인하여 제거 후 작업을 해야 한다.
(3) 억지 끼워 맞춤 작업에서 죔 새가 클 경우 끼워 맞춤 작업이 어려울 수도 있는데 이 때에는 구멍 부분을 일정 온도로 상승시켜 열 박음 작업을 하면 쉽게 작업할 수가 있다.
(4) 상·하 캐비티 판과 코어 조립 시 틈새가 클 경우 성형품에 편심이 발생하거나 플래시가 발생될 수도 있으므로 주의를 해서 작업한다.
(5) 둥글게 하여 끼워 맞춤 작업이 쉽도록 할 필요가 있다.
(6) 끼워 맞춤 작업에서 가공면의 조도와 열처리 경도는 작업에 영향을 준다.
(7) 또 구멍과 축의 가공치수도 끼워 맞춤 상태에 큰 영향을 준다.

구멍이 50H7이고 축이 50p6인 억지 끼워 맞춤의 경우 구멍치수는 $50^{+0.026}_{0}$으로 허용 치수는 50.00~50.025이고 축은 $\varnothing 50^{+0.042}_{+0.026}$로 허용치수가 50.026~50.042가 되는데 이때 공차 내에 가공이 되어도 문제가 될 수 있는 경우를 살펴보면

① 구멍이 최대 치수로 가공이 되고(50.025) 축이 최소 치수로 가공되면 (50.026) 끼워 맞춤 작업 후 억지 끼워 맞춤이 되지 않고(죔 새 0.001로 너무 약함) 반대로 구멍이 최소이고 축이 최대일 경우에도 죔 새가 크기 때문에 조립에 어려움이 따른다.
② 끼워 맞춤 작업을 위해서 다음 사항을 검토하여 작업을 하여야 요구 끼워 맞춤 상태를 얻을 수 있다.
  (가) 축과 구멍의 공차의 평균값을 구한다.
  (나) 가공면의 거칠기나 열처리 유·무와 경도를 검토하여 면이 거칠 경우는 틈새와 죔 새를 조정하여 작업한다.
  (다) 열처리 경도가 높을 경우에도 틈새와 죔 새를 조정하여야 요구하는 끼워 맞춤 상태를 얻을 수 있다.
  (라) 끼워 맞춤 작업을 쉽게 하기 위해서는 고정측 및 가동측 형판과 상·하 인서트 코어와 끼워 맞춤 작업 시 상·하 인서트 코어의 모서리 부가 고정측 및 가동측 형판의 코너부에 간섭을 받지 않도록 거스러미를 완전히 제거하면 작업이 쉽다.

2. 조립될 부품간의 끼워 맞춤 작업

1) 사각 형상의 제품도에 따른 부품도

(1) 제품도

그림 3-60 제품도

그림 3-61 고정측 형판

(2) 고정측 형판

고정측 형판은 상 코어를 경면 래핑한 후 상 코어와 함께 조립되어지는 부품이다.

(3) 상 코어

상 코어는 사출금형에서 가장 중요한 부품으로 상 코어를 경면 래핑한 후 고정측 형판과 함께 조립되어지는 부품이다.

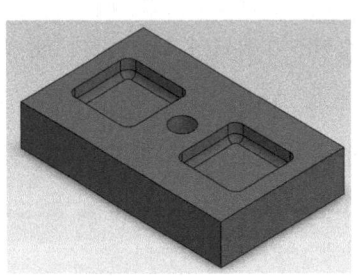

그림 3-62 상 코어

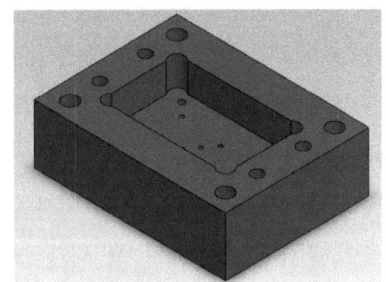

그림 3-63 가동측 형판

(4) 가동측 형판

가동측 형판은 하 코어를 경면 래핑한 후 하 코어와 함께 조립되어지는 부품이다.

(5) 하 코어

하 코어는 상 코어와 같이 사출금형에서 가장 중요한 부품으로 하 코어를 경면 래핑한 후 가동측 형판과 함께 조립되어지는 부품이다.

(6) 고정측·가동측 형판과 상·하 코어의 조립 상태

상 코어를 고정측 형판에 조립하고 하 코어를 가동측 형판에 조립한 후 고정측 형판과 가동측 형판을 조립한다.

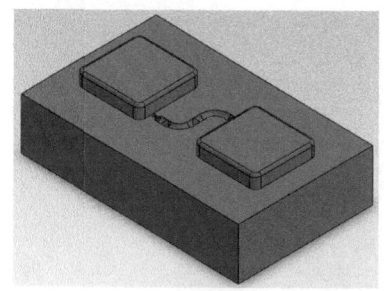

그림 3-64 하 코어

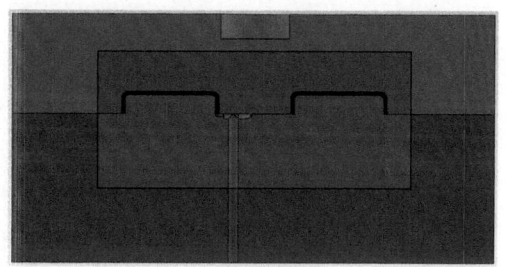

그림 3-65 고정측·가동측 형판과 상·하 코어의 조립 상태

(7) 제작된 사출금형의 고정측 형판과 상 코어의 조립 상태

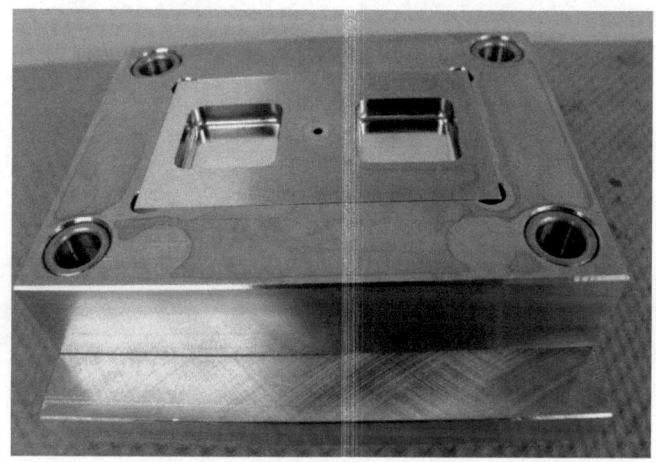

그림 3-66 고정측 형판과 상 코어의 조립 상태

(8) 제작된 사출금형의 가동측 형판과 하 코어의 조립 상태

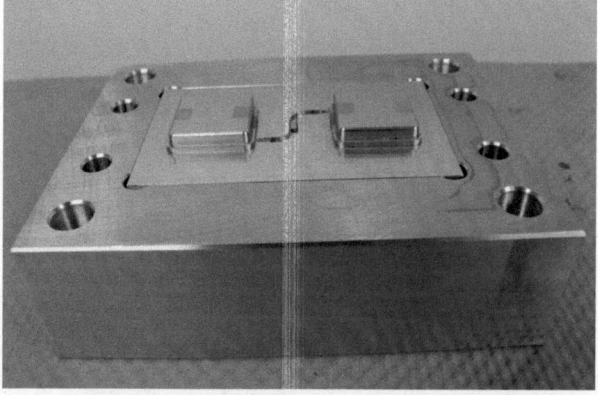

그림 3-67 가동측 형판과 하 코어의 조립 상태

(9) 제작된 사출금형의 고정측·가동측 형판과 상·하 코어의 조립 상태

그림 3-68 고정측·가동측 형판과 상·하 코어의 조립 상태

단원 핵심 학습 문제

01 다음 중 끼워 맞춤의 종류의 종류가 아닌 것은? 4
① 헐거운 끼워 맞춤　　② 중간 끼워 맞춤
③ 억지 끼워 맞춤　　④ 일반 끼워 맞춤
해설 : ④ 끼워 맞춤의 종류
　　　　- 헐거운 끼워 맞춤
　　　　- 중간 끼워 맞춤
　　　　- 억지 끼워 맞춤

02 사출금형 다듬질 작업 중 리머 작업시 일반적으로 많이 사용하는 6~18mm 리머작업을 할 때 다듬질 여유는 몇 mm를 주어야 하는가?
해설 : 다듬질 여유 - 0.3mm

03 사출금형을 조립하기 위해서 탭 작업시 탭이 부러지는 원인 4가지 이상을 쓰시오.
해설 : ① 나사 구멍이 작거나 구부러져 있을 때
　　　② 구멍에 탭이 기울어져서 들어갔을 때
　　　③ 탭이 마모되어 2번각이 닿아 절삭 저항이 커진 경우
　　　④ 열처리된 공작물을 작업할 경우
　　　⑤ 막힌 구멍에 무리하게 탭을 더 돌렸을 때
　　　⑥ 탭의 지름에 비해 탭 핸들을 너무 큰 것을 사용한 경우

04 다음은 사출금형 부품 가공도면을 검토한 후 끼워 맞춤 작업 여부를 검토하는 과정에 대해서 설명한 내용이다. 빈 공간을 채우시오.

3단 사출금형의 조립도에서 (①)은 사출기계의 노즐과 스프루 부시의 중심을 잡아주는 기능을 해야 하기 때문에 고정측 형판과 스프루 부시와 조립되는 부분에 (②) 끼워 맞춤이 필요하고, 스프루 부시는 러너 스트리퍼 판하고 의 맞춤 작업이 필요하고, 상·하 인서트 코어는 고정측 형판 및 가동측 형판과 슬라이딩 끼워 맞춤이나, 제품의 편심이 우려되거나 정밀성형 품일 경우 (③) 끼워 맞춤으로 한다.
해설 : ① 로케이트 링
　　　② 헐거움
　　　③ 중간

05 다음은 사출금형 부품 가공도면을 검토한 후 끼워 맞춤 작업 여부를 검토하는 과정에 대해서 설명한 내용이다. 빈 공간을 채우시오.

슬라이드 코어 금형에서의 앵귤러 핀은 록킹 블록과 (①) 끼워 맞춤이 필요하고, 가이드 핀 및 부시는 고정측 및 가동측 형판과는 (②) 끼워 맞춤, 부시와 핀은 (③) 끼워 맞춤이 필요하다.
해설 : ① 억지
　　　② 억지
　　　③ 헐거움

NCS적용

사출금형 도면해독
(사출금형조립)

LM1502030401_14v2

4-1 도면해독 준비하기

1. 도면준비하기

1) 도면 선정하기

(1) 도면의 정의

도면이란, 대상물을 평면상에 도시함에 있어 설계자와 제작자 사이, 또는 발주자와 수주자 사이 등에서 필요한 정보를 전달하거나 원도로부터 복제한 도면 및 원도를 부분적으로 복제하여 복합 작성한 도면으로 원도와 동일한 기능을 가진 것이다.

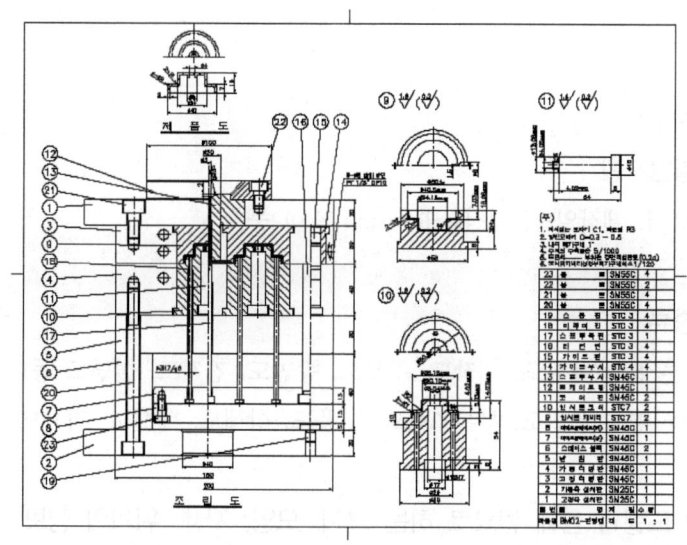

그림 4-1 사출금형 도면

(2) 도면의 형태

① 페이퍼 도면

표준화된 종이 사이즈로 제작된 도면으로서 고객이나 기타 의뢰 조직에서 제외되는 일반적인 형태의 도면이다. 작업자나 검사자에게는 중요한 작업과 검사의 수단이 된다. 과거에는 트레이싱 용지에 손으로 작도하거나 출력하여 사용하였지만 지금은 디지털 데이터로 저장 관리되기 때문에 개정이나 배포할 때에 프린터로 인쇄하여 사용하는 경우가 대부분이다.

② 마이크로 필름 도면

문서, 도면, 재료 등 각종 기록물이 고도로 축소 촬영된 초미립자, 고해상력을 가진 필름으로서 분해 기능이 매우 높고 고밀도 기록이 가능하여 대용량화하기가 쉬우며 기록 품질이 좋다. 매체 비용이 매우 낮고, 장기 보존이 가능하며 기록 내용을 확대하면 그대로 재현할 수 있다.

  (가) 정보의 축소화

  (나) 정확성과 신뢰성

  (다) 신속성

③ Digital 도면

CAD 등으로 제작된 도면으로서 제작 시간이 빠르고 정확하며 다양한 프로그램과 연계되어 해석, 생산, 시험 및 검사 등에 활용되는 도면의 형태로서 최근에는 디지털 도면화가 주류를 이루고 있다. 전송시간도 빠르고 용량도 적어 관리 및 찾기가 편리한 장점도 있다.

2) 도면의 정보

(1) 도면의 일반사항

관련회사, 부품명, 제작일자, 개정란(Revision No.) 등

(2) 도면의 종류

① 용도에 다른 분류(계획도, 제작도, 주문도, 승인도, 견적도, 설명도 등)

② 내용에 다른 분류(조립도, 부분조립도, 부품도, 상세도, 배선도, 검사도 등)

(3) 대상물의 도형과 함께 필요로 하는 크기, 모양, 자세, 위치의 정보

(4) 필요한 면의 표면, 재료, 가공방법 등의 정보

(5) 정보를 명확하고 이해하기 쉬운 주서

(6) 관련도면 정보(주 도면의 정보, 복사본, 기타 등)

3) 도면의 제공

(1) 고객으로부터 제공

① 온라인 방법

디지털, 스캐닝(PDF, JPG 등)된 도면을 메일이나 웹 하드 등을 통하여 제공되는 방법

② 팩스 장치 방법

종이로 된 도면을 팩스 장치를 이용하여 송부하는 방법

③ CD 및 USB 방법

이동수단이 용이하고 데이터의 저장 공간이 크기 때문에 많이 활용하고 있다.

④ 종이 도면

CAD나 기타 저장된 도면을 종이로 출력하여 제공하는 방법이 있으며 특히 출력 시 문자, 치수, 기호 등에 대한 검토가 필요하다.

(2) 도면의 변환

① IGES(Initial Graphics Exchanges Specification)

CAD/CAM 시스템 간 정보교환을 원활하게 하기 위해 개발한 ANSI 표준형식으로서 2차원 도면을 이기종의 프로그램으로 변환시키는데 주로 이용된다.

② STEP(Standard for Exchange of Product Model Data)

CAD에 입력된 3차원 데이터를 다른 이기종 프로그램과 공유하여 사용할 수 있는 표준형식이다.

③ DXF(Drawing Exchange Format)

캐드(CAD; Computer-Aided Design) 자료의 교환을 위한 외부 포맷으로 널리 사용되고 있다.

4) 도면의 획득

도면은 다양하게 입수할 수 있다. 고객으로부터 제공되는 도면, 샘플을 이용하여 스케치 하는 방법, 아이디어를 통하여 생성하는 방법 등 다양하게 제공되는데 도면의 품질이나 정확도가 어느 정도냐에 따라 시간이나 가공방법 등의 경제적인 측면이 고려된다.

(1) 고객으로부터 제공되는 도면

(2) 티어다운(Tear Down)을 통한 도면 제공

경쟁사 및 우수한 제품을 벤치마킹하는 방법으로서 기업의 전략적인 목표로 제품을 구입한 후 분해하여 일정한 순서대로 배열하여 제품의 치수와 재질, 성능 등을 추측하거나 파악하는 방법으로서 제작하는 도면을 말한다.

(3) 기존 도면을 통한 도면 제공

제품 개발 시 80%는 기존 도면을 그대로 사용하거나 일부 치수 및 재질을 변경하여 사용하는 경우가 많다.

실기 내용

1. 컴퓨터를 활용하여 도면을 준비한다.
1) 컴퓨터에서 도면을 관리하는 CAD S/W를 준비한다.
2) 도면을 불러온다.
3) CAD S/W를 활용하여 도면을 저장한다.

2. 컴퓨터를 활용하여 자료를 검색한다.
1) 도면에 관련된 자료를 검색한다.
  (1) 코어, 캐비티, 인서트 코어 등 사출금형의 용어를 검색한다.
  (2) 표제란, 주서 등 도면 요소를 검색하고 정리한다.
2) 관련 사이트를 활용하여 data를 검색한다.

3. S/W를 활용하여 도면을 관리한다.
1) 도면을 저장, 관리한다.
2) 도면을 이동장치(USB 등)에 저장하여 이동한다.

2. 도면의 종류와 특성

1) 도면의 종류

(1) 용도에 따른 분류
① 계획도 : 제품에 대한 기초 도면으로서 제품을 어떤 용도 및 설치에 사용할 것인가에 대한 계획의 의미를 담은 도면을 말한다.
② 제작도 : 결정된 제품의 사양에 따라 전체 조립 형상을 드로잉하고 각 부품명을 기재하여 조립방법, 재질, 수량, 표준품에 대한 상세한 사항을 기록한 도면을 말한다.
③ 주문도 : 고객이나 외부의 조직이 제품에 대한 사양이나 설명을 기록한 주문서에 첨부하여 제품의 형상, 기능, 치수 등 제품의 개요를 제시한 도면을 말한다.
④ 승인도 : 주문도를 바탕으로 제작자는 주문자가 요구하는 내용을 바탕으로 드로잉(Drawing)한 도면에 대하여 승인을 요청하는 도면
⑤ 견적도 : 개발 단계 및 양산시에 부품의 구입 또는 가공과 관련하여 제공되는 구입비용에 대한 의뢰를 요청한 도면을 말한다. 필요시 견적도에서는 중요한 기술적인 사항은 제외할 수 있으며 반드시 견적도라는 표시를 하는 것이 좋다.

⑥ 설명도 : 제품에 대한 구조, 기능, 작동원리, 취급방법, 가공방법 및 조립방법, 검사방법 등에 대한 내용을 상세하게 설명한 도면을 말한다.

(2) 내용에 따른 분류
① 조립도 : 기계나 구조물의 전체 조립 내용을 나타내는 도면을 말한다.
② 부품도 : 조립에 필요한 모든 부품을 상세하게 디자인한 도면으로서 재질, 표면상태, 치수, 공차, 표면처리 내용을 기록한 도면을 말한다.
③ 공정도 : 부품 가공이나 조립 순서대로 표준 기호로 표시하고 필요한 설비명, 측정기 및 작업 표준서 등이 기록된 제조공정도, 또는 QC 공정도, 설비 공정도를 말한다.
④ 배선 및 배관도 : 전선의 배선을 나타내는 도면을 배선도, 기계의 배관에 대한 내용을 나타내는 도면을 배관도라 한다.
⑤ 계통도 : 물, 기름, 가스 등의 접속과 작동계통을 표시한 도면을 말한다.

2) 도면 해독에 필요한 자료 결정 및 수집
(1) 도면 해독의 항목 확인
① 형상
② 구조
③ 치수
④ 정밀도
⑤ 가공 방법
⑥ 수량
⑦ 중량
⑧ 척도
⑨ 투상법
⑩ 도면 번호
⑪ 참조 번호
⑫ 도명
⑬ 품명
⑭ 공정
⑮ 제조 회사명, 설계자, 제도자, 책임자의 서명
⑯ 도면의 개정에 관한 기사
⑰ 기타 관리상의 주기

3) 국가 표준 자료
(1) 한국산업표준(KS : Korean Industrial Standards)
대한민국의 산업표준화법에 의거하여 산업표준심의회의 심의를 거쳐 기술표준원장이 고시함으로써 확정되는 국가표준으로서 약칭하여 KS로 표시한다.
한국산업표준은 기본부문(A)부터 정보부문(X)까지 21개 부문으로 구성되며 크게 다음 세 가지 국면으로 분류한다.

① 제품 표준 : 제품의 형상·치수·품질 등을 규정한 것
② 방법 표준 : 시험·분석·검사 및 측정방법, 작업표준 등을 규정한 것
③ 전달 표준 : 용어·기술·단위·수열 등을 규정한 것

4) 사내표준 자료
기계 제품개발에 필요한 여러 가지 규격, 표준, 규정류를 사내에서 합리적으로 제정하여 이를 조직적으로 활용하는 표준류를 말한다.

(1) 제품 및 재료 표준
적용범위, 종류/등급/호칭, 용어의 정의, 제품의 구조, 품질(겉모양/치수/물리적 성질/화학적 성질/기타), 시험 및 검사 방법, 포장 및 표시 방법 등이 명시된 사내 표준서

(2) 코드부여 표준서
완제품, 제품, 조립품, 부품으로 분류하고 부품은 기능, 성질, 용도별로 유사한 품종으로 그룹화하여 분류한 기업의 원단위 표준서

(3) 원단위 표순화
부품 원단위표(Bill of Material)의 구성개요 와 부품 원 단위표, 재료원단위표 등이 규격으로 작성된 문서

(4) 제조 공정도
개발 제품에 대한 부품과 재료의 공급부터 완제품으로 출하되기까지의 전 공정을 대상으로 관리점과 관리방법 및 점검점과 점검 방법을 명확하게 설정하고 각 단위공정에 어떠한 특성을 누가 어떻게 작업하고 측정하는지를 관리하기 위한 표준문서로서 도면, 공정도, 작업표준서 등이 일치되어야 한다.

3. 도면의 개정, 설계변경

1) 도면의 개정과 설계 변경 확인

(1) 도면 작성의 원칙
① 모든 도면은 CAD System을 이용하여 기업에서 정해진 도면 양식에 작성한다.

② 고객에게 제출되는 도면은 해당 고객이 요구하는 조건에 부합되도록 작성한다.
③ 치수 및 공차방식은 KS, JIS, ANSI, ISO 기호 등을 사용한다.
④ 제품의 도면번호는 해당 기업에서 정해지거나 고객이 요구한 관련 절차에 따라 번호를 부여한다.
⑤ 필요한 도면번호는 별도의 장비 및 금형 Coding System에 따른다.
⑥ 제품도면에는 특별특성을 기입하며, 특별 특성과 관련된 금형 등의 도면에도 동일한 표시를 한다.
⑦ 도면은 실척을 기본으로 하며, 업무 효율 증대를 위해서 비례척도로 출력할 수 있다.
⑧ 도면 출력 용지는 백지를 사용하고, A계열(A0, A1, A2, A3, A4)의 크기를 기본으로 한다.

(2) 도면 개정의 정의
① 도면 변경 절차

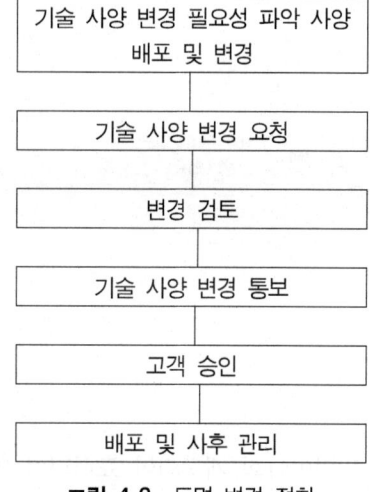

그림 4-2 도면 변경 절차

(3) 도면의 변경관리
① 도면 변경의 시기

개발 진행 중이거나 개발이 완료된 후 타당성 검증 후 고객에게 인도상태, 시제품 생산 후, 양산 중, 고객이 사용 중인 경우에 해당한다.

② 개발 중인 도면의 개정번호 부여 방법

일반적으로 개발 중인 제품의 개정 번호는 승인된 도면과는 구별하여야 한다.

③ 도면 변경 및 수정 발생 사유(Engineering Change Requirement)

개발부, 각 부서 및 공급자, 고객은 도면의 오류나 성능, 원가, 사후서비스, 생산, 원자재 수급 문제 등으로 제품의 구조개선이나 사양변경이 필요한 경우에는 엔지니어링 변경

요청서(E.C.R)를 작성한다.

④ 도면 변경(개정) 확인

도면의 개정사유가 발생되면 해당사항에 변경표시(△)와 일련번호를 기입하고, 변경 이력란에 변경 내용을 표기한다. 또한 도면의 표제란 Revsion 란에 개정 번호(아라비아 숫자 또는 영문 알파벳)를 기입한다. 필요시 도면 변경 사유를 해당 변경되는 부분에 구름 표시를 하고 변경사유를 상세하게 기입한다.

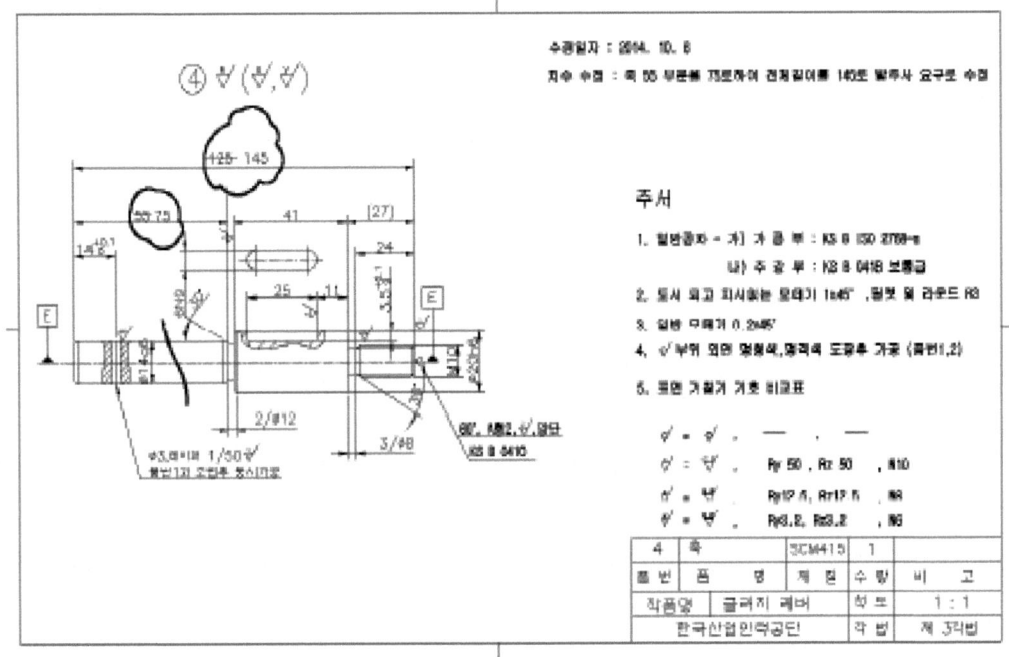

도면 그림의 개정된 도면은 도면이 1회 개정되어 표시되어 있다. 수정 일자와 수정 사유에 대한 사항이 상세하게 기재되는 것을 확인하여야 한다.

단원 핵심 학습 문제

01 다음 중 용도에 따른 도면의 종류가 아닌 것은?
① 계획도 ② 제작도
③ 주문도 ④ 조립도

해설 : ④ 용도에 따른 도면의 종류 - 계획도, 제작도, 주문도, 승인도, 견적도, 설명도
조립도는 내용에 따른 분류이다.

02 도면을 획득할 수 방법을 쓰시오.

해설 : ① 고객으로부터 제공되는 도면
② 티어다운(Tear Down)을 통한 도면 제공
③ 기존 도면을 통한 도면 제공

03 도면의 변환할 수 있는 확장자를 쓰시오.

해설 : IGES, STEP, DXF

04 도면의 종류를 쓰시오.

해설 : ① 용도에 다른 분류(계획도, 제작도, 주문도, 승인도, 견적도, 설명도 등)
② 내용에 다른 분류(조립도, 부분조립도, 부품도, 상세도, 배선도, 검사도 등)

05 CAD/CAM 시스템 간 정보교환을 원활하게 하기 위해 개발한 ANSI 표준형식으로서 2차원 도면을 이기종의 프로그램으로 변환시키는데 주로 이용되는 확장자는?

해설 : IGES

06 캐드(CAD; Computer-Aided Design)자료의 교환을 위한 외부 포맷으로 널리 사용되고 있는 확장자는?

해설 : DXF

07 조립에 필요한 모든 부품을 상세하게 디자인한 도면으로서 재질, 표면상태, 치수, 공차, 표면처리 내용을 기록한 도면을 쓰시오.

해설 : 부품도

08 기계나 구조물의 전체 조립 내용을 나타내는 도면을 쓰시오.

해설 : 조립도

09 도면 변경(개정)할 때 도면에 기입되는 사항을 쓰시오.

해설 : 도면의 개정사유가 발생되면 해당사항에 변경표시(△)와 일련번호를 기입하고, 변경 이력란에 변경 내용을 표기한다. 또한 도면의 표제란 Revsion 란에 개정 번호(아라비아 숫자 또는 영문 알파벳)를 기입한다. 필요시 도면 변경 사유를 해당 변경되는 부분에 구름 표시를 하고 변경사유를 상세하게 기입한다.

10 대한민국의 산업표준화법에 의거하여 산업표준심의회의 심의를 거쳐 기술표준원장이 고시함으로써 확정되는 국가표준으로서 약칭하여 표시하는 것은?

해설 : KS

4-2 제품도 검토하기

1. 제품도 설계 기초

1) 치수 공차

(1) 치수 공차의 필요성

선반가공에서 ⌀30 부품을 가공한다고 하면, 만들어진 치수는 ⌀30보다 클 수도 있고, 작을 수도 있다. 30.03mm가 되든지 29.97mm가 될 수도 있다. 하지만, ±0.03mm 정도는 기계적 기능에 영향을 주지 않는다면 꼭 ⌀30까지 정확하게 맞출 필요는 없다.

이렇게 +방향으로 0.03mm를 최대허용오차라고 하고, -0.03mm를 최소허용오차라고 한다.

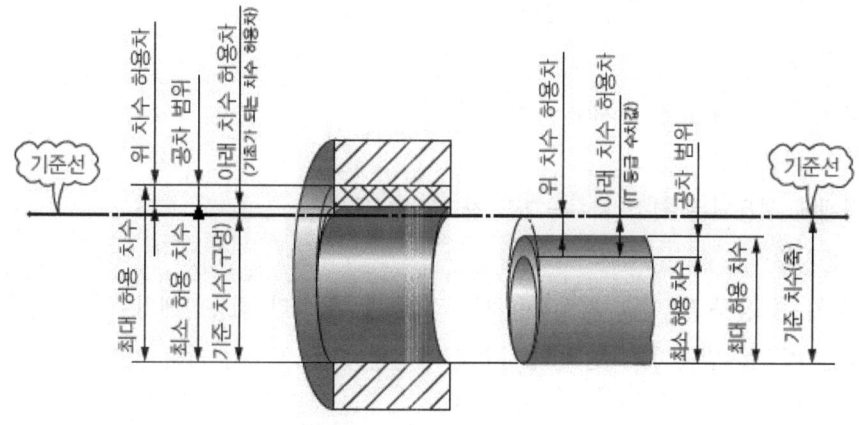

그림 4-3 치수공차의 용어

치수 공차는 도면에서 최대 허용 치수, 최소 허용 치수로 표시하는 허용 한계치수로 표시되거나, 기준 치수 다음에 치수 허용차, 허용 치수차를 기입하는 두 가지 방법으로 표시된다.

(2) 치수 공차의 용어 설명

① 형체
  치수 공차방식·끼워 맞춤방식의 대상이 되는 기계부품의 부분
② 내측 형체
  대상물의 내측을 형성하는 형체
③ 외측 형체
  대상물의 외측을 형성하는 형체

④ 구멍

주로 원통형의 내측 형체를 말하지만 원형 단면이 아닌 내측 형체도 포함한다.

⑤ 축

주로 원통형의 외측 형체를 말하지만 원형 단면이 아닌 외측 형체도 포함한다.

⑥ 치수

형체의 크기를 나타내는 양을 말한다. 보기를 들면, 축, 구멍의 지름을 말하고 기본적으로 mm단위로 나타낸다.

⑦ 실치수

형체의 실측치수

⑧ 허용 한계치수

형체의 실제 치수가 그 사이에 들어가도록 정한, 허용할 수 있는 2개의 극한 치수, 즉, 그림과 같이 최대허용치수 및 최소허용치수이다.

⑨ 최대 허용치수

형체에 허용되는 최대 치수 – 그림 참조

⑩ 최소 허용치수

형체에 허용되는 최소 치수 – 그림 참조

⑪ 기쥰치수

위 치수허용차 및 아래 치수허용차를 적용하는데 따라 허용한계치수가 주어지는 기준이 되는 치수를 말하며, 도면에 정치수로 기입된 모든 치수는 기준 치수이다.

⑫ 치수차

치수(실치수, 허용한계치수 등)와 대응하는 기준치수와의 대수차

즉, (치수) – (기준치수)

⑬ 치수공차방식

표준화된 치수공차와 치수허용차의 방식

⑭ 위 치수허용차

최대 허용치수와 대응하는 기준치수와의 대수차

즉, (최대허용치수) – (기준치수)

⑮ 아래 치수허용차

최소 허용치수와 대응하는 기준 치수와의 대수차

즉, (최소허용치수) – (기준치수) 기준 치수보다 허용 한계치수가 클 때에는 치수 허용차의 수치에 (+)의 부호를, 작을 때에는 (–)부호를 붙여서 나타낸다.

⑯ 치수공차

최대허용치수와 최소허용치수와의 차

즉, 위 치수허용차와 아래 치수허용차와의 차

⑰ 기준선

허용한계치수 또는 끼워 맞춤을 도시할 때에는 기준치수를 나타내며, 치수허용차의 기준이 되는 직선

⑱ 기초가 되는 치수허용차

기준선에 대한 공차역의 위치를 정한 치수허용차, 위 치수허용차 또는 아래치수 허용차의 어느 한쪽이며, 보통은 기준선에 가까운 쪽의 치수 허용차

⑲ 기본공차

치수공차방식·끼워 맞춤방식에 속하는 모든 치수공차, 기본공차는 기호 IT로 나타낸다.

⑳ 공차등급

치수공차방식·끼워 맞춤방식으로 모든 기준치수에 대하여 동일수준에 속하는 치수 공차의 한 그룹(예, IT6급, IT7급)

㉑ 공차역

치수공차를 도시하였을 때 치수공차의 크기와 기준선에 대한 그 위치에 따라 정해지는 최대허용치수와 최소허용치수를 나타내는 두 개의 직선사이의 영역

㉒ 공차역 클래스

공차역의 위치와 공차등급의 조합

㉓ 공차단위

기본공차의 산출에 사용하는 기준치수의 함수로 나타낸 단위

㉔ 최대 실체 치수

형체의 실체가 최대가 되는 쪽의 허용 한계치수. 즉, 내측 형체에 대해서는 최소 허용치수, 외측 형체에 대해서는 최대 허용치수.

㉕ 최소 실체 치수

형체의 실체가 최소가 되는 쪽의 허용 한계치수. 즉, 내측 형체에 대해서는 최대 허용치수, 외측 형체에 대해서는 최소 허용치수.

(3) 끼워 맞춤

① 끼워 맞춤 용어

(가) 끼워 맞춤 : 2개의 기계부품이 서로 끼워 맞추기 전의 치수차에 의하여 생기는 관계

(나) 틈새 : 구멍의 치수가 축의 치수보다 클 때의 구멍과 축과의 치수의차

(다) 죔새 : 구멍의 치수가 축의 치수보다 작을 때의 조립 전의 구멍과 축과의 치수의 차

(라) 끼워 맞춤의 변동량 : 끼워 맞춤의 변동하는 범위로 2종류의 기계부품이 서로 끼워 맞춤구멍과 축과의 치수공차의 합

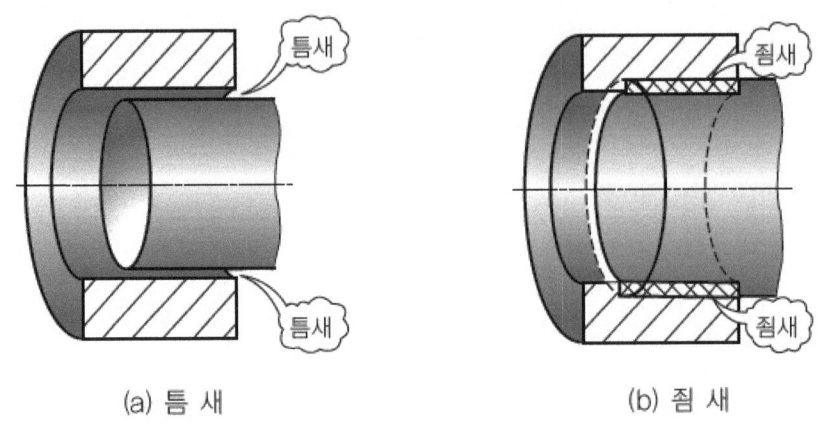

(a) 틈새 (b) 죔새

그림 4-4 틈새 및 죔새

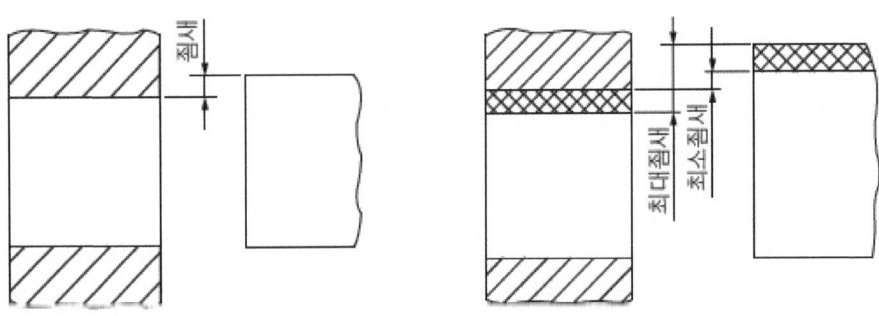

그림 4-5 죔새와 최대-최소 죔새

② 끼워 맞춤

(가) 헐거운 끼워 맞춤

축과 구멍에 항상 틈새가 생기는 끼워 맞춤으로 축의 허용 구역은 완전히 구멍의 허용 구역보다 아래에 있다.

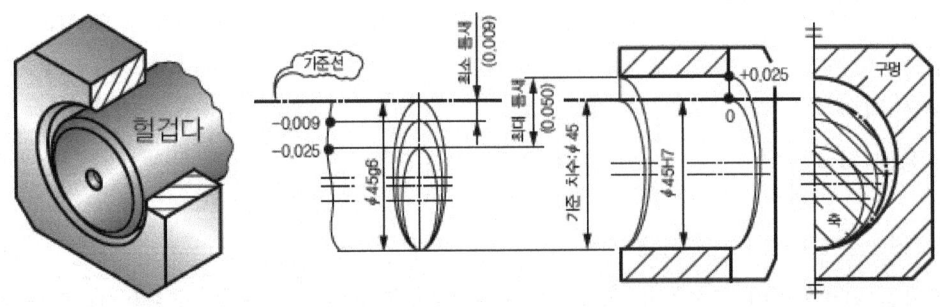

그림 4-6 헐거운 끼워맞춤

(나) 중간 끼워맞춤

각각 허용한계치수 안에 다듬질한 구멍과 축을 끼워 맞추었을 때 그 치수에 따라 틈새가 생기는 것도 있고, 죔새가 생기는 것도 있는 끼워 맞춤. 축의 허용구역은 구멍의 허용구역과 겹친다.

(다) 억지 끼워 맞춤

항상 죔새가 생기는 끼워 맞춤으로 축의 허용구역은 완전히 구멍의 허용구역보다 위에 있다.

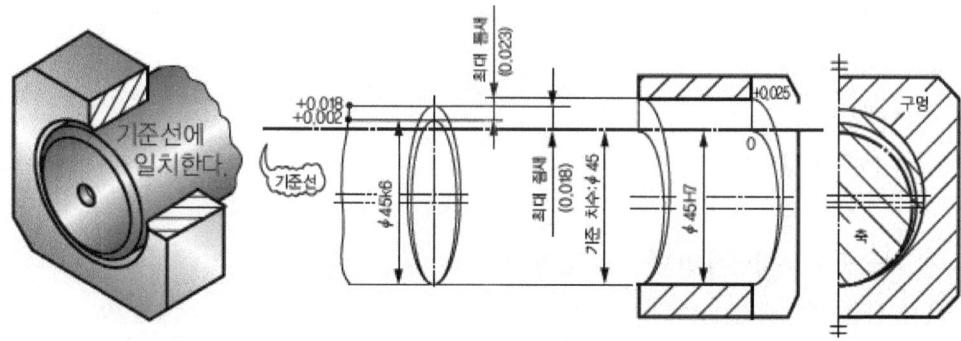

그림 4-7 중간 끼워맞춤

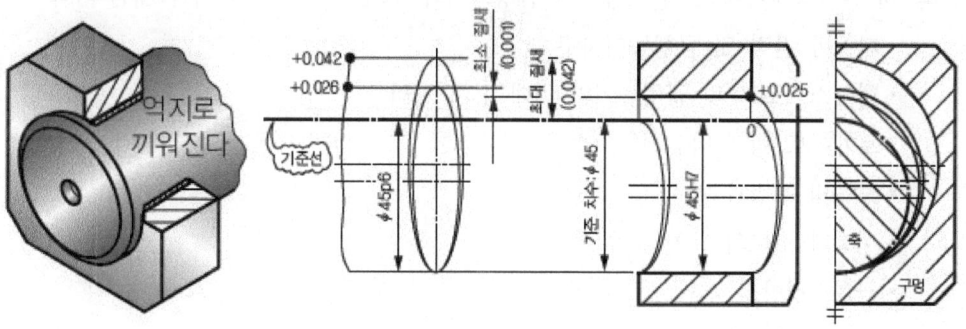

그림 4-8 억지 끼워 맞춤

2) 금형설계 제작 용이성 검토 및 수정

(1) 금형설계검토

사출금형을 설계하기 위해서는 사전에 성형품, 사출성형기, 생상 수량과 방식, 기대 코스트, 납기 및 요구 품질 등의 검토가 이루어져야 한다.

① 금형설계구상을 위한 사전검토 항목

  (가) 성형품

    ㉠ 성형품외관에 미치는 성형불량에 관한 사항의 검토한다.

      • 게이트의 위치 및 파팅라인 위치 검토

- 웰드라인 위치의 설정
- 투명 재질의 경우 취급방법의 결정
ⓒ 성형품의 기능, 외장에 지장이 없는 범위에서의 금형가공성을 고려한다.
  - 상대부품과의 조립방법 및 적용공차 고려
  - 조립용 나사 → 인서트 또는 후 삽입 방식 결정
ⓒ 사용수지의 특성, 성형조건, 수축관련 정보 파악
  - 수지용융온도, 금형온도, 냉각조건 등
ⓔ 도장, 도금, 접착 등 후 가공의 조건 파악
ⓜ 성형성 검토
  - 빼기구배
  - 살두께 균일성
  - 수지의 유동성
ⓗ 사출중량/투영면적/표면적 등의 계산

(나) 사출기의 재원 파악
ⓘ 성형기의 사출량, 사출압력, 형체력 등 검토
ⓒ 지정된 성형기에 설치 가능여부 금형크기와 두께를 결정하기 위한 재원 파악
  - 타이바 간격 및 금형높이치수
  - 형체스트로크 및 금형높이와 최대 형개 거리
  - 로케이트 링의 바깥지름치수
  - 노즐의 구멍과 반경
  - 이젝터 로드의 위치
  - 금형고정방식
ⓒ 형체 방식은 토글식 또는 직압식인가?
ⓔ 이젝터 로드의 작동방식은?

(다) 생산수량 및 방식
ⓘ 생산수량은 연간 몇 개인가? 제품의 수명은 몇 년인가?
ⓒ 사용하는 색상은 몇 종류인가?
ⓒ 생산방식은
   자동방식인가? 핫 러너 시스템인가?

(라) 코스트, 납기, 품질
ⓘ 금형의 필요시점
ⓒ 요구품질 수준은?
ⓒ 사전원가 및 사후예상원가의 폭은 얼마인가?

② 금형의 기본적 구조 설계
　(가) 파팅라인의 결정
　　㉠ 고정측형판에 캐비티를 설치하느냐, 코어를 설치하느냐를 결정
　　㉡ 금형가공성 고려
　　㉢ 성형품의 외관품질을 고려한 결정
　　㉣ 파팅라인에 흔적에 대한 후 가공의 여부 고려
　(나) 캐비티, 코어의 결정
　　㉠ 생산수량 및 사출기 제원에 준한 캐비티 수의 결정
　　㉡ 캐비티의 배열
　　㉢ 캐비티와 하코어의 가공형식의 결정
　　　• 가공용이성, 정밀도 및 강도를 고려하여 일체, 분할형 등 결정
　　　• 형판에 직접가공 또는 인서트 방식 결정
　(다) 러너 및 게이트 방식 결정
　　㉠ 성형품의 외관 및 기능을 고려한 결정
　　㉡ 성형성 및 성형불량을 고려한 결정
　　㉢ 스프루와 런너, 게이트의 크기 및 위치/갯수의 결정
　(라) 언더컷 처리방식의 결정
　　㉠ 금형의 구조가 간단하고 작동이 원활한 구조일 것
　　㉡ 슬라이드코어의 자국에 의한 제품외관 및 기능손상고려
　　㉢ 금형의 강도 및 내구성이 고려된 구조
　(마) 성형품 이젝팅 방식 결정
　　㉠ 이젝팅할 때 성형품의 밸런스를 고려하여 이젝팅 방식 결정
　　　이젝터 핀의 종류, 위치, 수량 등 고려
　　㉡ 이젝팅할 때 변형, 백화 등의 불량을 고려하여 결정
　(바) 온도 조절방식의 결정
　　㉠ 금형전체의 균일한 온도 조절구조로 결정
　　㉡ 성형사이클 타임을 고려
　(사) 형판의 크기와 구조의 결정
　　㉠ 형체력, 사출압력에 의한 변형 고려
　　㉡ 사출성형기의 규격에 의한 형판크기 결정
　　　타이바 간격을 고려하여 형판의 크기를 최소 5mm 적게 설정하고 설계 제작한다.
　(아) 금형재료의 결정
　　㉠ 성형품의 외관 및 치수품질에 적합한 코어 및 케비티의 재료를 결정한다.

- 3차원 형상의 경우 프리하든강을 주로 사용하고
- 2차원 형상의 경우는 분할가공하며, 열처리강을 사용한다.

ⓒ 반복적인 작업이 계속되거나, 열에 의한 영향으로 마모 및 변형이 예상되는 경우에도 합금공구강을 열처리하여 사용한다.

(자) 금형치수의 결정

㉠ 코어 및 캐비티 형상의 치수를 위한 목표치수를 결정한다.
목표치수는 제품도 치수에 주어진 공차를 적용하고 적정한 성형 수축률을 고려하여 결정한다.

ⓒ 몰드베이스 및 요소부품 규격품의 치수를 감안하여 금형각부품의 치수를 결정한다.

(2) 금형요소부품들의 제작 및 조립공차 검토

① 금형요소의 결합공차

(가) 끼워 맞춤 방식

금형요소 부품은 끼워 맞춤방식에 준하여 설계 및 가공되어 조립되어야 한다. 즉 헐거운 끼워 맞춤, 중간 끼워 맞춤, 억지 끼워 맞춤 방식 중에서 조립되는 부품간의 정밀도 및 기능에 따라 한 가지를 택하여 설계에 적용하여야 한다.

일반적으로 설계되어 부품들의 상호 맞춤공차는 규격화 되어 있어 설계자가 용이하게 사용할 수 있다. 사출금형에 사용되는 공차는 IT6급~7등급을 사용하며 구멍은 H7을 기준으로 하여 축의 공차를 적절히 선정하여 사용한다.

(나) 금형 규격품의 끼워 맞춤 공차

표 4-1 금형규격품의 끼워 맞춤 공차

부 품	상관부품	공 차
로케이트 링	고정측 취부판의 ring용 구멍링	H7 e7
가이드 포스트	가동측 형판의 가이드 포스트 구멍 가이드 포스트의 슬라이딩 부 가이드 포스트의 압입부	H7 f7 k6
가이드 부시	부시의 내경(슬라이딩 부위) 부시의 외경 고정측 형판의 부싱용 구멍	H7 k6 H7
분할코어와 형판	코어 핀 형판의 구멍	k6 H7
코어 핀	형판의 구멍 핀의 외경	H7 m6

부 품	상관부품	공 차
이젝터 핀	가동측 형판, 받침판의 구멍 이젝터 핀 이젝터 핀 고정판의 구멍	H7 e7 H7
스프루 부시	고정측 취부판의 구멍 부시의 고정측 취부판 결합부위	H7 e7
리턴 핀	가동측 형판, 받침판의 구멍 리턴 핀 이젝터 핀 고정판의 구멍	H7 e7 H7
인터 로크 핀	hole pin ∅	H7 f6

② 금형의 제작 정밀도

(가) 성형품 치수의 종류

성형품의 치수는 금형에 의해 직접 정해지는 치수와 직접적으로 정해지지 않는 치수가 있다.

(나) 성형품의 치수 정밀도를 향상시키는 방안

㉠ 성형조건의 영향이 적게 가능한 한 단순형상으로 하고 리브나 맞춤핀 등을 작게 하여 수축의 복잡한 요인을 줄인다.

㉡ 가능한 한 대칭형으로 하고, 균일한 두께로 한다.

㉢ 인서트(insert)는 수축을 줄여 높은 정밀도를 얻지만 성형변형이 남는 결점도 있다.

㉣ 웰드라인은 응력이 커지게 하므로 비교적 영향이 적은 위치에 남도록 게이트 위치를 배려한다.

㉤ 성형품의 치수측정이 필요한 개소와 측정방법을 설계시에 고려한다.

㉥ 금형가공은 기계작업에 의해 행하여지도록 하고, 복잡한 요철과 언더컷(under cut)이 없어야 한다.

㉦ 성형품 설계에서 금형의 구조와 제작방법, 열처리 등을 고려한다.

㉧ 성형품의 조립방법을 연구하고, 고 정밀부분은 금속 인서트 등을 사용한다.

(다) 금형 설계 제작 오차의 대책

금형에 직접 기인하는 치수 정밀도의 오차 대책으로서 다음과 같은 것이 있다.

㉠ 금형 제작법의 선택을 고려한 금형설계를 추진한다.

㉡ 금형의 변형, 휨, 편심에 대한 대책을 세운다.

㉢ 형재의 변형 교정, 형의 구조와 강도와의 관계를 고려한다.

㉣ 섭동부의 안정성과 복원성을 고려한다.

㉤ 금형가공의 정밀도, 달라붙기 정밀도의 확보 대책을 세우며, 금형 정밀도는 성형품 도면 공차의 1/3~1/2 이내로 억제해야 한다.

ⓑ 형재의 선택시 내구성, 경도의 향상 대책을 세운다.
ⓢ 고장이 적은 메커니즘을 택한다.

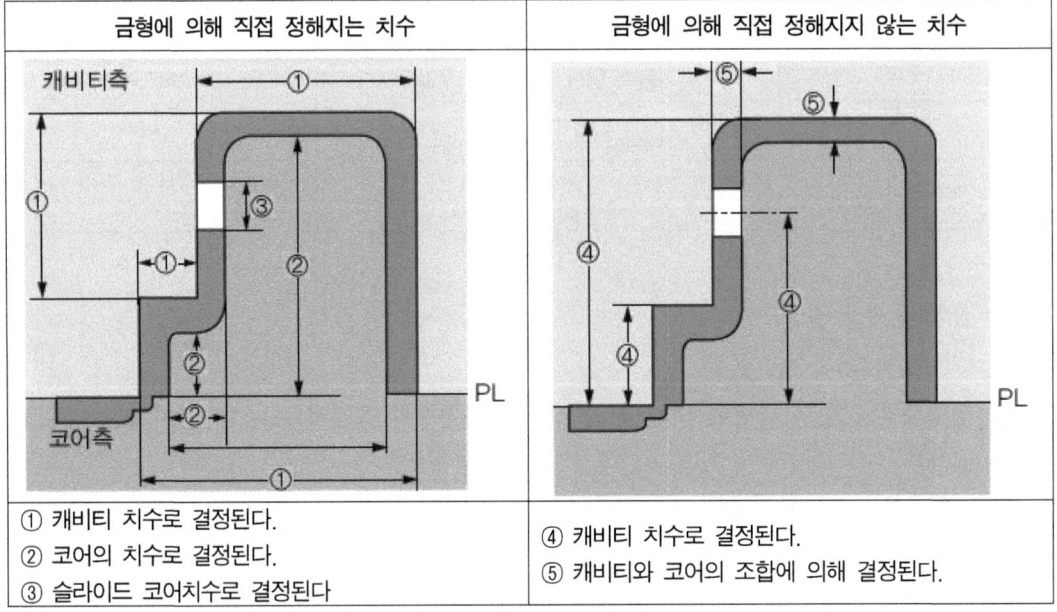

그림 4-9 금형에 의해 정해지는 치수와 정해지지 않는 치수

실기 내용

1. 가이드 핀을 설계한다.

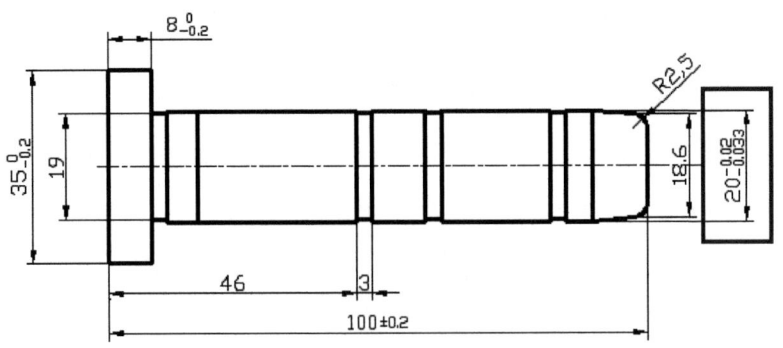

1) CAD S/W를 활용하여 가이드 핀을 그린다.
2) 도면에 치수공차를 기입한다.
3) 핀 외경의 치수공차를 해독한다.

(1) 최대 허용치수는 19.98이고 최소 허용치수는 19.967이다.
(2) 기준 치수는 20이다.
(3) 윗 치수 허용 공차는 −0.02이다.
(4) 아랫 치수 허용 공차는 −0.033이다.

2. CAD S/W를 활용하여 가이드 핀 부시를 설계한다.

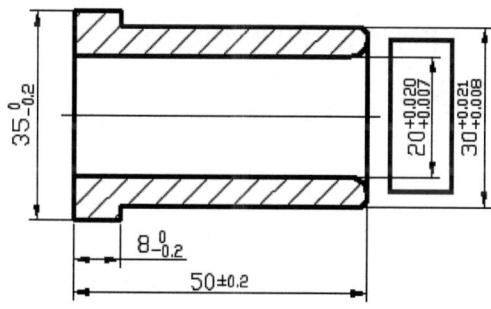

1) CAD S/W를 활용하여 가이드 핀 부시를 그린다.
2) 도면에 치수공차를 기입한다.
3) 부시 내경의 치수공차를 해독한다.
(1) 최대 허용치수는 20.02이고 최소 허용치수는 20.007이다.
(2) 기준 치수는 20이다.
(3) 윗 치수 허용 공차는 +0.02이다.
(4) 아랫 치수 허용 공차는 +0.007이다.

3. 가이드 핀과 가이드 핀 부시의 조립상태의 도면을 해독한다.

1) 최소 틈새를 확인한다.
구멍의 최소 허용치수와 축의 최대 허용치수와의 차이다.
20.007 − 19.98 = 0.027
2) 최대 틈새를 확인한다.
구멍의 최대 허용치수와 축의 최소 허용치수와의 차이다.
20.02 − 19.967 = 0.053

2. 제품의 크기, 재질파악하기

1) 도면의 기준에 의한 제품도 검토하기

(1) 제품도 검토를 위한 제품설계 내용 파악하기

제품도는 제품에 대한 구상설계, 상세설계 등의 단계와 제품도의 검증 단계를 거쳐 제품설계를 완료하게 된다. 제품의 설계단계에서 요구되는 검토 및 검증 내용에 대하여 확인한다.

① 제품 성능

제품의 요구 성능은 다음과 같은 내용을 검토한다.
- (가) 요구 성능 포함여부
- (나) 요구 성능 만족여부
- (다) 삽입력 및 이탈력
- (라) 단자 유지력
- (마) 로크강도
- (바) 기밀성
- (사) 기타 요구능 만족여부

② 제품 안정성

제품의 안정성은 다음과 같은 내용을 검토한다.
- (가) 관련 안전 법규 등 기준에 적합한가?
- (나) 조립 분해시 위험성은 없는가?
- (다) 제품규격서, 취급설명서 등은 완전한가?
- (라) 신규 부품 또는 부자재의 경우 품질보증은 되어 있는가?

(2) 제품설계 검증내용 파악하기

① 제품 신뢰성 검증

다음과 같은 내용으로 제품의 신뢰성을 검증한다.
- (가) 부품수는 최소화 하였는가?
- (나) 조립부품의 빠짐 방지는 하였는가?
- (다) 타 부품과의 간섭은 체크하였는가?
- (라) 표준화 및 공용부품을 사용하였는가?

② 제품 생산성 검증

다음과 같은 내용으로 제품의 생산성을 검증한다.
- (가) 가공 및 검사에 필요한 기준면은 확보하였는가?
- (나) 유사품의 식별 방법은 고려하였는가?

(다) 중요치수관리의 명확화

(라) 기존 생산설비 및 치공구의 활용이 가능한가?

③ 제품 승인 사항 검증

다음과 같은 내용으로 제품의 승인사항 검증한다.

(가) 제품의 설계 단계의 입력요구사항이 만족하는가?

(나) 합격, 불합격의 판정기준은 명확한가?

(다) 적절한 치수 및 공차를 활용하였는가?

(라) 가격, 성능 위험도 등의 상관관계를 검토하였는가?

(마) 유사제품의 경험정보는 feedback 받았는가?

2) 성형제품의 재료

(1) 열가소성수지

가열하면 연화하여 가소성을 나타내고, 냉각해서 고화되는 플라스틱을 총칭해서 말한다. 이 종류의 플라스틱에서는 가열공정에 있어서 약간의 산화반응이 열분해반응을 동반하는 경우가 있지만 본질적인 분자구조의 변화는 없다.

성형가공의 원리는 열경화성 수지와 다르고 가열시켜서 연화상태로 된 사이에 형상을 성형하는 조작을 행한 후 즉시 냉각시켜서 고화된 제품을 얻는 것이다.

① 폴리에틸렌(polyethylene : PE)

(가) 특징

범용 플라스틱으로써 결정성수지, 비중 0.94~0.97, 성형수축률 1.5~5%

㉠ 밀도에 따라 저 분자량, 저 밀도, 중밀도, 고밀도 폴리에틸렌으로 구분한다.

㉡ 결정화도가 커 성형수출이 크기 때문에 변형발생이 쉽다.

㉢ 절연성이 좋고 다용도에 적합한 수지이다.

㉣ 재료비가 저렴하고, 성형하기 쉽다.

(나) 금형을 설계할 때 유의점

㉠ 성형수축률이(흐름방향 2.5%, 직각방향 2.0%) 크므로 뒤틀림 변형을 방지하기 위해 냉각속도를 균일하게 하는 냉각방식이 필요하다.

㉡ 재료의 충진속도를 빠르게 할 수 있는 게이트와 러너설계가 필요하다.

㉢ 응력, 변형방지를 고려한 성형품설계를 한다.

(다) 용도

용기(식료품, 화장품, 화학약품 등), 전선 피복선, 주방용품 및 일반잡화품

② 폴리스틸렌(polystyrene : PS)

(가) 특징

범용 플라스틱으로써 비결정성수지, 비중 1.04~1.1, 성형수축률 0.4~0.7%

㉠ 비결정성고분자로 용융유동하기 쉬우며, 열안정성, 성형성이 좋다.

㉡ 성형수축률이 작아 치수안정성이 좋다.

㉢ 내열성과 내충격성이 약해 이 결점을 보완하기 위해 부타디엔을 혼성 중합시켜 ABS 수지를 만들고, 아크릴니트릴을 혼합하여 AS수지를 만들어 사용하고 있다.

㉣ 무색투명하여 착색을 자유롭게 할 수 있다.

(나) 금형을 설계할 때 유의점

㉠ 충격성이 약하므로 제품을 빼낼 때 크랙이 생길 수 있으므로 이젝팅 시스템 설계할 때 주의를 요하여야 한다.

㉡ 성형수축률이 적기 때문에 금형의 정밀도가 유지되면 치수공차가 정밀한 제품을 생산할 수 있다.

㉢ 무색투명하므로 색깔이 좋고 광택이 있는 제품을 생산할 수 있다. 따라서 경면 사상성이 좋은 금형재료를 선택하여 제품면을 미려하게 가공하는 것이 좋다.

(다) 용도

전기기구의 케이스(TV, VTR 등), 사무용품, 완구

③ 폴리플로필렌(polypropylene : PP)

(가) 특징

범용 플라스틱으로서 결정성 수지, 비중 0.9~0.92, 성형수축률 0.8~2.5%

㉠ 가볍고, 투명성과 표면광택이 폴리에틸렌보다 좋다.

㉡ 유동성이 우수하여 얇은 성형품의 성형이 용이하다.

㉢ 흡습성이 적어 예비 건조의 필요성이 적다.

㉣ 반복휨강도가 강해 힌지(Hinge)기능 제품에 많이 사용한다.

㉤ 값이 비교적 싸다.

(나) 금형을 설계할 때 유의점

㉠ 제품 설계시 싱크마크 및 변형에 대해 주의를 한다.

㉡ 흐름이 좋으므로 금형상하 접합이 잘 맞아야 플래시가 발생하지 않음

㉢ 핀포인트 게이트 적용시 게이트의 직경은 ∅0.5~1.5, 랜드의 길이는 1~2mm가 적당하다.

(다) 용도

주방용품, 완구, 맥주상자 등 대형성형품, 자동차부품, 약품용기

④ 폴리아세탈(polyacetal : POM)

  (가) 특징

  ㉠ 외관은 유백색 불투명하며, 비중은 매우 크고 1.41~1.43이다.

  ㉡ 단독중합체보다도 결정화도, 비중, 용융점 등이 약간 낮다.

  (나) 금형을 설계할 때 유의점

  ㉠ 높은 결정성을 갖기 때문에 성형수축률이 1~3.5%로서 플라스틱 중 최고의 부류에 속한다.

  ㉡ 성형시의 치수정밀도나 후수축에 의한 치수변동 등에 주의하여야 한다.

  ㉢ 성형시 가열실린더를 과열한다든지 고온부분에 재료를 장시간 체류시키면 열분해하여 유독한 포르말린가스를 발생시키기 때문에 주의를 요한다.

  (다) 용도

  폴리아세탈은 금속의 대체용도로서 사용되고 있다. 특히, 최근에는 VTR관계부품, OA 기기 부품, 컴퓨터 부품 등 새로운 분야에서의 이용이 많아졌다. 자동차분야에서도 엔진 부품이나 전장 부품, 강종 미터 부품 등과 정밀도가 요구되는 기어, 캠, 베어링 등에 사용된다.

⑤ 폴리 염화비닐(polyvinyl chloride;PVC)

  (가) 특징

  ㉠ 폴리염화비닐은 무색투명한 비결정성 플라스틱이고, 자유롭게 착색할 수 있다.

  ㉡ 비중이 경질의 것에서는 1.35~1.45, 가소제 및 충전재를 가한 것에서는 1.15~1.7 정도이다.

  ㉢ 경질 PVC는 내충격성이 나쁘고 부서지기 쉬운 것이 가장 큰 결점이다.

  (나) 금형을 설계할 때 유의점

  ㉠ ABS수지, EVA수지 등을 블랜드하면 내충격성이 강해진다.

  ㉡ 경질PVC의 염화온도는 55~80℃ 정도이며, 가소제를 첨가함으로써 연화온도가 낮아진다.

  (다) 용도

  폴리염화비닐은 자외선을 잘 통과시키고 보온력이 좋기 때문에 농업용 비닐필름으로 대단히 많이 사용되고 있으며, 절연성, 노화성(aging resistance)이 뛰어나기 때문에 전선피복의 대부분을 차지한다.

  인형, 완구, 방수장갑, 발포레저, 발포 부력재 등의 페이스트 제품과 비싼 가소제를 거의 사용하지 않아 값싸고 사용 연수가 길며 착색도 자유롭기 때문에 파이프, 패널판 등의 경질제품으로 대량 사용되고 있다.

  경질 PVC는 투명하고 무독성이며 향기나 공기의 투과가 적을 뿐만 아니라 가벼워서 식

품관계의 병, 컵, 인스턴트 용기 등으로 사용된다. 주로 폴리염화비닐판으로 만들어지는 LP레코드는 수명, 치수안정성이 뛰어난 특징을 갖고 있다.

⑥ ABS수지(acrylonitrilr-busadiene-styrene resin)

(가) 특징

세 성분의 배분비에 따라서 대폭적으로 달라진다.

㉠ 아크릴로니트릴이 증가하면 경도, 인장강도, 탄성계수, 내충격성, 내용제성, 내열성이 증대되고, 고주파 절연성이 저하한다.

㉡ 부타디엔이 증가하면 인장강도, 탄성계수, 경도가 감소되고, 내충격성, 내마모성, 신장이 증대되어 연한 성질의 것이 된다.

㉢ 스티렌이 증가하면 용융유동성이 증대되고, 단단해지며 취약한 성질이 된다.

㉣ 시판되고 있는 ABS수지의 성분은 아크릴로니트릴 성분이 25~30%, 부타디엔 성분이 25~30%이고, 나머지 부분이 스티렌 성분이다.

(나) 금형을 설계할 때 유의점

㉠ 착색이 자유롭고, 가공적응성이 좋아서 사출성형, 압출성형, 취입성형, 열성형, 캘린더 가공 등 모든 성형법이 적용될 수 있으며,

㉡ 치수안정성이 뛰어난 아름다운 광택을 갖는 성형품을 만들 수 있다.

(다) 용도

ABS수지는 냉장고, 세탁기, 청소기, 선풍기, 라디오, 텔레비전, 테이프리코더 등 가정용 전기기구의 모든 것에 걸쳐서 이용되고 있으며, 라디에이터 그릴, 인스트루먼트 패널, 도어 패널 등의 차량용 내·외장 부품에 사용되고 있다.

(2) 열경화성수지

열에 의해 한번 굳어진 다음에는 다시 가열해도 부드러워지지 않고 녹지도 않는 성질을 갖고 있는 플라스틱이다.

① 페놀수지(Phenol Formaldehyde : PF)

(가) 특징

열경화성수지로 가장 오래 됨. 비중 1.25~1.9, 성형수축률 0.01~0.9%

㉠ 인장강도, 압축강도가 강하나 부러지기 쉽고 충격에 약하다.

㉡ 전기절연특성이 강하여, 전기용 합성수지로 많이 쓰인다.

㉢ 압축성형용 합성수지로 성형성이 좋다.

(나) 용도

인쇄용 회로기판(Printed Circuit Board : PCB), 전기 및 통신부품의 절연 재료, 각종 용기의 내열성 손잡이, 자동차 및 선박의 도료 등에 이용되고 있다.

② 에폭시 수지(Epoxy Plastics : EP)

(가) 특징

성형재료, 접착제, 도료에 사용되는 만능수지 비중 1.16~1.17, 성형수축률은 0.1~0.9% 정도이다.

㉠ 압축성형, 사출성형성이 좋다. 전기부품의 제조, 금속 인서트부품에 좋다.

㉡ 강한 기계강도와 뛰어난 절연성으로 전기부품재료로 많이 사용된다.

㉢ 윤활성 및 내마모성이 좋아 기계부품으로 많이 사용된다.

(나) 용도

인쇄용 회로기판, 전기 및 통신부품의 절연재료, 각종기어, 캠 등 기구부품, 보빈, 금형제작용 제품모델, 자동차 및 선박의 도료 등에 사용된다.

③ 멜라민 수지(Melamine Formaldehyde : MF)

(가) 특징

표면이 단단하여 도자기와 같다. 비중 1.18~2, 성형수축률 0.5~0.8%

㉠ 현재 생산되는 합성수지 중 가장 단단한 부류에 속한다.

㉡ 경도가 크고, 품위가 있는 감촉을 가지며, 전기 특성이 뛰어나다.

㉢ 위생상 해가 없다.

(나) 용도

각종 식기, 접시, 커피 잔 등 일용 식·용기, 전기부품, 도료 등에 사용된다.

④ 폴리우레탄 수지(Polyurethane : PUR)

(가) 특징

탄성고무, 발포제, 도료, 접착제 등을 만든다. 비중 1.21, 성형수축률 0.9~3.0%

㉠ 현재 생산되는 합성수지 중 가장 단단한 부류에 속한다.

㉡ 탄성 및 기계강도가 강하여 충격에 강하다.

㉢ 합성피혁으로 구두, 섬유로 사용한다.

(나) 용도

스프링용 고무, 쿠션, 냉장고의 단열재, 파이프 및 전선의 단열피복, 도료 및 접착제 등으로 사용된다.

⑤ 우레아수지(Urea Formaldehyde : UF)

(가) 특징

압축성형 및 트랜스퍼 성형에 강하다. 비중 1.47~1.52, 성형수축률 0.6~1.4%

㉠ 무색투명하여 착색이 자유롭다.

㉡ 성형하기 쉬우며 가격이 싸다.

㉢ 난연성 및 내 아크성이 있다.

(나) 용도

화장품용기, 식기류, 조명기구, 단추, 라디오 및 TV 캐비넷 등에 사용된다.

(3) 엔지니어링 플라스틱

강철보다도 강하고 알루미늄보다도 전성이 풍부하며, 금·은보다도 내약품성이 강한 고분자 구조의 고기능 수지이다. 이 플라스틱은 강도·탄성뿐만 아니라, 충격성·내마모성·내열성·내한성·내약품성·전기절연성 등이 뛰어나 그 용도도 가정용품, 일반잡화는 물론, 카메라·시계부품·항공기 구조재·일렉트로닉스 등 각 분야에 걸쳐 사용할 수 있다. 이보다 한발 앞서 엔지니어링플라스틱을 유리섬유 또는 탄소섬유 등과 혼합시켜, 더욱 강력한 특성을 발휘하는 복합재료인 섬유강화 플라스틱(FRP : fiber reinforced plastics)의 개발도 이루어졌다.

3) 제품의 측정

제품의 정밀측정은 버니어 캘리퍼스, 마이크로미터는 제품에 touch하여 직접측정하는 방식과 하이트게이지, 다이얼게이지, 실린더게이지, 인디게이트 등 비교 측정하는 2차원 측정기와 3차원 측정기를 활용하여 3차원에서 측정하는 측정방법이 있다.

(1) 버니어 캘리퍼스
(2) 마이크로미터
(3) 하이트게이지
(4) 다이얼게이지
(5) 테스트인디게이트
(6) 실린더게이지
(7) 3차원측정기 등을 이용한다.

3. 제품외관의 문제점 파악하기

1) 제품 외관의 문제점

(1) 충전 부족(short shot)

① 불량 현상

충전 부족은 성형할 수지가 실린더 안에서 충분히 가열되어 있지 않거나, 사출 압력이 낮을 경우나, 금형 온도가 매우 낮을 때 캐비티 전체에 수지가 돌아가지 않고 냉각 고화해서 성형품의 일부가 부족되는 현상을 말한다.

② 충전 부족의 대책

용융 수지가 성형기의 노즐, 금형의 스프루, 러너, 게이트를 통과할 때 수지가 냉각되어 점도가 높아져서 유동성이 저하되고, 고화해서 성형품의 말단까지 도달하지 않는 경우가 있다. 이러한 경우 노즐, 스프루, 러너, 게이트의 단면적을 넓히고, 또한 길이를 단축시키고 캐비티의 살두께를 허용되는 범위 내에서 늘리거나, 게이트의 위치 변경이나 보조 러너를 설치하는 것이 효과적이다.

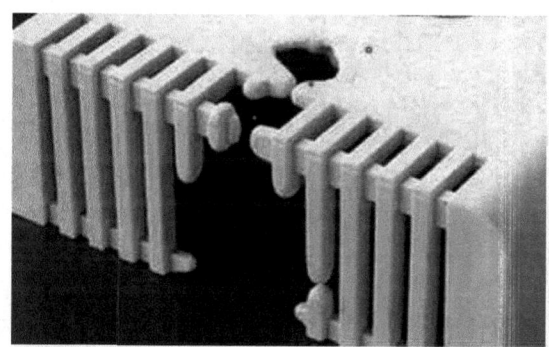 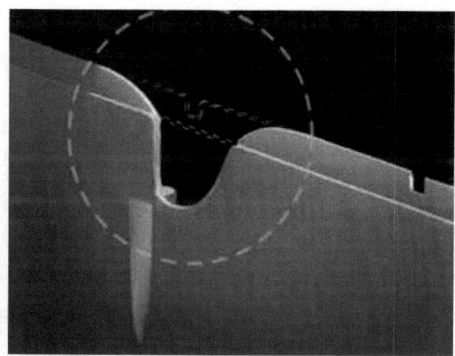

그림 4-10 충전부족 현상

(2) 플래시(flash or burr)

① 불량 현상

플래시는 금형의 파팅 라인, 코어의 분할면, 부시, 이젝터 핀, 슬라이드 코어의 주위 등의 틈새에 용융 수지가 흘러 들어감으로써 성형품에 여분의 수지가 붙는 현상을 말한다. 주로 금형의 제작 단계에서 틈새가 크게 가공되어 생기는 경우가 많으며, 과대한 사출 압력으로 인하여 슬라이드 코어가 밀리거나 형판이 변형되어 생기는 경우도 있다. 또한 성형품의 생산 수량이 많은 경우에 슬라이딩 부분에 마모가 증대되어 발생하기도 한다.

그림 4-11 플래시(flash or burr)

② 플래시의 대책

우선 금형의 보수가 선결되어야 한다. 즉 맞춤면이나 슬라이딩면의 접촉 상태를 양호하게 하고 이젝터 핀, 부시는 끼워 맞춤 정밀도를 높인다. 또한 성형품의 투영 면적에 걸리는 압력이 성형기의 형체력보다 크면 금형이 열려서 플래시가 발생한다. 캐비티 내의 압력은 성형 재료, 성형품의 형상, 성형조건, 금형의 구조, 성형기의 종류 등에 따라 차이가 있으나 일반적으로 200~400(kg/cm^2)의 값이 취해진다. 따라서 형체력의 부족에는 기계의 변형이 필요하다.

(3) 싱크 마크(sink mark-수축 현상)

① 불량 현상

모든 성형품은 성형 후 체적이 감소해 가면서 고화된다. 이 때 성형품의 표면에 부분적으로 발생하는 오목 현상을 싱크 마크라 하며 성형 불량 현상 중 가장 발생률이 높고 바람직하지 못한 것이다.

② 싱크 마크(sink mark-수축 현상)의 대책

살두께는 가급적 균일하게 설계하며, 필요에 따라 리브, 보스 등의 부분적으로 두껍게 되는 성형품의 경우라도 될 수 있는 대로 작게 한다. 금형의 냉각 홈은 충분히 뚫고 균일하게 함과 동시에 싱크 마크가 발생하기 쉬운 장소는 냉각을 강력하게 할 필요가 있다. 또한 금형 내에 압력이 성형품 전체에 전달되도록 게이트, 러너의 단면적을 크게 하고 사출 유지 시간을 길게 한다.

그림 4-12 싱크 마크(sink mark-수축 현상)

(4) 웰드 라인(weld line)

① 불량 현상

용융된 수지가 금형의 캐비티 내에서 분기하여 흐르다가 합류한 부분에 생기는 가는 선을 말한다. 한 개의 게이트로 흐르게 해도 도중에 구멍이 있거나, 인서트가 있거나, 편육이 있을 때에 발생한다. 두 개 이상의 게이트로 성형할 경우도 포함시켜서, 게이트의 위치를 변경시켜서 눈에 띄지 않는 장소로 이동시키는 이외에 방법이 없다.

② 웰드 라인(weld line)의 대책

웰드 라인은 공기나 휘발분이 들어가서 발생하는 경우가 많으므로, 합류부 말단에 에어 벤트를 붙인다. 또한 게이트의 위치를 바꾸어서 눈에 띄지 않는 위치로 이동시키는 외에 사출 속도를 빠르게 하거나 금형 온도, 수지 온도, 사출 압력을 올리는 등으로 웰드 라인을 최소화시켜야 한다.

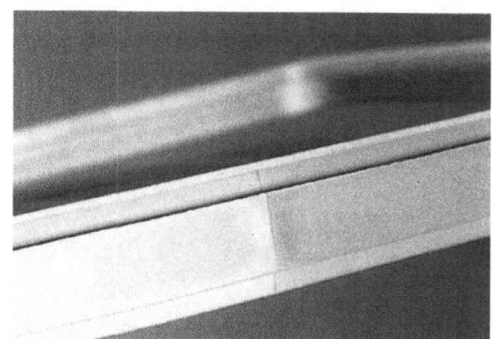 

그림 4-13 웰드 라인(weld line)

(5) 플로 마크(flow mark)

① 불량 현상

용융 수지가 캐비티 안에 충전되면서 유동 궤적을 나타내는 줄무늬가 생기는 현상으로서, 게이트를 중심으로 동심원 모양으로 발생한다. 이것은 금형내에 최초로 유입한 수지의 냉각이 너무 빠르므로 다음에 흘러 들어오는 수지와의 사이에 경계가 생겨서 발생한다고 생각된다.

② 플로 마크(flow mark)의 대책

수지 온도, 금형 온도를 올려서 수지의 점도를 내림과 동시에 유동성을 좋게 하여 사출 속도를 빠르게 한다. 또한 수지가 과냉되는 것을 막고 스프루 러너, 게이트를 크게 하고 슬러그 웰을 붙인다.

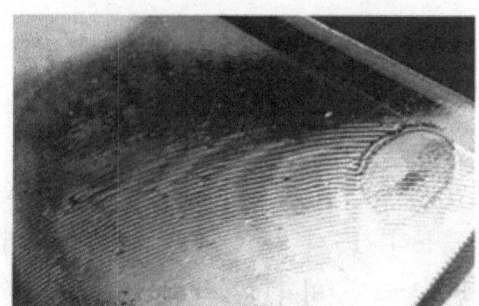 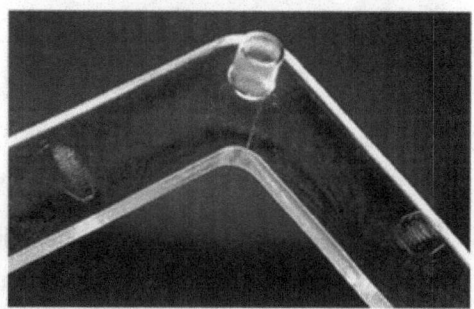

그림 4-14 플로 마크(flow mark)

(6) 태움(burn mark-black spots)

① 불량 현상

성형품의 일부가 검게 타버린 상태로서 금형 캐비티 내의 공기가 빠지지 못하고 단열 압축되어 수지의 일부분이 검게 타고 완전한 성형이 되지 않는다.

② 태움(burn mark-black spots)의 대책

발생하는 장소에 에어 벤트를 설치하는 것이 가장 효과적인 수단이다. 또 수지 온도를 내리고, 사출 속도를 늦추어서 금형내의 공기가 밖으로 나가는 여유 시간을 주는 것도 유효한 대책이다.

(a) 에어밴팅 불량

(b) 갇힌공기

그림 4-15 태움(burn)

(7) 은줄(silver streak)

① 불량 현상

성형품의 표면 또는 표면 가까이에 수지의 흐름 방향으로 발생하는 매우 가는 선의 다발로, 투명 재료에서 은백색의 선으로서 흔히 보이는 현상이다. 폴리카보네이트, 폴리염화비닐, AS 수지 등에 흔히 발생한다.

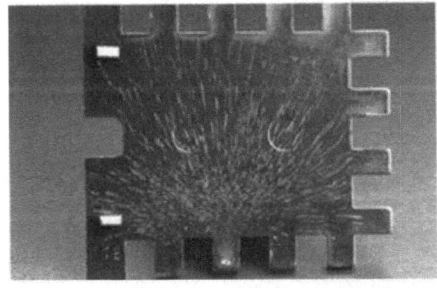

그림 4-16 은줄(silver streak)

② 은줄(silver streak)의 대책

수지 중의 수분이나 휘발분은 은줄로 될 뿐만 아니라, 플로 마크, 광택 불량이나 기포 발생의 불량 현상도 함께 발생하므로 재료를 충분히 건조시켜야 한다. 건조는 재료의 연화점 이하에서 하며, 일반적으로 80~85°C에서 3~4시간이 적당하다. 또한 실린더내의 재료 퍼지(purge)는 물론 이종 재료의 혼입에 주의한다. 수지 온도를 내리고, 금형 온도

를 올려 윤활제 등의 사용량을 조정하며, 가스도 충분히 뺀다.

(8) 흑줄(black streak)

① 불량 현상

성형품의 내부 또는 표면에 수지나 수지 중의 첨가제 또는 윤활제가 열분해하고 공기가 말려 들어가 타서 검은 줄 모양으로 되어 나타나는 현상이다.

② 흑줄(black streak)의 대책

실린더 내부나 스크루에 홈이 있으면 마찰열도 가해져서 산화되어 검은 이물이 되고, 수지에 섞여서 검은 줄이 되므로 주의하여야 한다. 이 대책에는 충실한 관리가 요구된다. 또한 금형의 공기 빼기를 충분히 하고 사출 속도를 늦추고, 수지 온도 및 사출 압력을 내린다.

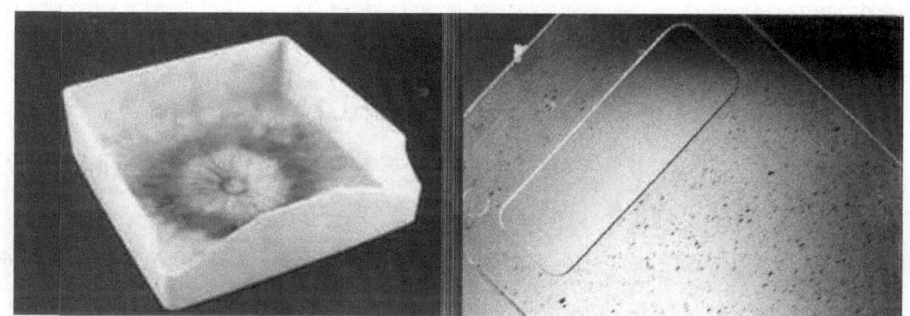

그림 4-17 흑줄(black streak)

(9) 제팅(jetting)

① 불량 현상

성형품의 표면에 게이트를 기점으로 하여 지렁이가 기어간 자국 모양의 용융수지의 흐름 자국이 생기는 불량현상이다. 플로마크(Flow mark)의 일종이며 수지의 유입속도가 지나치게 빠르거나 스프루에서 게이트까지의 유로가 너무 길면 생기기 쉽다.

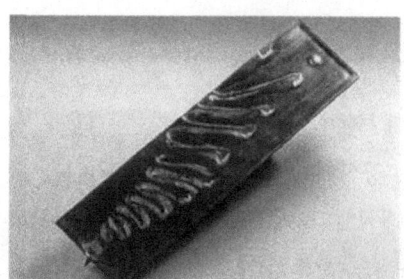 

그림 4-18 제팅(jetting)

② 제팅(jetting)의 대책

게이트의 위치를 재료의 두께 방향으로 캐비티 벽에 근거리에서 닿도록 설치한다. 또 사이드 게이트에서는 콜드 슬러그 웰을 붙인다. 게이트부의 재료 유속을 느리게 하기 위해 게이트 단면적을 넓히거나 성형기의 노즐 온도의 저하를 막는다.

(10) 크랙과 크레이징(crack and crazing)

① 불량 현상

성형품의 표면에 가는 선 모양의 금이 가거나 균열하는 것을 말한다. 이 현상은 성형 직후에 나타나거나 냉각되어 가는 과정에서 잔류 응력에 의해 발생하기도 한다.

크레이징은 용융 수지가 캐비티에 충전될 때, 그 표면은 냉각되어 고화 또는 고점도층이 되지만 중심부는 아직 온도가 높아 저점도층이 되어 그 사이에 전단력이 생겨서 잔류 응력을 내장한다. 잠시 후 재료의 탄성 한계 이상이 되었을 때 가는 금이 되어서 나타난다.

② 크랙과 크레이징 불량의 대책

크레이징이나 크랙이 발생하는 것도 대부분이 내부 응력에 기인한다. 내부 응력은 투명한 성형품에서는 편광 광선을 쪼이면 무지개 모양의 줄무늬로서 볼 수가 있고 줄무늬의 조밀도 잔류 변형의 대소를 판정하면서 대책을 세우면 효과적이다.

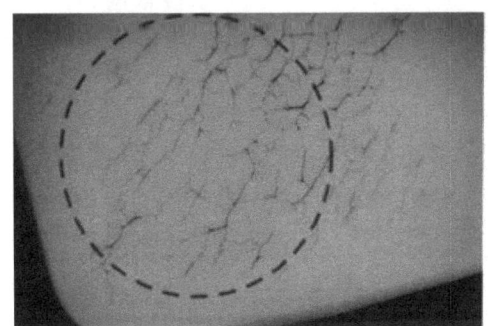 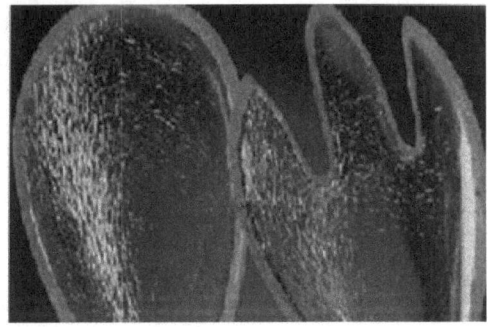

그림 4-19 크랙과 크레이징(crack and crazing)

(11) 이젝팅 불량

① 불량 현상

성형품이 금형의 고정측에 붙거나 가동측에 붙어 이젝팅되지 않는 경우로서, 성형품이 고정측에 붙는 경우는 매우 심각한 일이며, 양산이 불가능하므로 그 원인을 잘 분석하여 대책을 세워야 한다. 이젝팅 불량은 러너나 스프루에 생기는 경우도 있으며, 성형품에 변형, 크레이징, 크랙 및 백화 현상을 동반하는 경우가 있다.

② 이젝팅 불량의 대책

캐비티, 게이트, 러너, 스프루 등 수지의 유로를 잘 연마하고, 뽑기 구배를 크게 취하는 등으로 이형 저항을 작게 한다. 또한 사출 압력, 수지 온도, 금형 온도를 내리고 과충전을 피한다.

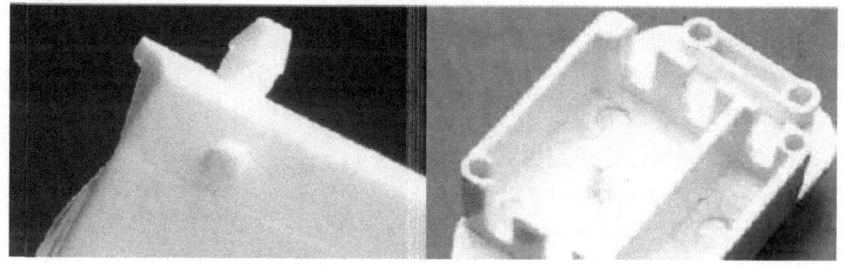

그림 4-20 이젝팅 불량

실기 내용

1. 성형품의 외관 검토하기

1) 성형 제품의 재질을 구분할 수 있어야 한다.
2) 성형 제품의 불량원인을 파악한다.
3) 제품의 치수 측정한다.

2. 사출 성형된 제품의 외관 검토하기

1) 웰드라인이 발생한 성형품의 표면 불량부분 확인하기

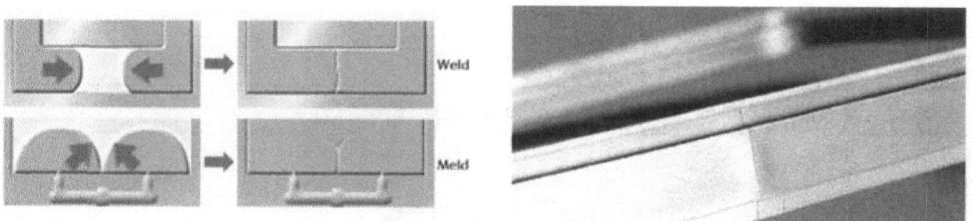

(1) 제품 외관의 문제점 : 웰드라인

용융된 수지가 금형의 캐비티내에서 분기하여 흐르다가 합류한 부분에 생기는 가는 선.

(2) 불량원인

한 개의 게이트로 흐르게 해도 도중에 구멍이 있거나, 인서트가 있거나, 편육이 있을 때에 발생한다.

(3) 원인의 대책

공기나 휘발분이 들어가서 발생하는 경우가 많으므로, 합류부 말단에 에어벤트를 붙인다.

2) 플래시가 발생한 성형품의 표면 불량부분 확인하기

(1) 제품 외관의 문제점 : 플래시
금형의 파팅 라인, 코어의 분할면, 부시, 이젝터 핀, 슬라이드 코어의 주위 등의 틈새에 용융 수지가 흘러 들어감으로써 성형품에 여분의 수지가 붙는 현상

(2) 불량원인
금형의 제작 단계에서 틈새가 크게 가공되어 생기는 경우가 많으며, 과대한 사출 압력으로 인하여 슬라이드 코어가 밀리거나 형판이 변형되어 생기는 경우도 있다. 또한 성형품의 생산수량이 많은 경우에 슬라이딩 부분에 마모가 증대되어 발생하기도 한다.

(3) 원인의 대책
맞춤면이나 슬라이딩면의 접촉 상태를 양호하게 하고 이젝터 핀, 부시는 끼워 맞춤 정밀도를 높인다.

3) 충전부족 현상 발생한 성형품의 표면 불량부분 확인하기

(1) 제품 외관의 문제점 : 충전부족
성형품의 일부가 부족되는 현상이다.

(2) 불량원인
성형할 수지가 실린더 안에서 충분히 가열되어 있지 않거나, 사출 압력이 낮을 경우나, 금형

온도가 매우 낮을 때 캐비티 전체에 수지가 돌아가지 않고 냉각 고화해서 나타난다.

(3) 원인의 대책
노즐, 스프루, 러너, 게이트의 단면적을 넓히고, 또한 길이를 단축시키고 캐비티의 살두께를 허용되는 범위 내에서 늘린다.

단원 핵심 학습 문제

01 다음 중 끼워 맞춤의 종류가 아닌 것은? 4

① 헐거운 끼워 맞춤
② 중간 끼워맞춤
③ 억지 끼워 맞춤
④ 허용 끼워 맞춤

해설 : ④ 끼워 맞춤의 종류
- 헐거운 끼워 맞춤
- 중간 끼워맞춤
- 억지 끼워 맞춤

02 IT 기본공차(international tolerance)를 설명하고 IT5~IT10에 대하여 적용 예를 열거하시오.

해설 : IT 기본공차는 치수의 구분에 대응하여 각각 IT01~IT18까지의 20등급으로 나눈다. IT01~IT4는 주로 게이지류, IT5~IT10은 끼워 맞춤 부분, IT11~IT18은 주로 끼워 맞춤 수 없는 부분의 치수 공차에 적용하며 IT5~IT10은 기계가공품 등의 끼워 맞춤 부분의 공차에 적용하며 연삭, 리밍, 정밀선삭 인발, 밀링 등의 가공에 적용된다.

03 사출성형 불량 중에서 싱크 마크(sink mark-수축 현상)과 그 대책을 기술하시오.

해설 : 모든 성형품은 성형 후 체적이 감소해 가면서 고화된다. 이 때 성형품의 표면에 부분적으로 발생하는 오목 현상을 싱크 마크라 하며 성형 불량 현상 중 가장 발생률이 높고 바람직하지 못한 것이다. 그 대책으로는 살두께는 가급적 균일하게 설계하며, 필요에 따라 리브, 보스 등의 부분적으로 두껍게 되는 성형품의 경우라도 될 수 있는 대로 작게 한다. 금형의 냉각 홈은 충분히 뚫고 금형내에 압력이 성형품 전체에 전달되도록 게이트, 러너의 단면적을 크게 하고 사출 유지 시간을 길게 한다.

04 끼워 맞춤의 종류를 열거하고 간단히 설명하시오.

해설 : ① 헐거운 끼워 맞춤 - 축과 구멍에 항상 틈새가 생기는 끼워 맞춤으로 축의 허용 구역은 완전히 구멍의 허용구역 보다 아래에 있다.
② 중간 끼워 맞춤 - 각각 허용한계치수 안에 다듬질한 구멍과 축을 끼워맞추었을 때 그 치수에 따라 틈새가 생기는 것도 있고, 죔새가 생기는 것도 있는 끼워 맞춤. 축의 허용구역은 구멍의 허용구역과 겹친다.
③ 억지 끼워 맞춤 - 항상 죔새가 생기는 끼워 맞춤으로 축의 허용구역은 완전히 구멍의 허용구역보다 위에 있다.

05 성형품의 재료 중에서 열가소성 수지를 설명하고 종류를 열거하시오.

해설 : 가열하면 연화하여 가소성을 나타내고, 냉각해서 고화되는 플라스틱을 총칭해서 말한다. 이 종류의 플라스틱에서는 가열공정에 있어서 약간의 산화반응이 열분해반응을 동반하는 경우가 있지만 본질적인 분자구조의 변화는 없다.
① 폴리에틸렌(polyethylene : PE)
② 폴리스틸렌(polystyrene : PS)
③ 폴리플로필렌(polypropylene : PP)
④ 폴리아세탈(polyacetal : POM)
⑤ 폴리 염화비닐(polyvinyl chloride ; PVC)
⑥ ABS수지(acrylonitrilr-busadiene-styrene resin) 등

06 제품을 측정하기 위한 측정기의 종류를 열거하시오.

해설 : 제품의 정밀측정은 버니어 캘리퍼스, 마이크로미터는 제품에 touch하여 직접측정하는 방식과 하이트게이지, 다이얼게이지, 실린더게이지, 인디게이트 등 비교 측정하는 2차원 측정기와 3차원 측정기를 활용하여 3차원에서 측정하는 측정방법이 있다.
① 버니어 캘리퍼스
② 마이크로미터
③ 하이트게이지
④ 다이얼게이지
⑤ 테스트인디게이트
⑥ 실린더게이지
⑦ 3차원측정기

07 허용공차의 오차를 발생하는 요인 중에서 금형과 성형재료의 요인을 열거하시오.

해설 : 1. 금형에 의한 요인
① 금형의 형식 또는 기본적인 구조
② 금형의 가공 제작 오작
③ 금형의 마모, 변형, 열팽창
2. 성형 재료에 의한 요인
① 수지의 종류에 의한 표준 수축률의 대소
② 수지의 로트마다의 성형 수축률, 유동성, 결정화도의 흩어짐
③ 재생수지의 혼합, 착색제 등 첨가제의 영향
④ 수지중의 수분 또는 휘발, 분해가스의 영향

4-3 금형조립도 검토하기

1. 사출금형 부품의 조립관계 파악하기

1) 금형의 조립도 검토

금형의 구조는 조립, 분해가 용이하고 간단한 부품의 조합으로 작동이 원활한 구조이어야 하며, 균일한 온도 분포의 냉각 설정으로 사이클 타임을 줄일 수 있는 냉각시스템을 설계하고 취출 밸런스를 극대화 할 수 있고 제품도의 중요 치수부는 금형가공, 수정, 조정이 용이한 분할로 하는 조립도인지 검토할 수 있다.

① 조립, 분해가 용이한 조립도인지 검토한다.
② 간단한 부품의 조합으로 작동이 원활한 구조의 조립도인지 검토한다.
③ 제품도의 중요 치수부는 금형가공, 수정, 조정이 용이한 분할로 조립도를 설계 되었는지 검토한다.
④ 제품 조립성 검토하기

(1) **조립순서 검토** : 여러 개의 부품이 조립 될 경우에는 부품별 조립순서와 조립방향 등을 파악하여 조립해야 오 조립을 방지하고, 단품의 훼손을 예방하며, 조립 후 제품의 기능을 발휘할 수 있다.

(2) **조립 가이드 파악** : 부품 조립시 조립을 용이하게 하기 위하여 상대물에 제품설계 자가 사전에 반영해둔 부품간의 가이드를 찾아 조립해야 만 쉽게 조립할 수 있다.

(3) **조립 간섭부 파악** : 조립 중에 단품의 설계 및 제작미스로 인한 간섭의 발생과 부품의 조립방향 등이 바뀌어 조립과정 또는 조립 완료 후에 간섭이 발생하는 것을 정확하게 파악해야 한다.

(4) **오 조립 방지 방법의 파악** : 단품 조립 순서를 정하여 조립순서가 잘못되었을 경우에는 조립이 되지 않도록 제품 설계단계에서 사전에 반영해 놓은 오 조립 방지 내용을 숙지하여야 한다.

(5) **조립 후 외관검토**
① 유격 및 간섭 검토
② 지지(고정)강도 검토
③ 조립 외관 미려도 검토

2) 사출금형의 기본구조와 각 부품의 조립관계 파악하기

(1) 받침판이 없는 2매 구성금형 – top cover 금형 설계도 검토하기

① top cover의 제품도

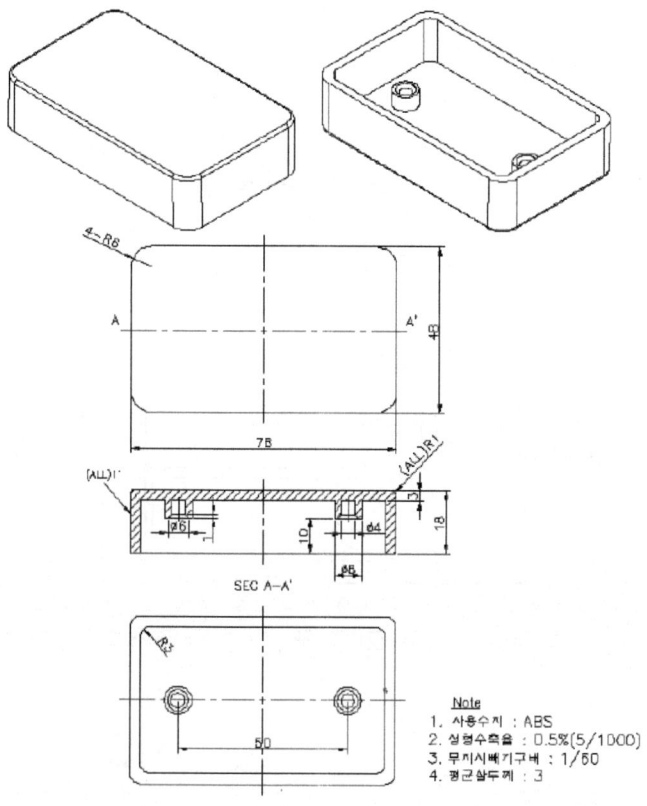

그림 4-21 Top cover의 제품도

② top cover 금형의 각 부품도 및 표제란

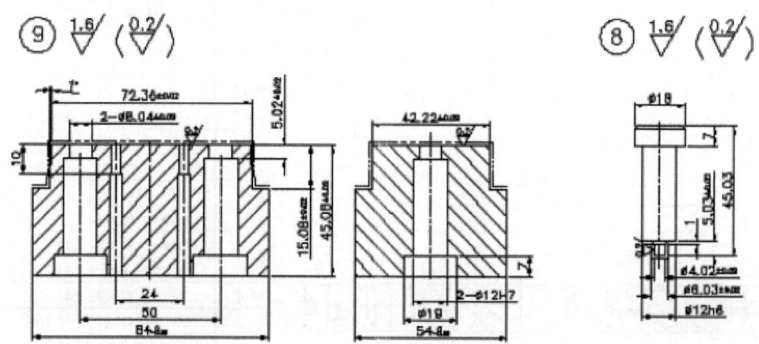

③ top cover 금형의 조립도

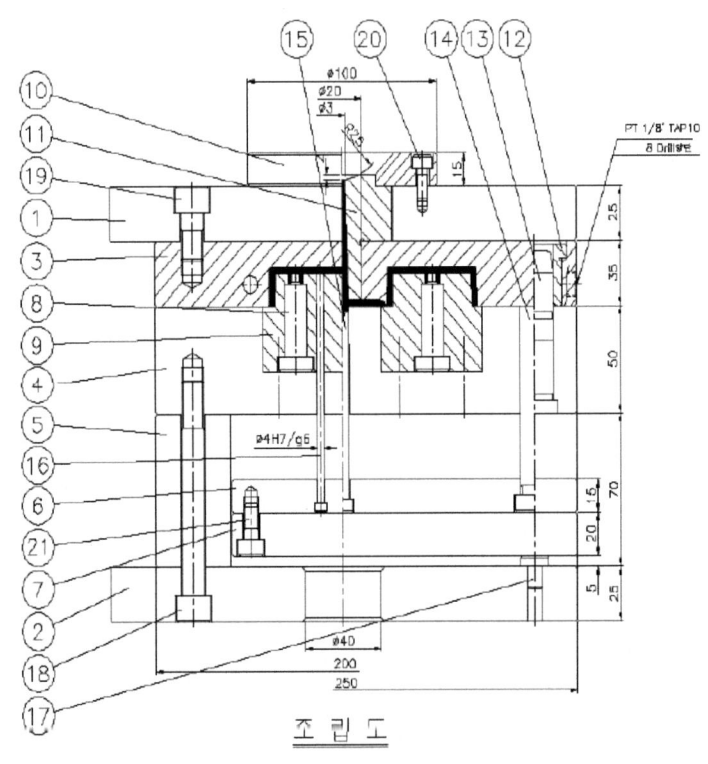

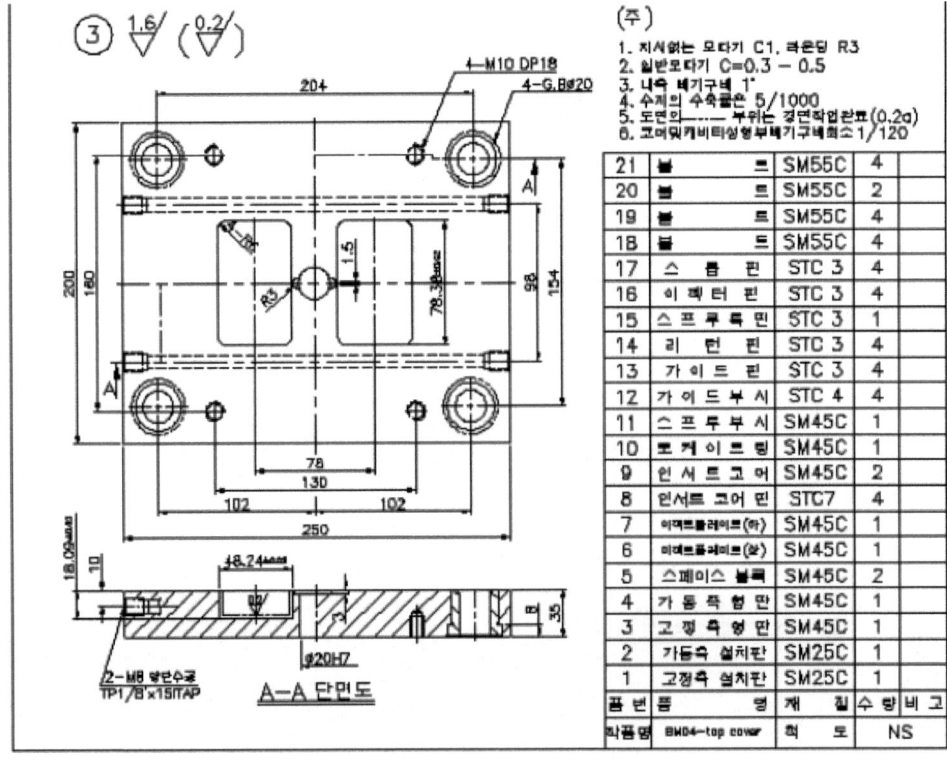

조립도

A-A 단면도

④ 코어와 캐비티의 구조 검토
　(가) 일체식 : 캐비티형판 및 코어형판에 직접 성형부 형상을 가공하는 방식
　(나) 분할식 : 캐비티 및 코어를 분할하여 조립한 후 사용하는 구조
　(다) 인서트(insert)식 : 캐비티나 코어의 형판에 포켓 또는 구멍을 만들고 여기에 캐비티나 코어 인서트를 끼워서 만드는 방식

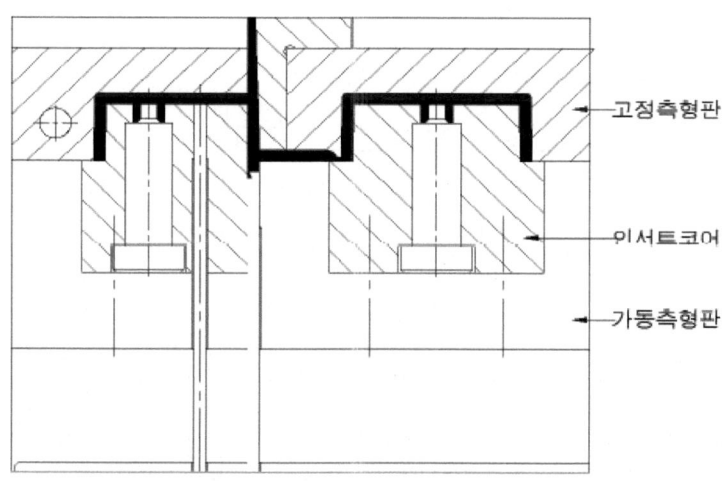

그림 4-22 일체식과 인서트식이 혼합된 금형도면

그림은 고정측 캐비티 부분은 일체식으로 가공하고 가동측 코어는 인서트식으로 설계된 도면이다.

⑤ 로케이트 링과 스프루 부시 조립 검토
　(가) 로케이트 링(Locate Ring)
　고정측 설치판에 설치하고 사출 성형기의 노즐과 스프루 부시의 중심을 맞추는데 사용하는 부품으로 재질은 SM45C를 사용하며 종류는 A형과 B형이 있다.
　(나) 스프루 부시(Sprue Bush)
　사출기의 노즐로부터 용융 플라스틱수지를 공급받아 수지가 러너로 압입되도록 연결시켜 주는 원뿔 형태의 구멍을 가지고 있는 부품으로 재질은 SCM4, SM45C를 사용하며 수지의 역류방지하기 위해 SR의 치수는 사출기 노즐 선단부 R값보다 1.0mm 크게 한다. 종류는 A형과 B형이 있다.

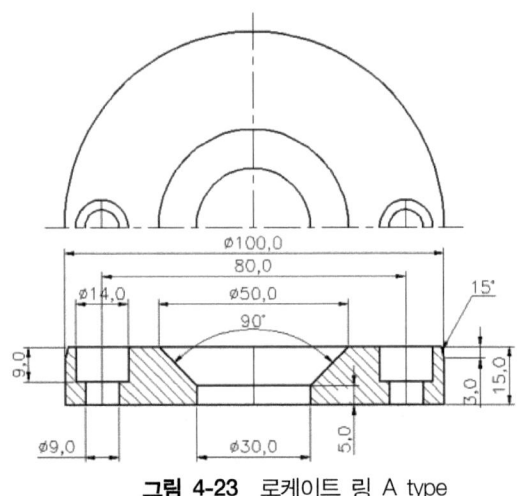

그림 4-23 로케이트 링 A type

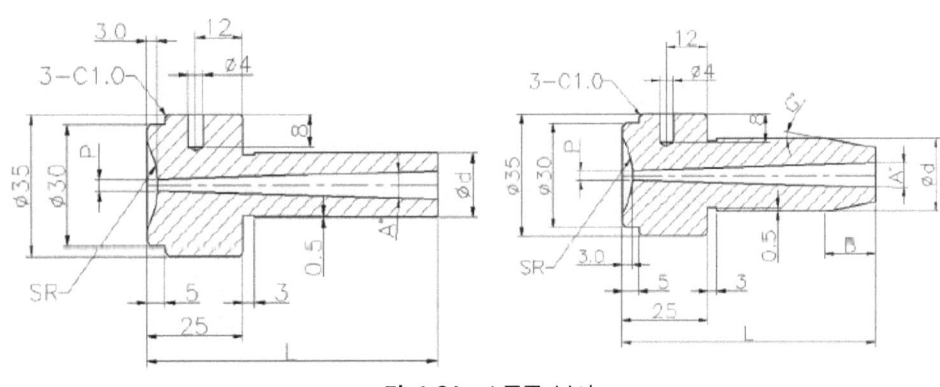

그림 4-24 스프루 부시

⑥ 이젝터 핀(Ejector Pin)과 스프루 록 핀(Sprue Lock Pin)의 조립 검토

(가) 이젝터 핀(Ejector Pin)

밀판에 고정되어 있으며 성형품을 취출하기 위한 부품으로 재질은 SKH51, STD61, STC3 등을 사용한다.

(나) 스프루 록 핀(Sprue Lock Pin)

밀판에 고정되어 있으며 금형 형개시 스프루 및 러너가 고정측에 붙지 않고 가동측으로 딸려가도록 설치하는 부품으로 재질은 SKH51, STD61, STC3 등을 사용한다.

(다) 이젝터 핀(Ejector Pin)과 스프루 로크 핀(Sprue Lock Pin)의 조립

이젝터 핀은 성형품의 상부에만 설치하면, 백화현상 등의 불량 원인이 되기 때문에 가장자리에 이젝터 핀을 설치하는 것이 좋으며, 이 때 성형품과 접촉면적을 크게 하는 것이 좋다.

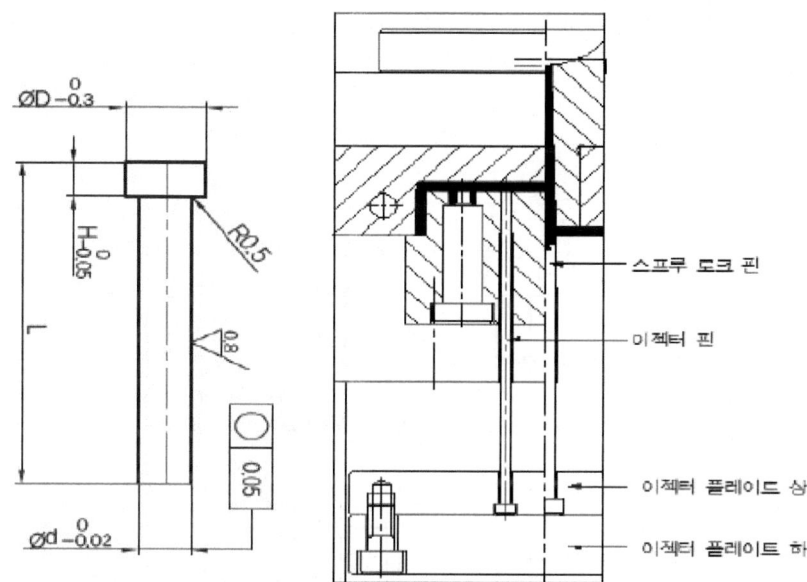

그림 4-25 이젝터 핀(Ejector Pin)과 스프루 로크 핀(Sprue Lock Pin)의 조립

(2) 받침판이 있는 2매 구성금형 – Case 금형 설계도 검토하기

① Case의 제품도

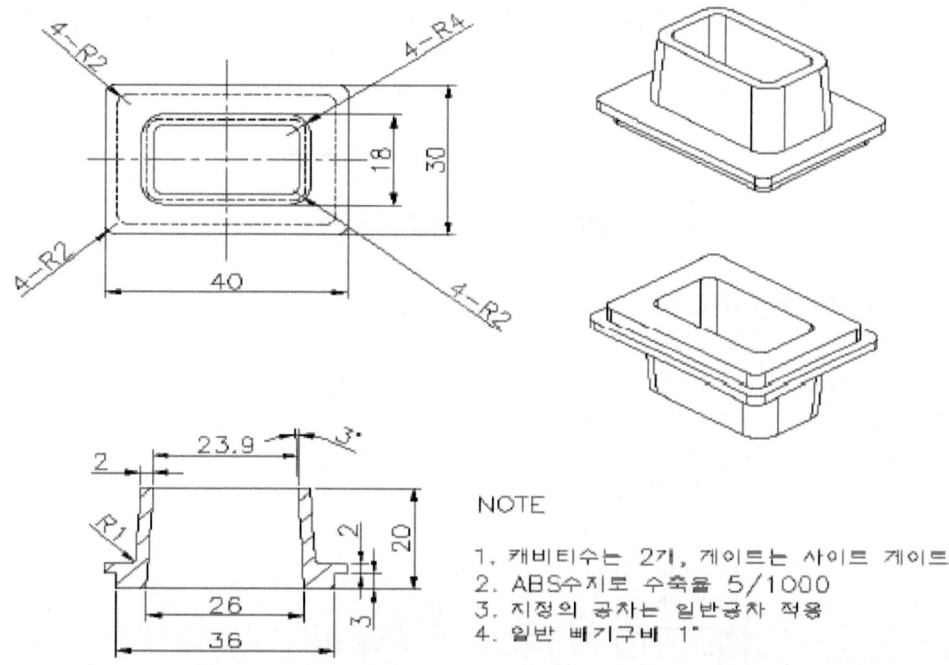

그림 4-26 Case의 제품도

② Case 금형의 조립도

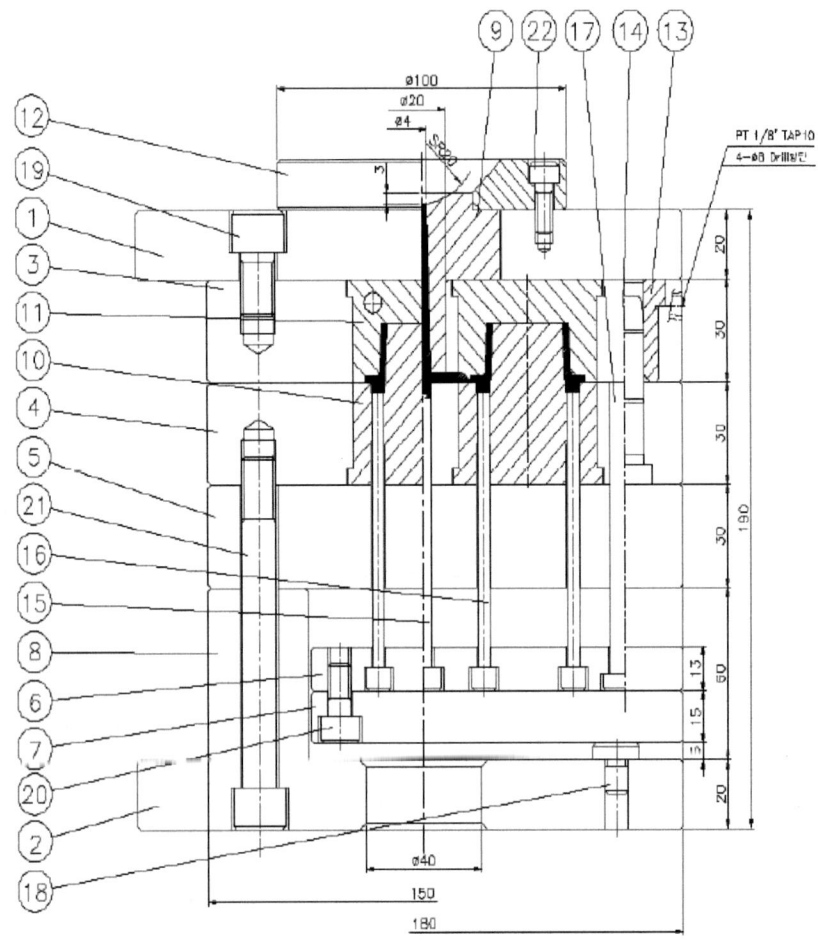

그림 4-27 Case 금형의 조립도

③ Case 금형의 부품도 및 표제란

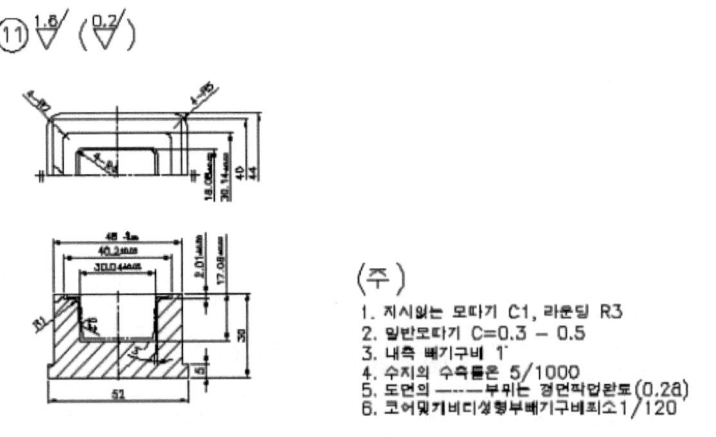

(주)
1. 지시없는 모따기 C1, 라운딩 R3
2. 일반모따기 C=0.3 ~ 0.5
3. 내측 빼기구배 1°
4. 수지의 수축률은 5/1000
5. 도면의 ──── 부위는 경면작업완료(0.2a)
6. 코어및키비디성형부빼기구배피소1/120

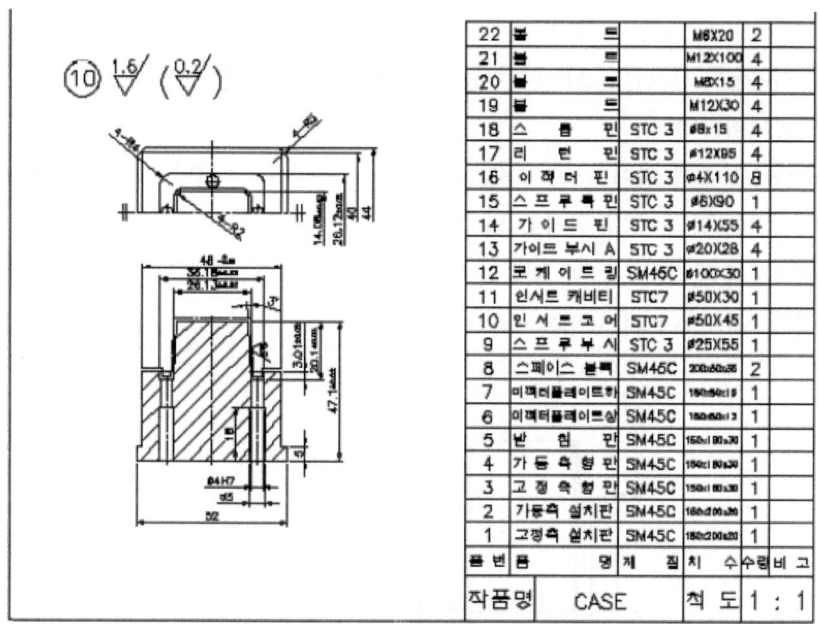

그림 4-28 Case 금형의 부품도 및 표제란

④ 가이드 핀과 가이드 핀 부시(Guide Pin & Bush) 및 리턴 핀(Return Pin)조립 검토

(가) 가이드 핀

가동측 형판에 고정되어 있으며, 고정측 형판과의 정확한 결합이 되도록 가이드해 준다. 고정측 형판의 가이드 핀 부시에 결합하는 부품으로 재질은 STC3-5, STC2-3, STB2 등이 사용되고 있다.

(나) 가이드 핀 부시(Guide Pin Bush)

고정측 형판에 고정되어 있으며, 이동측 형판과의 정확한 조립이 되도록 가이드 핀이 들어오는 홀을 제공 해주며 재질은 STC3-5, STS2-3, SCM64를 사용한다.

(다) 리턴 핀(Return Pin)

이젝터 핀이 제품을 밀어낸 다음 제자리로 돌아가도록 하는 핀으로 이젝터 플레이트에 부착되어 있다.

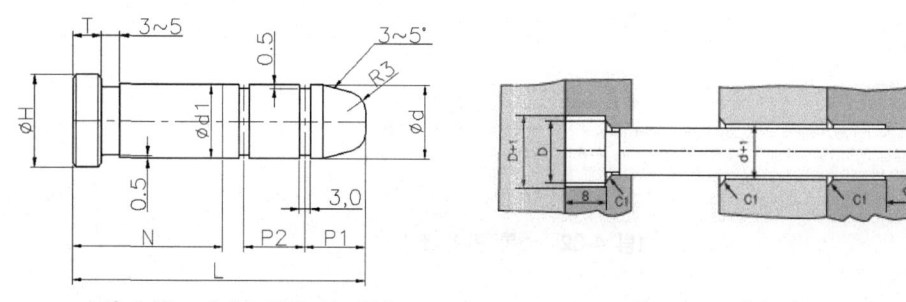

그림 4-29 가이드 핀(Guide Pin)   그림 4-30 리턴 핀(Return Pin)

금형이 닫힐 때 고정측 형판(캐비티 금형)에 닿아서 뒤로 움직인다. 재질은 STC3-5, STB2 등이 사용된다. [그림 4-30] 리턴 핀을 나타내며 D는 호칭치수이며 내경 치수공차는 H7 로 가공되어야 한다.

(라) 가이드 핀과 가이드 핀 부시(Guide Pin & Bush) 및 리턴 핀(Return Pin) 조립

금형 닫힘에 따라 후퇴 위치로 되돌아가야 하는 이젝터 핀이나 슬리브 이젝터의 보호를 위해 이젝터 플레이트의 네 귀퉁이에 설치된 리턴 핀은 금형의 닫힘과 동시에 리턴 시키는 방법으로서, 이 리턴 핀은 될 수 있는 대로 굵은 지름, 접촉 면적이 큰 형상이 좋다.

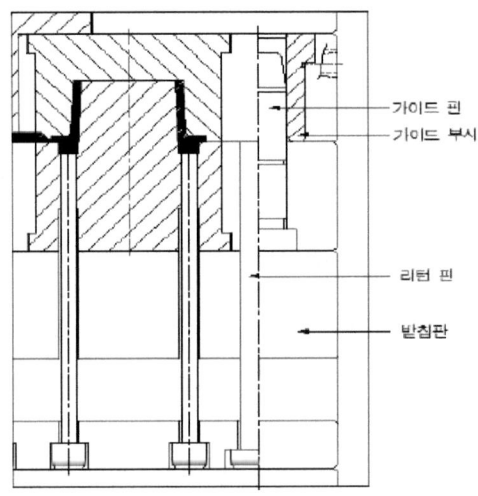

그림 4-31 가이드 핀과 부시(Guide Pin & Bush) 및 리턴 핀(Return Pin) 조립

⑤ 스톱 핀(Stop Pin)의 조립

이젝터 플레이트와 가동측 설치 판 사이에 장착하여 이물질이 끼어들지 않게 하기 위한 부품으로 재질은 SM45C, SM45C, STC3-5 등을 사용한다.

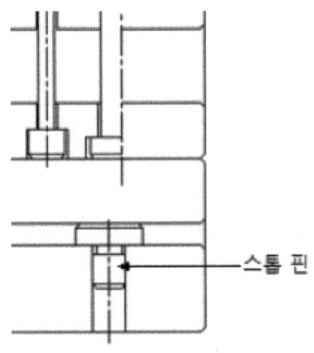

그림 4-32 스톱 핀의 조립

(3) 3매 구성금형 핀 포인트 게이트형 – Knob 금형 설계도 검토하기

① Knob의 제품도

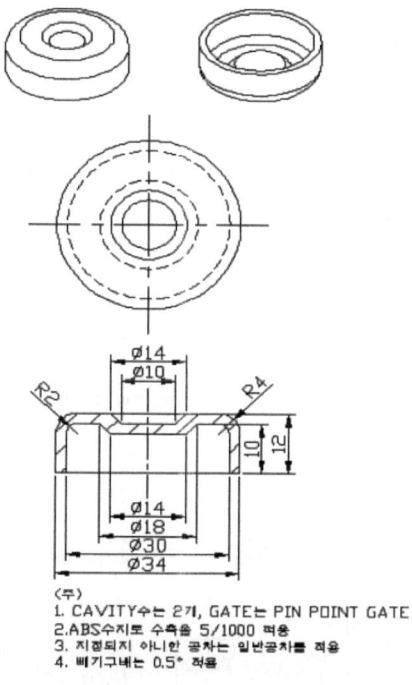

〈주〉
1. CAVITY수는 2기, GATE는 PIN POINT GATE
2. ABS수지로 수축율 5/1000 적용
3. 지정되지 아니한 공차는 일반공차를 적용
4. 빼기구배는 0.5° 적용

그림 4-33 Knob의 제품도

② Knob 금형의 부품도 및 표제란

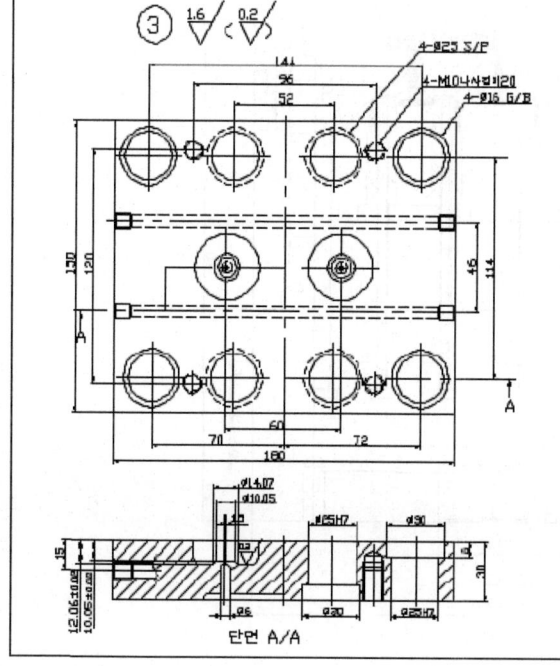

24	볼 트	SM55C	2	
23	볼 트	SM55C	4	
22	볼 트	SM55C	4	
21	서포트부시	규격품	4	HRC55
20	서포트핀	규격품	4	HRC55
19	받 침 판	SM55C	1	
18	스 톱 핀	STC 3	4	HRC55
17	이젝터 핀	STC 3	8	HRC55
16	런너 로크 핀	STC 3	2	HRC55
15	리 턴 핀	STC 3	4	HRC55
14	가 이 드 핀	STC 3	4	HRC55
13	가 이 드 부 시	STC 4	4	HRC55
12	스프루부시	SM45C	1	
11	로 케 이 트 링	SM45C	1	
10	런너스트리퍼판	SM45C	1	
9	코 어 핀	STC7	2	
8	인 서 트 코 어	SM45C	2	
7	이젝트플레이트(하)	SM45C	1	
6	이젝트플레이트(상)	SM45C	1	
5	스페이스 블록	SM45C	2	
4	가 동 측 형 판	SM45C	1	
3	고 정 측 형 판	SM45C	1	
2	가동측 설치판	SM45C	1	
1	고정측 설치판	SM25C	1	
품번	품 명	재 질	수량	비고
작품명	KNOB-C	척 도	1:1	

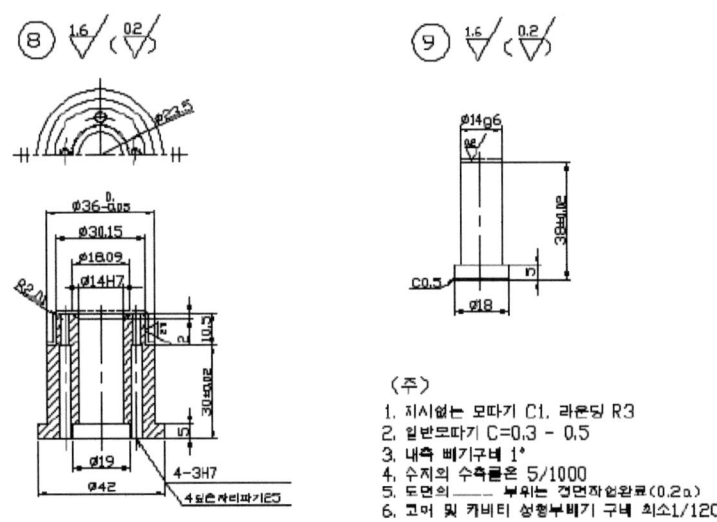

③ Knob금형의 조립도

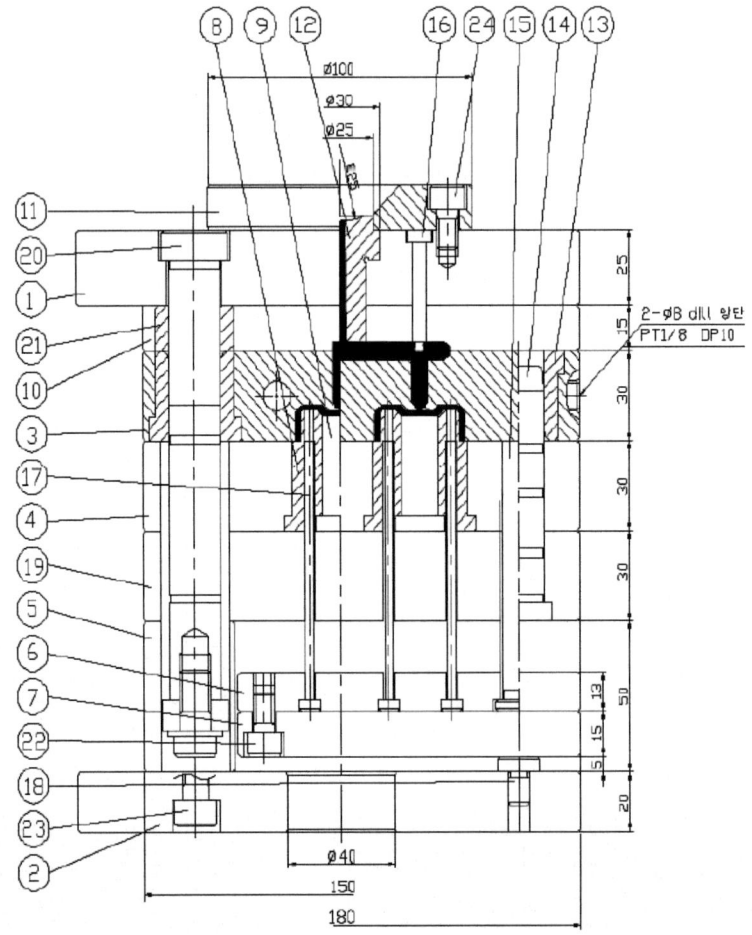

④ 코어와 캐비티의 구조 검토

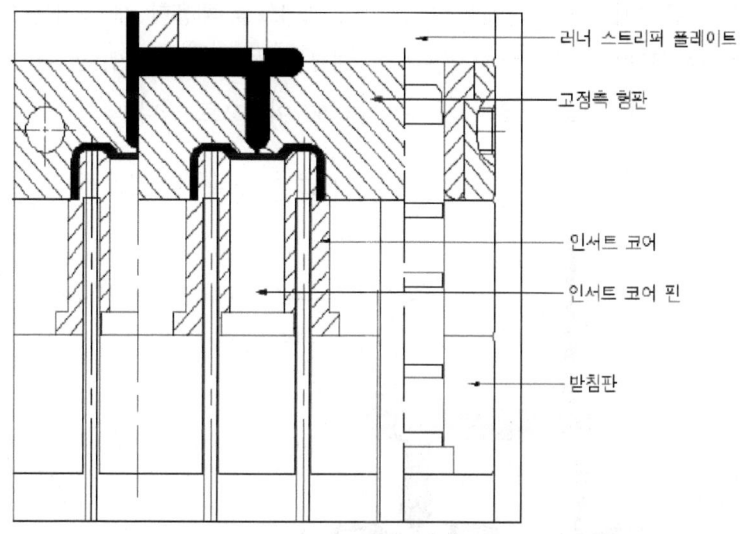

그림 4-34 3매 구성금형 핀 포인트 게이트형 코어와 캐비티 구조

그림은 핀 포인트 게이트형의 코어와 캐비티의 구조를 나타낸 것으로 코어 부분은 인서트식으로 설계가 되었으며 캐비티 부분은 형판에 직접 가공하는 일체식으로 설계가 되었다.

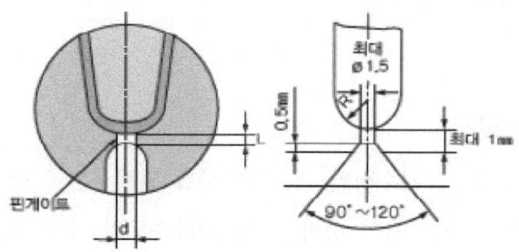

그림 4-35 핀 포인트 게이트

핀 포인트 게이트는 성형품의 중앙에 게이트를 설치할 경우에 사용되는 원형의 제한 게이트로서 다점 게이트로 이용되는 경우도 많다. 게이트의 단면적이 작으므로 유동 저항이 크고, 저점도 수지를 사용하거나 사출압력을 높게 해야 한다.

특징으로는 게이트의 위치가 비교적 제한받지 않고 자유롭게 결정되며 게이트 부근에서 잔류응력이 적다. 또 투영면적이 큰 성형품, 변형하기 쉬운 경우 다점 게이트로 함으로써 수축 및 변형을 적게 할 있으며 게이트부는 절단하기 쉬우므로 금형을 3매 구성금형으로 하면 형개력에 의해자동 절단이 가능해지고, 성형품과 러너를 별도로 꺼낼 수 있다.

⑤ 러너 로크 핀(runner lock pin)의 조립

러너 로크 핀은 3매 구성금형에서 핀 포인트 게이트를 채용할 때 러너를 인장하고, 성형품과 게이트를 분리하기 위하여 사용된다. 재료는 STC3~STC5, STS2, STS3 또는 SCM1로 하고, 선단부를 열처리할 경우의 경도는 HRC50 이상으로 한다.

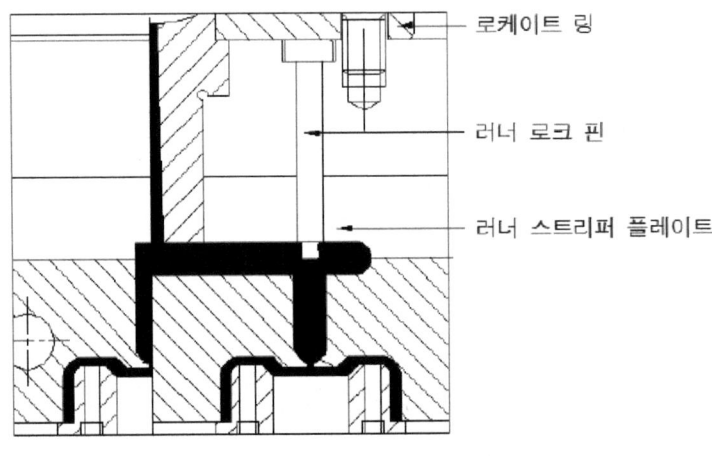

그림 4-36 러너 로크 핀의 조립

2. 금형의 온도조절 장치

1) 금형의 냉각장치

(1) 금형온도 조절의 목적

성형품의 외관, 물리적 성질, 치수정밀도를 확보하기 위해서는 금형의 온도조절이 반드시 필요하다. 금형의 온도의 높고 낮음에 따라, 또한 냉각속도의 불균일 등이 제품의 품질에 많은 영향을 가져오기 때문에 온도조절이 필요하다.

(2) 냉각시스템 설계의 고려사항

① 성형 수지별 냉각 특성을 감안하여 냉각 시스템을 설계한다.
② 냉각회로는 Sprue나 Gate 등 금형온도가 제일 높은 곳에 냉각수가 먼저 유입하도록 설계한다.
③ 고정측 형판과 가동측 형판의 냉각은 별도로 제어 되어져야 한다.
④ 굵고, 가늘고 깊은 형상의 온도 집중부는 직접 냉각으로 설계한다.
  직접 냉각이 불가능할 경우 이곳의 코어는 열 전도성이 좋은 재질을 사용한다.
⑤ 균일한 온도 분포의 냉각 설정 및 채널로 사이클 타임을 줄일 수 있는 조립도를 설계한다.

⑥ 간단한 냉각 부품의 조합으로 메인(MAIN) 냉각 IN, OUT 탈, 부착이 용이해야 한다.
⑦ 균일한 온도 밸런스 및 안정된 온도 관리를 위하여 열 차단 단열판 장치 등을 설계한다.
⑧ 냉각수 입구온도와 출구온도의 차는 적은 것이 바람직하며, 정밀 성형 금형의 경우 2℃ 이하로 하는 것이 바람직하다.
⑨ 일반적으로 큰 1개의 냉각수 구멍보다는 가늘고 많은 수의 냉각수 구멍 쪽이 더 효과적이다.

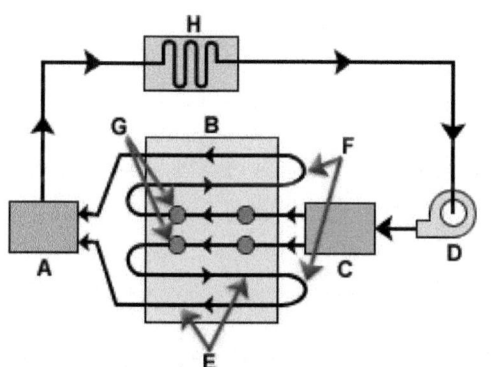

A	냉각수 배수 매니폴드(collection manifold)
B	금형(mold)
C	냉각수 공급 매니폴드(supply manifold)
D	펌푸(pump)
E	냉각채널(coolling channels in mold)
F	호스(hose)
G	배플(baffle)
H	온도제어부(temperature controlling unit)

그림 4-37 사출금형의 냉각 시스템

(3) 냉각수 채널 설계

① 소형제품의 금형에서는 고정측 형판과 가동측 형판에 냉각을 설치하여 균일하게 냉각을 할 수 있다.
② 조립도에서 원판에 냉각을 설치하여 스프루의 수지를 냉각시켜 주거나 원판을 빨리 냉각시켜 성형 사이클을 줄일 수 있다. 원판의 냉각은 캐비티의 바닥에서 5mm 이상, 원판 바닥(A)에서 5mm 이상 유지하는 것이 좋다.
③ 냉각수의 온도변화
  금형의 온도를 균일하게 유지하기 위해 냉각수 입구와 출구와의 온도차는 적도록 하는 것이 좋다. 일반적으로 5℃ 이하로 하는 것이 바람직하며 이를 효과적으로 관리하기 위해 냉각회로의 길이는 150cm 이내로 하고 냉각수 지름은 가급적 ∅10mm 이상으로 한다.

2) 냉각방법

(1) 직류식 냉각회로
고정측 형판에 냉각 구멍을 직선으로 가공하는 회로로 가공이 용이하여 많이 사용된다. 각진 성형품에 적합하고 스프루에 가까운 곳에서부터 냉각수를 보낸다.

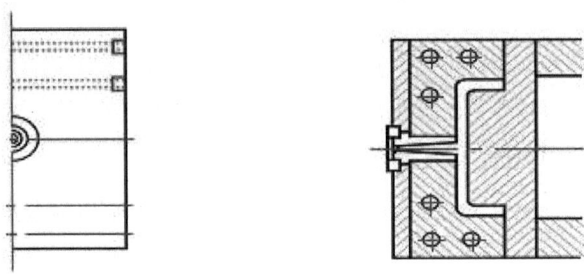

그림 4-38 직류식 냉각회로

(2) 직류 순환식 냉각회로

주로 원통형 성형품의 바깥 둘레를 직선 냉각 회로하며 성형품의 형상에 따라 고정측 형판과 코어에 냉각 구멍을 설계한다. 가공이 용이하고 냉각효과가 좋다.

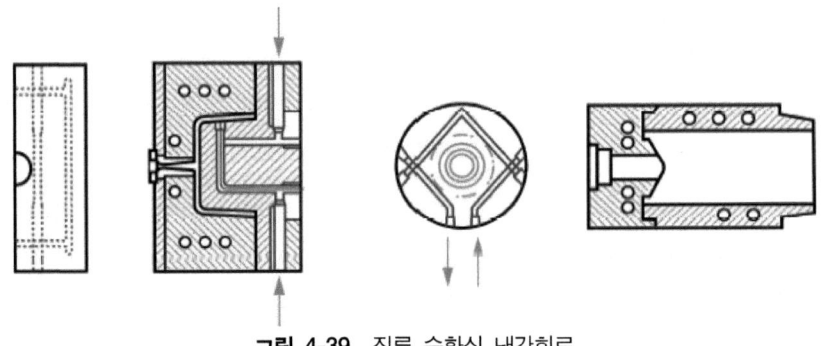

그림 4-39 직류 순환식 냉각회로

(3) 나선식 냉각회로

나선식 냉각 방법으로 평면형 성형품의 상하 형판에 나선형의 냉각 회로를 설계하였으며, 구리 파이프 위에 저온 용융합금으로 충전시켜 냉각효과를 높인다.

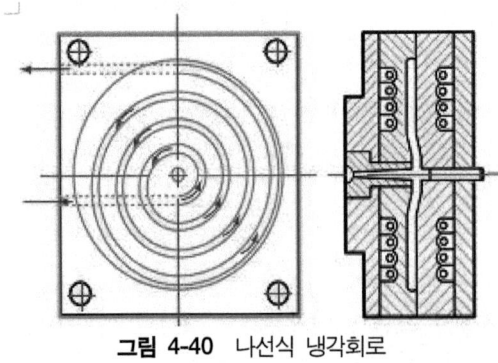

그림 4-40 나선식 냉각회로

그림은 형판에 가공된 냉각수로 도면을 나타내고 있다.

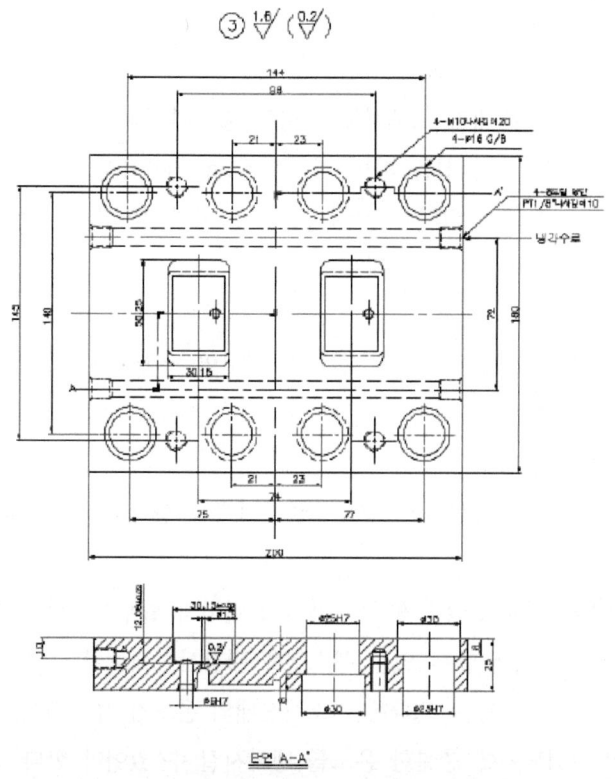

그림 4-41 형판에 가공된 냉각수로 도면

3) 냉각에 따른 금형의 온도 분포

사출금형에서 냉각 과정 동안 금형 내의 압력은 감소하고 수지는 고화되므로 주로 성형 주기를 조절하는 역할을 하게 되는데, 성형품의 두께는 냉각 과정과 깊은 관련이 있다. 즉, 냉각 과정이 너무 짧으면 수지의 고화가 완전히 이루어지지 않거나 이젝팅할 때 변형을 일으키게 되고 반대의 경우 생산성이 떨어지게 된다. 따라서 제품 및 금형 설계 단계 이전에 해석을 수행하고 설계에 들어간다면 성형품에서 주로 발생하는 변형, 휨 등을 유발하는 잔류응력 그리고 hot spot 등을 줄일 수 있을 뿐 아니라 성형 싸이클을 최소화할 수 있을 것이다.

3. 조립 관련 도면의 검토 및 특이사항 정의

1) 도면 검토

(1) 금형의 기본 구조 검토

① 코어(core) 및 형판의 구조 검토

가동측 코어(core) 부분과 고정측 캐비티(cavity) 부분이 사양서에 맞게 설계되었는지 확인한다.
② 파팅라인(parting line)의 검토

금형에서 성형품을 빼내기 위해서는 금형을 열어야 하는데, 이 부분에 플래시(flash) 또는 분할선이 생긴다. 이 선을 파팅 라인(parting line)이라 하는데 이 파팅 라인의 위치 및 가공 다듬질 정도는 알맞게 선정되었는지, 플래시의 발생 우려는 없는지, 성형품의 이젝팅하기 편한 구조로 되었는지 확인한다.

③ 유동기구의 검토

게이트의 위치와 스프루, 러너의 크기 및 길이의 적합여부 콜드 슬레그(cold slug)의 설치 여부를 확인한다.

④ 러너리스 시스템의 검토

러너리스 시스템을 사용한 경우 시스템의 선택이 성형품의 형상과 사용수지 등에 적합한지 확인한다.

특히 핫 러너(hot runner)는 러너를 가열 실린더의 일부분으로서 취급하는 방법으로 러너 형판에 러너를 가열할 수 있는 시스템을 내장시킴으로써 러너 내의 수지를 일정한 용융상태로 유지시키고 충전 노즐은 가소화상태의 온도가 유지되어야 하며, 캐비티 쪽에서는 성형품이 고화되기에 충분한 온도를 냉각시킬 수 있어야 한다. 그러므로 러너 블록과 금형 본체 사이는 단열판으로 단열해야 한다.

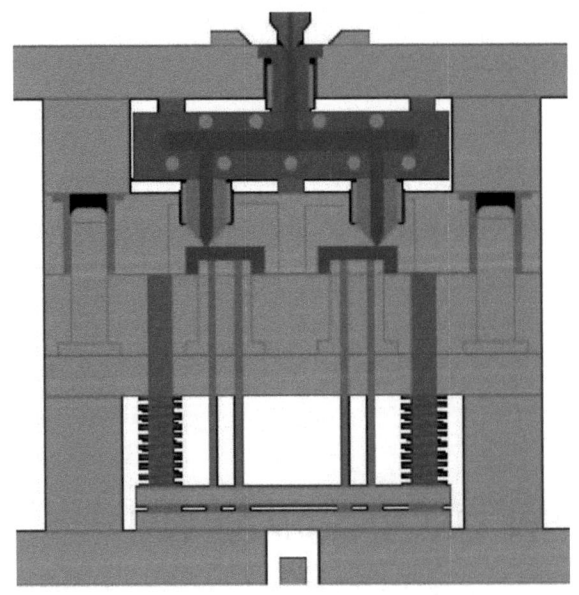

그림 4-42 핫 러너 방식의 금형

⑤ 이젝팅(ejecting) 방법은 사양서에 제시한 방법과 부합하는가? 핀, 슬리브 이젝팅 방법을 사용할 경우 사용 위치와 수는 적당한가? 스트리퍼 플레이트는 코어부분과 간섭은 없는

지 확인한다.
⑥ 금형의 온도제어 방법 검토
   (가) 냉각용 유로(流路)의 크기와 위치가 알맞게 설계되었는지 확인한다.
   (나) 가열용 히터의 사용 방법과 용량이 적당한지 확인한다.
   (다) 온유, 온냉수 냉각액 등의 순환구조에 의해서 순환되는가 검토한다.
⑦ 언더컷(under cut) 처리 부분 확인한다.
   언더컷 처리 방법(사이드 코어, 언더컷 핀, 래크 피니언, 에어 실린더, 기타)과 그들 기구는 무리없이 작동되고, 이젝터 기구와 리턴 핀과 간섭은 없는지를 검토한다.

(2) 부품도의 검토
① 금형제작 사양서에서 요구하는 부품 번호, 각 부품의 명칭, 제작 개수는 정확하게 기입되어 있는가를 검토한다.
② 몰드 베이스, 스프루 부시, 이젝터 핀, 리턴 핀, 가이드 핀, 가이드 핀 부시 등 부품에 표준 부품이 사용되어 금형제작 시간을 단축할 수 있는가를 검토한다.
③ 조립 부분에 끼워 맞춤 정도, 끼워 맞춤 기호가 적절히 기입되어 금형이 정상적으로 작동될 수 있는지 검토한다.
④ 부품 기능과 작동에 적합한 재료가 사용되고 있는지 확인한다.
⑤ 부품 요소에 따라 열처리, 표면처리, 표면 거칠기의 지시와 다듬질 기호가 기입되어 있는가를 확인한다.
⑥ 성형품에 있어서 특별히 중요한 개소에 가공방법이 표시되었으며 수정이 가능하도록 고려되어 있는지 확인한다.
⑦ 도금할 경우에 도금 자리가 잘 표시되어 있는지 확인한다.

(3) 조립도의 검토
① 금형의 조립도는 적정한 배치로 설계되어 있는지 검토한다.
② 각 부품의 배치와 부품의 조립 위치가 명기되어 있는지 확인한다.
③ 필요한 부품이 빠짐없이 기입되어 있는지 검토한다.
④ 표제란, 기타 필요한 주서란은 기입되어 있는지 검토한다.

2) 도면의 특이사항 정의
(1) 주서(note)의 기입
① 도면의 주서(note)
   투상도와 치수만으로 물체의 형상을 적합하게 표시할 수 없을 때 주서를 사용한다. 주서

에는 일반 주서와 개별 주서로 분류한다.

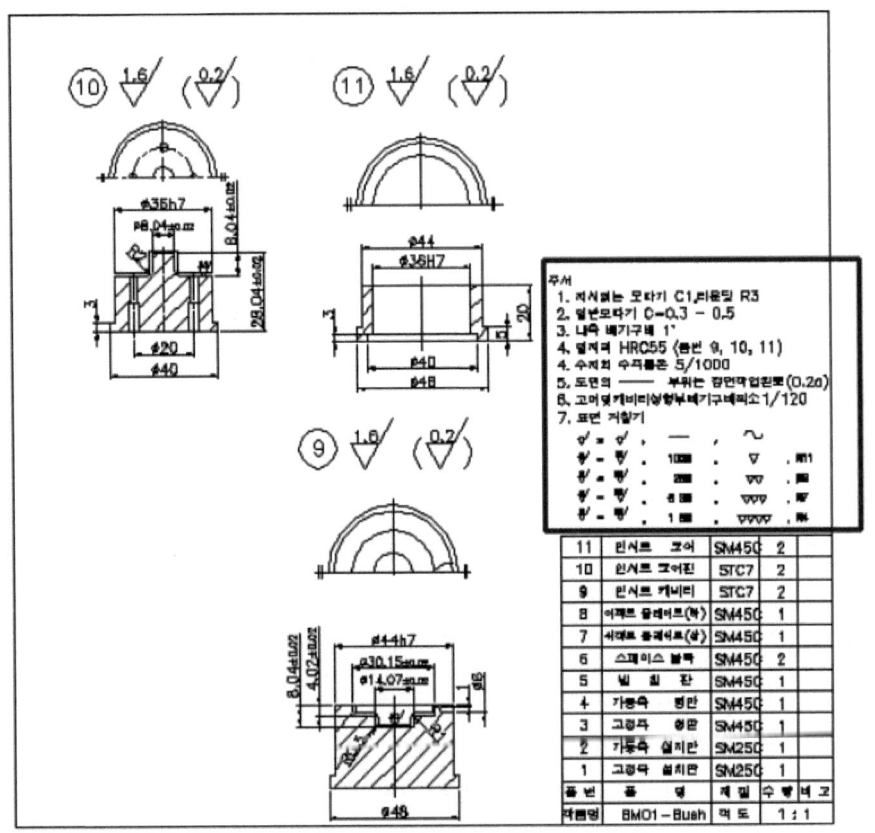

그림 4-43 도면의 주서(note) 표시

(가) 일반 주서사항

지시선을 붙일 필요가 없는 것으로 수평방향으로 기입하여 도면의 하단에서 읽을 수 있게 기입한다.

주서사항을 기입할 때 주의할 사항

㉠ 부품 전반에 걸쳐 해당되는 사항을 기입한다.
㉡ 표제란 위에 기입하되 부득이한 경우 표제란 가까운 곳에 기입한다.
㉢ 일반 주서사항은 항상 명령문으로 한다.

　[표기 예]
　• 지시 없는 모따기 C0.3으로 할 것
　• 열처리 HRC55 이상(품번 1, 2, 3번)할 것
　• 내측 빼기구배 0.5°로 할 것

(나) 개별 주서사항

지시선을 인출하여 지시하고자 하는 형상으로부터 가까운 위치에 기입하며, 주로 공작과

정과 방법 등을 설명한다.

[표기 예]
- 조립 후 드릴 작업할 것
- 4-12 드릴 관통
- 표면 크롬 도금 0.02mm

② 주서위치

수정 내용란에서 아래 방향으로 5cm 이상 떨어진 곳을 사용함을 원칙으로 하되, 필요시 도면 구성상 적절한 위치에 조절하여 표기할 수도 있다.

③ 주서에 기입할 내용
    (가) 재질 및 대체 재질
    (나) 열처리 및 용접
    (다) 보호피막처리
    (라) 공정관련 지시사항 및 요구조건
    (마) 환경적 요구조건
    (바) 성능 및 시험방법
    (사) 공차 및 특기사항
    (아) 제안된 공급원

(2) 열처리 관련 주서 검토

① 담금질(quenching)

강을 적당한 온도로 가열하여 오스테나이트 조직에 이르게 한 뒤, 마텐자이트 조직으로 변화시키기 위해 급랭시키는 열처리 방법이다. 담금질은 강의 경도와 강도를 증가시키기 위한 것이다.

② 뜨임(tempering)

담금질한 강은 경도가 증가된 반면 취성을 가지게 되고, 표면에 잔류응력이 남아 있으면 불안정하여 파괴되기 쉽다. 따라서 적당한 인성을 재료에 부여하기 위해 담금질 후에 반드시 뜨임 처리를 해야 한다. 즉 담금질 한 조직을 안정한 조직으로 변화시키고 잔류 응력을 감소시켜, 필요로 하는 성질과 상태를 얻기 한 것이 뜨임의 목적이다. 담금질한 강을 적당한 온도까지 가열하여 다시 냉각시킨다.

③ 풀림(annealing)

주조나 고온에서 오랜 시간 단련된 금속재료는 오스테나이트 결정 입자가 커지고 기계적 성질이 나빠진다. 재료를 일정 온도까지 일정 시간 가열을 유지한 후 서서히 냉각시키면, 변태로 인해 최초의 결정 입자가 붕괴되고 새롭게 미세한 결정입자가 조성되어 내부 응력이 제거될 뿐만 아니라 재료가 연화된다. 이러한 목적을 위한 열처리 방법을 풀림이라 부른다.

④ 불림(normalizing)

불림의 목적은 결정 조직을 미세화하고 냉간 가공이나 단조 등으로 인한 내부 응력을 제거하며 결정 조직이나 기계적 성질과 물리적 성질 등을 표준화시키는 데 있다. 강을 불림 처리하면 취성이 저하되고 주강의 경우 주조 상태에 비해 연성이나 인성 등 기계적 성질이 현저히 개선된다. 재료를 변태점 이상의 적당한 온도로 가열한 다음 일정 시간 유지시킨 후 공기중에서 냉각시킨다.

표 4-2 열처리 H(Heat Treatment)의 표시

가공방법	기 호	의 미
담금질	HQ	quenching
뜨임	HT	tempering
풀림	HA	annealing
불림	HNR	normalizing
시효	HG	ageing
침탄	HC	carburizing
질화	HNT	nitriding
침황	HSL	sulphurizing
서브제로 처리	HSZ	Subzero treatment

(3) 표면 거칠기 관련 주서 검토

표면 거칠기를 나타내는 방법에는 여러 가지가 있으나 KS B 0161에서는 산술 평균 거칠기(Ra), 최대 높이(Ry), 10점 평균 거칠기(Rz), 요철의 평균 간격(Rm), 국부 산봉우리의 평균 간격(S) 및 부하 길이율(tp)의 각각의 산술 평균값을 규정하고 있다.

표 4-3 표면 거칠기의 표시

다듬질 기호	표면 거칠기의 표준 값(μm)		
	Ra	Ry	Rz
▽▽▽▽	0.2a	0.8S	0.8Z
▽▽▽	1.6a	6.3S	6.3Z
▽▽	6.3a	25S	25Z
▽	25a	100S	100Z
~	특별한 규정 없음		

(4) 기타 주서(note) 표기

① 수축률 표시

성형 수축은 사출 성형 공정에서 열, 압력의 변화를 받아서 생기는 것으로 재료의 특성에 따라 성형 수축의 범위가 정해진다. 이것은 재료의 흐름 방향에 방향성이 있고, 성형품의 형상이나 성형 조건에 따라 재료 고유의 성형 수축률의 범위가 결정되었다. 성형 수축률은 여러 가지 요인이 복합되어 변하기 때문에 설계할 때 수축률을 정하여 금형을 제작하여도 성형 수축은 그대로 되지 않는다. 그러므로 실제 성형 수축률은 경험과 시행에 의하여 결정되고 있다.

② 특수처리 표시

금형 부품의 일부분에 특수가공 또는 특수처리를 필요로 하는 경우는 필요한 구간 화살표나 ( )를 하고 그 가공이나 처리방법을 기입한다.

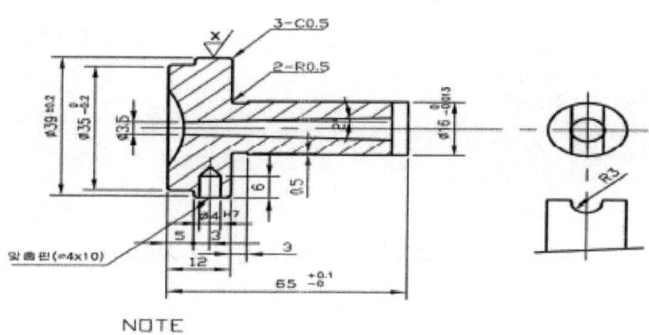

그림 4-44 금형 표면의 처리방법 표기

단원 핵심 학습 문제

01 다음 중 코어와 캐비티의 구조가 아닌 것은?
① 일체식 ② 분할식
③ 인서트(insert)식 ④ 조립식
해설 : ④ 코어와 캐비티의 구조의 종류 - 일체식, 분할식, 인서트(insert)식

02 사출금형의 설계에서 코어(core)와 캐비티(cavity)의 기본 구조에 대하여 쓰시오.
해설 : ① 일체식 - 캐비티 형판 및 코어형판에 직접 성형부 형상을 가공하는 방식
② 분할식 - 캐비티 및 코어를 분할하여 조립한 후 사용하는 구조
③ 인서트(insert)식 - 캐비티나 코어의 형판에 포켓 또는 구멍을 만들고 여기에 캐비티나 코어 인서트를 끼워서 만드는 방식.

03 축의 치수가 $\emptyset 20^{+0.015}_{-0.035}$일 때 다음을 구하시오.
① 최대허용치수 ② 최소허용치수 ③ 치수공차 ④ 아래치수 허용차
해설 : ① 최대허용치수 : $\emptyset 20.015$
② 최소허용치수 : $\emptyset 19.965$
③ 치수공차 : 0.05
④ 아래치수허용차 : -0.035

04 사출금형의 기본구조설계에서 고려하여야할 주요 사항을 기술하시오.
해설 : ① 성형품의 외관을 고려한 파팅 라인의 결정
② 캐비티, 코어의 방식 결정
③ 러너 및 게이트 방식 결정
④ 언더컷 처리방식의 결정
⑤ 성형품 이젝팅 방식 결정
⑥ 온도 조절방식의 결정
⑦ 형판의 크기와 구조의 결정
⑧ 금형재료의 결정
⑨ 금형치수의 결정

05 고정측 설치판에 설치하고 사출 성형기의 노즐과 스프루 부시의 중심을 맞추는데 사용하는 부품으로 재질은 SM45C를 사용하며 종류는 A형과 B형이 부품은?
해설 : 로케이트 링(Locate Ring)

06 사출기의 노즐로부터 용융 플라스틱수지를 공급받아 수지가 러너로 압입되도록 연결시켜 주는 원뿔 형태의 구멍을 가지고 있는 부품은?
해설 : 스프루 부시(Sprue Bush)

4-4 조립공차 검토하기

1. 제품도의 조립공차

1) 조립공차의 정밀도 검토

(1) 조립공차의 정밀도 검토

① 기준치수와 최대, 최소 허용치수

금형부품의 제작에 있어서 부품의 기계적 기능에 지장이 없는 범위 내에서 허용할 수 있는 오차를 정하고 있다. 이 오차의 범위를 치수 공차, 혹은 공차라고 한다.

예를 들면 제작도에서 20±0.03이라고 치수 지정이 있는 경우에는 0.03−(−0.03)=0.06이 치수공차로 된다. 그리고 당연히 이 부품의 허용되는 최대 치수는 20.03mm이고 이것을 최대 허용 치수라고 부른다. 똑같이 허용되는 최소 치수는 29.97mm이고 이것을 최소 허용 치수라고 부른다. 그리고 다듬질의 기준이 되는 30mm를 기준 치수라 하고 실제로 다듬질된 치수를 실 치수라고 부르고 있다. 더욱이 최대 허용 치수와 기준 치수와의 차, 즉 0.03mm를 치수 허용차, 위의 최소 허용 치수와 기준 치수와의 차 −0.03mm를 밑의 치수 허용차라고 한다.

② 허용공차 검토

(가) 허용공차의 표시방법

모든 부품의 치수는 공차와 함께 표시되고 그 중에 공차는 기준 치수에 대하여 대칭공차, 양측공차(Bilateral tolerance), 편측공차(Unilateral tolerance) 및 한계치수로 표시한다.

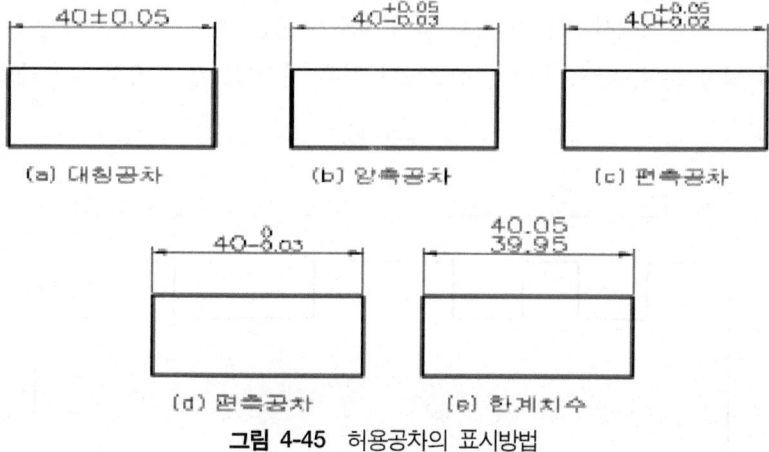

그림 4-45 허용공차의 표시방법

(나) 허용공차의 오차를 발생하는 요인

사출성형은 수지, 금형, 사출성형기 및 성형조건 등의 요인으로 성형품의 치수오차가 발생한다. 일반적으로 성형품의 치수오차의 발생 요인을 정리하면 표와 같다.

표 4-4 허용공차의 오차를 발생하는 요인

분류	요인
금형	1) 금형의 형식 또는 기본적인 구조 2) 금형의 가공 제작 오작 3) 금형의 마모, 변형, 열팽창
성형재료	1) 수지의 종류에 의한 표준 수축률의 대소 2) 수지의 로트마다의 성형 수축률, 유동성, 결정화도의 흩어짐 3) 재생수지의 혼합, 착색제 등 첨가제의 영향 4) 수지중의 수분 또는 휘발, 분해가스의 영향
성형공정	1) 성형조건의 변동에 의한 성형수축률의 흩어짐 2) 성형 조작의 흩어짐에 의한 영향 3) 이형, 밀어낼 때의 소성변형, 탄성 회복
성형후의 변화	1) 주위의 온, 습도에 의한 치수변화 2) 수지의 소성변형, 외부력에 의한 크리프, 탄성회복 3) 잔류변형, 잔류응력에 의한 변화

(2) 누적 공차

① 참고치수

그림 같은 경우 이 부품의 전체 길이는 250mm이지만 이 사이가 8개의 구간으로 구획되어 지고 있다. 각 구간에는 ±0.1mm 허용차가 있으므로 전체길이에는 ±0.8mm 허용차가 있는 것이 된다. 그런데 전체길이 300mm에 대한 허용차는 ±0.4 밖에 없다. 이와 같은 모순을 피하기 위해서 이들의 치수 속에 괄호가 붙은 치수, 즉 공차가 없는 참고 치수를 한군데 넣어 둔다. 참고 치수는 중요도가 적은 치수이므로 허용차가 제한되지 않는다.

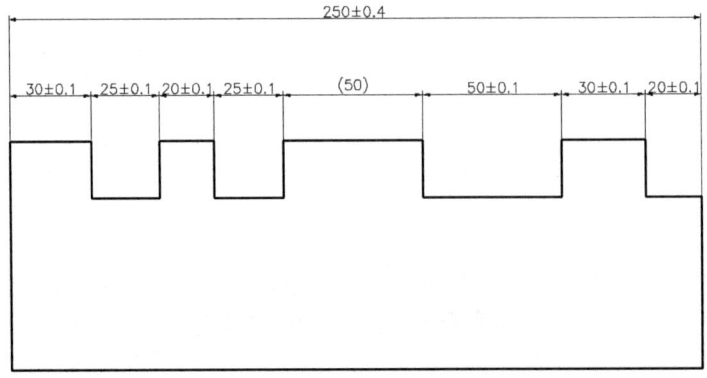

그림 4-46 누적공차

② 누적 공차

최대 한계 치수공차가 결합될 때 그 상태를 한계 누적(limit stack)이라 한다. 즉, 개개의 치수는 합격이나 전체 치수 관계에서는 불합격을 만드는 경우, 치수가, 감시 공차가 누적되어 치수 모순이 생기는 현상을 말한다.

- 한계 누적(limit stack) : 극한의 공차 결합 시 발생하는 잘못된 공차이다.
- 공차 누적(tolerance stack) : 한계누적 이외의 잘못된 공차를 말하며 기준선 치수 방식을 말한다.

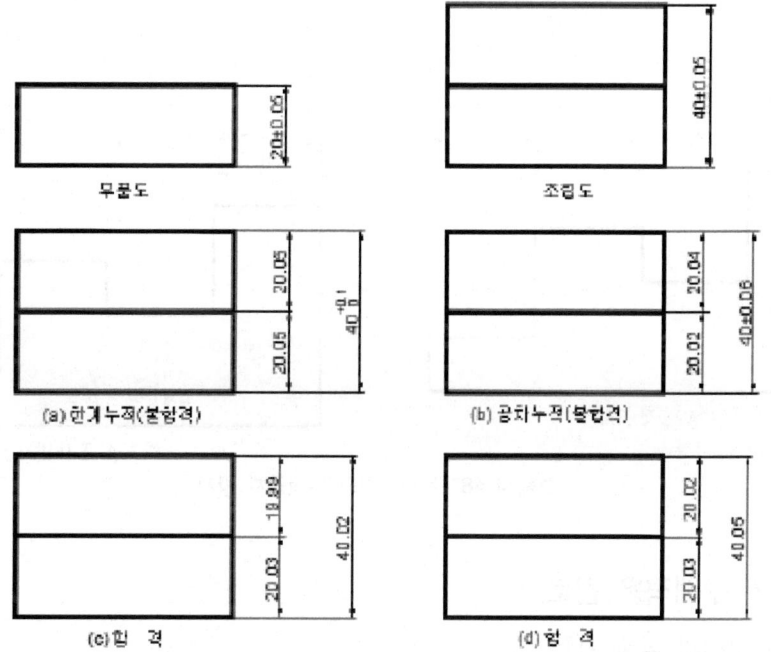

그림 4-47 누적공차의 예

그림과 같이 공작물이 20±0.05로 가공하여 조립하였을 때 치수가 40±0.05로 되어야 한다면 (a)는 한계누적을 나타내며 그 치수는 40.10이다. 이것은 허용된 치수 40±0.05를 초과했기 때문에 합격될 수 없다. (b)도 허용된 것보다 커진 상태를 보여주는 것으로 극한적인 치수로 조합된 것은 아니지만 공차누적이다. 그림(c), (d)는 허용된 범위내의 조립된 치수이다.

(가) 누적 공차 발생원인

제품을 설계할 때 각각의 부품 안에서 부분의 공차 간 배분, 공정 계획의 문제 등이다.

(나) 누적 공차 발생대책

공차를 축소해야 한다. 그러나 비용은 불량률 증대 및 공정추가로 증가하며 공정전개의 합리화 등을 연구해야 한다.

(다) 누적 공차의 종류

㉠ 설계상 누적 공차

그림의 (A)는 부품의 누적공차를 설명하고 있다. 조건 A의 치수는 ±0.10 이내이며 실제치수는 10±0.20(±0.10초과)이다. 만족을 위해 각 부위는 ±0.025 이내로 공차를 축소하여야 한다.

그림의 (B)는 누적 공차 방지이며 실제 B치수는 20±0.10이다. 따라서 누적공차를 줄이기 위하여 기준 치수 방식의 치수 기입법을 선택하는 것이 공차 누적으로 인한 불합리한 요소를 사전에 방지할 수 있다.

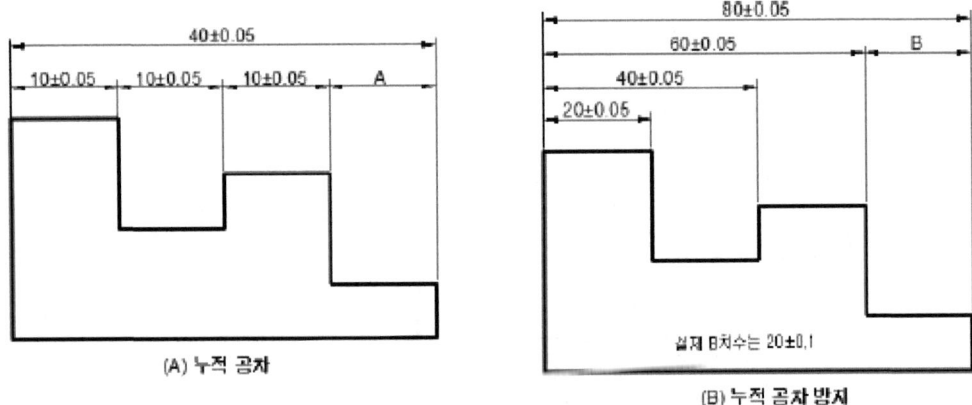

그림 4-48 누적공차와 누적공차 방지

2) 성형품의 구배적용 검토

(1) 빼기 구배의 설계 기준

① 성형품을 금형으로부터 쉽게 빼내기 위하여 성형품 수직벽의 구배는 일반적인 경우에 1°~2°(1/30~1/60)의 구배를 준다.

② 빼기 구배를 취할 수 없는 경우는 슬라이드 방식 또는 고정 코어 방식의 금형 구조로 한다.

③ 성형품에 무늬가 있는 경우에는 0.25(mm)에 대해 1°의 구배를 준다.

④ 유리섬유, 탄산칼슘, 탤크 등을 충전한 성형재료는 성형 수축률이 작기 때문에 성형시 이형이 어려우므로 가능한 한 구배를 크게 한다.

⑤ 싱크 마크를 방지하기 위하여 리브 밑바닥은 벽 살두께의 1/2로 하고 앞 끝 두께는 금형 제작상 최저 1(mm) 이상으로 하는 것이 좋다.

(2) 빼기 구배의 설정 기준

① 상자 또는 덮개의 빼기 구배 설정

(가) H가 50(mm)까지의 것은 $\dfrac{s}{H} = \dfrac{1}{30} \sim \dfrac{1}{35}$로 한다.

(나) H가 100(mm) 이상의 것은 $\dfrac{s}{H} = \dfrac{1}{30}$ 이하로 한다.

(다) 얇은 가죽 무늬가 있는 것은 $\dfrac{s}{H} = \dfrac{1}{5} \sim \dfrac{1}{10}$로 한다.

(라) 컵과 같은 제품은 고정측 형판(외면측 성형부)보다 가동측 형판(내측 성형부)에 빼기 구배를 약간 많이 주는 것이 좋다.

② 창살형의 빼기 구배 설정

(가) 창살형의 형상치수 및 창살부 전면적의 치수에 따라 빼기 구배를 약간 달리 선정하는 것이 좋다.

(나) 일반적인 구배는 $\dfrac{0.5(A-B)}{H} = \dfrac{1}{12} \sim \dfrac{1}{14}$로 한다.

(다) 창살의 피치가 4(mm) 이하일 때는 구배를 $\dfrac{1}{10}$ 정도로 한다.

(라) 그림과 같이 창살부의 C의 치수가 클수록 구배를 많이 주는 것이 좋다.

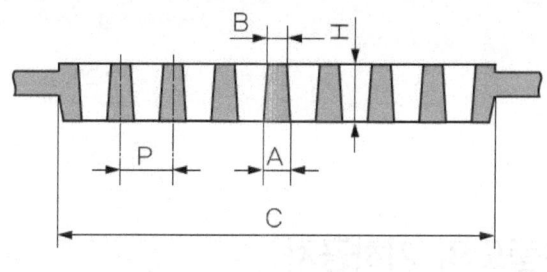

그림 4-49 창살 형태 성형품의 구배

실기 내용

1. 코어와 코어 고정판의 조립공차를 확인한다.

1) 코어의 조립부분 공차는 $25\,^{\ 0}_{-0.022}$이다.
2) 캐비티 부분의 조립 공차는 $25\,^{+0.022}_{\ 0}$이다.

2. 최소허용치수와 최대허용치수를 기술한다.

1) 코어의 최소허용치수는 24.978mm이고 형판의 조립부분 최소허용치수는 25mm이다.
2) 코어의 최대허용치수는 25mm이고 형판의 조립부분 최대허용치수는 25.022mm이다.

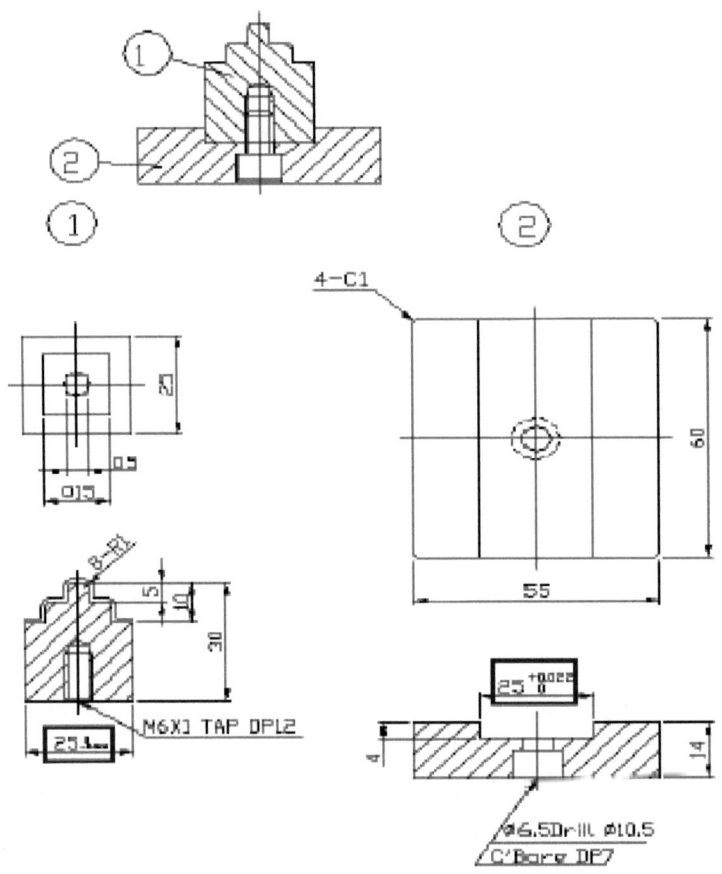

2. 제품도 및 부품도의 기하공차

1) 기하공차

(1) 기하공차의 용어 정리

① 형체 : 기하공차를 적용할 대상이 되는 도면 요소인 점, 선, 축선, 면 또는 중심면을 말한다.

② 공차 범위 : 형체가 기하학적으로 정확한 형에서 어긋나도 되는 영역을 기하공차 범위라고 하고 그 값을 기하공차라 한다.

③ 데이텀(datum) : 그림과 같이 관련 형체에 기하학적 공차를 지시할 때, 그 공차 영역을 규제하기 위하여 설정한 이론적으로 정확한 기하학적 기준이다. 보기를 들면 이 기준이 점, 직선, 축 직선, 평면 및 중심 평면인 경우에는 각각 데이텀 점, 데이텀 직선, 데이텀 축 직선, 데이텀 평면 및 데이텀 중심 평면이라고 부른다.

④ 데이텀 형체 : 그림과 같이 데이텀을 설정하기 위하여 사용하는 대상물의 실제의 형체(부

품의 표면, 구멍 등)이다. 데이텀 형체에는 가공 오차 등이 있으므로, 필요에 따라서 데이텀 형체에 적합한 형상 공차를 지시한다.

⑤ 실용 데이텀 형체 : 그림과 같이 데이텀 형체에 접하여 데이텀을 설정할 경우에 사용하는, 충분히 정밀한 모양을 갖는 실제의 표면(정반, 베어링, 맨드릴 등)이다. 실용 데이텀 형체는 가공, 측정 및 검사를 할 경우에 지시한 데이텀을 실제로 구체화한 것
⑥ 공통 데이텀 : 두 가지의 데이텀 형체에 따라서 설정되는 단일의 데이텀
⑦ 데이텀 시스템 : 공차를 갖는 형체를 기준으로 하기 위해, 개별로 두 가지 이상의 데이텀을 조합시켜서 사용할 경우의 데이텀 그룹
⑧ 데이텀 표적 : 데이텀을 설정하기 위해서 가공, 측정 및 검사용의 장치, 기구 등에 접촉시키는 대상물 위의 점, 선 또는 한정된 영역
⑨ 단독형체 : 기하학적 기준이 되는 데이텀 없이 단독으로 기하편차의 허용값이 정하여지는 형체로서 진직도, 평면도, 진원도, 원통도 등의 편차 값을 적용할 수 있다.
⑩ 관련형체 : 기준이 되는 데이텀을 바탕으로 허용값이 정하여지는 형체로 평행도, 직각도, 경사도 등의 편차 값을 적용할 수 있다. 직각도는 두 개의 선, 또는 두 개의 면 사이의 직각도를 나타내므로 어느 하나를 데이텀 형체로 정해야 한다.

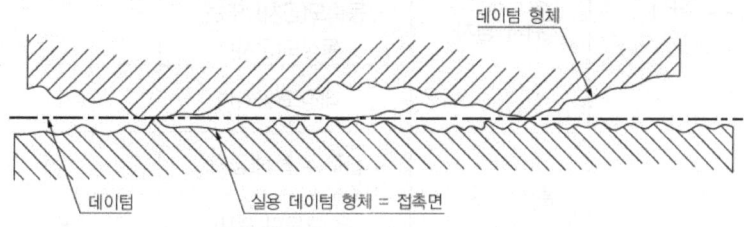

그림 4-50 데이텀 및 실용 데이텀 형체

표 4-5 기하공차에 부가하는 기호

표시하는 내용		기 호
공차붙이형체	직접 표시하는 경우	
	문자 기호로 표시하는 경우	
데 이 텀	직접 표시하는 경우	
	문자 기호로 표시하는 경우	
데이텀 표적 기입		
이론적으로 정확한 치수		50
돌출 공차역		Ⓟ
최대 실체 공차 방식		Ⓜ

(2) 기하 공차의 정의

표 4-6 기하공차의 종류 및 기호

적용하는 형체	기하공차의 종류		기 호
단독형체	모양 공차	진직도(공차)	─
		평면도(공차)	▱
		진원도(공차)	○
		원통도(공차)	⌭
단독 형체 또는 관련 형체		선의 윤곽도(공차)	⌒
		면의 윤곽도(공차)	⌓
관련 형체	자세 공차	평행도(공차)	∥
		직각도(공차)	⊥
		경사도(공차)	∠
	위치 공차	위치도(공차)	⊕
		동축도(공차) 또는 동심도(공차)	◎
		대칭도(공차)	⌯
	흔들림 공차	원주 흔들림(공차)	↗
		온 흔들림(공차)	↗↗

(3) 기하 공차의 도시 방법

① 공차 기입 틀에의 표시 사항

기하공차에 대한 지시사항은 공차 기입 틀을 두 구획 또는 그 이상으로 구분하여 그 안에 기입한다.

(가) 기하 공차의 종류 기호, 공차 값, 데이텀(기준) 기호를 기입하는 직사각형의 공차기입틀은 필요에 따라 그림과 같이 구분한다.

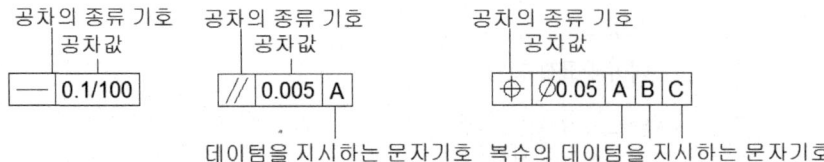

그림 4-51 공차 기입 틀의 보기

(나) “6구멍” 및 “6면” 등과 같은 공차붙이 형체에 연관시켜서 지시하는 주기는 그림과 같이 공차 기입 틀의 위쪽에 기입한다.

6구멍
0.1
18
10
13
13
34
6-φ4H7

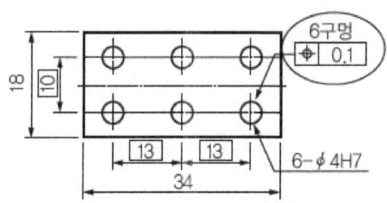

그림 4-52 지시개소의 수 기입

(다) 한 개의 형체에 두개 이상의 종류의 공차를 지시하고자 할 때에는 그림과 같이 이들 공차의 기입 틀을 상하로 겹쳐서 기입한다.

0.009 A-B
0.009 A-B
φ0.011 A-B
φ0.011
1.5
60°
φ8h6
φ8h6
60°
φ12f8
(6)
10
6
24
A
B

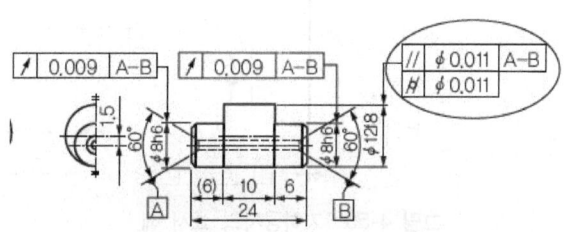

그림 4-53 2개 이상의 기입 틀

② 공차 값

(가) 공차역이 원 또는 원통일 때는 공차 값의 앞에 ∅를 기입한다. 또한 구(sphere)인 경우에는 기호 S∅를 붙여서 나타낸다.

(나) 공차 값을 지정된 길이 또는 지정된 넓이에 대하여 지시할 때에는 그림과 같이 공차 값 다음에 사선을 긋고, 지정 길이 또는 지정 넓이를 기입한다.

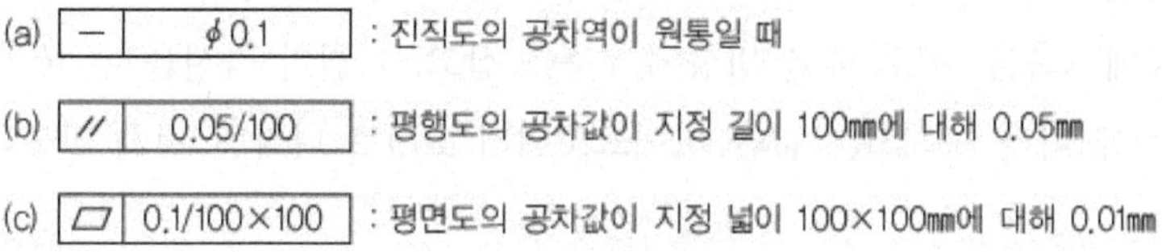

(a) — φ0.1 : 진직도의 공차역이 원통일 때
(b) // 0.05/100 : 평행도의 공차값이 지정 길이 100㎜에 대해 0.05㎜
(c) ▱ 0.1/100×100 : 평면도의 공차값이 지정 넓이 100×100㎜에 대해 0.01㎜

그림 4-54 공차 값의 도시법

2) 기하공차의 기입

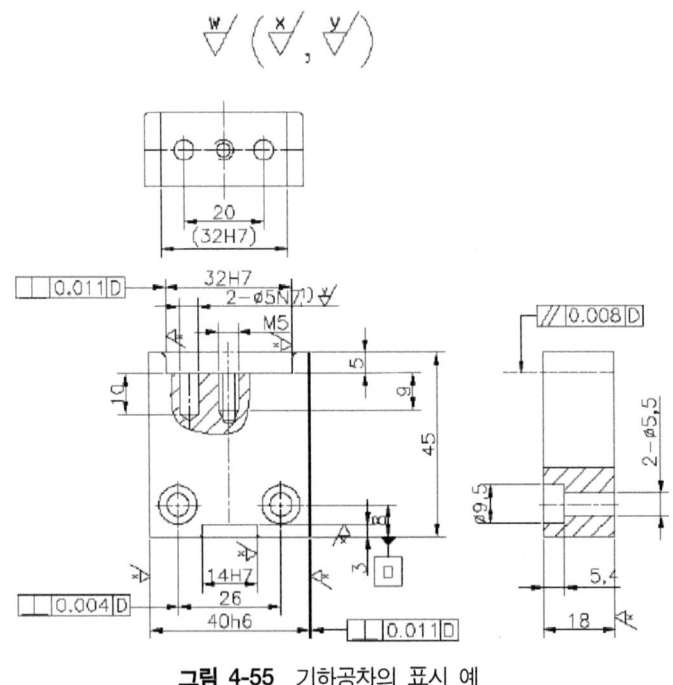

그림 4-55 기하공차의 표시 예

3. 제품도 및 부품도의 표면 거칠기 기호

1) 표면 거칠기

(1) 표면 거칠기의 표시 방법

① 산술 평균 거칠기(Ra)

거칠기 곡선으로부터 그 평균 선의 방향에 기준 길이만큼 뽑아내어, 그 표본 부분의 평균선 방향에 X축을, 세로 배율 방향에 Y축을 잡고, 거칠기 곡선을 $y=f(x)$로 나타내었을 때, 다음식에 따라 구해지는 값을 마이크로미터(μm)로 나타낸 것을 말한다.

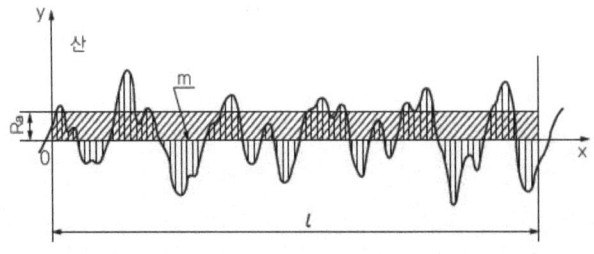

그림 4-56 산술 평균 거칠기(Ra) 값을 구하는 방법

② 최대 높이(Ry)

Ry는 거칠기 곡선에서 그 평균 선의 방향에 기준 길이만큼 뽑아내어 이 표본 부분의 산봉우리 선과 골바닥 선의 간격을 거칠기 곡선의 세로 배율의 방향으로 측정하여 이 값을 마이크로미터(μm)로 나타낸 것을 말한다.

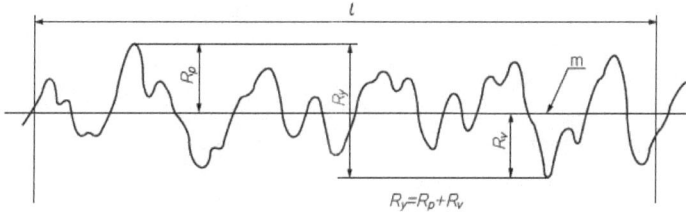

그림 4-57   최대높이(Ry) 값을 구하는 방법

③ 10점 평균거칠기(Rz)

Rz는 거칠기 곡선에서 그 평균 선의 방향에 기준 길이만큼 뽑아내어 이 표본 부분의 평균선에서 세로 배율의 방향으로 측정한 가장 높은 산봉우리부터 5번째 산봉우리까지의 표고(Yp)의 절대값의 평균값과 가장 낮은 골바닥에서 5번째까지의 골바닥의 표고(Yv)의 절대값의 평균값과의 합을 구하여, 이 값을 마이크로미터(μm)로 나타낸 것을 말한다.

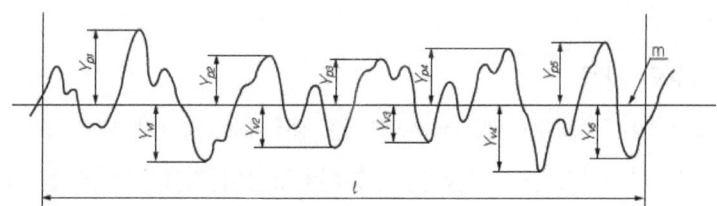

그림 4-58   10점 평균거칠기(Rz) 값을 구하는 방법

(2) 표면 거칠기의 지시 방법

① Ra를 지시하는 경우

그림과 같이 상한만을 지시하는 경우에는, 지시 기호의 위쪽이나 아래쪽에 그 값을 기입한다. 상한 및 하한을 지시하는 경우에는 지시기호의 위쪽이나 아래쪽에, 상한을 위에 하한을 아래에 나열하여 기입한다.

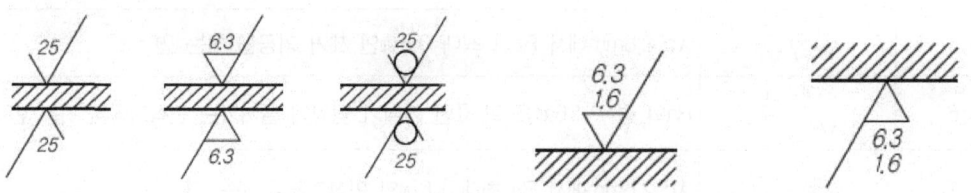

그림 4-59   Ra 상한과 상, 하한을 지시한 보기

② Ry를 지시하는 경우

표면 거칠기의 지시값은 각 파라미터의 표준수열 중에서 골라서 지시하는 것이 좋다. 그림과 표면 거칠기의 지시값은 면의 지시 기호가 긴 쪽의 다리에 가로선을 붙이고, 그 아래쪽에 상한만을 지시하는 경우에는 그 값을, 상한 및 하한을 지시하는 경우에는 "상한~하한"과 같이 파라미터의 기호에 이어서 기입한다.

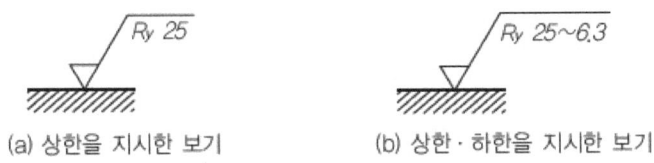

(a) 상한을 지시한 보기　　　(b) 상한·하한을 지시한 보기

그림 4-60 Ry를 지시한 보기

2) 다듬질 기호 및 기입 방법

(1) 다듬질기호

기계 부품의 도면은 가공방법과 다듬질 기호가 표시되어, 미세한 요철이나 광택, 가공모양 등의 정보를 가지고 있다. 가공도에는 다듬질기호 ▽, ▽▽, ▽▽▽, ▽▽▽▽ 등의 삼각 기호를 표시하거나 표면 거칠기 기호 S를 사용하여 나타낸다.

(2) 다듬질 기호의 사용

다듬질 기호를 면의 결을 지시하는데 사용하는 경우에는 필요에 따라 표면 거칠기의 표준수열, 컷 오프값 또는 기준길이, 가공방법, 줄무늬 방향의 기호 및 다듬질 여유의 값을 표기할 수 있다.

표 4-7 다듬질 기호의 사용 보기

번호	기 호	뜻
1	~	제거 가공을 하지 않는다.
2	100s / ~	L 8mm에서 Ry가 100㎛보다 작은 주조의 면
3	50Z ▽	L 8mm에서 Rz가 최대 50㎛인 제거 가공을 하는 면
4	▽▽▽	Ra의 경우 1.6a정도의 표면 거칠기 범위에 들어가는 제거가공을 하는 면
5	0.8a ▽▽▽	λc 0.8mm에서 Ra가 최대 0.8㎛인 제거 가공을 하는 면
6	G ▽▽▽	Ra의 경우 1.6a정도의 표면 거칠기 범위에 들어가는 연삭가공을 하는 면
7	1.6a G/2.5 ▽▽▽	λc 2.5mm에서 Ra 최대 1.6㎛인 연삭가공을 하는 면

(3) 다듬질 기호의 기입방법

다듬질 기호를 도면에 기입할 때에는 그림과 같이 표시한다.

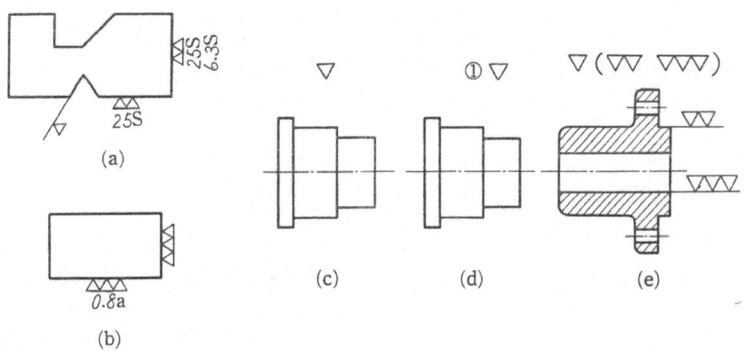

그림 4-61 다듬질기호의 기입방법

단원 핵심 학습 문제

01 다음 중 금형의 허용공차의 오차를 발생하는 요인이 아닌 것은?
① 금형의 형식 또는 기본적인 구조
② 금형의 가공 제작 오작
③ 금형의 마모, 변형, 열팽창
④ 수지의 종류에 의한 표준 수축률의 대소

해설 : ④ 수지의 종류에 의한 표준 수축률의 대소는 성형재료의 허용공차의 오차를 발생하는 요인이다.

02 최대 한계 치수공차가 결합될 때 그 상태를 한계 누적(limit stack)이라 한다. 즉, 개개의 치수는 합격이나 전체 치수 관계에서는 불합격을 만드는 경우, 치수가, 감시 공차가 누적되어 치수 모순이 생기는 현상은?

해설 : 누적 공차

03 기하공차에서 단독형체에 적용하는 기하공차의 종류를 쓰시오.

해설 : 진직도, 평면도, 진원도, 원통도, 선의 윤곽도, 면의 윤곽도

04 관련 형체에 기하학적 공차를 지시할 때, 그 공차 영역을 규제하기 위하여 설정한 이론적으로 정확한 기하학적 기준은?

해설 : 데이텀(datum)

05 표면 거칠기의 표시 방법을 쓰시오.

해설 : 산술 평균 거칠기(Ra), 최대 높이(Ry), 10점 평균거칠기(Rz)

06 거칠기 곡선으로부터 그 평균 선의 방향에 기준 길이만큼 뽑아내어, 그 표본 부분의 평균선 방향에 X축을, 세로 배율 방향에 Y축을 잡고, 거칠기 곡선을 y= f(x)로 나타내었을 때, 다음 식에 따라 구해지는 값은?

해설 : 산술 평균 거칠기(Ra)

07 공차역이 원 또는 원통일 때는 공차 값의 앞에 ①을 기입한다. 또한 구(sphere)인 경우에는 기호 ②를 붙여서 나타내는 것은?

해설 : ① ∅, ② S∅

08 코어의 조립부분 공차는 $25_{-0.022}^{0}$인 경우 코어의 최소허용치수와 형판의 조립부분 최소허용치수는?

해설 : 코어의 최소허용치수는 24.978mm이고 형판의 조립부분 최소허용치수는 25mm이다.

09 캐비티 부분의 조립 공차는 $25_{0}^{+0.022}$인 경우 코어의 최대허용치수와 형판의 조립부분 최대허용치수는?

해설 : 코어의 최대허용치수는 25mm이고 형판의 조립부분 최대허용치수는 25.022mm이다.

10 성형품을 금형으로부터 쉽게 빼내기 위하여 성형품 수직벽의 구배는 일반적인 경우에 얼마의 구배를 주는가?

해설 : 1°~2°(1/30~1/60)

11 누적 공차를 피하기 위해서 이들의 치수 속에 괄호가 붙은 치수, 즉 공차가 없는 참고 치수를 한군데 넣어 두는 것은?

해설 : 참고치수

12 금형부품의 제작에 있어서 부품의 기계적 기능에 지장이 없는 범위 내에서 허용할 수 있는 오차를 정하고 있다. 이 오차의 범위를 무엇이라고 하는가?

해설 : 치수 공차, 혹은 공차

NCS적용

CHAPTER
05

프레스금형 2D 도면작성
(프레스금형설계)

LM1502030506_14v2

5-1 2D 데이터 생성하기

1. 2D 투상도 생성 및 선택

1) 2D 투상도 생성

(1) CAD/CAM의 이해

① CAD/CAM의 이해

CAD란 computer aided design의 약칭으로 컴퓨터를 이용하여 설계하는 것이며, CAM이란 computer aided manufacturing의 약칭으로 컴퓨터를 이용하여 가공하는 것이다.

(가) CAD의 정의

컴퓨터에 저장된 프로그램을 이용하여 설계하고 제도하는 것으로, 설계자가 사용 프로그램에 알맞은 명령어를 입력하거나 메뉴를 선택하면 모니터에 도면으로 그려지는 방식이다.

(나) CAD의 장단점

㉠ 도면의 기본 요소(점, 선, 원 등)의 정확한 작도가 가능하다.
㉡ 도면 요소의 편집, 수정이 용이하다.
㉢ 복잡한 형상의 입체적 표현 등이 가능하다.
㉣ 정확하고 신속한 계산을 할 수 있다.
㉤ 많은 자료의 저장이 가능하다.
㉥ 도면 관리가 용이하다.
㉦ 제도 시간 단축으로 인한 생산성 및 품질이 향상된다.

② CAD SYSTEM의 구성

CAD 시스템은 하드웨어(Hardware)와 소프트웨어(Software)의 복합체이다.

(2) 도면 설정

① 3D CAD S/W에서 [그림 5-2]와 같이 프레스 금형의 부품과 금형을 모델링한다.
② 모델링 작업을 한 금형 부품을 3D CAD S/W에서 불러오기를 한 후에 2D 투상도를 생성하기 위하여 명령어를 실행한다. 그리고 필요에 따라서 2D 투상에 사용되는 색상을 지정해준다.
③ 2D 투상도를 생성시키기 위하여 명령어를 실행한 후 용지 크기를 설정하고, 3각법을 설정한 후 도면 용지 크기에 맞는 척도(Scale)를 설정한다.
④ 설정된 용지(sheet)에 정면도와 측면도와 평면도, 정면도와 측면도 또는 정면도와 평면도

를 부품의 형상에 따라서 필요한 투상도를 선택한다.

⑤ 투상도를 선택한 후 등각투상도(trimetric)가 필요할 경우 선택하여 입력한다.

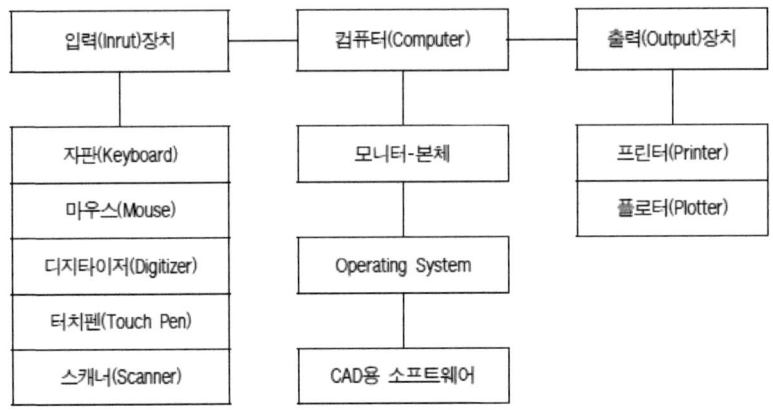

그림 5-1 CAD System 구성

실기 내용

1. 스트리퍼 투상도 생성하기

1) 프레스금형 부품을 모델링을 불러온다.

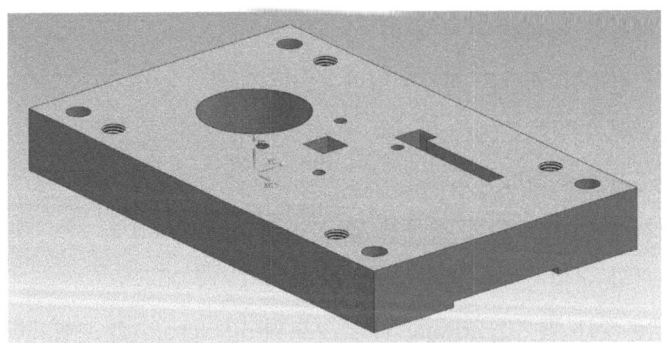

그림 5-2 스트리퍼 모델링

2) 도면 용지를 설정한다.
 (1) 시트는 표준으로 설정한다.
 (2) 도면의 크기는 A3(A2)로 설정한다.
 (3) 척도는 1 : 1로 설정한다.

3) 모델링한 부품을 투상한다.

4) 투상한 도면을 2D CAD S/W의 확장자로 내보내기를 한다.

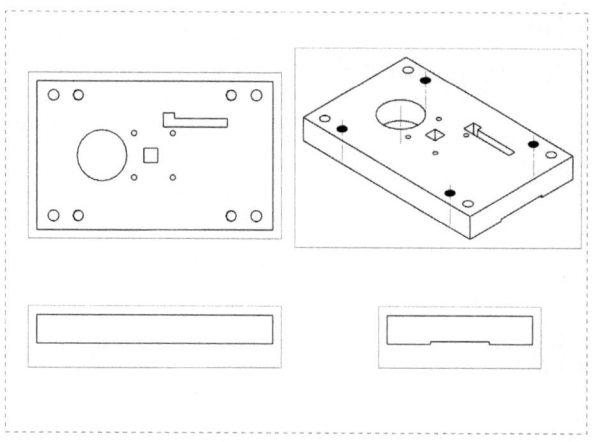

그림 5-3 투상도 선정

5) 2D CAD S/W를 실행한다.
6) 치수와 공차를 기입한다.

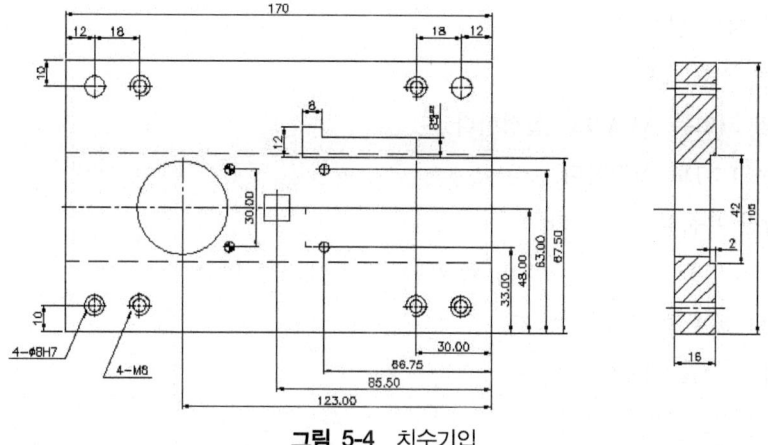

그림 5-4 치수기입

7) 주서 및 표제란을 기입하여 완성한다.

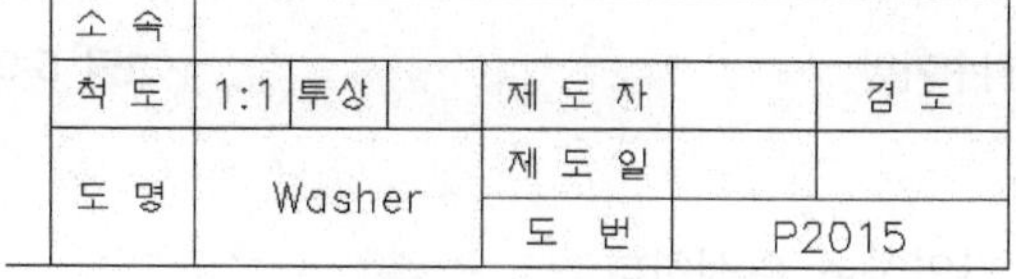

주서
1. 도시되고 지시없는 모따기 C1.5
2. 재질 : 냉간 압연 강판
3. 전단강도 : 40kgf/mm
4. CL8%t

13	스트리퍼플레이트	SM20C	1	
품번	품 명	재질	수량	비고
소 속				
척 도	1:1 투상	제 도 자		검 도
도 명	Washer	제 도 일		
		도 번	P2015	

그림 5-5 표제란

2. 사이드 커터 투상하기

1) 프레스금형 부품을 모델링을 불러온다.

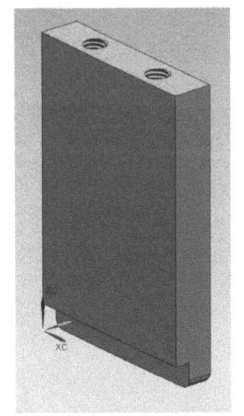

그림 5-6 스트리퍼 모델링

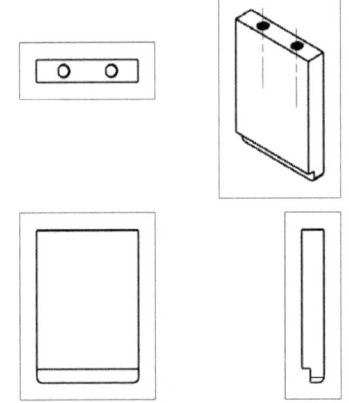

그림 5-7 투상도 선정

2) 도면 용지를 설정한다.
(1) 시트는 표준으로 설정한다.
(2) 도면의 크기는 A3(A2)로 설정한다.
(3) 척도는 1 : 1로 설정한다.
3) 모델링한 부품을 투상한다.
4) 투상한 도면을 2D CAD S/W의 확장자로 내보내기를 한다.
5) 2D CAD S/W를 실행한다.
6) 치수와 공차를 기입한다.

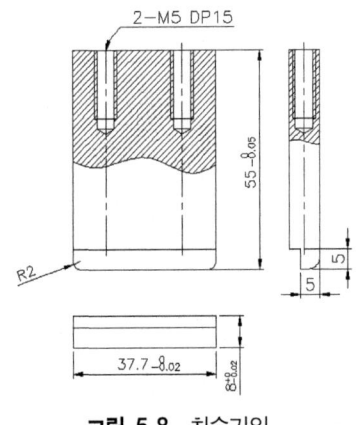

그림 5-8 치수기입

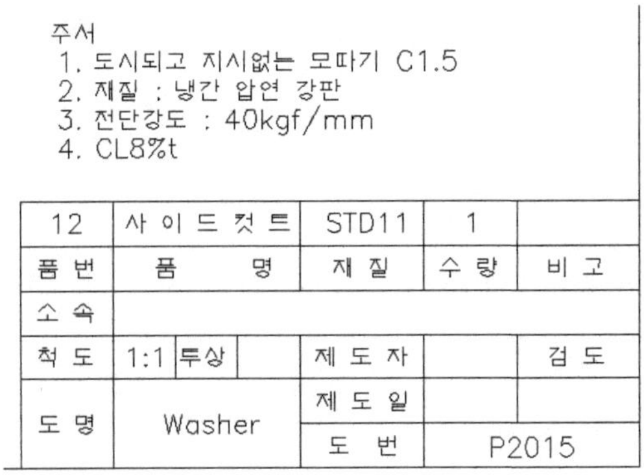

```
주서
1. 도시되고 지시없는 모따기 C1.5
2. 재질 : 냉간 압연 강판
3. 전단강도 : 40kgf/mm
4. CL8%t
```

12	사 이 드 컷 트	STD11	1	
품번	품 명	재질	수량	비고
소 속				
척 도	1:1 투상	제도자		검도
도 명	Washer	제도일		
		도 번	P2015	

그림 5-9 표제란

7) 주서 및 표제란을 기입하여 완성한다.

2. CAD 환경 설정

1) 2D CAD 시작하기

(1) 응용프로그램 메뉴

① 새로 만들기

도면 템플릿 파일로 새 도면을 시작한다.

(가) 템플릿 선택 대화상자

드라이브 FTP 사이트 및 폴더를 검색하여 기존에 설정된 템플릿 파일을 선택하여 연다.

(나) 찾을 위치

폴더 또는 드라이브를 표시한다.

(다) 뷰

파일 목록 또는 폴더 목록을 나열하고, 파일 목록에서 파일을 선택하면 미리보기 이미지를 표시한다.

(라) 미리보기

선택한 파일의 비트맵을 표시한다.

(마) 열기

선택한 도면 파일을 편집 가능한 상태로 불러온다.

(바) 템플릿 파일

2D CAD S/W를 설치할 때 설치된 표준스타일[밀리미터(ISO Metric) 인치(Imperial)]과 설정이 정의된다.

(사) 시트 세트

도면 배치, 파일경로 및 프로젝트 데이터를 관리하는 시트 세트 데이터 파일을 작성한다.

② 열기

저장된 파일을 연다.

(가) 도면

기존의 도면 파일을 연다.

(나) 시트 세트

시트 세트 관리자에서 시트 세트 데이터 파일을 연다.

(다) 샘플파일

로컬 또는 온라인 위치에서 샘플 파일을 연다.

2) 신속 접근

(1) 신속 접근 도구막대에 추가 및 제거

① 작업 공간 변경

(가) 신속 접근 도구막대를 선택한다.

상태 막대에서 실행 아이콘을 선택하고, 작업공간 설정을 선택한다.

작업 공간 설정 대화상자가 열린다.

(나) 작업 공간 설정 대화상자

작업 공간의 화면표시, 메뉴 순서 및 저장을 설정한다.

㉠ 내 작업 공간 : 내 작업 공간 도구막대 버튼에 작업 공간 목록을 표시한다.

메뉴 표시 및 순서 : 작업 공간 도구막대 및 메뉴에 표시하려는 작업 공간의 이름 및 이름 순서를 조정한다.

위로 이동 : 화면표시 순서에서 작업 공간 이름을 위로 이동한다.

아래로 이동 : 화면표시 순서에서 작업 공간 이름을 아래로 이동한다.

구분 기호 추가 : 작업 공간 이름 사이에 분리자를 추가한다.

㉡ 작업 공간 전환 시

작업 공간에 대한 변경 사항을 저장하지 않음 : 다른 작업 공간으로 전환할 때 현재 작업 공간에서 변경한 사항을 저장하지 않는다.

작업 공간 변경 사항을 자동으로 저장 : 다른 작업 공간으로 전환할 때 현재 작업 공간에서 변경한 사항을 저장한다.

(2) 2D CAD 작업 환경

① 제도 및 주석 : 2D CAD를 작성할 수 있도록 리본 메뉴를 제공한다.

② 3D 기본사항 : 3D CAD를 작성할 수 있도록 리본 메뉴를 제공한다.

③ 3D 모델링 : 3D 모델링을 작성할 수 있도록 리본메뉴를 제공한다.

(3) 명령 취소/취소된 명령 취소 명령

① 명령 취소 명령 : 바로 전에 실행한 명령을 취소한다.

② 취소된 명령 복구 명령 : 취소한 명령을 복구한다.

단원 핵심 학습 문제

01 다음 중 CAD System 구성 중 입력장치가 아닌 것은?

① 키보드
② 마우스
③ 터치펜
④ 프린터

해설 : ④ 입력장치 - 키보드, 마우스, 터치펜, 디지타이저, 스캐너
　　　　출력장치 - 프린터, 플로터

02 CAD System의 장단점을 쓰시오.

해설 : ① 도면의 기본 요소(점, 선, 원 등)의 정확한 작도가 가능하다.
　　　② 도면 요소의 편집, 수정이 용이하다.
　　　③ 복잡한 형상의 입체적 표현 등이 가능하다.
　　　④ 정확하고 신속한 계산을 할 수 있다.
　　　⑤ 많은 자료의 저장이 가능하다.
　　　⑥ 도면 관리가 용이하다.
　　　⑦ 제도 시간 단축으로 인한 생산성 및 품질이 향상된다.

03 computer aided design의 약칭으로 컴퓨터를 이용하여 설계하는 것은?

해설 : CAD

04 computer aided manufacturing의 약칭으로 컴퓨터를 이용하여 가공하는 것은?

해설 : CAM

05 컴퓨터에 저장된 프로그램을 이용하여 설계하고 제도하는 것으로, 설계자가 사용 프로그램에 알맞은 명령어를 입력하거나 메뉴를 선택하면 모니터에 도면으로 그려지는 방식은?

해설 : CAD

5-2 2D 작업하기

1. 부품도 작업

1) 다이 세트

(1) 다이 세트

다이 세트는 프레스 가공공정에서 필수적으로 요구되는 프레스 금형을 구성하는데 있어서 중요한 것으로 상형과 하형에 설치를 할 금형 부품을 고정하는데 필요하며, 상형과 하형의 상대 운동에서 항상 같은 위치와 틈새를 맞추어 줌으로써 가공부품의 정밀도를 높여 준다.

(2) 다이 세트의 선택

① 다이 세트 사용상의 이점

다이 세트에 적절한 부품을 사용함으로서 얻을 수 있는 이점은 다음과 같다.
- (가) 프레스 기계의 램이 약간의 유동이 있다고 하여도 금형의 부품이 항상 제위치를 유지할 수 있도록 위치를 잡아준다.
- (나) 펀치와 다이가 조합된 상태로 유지하므로 프레스 기계에 금형의 설치와 분리가 용이하다.
- (다) 펀치와 다이의 틈새가 일정하게 유지되므로 높은 정밀도의 제품이 생산된다.
- (라) 금형 설치와 작업에 숙련이 필요하지 않아서 능률적이다.
- (마) 다이 블록이 다소 얇아도 다이 세트에 의해 보강이 된다.
- (바) 틈새의 치우침이 없어 금형의 수명이 연장된다.
- (사) 금형이 단위체가 되어 있으므로 프레스기계에 설치시 시간이 단축된다.
- (아) 가공, 운반 및 보관 중 파손이 적고 편리하다.

② 다이세트 선택 기준

다이세트를 주문할 때는 다이세트의 정밀도, 재질, 펀치와 다이 홀더의 형식 및 가이드 포스트, 부시의 종류, 재질 등을 고려하여 선택한다.

③ 재료

다이세트의 재료는 요구되는 강도에 따라 선택한다. 전단 가공을 위해 다이세트에 커다란 구멍을 기계 가공할 때에는 강재의 다이세트를 선택하는 것이 좋다. 강재의 다이세트는 완전히 응력을 제거한 후 최종 다듬질을 하여야 한다.

표 5-1 다이세트 재료

순 번	명 칭	재 료
1	펀치 홀더	SM 55C
2	다이 홀더	SM 55C
3	가이드 포스트	STB 2
4	가이드 부시	STB 2
5	볼 리테이너	금속 또는 수지
6	강구	STB 1

④ 다이세트의 선택

다이세트를 주문을 할 때에는 다음의 내용들을 결정하여야 한다.

(가) 제조회사

(나) 형식

(다) 크기

(라) 재질

(마) 다이 홀더의 두께

(바) 펀치 홀더의 두께

(사) 부시의 종류와 길이

(아) 가이드 포스트의 길이

(자) 섕크 지름

(차) 정밀도 등급

⑤ 다이세트 호칭 방법

(가) 플레인 가이드형의 경우

프레스 금형용 다이세트 FBB-150×100-140

(나) 볼 가이드형의 경우

프레스 금형용 다이세트 FBR-150×100-140

⑥ 다이세트 이용의 유의 사항

따라서 좋은 제품을 얻기 위하여 정밀도가 높은 프레스를 사용하여야 하며, 다음 사항에 유의하도록 한다.

(가) 편심하중이 작용하지 않도록 한다.

(나) 가능한 홀더는 규격품을 사용하며 큰 치수를 사용한다.

(다) 상형과 하형을 조립할 때는 가이드 포스트, 가이드 부시 표면에 먼지나 칩 등이 부착하지 않도록 한다.

(라) 하중이 다이세트 중심에 오도록 한다.

(마) 운전 중에는 포스트와 부시 사이에 충분한 급유를 한다.
(바) 프레스에 장치할 때에는 먼저 상형을 고정한 다음 하형을 조립한다.
⑦ 다이세트 설계의 유의사항
(가) 제품 크기에 대한 강도, 정도, 형상 등에 따라 블랭크 두께를 결정한다.
(나) 다이의 크기, 블랭크의 이송방법, 하중 및 편심률 등에 따라 블랭크 두께를 결정한다.
(다) 프레스의 장치, 준비 작업을 고려하여 펀치 및 다이 홀더의 조립을 결정한다.
(라) 금형의 수명, 보수, 재연삭 및 윤활 관계를 고려하여 가이드 포스트 형식을 결정한다.
(마) 제품의 수량, 형상 및 프레스의 형식에 따라 다이세트 형식을 결정한다.

(3) 다이세트의 구성

다이세트는 펀치 홀더, 가이드 부시, 가이드 포스트 및 다이 홀더로 구성된다. 가이드 포스트는 하형 다이세트인 다이 홀더 구멍 속에 억지끼워맞춤되고 가이드부시는 상형 다이세트인 펀치 홀더에 억지끼워맞춤된다. 부시는 가이드 포스트와 결합되어 작동시 미끄럼운동을 하게 된다. 다이 홀더와 펀치 홀더의 재질은 회주철 GC25 또는 탄소강 SM45C로 제작된다.

① 펀치 홀더

펀치섕크는 펀치홀더 중심부에 돌출된 부분으로 프레스의 램에 고정시켜 금형의 상형을 상하로 구동하여 프레스 작업을 수행한다. 주철제 다이세트에서는 펀치 섕크가 펀치 홀더의 몸체와 함께 주조되는 것도 있기는 하였으나, 대부분의 다이세트에서는 나사에 의해 섕크를 조립하기도 하고 섕크를 펀치 홀더에 용접하기도 한다. 펀치 섕크의 직경을 선택할 프레스에 따라 정한다.

대형 다이세트는 대개 펀치 섕크가 없거나 중심을 잡아주기 위해서만 적용된다. 일반적으로 대형 다이세트는 자체중량과 설치된 대형 펀치의 중량 때문에 프레스 램에 볼트로 고정된다.

② 다이 홀더

다이 홀더는 일반적으로 펀치 홀더보다 두껍게 만든다. 이것은 펀치에 의해 가공된 블랭크나 슬러그가 빠져 나오는 구멍에 의해 다이 홀더가 상대적으로 약해진 것을 보강해 주기 위해서이다.

규격에는 가이드 포스트나 가이드 부시가 적용되지 않는 주철재와 탄소강제의 프레스 다이용 펀치홀더 및 다이 홀더, 주철제 프레스 다이용 다이세트의 BB형(back post bushing type), CB형(center post bushing type), DB형(diagonal post bushing type) 및 FB(four post bushing type)이 있고, 고속 대량생산을 위한 다이세트로서 가이드 부시 속에 볼 리

테이너(ball retainer)를 설치하여 강구에 의해 안내를 받는 볼 가이드 다이 세트의 BR형, CR형, DR형 및 FR형이 있다. 또한 강제 다이세트로서 플레인 가이드 부시를 사용하는 SBB형, SCB형, SDB형 및 SFB형이 있으며, 볼 가이드 부시를 사용하는 SBR형, SCR형, SDR형 및 SFR형을 규정하고 있다.

③ 가이드 포스트

가이드 포스트는 정밀 래핑된 핀이며, 다이 홀더에 정확히 가공된 구멍에 대부분은 억지 끼워 맞춤된다. 교환식으로 헐거운 끼워 맞춤하고 나사 등으로 고정된 것도 있다. 가이드 포스트의 재질은 주로 STB2를 쓰며, 정도는 HRC 58 이상으로 내마모성이 크게 요구된다. 가이드 포스트를 분해할 필요가 있는 금형에서는 교환식 가이드 포스트를 사용할 수 있다.

④ 가이드 부시

가이드 포스트와 맞물려 펀치 홀더와 다이 홀더를 맞춰 준다. 가이드 부시로 사용되는 재질은 가이드 포스트와 같이 STB2를 표준으로 하나 때로는 청동으로 된 것을 사용하기도 한다. 평 부시는 그대로 펀치 홀더에 끼우게 되며 단붙이 부시는 턱에 걸릴 때까지 펀치 홀더에 밀어 넣는다.

⑤ 생크

생크의 종류는 여러 가지 형상이 있으며, 주물 다이세트는 생크를 한 몸체로 주조한 것도 있으며, 주로 나사형과 플랜지형이 있다. 이 외에 펀치 홀더에 용접한 것과 생크가 없는 다이세트도 있다.

생크는 펀치 홀더에서 회전하지 않도록 하기 위하여 잠금장치가 필요하며, 재질은 보통 SM45C를 많이 사용하고, 진원도, 원통도는 각각 0.02mm이다. 또, 펀치 홀더에 대한 직각도는 길이 100mm에 대하여 0.02mm이다.

(4) 다이세트의 정밀도

다이세트는 반복충격하중이 작용하므로 초정밀도가 요구되지만, 이는 제작비와 비례하므로 정밀급과 일반급으로 나누고, 목적과 용도에 따라 제작 또는 구입하며 다음과 같이 결정한다. 각 홀더면의 표면 거칠기는 6.3s로 하고, 펀치 홀더와 다이홀더의 평행도(길이 300mm에 대하여)는 정밀급일 경우 0.015mm~0.025mm, 일반급일 경우 0.03mm~0.05mm로 한다.
상, 하 홀더를 조립한 후의 직각도(길이 100mm에 대하여)는 정밀급일 경우 0.01mm~0.02mm, 일반급일 경우 0.02mm~0.03mm를 적용한다.
볼 리테이너 다이세트에서 볼의 죔쇠 허용값은 일반적으로 0.01mm~0.03mm이며, 이 값은 가이드포스트의 최대 직경+2×볼의 직경−부시 구멍의 최소 직경으로 구한다.

(5) 다이세트의 형식

① 다이세트의 형식

(가) BB형, BR형, SBB형 및 SBR형

가이드 포스트가 뒷면에 있는 것으로서 재료를 전후 좌우로 이송가공 할 수가 있어 편리하므로 가장 많이 쓰이고 있다.

(나) CB형, CR형, SCB형 및 SCR형

다이, 펀치, 가이드 포스트가 일직선상에 있으며, 재료를 전후 이송할 때에 편리하다. 일반적으로 BB형, BR형, SBB형 및 SBR형보다도 높은 정밀도의 제품을 만드는데 쓰인다.

(다) DB형, DR형, SDB형 및 SDR형

대각선상에 포스트가 있으므로, BB형, BR형, SBB형 및 SBR형과 CB형, CR형, SCB형 및 SCR의 결점을 보완할 수 있다. 정도면에서는 CB형, CR형, SCB형 및 SFR형과 같은 정도의 것을 만들 수 있다.

(라) FB형, FR형, SFB형 및 SFR형

각 모서리에 포스트가 1개씩 있으며, 평행정도가 뛰어나다. 높은 강성과 펀치, 다이의 정밀한 안내가 되므로, 틈새가 작은 것, 혹은 대량생산의 것, 또는 초경합금재료로 만든 금형을 사용하는 것 등에 이용되고 있다.

② 가이드 포스트 및 가이드 부시의 형식

(가) 가이드 포스트의 고정방법

가이드 포스트의 고정방법은 대별하여 압입형과 교환형으로 나눌 수 있다. 교환식의 장점은 금형 재연삭의 용이성 및 포스트 마모시 교환이 쉽다.

(나) 가이드 부시

가이드 부시도 압입식과 교환식이 있으며 특징은 가이드 포스트와 같다.

(다) 가이드 방식

가이드 방식은 대별해서 플레인 방식과 볼 리테이너 방식이 있으며, 플레인 방식은 금형에 미치는 측압력에 강한 반면에 늘어붙음 등의 문제도 있다. 이 때문에 초정밀 금형에도 측압력에 강한 특징을 살리는 가이드 부시 재료로서 포금(gun metal)을 채용하여 사용한다. 볼 리테이너 방식은 금형 맞추기의 용이도 때문에 많이 사용되고 있으나, 금형에 미치는 측압력에 약하기 때문에 사용하는데 주의가 필요하다.

2) 프레스금형 부품

(1) 파일럿 핀 A형

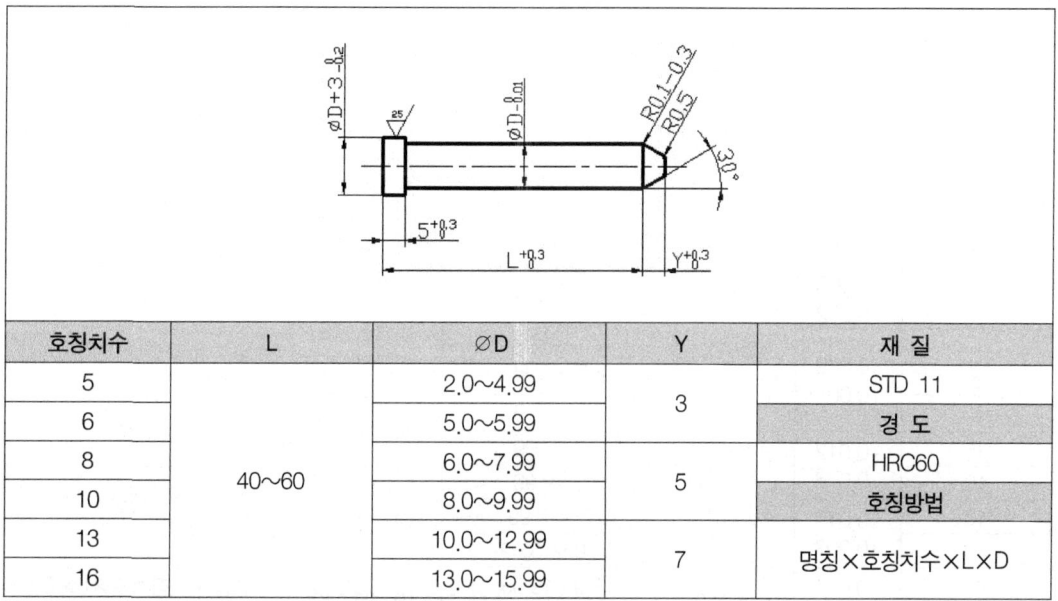

호칭치수	L	ØD	Y	재 질
5		2.0~4.99	3	STD 11
6		5.0~5.99		경 도
8	40~60	6.0~7.99	5	HRC60
10		8.0~9.99		호칭방법
13		10.0~12.99	7	명칭×호칭치수×L×D
16		13.0~15.99		

그림 5-10 파일럿 핀(A형)

(2) 파일럿 핀 B형

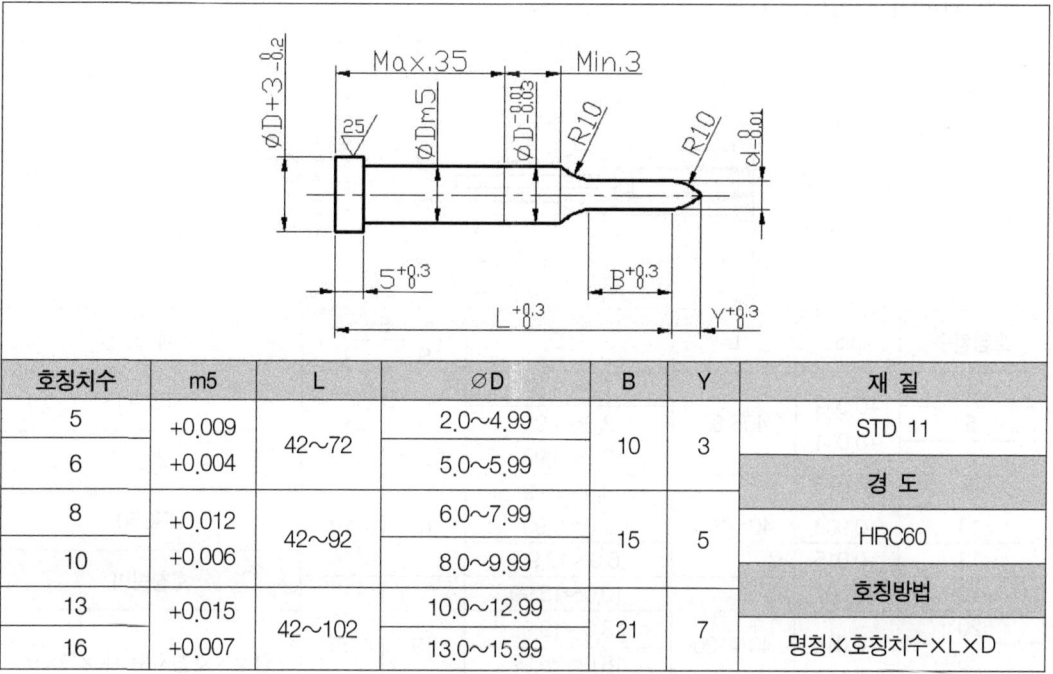

호칭치수	m5	L	ØD	B	Y	재 질
5	+0.009	42~72	2.0~4.99	10	3	STD 11
6	+0.004		5.0~5.99			경 도
8	+0.012	42~92	6.0~7.99	15	5	HRC60
10	+0.006		8.0~9.99			호칭방법
13	+0.015	42~102	10.0~12.99	21	7	명칭×호칭치수×L×D
16	+0.007		13.0~15.99			

그림 5-11 파일럿 핀(B형)

(3) 단붙이 원형펀치 A형

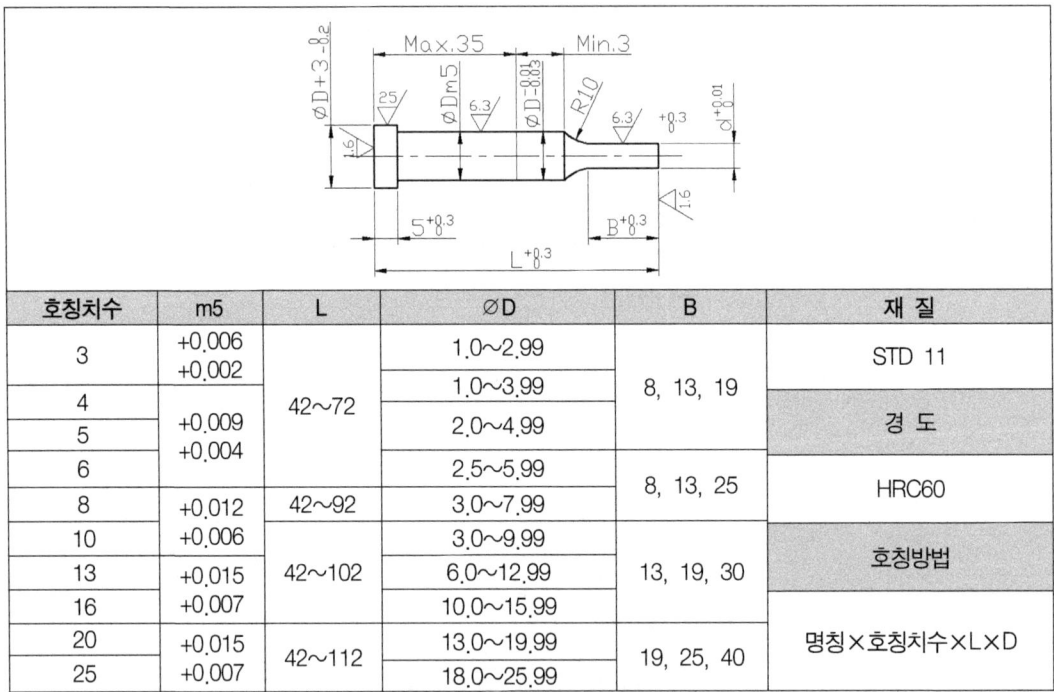

호칭치수	m5	L	∅D	B	재 질
3	+0.006 +0.002	42~72	1.0~2.99	8, 13, 19	STD 11
4	+0.009 +0.004	42~72	1.0~3.99	8, 13, 19	경 도
5	+0.009 +0.004	42~72	2.0~4.99	8, 13, 19	경 도
6	+0.009 +0.004	42~72	2.5~5.99	8, 13, 25	HRC60
8	+0.012 +0.006	42~92	3.0~7.99	8, 13, 25	HRC60
10	+0.012 +0.006	42~102	3.0~9.99	13, 19, 30	호칭방법
13	+0.015 +0.007	42~102	6.0~12.99	13, 19, 30	호칭방법
16	+0.015 +0.007	42~102	10.0~15.99	13, 19, 30	명칭×호칭치수×L×D
20	+0.015 +0.007	42~112	13.0~19.99	19, 25, 40	명칭×호칭치수×L×D
25	+0.015 +0.007	42~112	18.0~25.99	19, 25, 40	명칭×호칭치수×L×D

그림 5-12 단붙이 원형 펀치 A형

(4) 단붙이 원형펀치 B형

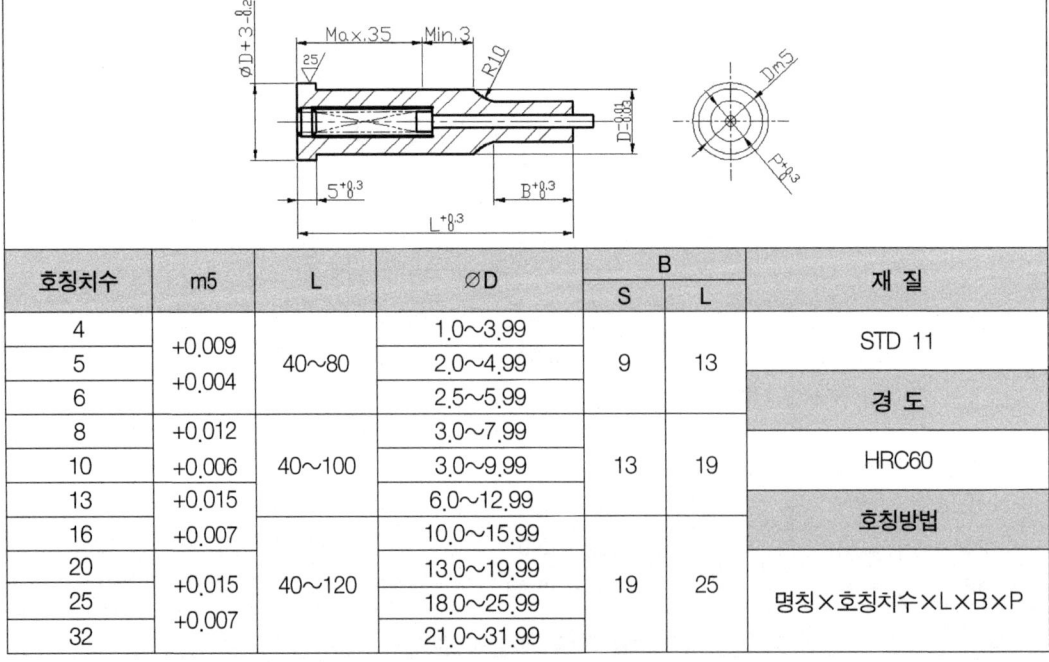

호칭치수	m5	L	∅D	B S	B L	재 질
4	+0.009 +0.004	40~80	1.0~3.99	9	13	STD 11
5	+0.009 +0.004	40~80	2.0~4.99	9	13	경 도
6	+0.009 +0.004	40~80	2.5~5.99	9	13	경 도
8	+0.012 +0.006	40~100	3.0~7.99	13	19	HRC60
10	+0.012 +0.006	40~100	3.0~9.99	13	19	HRC60
13	+0.015 +0.007	40~100	6.0~12.99	13	19	호칭방법
16	+0.015 +0.007	40~100	10.0~15.99	13	19	호칭방법
20	+0.015 +0.007	40~120	13.0~19.99	19	25	명칭×호칭치수×L×B×P
25	+0.015 +0.007	40~120	18.0~25.99	19	25	명칭×호칭치수×L×B×P
32	+0.015 +0.007	40~120	21.0~31.99	19	25	명칭×호칭치수×L×B×P

그림 5-13 단붙이 원형 펀치 B형

(5) 사각 피어싱 펀치

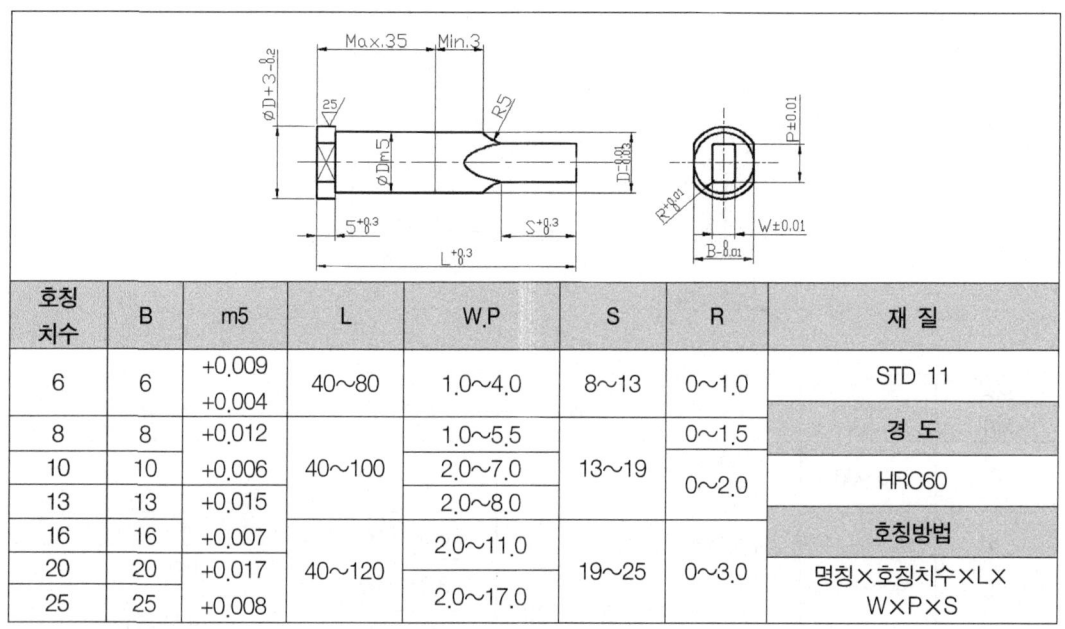

호칭 치수	B	m5	L	W.P	S	R	재 질
6	6	+0.009 +0.004	40~80	1.0~4.0	8~13	0~1.0	STD 11
8	8	+0.012	40~100	1.0~5.5	13~19	0~1.5	경 도
10	10	+0.006		2.0~7.0		0~2.0	HRC60
13	13	+0.015		2.0~8.0			
16	16	+0.007	40~120	2.0~11.0	19~25	0~3.0	호칭방법
20	20	+0.017					명칭×호칭치수×L×
25	25	+0.008		2.0~17.0			W×P×S

그림 5-14 사각 피어싱 펀치

(6) 버링 펀치 A형

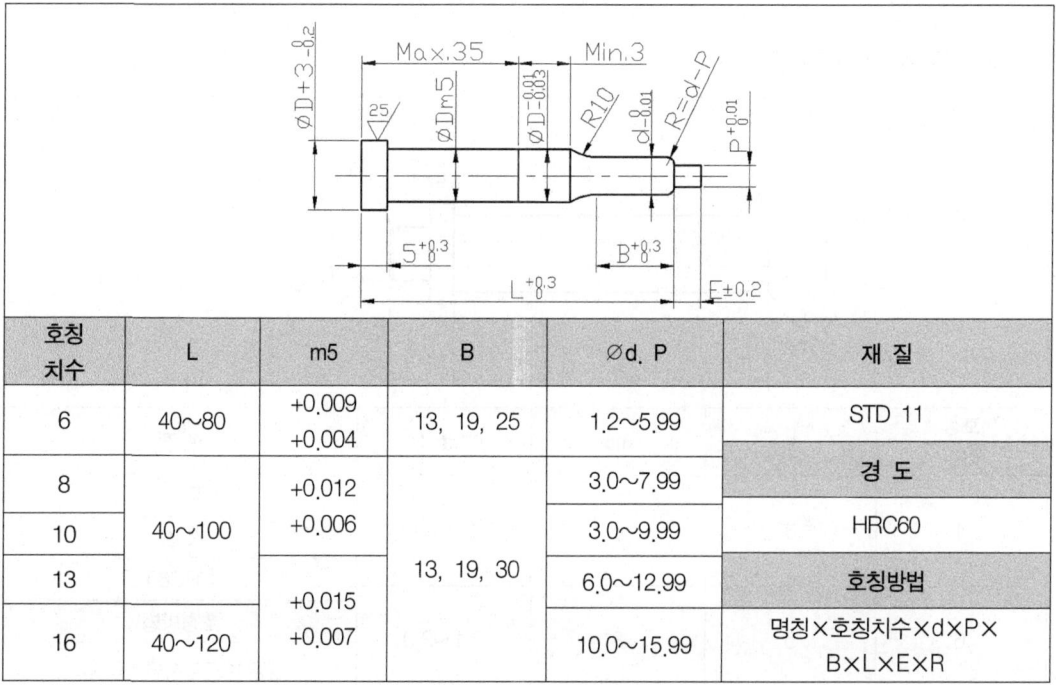

호칭 치수	L	m5	B	∅d. P	재 질
6	40~80	+0.009 +0.004	13, 19, 25	1.2~5.99	STD 11
8	40~100	+0.012 +0.006		3.0~7.99	경 도
10				3.0~9.99	HRC60
13	40~120	+0.015 +0.007	13, 19, 30	6.0~12.99	호칭방법
16				10.0~15.99	명칭×호칭치수×d×P× B×L×E×R

그림 5-15 버링 펀치 A형

(7) 버링 펀치 B형

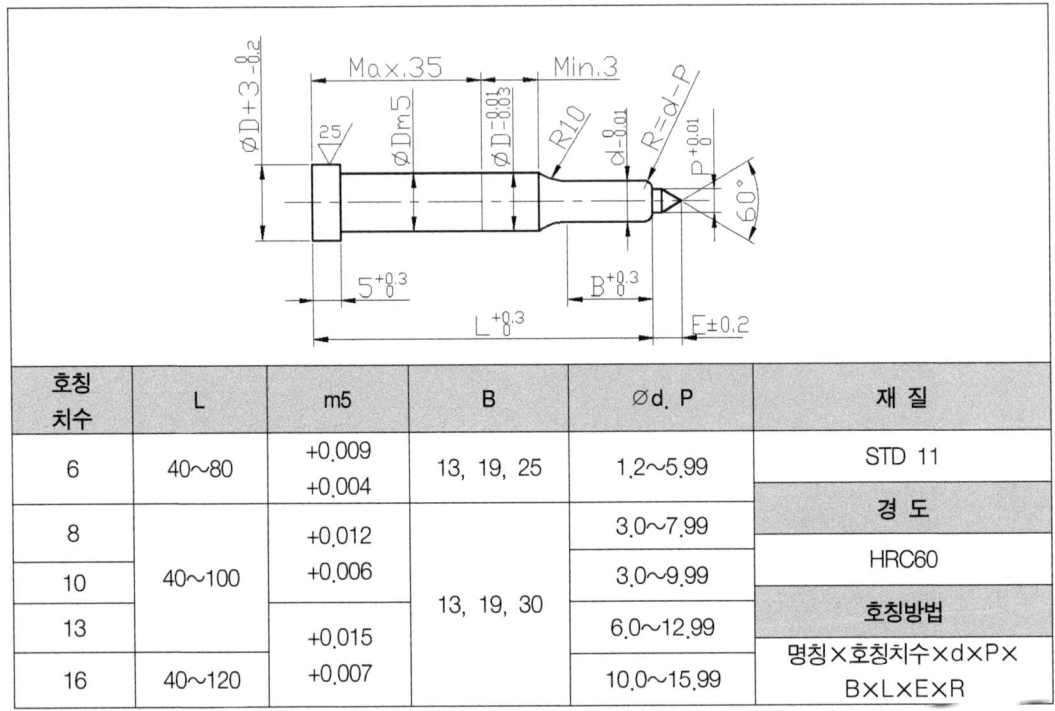

호칭 치수	L	m5	B	Ød. P	재 질
6	40~80	+0.009 +0.004	13, 19, 25	1.2~5.99	STD 11
8	40~100	+0.012 +0.006	13, 19, 30	3.0~7.99	경 도
10				3.0~9.99	HRC60
13	40~120	+0.015 +0.007		6.0~12.99	호칭방법
16				10.0~15.99	명칭×호칭치수×d×P× B×L×E×R

그림 5-16 버링 펀치 B형

(8) 리프트 핀 A형

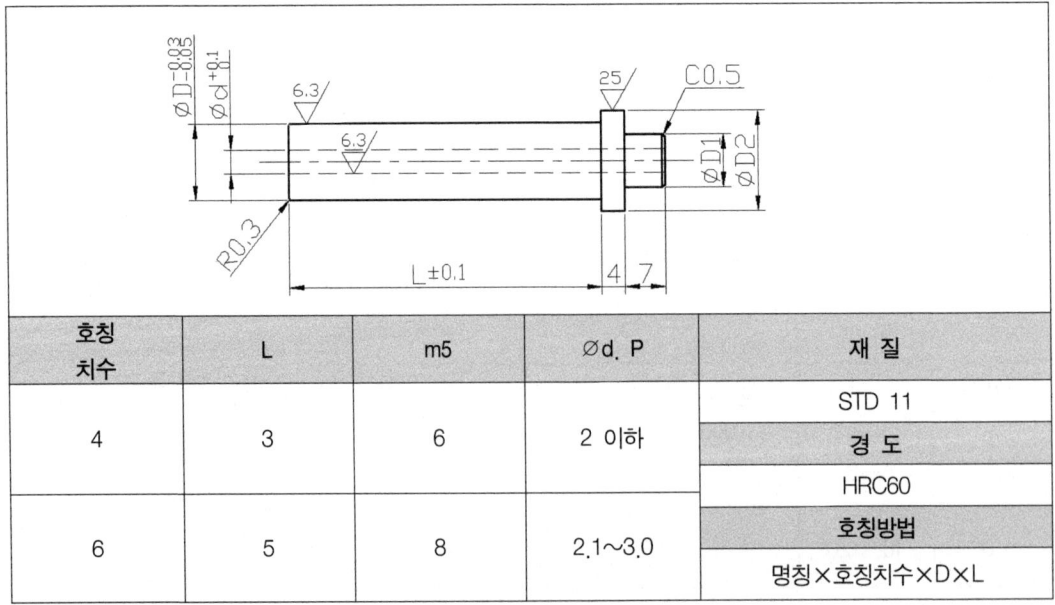

호칭 치수	L	m5	Ød. P	재 질
4	3	6	2 이하	STD 11
				경 도
				HRC60
6	5	8	2.1~3.0	호칭방법
				명칭×호칭치수×D×L

그림 5-17 리프트 핀 A형

(9) 가이드 핀

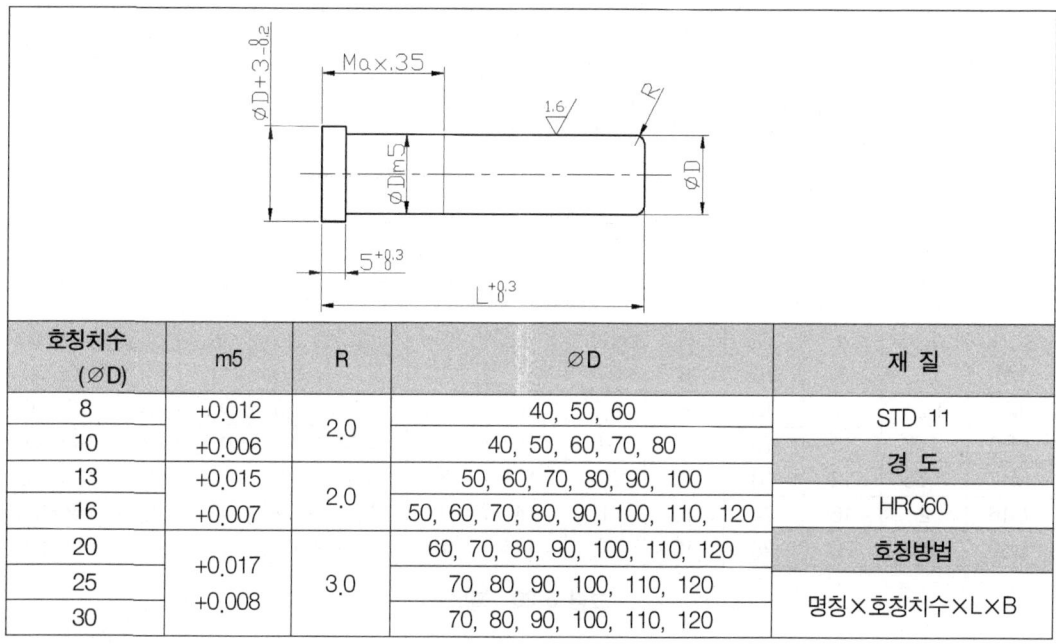

호칭치수 (∅D)	m5	R	∅D	재 질
8	+0.012	2.0	40, 50, 60	STD 11
10	+0.006		40, 50, 60, 70, 80	
13	+0.015	2.0	50, 60, 70, 80, 90, 100	경 도
16	+0.007		50, 60, 70, 80, 90, 100, 110, 120	HRC60
20	+0.017	3.0	60, 70, 80, 90, 100, 110, 120	호칭방법
25	+0.008		70, 80, 90, 100, 110, 120	명칭×호칭치수×L×B
30			70, 80, 90, 100, 110, 120	

그림 5-18 가이드 핀

(10) 나사 붙이 맞춤핀

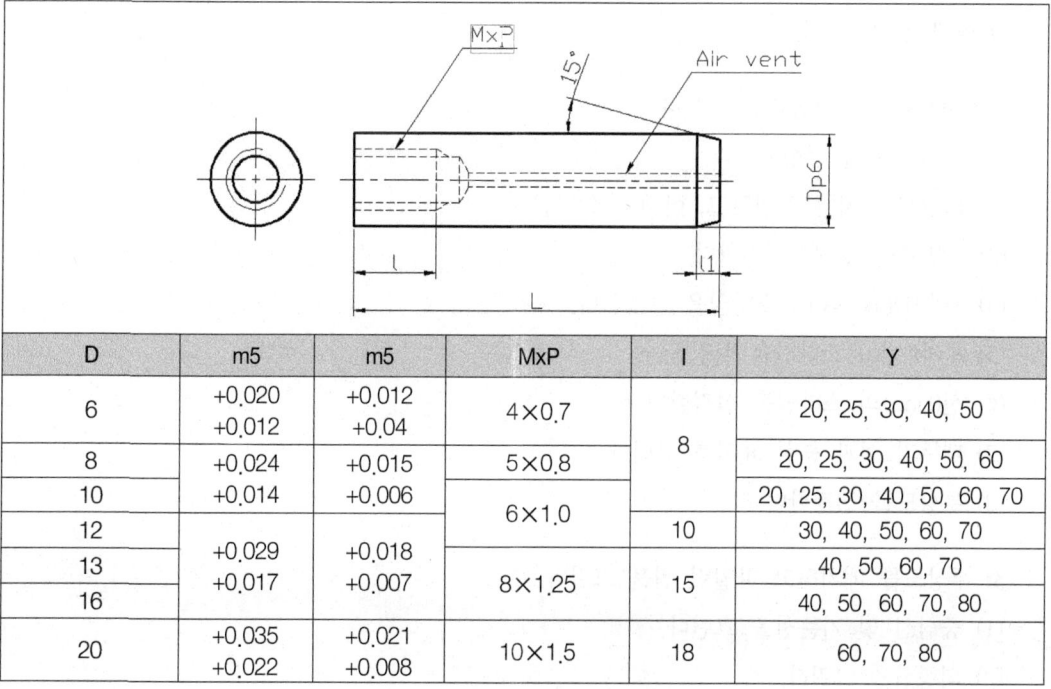

D	m5	m5	MxP	l	Y
6	+0.020 +0.012	+0.012 +0.04	4×0.7	8	20, 25, 30, 40, 50
8	+0.024 +0.014	+0.015 +0.006	5×0.8		20, 25, 30, 40, 50, 60
10			6×1.0		20, 25, 30, 40, 50, 60, 70
12	+0.029 +0.017	+0.018 +0.007		10	30, 40, 50, 60, 70
13			8×1.25	15	40, 50, 60, 70
16					40, 50, 60, 70, 80
20	+0.035 +0.022	+0.021 +0.008	10×1.5	18	60, 70, 80

그림 5-19 나사 붙이 맞춤핀

(11) 볼트

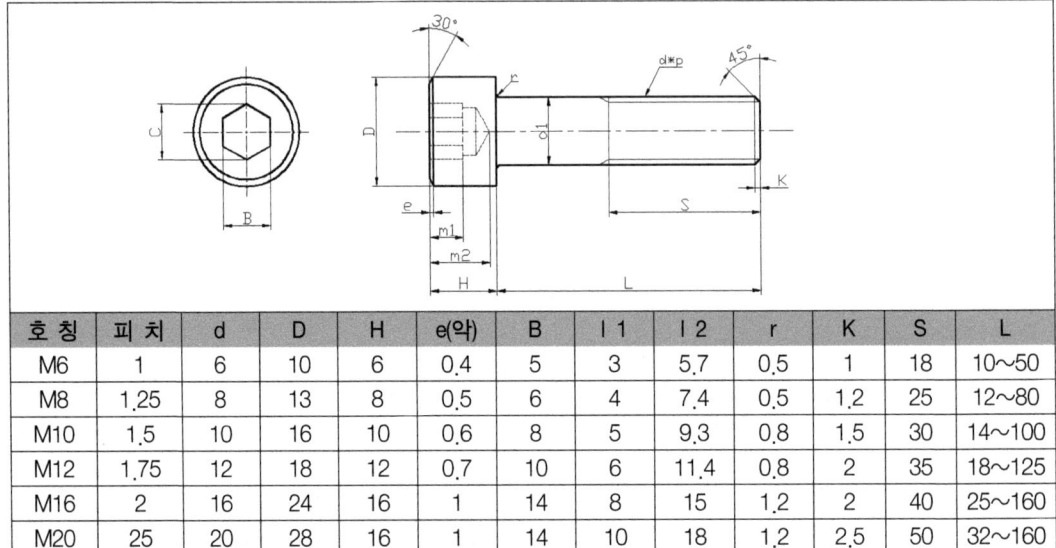

호칭	피치	d	D	H	e(약)	B	l 1	l 2	r	K	S	L
M6	1	6	10	6	0.4	5	3	5.7	0.5	1	18	10~50
M8	1.25	8	13	8	0.5	6	4	7.4	0.5	1.2	25	12~80
M10	1.5	10	16	10	0.6	8	5	9.3	0.8	1.5	30	14~100
M12	1.75	12	18	12	0.7	10	6	11.4	0.8	2	35	18~125
M16	2	16	24	16	1	14	8	15	1.2	2	40	25~160
M20	2.5	20	28	16	1	14	10	18	1.2	2.5	50	32~160

그림 5-20 볼트

실기 내용

1. 프레스 금형 부품도 작업

1) 작업을 준비한다.

2) CAD S/W의 환경을 설정한다.

(1) CAD S/W를 실행시킨다.

(2) 도면의 크기를 결정하고, 한계를 설정한다.

(3) 도면층(Layer)을 설정한다.

(4) 치수(Dimension) 스타일을 설정한다.

(5) 문자(Text) 스타일을 설정한다.

(6) 선(Line)의 스타일을 설정한다.

(7) 테두리 선과 중심 표시를 그린다.

(8) 투상도를 결정한다.

3) 투상도를 배치하고 파일럿 핀을 그린다.

(1) 중심선 및 기준선을 그린다.

(2) 외형선을 그린다.

(3) 파일럿 핀의 끝 부분에 모따기(Fillet)를 한다.

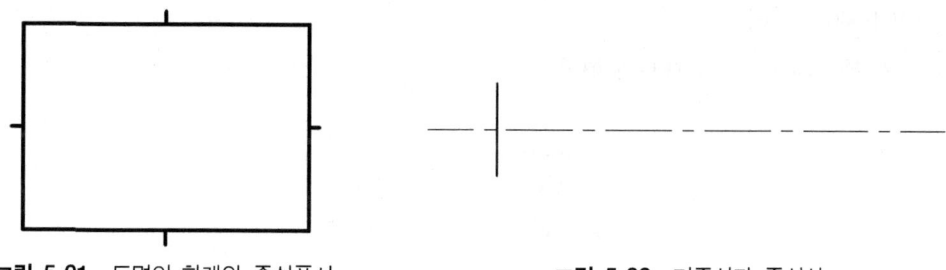

그림 5-21 도면의 한계와 중심표시   그림 5-22 기준선과 중심선

4) 치수를 기입한다.
(1) 일반적 치수스타일에 따라 치수를 기입한다.
(2) 공차가 기입되어 있는 치수는 공차 스타일을 설정하고 치수를 기입한다.
(3) 표면 거칠기 기호를 그린다.

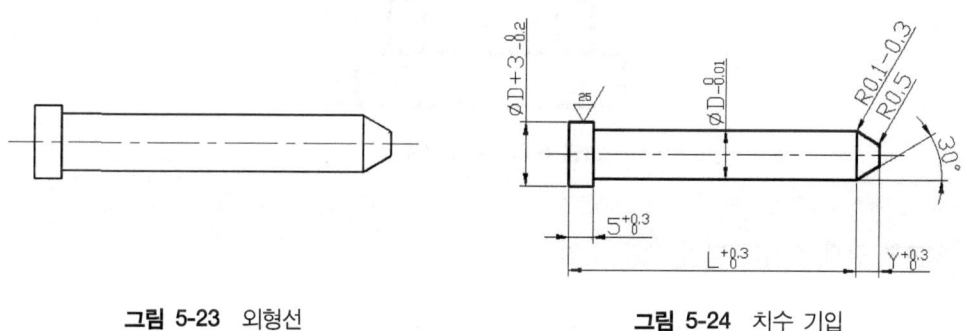

그림 5-23 외형선   그림 5-24 치수 기입

5) 표제란과 부품표, 주서를 작성한다.
(1) 표제란에 도명, 도번, 투상, 척도, 제도자 등을 기입한다.
(2) 각 부품의 품명과 재질, 수량 등을 기입한다.
(3) 열처리를 하여야 하는 부품의 경도를 기입한다.
(4) 표제란 윗부분에 표면 거칠기 등이 포함된 주서를 작성한다.

1	파일럿 핀 A	STC3	1	HRC56
품번	품 명	재질	수량	비고
투상	3	척도	NS	도번	2014-1
도명	금형부품		제도	

주서
1. 일반공차 ±0.1
2. 일반 모따기 C0.2
3. 표면거칠기 기호비교표

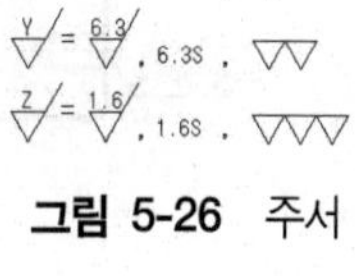

∇ = ∇' , — , ~

$\overset{X}{\nabla}$ = $\frac{25}{\nabla}$, 25S , $\triangledown$

$\overset{Y}{\nabla}$ = $\frac{6.3}{\nabla}$, 6.3S , $\triangledown\triangledown$

$\overset{Z}{\nabla}$ = $\frac{1.6}{\nabla}$, 1.6S , $\triangledown\triangledown\triangledown$

그림 5-25 표제란   그림 5-26 주서

2. 다이 세트 작업

1) 강제 볼 가이드 다이 세트 SBB형

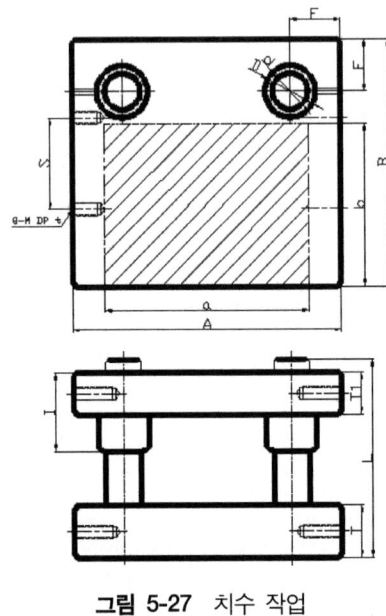

그림 5-27 치수 작업

2) SCB형 강제 가이드 다이 세트 작업

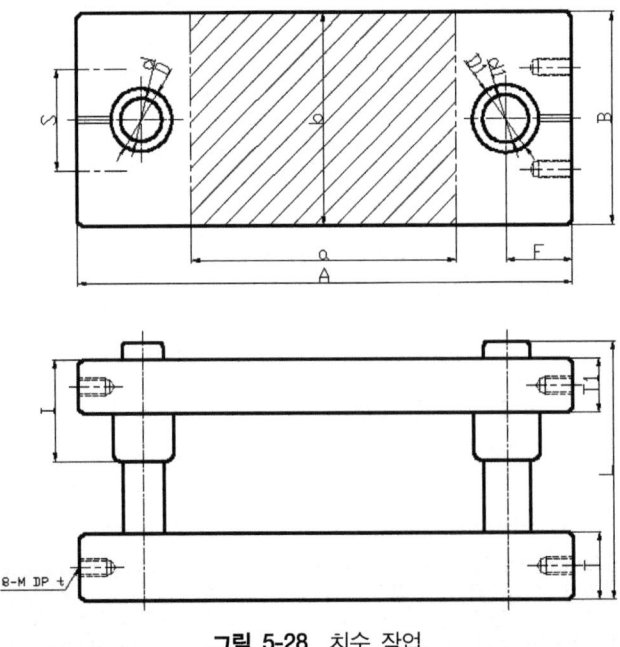

그림 5-28 치수 작업

3) SDB형 다이셋 작업

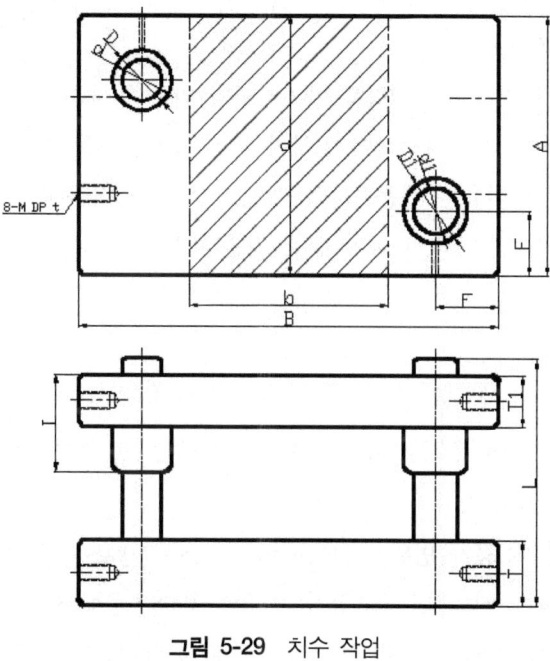

그림 5-29 치수 작업

4) SFB형 다이셋 작업

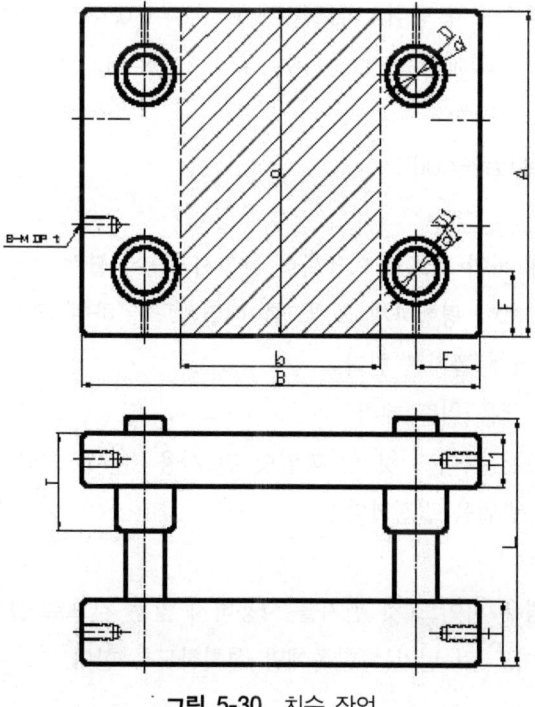

그림 5-30 치수 작업

2. 설계규격 2D 도면 적용

1) 목표치수(arrange)

목표치수란 제품의 품질과 생산수량을 만족시키기 위한 펀치, 다이의 설계기준 치수를 결정하는 것으로 금형의 마모를 고려하여 공차가 적용된 제품도를 작성하는데 이것을 목표치수(arrange)라 한다. 마모여유는 제품공차의 70~80%로 표시하는데 공차가 0.1이고, 마모여유가 80%라고 하면 어렌지 고려시 금형 설계 기준 치수는 0.08(0.1×0.8)을 더 고려한다.

(1) 목표치수 설계

① 피어싱 치수 보정 : 마모를 고려하여 +(70~80%) 유지

도면의 치수 d가 $\varnothing 4^{+0.1}_{\ 0}$일 때, 목표치수 작성에 의한 설계도면 치수의 보정 계산

(가) 공차 범위 : 0.1

(나) 적용보정치수 : 공차 범위×마모율=0.1×0.8=0.08(80% 적용)

(다) 보정도면치수 : 최소치수+보정치수= $\varnothing 4+0.08= \varnothing 4.08$

② 블랭킹 치수 보정 : 마모를 고려하여 -(70~80%) 유지

도면의 치수 A가 $42^{+0.1}_{\ 0}$일 때, 목표치수 작성에 의한 설계도면 치수의 보정 계산

(가) 공차 범위 : 0.1

(나) 적용보정치수 : 공차 범위×마모율=0.1×0.8=0.08(80% 적용)

(다) 보정도면치수 : 최대치수-보정치수=42.1-0.08=42.02

(2) 프레스 가공계획(Lay-out)

① 블랭크 배열

이송 잔폭을 적게 하여 재료의 이용률을 향상시키도록 블랭크를 배열을 하여야 한다. 블랭크의 형상으로 보아 평행하게 블랭크를 배열하도록 하며 생산 수량이 많지 않을 것으로 판단하여 1열 1개 뽑기로 한다.

② 소재이송방법 및 제품 취출 계획

소재 이송 방법에는 사이드 컷 및 파일럿 핀 사용 유무, 가이드리프터, 가이드플레이트를 검토하여 이송방법을 결정한다.

③ 노칭폭 결정

블랭킹 금형의 경우 사이드 컷 펀치를 사용하지 않는 것으로 설계하여 노칭폭을 1.5mm로 결정한다. 사이드 컷 펀치는 한쪽에만 설치하도록 한다.

④ 이송잔폭결정

제품의 가로 길이가 30mm이고, 블랭크의 가장자리가 직선+원형블랭킹이므로 이송잔폭은 표에서 A가 적용되며 A=0.4+0.6t 공식에서 t=1mm로 하여 A=1mm이다. 앞 뒤 잔폭의 경우 1.2A이므로 1.2×1=1.2mm로 결정한다. 프로그레시브 금형에서는 약 1.2~3배를 보정하여 적용한다.

(예시)

단일형 금형 : 이송잔폭 1mm, 앞뒤 잔폭 1.2mm

프로그레시브 블랭킹 : 이송잔폭 1.5mm, 앞뒤 잔폭 2mm

프로그레시브 파팅(노칭) : 이송잔폭 2mm, 앞뒤잔폭 2.5mm

표 5-2 단일형 금형의 잔폭 데이터   (mm)

재 질	L_1, L_2 판두께	이 송 브 리 지 A			앞뒤잔폭 B
		50 미만	50 이상 100 미만	100 이상	
일반금속	0.5 미만	0.7	1.0	1.2	1.2A
	0.5 이상	0.4+0.6t	0.65+0.7t	0.8+0.8t	
규소강판	0.3 미만	1.2	1.4	1.6	1.2A
	0.3 이상	0.9+t	1.1+t	1.3+t	
페놀플라스틱 마 이 카	0.5 미만	1.2	1.4	1.6	1.5A
	0.5 이상	0.8+0.8t	0.9+t	1+1.2t	
새 이 버 셀룰로이드	0.5 미만	1.0	1.2	1.4	1.5A
	0.5 이상	0.65+0.7t	0.8+0.8t	0.9+t	

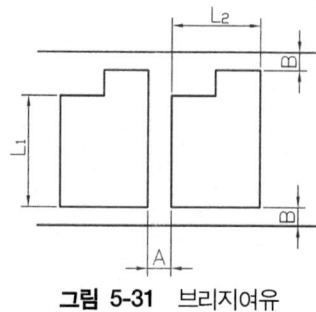

그림 5-31 브리지여유

⑤ 소재폭 결정

소재폭=사이드 컷(1.5mm)+이송잔폭(3mm)+제품의 세로 길이(32mm)이므로, 소재폭은 36.5mm로 결정하기로 한다.

파팅(노칭)공정의 설계시 블랭킹공정의 낙하방식보다 약 1.2배 이상 보정한다.

⑥ 이송 피치 결정

이송잔폭은 제품폭 32mm이고 이송 잔폭을 2mm로 하여 이송피치를 34mm로 결정한다.

파팅(노칭)공정의 설계 시 블랭킹공정의 낙하방식보다 약 1.2배 이상 보정한다.

⑦ 재료 이용률

재료이용률에 대한 식은 다음과 같다.

$$\eta = \frac{Z \times A}{L \times B} \times 100(\%)$$

η : 재료이용률, l : 제품폭, Z : 제품개수
B : 폭, A : 면적, L : 소재길이
V : 이송피치, b : 제품길이, be : 이송잔폭
br : 측면잔폭

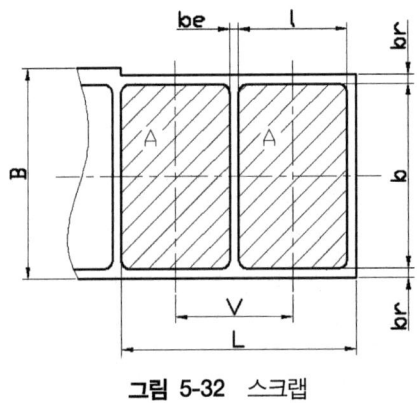

그림 5-32 스크랩

(나) 중량으로 계산한 재료 이용률

$$\eta = \frac{G_1}{G_2} \times 100(\%)$$

G_1 : 제품무게
G_2 : 소재무게

⑧ 스트립 레이아웃 작도

최종공정 : 블랭킹 낙하 예시
1공정 : 사이드 컷과 포밍   2공정 : 피어싱
3공정 : 파일럿과 이형피어싱   4공정 : 아이들
5공정 : 블랭킹 가공

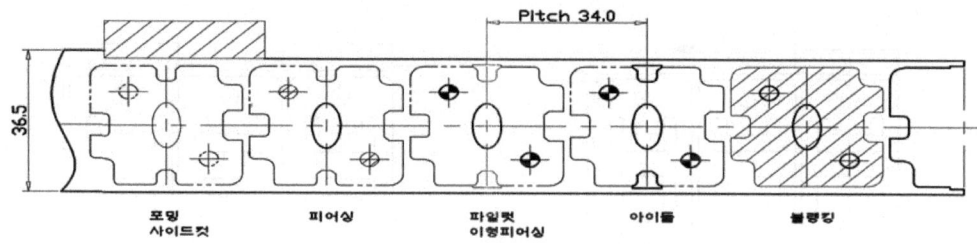

그림 5-33 스트립 레이아웃(블랭킹)

최종공정 : 파팅 낙하의 예시
1공정 : 포밍   2공정 : 피어싱
3공정 : 파일럿과 노칭   4공정 : 파일럿과 노칭
5공정 : 아이들   6공정 : 파팅

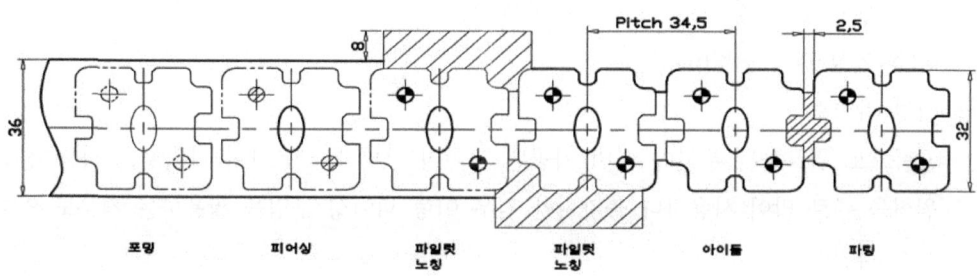

그림 5-34 스트립 레이아웃(노칭)

(3) 사이드 커터

① 사이드 커터(Side Cutter)의 용도와 크기

사이드 커터는 소재의 이송피치의 결정과 소재의 이송을 제한하면서 가장자리를 전단하는 부품으로 노치 스토퍼(Notch Stopper)라고도 한다. 사이드 커터는 4~12[mm] 정도의 폭으로 설치하고, 전단 폭은 소재는 두께에 따라 1~4[mm] 정도의 전단을 하게 되며, 제품의 노칭 펀치와 겸용으로 사용하는 경우도 있다.

② 사이드 커터의 형상과 설치

단면은 일반적 사각 단면형상과 힐(Heel) 형상으로 사용하며 그림에서 1개의 금형에 1개만 설치하여도 충분한 역할을 하나 이송을 정확히 제한하거나 소재의 양단이 일정하지 않을 경우 2개를 설치하여 사용하는 경우도 있으며 그림의 같은 위치에 사용하며, 전단력 분산을 위하여 1개는 피어싱 1개는 블랭킹에 사용하기도 한다.

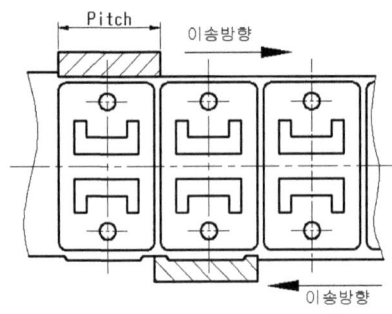
그림 5-35 사이드 커터의 형상과 개수(1개)

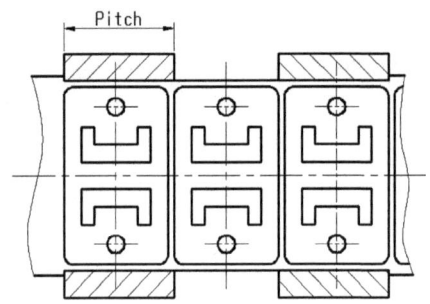
그림 5-36 사이드 커터의 형상과 개수(2개)

(4) 파일럿의 종류

① 파일럿 핀의 직경

$A = d - (0.03 \sim 0.05) \times t$ [mm]

A : 파일럿 핀 직경[mm], t : 소재 두께[mm]

d : 피어싱 펀치 직경[mm]

② 직접 파일럿

제품으로 활용하는 부분에 이미 가공된 피어싱 구멍을 활용하여 파일럿을 하는 경우로 원형을 주로 많이 사용하나 불가피한 경우 이형 피어싱 구멍을 활용하는 경우도 있다.

③ 간접 파일럿

제품으로 활용하는 않는 부분의 스크랩에 피어싱을 하여 그 구멍을 파일럿으로 사용하는 경우로 다이에 제품과 무관하게 구멍을 가공해야 한다.

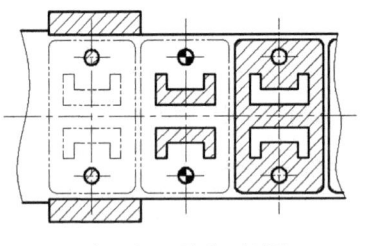
그림 5-37 직접 파일럿

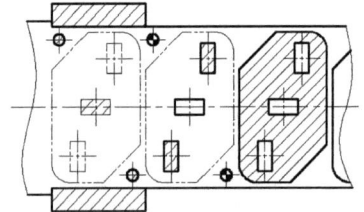
그림 5-38 간접 파일럿

(5) 프로그래시브 다이 작업

① 전단 하중력(P)계산

$P = t \cdot l \cdot \tau$

P : 전단하중력(kg 또는 ton)

l : 블랭크 윤곽의 총길이+피어싱 둘레 길이+노칭 부위 길이(mm)

t : 소재 두께(mm)

τ : 전단강도(kg/mm^2) (냉간압연 강판일 때는 $\tau=35\sim40$kg/mm^2)

l : 233≒블랭크윤곽길이 151

예) 피어싱 둘레 : 25

  t : 1.0(mm)

  τ : 35(kg/mm^2)

  $\therefore$ P=176×1.0×35=6,160(kg)

스트리핑력과 다이 판의 안전도를 고려하여 P값에 50%를 가산한다.

즉 토탈 전단하중 P′=6,160+(6,160×0.5)≒9,240(kg)

② 다이 플레이트의 두께 (H)계산

다이 플레이트의 두께는 그래프를 이용하여도 좋고 수식 $H = \sqrt[3]{P}$를 이용하여도 좋다. 따라서 $H = \sqrt[3]{P} = \sqrt[3]{9240}$ ≒21(mm)이므로 연삭 여유 및 보정 설계하여 25mm로 하며 재질은 SKD11로 한다.

그러나 정확한 강도를 가진 다이 플레이트의 두께를 계산하기 위하여서는 다이의 보정계수(K)를 고려한 계산을 하여야 한다.

$$H = K \times \sqrt[3]{P}$$

표 5-3 다이의 보정계수(K)

전단선의 길이[mm]	보정계수(K)
50~75	1.11
75~100	1.25
150~300	1.37
300~500	1.50
500 이상	1.60

③ 다이 블록의 크기(가로×세로) 결정

다이 블록 내의 구멍에서 가장 자리까지의 거리를 W라 하면 구멍의 윤곽에 따라 결정된다.

원형 및 타원형이면

W1 ≧ 1.2H

(일반적으로 ∅형상은 1.5~2D 정도를 기준으로 잡는다)

직선형이면 W2 ≧ 1.5H

예리형이면 W3 ≧ 2.0H

H= 다이두께

위와 같이 하여 계산하면 다이 블록의 가로와 세로 길이를 구할 수 있다.
세로의 경우 가동식 스트리퍼의 스프링을 별도위치에 넣을 경우 약 1.5배를 하여 다이크기는 230×160mm로 한다.

다이설계시 볼트와 가이드핀 맞춤핀의 유효간격 설계를 할 때는 아래의 다이세트 표를 참조하여 부품간의 간격을 설계한다. [표 5-3]은 일반적으로 많이 사용하는 값이며 ±5~10의 추가적인 보정설계는 설계자가 결정한다.

④ 클리어런스(Clearance) 결정(C)

자료집에서 $C=5\% \times t$, $t=1.0mm$이므로, $C=0.05\times 1$(편측 클리어런스)

∴ $C=0.05mm$

⑤ 코일 스프링 계산

가동 스트리퍼의 경우 코일 스프링을 사용한다.

(가) 조립할 때 항상 탄력이 작용하도록 가압시키기 위한 길이 : 2.0~5.0mm, 본 설계에서는 3.0mm로 한다.

(나) 작업시 작용하는 가압력의 길이 2~4mm(3mm채용)

(다) 스프링 하중력 계산

㉠ 스트리핑력 = 전단하중력×(2.5~20%=보통 15%를 선택)

  = 9.2톤×0.15 = 1.38톤

㉡ 스프링 하중력을 사용할 스프링 수로 나누어 스프링 하중에 따른 종류를 선택한 후 ∅의 크기를 카탈로그를 이용하여 적정 규격품을 결정한다.

  = 1.38kg÷6(플레이트의 밸런스 고려)

  = 230kg(스프링 1개당의 스트리핑력)

  갈색 ∅25로 결정(245kg)

⑥ 이송유닛 및 기타사항

(가) 가이드 리프터를 사용하므로 핀 리프터를 설치한다.

(나) 가이드 플레이트를 사용할 경우 가이드 판과 작동밀핀을 설치한다.

(다) 펀치의 길이를 최대한 짧게 하기 위하여 스프링 포켓을 설치하여 준다.

(라) 가동식 스트리퍼 타입 프로그레시브 금형

(마) 펀치고정은 턱걸이 방법 사용

(바) 제품도에 있는 치수는 공구의 마모를 고려 기준치수를 보정 설계

(사) 소재이송은 좌측에서 우측으로 하고 NC 롤러 피더를 사용

2) 프로그레시브 블랭킹 및 파팅 설계하기

(1) 프로그레시브 블랭킹 금형 설계

냉간압연강판(SCP) t=1.0

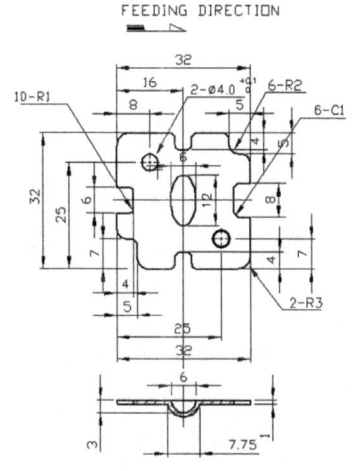

그림 5-39 제품도

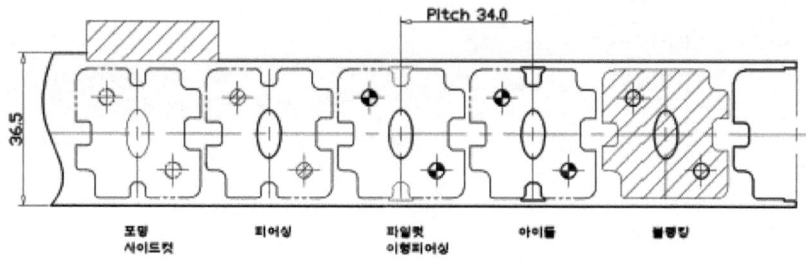

그림 5-40 스트립레이아웃 설계

스트립 레이아웃설계의 어렌지는 70%, 클리어런스는 편측 5%를 적용하여 설계하였다. 공정을 보면 1차 사이드 컷+포밍, 2차 피어싱, 3차 이형피어싱+파일럿, 4차 아이들, 5차 블랭킹공정으로 설계되었고 소재 앞뒤 잔폭은 2mm 이송 잔폭은 1.5mm에 사이드 컷 1.5mm 추가되어 36.6mm로 설계하였다.

가이드 리프트의 경우 직경 Ø8로 설계하였다. 리프트 홈의 이송 잔폭은 1.5mm로 리프트의 내측 직경은 Ø5로 설계하였고 리프트의 작동량은 5mm, 스트리퍼볼트의 작동량은 7mm로 설계하였다.

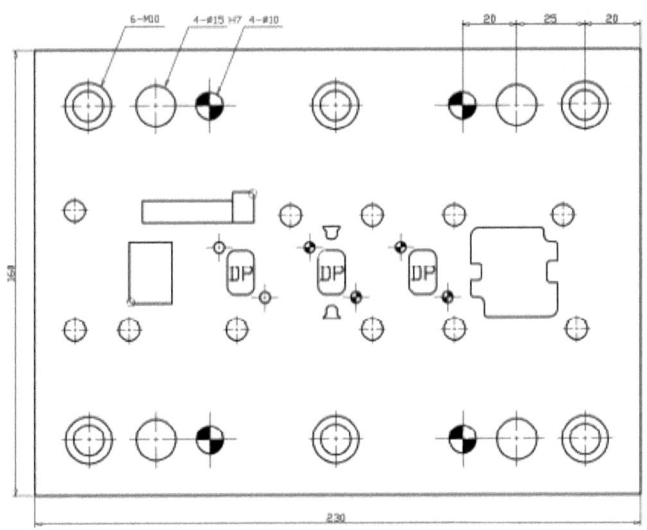

그림 5-41 다이 설계

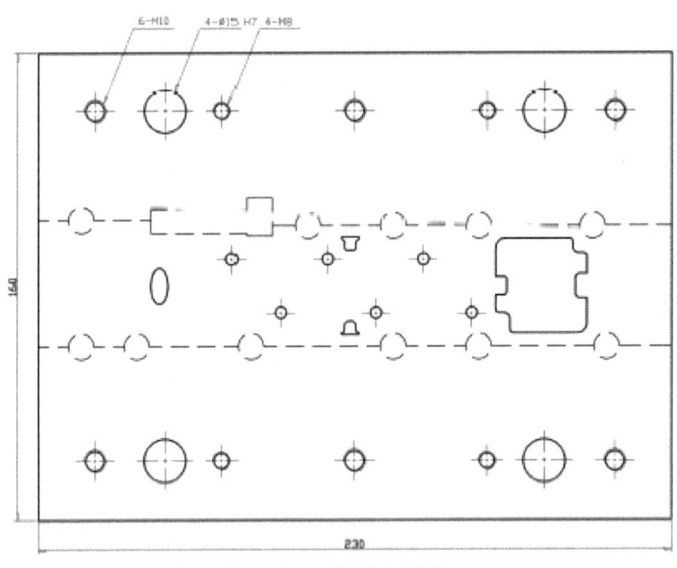

그림 5-42 스트리퍼 설계

스트리퍼 설계의 중요한 요소는 소재를 누르는 설계인데 일반적으로 t1 소재의 경우 실측을 하면 0.98mm로 판단된다. 이에 0.02~0.03을 누른다고 가정하고 0.95mm로 설계를 한다. 각 펀치의 조립 및 작동공차는 +0.01~+0.02를 통상적으로 한다.

주요 펀치들만 개략적인 설계를 하였다. 이해를 돕기 위해 형상도를 참조하였고 스트립레이 아웃에서 설계한 펀치의 형상을 그대로 사용하면 된다.

어렌지와 클리어런스를 적용하여 설계하면 블랭킹 펀치의 경우 다이는 정치수 펀치에 편측 5%를 적용하여 −0.1mm 작게 설계되었고 작동공차는 아직 설계에 표현(적용)하지 않았다.

실제 타발을 위한 전단각 설계는 생략하였다.

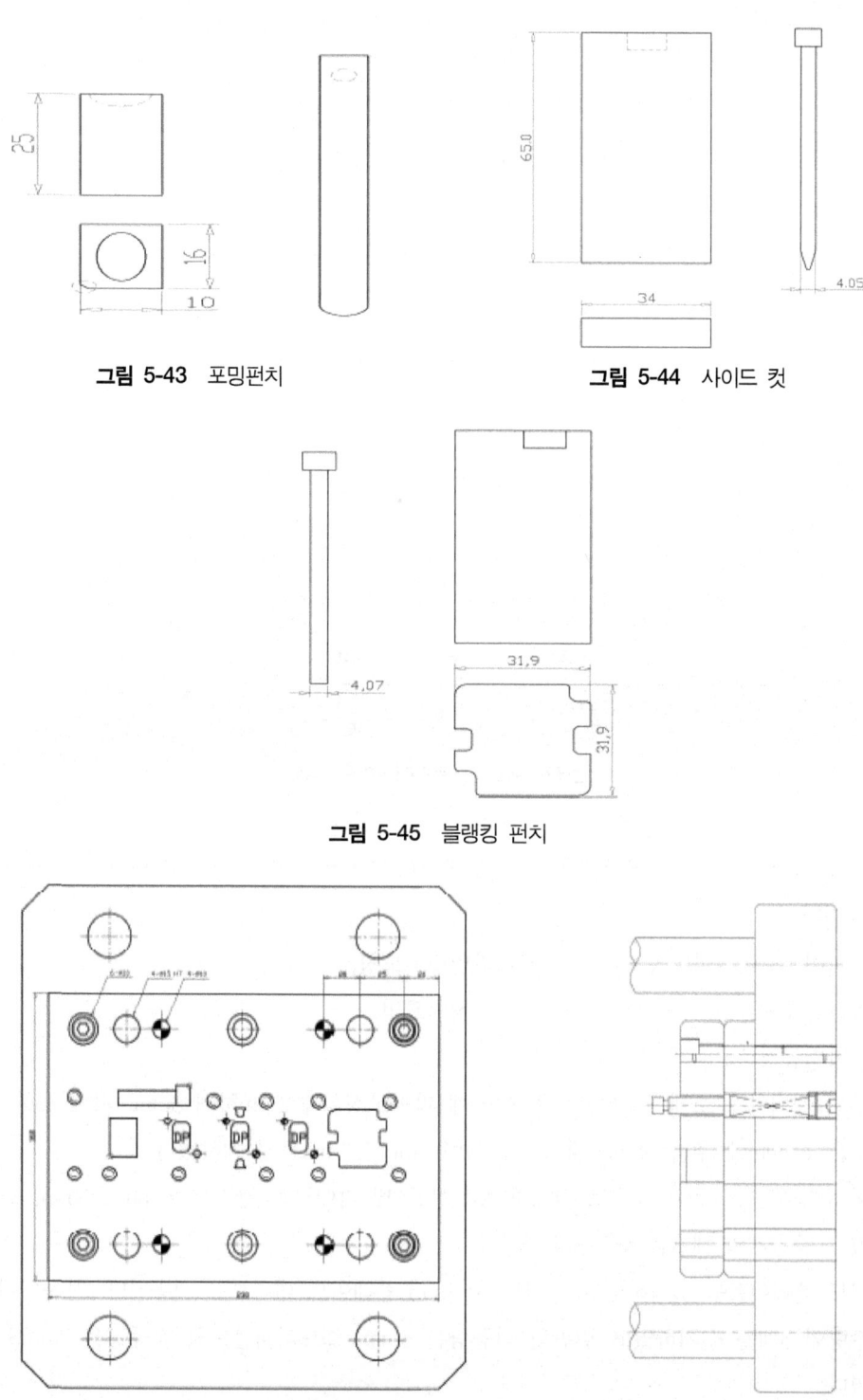

그림 5-43 포밍펀치

그림 5-44 사이드 컷

그림 5-45 블랭킹 펀치

그림 5-46 하형평면 조립도

(2) 프로그레시브 파팅 금형 설계

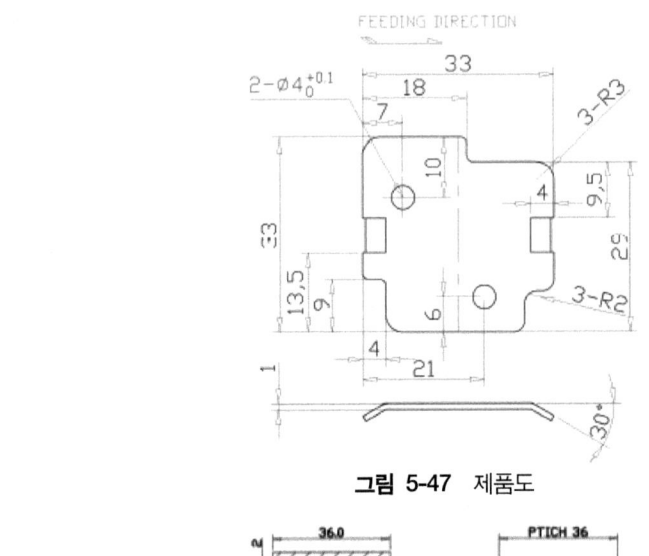

그림 5-47 제품도

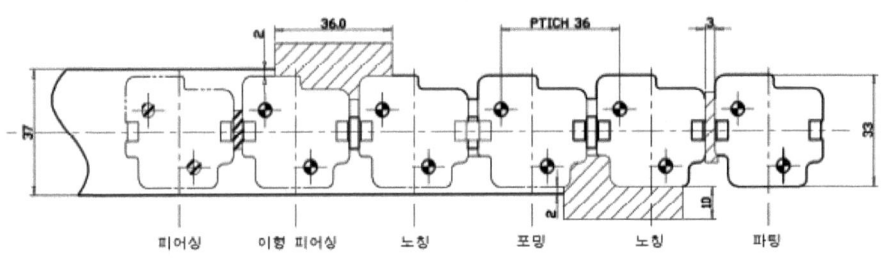

그림 5-48 스트립레이아웃 설계

스트립 레이아웃설계의 어렌지는 70%, 클리어런스는 편측 5%를 적용하여 설계하였다. 공정을 보면

1차 피어싱+이형피어싱, 2차 파일럿+노칭,
3차 파일럿+노칭, 4차 노칭+포밍,
5차 파팅공정

으로 설계되었고 소재 앞뒤 잔폭은 2mm에 파팅보정설계 1mm하여 3mm, 피치 36mm 이송 잔폭은 1.5mm에 추가 보정설계 0.5mm하여 2mm, 37mm로 설계하였다.

다이의 경우 230×160×T25로 설계하였고 볼트 및 가이드핀 간격은 20mm, 25mm, 20mm로 하였고 중간부위 체결볼트를 체결하였다.

가이드 플레이트를 설치하였고 소재는 홈 2mm 플레이트 내측으로 이송된다. 작동밀핀은 최소수량인 3개를 설치하였고 밀핀의 작동량은 5mm, 스트리퍼볼트의 작동량은 7mm로 설계하였다.

스트리퍼 설계의 이해를 돕기 위해 상하 양방향으로 나타내었다. 스트리퍼 설계의 중요한 요소는 소재를 누르는 설계인데 일반적으로 t1 소재의 경우 실측을 하면 0.98mm로 판단된다. 이에 0.02~0.03을 누른다고 가정하고 0.95mm로 설계를 한다. 각 펀치의 조립 및 작동 공차는 +0.01~+0.02를 통상적으로 한다. 가이드 플레이트의 코너R 도피는 생략하고 설계하였다.

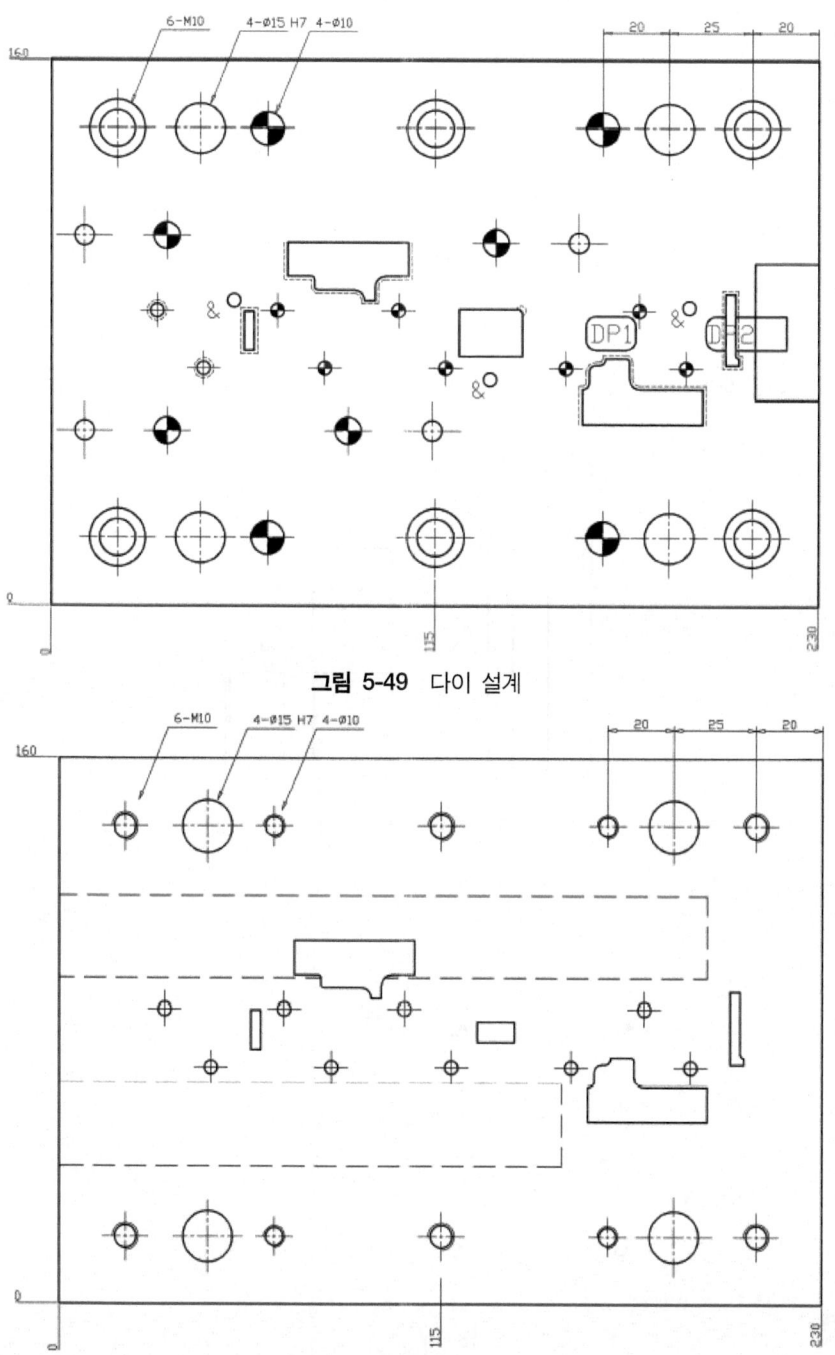

그림 5-49 다이 설계

그림 5-50 스트리퍼 설계

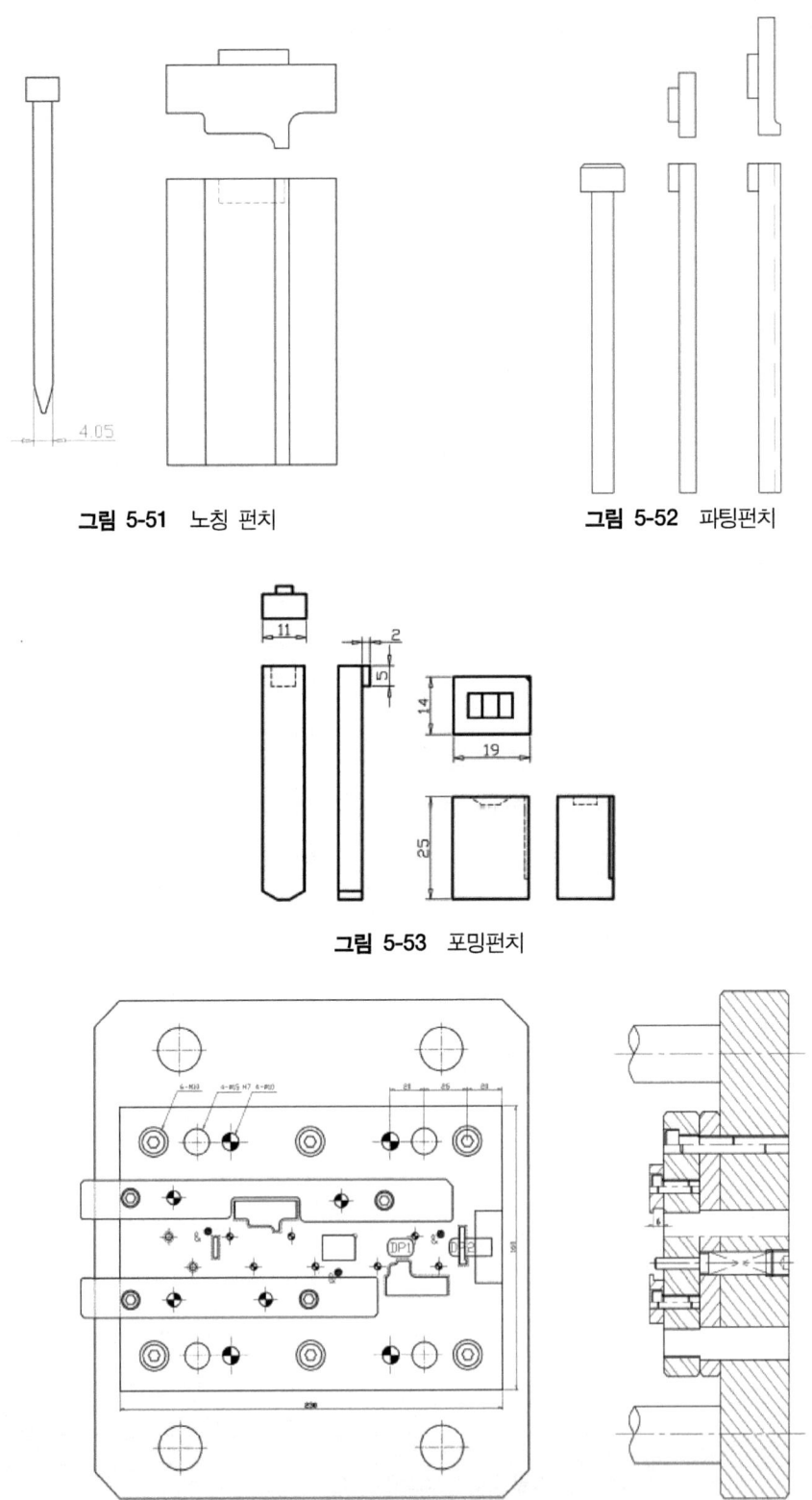

그림 5-51 노칭 펀치

그림 5-52 파팅펀치

그림 5-53 포밍펀치

그림 5-54 하형평면 조립도

실기 내용

1. 재료 이용률 계산하기

제품의 직경이 20[mm] 이송 잔폭은 2[mm] 소재의 폭은 2[mm]일 때 재료 이용률을 구하라.

(풀이)

이송거리 면적 528=22mm×24mm

제품면적 314=10×10×3.14

η=314/528=0.5946×100=59.46

∴ 약 60%

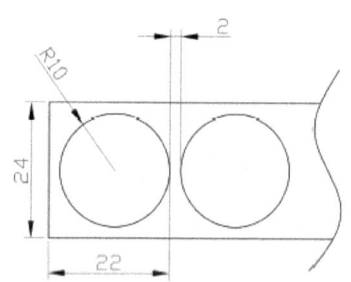

2. 다이 두께 결정하기

어떤 제품의 두께가 2(mm)이고, 전단선의 길이가 180[mm]일 경우 소재의 전단 강도가 τ=40[kgf/mm^2]일 때 다이의 두께를 구하라. 단, 연삭여유는 1.5[mm]로 한다.

(풀이)

전단력 P를 구하면

P=$l \cdot t \cdot T$=180×2×40=14,400(kgf)

다이의 두께 t=$K\sqrt[3]{P}$=1.37$\sqrt[3]{14400}$=33.3[mm]

  t=33.3+1.5=34.8≒35[mm]

3. 스트립 레이아웃을 작성하기

아래의 제품도를 보고 요구사항에 맞도록 어렌지 및 스트립 레이아웃을 작성하시오.

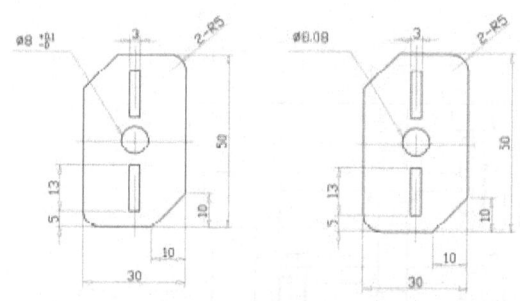

그림 5-55 제품도

[요구사항]

① 제품도를 보고 Lay-out을 작도한다.

② 배열은 1열 1개 따기로 설계한다.
③ 소재 이송방향은 좌에서 우로 하고 잔폭은 계산하여 설정한다.
④ 공정은 3공정 이상으로 하고 블랭킹 및 파팅 두 가지로 설계를 한다.

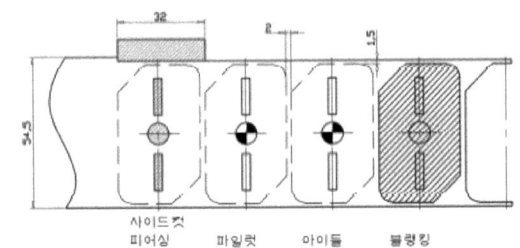

그림 5-56 사이드 컷 레이아웃

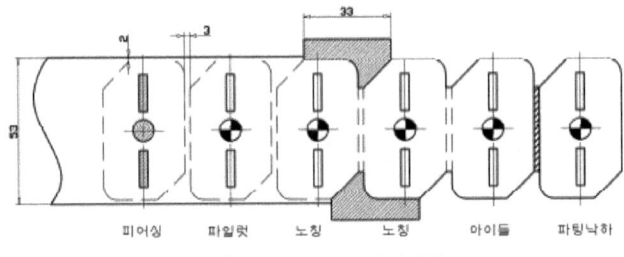

그림 5-57 노칭 레이아웃

3. 설계도면 오류 판단

1) 스트리퍼

(1) 고정식 스트리퍼

프로그레시브 전단금형은 크게 가동식과 고정식으로 나눌 수 있다 고정식 스트리퍼는 펀치

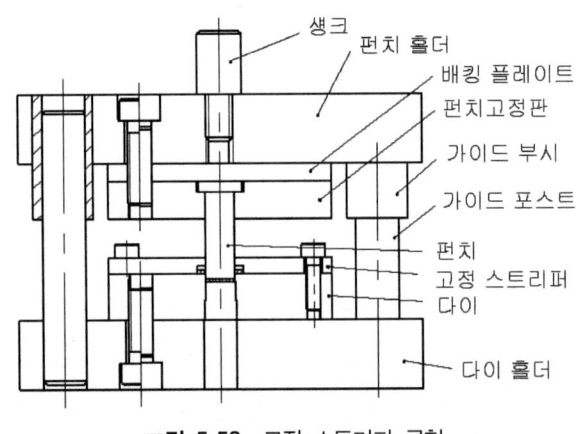

그림 5-58 고정 스트리퍼 금형

의 안내와 소재를 펀치로부터 빼주는 역할만을 한다. 일반적으로 수동이송 전단가공과 소재가 두껍고 생산량이 적고 정밀하지 않은 제품 생산에 이용되며 다이에 고정된 형식이다. 고정스트리퍼 홈의 깊이(h)는 일반적으로 h=0.7+1.5T의 값을 사용하며, 그림의 그림은 고정 스트리퍼의 소재안내 홈 깊이와 형상을 나타낸다.

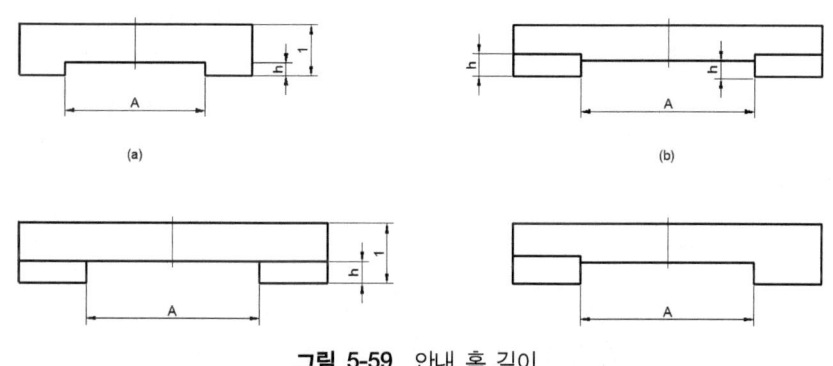

그림 5-59 안내 홈 깊이

표 5-4 문형 스트리퍼의 소재안내 홈 깊이와 형상

소재의 두께	홈깊이(핀스토퍼식)	홈깊이(자동 스토퍼식)
~0.5	3	1.5~2
0.5~1.0	3.5~4	2.5
1.0~2.0	5~6	4
2.0~3.0	8	5
3.0 이상	t2+2	t+2

(2) 가동식 스트리퍼

대량생산에 주로 사용되는 형식으로 평탄하고 정밀한 제품과 박판재료를 가공할 때 소형 펀치의 휨이나 파손의 염려가 있을 때 사용되며, 펀치 홀더 측에 장착되어 스프링이나, 우레탄 고무 등 이용하여 가동하게 하는 형식이다.

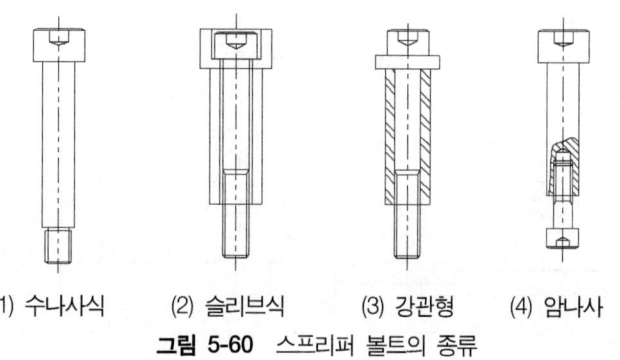

(1) 수나사식   (2) 슬리브식   (3) 강관형   (4) 암나사

그림 5-60 스프리퍼 볼트의 종류

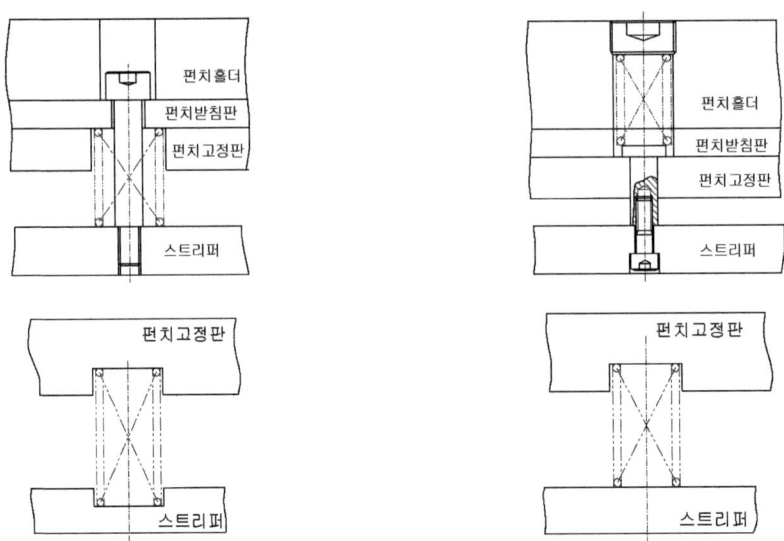

그림 5-61 가동 스트리퍼에서의 스프링 장착법

(3) 프로그레시브 다이(소재안내판)

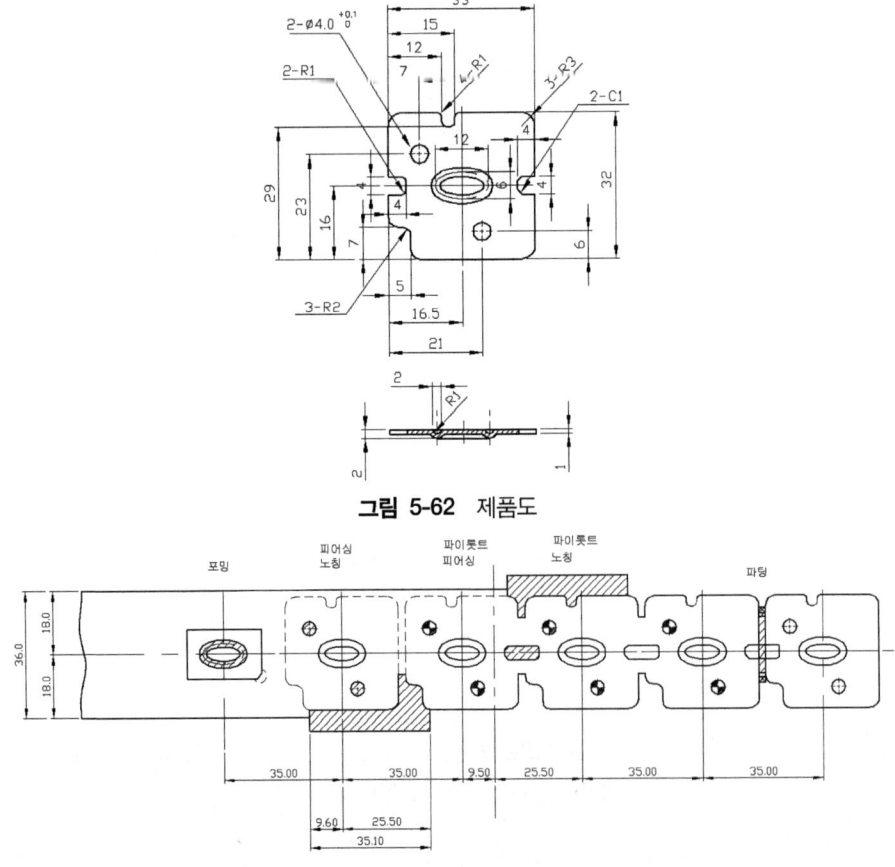

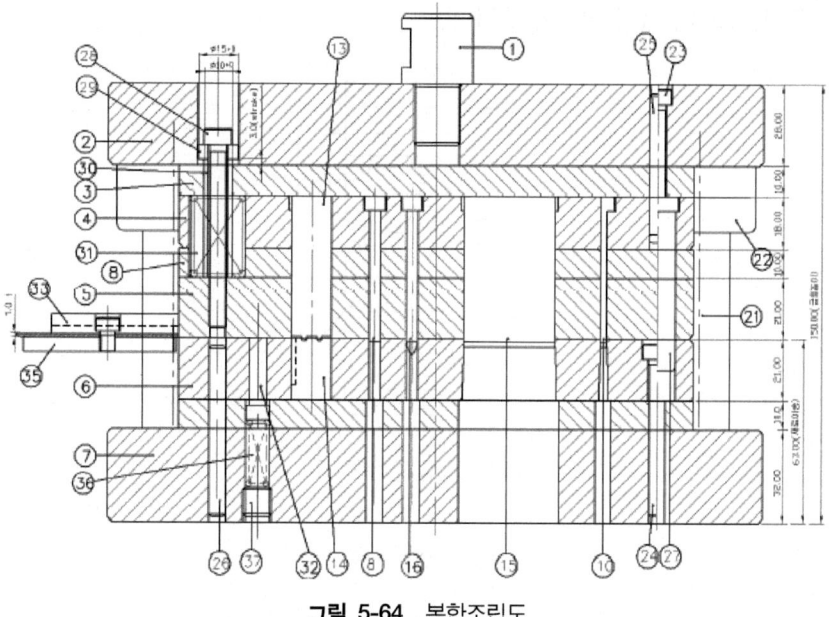

그림 5-64 복합조립도

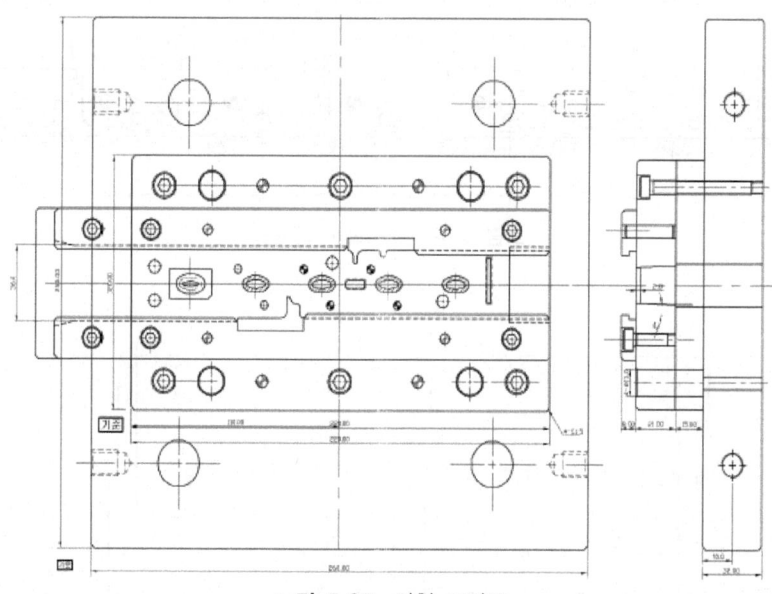

그림 5-65 하형 조립도

(4) 프로그레시브 다이(가이드 리프터 핀)

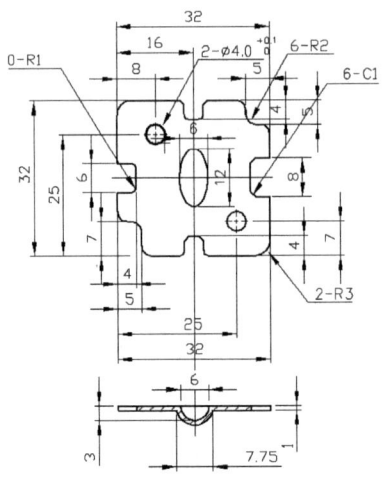

그림 5-66 제품도

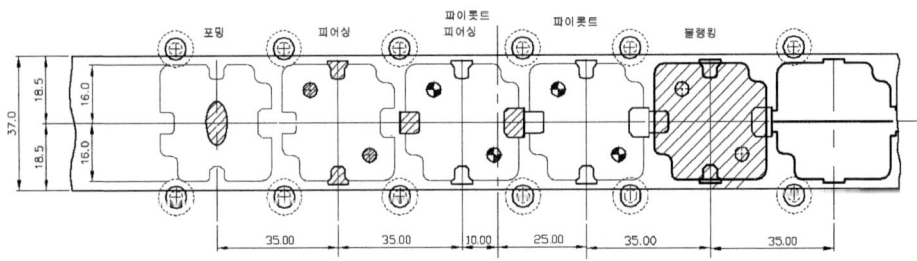

그림 5-67 스트립 레이아웃

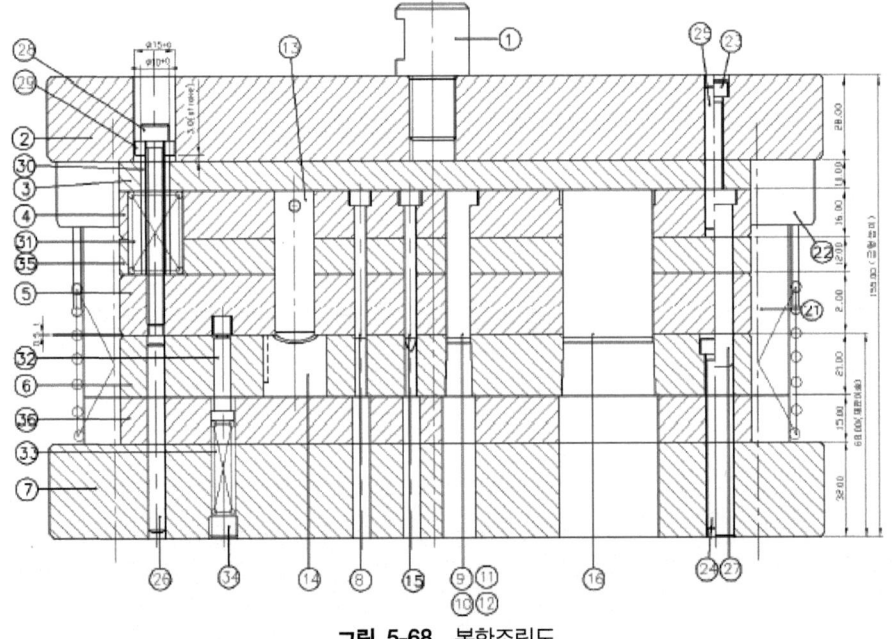

그림 5-68 복합조립도

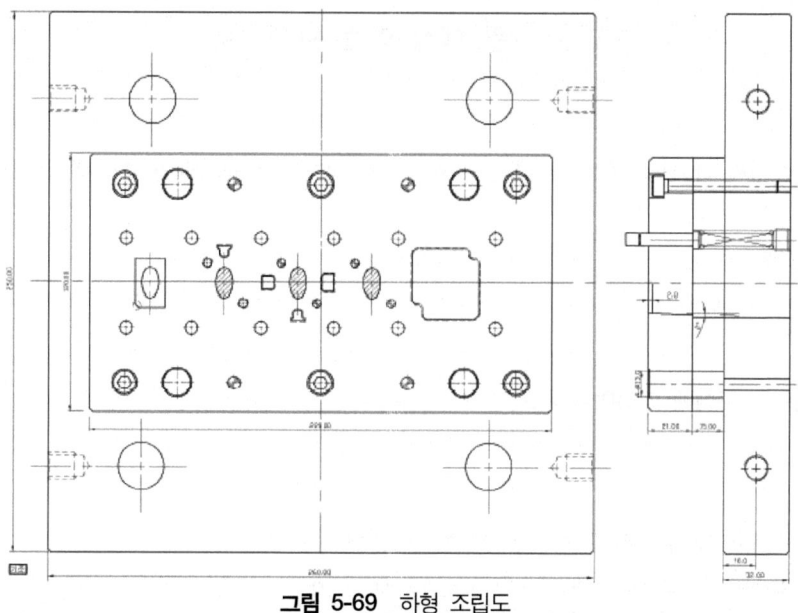

그림 5-69 하형 조립도

단원 핵심 학습 문제

01 다음 중 강제 다이세트로서 볼 가이드부시를 사용하는 다이세트의 종류가 아닌 것은?
① SBR형　　　　　　② SCR형
③ SDR형　　　　　　④ SFB형

해설 : ④ 강제 다이세트로서 볼 가이드 부시를 사용하는 SBR형, SCR형, SDR형 및 SFR형을 규정하고 있다.

02 다이세트는 구성에 대하여 쓰시오.

해설 : 펀치 홀더, 가이드 부시, 가이드 포스트 및 다이 홀더로 구성

03 피어싱 도면의 치수 d가 $\varnothing 4^{+0.1}_{0}$일 때 보정도면치수는?

해설 : 적용보정치수 - 공차 범위×마모율=0.1×0.8=0.08(80% 적용)
　　　보정도면치수 - 최소치수+보정치수=$\varnothing 4+0.08=\varnothing 4.08$

04 블랭킹 도면의 치수 A가 $42^{+0.1}_{0}$일 때 보정도면치수는?

해설 : 적용보정치수 - 공차 범위×마모율=0.×0.8=0.08(80% 적용)
　　　보정도면치수 - 최대치수-보정치수=42.1-0.08=42.02

05 소재의 이송피치의 결정과 소재의 이송을 제한하면서 가장자리를 전단하는 부품으로 노치 스토퍼(Notch Stopper)라고도 하는 부품은?

해설 : 사이드 커터

06 파일럿의 종류를 쓰고 간단히 설명하시오.

해설 : ① 직접 파일럿
　　　　제품으로 활용하는 부분에 이미 가공된 피어싱 구멍을 활용하여 파일럿을 하는 경우로 원형을 주로 많이 사용하나 불가피한 경우 이형 피어싱 구멍을 활용하는 경우도 있다.
　　　② 간접 파일럿
　　　　제품으로 활용하는 않는 부분의 스크랩에 피어싱을 하여 그 구멍을 파일럿으로 사용하는 경우로 다이에 제품과 무관하게 구멍을 가공해야 한다.

07 대량생산에 주로 사용되는 형식으로 평탄하고 정밀한 제품과 박판재료를 가공할 때 소형 펀치의 휨이나 파손의 염려가 있을 때 사용되며, 펀치 홀더 측에 장착되어 스프링이나, 우레탄 고무 등 이용하여 가동하게 하는 형식의 스트리퍼는?

해설 : 가동식 스트리퍼

5-3 2D 데이터 출력하기

1. 부품도 저장 및 출력

1) 부품도 저장

(1) 저장
현재 사용 중인 파일이름으로 파일을 저장한다.

(2) 다른 이름으로 저장
현재 사용 중인 도면을 사본으로 저장한다.
① 도면
　현재 도면을 기본도면 파일형식으로 저장한다.
② 도면 템플릿
　새 도면을 작성할 때 사용할 수 있는 도면 템플릿 파일을 작성한다.
③ 기타
　저장형식을 정수값으로 입력 : 정수값은 파일유형의 순서에 따른다.
④ 배치를 도면으로 저장
　현재 배치공간에서 표시된 모든 객체를 새 도면의 모형공간에 저장한다.

(3) 내보내기
현재 도면을 다른 형식으로 내보낸다.
① DWF
　DWF 파일이 작성되며 페이지 설정 재지정을 설정한다.
② DWFx
　DWFx 파일이 작성되며 페이지 설정 재지정을 설정한다.
③ 3D DWF
　3D 모형의 DWF 또는 DWFx 파일을 작성하여 DWF 뷰어에 표시한다.
④ PDF
　PDF 파일이 작성되며 페이지 설정 재지정을 설정한다.
⑤ DGN
　현재 도면에서 하나 이상의 DGN(Micro Station DGN) 파일을 작성한다.

⑥ FBX

　　현재 도면을 기준으로 FBX 파일을 작성한다.

⑦ 기타형식

　　도면을 다른 파일2 형식[비트맵(.bmp), 리쏘그래픽(.stl)]으로 내보낸다.

(4) 게시

도면을 공유한다.

① 3D 인쇄 서비스 보내기

　　솔리드 객체 및 수밀 메쉬를 3D 인쇄 서비스로 보낸다.

② 보관

　　현재 시트세트 파일을 패키지화하여 보관한다.

③ 전자 전송

　　도면 파일 및 종속 항목의 패키지를 작성한다.

④ 전자 우편

　　현재 도면 파일을 전자 우편에 첨부하여 보낸다.

(5) 인쇄

도면을 플로터 또는 다른 인쇄 장치로 출력한다.

① 플롯

　　도면을 플로터, 프린터 또는 파일로 플롯한다.

② 배치 플롯

　　여러 개의 시트 또는 도면을 플로터, 프린터, DWF 또는 PDF 파일에 게시된다.

③ 플롯 미리보기

　　플롯되었을 때의 모양으로 도면을 표시한다.

④ 플롯 보기 및 상세정보 게시

　　완료한 플롯 및 게시 작업에 대한 정보를 표시한다.

⑤ 페이지 설정

　　페이지 배치, 플로팅 장치, 용지 크기 및 새 배치 각각에 대한 기타설정을 조정한다.

⑥ 플로터 관리

　　플로터 구성을 추가하거나 편집할 수 있는 플로터 관리자를 표시한다.

⑦ 플롯 스타일 관리

　　플롯 스타일 테이블을 개정할 수 있는 플롯 스타일 관리자를 표시한다.

⑧ 플롯 스타일 관리

플롯 스타일 테이블을 개정할 수 있는 플롯 스타일 관리자를 표시한다.

2) 도면 유틸리티

(1) 도면 관리 유지

① 도면 특성 : 현재 도면의 파일 특성을 설정하고 표시한다.
② 단위 : 좌표 및 각도의 표시 형식과 정밀도를 조정한다.
③ 도면 단위 대화상자 : 좌표 및 각도에 대해 표시된 정밀도 및 형식을 조정한다.
  (가) 길이 : 현재 측정 단위와 현재 단위의 정밀도를 지정한다.
    ㉠ 유형 : 측정 단위의 형식(건축, 십진, 엔지니어링, 분수, 과학)을 설정한다.
    ㉡ 정밀도 : 단위 정밀도는 선형 측정값에 표시되는 소수 자릿수 또는 소수 부분의 크기를 지정한다.
  (나) 삽입 축척 : 현재 도면에 삽입된 블록 및 도면의 측정 단위를 조정한다.
    ㉠ 샘플 출력 : 현재 단위 및 각도 설정의 예를 표시한다.
    ㉡ 조명 : 현재 도면의 포토메트릭 웹 라이트 광도에 대한 측정 단위를 조정한다.
  (다) 각도 : 현재 각도 형식과 현재 각도 표시의 정밀도를 지정한다.
    ㉠ 유형 : 현재 각도 형식을 설정한다.
    ㉡ 정밀도 : 현재 각도 표시의 정밀도를 설정한다.
④ 감사 : 도면의 오류 감사를 실시하여 도면의 무결점을 평가하고, 일부 오류를 바로 잡는다.
⑤ 상태 : 도면 통계 모드 및 범위를 표시한다.
⑥ 소거 : 블록의 정의 및 도면층 등 사용되지 않은 항목을 도면에서 제거한다.
⑦ 소거 대화상자 : 블록 정의 및 도면층 등 사용되지 않은 항목을 도면에서 제거한다.
  (가) 명명된 객체
    ㉠ 소거할 수 있는 항목 : 현재 도면에서 소거할 수 있는 명명된 객체를 요약하여 표시한다.
    ㉡ 소거할 수 없는 항목 : 현재 도면에서 소거할 수 없는 명명된 객체를 요약하여 표시한다.
    ㉢ 제거할 각 항목 확인 : 항목을 소거할 때 소거 확인 대화상자가 열린다.
    ㉣ 내포된 항목 제거 : 객체에 포함되어 있거나 참조된 경우에도 객체를 제거한다.
  (나) 이름 없는 객체
    ㉠ 길이가 0인 형상과 빈 문자 객체 소거 : 블록이 아닌 객체에서 길이가 0인 형상(선, 호, 폴리선 등)과 글자가 없는 문자 및 여러 줄 문자도 삭제한다.

ⓛ 소거 : 선택한 항목을 소거한다.

ⓒ 모두 소거 : 사용하지 않은 항목을 모두 소거한다.

⑧ 복구 : 손상된 도면파일을 복구한다.

⑨ 외부 참조와 함께 복구 : 손상된 외부 참조와 함께 도면파일을 복구한다.

⑩ 도면 복구 관리자 열기 : 프로그램 또는 시스템 장애가 발생한 후 복구할 도면을 표시한다.

(2) 닫기

도면을 닫는다.

① 현재도면

　현재 도면을 닫는다.

② 모든 도면

　현재 열려 있는 도면을 모두 닫는다.

2. 자재와 부품 리스트 산출

1) 부품 리스트

(1) 가동식 프로그레시브 프레스금형의 구성

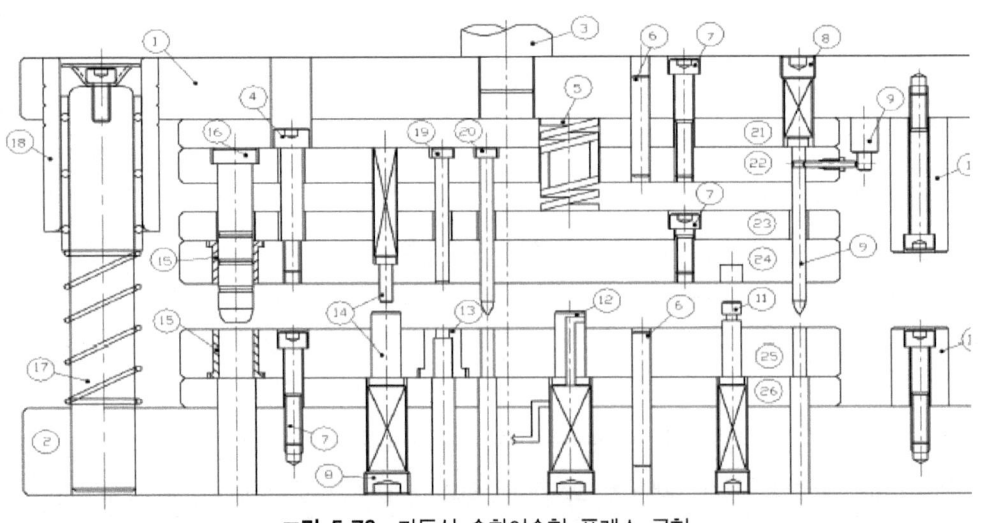

그림 5-70 가동식 순차이송형 프레스 금형

표 5-5 가동식 순차이송형 프레스 금형 부품표

1	펀치 홀더	8	스크류 플러그	15	가이드 핀부시	22	펀치고정판
2	다이홀더	9	미스피드검출기	16	가이드 핀	23	압축판
3	섕크	10	스트로크앤드블록	17	가이드 포스트	24	스트리퍼
4	스트리퍼볼트	11	가이드 리프트 핀	18	가이드 포스트 부시	25	다이
5	스프링	12	에어홀 리프트 핀	19	피어싱 펀치	26	다이받침판
6	맞춤핀	13	다이부시	20	파일럿 핀		
7	볼트	14	털핀,밀핀	21	펀치 받침판		

(2) 프레스 금형 요소 부품의 기능

① 펀치 홀더

가이드 핀에 의한 상하운동이므로 금형 상측을 프레스에 고정하는 역할을 한다.

② 다이 홀더

금형 하측을 프레스에 클램프를 이용하여 고정하는 역할을 한다. 구멍은 피어싱 스크랩으로 빠지도록 하고 제품이 블랭킹인 경우 제품을 따로 받을 수 있도록 한다.

③ 섕 크

금형의 상형을 프레스 램에 고정시키기 위하여 금형의 펀치홀더(상홀더)에 고정시킨 봉 상의 자루이며 재질은 기계구조용강(SM20C)을 사용한다.

④ 스트리퍼 볼트

가동식 스트리퍼 방식에서 스트로크를 조정하기 위하여 스트리퍼 볼트 방식으로 스프링과 함께 사용한다.

⑤ 스프링

스프링은 타발력의 15~20% 정도를 유지하여야 한다.

⑥ 맞춤핀

위치결정 부품으로서, 규격품을 주로 사용하고 각 플레이트의 신속한 분해가 가능하고 재조립 시에도 정확한 위치를 결정하여 준다.

⑦ 육각 구멍붙이 볼트

금형 부품 체결 요소이다.

⑧ 스크류 플러그

금형 부품 체결 요소 및 냉각 막음용 플러그로 사용한다.

⑨ 미스피드 검출기

프로그레시브 금형을 이용한 작업에서 이송작동이 잘못되어 금형의 손상을 입는 것을 방지하기 위해 설치하는 것이 미스피드 검출장치다.

⑩ 스트로크 앤드 블록

스트로크 조정 봉으로 제품 타발 시 스트로크를 유지시키고 금형 보관 시 보관을 위한 봉으로 플레이트 조립 후 길이에 유의해서 동시연마 가공한다.

⑪ 가이드 리프터 핀

소재를 들어 올려주는 기능과 폭 방향의 재료의 위치를 결정하고 안내하는 기능을 한다. Side cutter가 없는 구역에 설치하며, 재료를 들어 올려 주는 높이는 일반적으로 5mm 정도로 사용한다.

⑫ Air Hole Lifter Pin

다이에서 에어를 취출하는 핀으로 타발 시에는 다이 속으로 들어가고 금형이 열리면 스프링에 의해 올라와 압축 공기를 이용하여 파팅된 제품을 밖으로 취출하는 핀이다.

⑬ 다이부시

피어싱은 다이의 파손을 방지하고 수정, 수리 시 빠른 대처를 위해 다이 부시를 사용한다.

⑭ 키커 핀, 밀핀

키커 핀 : 프레스 가공된 제품 또는 스크랩이 펀치의 밑면에 붙어 펀치의 상승과 더불어 올라오는 때가 있는데, 이것은 프레스 작업의 능률을 저하시킬 뿐만 아니라 연속 자동 가공을 할 때는 블랭크에 의하여 가공소재의 이송을 혼란시켜 금형을 손상을 방지하기 위해 설치된다.

밀핀 : 하형에 부착한 소재를 보내기 쉽게 하기 위해 주로 프로그레시브 금형 등에서 재료를 다이 상면에서 들어 올려 이송을 용이하게 하고, 스트립의 전체적인 수평 상태를 유지하며, 끝 피치에서는 제품의 슬라이딩 낙하를 원활하게 하기위해 밀핀을 설치한다.

⑮ 가이드 핀 부시

스트리퍼와 다이판에 고정되어 플레이트의 상하 운동을 안내하기 위한 것이다.

⑮ 가이드 핀 부시

스트리퍼와 다이판에 고정되어 플레이트의 상하 운동을 안내하기 위한 것이다.

⑯ 가이드 핀

펀치 고정판과 스트리퍼에 고정되어 플레이트의 상하 운동을 안내하기 위한 것이며 가이드 핀 부시에 의해 안내된다.

⑰ 가이드 포스트

다이 세트의 상하 운동을 안내하기 위한 것으로 다이 홀더에 고정하여 가이드 포스트 부시에 의해 안내된다. 가이드 방식에는 플레인 가이드(plain guide) 방식과 볼 가이드(ball guide) 방식이 있다.

⑱ 가이드 포스트 부시

펀치 홀더에 고정되어 가이드 포스트를 보호하면서 안내 및 제어를 한다.

⑲ 피어싱 펀치

펀치는 다이(die)와 함께 제품의 형상을 만드는 부분이고, 제품은 펀치와 다이에서 가공이 되기 때문에 치수 정밀도가 높고 표면조도가 좋은 것을 만들 필요가 있다.

⑳ 파일럿 핀

프레스 가공에서 위치결정의 중요한 역할을 하며 특히 순차 이송 금형에서 정확한 가공 소재의 위치를 결정하며 제품의 형상에 따라 트랜스퍼 금형에도 응용된다.

㉑ 펀치받침판

펀치 홀더 속에 파고 들어가는 것을 방지하기 위하여 사용한다.

㉒ 펀치고정판

각종 펀치를 다이구멍에 수직으로 작동 유지될 수 있도록 고정하여 주는 기능을 한다.

㉓ 압축판

스트리퍼 위에 볼트로 고정하며 정확한 스트로크 조정을 위해 스트리퍼와 펀치 고정판 사이에 설치한다.

㉔ 스트리퍼

스트리퍼의 가장 중요한 기능은 재료를 펀치로부터 빼주는 것이며, 그 외에 펀치 강도의 보강, 전단 가공시 재료의 변형방지 및 펀치의 안내를 하여 준다.

㉕ 다이

다이는 일반적으로 평면 형상의 것이 많으며 열처리에 의하여 변형이 일어나기 쉽기 때문에 충분한 두께가 있어야 한다.

㉖ 다이받침판

다이 홀더 속에 파고 들어가는 것을 방지하기 위하여 사용한다.

2) 프로그레시브 설계 및 부품표 작성하기

(1) 프로그레시브 블랭킹 스트립 레이아웃 작도

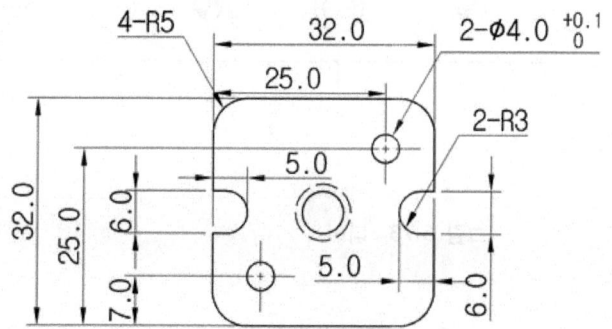

그림 5-71 제품도

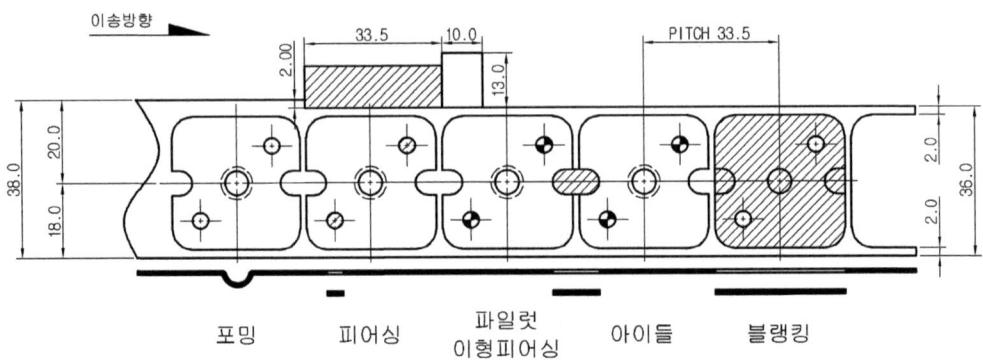

그림 5-72 스트립 레이아웃

스트립 레이아웃설계의 어렌지는 70%, 클리어런스는 편측 5%를 적용, 피치는 33.5mm, 소재 폭 38.0mm로 설계하였으며, 그림의 레이아웃 아래 전단공정을 추가적으로 설계하고 다이, 스트리퍼, 펀치고정판, 주요펀치, 하형 조립도, 부품표, 복합조립도 등 금형 제작에 준하는 설계를 한다. 작동공차를 제외한 상세한 치수기입과 부품표 작성 등 설계를 한다.

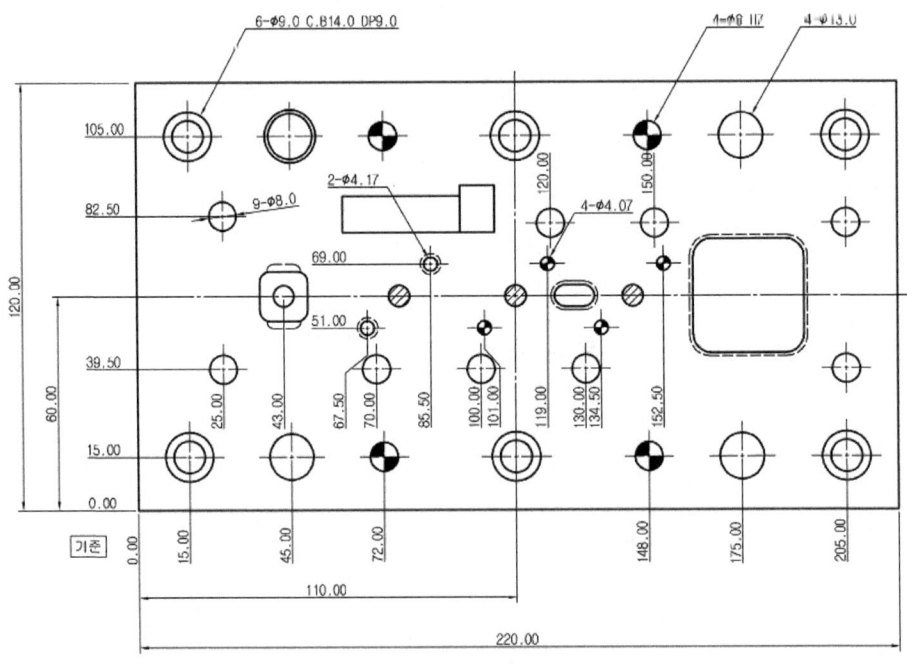

그림 5-73 다이

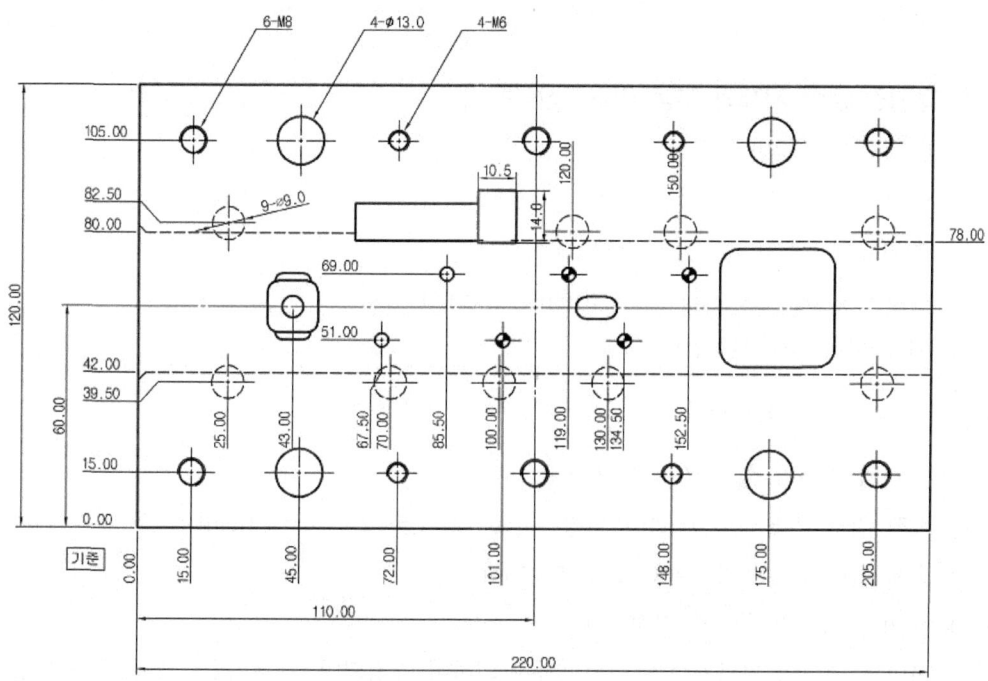

그림 5-74 스트리퍼

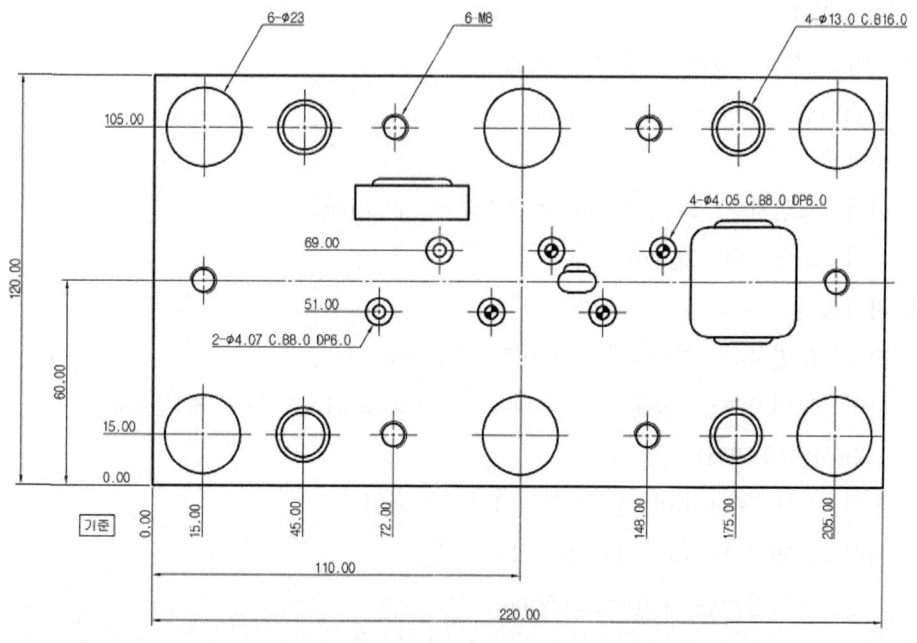

그림 5-75 펀치고정판

실기 내용

1. 블랭킹 금형 자재와 부품 리스트산출하기

1) 공정도 작성 준비를 한다.

(1) 이송 및 앞뒤 잔폭을 결정한다.

① 측면(앞뒤) 잔폭(br)   br = 1.5 × t = 1.5[mm]

② 이송 잔폭(be)   be = 1.2 × t = 1.2[mm], 1.5[mm] 선택

(2) 이송 피치(V)를 결정한다.

$$V = 1 \times be = 21.5[mm]$$

(3) 소재의 입구와 출구 폭을 결정한다.

① 소재 입구 폭(B) B = b + 2br + 노칭폭 = 50 + 2 × 1.5 + 2 × 1.5 = 56[mm]

② 소재 출구 폭 = b + 2br = 50 + 2 × 1.5 = 53[mm]

(4) 사이드 커터의 치수를 결정한다.

① 사이드 커터의 가로치수는 이송피치에 의하여 결정되며, 세로치수는 4~12[mm] 정도로 소재의 두께에 따라 달라지며, 1.5~4[mm] 정도의 노칭이 되도록 설계한다.

② 이송피치가 21.5[mm]이므로 사이드 커터의 폭은 6[mm] 정도로 설계하고, 노칭 폭은 1.5[mm]이다.

③ 사이드 커터는 오버 컷을 적용한다.

(5) 클리어런스와 수축률을 고려한다.

① 블랭킹

펀치 : 도면치수 − 2 × t × c = 50 − 2 × 1 × 0.05 = 49.9[mm]

다이 : 도면치수 = 50[mm]

② 피어싱

펀치 : 도면치수 + 수축률 = ∅8 + 0.05 = ∅8.05[mm]

다이 : 도면치수 + 수축률 + 2 × t × c = ∅8 + 0.05 + 2 × 1 × 0.05 = ∅8.15[mm]

③ 노칭(사이드 커터)

펀치 : 도면치수 + 오버 컷 = 21.5 + 0.1 = 21.6[mm]

다이 : 도면치수 + 오버 컷 + 편측 클리어런스
    = 21.5 + 0.1 + 0.05 = 21.65[mm]

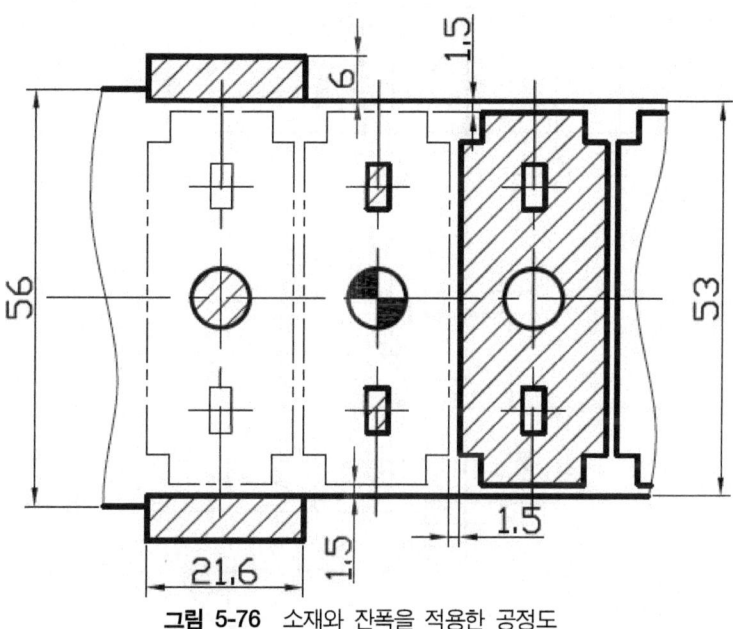

그림 5-76 소재와 잔폭을 적용한 공정도

2) 다이를 설계한다.

$$P = l \cdot t \cdot \tau \text{ [kg]}$$

P : 전단력[kg]

l : 전단선의 길이[mm]

t : 소재의 두께[mm]

τ : 전단강도[kg/mm^2]

(1) 전단선의 길이

$= l(50+20) \times 2 + (3+6) \times 2 + \pi \times 8 + (21.5+1.5) \times 2$

$= 229.1 \text{[mm]}$

(2) 전단강도(τ) : SM25C는 약 [40kg/mm^2]으로 선택한다.

소재 두께 : 1[mm]

$\therefore P = l \cdot t \cdot \tau = 229.1 \times 1 \times 40 ≒ 9,170 \text{[kg]}$

(3) 보정계수(K) : 전단선 길이가 229.1[mm]이므로 1.37로 결정

$\therefore H = K \times \sqrt[3]{P} = 1.37 \times \sqrt[3]{9170} ≒ 28.6 \text{[mm]}$

소재두께에 1[mm]에 대한 다이 두께는 24[mm]이므로 큰 값을 선택하고, 연삭여유, 유효인 선 마모여유 등을 고려하여 30[mm]로 결정한다.

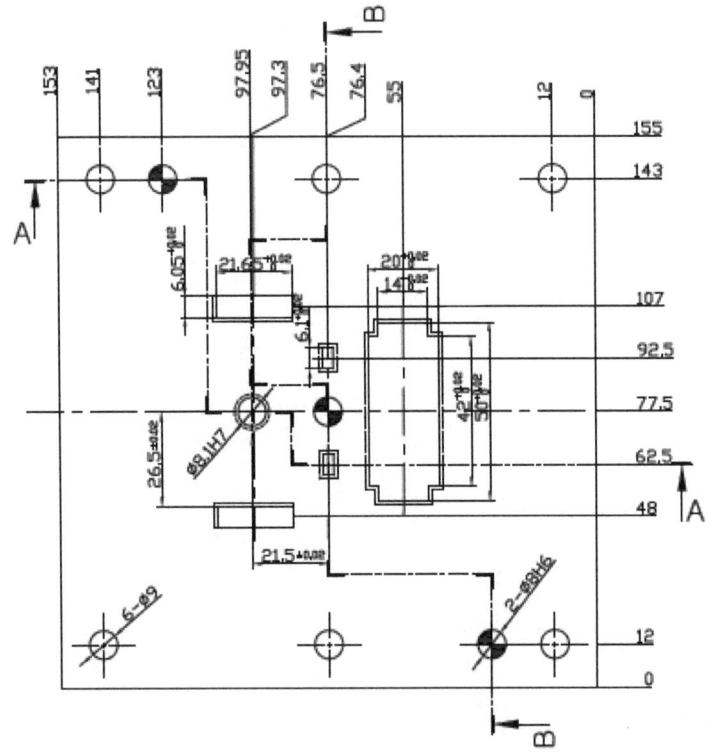

그림 5-77 다이 플레이트의 설계 예

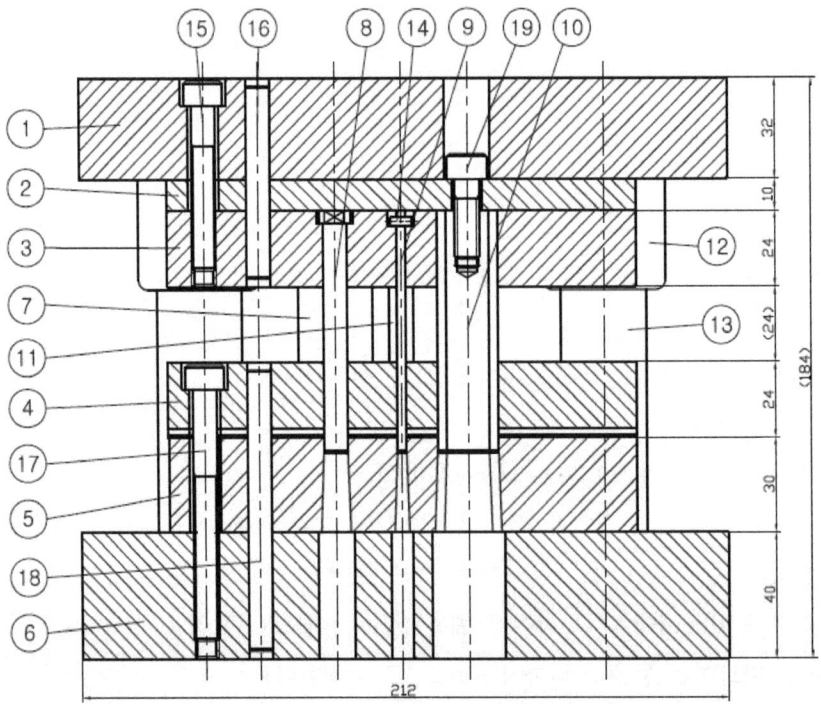

그림 5-78 단면 조립도

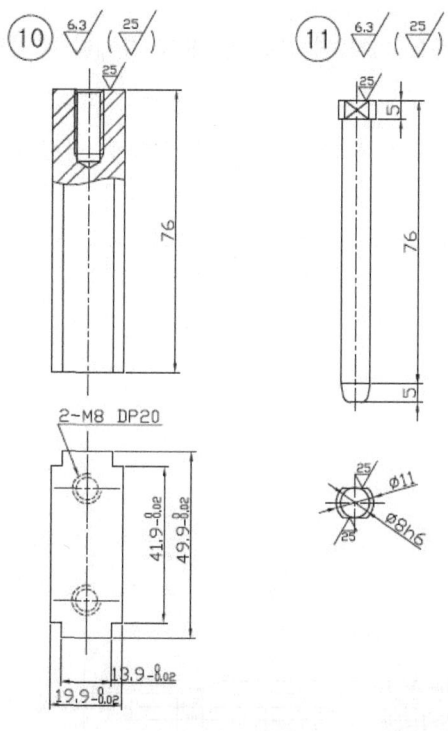

그림 5-79 부품도

19	펀치고정볼트	SM25C	2	
18	다우얼핀(하)	STC3	2	HRC56
17	고정볼트(하)	SM25C	6	
16	다우얼핀(상)	STC3	2	HRC56
15	고정볼트(상)	SM25C	6	
14	펀치고정판	STC3	4	
13	가이드포스트	STC3	2	HRC56
12	가이드부시	STC3	2	HRC56
11	파일럿핀	STC3	1	HRC56
10	블랭킹펀치	STD11	1	HRC58
9	피어싱펀치	STD11	2	HRC58
8	피어싱펀치	STD11	1	HRC58
7	사이드커터	STD11	2	HRC58
6	다이홀더	SM25C	1	
5	다이	STD11	1	HRC58
4	스트리퍼	SM45C	1	
3	펀치고정판	SM45C	1	
2	뒤판	STC3	1	HRC56
1	펀치홀더	SM25C	1	
품번	품 명	재질	수량	비고
투상	3	척도	NS	도번
도명	순차이송금형		제도	

그림 5-80 표제란

3. 도면관리

1) 도면 관리

(1) 1품 1도 도면 관리

1품 1도란 한 개의 부품을 하나의 도면 양식(Sheet)에 설계하는 것을 의미한다. 100개의 가공 부품 있다면, 100장의 도면이 있어야 하고, 100개의 CAD Data가 존재해야 정확한 1품 1도라 할 수 있다.

① 도면 양식(설계도면 표준 Sheet)

이런 Sheet는 부품의 크기에 따라 ISO 규격인 A0, A1, A2, A3, A4에 맞추어 각각 설계되어야 한다.

② 도면 양식의 구성

(가) 공정 작업란

일의 진척되는 과정 및 시간 등을 표기하는 란으로 부품 형상에 따라 가공 공정을 수립하며, 예상 시간 및 실적 시간을 관리한다.

(나) 표제란

도면의 일부에 위치하여 도면 번호, 도명 등을 기록하는 란으로 통상 표제란 위치는 우측하단에 작성된다.

기입되는 내용으로는 척도, 등각법, 재료명, 경도, 부품 수량, 도명, 제품명, 관리번호, 설계자, 설계일자, 승인자, 승인일자 등을 관리한다.

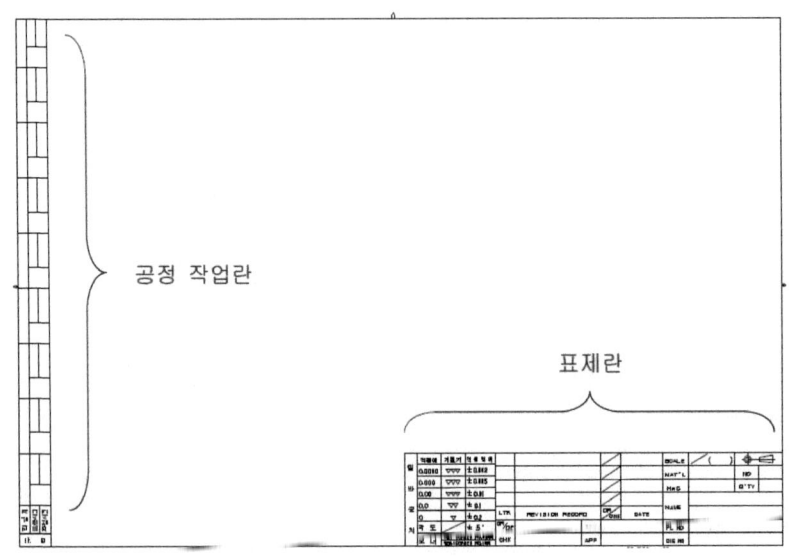

그림 5-81 표제란과 공정 작업란

③ 도면의 배치

투상도의 위치가 한 쪽으로 치우치지 않도록 균형을 맞추고, 치수를 기입할 여백, 표제란 등을 고려하여 조화가 이루어지도록 도면 작성을 한다.

④ 1품 1도의 관리 방법

위 도면과 같이 1개의 부품을 하나의 도면으로 설계되어야 하며, 또한 1개의 CAD Data로 관리되어야 한다.

2) 도면의 이력관리

(1) 표제란의 이력 관리

도면의 표제란을 보면 대부분의 Sheet에는 Revision Record라는 빈 칸이 있는데 이 칸은 도면에 수정이 발생했을 때 기록하며, 이를 통하여 도면의 이력관리를 할 수 있다.

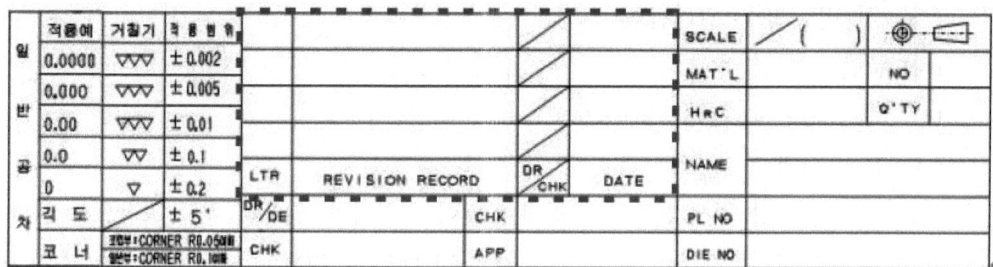

그림 5-82 표제란 이력관리

(2) 표제란의 이력 작성 방법

① Letter(LTR) : 수정이 발생한 횟수를 말한다.

회사별로 고유의 마크를 이용하여 표기함. (Ex : ①, Ⓐ 등)

② Revision Record : 설계 수정이 발생한 사유 및 내용 등을 기록

(Ex : 부품 간섭으로 인한 도피 수정 등)

③ Designer(DR) : 설계 수정 담당자

④ Checker(CHK) : 설계 승인자

⑤ Date : 설계 수정 완료일

(Ex : 2000/00/00)

Ⓒ	제품도 변경에 따른 형상 추가	CJH / LSS	2014/10/15
Ⓑ	잦은 파손으로 인한 재질 변경	KDH / LSS	2014/01/06
Ⓐ	원재료 이송간섭 발생.도피수정	HGD / LSS	2013/06/28
LTR	REVISION RECORD	DR/CHK	DATE

그림 5-83 표제란 작성 예

(3) 금형 부품 및 CAD Data 관리 방법

① 금형 부품의 Revision 관리

Revision이 발생한 부품에 표기를 해줌으로써 이 부품이 몇 번째 수정된 부품이라는 정보를 작업자에게 알기 쉽도록 해 준다.

도면과 일치된 부품을 지급함으로써 부품 교체 시 오류를 방지할 수 있다.

부품의 표기 방법은 눈에 잘 띄는 면에 마킹을 다음과 같이 실시한다.

(가) 금형번호 또는 관리번호

(나) 품번

(다) REV.NO ex) 12345-121-R2

② CAD Data 관리

CAD Data는 항상 최신 본으로 관리되는 것이 원칙이며, 컴퓨터 등의 고장으로 인한 데이터 유실을 방지하기 위하여 개인 PC가 아닌 메인 서버(Main Server)에 데이터를 저장, 관리하고 메인서버는 주 1회 이상 백업(Backup)을 실시한다.

(가) CAD Data의 저장 방법

1 Set의 금형 도면은 한 폴더에 저장, 관리한다.

(나) CAD File명 관리

통상 CAD의 파일명은 품번과 동일하게 하여 저장 관리한다. 또한 REV. 발생 시 다른 이름으로 저장하여 REV.이 발생된 횟수만큼 파일도 동일하다.

수정이 발생할 때 마다 신규 CAD Data로 저장 관리하여, 금형 제작 시 발생한 이력사항을 남겨 놓는다.

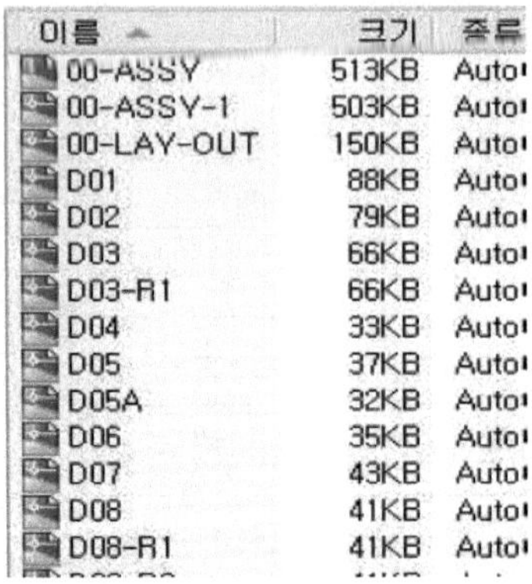

그림 5-84 CAD File명 관리

단원 핵심 학습 문제

01 다음 중 가동식 순차이송형 프레스 금형 부품이 아닌 것은?
① 펀치 홀더
② 파일럿 핀
③ 펀치고정판
④ 리턴핀
해설 : ④ 리턴핀은 사출부품이다.

02 소재를 들어 올려주는 기능과 폭 방향의 재료의 위치를 결정하고 안내하는 기능을 한다. Side cutter가 없는 구역에 설치하며, 재료를 들어 올려 주는 높이는 일반적으로 5mm 정도로 사용하는 부품은?
해설 : 가이드 리프터 핀

03 프레스 가공에서 위치결정의 중요한 역할을 하며 특히 순차 이송 금형에서 정확한 가공 소재의 위치를 결정하며 제품의 형상에 따라 트랜스퍼 금형에도 응용되는 부품은?
해설 : 파일럿 핀

04 하형에 부착한 소재를 보내기 쉽게 하기 위해 주로 프로그레시브 금형 등에서 재료를 다이 상면에서 들어 올려 이송을 용이하게 하고, 스트립의 전체적인 수평 상태를 유지하며, 끝 피치에서는 제품의 슬라이딩 낙하를 원활하게 하기위해 설치하는 부품은?
해설 : 밀핀

05 1개의 부품을 하나의 도면으로 설계되어야 하며, 또한 1개의 CAD Data로 관리는?
해설 : 1품 1도의 관리

NCS적용

CHAPTER 06

프레스금형제작 안전관리
(프레스금형제작)

LM1502030601_14v2

6-1 교육안전 수행하기

1. 산업안전

1) 안전과 재해

(1) 안전의 개요

① 안전의 정의
   - (가) 안전의 사전적 정의 : '위험하지 않은 것', '마음이 편안하고 몸이 온전한 상태'
   - (나) 적극적 표현 : '위험 요소를 극소화하거나 방호하는 활동을 통하여 사고를 줄이거나 없애는 것'
   - (다) 산업 안전 : 산업 재해를 방지하거나 피해를 극소화하기 위한 과학적, 기술적인 모든 활동. 즉, 산업 현장에서 사고가 일어날 가능성이 있는 기계 설비, 전기, 화학 물질, 건설물 등의 각종 위험 요소를 찾아내어 없애거나 최소화함으로써 근로자의 생명과 재산을 지키는 것
   - (라) 산업 안전의 분류 : 기계 안전, 전기 안전, 화공 안전, 건설 안전

② 안전 관리의 목표
   - (가) 안전 관리의 목표 : 인간의 생명과 재산 보호
   - (나) 산업 재해를 예방, 그로 인한 손실을 사전에 막을 수 있음
   - (다) 재해가 없는 기업은 사회적 신뢰도 높아짐
   - (라) 기업이 갖추어야 할 안전 관리 조직의 체계별 책임
     - ⊙ 경영자 : 쾌적하고 안전한 작업 환경을 조성하고, 작업자에게 안전한 기계 설비를 공급할 총체적인 책임을 진다.
     - ⓒ 관리 감독자 : 경영자의 방침을 실현하고, 책임과 권한을 위임받아 관할 작업자에 대한 안전과 보건을 책임진다.
     - ⓒ 작업자 : 관리 감독자의 지시 및 명령을 받아 스스로 안전하게 작업해야 할 책임이 있다.

(2) 사고

① 사고
   - (가) 사고란 사전적으로는 '뜻밖에 일어난 사건이나 탈'로 넓은 의미로는 생산 활동에 지장을 주는 사건으로, 인적 재해, 물적 손실 및 환경적 손실 등을 포함한다.
   - (나) 산업 사고는 산업 현장(공장, 건설공사장, 광산 등)에서 발생하는 추락, 감전, 폭발

등의 사고와 근로자를 고용하여 산업 활동을 하는 각종 산업에서의 사고를 말한다.
② 사고의 원인
　(가) 인적 요인
　　㉠ 심리적 원인 : 망각, 고민, 집착, 억측 판단, 착오 등
　　㉡ 생리적 원인 : 피로, 수면 부족, 신체 기능 저하, 음주, 고령 등
　　㉢ 직장적 원인 : 직장의 인간관계, 리더십 부족, 팀워크 결여, 대화 부족 등
　　㉣ 설비적 요인 : 기계 설비의 설계상 결함(안전 개념 미흡), 표준화 미흡, 방호 장치 불량(인간 공학적 배려 부족) 및 정비, 점검 미흡 등
　　㉤ 작업적 요인 : 작업 정보와 작업 방법의 부적절, 작업 자세와 작업동작의 결함, 작업 공간 부족, 작업 환경의 부적합 등
　　㉥ 관리적 요인 : 관리 조직의 결함 및 교육·훈련 부족, 부하에 대한 지도·감독 결여, 적성 배치 불충분, 건강관리 불량 등.
③ 사고의 예방(5단계 안전 대책)
　(가) 제1단계 안전 관리 조직 - 안전 활동 방침 및 계획 세움, 안전 활동 전개
　(나) 제2단계 사실의 발견 - 시설물의 위험 요소나 불안전 요소 발견
　(다) 제3단계 분석 평가 - 사고의 직접 원인과 간접 원인을 찾아냄
　(라) 제4단계 시성 방법의 선정 - 개선 방안 모색
　(마) 제5단계 시정책의 적용 - 시정책 적용, 불합리한 것은 재조정

2) 산업재해 예방과 안전교육

(1) 작업 복장의 일반적인 안전사항
① 작업복
　(가) 작업복은 신체에 맞고 가벼운 것으로써 때에 따라서는 상의의 끝이나 바지자락이 말려 들어가지 않도록 하기 위해 잡아매는 것도 좋다.
　(나) 실밥이 풀리거나 터진 것은 즉시 꿰매도록 한다.
　(다) 항상 깨끗한 상태를 유지하고, 특히 기름이 묻는 작업복은 불이 붙기 쉬우므로 위험하다.
② 작업모
　(가) 기계의 주위에서 작업을 하는 경우에는 반드시 모자를 쓰도록 한다.
　(나) 여자나 장발자의 경우에는 모자나 수건으로 머리카락을 완전히 감싸도록 한다.
③ 신발
　(가) 신발은 작업 내용에 잘 맞는 것을 선정하고, 샌들 등은 걸음걸이가 불안정해 넘어질 우려가 있으므로 착용하지 않는다.

(나) 맨발은 부상당하기 쉽고 고열 물체에 닿을 때도 위험하므로 절대로 금한다.

(다) 신발은 안전화의 착용이 바람직하다

④ 보호구

(가) 필요한 보호구는 반드시 착용한다.

㉠ 보안경 : 철분, 모래 등이 날리는 작업(연삭, 선반, 셰이퍼, 목공기계 등)에 사용한다.

㉡ 차광 보호 안경 : 용접 작업과 같이 불티나 유해광선이 나오는 작업에 사용한다.

㉢ 방진 마스크 : 먼지가 많은 장소와 해로운 가스(납, 비소)가 발생되는 작업에 사용, 산소가 16% 이하로 결핍 되었을 시에는 산소마스크를 사용한다.

㉣ 장갑 : 선반작업, 드릴, 목공기계, 연삭, 해머, 정밀기계 작업 등에는 장갑 착용을 금한다.

㉤ 귀마개 : 소음이 발생하는 작업, 제관, 조선, 단조, 직포 직업 등에는 귀마개를 사용한다.

㉥ 안전모

(2) 통행 및 운반에 대한 안전수칙

① 통행 시 안전수칙

(가) 통행로 위의 높이 2m 이하에는 장애물이 없을 것.

(나) 기계와 다른 시설물과의 사이의 통행로 폭은 80cm 이상으로 할 것.

(다) 뛰지 말 것.

(라) 한눈을 팔거나 주머니에 손을 넣고 걷지 말 것.

(마) 통로가 아닌 곳을 걷지 말 것.

(바) 좌측 통행규칙을 지킬 것.

(사) 높은 작업장 밑을 통과할 때 조심할 것.

(아) 작업자나 운반자에게 통행을 양보할 것.

(자) 통행로에 설치된 계단은 다음 사항을 고려하여 설치할 것.

㉠ 견고한 구조로 할 것.

㉡ 경사는 심하지 않게 할 것.

㉢ 각 계단의 간격과 너비는 동일하게 할 것.

㉣ 높이 5m를 초과할 때에는 높이 5m 이내마다 계단실을 설치할 것.

㉤ 적어도 한쪽에는 손잡이를 설치할 것.

② 운반시 안전수칙

(가) 운반차는 규정 속도를 지킬 것.

(나) 운반시 시야를 가리지 않게 쌓을 것.

(다) 승용석이 없는 운반차에는 승차하지 말 것.
(라) 빙판의 운반시 미끄럼에 주의할 것.
(마) 긴 물건에는 끝에 표지를 단 후 운반할 것.
(바) 통행로의 운반차, 기타 시설물에는 안전표지 색을 이용한 안전표지를 할 것.

(3) 기계 위험방지 교육
① 기계에 의한 산업재해는 많이 감소되었지만 최근에는 기계의 대형화 고속화에 따라 사망 재해 등의 중대 재해가 발생하기 쉬운 상황에 있다.
② 기계설비의 위험성은 상당한 부분이 인간의 감각으로 예측이 가능하기 때문에 적절한 방지 대책을 수립한다면 기계 재해의 많은 부분을 방지할 수 있다.

(4) 기계의 위험성
① 기계설비에서 일어나는 사고의 위험 요소들은 다음과 같은 위험점이 있다.
  (가) 위험점
  ㉠ 협착점(squeeze point)
    왕복운동을 하는 동작부분과 움직임이 없는 고정부분 사이에 형성되는 위험점으로 현장 기계설비 에서 많이 볼 수 있다.
    (예) 프레스 전단기, 성형기, 조형기, 굽힘 기계 등이 있다.
  ㉡ 끼임점(shear point)
    고정부분과 회전하는 동작부분이 함께 만드는 위험점이 있다.
    (예) 연삭숫돌과 덮게, 교반기 날개와 하우징, 프레임에서 아암의 왕복운동을 하는 기계부분 등이다.
  ㉢ 절단점(cutting point)
    고정부분과 운동부분이 만드는 위험이 아니고, 회전하는 운동부분 자체의 위험에서 초래되는 위험점이다.
    (예) 밀링커터, 둥근톱, 띠톱기계, 동력절단기, 회전대패 등의 이음부분 등이다.
  ㉣ 물림점(nip point)
    회전하는 두 개의 회전체에 물려 들어갈 위험성이 형성되는 것이며 위험성이 발생되는 조건은 회전체가 서로 반대 방향으로 맞물려 회전하는 경우이다.
    (예) 기어물림, 롤러와 룰러의 물림 회전 등이다.
  ㉤ 접선 물림점(tangential point)
    회전하는 부분의 접선 방향으로 물려 들어갈 위험이 존재하는 점이다.
    (예) V벨트, 체인벨트, 평 벨트, 기어와 랙의 물림점 등이 있다.

ⓑ 회전 말림점(trapping point)

회전하는 물체에 작업복 등이 말려드는 위험이 존재하는 점이다.

(예) 회전하는 축, 커플링, 보링기, 천공공구 등이 있다.

(나) 위험 요소

기계의 위험부를 결정하는 방법으로 다음의 5가지 사항에 대한 요점을 가지고 설비나 작업에 있어서의 위험성을 평가할 필요가 있다.

㉠ 트랩(traps)

기계요소의 운동에 의해서 트랩 점이 생기지 않는가?

손과 발 등이 끌려 들어가는 점이나 닫힘 운동, 이송운동 등에 의하여 손과 발 등이 쉽게 트랩 되는 곳

㉡ 충격(impact)

움직이는 속도에 의해서 사람이 상해를 입을 수 있는 부분은 없는가?

㉢ 접촉(contact)

날카로운 물체, 연마 물체, 뜨겁거나 차가운 물체 또는 통 전류에 사람이 접촉함으로써 상해를 입을 수 있는 부분 없는가?

㉣ 말림(entanglement)

머리카락, 장갑, 옷 등이 움직이는 기계에 말려 들어갈 위험은 없는가?

㉤ 튀어나옴(ejection)

가공중인 기계로부터 기계요소나 가공물이 튀어나올 위험은 없는가?

3) 보호구 착용

(1) 보호 장구의 특징

① 보호 장구의 사용목적은 유해물질로부터 인체의 전부나 일부를 보호하기 위해 착용하는 보조기구이다.

② 작업자는 반드시 안전수칙들을 준수해야 하며 보호구를 착용해야 할 의무가 있다.

③ 보호구의 종류는 다음과 같다.

(가) 안전모, (나) 안전대, (다) 안전화, (라) 보안경,

(마) 안전장갑, (바) 보안면, (사) 방진마스크, (아) 방독마스크,

(자) 귀마개 또는 귀덮개, (차) 송기마스크, (카) 방열복

(2) 보호구 사용시 유의 사항

보호구를 효과 있게 사용하기 위해서는 다음의 기본사항을 지켜야 한다.

① 작업에 적절한 보호구를 설정한다.
② 작업장에는 필요한 수량의 보호구를 비치한다.
③ 작업자에게 올바른 사용방법을 빠짐없이 가르친다.
④ 보호구는 사용하는데 불편이 없도록 관리를 철저히 한다.
⑤ 작업을 할 때 필요한 보호구는 반드시 사용하도록 한다.

(3) 보호구의 구비 조건 및 보관방법
① 착용이 간편할 것
② 구조와 끝마무리가 양호할 것
③ 겉모양과 표면이 섬세하고 외관상 좋을 것
④ 유해 위험요소에 대한 방호 성능이 충분할 것
⑤ 보호 장구의 원재료 품질이 양호한 것

4) 전기 안전

(1) 전기 재해의 위험
전기 재해는 인체에 직접 전기가 흘러 발생하는 감전 재해와 전기 점화원으로 작용하여 발생되는 화재, 폭발 및 정전기, 전자파에 의한 사몽와 전기, 기계, 설비의 소동각 등이 있다.

(2) 전기 재해의 분류
재해는 크게 전기재해, 정전기재해 및 낙뢰재해로 나눌 수 있으며, 전기 재해에는 감전, 아크의 열복사 등에 의한 화상, 화재, 전기설비의 파손 및 기능의 일시정지가 있다.

(3) 안전 전압과 위험 전압
① 전원과 인체의 접촉 형태
  (가) 직접접촉 형태 : 평상시 충전되어 있는 충전부에 일부가 직접 접촉하는 형태로 전기 작업 중 부주의 또는 작업 중 타인이 전원스위치를 투입하였을 때 자주 발생하는 형태이다.
  (나) 간접접촉 형태 : 전선의 피복절연 손상 또는 아크 발생에 의하여 평상시 충전되지 않은 기기의 금속제 외함 등에 누전이 되어 있는 상태에서 인체의 일부가 이 외함과 접촉하여 일어나는 형태이다.
② 위험 전압
  (가) 전원과 인체의 접촉으로 인하여 인체에 인가될 수 있는 전압을 위험전압이라 하고

접촉전압 및 보폭전압의 두 가지로 구분한다.
- (나) 접촉전압 : 사람이 손과 다른 신체의 일부 사이에 인가되는 위험 전압
- (다) 보폭전압 : 사람의 양발 사이에 인가되는 전압을 말하며 이것은 접지극을 통하여 대지를 전류가 흘러갈 때 접지극 주위의 지표면이 전위분포를 가지게 되어 양발 사이에 전위차가 발생, 인가되는 전압

③ 안전 전압

회로의 정격 전압의 일정 수준 이하의 낮은 전압으로 절연, 파괴 등의 사고 시에도 인체에 위험을 주지 않게 되는 전압

(4) 감전에 의한 재해

전기 재해 중 빈도수 높은 것이 감전사고이며 인체의 일부 또는 전체에 전류가 흘렀을 때 인체 내에서 일어나는 생리적 현상으로서 근육의 수축, 호흡곤란, 심실세동 등으로 인하여 사망하거나 추락, 전도 등

(5) 감전 재해 방지책

① 직접 접촉에 의한 감전방지
- (가) 충전부가 노출되지 않도록 폐쇄형 외함
- (나) 충전부에 방호망 또는 절연덮개 설치
- (다) 발전소, 변전소 및 개폐소등 구획되어 있는 장소로서 관계 근로자 외 사람의 출입이 금지되는 장소에 설치
- (라) 전주 및 철탑 위 등 격리되어 있는 장소로서 관계자 외의 접근할 수 없는 장소에 설치

② 간접 접촉에 의한 감전방지
- (가) 작업 장소를 절연하고자 할 때는 작업자가 접촉될 수 있는 모든 도전성 금속을 절연 처리해야 하며 작업장 바닥 절연물로 마감해야 한다.
- (나) 누전이 발생하더라도 안전 전압 이하로 하여 감전 사고를 유발시키지 않는다.
- (다) 발생되는 위험한 전압을 감소시키기 위한 방법으로 평상시 충전되지 않는 도전성 부분을 접지극에 연결하는 것이다.

실기 내용

1. 기계 작업시 안전 수칙

1) 기계공작실 일반 안전 수칙

(1) 공작실은 반드시 2인 이상이 사용하여야 한다.
(2) 공작실 사용을 위한 교육을 받지 않은 사람은 사용을 금한다.
(3) 작업 시에는 안전화와 작업복을 착용하고 목걸이 등 장신구는 착용하지 않는다.
(4) 옷소매나 긴 머리카락이 기계에 말려들지 않도록 주의한다.
(5) 작업 중에는 반드시 보안경을 착용한다.

2) 선반 가공 안전 수칙

(1) 기계사용 전에 각종 lever의 위치를 점검한다.
(2) 공작물을 고정시킬 때에는 중립에서 실행하며 정확하고 견고하게 고정한다.
(3) 절삭 공구는 진동 방지를 위해 짧고 견고하게 고정시킨다.
(4) 작업 준비가 끝나면 필요 없는 기구는 정리 정돈한다.
(5) 회전하는 공작물에 손이나 기구를 절대로 대서는 안 된다.
(6) Chip을 제거할 때에는 솔이나 갈고리, 또는 air compressor를 사용한다.
(7) Chip은 고열이 발생되고 날카로우니 맨손으로 절대 잡아서는 안 된다.
(8) Chip이 튀는 경우가 있으니 옆으로 비켜서서 작업을 행하며, 얼굴에 Chip이 붙을 경우 Chip이 식은 후 떼어 낸다.
(9) 작업 중에는 주위 사람과 잡담이나 장난을 해서는 안 된다.
(10) 절삭유나 기름이 바닥에 흘러 미끄러지지 않도록 한다.
(11) 작업이 끝나면 전원을 차단하고 깨끗이 기계 청소를 한 다음 윤활유를 주입한다.
(12) Bed 면을 깨끗이 기름걸레로 닦아준다.

3) 밀링 가공 안전 수칙

(1) 기계사용 전에 각종 lever의 위치를 확인 점검한다.
(2) 공작물을 고정시킬 때에는 vise에 견고하게 고정시킨다.
(3) 절삭 공구 교체 시는 주축을 정지시킨 상태에서 맞는 hook wrench를 사용하여 풀고 조인다.
(4) 절삭 공구(end mill)는 진동 방지를 위해 짧고 견고하게 고정시킨다.
(5) Face cutter arbor 교체 시에는 받침대를 사용하고, cutter 옆면을 잡아주고 풀어야 한다.
(6) 작업 준비가 끝나면 필요 없는 공구는 정리 정돈한다.

(7) 급속 이동시는 limit switch stopper를 넘지 않도록 한다(되도록 사용하지 않는 것이 좋다.
(8) Chip은 고열이 발생되고 날카로우니 맨손으로 절대 잡아서는 안 된다.
(9) Chip 제거는 air compressor를 사용하고 청소는 기름걸레를 사용한다.
(10) 작업 중에는 주위 사람과 잡담이나 장난을 해서는 안 된다.
(11) 가공 중에는 공작물을 손으로 만지거나 측정을 해서는 안 된다.
(12) 절삭유나 기름이 바닥에 흘러 미끄러지지 않도록 한다.
(13) 작업이 끝나면 전원을 차단하고 깨끗이 기계 청소를 한 다음 윤활유를 주입한다.

4) 드릴 가공 안전 수칙
(1) 절대로 장갑을 착용하여서는 안 된다.
(2) 공작물을 vise에 정확하고 견고하게 고정시킨다.
(3) Drill 날은 연마를(118도) 바르게 하고, 마모된 것은 사용을 금한다.
(4) Drill은 chuck의 중심에 견고하게 고정시킨다.
(5) Drill이 얇은 판재나 공작물을 관통 시는 힘을 약하게 준다.
(6) Chip은 반드시 솔, 갈고리 또는 air compressor를 사용하여 제거한다.
(7) 공작물의 구멍에 손가락을 넣어 Chip을 제거하여서는 안 된다.
(8) 공작물을 손으로 잡고 사용하여서는 안 된다.

5) 연삭기 가공 안전 수칙
(1) 작업시 고온의 입자가 많이 발생하므로 작업복을 착용한다.
(2) 숫돌 입자가 튈 수 있으니 주의한다.
(3) 공작물의 온도가 높아지므로 장갑을 사용하여도 좋다.
(4) 연삭숫돌의 마모시 파열 위험이 있으므로 즉시 교체한다.
(5) 작업이 끝나면 전원을 차단하고 기계를 청소한다.

2. 위험점에 대한 점검
구동부분과 작업점은 많은 에너지에 의해 작동하고 있으므로 여러 가지 위험을 만들어내고 있다. 기계의 운동은 회전운동, 왕복운동, 미끄럼운동, 회전과 미끄럼 운동의 조합, 진동운동으로 나눌 수 있다. 이들이 갖는 위험점(危險点)의 내용도 달리한다.

2. 안전교육

1) 안전교육

근로자가 안전하게 업무를 수행할 수 있도록 하기 위해 안전의 중요성을 인식시키고, 또 담당하고 있는 작업에 대해서 구체적으로 안전한 작업방법에 대한 지식이나 기능을 수득(修得)하도록 교육·훈련을 실시하는 것을 말한다.

교육이란 전달이며 조직＝전달＝교육 때문에 조직＝전달이 되며, 인재양성에 있어서 기업이 담당하게 된다. 기업 내의 안전관리도 감시나 독려, 결국 감독이나 지시만으로는 만족한 결과를 얻지 못하며, 안전교육과 일체적으로 실시해야만 비로소 소기의 성과를 올릴 수 있다.

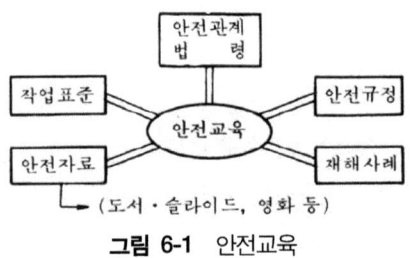

그림 6-1 안전교육

2) 교육훈련기법

(1) 교육훈련기법의 특색

기법	특색	장점	단점
강의	- 가장 널리 보급된 방법 - 일방적 설명으로 많은 사람 상대 - 가장 편리한 방법 - 열의와 태도가 학습효과 크게 좌우	- 시간의 계획과 통제가 용이 - 많은 것을 동시에 하기 쉬움	- 하향식이며 권위주의적 - 피드백이 없음 - 집단사고가 없음 - 망각하기 쉬움
실시 교시 실연	- 일의 순서 또는 정확한 조작을 이해시키기 위한 현장의 실제재료, 기계를 사용하여 실연 - 많은 감각에 호소한 학습 - 현실성이 풍부 - 인상이 매우 강함 - 학습의 속도와 효과가 매우 높음	- 흥미를 일으킴 - 요점을 납득하기 쉬움 - 많은 감각기관의 이용이 가능 - 학습 속도가 빠름 - 오래 기억	- 다수에는 부적당 - 비용이 들고 잔일이 많음 - 이동에 불편 - 작성에 시간과 경비 소요 - 이동에 불편 - 적절한 교재 확보 어려움
사례 연구	- 사례해결에 직접 참가하여 해결과정에서 판단력 확보 - 귀납법 - 단기간의 실무에서 발생하는 제문제의 해결을 고도의 판단력으로 양성	- 흥미가 있고 학습동기유발 - 흥미 있고 학습동기유발 - 현실적인 문제의 학습이 가능 - 생각하는 교류가 가능	- 적절한 사례의 확보가 곤란 - 원칙과 기준의 체계적 습득이 어려움 - 학습진도 측정 곤란

실기 내용

1. 안전 지식 교육

1) 신입사원교육

재해는 일반적으로 입사한 뒤 1년 미만에 많이 발생하고 있는 상황을 보아도 신입사원의 안전교육이 얼마나 중요한지 수긍이 간다. 교육방법은 입사 후 1주간 정도로 각 직장 공통의 안전에 대한 집합교육을 실시한다.

교육 항목으로는
(1) 기업의 연혁
(2) 생산설비와 공정의 일반지식
(3) 공통되는 작업안전수칙
(4) 일반적인 안전지식
(5) 법정에 의한 항목, 사내규정, 등을 제시할 수 있다.

2) 일반 작업자

작업에 적응할 수 있게 되어있는 일반 작업자에게는 시간을 배려한 특별교육을 피하고, 작업현장에서 TBM, 조회, 작업지시, 순찰, 작업의 짬 등을 이용해서 지도한다. 이 경우 1회의 교육시간은 가급적 짧게하고 횟수를 많이 하는 편이 효과적이다.
(1) 작업자가 기분 좋게 할 수 있는 장소를 선정한다.
(2) 작업을 개시할 때, 작업을 끝낼 때 등 기회를 포착해서 실시한다.
(3) 미팅 시간은 5~15분 정도의 단시간으로 한다.
(4) 미팅의 횟수는 주 2회~월 2회 정도의 범위가 좋다.
(5) 전원이 공통의 관심을 가지고 있는 화제(話題)나 문제점을 선정한다.

3) 현장감독자

안전에 대한 자료, 능력을 양성하고, 직장 작업자에 대해 안전의식을 높이는 것을 목적으로 해서 현장 감독자(계장, 주임, 반장, 지장 등)에 직장 안전의 핵심적인 추진자에 대해서 실시하는 중요한 교육이다. 현장 감독자에 대한 교육시간은 짧게하고, 빈번하게 실시하는 것이 효과적이다.
(1) 기업 TOP은 언제나 안전에 대한 강한 관심을 가지고 솔선해서 실시하고, 안전에 대한 모든 편의를 제공할 것
(2) 안전 관리자는 현장감독자의 의견을 적극적으로 채용하고 개선을 위해 유효적절한 처치를 도모할 것

(3) 각 직장에는 훈련된 인간미가 있는 현장감독자가 존재하고 다시 의전의식을 풍부하게 구비하여 안전을 스스로의 이익으로 생각하는 작업자로 채워진 직장이 될 것

3. 안전지침 수행

1) 안전점검 및 정기점검

안전점검은 안전 확보를 위해 작업장의 전반적인 상태나 상황을 파악하여, 설비의 불안전한 상태나 인간의 불안전한 행동에서 생기는 결함을 발견하고, 안전 이상 상태를 확인하는 행동으로써, 기계 설비의 설계, 제조, 운전, 보전, 수리 등의 각 과정에서 인간의 착오 등에 의한 위험 요인의 잠재성을 제거하는데 그 목적이 있다.

(1) 안전점검 종류
① 정기점검(계획점검)
일정 기간마다 정기적으로 점검하는 것을 말하며, 일반적으로 매주 또는 매월 1회씩 담당분야별로 당해 분야의 작업책임자가 기계 설비의 안전상 중요 부분의 피로, 마모, 손상, 부식 등 징지의 이상 유무를 점검한다.
② 일상점검(수시점검)
현장 감독자 및 작업 주임은 자신이 맡고 있는 공정의 설비, 기계, 공구 등을 매일 작업의 시작이나 종료시 또는 작업 중에 수시로 시설과 사람의 작업 동작에 대하여 점검한다.
③ 특별점검
기계·기구 또는 설비를 신설하거나 변경 내지는 고장·수리 등을 할 경우에 행하는 비정기적인 점검을 말하며, 산업안전보건 강조기간 및 천재지변의 발생 후 점검도 이에 해당한다.
④ 임시점검
정기점검 실시 후 다음 점검일 이전에 임시로 실시하는 점검의 형태로써 기계·기구 또는 설비의 이상 발견 시 실시하는 점검을 말한다.

2) 기계설비의 안전점검

(1) 선반
선반은 소재를 회전시켜 바이트로 원통의 외·내부 절삭, 보링, 드릴링, 나사, 절단 등의 가공을 하는 공작기계이며 종류에는 6가지(보통선반, 정면 선반, 탁상선반, 터릿선반, 자동선

반, 직립선반)가 있다. 선반 작업에서 생기는 사고는
① 고속으로 회전하는 일감에 잘못 접촉하여 작업복이나 장갑이 말려 들어간 경우
② 끊어지지 않고 꼬불꼬불 나오는 칩에 신체 일부가 부상을 당하는 경우
③ 리드스크류에 바지가 걸린 경우
④ 회전하는 소재가 튀는 경우에 생긴다.

[선반작업 시 지켜야 할 기본]
- 선반에는 실드, 잭커버, 칩브레이크, 천대장치 같은 방호장치가 설치되어 있어야 한다.
- 선반에는 비상시 즉시 정지시킬(손, 발 등을 사용하여) 수 있는 비상정지장치가 있어야 한다.
- 칩이 눈에 들어가지 않도록 칩 비산장치가 설치되어야 하며 보호안경을 반드시 지급해야 한다.
- 복장은 간편하게 하고, 소매의 옷자락 등이 기계에 말려 들어가지 않도록 덧소매(토시)를 지급해야 하며, 장갑을 끼고 작업을 하지 않도록 해야 한다.
- 공구나 공작물은 확실하게 고정되어야 한다.
- 기계의 조작은 정해진 방법에 따라서 되도록 해야 한다.
- 절삭 칩은 맨손으로 제거하지 않아야 하고 브러시를 지급해야 한다.
- 기계에서 벗어날 경우에는 기계를 정지시킬 수 있어야 한다.
- 절삭유는 작업 종류에 맞게 사용되어야 한다.
- 수용성 절삭유는 부패방지를 위해 주기적으로 갈아주어야하며 부패방지용 첨가제를 사용해서는 안 된다.
- 지용성 절삭유 사용 시에는 가스가 발생하므로 배기장치를 설치해야 한다.
- 절삭유 폐기물은 특정 폐기물 처리업체에서 처리해야 한다.
- 절삭유 사용 후 신체가 닿은 부위를 씻도록 하기 위해 중성세제를 지급해야 한다.

(2) 밀링
밀링은 일감을 테이블에 고정시키고 여러 개의 날을 붙인 밀링커터를 회전시켜 절삭작업을 하는 기계이다.
밀링작업에서 생기는 사고는
① 커터의 연마 상태가 불량하거나
② 커터를 잘못 설치했거나
③ 밀링 바이스, 분할대 등의 취급과정
④ 급송이송장치, 변속장치의 잘못된 동작으로 주로 생긴다.

[밀링 작업시 지켜야 할 기본]
- 밀링에는 커터의 불량으로 인해 튐을 방지하기 위한 방호장치가 설치되어 있어야 한다.
- 밀링에는 비상시 즉시 정지시킬(손, 발 등을 사용하여) 수 있는 비상정지장치가 있어야 한다.
- 칩이 눈에 들어가지 않도록 칩 비산장치가 설치되어야하며 보호안경을 반드시 지급해야 한다.
- 복장은 간편하게 하고, 옷깃이 기계에 말려 들어가지 않도록 덧소매(토시)를 지급해야 하며, 장갑을 끼고 작업을 하지 않도록 해야 한다.
- 공구나 공작물은 확실하게 고정되어야 한다.
- 기계의 조작은 정해진 방법에 따라서 되도록 해야 한다.
- 절삭된 칩은 맨손으로 제거 않도록 해야 하며 브러시를 지급해야 한다.
- 기계에서 벗어날 경우에는 기계를 정지시킬 수 있어야 한다.
- 커터를 교환할 때에는 테이블 위에 목재를 받쳐 놓게 해야 한다.
- 커터는 가능한 칼럼에 가깝게 설치해야한다.
- 가공 중에는 손으로 가공 면을 점검하지 않도록 해야 한다.
- 절삭유는 작업 종류에 맞게 사용되어야 한다.
- 수용성 절삭유는 부패방지를 위해 주기적으로 갈아주어야 하며 부패방지용 첨가제를 사용해서는 안 된다.
- 지용성 절삭유 사용 시에는 가스가 발생하므로 배기장치를 설치해야 한다.
- 절삭유 폐기물은 특정 폐기물 처리업체에서 처리해야 한다.
- 절삭유 사용 후 신체가 닿은 부위를 씻도록 하기 위해 중성세제를 지급해야 한다.

(3) 드릴
드릴은 드릴을 사용하여 일감에 구멍을 뚫는 공작기계이며 종류는 크게 2가지(직립 드릴, 탁상 드릴)가 있다.
드릴 작업에서 생기는 사고는
① 회전하는 드릴이나 스핀들에 장갑이나 옷자락이 말려들거나
② 일감이 튀거나
③ 작업 중 칩이 튀어서 생긴다.

[드릴 작업시 지켜야 할 기본]
- 드릴에는 드릴이나 스핀들에 장갑이나 옷자락이 말리는 것을 방지하는 방호장치가 설치되어 있어야 한다.

- 드릴에는 비상시 즉시 정지시킬(손, 발 등을 사용하여) 수 있는 비상정지장치가 있어야 한다.
- 칩이 눈에 들어가지 않도록 칩 비산장치가 설치되어야하며 보호안경을 반드시 지급해야 한다.
- 복장은 간편하게 하고, 옷깃이 기계에 말려 들어가지 않도록 해야 하며 덧소매(토시)를 지급해야 하며, 장갑을 끼고 작업을 하지 않도록 해야 한다.
- 머리카락이 말려들지 않도록 작업모를 지급해야 한다.
- 공구나 공작물은 확실하게 고정되어야 한다.
- 기계의 조작은 정해진 방법에 따라서 되도록 해야 한다.
- 절삭된 칩은 맨손으로 제거하지 않도록 하고 기계를 정지시킨 후 브러시를 지급해야 한다.
- 기계에서 벗어날 경우에는 기계를 정지시킬 수 있어야 한다.
- 일감이 작을 때는 바이스로 고정하고 작업하고, 일감이 크고 복잡할 때는 고정구와 볼트를 사용하도록 해야 한다.
- 대량생산과 정밀도를 요구할 때는 지그를 사용한다.
- 회전하는 드릴 주위에는 안전덮개를 장치한다.
- 절삭유는 작업 종류에 맞게 사용되어야 한다.
- 수용성 절삭유는 부패방지를 위해 주기적으로 갈아주어야 하며 부패방지용 첨가제를 사용해서는 안 된다.
- 지용성 절삭유 사용 시에는 가스가 발생하므로 배기장치를 설치해야 한다.
- 절삭유 폐기물은 특정 폐기물 처리업체에서 처리해야 한다.
- 절삭유 사용 후 신체가 닿은 부위를 씻도록 하기 위해 중성세제를 지급해야 한다.

(4) 연삭기

연삭기는 숫돌을 고속으로 회전시켜 일감을 연삭, 절단하는 기계이다.

연삭기 작업에서 주로 생기는 사고는

① 회전하는 숫돌에 신체가 접촉하거나
② 연삭 분진이 눈에 튀거나
③ 고속으로 회전하는 숫돌이 부서져서 그 파편에 빠른 속도로 날아가 작업자가 맞거나
④ 가공물을 떨어뜨리거나 연삭중인 물품이 튀어 작업자의 발에 부딪혀서 생긴다.

(가) 적용 범위

연삭기란 연삭용 숫돌을 동력의 회전체에 부착해 고속으로 회전시키면서 가공재료를 연마 또는 절삭하는 기계로써, 숫돌의 직경이 5cm 이상인 것에 한하며 여기서 천연석으로

만들어진 숫돌은 포함되지 않는다.

(나) 위험 요인

연삭기의 위험 요인은 다음과 같다.

㉠ 회전하던 연삭숫돌이 외력 또는 숫돌 자체의 결함에 의해 파괴되면서 파괴된 조각이 작업자의 신체 부위와 충돌한다.

㉡ 가공 재료에서 비산하는 입자가 작업자의 눈에 들어갈 위험이 있다.

㉢ 회전하는 연삭숫돌과 같은 방향으로 작업자의 손이 말려들기 쉽다.

㉣ 숫돌에 작업자의 손 등 신체 부위가 접촉될 위험이 있다.

(다) 재해예방 대책

연삭기의 연삭숫돌에는 덮개를 설치해야 하며 그 덮개는 숫돌 파괴시의 충격에 견딜 수 있는 재질의 덮개를 사용해야 한다.

3) 안전보건 11대 기본수칙

(1) 안전보건 11대 기본 수칙 점검

① 1일 1회 안전보건 11대 기본수칙별로 이행여부를 점검하여 기본수칙 준수(O), 미준수(X), 해당무(-)로 표시

② 기본수칙별 구체적인 점검내용(3-3-2 안전보건 11대 기본 수칙별 실천사항 참조)

③ 동 점검표는 7일(1주일)간 사용하며, 여러 장 복사하여 계속 활용한다.

표 6-1 안전보건 11대 기본 수칙 점검표

11대 기본수칙 점검 항목	점검결과						
	월일	월일	월일	월일	월일	월일	
1. 작업 전 안전 점검, 작업 중 정리 정돈							
2. 개인보호구 지급·착용							
3. 작업장 안전통로 확보							
4. 유해·위험 화학물질 경고표지 부착							
5. 기계·설비 정비 시 잠금장치 및 표지판 부착							
6. 프레스, 전단기, 압력용기, 둥근톱에 방호장치 설치							
7. 전기활선작업중 절연용 방호기구 사용							
8. 고속작업 시 안전난간, 개구부덮개 설치							
9. 추락방지용 안전방망 설치							
10. 용접 작업 시 인화성·폭발성 물질 격리							
11. 밀폐 공간 작업 전 산소농도 측정							
점 검 자 명							

4) 5C운동

(1) 5C운동의 정의 및 목적

5C운동이란 무재해운동을 보다 효과적으로 추진하기 위한 기법으로써 작업장에서 기본적으로 꼭 지켜야할 사항이지만 너무나 당연하고 쉽기 때문에 오히려 잘 지켜지지 않을 수 있는 사항인 복장단정(Correctness), 정리·정돈(Clearance), 청소·청결(Cleaning), 점검·확인(Checking)의 4가지에 전심·전력(Concentration)을 추가한 다섯 가지 항목의 영문자 첫 자인 "C"를 따서 5C운동이라 한다.

(2) 5C운동의 내용

① 복장단정(Correctness)

복장단정이란 작업자가 안전모, 작업복, 안전화 등을 흐트러짐이 없이 바르게 착용하고 즐거운 마음으로 작업을 용이하게 하는 것을 말한다. 이와 같이 복장을 단정히 하는 것은 상사의 지시나 강압에 의해서가 아니라 스스로 자발적인 필요성에 의해 습관화되었을 때 올바른 마음가짐과 올바른 행동을 하게 되는 안전태도가 형성되는 것이다.

② 정리·정돈(Clearance)

(가) 정리란 필요한 물건과 필요하지 않는 물건을 구분하여 불필요한 것은 일정한 장소에 놓아두거나, 폐기 또는 필요할 때까지 놓아두는 것을 말하며, 정돈이란 필요한 물건을 일목요연하게 구분하여 사용하기 편리한 장소에 안전한 상태로 두는 것을 말한다.

(나) 정리·정돈은 불필요한 물건을 정리하고 필요한 물건을 잘 정돈하여 물건사용을 편리하게 하고 작업공간을 확보함으로써 작업의 능률을 향상시키고 산업재해를 예방하는데 그 목적이 있다.

③ 청소·청결(Cleaning)

(가) 청소란 통로, 바닥, 기계설비, 작업용구 등에 먼지나 기름, 쓰레기 등으로 더러워진 것을 치우고 닦아내어 깨끗한 상태로 만드는 것을 말하며, 이와 같은 청소는 정리·정돈이 안된 상태에서는 효과가 없으므로 정리·정돈이 된 후에 이루어지도록 한다.

(나) 청결은 청소가 잘되면 청결하게 되나 생산과정에서 먼지, 가스, 기름등으로 더러워지지 않도록 하여 환경을 맑고 깨끗하게 유지하는 것을 말한다.

④ 점검·확인(Checking)

(가) 점검·확인이란 사업장의 설비, 기계, 기구 및 작업방법에 있어 불안전한 상태 및 불안전한 행동 유무를 찾아내는 제반활동을 말한다.

(나) 산업현장에서 사용되어지는 모든 기계설비는 시간이 흐름에 따라 본래의 기능을 유

지하기 어렵게 되고 이러한 불안전한 상태가 지속되면 재해로 연결되며, 사람의 행동 또한 교육 불충분이나 주의력 부족 등으로 불안전한 행동으로 나타나게 되어, 결과적으로 재해가 발생하게 된다.

⑤ 전심전력(Concentration)

5C운동에 있어서 전심전력은 사업장의 전체 근로자가 무재해를 달성해야겠다는 일념으로 산재예방활동에 총력을 경주 하는 것이다.

(3) 관리감독자의 역할

① 관리감독자 스스로 5C운동의 중요성을 깊이 인식하고 스스로 복장을 단정히 하며 자기 주변부터 정리, 정돈, 청소, 청결을 철저히 하는 솔선수범을 보여야 한다.
② 소속근로자들이 5C운동을 추진할 수 있도록 필요한 교육과 지원 및 지도를 아끼지 말아야 한다.

(4) 작업자의 역할

① 자기작업장 주변이 더럽혀지지 않고 어떻게 하면 항상 정리·정돈된 상태에서 깨끗하고 올바로 유지할 수 있을까, 그 방법을 연구하고 개선해나가는 노력이 필요하다.
② 작업 시작 전에 자기의 복장상태와 작업장 주변의 정리·정돈상태 및 청소, 청결상태 등을 확인하고 자기가 조작하는 기계·기구 및 설비에 대해 점검을 실시하여 이상 유무를 확인 후 작업하는 것을 습관화 하도록 한다.
③ 작업반(팀) 별로 실시하는 5C운동에 솔선, 적극 참여하여 분위기 조성에 노력해야 한다.

(5) 5C운동의 성과

사업장에서 5C운동을 추진함으로써 달성할 수 있는 성과는 안전성확보, 작업의 표준화, 원가 절감, 판매촉진 및 만족감을 성취할 수 있게 된다.

① 안전(Safety)의 확보

(가) 깨끗하고 잘 정리·정돈된 작업환경은 불안전한 상태가 제거되어 안전이 확보된다.
(나) 단정한 복장과 전심전력하는 자세는 안전의식을 향상시켜 규정에 의한 작업을 생활화하는 태도가 형성되고 안전의식의 고양으로 불안전한 행동이 제거된다.
(다) 점검·확인은 결함을 조기에 발견하여 시정할 수 있다.

② 작업의 표준화(Standardization)

작업장의 미화와 복장단정의 습관으로 인해 작업자의 정서가 함양되고 올바른 태도가 형성되어 규칙과 규율을 지켜 작업하는 것이 습관화됨으로써 작업이 표준화되고 따라서 표준 안전작업이 이루어진다.

③ 원가절감(Saving)

    안전의 확보로 재해가 예방되어 인적, 물적 손실을 감소시키고, 깨끗하게 정리, 정돈된 작업 환경은 생산성을 향상시켜 결과적으로 생산원가 절감효과를 가져온다.

④ 판매촉진(Sale)

    정리·정돈, 청소·청결한 작업장과 단정한 복장을 한 작업자는 방문자들에게 호감을 심어 주게 되고 이로 인해 제고되는 회사에 대한 신뢰성과 원가절감을 통한 적절한 제품 가격 유지는 판매 증가로 연결되게 된다.

⑤ 만족감(Satisfaction)

    밝고 깨끗한 직장은 노사 간의 신뢰를 구축하며, 안전이 보장되고 실천의 욕이 증가되어 성취감이 달성되며, 활기찬 직장을 만들어 준다.

단원 핵심 학습 문제

01 다음 중 안전점검 종류가 아닌 것은?
① 정기점검(계획점검)
② 일상점검(수시점검)
③ 특별점검
④ 수리점검

해설 : ④ 안전점검 종류 - 정기점검(계획점검), 일상점검(수시점검), 특별점검, 임시점검

02 사고의 예방(5단계 안전 대책)을 쓰시오.

해설 : 제1단계 안전 관리 조직 - 안전 활동 방침 및 계획 세움, 안전 활동 전개
제2단계 사실의 발견 - 시설물의 위험 요소나 불안전 요소 발견
제3단계 분석 평가 - 사고의 직접 원인과 간접 원인을 찾아냄
제4단계 시정 방법의 선정 - 개선 방안 모색
제5단계 시정책의 적용 - 시정책 적용, 불합리한 것은 재조정

03 보호구의 종류를 쓰시오.

해설 : ① 안전모, ② 안전대, ③ 안전화, ④ 보안경
⑤ 안전장갑, ⑥ 보안면, ⑦ 방진마스크, ⑧ 방독마스크
⑨ 귀마개 또는 귀덮개, ⑩ 송기마스크, ⑪ 방열복

04 보호구의 구비 조건을 쓰시오.

해설 : ① 착용이 간편할 것
② 구조와 끝마무리가 양호할 것
③ 겉모양과 표면이 섬세하고 외관상 좋을 것
④ 유해 위험요소에 대한 방호 성능이 충분할 것
⑤ 보호 장구의 원재료 품질이 양호한 것

05 근로자가 안전하게 업무를 수행할 수 있도록 하기 위해 안전의 중요성을 인식시키고, 또 담당하고 있는 작업에 대해서 구체적으로 안전한 작업방법에 대한 지식이나 기능을 수득(修得)하도록 교육·훈련을 실시하는 것을 무엇이라고 하는가?

해설 : 안전교육

06 일정 기간마다 정기적으로 점검하는 것을 말하며, 일반적으로 매주 또는 매월 1회씩 담당분야별로 당해 분야의 작업책임자가 기계 설비의 안전상 중요 부분의 피로, 마모, 손상, 부식등 장치의 이상 유무를 점검하는 점검은?

해설 : 정기점검(계획점검)

07 5C운동의 항목을 쓰시오.

해설 : 복장단정(Correctness), 정리·정돈(Clearance), 청소·청결(Cleaning), 점검·확인(Checking), 전심전력(Concentration)

08 5C운동의 성과를 쓰시오.

해설 : 안전(Safety)의 확보, 작업의 표준화(Standardization), 원가절감(Saving), 판매촉진(Sale), 만족감(Satisfaction)

09 전원과 인체의 접촉으로 인하여 인체에 인가될 수 있는 전압은?

해설 : 위험전압

6-2 안전기준 확인하기

1. 안전기준 설정

1) 안전 기준

(1) 안전관리

비능률적인 요소인 재해가 발생하지 않는 상태를 유지하기 위한 활동, 즉 재해로부터 인간의 생명과 재산을 보호하기 위한 계획적이고 체계적인 제반활동을 안전관리라 한다.

[안전관리의 목표]
① 인간 존중의 실현
   인간의 생명을 무엇보다 귀중하게 여김, 인간 존중의 인도적 신념을 실현한다.
② 경영의 합리화
   안전관리는 산업재해를 예방함으로써 산업재해로 야기되는 생산손실을 사전에 막아줌으로써 경영 합리화를 도모한다.
③ 사회적 신뢰성 확보
   재해가 많이 발생하는 기업체는 기업이 만든 상품의 이미지까지도 실추되므로 산업재해 예방을 통해 사회적 신뢰성을 유지하고 확보하여야 한다.

(2) 일반안전수칙 I
① 작업을 할 때는 규정된 복장 및 보호구를 착용한다.
② 시설 및 작업기구는 점검 후 사용한다.
③ 작업장 주위환경을 항상 정리한다.
④ 인화물질 또는 폭발물이 있는 장소에서는 화기취급을 엄금한다.
⑤ 위험표시 구역은 담당자 외 무단출입을 금한다.
⑥ 흡연은 지정된 장소에서만 한다.
⑦ 모든 기계는 담당자 이외의 취급을 금한다.
⑧ 음주 후 작업을 금한다.
⑨ 현장 내에서는 장난을 하거나 뛰어다녀서는 안 된다.
⑩ 모든 전선은 전기가 통한다고 생각하고 주의한다.
⑪ 기계가동중 기계에 대한 청소, 정비 등을 하지 않는다.
⑫ 사전 승인이 없는 화기취급은 절대 엄금한다.

⑬ 책상, 캐비닛 등은 사용 후 서랍을 꼭 닫도록 한다.
⑭ 배부된 각종 리본패용 기간을 준수하고 항상 패용하도록 한다.

(3) 일반안전수칙 II
① 기계의 가동 시는 자리를 비우지 말 것
② 기계의 가동 중에는 정비, 청소를 하지 말 것
③ 기계의 조정이나 정지 시 막대기를 사용하지 말 것
④ 밸브는 서서히 열고, 잠그도록 할 것
⑤ 내용을 모르는 작업에 함부로 손대지 말 것
⑥ 모든 기계는 담당자 이외에 손대지 말 것
⑦ 작업장 내에서는 뛰어다니지 말 것
⑧ 통제구역은 허가 없이 출입하지 말 것
⑨ 안전방호장치는 이상이 없는지 확인할 것
⑩ 기계 운전 시 사전 안전점검을 할 것
⑪ 기계 고장 시 적합한 수리보수 등의 조치를 취하고 작업에 임할 것

(4) 안전의 기본요소
① 육체를 건강하게 마음을 명랑하게 하라.
② 서로 믿고 협력하라.
③ 지시나 수칙은 정확히 지키도록 하라.
④ 복장 및 몸가짐을 단정히 하라.
⑤ 정리정돈을 제일로 알고 실천하라.
⑥ 기계나 기구는 잘 보관하고 사용하라.
⑦ 작업은 올바른 순서대로 하라.
⑧ 신호와 연락은 확실하게 하라.
⑨ 모르는 일은 항상 물어보고 하라.
⑩ 무리나 태만은 사고의 원인으로 알고 금하라.

실기 내용

1. 안전에 대한 원칙
(1) 모든 사고나 직업병은 사전에 예방될 수 있다.
(2) 관리감독자는 모든 사고와 질병을 예방하는 직접적인 책임이 있다.

(3) 안전은 종업원이 지켜야 할 중요한 조건이다.
(4) 안전한 작업장이 되기 위하여 교육은 매우 중요한 요소이다.
(5) 안전에 대한 점검은 반드시 수행되어야 한다.
(6) 모든 결함은 즉시 교정되어야 한다.
(7) 안전하지 않은 작업과 사고 우려가 있는 위험요소에 대한 조사는 매우 중요하다.
(8) 업무 후의 안전은 업무 중의 안전과 마찬가지로 매우 중요하다.
(9) 사고와 질병을 예방하는 것은 업무에도 도움이 된다.
(10) 안전에 있어서는 사람이 가장 중요하다.

2. 직장안전
(1) 복장은 언제나 단정하게 할 것
(2) 보호구는 바르게 몸에 착용할 것
(3) 작업 전에는 기계나 치공구의 점검을 행할 것
(4) 안전표지의 의미를 잘 이해할 것
(5) 스위치는 신호 확인을 할 것
(6) 안전장치를 제멋대로 제거하지 않을 것
(7) 공동운반은 항시 소리를 맞추고 행할 것
(8) 치공구는 사용목적에 맞는 것을 사용할 것
(9) 넘어지기 쉬운 것은 밴드나 쇠사슬로 고정시킬 것
(10) 물건을 적재할 때는 큰 것부터 작은 것으로, 무거운 것부터 가벼운 것으로 할 것

2. 안전기준 확인

1) 안전기준 확인

(1) 작업장 안전수칙 기본
① 작업장 바닥은 넘어지거나 미끄러질 위험이 없도록 안전하고 청결한 상태로 유지한다.
② 전선 등에 걸리지 않도록 조치한다.
③ 작업장으로 통하는 장소나 작업장 내에는 근로자가 안전하게 통행할 수 있는 통로를 설치하고 항상 사용가능한 상태로 유지한다.
④ 지게차 등과 같은 차량계 하역운반기계가 주로 통행하는 출입구에는 옆에 인접하여 보행자가 다닐 수 있는 출입문을 따로 설치하여야 한다.
⑤ 작업장의 바닥·작업발판·통로 등의 끝이나 개구부에는 근로자가 추락할 위험이 있으므

로 방호울이나 안전난간, 방책 등과 같은 추락 방지시설을 설치하여야 한다.
⑥ 신나, 톨루엔 등과 같은 위험물은 작업장과 별도의 장소에 보관하여야 하고 작업장 내부에는 작업에 필요한 최소량만을 두고 사용해야 한다.
⑦ 가연성가스는 화기, 충격, 마찰, 전기설비, 정전기 등과 같은 점화원을 피하고 통풍이 잘 되는 차가운 장소에 보관하여야 한다.
⑧ 가스용기는 "사용 전", "사용 중", "빈 용기" 등과 같은 용기 상태를 구분하여 용기가 넘어지지 않도록 고정시켜 보관하여야 한다.
⑨ 지게차 등의 통로와 인접하여 있는 출입문은 차량 등과 접촉할 위험이 있으므로 비상 등이나 비상벨과 같은 경보장치를 설치하여야 한다.

실기 내용

1. 작업장 안전수칙 실습

(1) 작업장 주위의 통로나 작업장은 항상 청소한 후 작업한다. 사용한 수공구는 적합한 보관 장소에 정리해 둔다.
(2) 상부에서 작업 중이거나 매달려 있는 물체 아래쪽에는 절대로 다니지 않는다. 크레인 등으로 화물을 인양하는 곳에는 출입하지 않는다.
(3) 교대 시에는 작업에 대한 내용을 확실하게 인수, 인계한다. 작업 전 작업 지휘자를 정하고 지휘자의 신호에 따라 작업하여야 한다.
(4) 사용목적에 맞는 보호구를 갖추고 작업 시 반드시 착용한다. 작업자는 보호구의 착용을 생활화하여야 한다.
(5) 기름이나 인쇄용 잉크 등 이 묻어있는 기름걸레, 천 조각, 휴지 등은 불에 타지 않는 불연성 재질로 만든 용기에 담아 뚜껑을 덮어 보관한다.
(6) 보호구에 착용법 등을 숙지한다.

3. 안전기준 작성

1) 통행 안전 수칙

(1) 관리 감독자는 아래 각 호의 수칙을 준수하도록 관리 감독할 것
① 지정된 장소로만 통행할 것
② 통행로를 통행하는 자는 좌측통행을 할 것
③ 계단을 오르내릴 때는 손잡이를 잡고 통행할 것

④ 계단을 통행할 때는 발판을 건너뛰지 말고 한 계단씩 오르내릴 것
⑤ 건물의 출입구를 통행할 때는 유리에 부딪치지 않도록 유의할 것
⑥ 좁은 통로의 모퉁이를 통행할 때는 반대편에서 사람이 뛰어오고 있다고 가정하고 충돌에 유의할 것
⑦ 통행로를 통행할 때는 긴급한 경우를 제외하고는 뛰어가지 말 것
⑧ 지상에 설치된 시설물 위를 통행할 때는 지정된 통로를 따라 추락에 유의하면서 통행할 것
⑨ 투시되지 않은 출입문 등을 통행(개폐)할 때에는 반대편에서 개폐할 경우 충돌을 대비하여 서서히 출입문을 개폐하고 출입할 것

2) 작업장 안전 수칙

(1) 일은 질서 있게 하는 습관을 가질 것
(2) 장난하지 말고 남을 조롱하지 말 것
(3) 바닥에 유독물질을 방치하지 말 것
(4) 공구, 기타 물품을 자기 키 높이 이상의 위에서 던지지 말 것
(5) 위에서 작업 시는 그 밑의 통행을 금지시키고 공구, 기타 물건을 떨어뜨리지 말 것
(6) 자기 작업지역을 함부로 이탈하지 말 것
(7) 작업 중에는 자기의 숙련을 믿고 방심하지 말 것
(8) 모든 안전수칙과 표지를 준수할 것
(9) 요행을 바라지 말 것
(10) 작업 중에는 작업에만 전념하고 경거망동 하지 말 것
(11) 공동 작업은 서로 긴밀한 협조를 할 것
(12) 무리한 작업은 관리감독자에게 보고하고 적절한 조치를 취할 것
(13) 교대 시에는 작업에 대한 내용을 확실하게 인수인계할 것

3) 중량물 취급 작업 안전수칙

(1) 작업계획서의 작성 · 준수

단위 화물의 중량이 100kg 이상인 화물(이하 '중량물'이라 한다)을 취급하는 작업을 하는 때에는 작업 주무부서의 관리감독자가 다음 각 호의 사항이 포함된 작업계획서를 작성하고 관리 감독하여야 하며 작업자는 이를 준수하여야 한다.
① 작업지휘자 임명
② 중량물의 종류 및 형상

③ 취급방법 및 순서
④ 작업장소의 넓이 및 지형
⑤ 안전수칙 및 유의사항

(2) 작업지휘자의 의무
① 작업순서 및 그 순서마다 작업방법을 정하고 작업을 지휘할 것
② 기구 및 공구를 점검하고 불량품을 제거할 것
③ 당해 작업을 행하는 장소를 관계 근로자 이외 출입을 금지시킬 것
④ 로프를 풀거나 덮개를 벗기는 작업을 행하는 때에는 적재함의 화물이 낙하할 위험이 없음을 확인한 후 당해 작업을 하도록 할 것
⑤ 일정한 신호방법을 정하고 신호에 따라 작업하도록 할 것
⑥ 통행설비, 하역기계, 보호구 및 기구·공구를 점검, 정비하고 이들의 사용사항을 감시할 것
⑦ 주변 작업자간의 연락 조정을 행할 것
⑧ 작업장과 통로의 위험한 부분에는 안전하게 작업을 할 수 있는 조명을 유지할 것
⑨ 작업자로 하여금 안전모 등 필요한 안전보호구를 사용하도록 할 것

(3) 작업자의 의무
중량물 취급 작업에 종사하는 작업자는 다음 각 호의 사항을 준수하여야 한다.
① 작업지휘자의 지시에 따라 작업할 것
② 경사면에서 드럼통 등의 중량물을 취급하는 때에는 구름 멈춤 대, 쐐기 등을 이용하여 중량물의 동요나 이동을 조절할 것
③ 중량물 취급의 올바른 자세 및 복장을 갖출 것
④ 중량물 운반용으로 사용하는 로프는 밧줄가닥이 절단되거나 손상된 것을 사용하지 말 것
⑤ 중량물을 적재할 때에는 불안정할 정도로 높이 쌓아 올리지 말 것
⑥ 중량물을 적재할 때에는 편 하중이 생기지 않도록 적재할 것

4) 정리정돈 안전 수칙
(1) 불필요한 것이 눈에 띌 때 즉시 정리 정돈한다.
(2) 자재와 장비 그리고 잔재와 버리는 토막은 장소를 정하고 제자리에 두어야 한다.
(3) 올바른 방법과 안전한 방법으로 정리 정돈한다.
(4) 작업장 주위에 통로나 작업장 내의 청소를 항시 깨끗이 하고 작업을 행한다.

(5) 소화전, 화재 및 비상표시, 안전표시를 잘 보이는 곳에 올바르게 부착한다.
(6) 구르기 쉬운 받침대를 튼튼히 하고 가능한 묶어서 적재 또는 보관한다.
(7) 사용시기별, 용도별로 정리하고 빨리 사용할 것을 밑에 쌓지 않는다.
(8) 부식성, 인화성 물질은 별도로 보관한다.
(9) 품명 및 수량을 파악하기 좋도록 정리 정돈한다.
(10) 정리정돈이 잘된 곳이 재해 없는 안전한 곳이란 것을 명심한다.

5) 응급처치

(1) 재해발생시 응급처치 요령

① 침착하고 신속하게 상황을 파악한다.
② 급한 환자부터 순서적으로 처치한다.
③ 주위에 도움을 요청하고 즉시 PO/SM 조정실에 연락한다.
④ 부상의 정도 및 일반상태를 주의 깊게 관찰한다.
⑤ 부상부위가 오염되지 않도록 주의한다.
⑥ 환자의 체온유지에 힘쓴다.
⑦ 음료수를 공급한다(심한 출혈환자, 복부손상환자, 무의식 환자, 기타 수술을 요하는 환자는 음료수를 주면 안 된다).
⑧ 심신이 안정되도록 돕는다.
⑨ 변, 구토물 등의 증거품을 보존한다.
⑩ 자신이 조난당하지 않도록 한다.
⑪ 운반준비
　　(가) 적절한 운반방법 모색
　　(나) 운반재료 확인, 운반자 요청
　　(다) 불필요한 이동은 피하고 쇼크 예방
⑫ 응급처치의 구명 4단계
　　(가) 지혈
　　(나) 기도유지(구강 내 이물질 제거)
　　(다) 상처보호(오염방지)
　　(라) 쇼크예방 및 치료(보온 유지)
⑬ 사고발생시 일반적인 주의사항
　　(가) 침착하고 냉정하게, 재빨리 재해자의 상태를 충분히 관찰하여 처치한다.
　　(나) 재해자를 함부로 움직이지 않는다.
　　(다) 재해자에게 가장 편안한 자세를 취하게 한다.

(라) 재해자의 보온에 주의한다.
(마) 신속히 의사에게 연락한다.

6) 공정구역 안전수칙

(1) 관리감독자는 아래 각 호의 수칙을 준수하도록 관리 감독할 것
(2) 공정구역에서는 각종 금지·경고·지시·안내 표지의 내용을 준수할 것
(3) 근무자 이외의 자는 공정구역 내에 있는 기계, 장치, 시설물에 손대지 말 것
(4) 공정구역에서는 발화성·인화성·독성물질 및 고압가스를 노출시키지 말 것
(5) 공정구역에서는 작업허가서 없이 점화원이 될 수 있는 불꽃을 발생시키지 말 것
(6) 공정구역에서는 안전모, 안전화 및 안전안경을 착용할 것
(7) 공정구역에서는 주위 및 상부를 살피면서 보행할 것
(8) 공정구역에서는 물건을 던지지 말 것
(9) 공정구역에서 작업수행 시에는 작업허가서를 발행할 것
(10) 공정구역에서는 흡연하지 말 것
(11) 공정구역을 출입하는 내연기관 차량의 배기구에는 불꽃 방지 망을 부착할 것
(12) 공정구역에서는 높은 곳에서 뛰어내리거나 물건을 떨어뜨리지 말 것
(13) 공정구역을 출입하는 차량은 출입허가서를 발부받아 출입할 것
(14) 공정구역에서는 우산을 받쳐 들지 말 것
(15) 관계자 이외의 자는 공정구역에 관계자의 허가 없이 출입하지 말 것
(16) 공정 구역 내에서 긴급할 때를 제외하고는 뛰어다니지 말 것

7) 유해·위험작업장 안전 수칙

(1) 관리 감독자는 작업시작 전에 작업장의 안전조치 상태를 확인하고 관리 감독할 것
(2) 유해·위험작업장에는 작업감시자를 지정·배치할 것
(3) 작업장에는 작업에 필요한 양 이상의 위험물질을 두지 말 것
(4) 방사선, 유해광선 또는 초음파에 노출되는 장소와 인체에 해로운 가스, 증기 또는 분진을 발생하는 장소에는 관계자 외 출입을 금지시키는 조치를 할 것
(5) 유해·위험작업장에서는 안전보호구를 착용할 것
(6) 작업장 바닥은 청결한 상태로 유지할 것
(7) 작업장에서 발생하는 위험물질을 지정, 일정한 장소에서 노출되지 않도록 처리할 것
(8) 출입이 금지된 작업장에는 당해 장소를 관리하는 관리감독자의 허가를 득한 후 출입할 것
(9) 고소에서 작업 시에는 그 밑에 사람 및 차량의 통행을 금지시키고 공구 기타 물건을 떨

엎드리지 말 것
(10) 근무 교대 시에는 작업에 대한 제반 사항을 자세하게 인수·인계할 것
(11) 작업장을 떠날 때에는 정리정돈을 철저히 하고 작업장에 불안전 요소가 없음을 확인할 것

8) 유해물질 안전수칙
(1) 유해물질은 소정의 장소, 용기에 보관하여야 한다.
(2) 유해물질은 지정된 표시를 하여야 한다.
(3) 취급관계자 이외에는 작업장 출입을 금한다.
(4) 작업장 내에서는 담배, 음식을 금한다.
(5) 식사 전에는 손을 깨끗이 닦아야 한다.
(6) 보호구(가스마스크, 비닐앞치마, 장갑 등)나 방호장치를 사용해야 한다.
(7) 작업장의 통풍·환기에는 항상 주의한다.
(8) 신체에 이상(두통, 복통, 설사)을 느끼면 바로 의사의 진단을 받는다.
(9) 유해물질 취급에 따른 특수건강진단을 반드시 받는다.

9) 유기용제 안전수칙
유기용제라 함은 상온·상압 하에서 휘발성이 있는 액체로서 다른 물질을 녹이는 성질이 있는 것을 말한다.
(1) 관리감독자는 아래 각 호의 수칙을 준수하도록 관리 감독할 것
(2) 유기용제를 여과, 혼합, 교반, 가열 또는 용기나 설비에 주입할 때는 안전보호구를 착용할 것(안면 보호구, 마스크, 고무장갑, 보호의 등)
(3) 유기용제 작업 시 증기 발산원에는 국소배기장치 설치 후 작업할 것
(4) 통풍이 불충분한 옥내작업 시에는 호스마스크를 사용할 것
(5) 국소배기장치 설치 시 증기 발산원 마다 설치하며 증기 발산원 가까이 설치할 것
(6) 유기용제를 옥내에 저장할 때에는 유기용제 등이 넘쳐흐르거나 누출 및 베어 나오는 일이 없도록 할 것
(7) 관계자 외에는 출입을 금지할 것
(8) 유기용제를 넣었던 빈 용기 중 증기가 발산할 우려가 있는 것은 밀폐하여 일정한 장소에 보관할 것

10) 차량운행 안전수칙

(1) 운전면허, 차량검사증, 일일점검표 등의 유무를 확인해야 한다.
(2) 차량보안용품인 고장 안전표지판, 스페어타이어, 공구 등의 이상 유무를 확인하여야 한다.
(3) 운전 전이나 운전 중에는 음주를 절대 금하고 그날그날의 일기 상태를 미리 알아두어 안전운행이 되도록 한다.
(4) 과로한 운전을 피하고 되도록 명랑한 기분을 유지하며 통행인의 우선을 지키고 과속운전을 금해야 한다.
(5) 제반 교통규칙을 엄수함은 물론 교통도덕에 벗어나는 행위를 금하여야 한다.
(6) 신호나 지시를 엄수하고 담배를 피우거나 잡담을 하지 않는다.
(7) 과속, 앞지르기 엄금, 서행장소 준수, 일단정지 이행 등 안전표지 내용을 준수한다.
(8) 물이 고인 장소를 통행할 때는 오토나 오수 등이 비산하여 타인에게 해가 없도록 한다.
(9) 화물의 전락방지를 위해 확실히 필요한 조치를 한다.
(10) 운전원은 운전 중 어떠한 상태에서라도 그 운전을 제동하여 정지할 수 있도록 브레이크를 정비해 두어야 한다.
(11) 출발 전 전후 측면에 아이들이 장난을 치지나 않는지 확인한다.
(12) 조향장치, 제동장치, 기타 장치를 확인한다.
(13) 교통상황, 차량의 구조성능에 따라 타인에게 위해가 없도록 한다.
(14) 경사진 좁은 도로에서 자동차가 서로 교차하여 지날 경우 올라가는 자동차가 내려오는 자동차에게 도로의 우측 편으로 진로를 피해 정지한다.
(15) 좁은 도로 혹은 경사진 좁은 도로에서 화물을 실은 자동차와 빈차가 교차할 때 빈차가 도로 우측으로 피해 정지한다.

11) 안전운전 요령

(1) 운행 전
① 차량상태 점검
② 냉각수, 타이어 압력, 비상용품, 소화기, 브레이크 오일, 유리 및 차내 청결 유지
③ 의자, 백미러, 안전벨트 조정
④ 정확한 시동

(2) 운행 중
① 주위 및 교통상황 파악
② 제한속도 준수 및 주변도로 교통상황 점검

③ 차선준수 및 차선 변경 시 확인
④ 운전대는 양손으로 잡음
⑤ 대화 시 고개를 돌리지 않음
⑥ 눈을 좌우로 돌려 주변상황 확인
⑦ 다른 운전자의 행동예견
⑧ 여유 있는 브레이크 조작
⑨ 앞차와의 적정거리 유지
⑩ 적절한 경적사용
⑪ 교차로 진입 시 좌, 우 차량확인
⑫ 교차로 통행 시 서행
⑬ 횡단로 통과 시 서행, 주의
⑭ 추월 시 주의
⑮ 교통규칙 준수

(3) 정지 시
① 도난조치 확인
② 후진 시 차량후부 확인

(4) 운행 태도
① 인내심, 자신감
② 예측운전, 만용금지
③ 정신집중
④ 양보운전
⑤ 방어운전

(5) 차량운전수칙
① 공장 내에서는 면허소지자만이 운전해야 한다.
② 실, 내외를 막론하고 교통법규를 준수한다.
③ 운반차량의 운전은 자신에게 배치된 차량만으로 운전한다.
④ 중심이 높은 물건을 적재할 때는 안전조치를 취한다.
⑤ 운전석을 비울 때는 제동장치를 확실하게 한다.

단원 핵심 학습 문제

01 다음 중 안전관리의 목표가 아닌 것은?
① 인간 존중의 실현
② 경영의 합리화
③ 사회적 신뢰성 확보
④ 제품 판매 다변화
해설 : ④ 안전관리의 목표 - 인간 존중의 실현, 경영의 합리화, 사회적 신뢰성 확보

02 응급처치의 구명 4단계를 쓰시오.
해설 : 지혈, 기도유지(구강 내 이물질 제거), 상처보호(오염방지), 쇼크예방 및 치료(보온 유지)

03 비능률적인 요소인 재해가 발생하지 않는 상태를 유지하기 위한 활동. 즉 재해로부터 인간의 생명과 재산을 보호하기 위한 계획적이고 체계적인 제반활동을 무엇이라고 하는가?
해설 : 안전관리

04 작업계획서의 작성·준수이 되는 단위 화물의 중량은?
해설 : 100kg 이상인 화물(이하 '중량물'이라 한다.)

05 상온·상압 하에서 휘발성이 있는 액체로서 다른 물질을 녹이는 성질이 있는 것을 말하는 것은?
해설 : 유기용제

06 안전운전 요령에서 운행 전 점검사항은?
해설 : ① 차량상태 점검
② 냉각수, 타이어 압력, 비상용품, 소화기, 브레이크 오일, 유리 및 차내 청결 유지
③ 의자, 백미러, 안전벨트 조정
④ 정확한 시동

6-3 안전수칙 준수하기

1. 안전장구

1) 안전장구

(1) 안전모

① 안전모 선정방법

(가) 머리부위에 가해지는 위험성에 따라 작업에 맞는 용도의 것.

(나) 규격에 일치하고 검정합격 표지가 부착된 것.

(다) 머리에 잘 맞고, 가볍고 성능이 좋은 것.

② 안전모 사용방법

(가) 바르게 착용하고 턱끈은 확실하게 조일 것.

(나) 1회라도 충격을 받은 것은 폐기할 것.

(다) 어떤 이유라도 모체에 흠집을 만들지 않을 것.

(라) 착장체는 수시로 세척해 청결하게 유지하고, 정해진 시기에 교환할 것,

(마) 플라스틱제 모체는 자외선 등에 열화 되기 쉽기 때문에 정해진 시기에 교체할 것.

③ 안전모 점검

(가) 모체 및 철 물류들은 흠집, 균열, 벗겨짐, 얼룩, 오염 등이 없을 것.

(나) 착장체 및 턱끈은 흠집, 얼룩, 오염 등이 없을 것.

(다) 충격흡수재는 흠집, 균열, 얼룩, 오염 등이 없을 것.

(2) 안전화

근로자가 물건을 취급 또는 운반할 때 취급하고 있는 물품이 미끄러져 발등에 떨어트리는 일이 빈번하게 발생하고 있다. 또 작업 중에 작업상면의 상태가 나쁘거나, 작업자세가 부적합할 때 발이 미끄러져 넘어져서 발생하는 사고도 매우 많다.

이러한 재해가 발생했을 때 상해를 경감하기 위해 이용하는 신발을 말한다.

(3) 보안경

보안경이라고도 한다. 눈이 쌓인 곳에서 태양 빛이 반사되어 자외선이 눈을 자극하는 것을 방지하기 위하여 쓰는 안경이다. 자외선에 노출되면 각막염이나 결막염 따위가 생기거나 설맹(雪盲)이 되는 경우가 있다. 눈보라가 들어오지 못하게 눈 주위에 가리개가 있다. 콧등에

걸리는 부분은 동상을 예방하기 위하여 금속을 쓰지 않는다.

(4) 안전 장갑
전기 작업에서 감전위험을 예방하기 위해 사용되며 그 종류는 다음과 같다.
① A종 : 재질은 고무이며, 두께가 0.4mm 이상이고, 주로 300V를 초과하고 교류 600V 또는 직류 750V 이하의 작업에서 사용한다.
② B종 : 재질은 고무이며, 두께가 0.8mm 이상이고, 주로 교류 600V 또는 직류 750V를 초과하고 3,500V 이하의 작업에서 사용한다.
③ C종 : 재질은 고무이며, 두께가 1.0mm 이상이고, 주로 3,500V를 초과하고 7,000V 이하의 작업에서 사용한다.

(5) 작업복
작업복은 기능성·심미성·상징성이 스타일의 기본적인 3요소가 되며, 보건성·장신성(裝身性)·적응성·내구성 등의 조건을 갖추어야 한다. 보건성은 방한·방서(防暑)·방우·방풍 기능을 갖추고, 일할 때 발생하는 열이나 땀을 흡수·발산하고, 움직일 때 몸이 속박당하여 신체적으로 피로를 느끼지 않아야 함을 말한다. 장신성은 아름다운 느낌과 몸가짐을 해치지 않는 정도 이상의 장식은 피해야 함을 말한다.
색채는 더러움이 눈에 잘 띄는 순백색, 더러움이 눈에 잘 띄지 않는 짙은 색, 보기에 아름다운 색 등이 작업 종류에 따라 결정되지만, 어떤 경우든 세탁이나 일광에 잘 견디어야 한다.

실기 내용

1. 보호구 안전수칙
1) 안면보호구
(1) 착용 표시구역내에서는 반드시 착용한다.
(2) 보안경은 시력이 나쁜 경우 시력에 맞는 보안경을 착용한다.
(3) 작업수칙이나 MSDS의 규정에 따라 고글, 마스크 등을 착용해야 한다.

2) 호흡 보호구
(1) 정기적으로 폐 기능 검사를 받아야 한다.
(2) 여과관 사용기한을 준수한다.
(3) 호흡기는 사용 후 소독한다.
(4) 지정된 보관설비에 비치하여야 한다.

(5) 보관 시 청결한 장소에 보관한다.
(6) 최소한 1년에 한 번씩 검사받는다.
(7) 종류 및 사용 장소는 다음과 같다.
① 여과식 안면 반 덮개 호흡기 : 휘발성 화학물질 취급 시
② 여과식 방진마스크 : 분진지역(여과식은 산소 부족 시 사용금지)
③ 공기식 호흡기 : 공기 오염장소, 저장탱크, 맨홀 등의 작업 시

3) 귀보호구
(1) 착용 표시구역내에서는 반드시 착용한다.
(2) 고 소음 지역은 귀덮개를 착용해야 한다.

4) 신체보호 장비
(1) 작업에 적절한 보호복을 착용해야 한다.
(2) 유해섬유 함유 작업장에는 전면 덮개식 작업복을 입어야 한다.

2. 보호구 착용수칙
(1) 관리감독자는 아래 각 호의 수칙을 준수하도록 관리 감독할 것
(2) 회사에서 근무하는 임직원은 회사에서 지급한 작업복을 착용할 것
(3) 옥외 및 유해·위험작업을 수행하는 옥내에서는 안전화 및 안전모를 착용할 것
(4) 선반, 드릴 등 회전하는 기계에 접근하여 작업하는 자는 장갑을 착용하지 말 것
(5) 미분, 칩 기타 비산물이 발생하는 절단·연삭·기계가공 등의 작업을 수행할 때는 보호안경을 착용할 것
(6) 화공약품 취급 작업 수행 시는 보안경, 내산장갑, 앞치마 등을 착용할 것
(7) 유해광선이 발생하는 장소에서는 차광안경을 착용할 것
(8) 대지전압이 30V를 초과하는 전기기계·기구·배선 또는 이동전선의 충전선로 점검 및 수리하는 자는 절연안전모, 방전고무장갑 및 방전고무토시를 착용할 것
(9) 수중에 전락할 우려가 있는 장소에서 작업하는 자는 구명조끼를 착용할 것
(10) 산소농도가 10% 미만인 장소에서는 공기 공급식 호흡보호구를 착용할 것
(11) 90dB 이상의 고진동수의 소음이 발생되는 장소에서는 귀마개, 귀덮개 등의 보호구를 착용할 것
(12) 피부에 장애를 일으키거나 피부를 통하여 흡수되어 중독을 일으킬 우려가 있는 물질을 취급하는 작업에 종사하는 자는 불침투성 보호의, 보호 마스크, 안전장갑 및 안전화를 착용할 것

(13) 인체에 해로운 가스, 증기, 미스트, 흄 또는 분진이 발생되는 장소에서는 방독마스크 또는 방진마스크를 착용할 것
(14) 아크 및 가스용접, 전기용접 작업 시에는 용접용 보호 장갑을 착용할 것
(15) 추락의 우려가 있는 높이 2m 이상인 장소에서 작업하는 자는 안전벨트를 착용할 것
(16) 칩, 증기, 유해물질 등의 비산으로 얼굴이 손상될 우려가 있는 작업수행 시에는 안면 보호구를 착용할 것

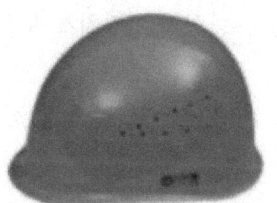 

그림 6-2 안전모와 안전화

2. 제품운반

1) 제품 운반

(1) 중량물 운반방법
① 중량물을 가까이 위치한다.
② 손 전체로 중량물을 꽉 움켜쥔다.
③ 허리를 가능한 한 곧게 펴고 다리 힘만으로 서서히 일어선다

(2) 운반할 때 바른 자세
① 혼자 운반할 때
　(가) 허리를 편 채로 앞을 주시하면서 다리만을 움직여 운반한다.
　(나) 방향 전환 시는 몸을 틀지 말고 먼저 이동방향으로 발을 옮겨준다.
② 2인 이상 운반할 때
　운반할 때는 중량물 가까이 신체를 붙여서 허리보다 높은 위치로 올려들어야 한다.

(3) 운반물 밀기
운반물이 무거운 것일수록 다리를 크게 벌려 허리를 낮추고 앞다리에 체중을 실어서 작업한다.

(4) 운반물 끌기

무거운 물건을 한 손으로 끌면 예상치 않은 방향으로 나가거나 중심이 한쪽으로 치우쳐 허리를 삐는 수가 있다. 따라서 운반물은 양손으로 끌고 다리를 모으지 않도록 한다.

2) 크레인 운반 작업

(1) 크레인 안전작업

① 과부하방지장치, 권과방지장치, 비상정지장치, 해지장치 등의 안전장치가 부착된 것을 사용한다.
② 작업을 시작하기 전에는 안전장치 및 와이어 로프의 이상 유무를 점검한 후 사용하여야 한다.
③ 매달린 적재물의 이동거리내의 안전을 확인한다.
④ 매단 적재물의 내리는 장소, 적재장소의 안전을 확인하여야 한다.
⑤ 후크에 해지장치가 부착된 것을 사용한다.

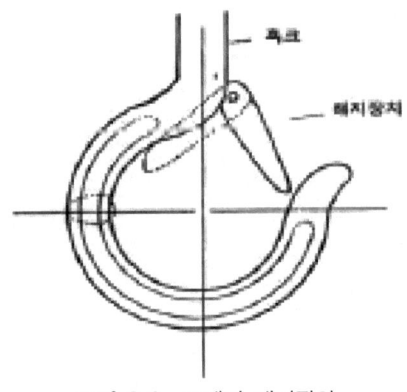

그림 6-3 크레인 해지장치

(2) 크레인 작업 안전수칙

① 운전과 신호는 지정된 자가 한다.
② 운반은 동시에 2방향 이상 조작을 하지 않아야 한다.
③ 와이어 로프는 충격에 약하므로 급격하게 감아올리거나 내려서는 안 된다.
④ 체인이나 로프를 화물에 경사지게 매달아 권상시켜서는 안 된다.
⑤ 크레인 신호수는 규정된 복장을 착용하고 규정된 신호방법으로 명확하고 확실하게 한다.
⑥ 화물중심부에 후크를 위치시켰나 확인한 후 권상 신호를 하여야 한다.
⑦ 제한하중을 초과한 권상을 피하고 로프의 상태를 확인한다.
⑧ 크레인에 매달린 화물의 아래에는 출입하지 않아야 한다.

⑨ 운전 중 이상 진동, 이상음 발생 시 즉시 정지하고 점검 보수한다.
⑩ 화물을 걸어 놓은 상태에서 운전 위치를 이탈하지 않는다.

(3) 타워크레인의 고정

① 타워크레인을 자립고 이상의 높이로 설치하는 경우에는 건축물의 벽체에 지지하는 것을 원칙으로 한다. 다만, 타워크레인을 벽체에 지지할 수 없는 등 부득이한 경우에는 와이어 로프로 지지할 수 있다.
② 타워크레인을 벽체에 지지하는 경우에는 다음 각 호의 사항을 모두 준수하여야 한다.
   (가) 타워크레인 제작사의 설치작업설명서에 따라 기종별·모델별 설계 및 제작기준에 맞는 자재 및 부품을 사용하여 설치할 것
   (나) 콘크리트 구조물에 고정시키는 경우에는 매립하거나 관통 하는 등의 방법으로 충분히 지지되도록 할 것
   (다) 건축 중인 시설물에 지지하는 경우에는 같은 시설물의 구조적 안정성에 영향이 없도록 할 것
③ 타워크레인을 와이어 로프로 지지하는 경우에는 다음 각 호의 사항을 모두 준수하여야 한다.
   (가) 와이어 로프를 고정하기 위한 전용 지지프레임은 타워크레인 제작사의 설계 및 제작 기준에 맞는 자재 및 부품을 사용하여 표준방법으로 설치할 것
   (나) 와이어 로프 설치각도는 수평면에서 60도 이내로 하고, 지지 점은 4개 이상으로 하며, 같은 각도로 설치할 것
   (다) 와이어 로프 고정 시 턴버클 또는 긴장장치, 클립, 샤클 등은 한국 산업규격 제품 또는 한국 산업규격이 없는 부품의 경우에는 이에 준하는 규격품을 사용하고, 설치된 긴장장치, 클립 등이 이완되지 아니하도록 하며, 사용 시에도 충분한 강도와 장력을 유지하도록 할 것
   (라) 작업용 와이어 로프와 지지 고정용 와이어 로프는 적정한 거리를 유지할 것

실기 내용

1. 지게차 운반 안전

포크의 승강작용을 이용하여 적재 또는 하역작업을 하는 동력기계로서 포크리프트라고 한다. 디젤, LPG, 전동식 기관을 사용하며 좁은 장소에서의 이동이 편하다. 최소 회전 반지름은 1,800~2,750mm이다.

1) 지게차 위험성

물체의 낙하	불안전한 제품의 적재, 미숙한 운전조작 급출발, 급정지, 급선회
협착 및 충돌	구조상 피할 수 없는 시야의 조건후륜 주행에 따른 선회 반경
차량의 전도	제품의 과적재 및 고속 급회전 요철 바닥면의 미정비, 취급되는 제품에 비해서 소형

2) 지게차 안전수칙

(1) 운전은 면허를 가진 사람이 한다.
(2) 운휴 시에는 열쇠를 빼어 운전자가 보관하고 포크는 지정장소에 보관한다.
(3) 운전자 외 탑승을 금한다.
(4) 운행 중에는 포크를 지상에서 40cm 이상 높이지 말며 2단 속도 이하로 주행한다.
(5) 운전석에서 전방 눈높이 이하로 적재한다.
(6) 옥내 주행 시는 불을 켜고 운행한다.
(7) 모서리에서 회전할 때는 정지 후 서행한다.
(8) 운전석 상부는 철판 덮개를 한다.
(9) 고소 작업 시는 포크에 추락방지 장치를 설치하고 사용한다.

2. 호이스트 안전수칙

창고·철도역 등에서 화물의 운반이나 공장에서의 기계분해·조립에 사용된다. 원동기·기어 감속장치·감기통 등을 한 조로 하고 권상용(捲上用) 로프 끝에 훅(hook)을 장치하여 화물을 들어올린다. 감기 통을 손 도르래로 움직이게 하는 수동(手動) 호이스트, 전동기를 사용한 전기 호이스트·텔퍼(telpher) 등이 있다. 단순히 호이스트라고 할 때는 일반적으로 전기 호이스트를 말한다. 고정되어 있는 것도 있으나 보통은 트롤리와 짝이 되어 I형 레일의 아래쪽 플랜지 위를 주행하게 되어 있다.

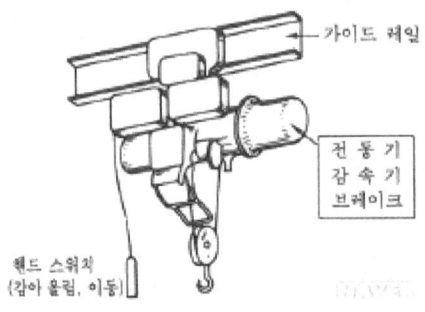

그림 6-4 호이스트

(1) 정격하중 이상의 중량물을 취급하지 말 것.
(2) 정지 시는 일단 정지하고 위치를 확인한 뒤에 완전히 정지시킬 것,
(3) 풀어 내릴 때 지면 가까이에 일단 정지시키고 놓은 장소가 안전한가 확인하고 다시 풀어 놓을 것.
(4) 물건을 매달아 둔 채로 방치하지 말 것.
(5) 담당자 외 운전금지 및 운전자는 안전보호구(안전모, 안전화 등)를 착용토록 할 것.
(6) 기 부착된 후크 해지장치를 운전자 임의로 제거하지 말 것.
(7) 이어 로프 또는 체인이 부식, 변형, 손상이 된 것은 즉시 감독자에게 보고하여 교체할 것.
(8) 안전장치(권과방지장치, 과부하방지장치) 등은 운전자 임의로 제거, 금지토록 할 것.

단원 핵심 학습 문제

01 다음 중 안전장구가 아닌 것은?
① 안전화   ② 안전모
③ 보안경   ④ 안전수건

해설 : ④ 안전장구
- 안전모, 안전화, 보안경, 안전 장갑, 작업복

02 포크의 승강작용을 이용하여 적재 또는 하역작업을 하는 동력기계는?

해설 : 지게차

03 창고·철도역 등에서 화물의 운반이나 공장에서의 기계분해·조립에 사용된다. 원동기·기어 감속 장치·감기통 등을 한 조로 하고 권상용(捲上用) 로프 끝에 훅(hook)을 장치하여 화물을 들어올리는 것은?

해설 : 호이스트

04 지게차의 위험성을 쓰시오.

해설 : 물체의 낙하, 협착 및 충돌, 차량의 전도

05 작업 중에 작업상면의 상태가 나쁘거나, 작업자세가 부적합할 때 발이 미끄러져 넘어져서 발생하는 사고도 매우 많다. 이러한 재해가 발생했을 때 상해를 경감하기 위해 이용하는 신발은?

해설 : 안전화

06 눈이 쌓인 곳에서 태양 빛이 반사되어 자외선이 눈을 자극하는 것을 방지하기 위하여 쓰는 안경은?

해설 : 보안경

07 얼마 이상의 기준이 되는 고진동수의 소음이 발생되는 장소에서는 귀마개, 귀덮개 등의 보호구를 착용하는가?

해설 : 90dB 이상의 고진동수의 소음

08 과부하방지장치, 권과방지장치, 비상정지장치, 해지장치 등의 안전장치가 부착된 것을 사용하는 작업은?

해설 : 크레인 운반 작업

09 자립고 이상의 높이로 설치하는 경우에는 건축물의 벽체에 지지하는 것을 원칙으로 작업하는 작업은?

해설 : 타워크레인 작업

10 중량물 운반방법을 쓰시오.

해설 : ① 중량물을 가까이 위치한다.
② 손 전체로 중량물을 꽉 움켜쥔다.
③ 허리를 가능한 한 곧게 펴고 다리 힘만으로 서서히 일어선다.

6-4 안전예방 활동하기

1. 안전사항

1) 설비/작업공정의 위험과 안전사항

(1) 기계적 위험

① 기계적 위험의 개요

우리는 산업 현장에서 수많은 기계를 접하면서 기계에 대한 위험을 별로 인식하지 못하고 있으며 기계에 의한 안전사고가 계속 발생하고 있다.

기계에 대한 위험을 충분히 인식하고 대책을 세워 재해 방지를 하면 사고를 미연에 방지할 수 있다.

② 기계적 위험의 종류

(가) 회전 운동에 의한 위험(동력 전달 부분)

단독 회전운동 및 두 개 이상의 부품 사이에 물릴 위험, 혹은 고정부와 회전부 사이에 끼일 위험이 있다.

(나) 직선 운동과 왕복 운동

고정부분과 왕복운동 사이에 형성되는 협착의 위험 즉, 금속가공 프레스 금형의 상형과 하형 사이 및 절단기 칼날 사이 위험

(다) 진동 물체의 협착 위험

가공품이나 기계 부품의 진동 위험

(라) 처리 중인 소재의 위험

세탁기의 세탁물과 함께 말려드는 위험처럼 재료와 함께 기계에 말려드는 위험

(마) 기계부품의 비산

기계의 잘못 작동 혹은 재료의 부적절 등에 의한 기계의 파손 시, 파편에 의한 사고

③ 기계적 위험의 예방

(가) 기계의 위험성을 이해하고 사용한다.

(나) 기계 위험에 대한 방호 방법을 인식하고 작업한다.

(다) 안전하게 기계를 다루는 방법을 숙지하고 생활화한다.

(라) 물건을 안전하게 운송하는 방법을 숙지하고 작업한다.

(마) 수공구의 안전 사용 요령을 숙지하고 사용한다.

(바) 어떠한 기계가 안전한 기계인가를 알고 안전을 생활화한다.

④ 전기 에너지에 의한 위험
　(가) 전기적 위험의 개요
　현대 생활에서 전기 에너지는 우리 생활에 밀착되어 편리하게 사용하고 있어 그 본질적인 위험을 인식하지 못하고 있으며, 잘못 사용하여 큰 재난을 겪고 있다. 안전 의식이 고도화 됨에 따라 산업 재해는 줄어들고 있으나 전기에 의한 감전 및 누전에 의한 사고는 증가되고 있는 실정이다.
　(나) 전기 사고의 종류
　전기에 의한 사고의 재해는 감전 사고와 전기 화재로 구분할 수 있다. 감전 사고는 전기가 흐르는 기기 등에 사람이 접촉을 하여 인체에 전기가 흘러 화상 또는 불구가 되며, 심하면 사망까지 한다. 누전이나 합선에 의한 화재는 누구에게나 올 수 있기 때문에 주의해야 하며, 감전사고 예방책을 보면
　　㉠ 전기 기기 및 배선의 충전부는 노출시키지 않는다.
　　㉡ 전기 기기를 사용할 때에는 반드시 접지를 시켜야 한다.
　　㉢ 누전 차단기를 설치하여 감전사고 시 접지를 시켜야 한다.
　　㉣ 전기 기기의 스위치 조작은 함부로 하지 않는다.
　　㉤ 젖은 손으로 전기 기기를 만지지 않는다.
　　㉥ 안전기의 퓨즈는 정품을 사용한다.
　　㉦ 불량하거나 고장 난 전기 기기는 사용하지 않는다.
　(다) 전기 사고의 예방
　　㉠ 전기 에너지의 특성을 이해하고 사용한다.
　　㉡ 전기에 의한 재해의 심각성을 인식하고 사고 예방을 생활화한다.
　　㉢ 전기 사고의 원인을 이해하고 사전에 예방한다.
　　㉣ 전기 사고의 예방 대책을 숙지하고 생활화한다.
　　㉤ 안전한 전기 사용을 생활화한다.
　(라) 감전사고 발생 시 응급조치
　　㉠ 2차 감전을 방지하기 위해 먼저 스위치를 내린다. 스위치가 멀리 있는 경우 건조한 막대를 이용하여 감전자를 충전부에 이탈시킨다.
　　㉡ 감전 사태를 신속히 파악하고 응급조치를 취한다(호흡, 맥박, 심장 상태).
　　㉢ 호흡, 심장이 정지된 경우 심장 마사지와 인공호흡을 시킨다.
⑤ 화학 물질 및 설비에 의한 위험
　(가) 화학물질 및 설비에 의한 재해의 개요
　지구상에 대부분의 물질은 화학 물질로 구성되어 있어 화학 물질을 떠나서 생활이 어렵다. 고도의 산업 사회에서 화학 물질의 사용은 양적으로 증가하고 있어, 이로 인한 중

독사고 및 화재, 폭발 등 재해가 발생한다. 화학 물질에 의한 재해는 우리의 일상생활 뿐만 아니라, 학생들이 산업현장에서 활동하는 과정에서 종종 발생한다.

(나) 위험물 분류

㉠ 폭발성 물질

가열, 마찰, 충격 및 다른 물질과 접촉으로 인한 격렬한 반응이 일어나 폭발하는 고체나 액체로 질산, 에스테르류, 나트로 화합물 등.

㉡ 발화성 물질

점화 원이 없어도 쉽게 발화하는 물질로 가연성 고체와 자연 발화성 및 급수성 물질이 있음.

㉢ 산화성 물질

산화력이 강하고 가열, 충격 및 다른 물질과 접촉으로 인하여 격렬한 반응이 일어나는 염소산, 과염소산, 무기과산화물 등이 있다.

㉣ 인화성 물질

대기업(1기압)하에서 인화점이 65도 이하인 가연성 액체로 인화성 물질의 화기는 접근 금지

㉤ 가연성 가스

가연성 가스는 폭발 한계 농도의 하한 값이 10% 이하 상·하한 값의 차이 폭이 20% 이상인 가스로 수소, 아세틸렌칠렌, 메탄, 에탄 등

㉥ 부식성 물질

금속 등을 쉽게 부식시키고 인체에 닿으면 심한 상해를 입는 물질로 황산, 질산, 염산 등

㉦ 독성 물질

단시간에 인체에 치명적 상해를 입히는 물질로 경구 투입에 의한 위장 손실과 호흡에 의한 질식, 피부 접촉에 의한 반응 등이 있다.

⑥ 건설 및 정적 에너지에 의한 재해

(가) 건설 및 정적 에너지에 의한 재해이 개요

건설 공사는 그 규모와 분야가 확대되어 고층화, 대형화 추세를 보이고 있으며, 일시에 많은 인원이 동원되고 시설과 장비도 다양하다. 최근에는 경제의 발전에 의해 여러 곳에 건설 현장이 생겨서 많은 사람이 소요되므로 건설 재해가 많이 발생하고 있어 건설 재해의 특성을 이해하고 예방할 수 있게 지도를 하여야 한다.

(나) 건설업 재해의 특성

㉠ 작업 환경의 특수성

주로 옥외 작업이므로 공사 현장의 지형, 지질, 기후 영향을 받으며 공정에 따라 다

양한 위험이 있다.
ⓒ 작업 자체의 위험서
제조업과 달리 작업의 위치, 종류, 사용 기계 및 작업 환경이 수시로 변하며 대형화, 고층화이기 때문에 작업 자체의 위험이 크다.
ⓒ 공사 계약의 문제성
과다 경쟁으로 인하여 공기 공사비 안전성에 문제가 생기기 쉽고 안전시공을 위한 계약상의 안전성 확보가 시급하다.
② 고용의 불안정
공사 현장의 근로자 대부분은 저 학력 임시직으로 소속감 결여, 근로조건 불량, 고령화, 무경험자, 작업 투입 등의 원인에 의해 고용이 불안하다.
ⓜ 안전 관리 의식 결여
형식적이고 무자격 안전 관리자 배치 및 안전 관리자의 다른 작업안전 관리 교육 마비 등으로 안전 의식 고취가 어렵다.
ⓗ 동시 복합성 재해
수많은 공정이 동시에 복합적으로 이루어지기 때문에 재해 발생 시 대형 참사가 된다.
⑦ 산업보건 안전 수칙
(가) 안전수칙 준수
(나) 작업 복장 단정
(다) 보호구 착용 철저
(라) 위험구역 출입금지

2. 일상점검표 작성

1) 일상 점검표 작성지침

(1) 목 적

본 지침서는 조직 내에서 사용되는 모든 설비 및 측정기기의 일상점검표 작성과 활용방법에 대한 업무를 표준화함으로써 효율적인 설비관리를 도모하는데 목적이 있다.

(2) 적용범위

조직 내에서 일상 점검표를 기재하는 모든 설비에 적용한다.

(3) 용어 및 작성방법

① 작성 시기
   (가) 작성 시기는 근무하는 날을 기준으로 하고, 주간근무자가 확인 후 기재한다.
   (나) 주간근무가 없으면 야간근무자가 점검표를 작성한다.

② 관리번호
   관리하는 설비이력카드에 등록이 되어 있는 번호를 말하며, 작성방법은 양식 배포 시 사용부서 관리자 또는 반장이 작성 후 배포한다.

③ 점검기재 시 사용 마크
   (가) 일상 점검 시 사용되는 마크는 두 가지로 구분한다.
   (나) 마크구분 : (OK → 정상), (X → 이상)으로 구분 및 표시한다.

④ 고장 발생일
   (가) 최초 고장 발생일을 기재한다.
   (나) 고장 발생일(8월 12일) → 기재방법(8/12)

⑤ 고장상태
   (가) 설비의 작동 및 전원공급에 이상이 발생되어 작업을 하지 못하는 상태를 말한다.
   (나) 기재내용 중 고장의 원인이 불투명 시 작업공정 또는 부품명을 기재한다.

⑥ 고장시간
   (가) 최초 고장발생 시간을 정확하게 작업자가 점검표 기재란에 기재한다.

⑦ 조치사항
   (가) 설비 가동을 위하여 A/S및 관련부서의 조치가 있을 경우 문제가 된 부품명을 기재한다.
   (나) 작성 시 조치가 완료가 되면 조치사항 항목 안에 조치완료일 및 시간도 기재한다.
   (다) 설비의뢰서 작성을 하고, 작성일을 기재한다.

⑧ 조치자
   (가) 3.7항에서 조치하는데 작업을 실시한 사람 이름을 기재한다.
   (나) 설비에 문제가 발생하면 신속하게 조치하고자 한다.
   (다) 예). 3.7항 조치자 홍길동, 그러면 기재 시 홍길동으로 기재한다.

⑨ 확인란
   (가) 매일 조, 반장은 실무자가 기재한 항목과 설비 작동여부를 확인하고 마크로 표시한다.
   (나) 설비가동에 이상이 있으면 특기사항에 기재 후 조치를 한다.

(4) 보관방법
보존기간은 보관부서에서 1년 동안 보관을 한다.

(5) 일상 점검표

구분	일상 점검표 점검 내용	점검자		확인자	
		점검결과			
		하	중	상	
일반안전	정리정돈 및 청결상태				
	흡연 및 음식물 섭취 여부				
	안전수칙, 안전표시, 개인보호구, 구급약품 등 관리 상태				
기재기구	기재 및 공구의 조임부 또는 연결부 이상여부				
	위험설비 부위에 방호장치 (보호 덮개) 설치 상태				
	기재기구 회전반경, 작동반경, 위험지역 출입금지 방호설비 설치 상태				
전기안전	사용하지 않는 전기기구의 전원투입 상태 확인 및 무분별한 문어발의 콘센트 사용 여부				
	접지형 콘센트를 사용, 전기 배전식 결연피복 손상 및 배선정리 상태				
	기기의 외함 접지 또는 정전기 장애방지를 위한 접지 실시상태				
	전기 분전반 주변 이물질 적재금지 상태 여부				
화공안전	소화기 비치, 화학물질 성상별 분류 및 시약장 등 안전한 장소에 보관 상태				
	소량을 덜어서 사용하는 등, 화학물질의 보관함 보관용기에 경고표시 부착여부				
	폐액 및 폐기를 관리상태 (폐액분류표시, 적정용기 사용, 폐액용기덮개 체결상태)				
	발암물질, 독성물질 등 유해화학물질의 격리보관 및 잠금장치 사용여부				
소방안전	소화기표시, 적정소화기 비치 및 정기적인 소화기 점검상태				
	비상구, 피난통로 확보 및 통로 상 장애물 적재 여부				
	소화전, 소화기 주변 이물질 적재금지 상태 여부				
가스안전	가스 용기의 옥외 지정장소보관, 전도방지 및 환기 상태				
	가스용기 외관적 부식, 변형, 노즐 잠금 상태 및 가스용기 충전기한 초과여부				
	가스누설검사정보장치, 역류/역화 방지장치, 중화제독 장치 설치 및 작동상태 확인				
	배관 표시사항 부착, 가스 사용시설 경계/경고표시 부착, 조정기 및 밸브 등 작동상태				
	주변화기와의 이격 거리유지 등 취급여부				
기타	신체적 이상 유무				
	작업장 바닥의 청결상태				

▶ 특이 사항 :

상기 내용을 성실히 점검하여 기록

3. 안전사고 대책 수립

1) 안전사고 사전대책 수립

(1) 산업 안전 일반

① 사고 및 재해

(가) 사고

어떤 일을 할 때 하고자 하는 일을 저지 또는 방해하는 사건, 즉 원하지 않거나 비효율적인 사건을 사고라 한다.

(나) 재해

사고가 인적 또는 물적 손실을 동반하는 경우를 재해라 한다.

(다) 재해 발생 원리

[하인리히의 도미노 이론]

도미노 현상처럼 재해도 아래 그림에 나타낸 5가지 요인 중 어느 한 요인이 발생하면 다른 요인도 연쇄적으로 발생하여 일어난다는 이론이다.

- **불안전 행동의 예** : 위험 장소 접근, 안전장치의 기능 제거, 복장·보호구의 잘못 사용, 기계·기구의 잘못 사용, 불안전한 속도 조작, 위험물 취급 부주의, 불안전한 자세 및 동작 등
- **불안전한 상태의 예** : 기계·기구 자체의 결함, 안전장치의 결함, 작업 장소의 결함, 보호 장구의 결함, 작업 방법의 결함 등
- **불안전한 행동의 원인** : 지식의 부족, 기능의 미숙 및 경험의 부족, 태도 불량, 신체적인 부적응, 인간의 실수 등

(2) 재해율

① 천인율

어느 일정 기간 동안 근로자 1,000명에 대해 발생한 재해자 수

$$천인율 = \frac{재해자 수}{평균 근로자 수} \times 1,000$$

② 도수율

연 100만 근로 시간에 대한 재해 발생 건 수

$$도수율 = \frac{재해 발생 건 수}{연간 근로 시간수} \times 1,000,000$$

③ 강도율

근로 시간 1,000시간 당 발생된 재해에 의해 손실된 총 근로 손실 일 수

$$강도율 = \frac{근로 손실 일 수}{연간 근로 시간 수} \times 1,000$$

④ 재해율

전 근로자 수에 대한 재해자 수의 백분율

$$재해율 = \frac{재해자 수}{전 근로자 수} \times 100$$

(3) 보호구

보호구는 착용이 간편하고, 작업에 방해를 주지 않으며 유해·위험 요소에 대한 방호 성능이 완전해야 한다. 종류로는 안전모, 방음 보호구(귀마개, 귀덮개), 보안면, 보안경, 안전화, 안전벨트, 마스크(방진, 방독, 호흡용), 안전 장갑, 보호의, 특수복 등이 있다.

(4) 작업장의 조도

① 초정밀 작업 : 750lux 이상
② 정밀 작업 : 300lux 이상
③ 보통 작업 : 150lux 이상
④ 기타 작업 : 75lux 이상

(5) 산업 안전 기준

① 기술 기준

공장 및 장치의 안전거리 기준, 공장의 안전설계 기준과 같은 기술적인 사항에 관한 기준

② 작업 기준

근로자가 작업을 할 때 안전하게 작업을 수행하기 위하여 작업자의 작업 방법과 작업 순서 등을 정해 놓은 기준

③ 환경 기준

환기, 조명, 채광, 보온, 방습, 청결, 정돈 등에 대한 표준

(6) 산업 안전사고의 예방

기업은 안전한 근로 환경을 조성하여 사고를 미연에 방지함으로써 근로자의 사기 진작, 생산성 향상, 신뢰성 유지, 비용 절감, 기업 이윤 증대의 효과를 거둘 수 있다.
또, 근로자 개인은 산업 안전 규칙을 준수하고 불안전한 행동을 제거함으로써 산업 재해로

부터 벗어나 개인의 행복을 추구할 수 있다.
① 산업 안전사고의 예방 대책

안전사고의 예방을 위해서는 다음과 같은 5단계의 안전 대책이 필요하다.

(가) 제1단계 : 안전 관리 조직

경영자는 안전의 목표를 설정할 때 먼저 안전 관리 조직을 구성하여 안전활동 방침 및 계획을 세우고, 전문적인 기술을 가진 조직을 통하여 안전활동을 전개

(나) 제2단계 : 사실의 발견(위험의 발견 등 현상 파악)

사업장의 특성에 적합한 조직체의 사고 및 활동 기록을 검토하고, 작업분석, 안전점검 및 진단, 사고조사, 보고서의 검토, 각종 안전 회의 및 토의 등을 통하여 시설물의 위험 요소나 불안전 요소를 발견

(다) 제3단계 : 분석 평가(원인 규명)

발견에서 나타난 불안전 요소에 대하여 사고 보고서 및 현장 조사 분석, 사고기록 및 관계자료 분석, 작업 환경 및 작업공정 분석, 교육 및 훈련 분석 등을 하고, 이를 통하여 사고의 직접 원인과 간접 원인을 찾아낸다.

(라) 제4단계 : 시정 방법의 선정(개선 방법 선정)

분석에서 밝힌 원인을 바탕으로 하여 개선 방안을 찾는다. 기술적 개선, 교육 및 훈련 개선, 인사 배치 및 안전 선개 능 각 분야에서 가장 효과적인 방법을 선정한다.

(마) 제5단계 : 시정책의 적용(목표 달성)

사고 예방을 위하여 선정한 시정 방법을 적용해 보고, 그 결과를 평가하여 불합리한 것을 재조정하여 실시한다.

② 산업 안전 관리 조직
   (가) 경영자 : 쾌적하고 안전한 작업 환경을 조성하고, 작업자에게 안전한 기계 설비를 공급할 총제적인 책임을 진다.
   (나) 관리 감독자 : 경영자의 방침을 실현하고, 책임과 권한을 위임받아 관할 작업자에 대한 안전과 보건을 책임진다.
   (다) 작업자 : 관리 감독자의 지시 및 명령을 받아 스스로 안전하게 작업하여야 할 책임이 있다.

③ 산업 안전 수칙

산업 현장에서 작업할 때에는 안전 수칙에 따를 필요가 있다. 작업 중에 행해야할 행위나 동작을 모두 표준화할 수는 없으나, 안전에 필요한 기본적인 규범이나 상식은 반드시 있다. 따라서 산업 안전 수칙을 정확히 알아둠으로써 산업 재해를 예방할 수 있는 능력을 길러야 한다.

④ 무재해

'무재해'란, 근로자가 업무에 기인하여 사망 또는 4일 이상의 요양을 요하는 부상 또는 질병에 걸리지 않는 것을 말한다.

(7) 무재해 운동의 이념과 3대 원칙

① 무의 원칙 : 무재해는 단순히 사망 재해나 휴업 재해만 없으면 된다는 소극적인 사고가 아닌, 사업장 내의 모든 잠재 위험 요인을 적극적으로 사전에 발견하고, 이를 해결함으로써 산업 재해의 근본적인 요소들을 없앤다는 것을 뜻한다.
② 안전제일의 원칙 : 안전한 사업장을 조성하기 위한 궁극의 목표로서 사업장 내에서 행동하기 전에 잠재 위험 요인을 발견하고 이를 해결하여 재해를 예방하는 것을 뜻한다.
③ 참여의 원칙 : 작업에 따르는 잠재 위험 요인을 발견하고, 이를 해결하기 위하여 전원이 일치 협력하여 각자의 위치에서 적극적으로 문제 해결을 하겠다는 것을 뜻한다.

(8) 재해예방의 원칙

① 손실 우연의 원칙

하인리히 법칙에서는 같은 종류의 사고를 되풀이 하였을 때 중상의 1회, 경상의 경우 29회, 상해가 없는 경우 300회의 비율로 발생된다고 말하고 있다. 이를 1 : 29 : 300의 하인리히 법칙이라고 하며, 이 법칙은 사고와 상해 정도 사이에는 언제나 우연적인 확률이 존재한다는 이론이다. 따라서 사고와 상해 정도에는 '사고의 결과로서 생긴 손실의 대소 또는 손실의 종류는 우연에 의하여 정해진다.'라는 관계가 있다. 사고가 발생하더라도 손실이 전혀 따르지 않는 경우를 준사고라고 하며, 손실을 면한 사고라도 재발할 경우 얼마만큼의 큰 손실이 발생할 것인가는 우연에 의해 정해지므로 예측할 수 없다.

② 원인계기의 원칙

사고 발생과 그 원인 사이에는 반드시 필연적인 인과 관계가 있다. 사고와 손실과의 관계는 우연적이지만 사고와 원인과의 관계는 필연적이다.

③ 예방 가능의 원칙

인적 재해의 특성은 천재와 달리 그 발생을 미연에 방지할 수 있다는 것이다. 안전 관리에 있어서 재해 예방에 그 목적을 두고 있는 것은 예방 가능의 원칙에 기초를 두고 있는 것이다. 따라서 체계적이고 과학적인 예방대책이 요구되며, 물적·인적인 면에 대하여 그 원인의 징후를 사전에 발견하여 재해 발생을 최소화시켜야 한다.

④ 대책 선정의 원칙

안전사고에 대한 예방책으로는 기술적(Engineering), 교육적(Education), 관리적(Enforcement)의 3E의 대책이 중요하다. 안전사고의 예방은 3E를 모두 활용함으로써 효과를 얻을 수 있으며, 합리적인 관리가 가능한 것이다.

재해 예방 대책을 선정할 때에는 정확한 원인 분석 결과에 의해 직접원인을 유발시키는 배후의 기본적 원인에 대한 사전대책을 선정하고, 가능한 확실하고 신속하게 실시하여야 한다.

(가) 기술적 대책 : 안전 설계, 작업 행정의 개선, 안전기준의 설정, 환경 설비의 개선, 점검 보존의 확립 등을 행한다.
(나) 교육적 대책 : 안전 교육 및 훈련을 실시한다.
(다) 관리적 대책 : 관리적 대책은 엄격한 규칙에 의해 제도적으로 시행되어야 한다.

실기 내용

1. 산업 안전표지

1) 산업 안전표지

(1) 금지 표지 : 행위 자체를 하지 못하도록 하는 표지
(2) 경고 표지 : 위험한 물질이나 위험한 상태 등 위험을 경고하는 표지
(3) 지시 표지 : 안전한 행위를 하도록 지시하는 표지
(4) 안내 표지 : 비상구 안내와 같이 비상 시 안전하게 대피하도록 알려 주는 표지

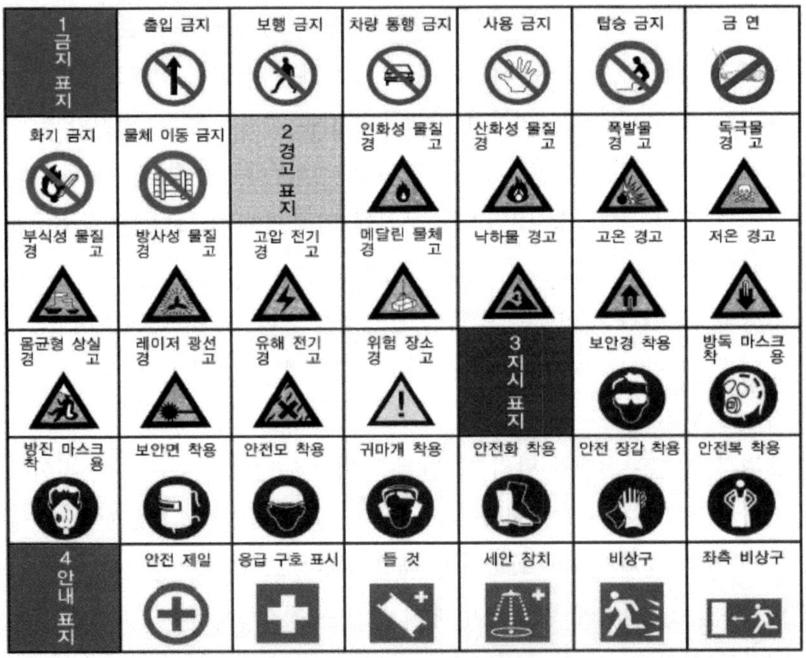

그림 6-5 안전표지의 보기

2) 산업 안전색채

(1) 적색 : 금지(화기, 출입, 보행 금지 등)

(2) 황색 : 경고(충돌, 추락, 함정 등의 주의 및 경고)

(3) 청색 : 지시(보호구 사용 등)

(4) 녹색 : 안내(비상구, 응급 구호 등)

(5) 자주 : 방사능

(6) 주황 : 위험, 항공·선박의 안전시설

(7) 백색 : 안전 표지판 등의 문자, 기호, 화살표 또는 적, 녹, 청, 흑색의 보조색

(8) 흑색 : 안전 표지판 등의 문자, 기호, 화살표 또는 적, 황, 백색의 보조색

3) 안전표찰

안전모, 작업복 등에 부착하는 녹십자 표시

단원 핵심 학습 문제

01 다음 중 기계적 위험의 종류가 아닌 것은?
① 회전 운동에 의한 위험(동력 전달 부분)
② 직선 운동과 왕복 운동
③ 진동 물체의 협착 위험
④ 기계 소음

해설 : ④ 기계적 위험의 종류
　　　　- 회전 운동에 의한 위험(동력 전달 부분)
　　　　- 직선 운동과 왕복 운동
　　　　- 진동 물체의 협착 위험
　　　　- 처리 중인 소재의 위험
　　　　- 기계부품의 비산

02 전기에 의한 사고의 재해의 종류는?
해설 : 감전 사고, 전기 화재

03 가열, 마찰, 충격 및 다른 물질과 접촉으로 인한 격렬한 반응이 일어나 폭발하는 고체나 액체로 질산, 에스테르류, 나트로 화합물의 위험물은?
해설 : 폭발성 물질

04 산업보건 안전 수칙을 쓰시오.
해설 : ① 안전수칙 준수
　　　 ② 작업 복장 단정
　　　 ③ 보호구 착용 철저
　　　 ④ 위험구역 출입금지

05 사고원인인 불안전 행동의 예를 쓰시오.
해설 : 위험 장소 접근, 안전장치의 기능 제거, 복장·보호구의 잘못 사용, 기계·기구의 잘 못 사용, 불안전한 속도 조작, 위험물 취급 부주의, 불안전한 자세 및 동작 등

06 전 근로자 수에 대한 재해자 수의 백분율은?
해설 : 재해율

NCS적용

CHAPTER
07

프레스금형 측정기 사용요령
(프레스금형품질관리)

LM1502030702_14v2

7-1 일반측정하기

1. 측정의 기초

1) 금형 측정

(1) 금형 제조 공정

고품질의 금형제작을 위해 설계, 가공, 조립, 시험생산, 성형품측정, 금형수정 본격적인 성형품 생산 과정에서 측정 검사는 필수적이다.

금형에서 측정하는 가장 큰 이유는 성형품의 요구를 충족하기 위해 설계된 금형 부품의 치수, 형상 및 위치를 확인하여 금형의 성능을 확보하고 아울러 금형에 의해 성형된 제품의 품질을 확인하여 지속적으로 우수한 제품을 양산할 수 있는 기반을 구축하기 위한 기초적인 사항이다.

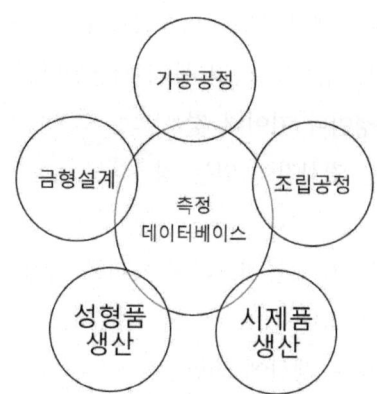

그림 7-1 금형 공정에서 측정데이터 활용

(2) 금형 측정시 검토사항

측정에는 길이를 기초로 하여 각도, 면적 및 체적 등이 있다. 측정은 기준량과 비교하고 수치를 사용하여 양(量)을 나타내기 위한 조작이며, 금형부품의 가공되는 정확도(치수)를 알아내는 행위이다.

① 중요 형상, 치수를 확인한다.
② 상대부품과 관계치수, 지시공차의 관계를 확인한다.
③ 가공상 형상치수는 문제가 없는가를 확인한다.
④ 표준치수, 규격치 적용관계를 확인한다.
⑤ 기준면에서의 치수표시를 점검한다.

⑥ 경사면 곡면의 접점 좌표를 점검한다.
⑦ 단면표시에서 상하, 표리 구별을 명확히 한다.
⑧ 형상공차의 기준과 범위를 확인한다.
⑨ 프레스 가공전·후의 치수를 점검 확인한다.

(3) 측정 방법
① 직접측정

하이트게이지, 버니어캘리퍼스, 마이크로미터 등으로 금형부품에 직접 대고 눈금과 비교하여 직접 측정결과를 얻는 방법

(가) 측정 과정에서 계산이 필요 없다.
(나) 측정 범위가 넓고, 소량 다품종에 유리하다.
(다) 측정에 시간이 걸리고, 눈금을 잘못 판독하기 쉬우며 오차 발생이 크다.

② 간접측정

나사측정, 기어측정, 원추의 테이퍼량을 측정하거나 수학적이나 기하학적인 방법으로 측정 값을 구하며, 진직도 및 평면도 측정 등에 사용된다.

(가) 나사의 유효지름 측정이나 기어의 경우
(나) 측정형상이 자유곡면, 경사각이 있는 경우

③ 비교측정

기준기의 치수와 측정물의 치수를 비교하여 차이를 측정하여 결과를 구하는 방법

(가) 기준이 되는 표준게이지가 필요
(나) 대량 생산하면서 소품종 생산에 적합
(다) 측정 수량이 많을 경우 자동화가 가능
(라) 게이지블록, 각도게이지를 이용 측정이 가능
(마) 측정 범위가 좁고, 부품의 치수를 직접 확인 불가
(바) 높은 정밀도 측정을 길이와 각종 형상을 수학적 계산 없이 측정값을 확인

(4) 측정기의 특성
① 측정범위(measuring range)

측정기 눈금 범위에서 읽을 수 있는 측정량 범위이다.

② 최소눈금값(minimum scale value)

측정기의 최소눈금은 1눈금의 지시 변화에 상당하는 측정량 변화이다.

③ 감도(sensitivity)

감도(sensitivity)란 측정값이 변화되는 양에 대하여 측정기가 지시할 수 있는 지시량의 비

율로, 측정기가 미세한 양의 변화까지 포착할 수 있는 것에 대한 표현으로 측정기 감도 (E)는 지시량의 변화(ΔA), 측정량의 변화(ΔM)의 비율이다.

$$E = \frac{\Delta A}{\Delta M}$$

④ 되돌림 오차(backward movement error)

동일 측정량에 대하여 다른 방향으로부터 접근할 경우 지시의 평균값의 차

(가) 마찰력과 히스테리시스(hysteresis) 및 흔들림이 원인이다.

(나) 측정량이 증가하는 방향과 감소하는 방향 사이에 측정압이 가산 또는 감산으로 측정물과 측정면에 위치 및 변형이 발생한다.

⑤ 측정력

(가) 모든 치수는 측정압을 0으로 하여 측정한 것이다.

(나) 직접 측정시에는 측정물에 일정한 힘으로 접촉한다.

(다) 측정력의 변동은 측정기, 측정물, 측정 보조 장치에 영향을 준다.

(5) 측정에 영향을 주는 요인

① 소급성(traceability)

금형 생산, 시험 및 검사 현장 등에서 측정한 결과가 명시된 불확도 범위 내에서 국가측정 표준 또는 국제측정표준에 일치하도록 연속적으로 비교 교정하는 체계이다.

(가) 측정표준과 같은 교정체계를 갖추고 1차 표준으로 연결시키는 문서화된 비교고리를 유지

(나) 측정 과정에서 신뢰성 유지, 반복 측정에서 표준 유지, 적절한 교정절차 및 표준의 취급

② 측정 형상의 적합성 : 측정하고자 하는 형상에 따라 적절한 측정기를 선정한다.

③ 측정기의 열팽창계수 : 측정기는 보통 열팽창에 덜 민감하지만 합금강이므로 열에 의해 미소한 신축이 발생한다.

④ 측정기 교정 주기 : 교정 주기에 맞는 교정으로 측정기의 정밀도를 유지함으로서 금형 제품의 품질 향상 및 측정기의 체계적인 관리로 생산성 향상 및 원가절감, 성형품의 불량율을 낮춤으로 제품의 성능을 향상시킨다.

⑤ 안정성 : 측정기는 일정 기간 사용하게 되면 주위환경, 사용빈도, 내구성 등 여러 요인에 의해 부정확하게 된다. 검교정을 통해 측정기의 정밀도 확보가 필수적이다.

(6) 측정 오차

공작물 측정시 실제 크기와 측정값 사이에 차이가 발생하는 것을 오차라 한다. 개인오차, 계

기오차, 외부오차는 원인이 분명하므로 보정이 가능하나 우연오차는 판별이 어렵다.
① 개인오차
    (가) 측정자의 숙련 정도와 측정 감각이 원인
    (나) 측정자가 측정 눈금을 실제보다 크거나 작게 읽는 습관
② 기기오차
    (가) 측정력의 변화
    (나) 측정면의 정밀도 상태
    (다) 측정기 구조로 부터 생기는 오차
③ 외부오차
    온도나 습도, 직사광선, 소음 및 진동, 조명 상태, 전자기 등의 변화
④ 우연오차
    측정시 여러 환경적, 구조적인 문제로 인해 발생하는 것으로 판별이 어렵다.

(7) 측정하는 법
① 측정치 마지막 값이 0일 때는 생략 불가
② 공작물 측정시 측정기의 최소 눈금까지 판독
③ 측정하기 전에 측정의 목적에 따른 측정 방법을 설정

표 7-1 측정값 취급

측정기	정 도	측정값	실제치수 범위
버니어캘리퍼스	±0.05	20.3	0.29~20.31
마이크로미터	±0.001	10.30	10.299~10.301

④ 측정 범위가 매우 넓은 경우 또는 측정 수량이 많은 경우에는 비교측정
⑤ 측정물의 종류에 따라 금속의 경우 접촉식, 연질의 제품일 경우 비접촉식
⑥ 공작물의 공차 $\frac{1}{10}$ 보다 높은 정확도의 측정기 선택

표 7-2 치수정밀도에 따른 측정기 종류

치수정밀도	종 류
0.1mm	강철자
0.01mm	버니어캘리퍼스, 마이크로미터, 하이트게이지
0.001mm	공기마이크로미터, 다이얼게이지, 블록게이지
0.0001mm	광학식 3차원 측정기, 레이저 간섭측정기

2) 측정 보조기구 및 기준기

측정기를 고정하거나, 공작물 고정 사용하며, 정밀도 향상을 목적으로 한다.

(1) 석정반

보통 주철이나 돌(석정반)로 제작하며, 공작물의 측정, 금긋기 작업 등에서 기준면 역할을 한다.
① 높은 표면정도, 비자성체
② 우수한 내마모성(주철의 6배 이상), 무변형, 긴 수명
③ 매우 작은 온도에 미소한 영향, 부식 및 돌기가 없음

(2) V블록

① 원통형 제품을 설치하거나 지지 보조기구로 사용
② V블록은 중심각이 원통의 중심위치를 결정할 때 사용

그림 7-2 앵글V블록 및 마그네틱V블록

(3) 직각자

직각도를 측정하는 기준 직각을 제공한다.

(4) 마그네틱 베이스

① 측정기를 연결하여 측정 능률을 향상시키고, 수평을 맞추거나 측정기 등의 고정 장치로 활용한다.
② 자력 전환 ON/OFF의 레버 작동으로 간단히 탈착 가능하다.

(5) 게이지 스탠드

① 마이크로미터의 평면도와 평행도 교정시 사용
② 마이크로스탠드는 마이크로미터를 고정하여 작은 측정부품을 효율적으로 측정

그림 7-3 직각자

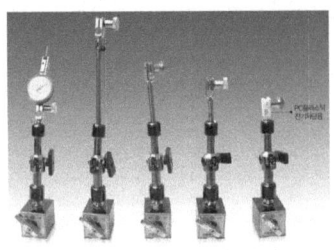
그림 7-4 마그네틱 베이스

그림 7-5 다이얼게이지스탠드

(6) 원통스퀘어(cylinderical squares)
① 직각 측정용 기준기로 금형 부품의 직각측정에 사용
② 측정물에 접촉면은 원통면과 평행하고 일치한 선으로 정확한 측정가능

(7) 스트레이트 엣지
평면, 평행, 진직도 등을 체크하는 기준 직선을 제공한다.

그림 7-6 원통스퀘어

그림 7-7 스트레이트 엣지

3) 금형 측정 태도

(1) 측정자가 갖추어야할 태도
금형을 정확히 측정하는 기술을 습득하는 것은 매우 어려운 일이다. 측정에 대한 지식과 기술, 태도, 금형 공정을 이해하며, 측정 기준에 따라 작업해야 한다.
① 측정 작업을 하기 전에 안전한 측정 절차를 고려한다.
② 불안전한 측정을 예방하기 위해 평소 교육 훈련, 측정 연습, 숙련도가 향상 되도록 노력해야 한다.
③ 측정 중에는 적절한 복장을 하도록 하여 옷소매, 넥타이, 장갑의 유무, 장식품, 모자, 측정 작업에 방해가 되는 복장을 하지 않는다.

(2) 측정기 취급 방법

① 사용이 많은 측정기는 개인에게 지급하여 측정의 효율을 향상시키도록 한다.
② 측정기를 사용할 때에는 사용 전에 반드시 측정기 이상유무를 확인하여야 한다.
③ 사용 빈도가 높은 측정기는 작업 장소에 인접 위치에 보관하여 측정기를 찾으러 다니는 시간을 낭비하지 하지 않는다.
④ 측정기 상태를 수시로 확인 점검하고, 제대로 동작하지 않거나 의심이 될 때는 즉시 측정을 멈추고 측정기 이상유무를 반드시 점검한다.

(3) 측정기 보관방법

① 측정기의 위치는 사용 전·후에 같은 위치에 있어야 한다.
② 동일 측정기라도 크기, 정도가 다른 규격을 쉽게 찾도록 배열 보관한다.
③ 측정기는 개방식 측정장비 판넬에 보관하여, 이동 및 사용하기 편리하게 한다.

(4) 측정기 점검 방법

① 측정기 유지보수 계획을 세워 비상시 시간과 경비를 절감한다.
② 측정기 유지에 있어서 고장 예방을 위한 정기적인 청소, 0점 조정, 부품교체 등이 필요하다. 이때 제조사의 지침서 및 설명서를 참조한다.
③ 측정기는 항상 보기좋게, 사용하기 편리하게, 청결하게 보관하고 파손된 측정기는 "수리중", "교정대상", "폐기대상" 표찰을 반드시 달아 둔다.

2. 공차의 종류

1) 금형 공차의 중요성

(1) 금형의 정밀도

금형부품의 정밀도에 관련되는 것으로는 제품의 크기(size), 형상(form), 기하공차, 치수공차, 표면 거칠기(surface roughness) 등이 있으며, 이들은 도면에 숫자, 문자, 기호로 표시된다.

(2) 금형의 공차

고품질의 생산은 설계상 정해진 치수에 따라 허용되는 범위의 오차에 대하여 금형 공차는 제품 공차보다 한 등급이 높아야 한다.

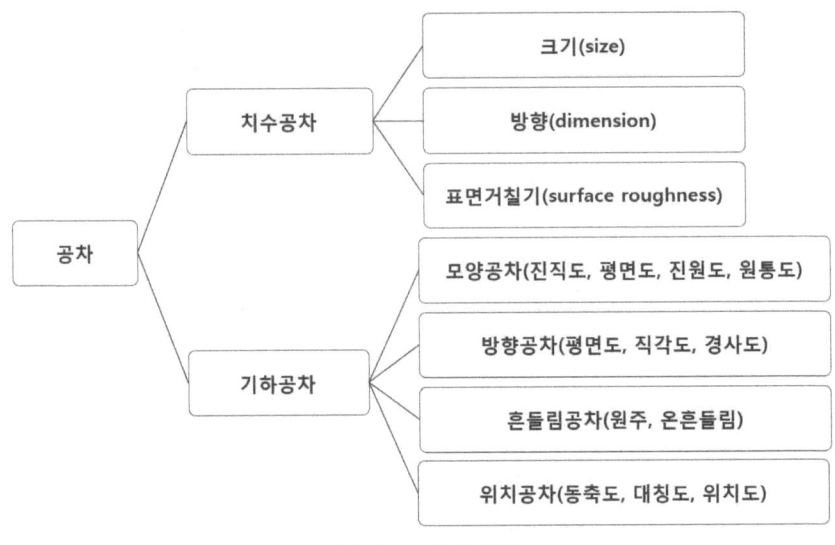

그림 7-8 공차의 분류

각 부품은 그 기능과 용도에 따라 각각 필요한 정밀도가 있으므로 제작도에는 제품의 기능과 용도에 알맞은 공차의 범위를 미리 정하여 주어 가공 시간과 비용을 절감할 수 있도록 하고, 허용할 수 있는 가공 범위의 차이가 되는 공차를 관리한다. 금형에서 불량 공차의 원인은 다음과 같다.

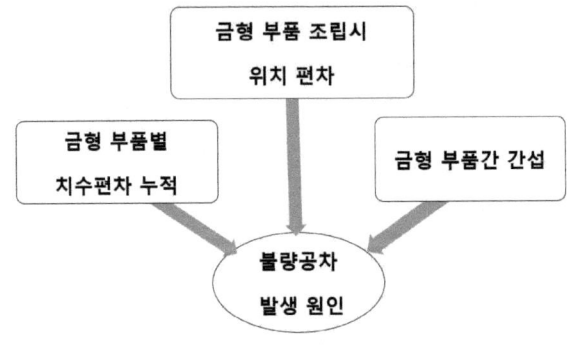

그림 7-9 금형 불량공차 발생 원인

2) 치수공차

(1) 허용한계치수(limits of size)

실제치수가 어떤 범위 내에 허용할 수 있는 대소 2개의 극한의 치수로 실제치수에 허용된 최대치수인 최대 허용치수(maximum limit of size)와, 실치수에 허용된 최소치수인 최소 허용치수(minimum limit of size)가 있다.

(2) 치수공차(tolerance)
최대 허용치수와 최소 허용치수와의 차, 즉 위 치수 허용차와 아래 치수 허용차를 치수공차라 한다.

(3) 편측공차(unilateral tolerance)
기준선을 중심으로 +쪽이나 -쪽으로 공차역이 위치되어있는 공차로 끼워맞춤이 필요한 정밀한 치수공차이다. 구멍은 +쪽, 축은 -쪽 편측공차를 적용하는 것이 불량률을 감소할 수 있다.

예) $25^{+0.1}_{0}$, $40^{+0.01}_{+0.05}$

(4) 양측공차(bilateral tolerance)
기준선을 중심으로 하여 +측과 -측의 양측으로 부여된 공차로 끼워맞춤이 필요하지 않은 부분, 정밀도가 높지 않은 공차, 보통허용차와 위치 공차, 공정 설계시 누적 공차와 공차관리도를 작성에 적용된다.

예) $30±0.12$, $50±0.2$

(5) 기준선(zero line)
허용한계치수와 끼워맞춤을 도시할 때에 치수허용차의 기준이 되는 선으로, 기준치수를 표시하는데 사용된다.

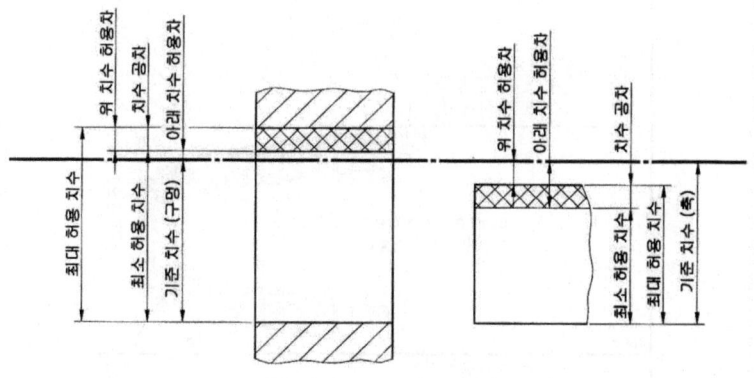

그림 7-10 치수공차 용어

(6) 일반공차
모든 치수에 일일이 공차를 부여할 필요가 없고, 정밀치수가 아닌 경우에는 보통 정밀급(f), 중급(m), 거친급(c), 아주 거친급(v) 4등급으로 구성 또는 주서로 적용한다.

3) 공차역

(1) 공차역

치수공차를 보면 위 치수 허용차와 아래 치수 허용차를 표시하는 2개의 선 사이에 들어 있는 구역으로서 치수공차와 기준선에 대한 위치에 따라 결정된다. 치수허용차는 기준선에 가까운 쪽의 치수허용차이다. 여기서는 아래 치수허용차가 기초가 되는 치수허용차가 된다.

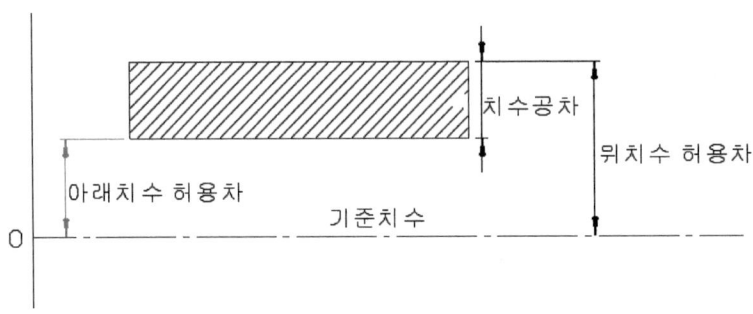

그림 7-11 공차역

(2) 공차역의 위치

구멍의 공차역은 A부터 ZC까지의 대문자 기호로, 축의 공차역은 a부터 zc까지의 소문자 기호로 나타낸다. 다만 숫자와 혼동하기 쉬운 I, L, O, Q, W, I, l, o, q, w 문자는 사용하지 않는다. 공차역의 위치 H의 구멍을, H구멍, 공차역 h의 축을 h축이라 부른다.

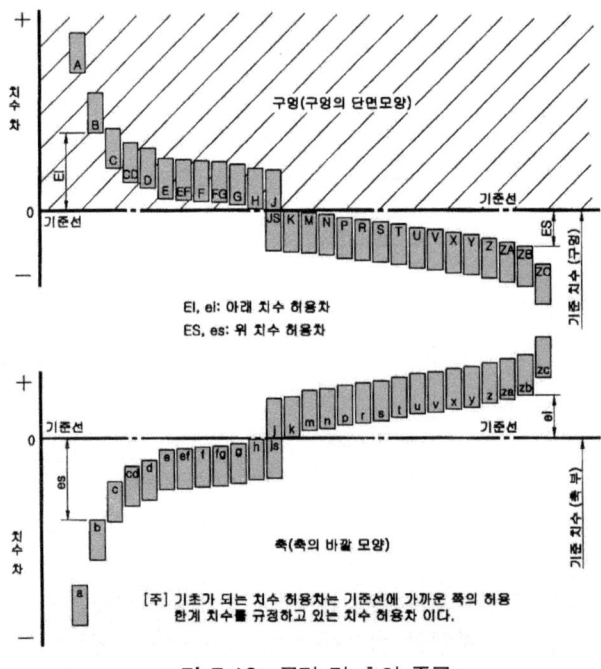

그림 7-12 구멍 및 축의 종류

4) 끼워맞춤(fit)

(1) 끼워맞춤

구멍과 축이 조립되는 관계를 말한다. 구멍은 A부터 ZC까지 대문자로 표시하고, 축은 a부터 zc까지 소문자로 나타내며, 구멍과 축의 위치는 기준선을 중심으로 대칭이다.

(2) 틈새(clearance)

구멍의 지름이 축의 지름보다 큰 경우 두 지름의 차를 말한다.

(3) 죔새(interference)

구멍의 지름이 축의 지름보다 작은 경우 두 지름의 차를 말한다.

(4) 헐거운 끼워맞춤(clearance fit, running fit)

조립시 항상 틈새가 생기는 끼워맞춤. 구멍의 공차역이 완전히 축의 공차역의 위쪽에 있는 끼워맞춤.

(5) 중간 끼워맞춤(transition fit, sliding fit)

조립시 구멍 또는 축의 실제 치수에 따라 틈새와 죔새를 갖는 끼워맞춤으로 도시된 경우에 구멍·축의 공차역이 완전히 또는 부분적으로 겹치는 끼워맞춤.

(6) 억지 끼워맞춤(interference fit, tight fit)

조립시 항상 죔새가 생기는 끼워맞춤으로 구멍의 공차역이 완전히 축의 공차역의 아래쪽에 있는 끼워맞춤.

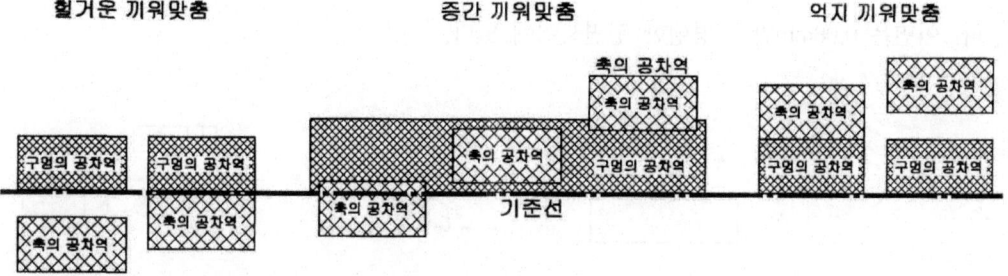

그림 7-13 끼워맞춤의 종류

5) 공차등급과 기본공차

기준치수에는 일정한 공차가 부여되며, 그 공차의 크기를 등급으로 한다. 등급은 IT기본공차

값이 이용된다. IT는 국제규격 ISO tolerance의 약자로 IT01부터 IT18등급까지 20등급이 있으나 IT01~0은 정밀도가 아주 높아 제품 생산에 적용하지 않고 별도로 정하고 있다.

표 7-3 기본 공차 적용 예

종류	초정밀 그룹 게이지제작 공차 또는 이에 준하는 제품	정밀그룹 기계가공품 등의 끼워맞춤 부분의 공차	일반공차 끼워맞춤의 무관한 부분공차
구멍	IT1 – IT5	IT6 – IT10	IT11 – IT18
축	IT1 – IT4	IT5 – IT9	IT10 – IT18
가공방법	래핑, 호닝, 초정밀연삭	연삭, 리밍, 정밀선삭, 인발, 밀링, 세이퍼가공	압연, 압출, 프레스, 단조, 주조
공차범위	0.001mm	0.01mm	0.1mm

6) 형상공차

형상공차(form tolerance)에는 직진도, 평면도, 진원도, 원통도, 선의 윤곽도, 면의 윤곽도 등이 있다. 모양에 관한 공차는 데이텀을 필요로 하지 않는다.

(1) 직진도(straightness)

평면, 원통의 표면 또는 축선(axis)이 얼마나 정확한 직선인가를 정의한다. 평면에 투상되었을 때 공차 t만큼 떨어진 두 개의 평행한 직선 사이가 공차 영역이다. 공차가 ∅t일 때에는 화살표 방향으로 0.1mm만큼 떨어진 내부가 공차 영역이다.

(2) 평면도(flatness)

정확한 평면 상태를 정의한다. 공차 t만큼 떨어진 두 개의 평행한 평면 사이가 공차 영역이다. 이면은 0.08mm만큼 평행한 평면사이에 있다.

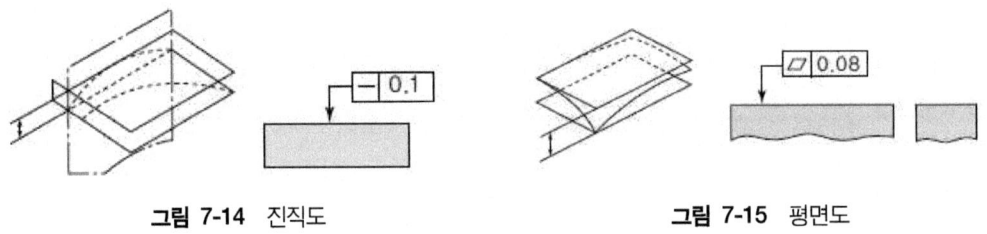

그림 7-14 진직도   그림 7-15 평면도

(3) 진원도(roundness)

정확한 원을 정의한다. 공차 t만큼 떨어진 두 개의 동심원 사이가 대상 평면에서의 공차 영역이다. 중심축 단면에서 원주는 0.03mm만큼 떨어진 두 개의 동심원사이에 있다.

(4) 원통도(cylindricity)

진원도가 축선에 수직한 단면의 표면을 대상으로 하는 반면, 원통도는 원통 전체 표면을 대상으로 한다. t만큼 떨어진 두 동축(coaxial) 원통 사이가 공차 영역이다. 직진도·진원도·평행도를 동시에 적용한 것과 같다.

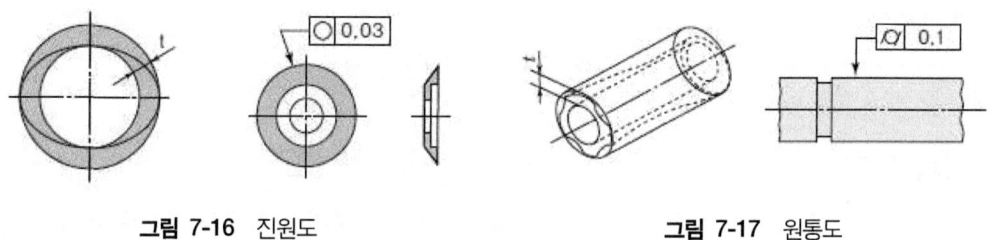

그림 7-16 진원도   그림 7-17 원통도

(5) 선의 윤곽도(profile of a line)

윤곽(profile)은 물체의 외부 형상을 말하며, 직선이나 곡선 또는 원호의 조합일 수도 있다. 직진도가 직선에 대한 정의라면 선의 윤곽도는 곡선에 대한 정의이다. 공차 영역은 정확한 기하학적 형태(true geometrical form) 위에 그 중심이 있고 지름이 공차 t인 원을 포함하는 두 개의 선 사이 또는 정확한 기하학적 형태 위에 그 중심이 있고, 지름이 t인 모든 구(sphere)에 의해 제한되는 구부러진 관 모양의 내부 공간이다.

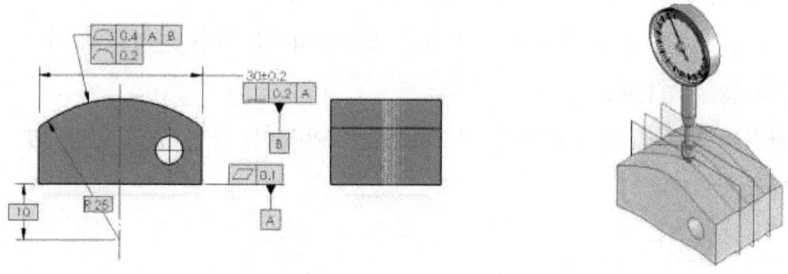

그림 7-18 선의 윤곽도

(6) 면의 윤곽도공차(profile of a surface)

평면 또는 곡면이 기준 윤곽에서 벗어나는 범위를 제한한 것이다. 정확한 기하학적 형태를 가진 표면 위에 그 중심이 있고 간격이 t인 포함하는 두 개의 표면사이가 공차 영역이다.

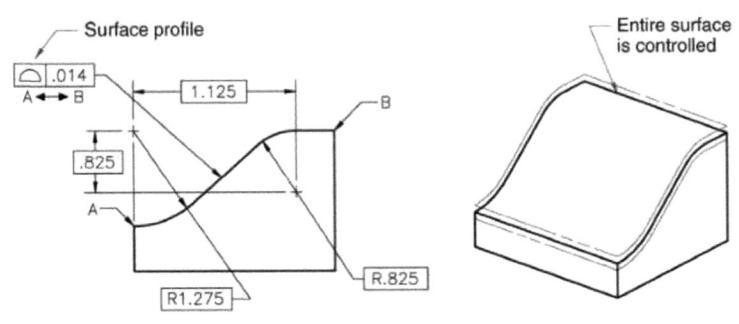

그림 7-19 면의 윤곽도

7) 공차 관리

공차 관리는 가공 단계의 절삭 및 연삭 가공으로 금형부품의 호환성을 전제로 한다. 금형부품 조립시 공차 누적으로 인한 호환성 불량을 방지하기 위해 치수공차를 정한다.

(1) 설계도면과 같이 제작하는가를 결정하는 참고 자료가 되며 불량을 사전에 방지하는 효과가 있다.
(2) 가공 공정 순서에 따라 치수를 부여하는 내용을 확인을 할 수 있다.
(3) 가공 순서에 따른 각 공정에 적절한 가공 공차를 결정하여 경제적이고 효율적인 생산 방식으로 생산 원가를 절감한다.
(4) 가공 공정마다 적절한 절삭량을 부여하고, 치수를 측정하는 자료로 활용할 수 있다.
(5) 금형 부품간에 호환성을 부여하고 신뢰성을 확보한다.
(6) 금형 부품의 총치수를 규제하기 위해서 공정상의 각 치수 공차를 검사 또는 분배하는 기초자료를 작성한다.
(7) 공차관리는 제품의 치수 문제를 검토하는데 사용하며, 금형 조립 공정에도 유용하게 이용된다.

3. 일반 측정기의 종류

1) 강철자

(1) A형 : 양쪽 끝에서 약간 떨어진 곳에서 부터 눈금이 새겨져 있으며 정도가 높아 정밀측정에 사용
(2) B형 : 눈금면이 경사져 제도용으로 사용
(3) C형 : 정도에 따라 1급, 2급으로 분류하나 보통 300mm 많이 사용

① 길이를 측정하거나 금을 그을 때 사용한다.
② 강철자의 끝이 마모되거나 벤딩이 되지 않도록 한다.
③ 재질은 강제 및 스테인리스이며, 최소눈금은 0.5mm, 0.1mm이다.

그림 7-20 강철자

2) 버니어캘리퍼스(vernier calipers)

(1) 버니어캘리퍼스의 특징

① 가장 널리 사용하는 것은 M1형
② 주로 길이, 바깥지름, 안지름, 깊이 등을 측정
③ 본척의 19눈금을 부척의 눈금 20등분으로 나눔
④ 휴대와 취급이 용이하면서 정확한 측정이 가능해 광범위하게 사용
⑤ KSB5203에는 버니어캘리퍼스를 M1, M2, CM, CB, 4종류로 구분하여 표기
⑥ 자와 캘리퍼스를 조합한 것으로 눈금단위는 0.05mm와 0.02mm

(2) 버니어캘리퍼스의 구조

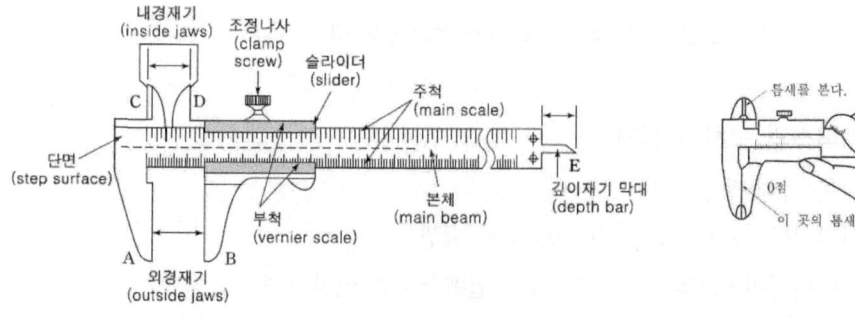

그림 7-21 버니어캘리퍼스 구조   **그림 7-22** 버니어캘리퍼스의 틈새 검사

(3) 버니어캘리퍼스의 0점 확인

① 깊이바의 무딘 상태와 굽힘이 발생을 확인한다.
② 게이지블록을 이용하여 눈금의 정확도를 확인한다.
③ 조를 밀착시켜 미세한 빛이 들어오는 지를 확인한다.
④ 슬라이드를 좌우로 움직여 동작 상태를 확인한다.
⑤ 버니어캘리퍼스는 잘못된 측정 습관으로 측정오차가 발생하기 쉽다.

(4) 버니어캘리퍼스의 눈금

본척의 19mm의 눈금을 부척에서 20등분하면 1눈금은 0.05mm이다.

본척의 1눈금=1mm, 부척의 눈금=$\frac{19}{20}$mm

본척과 부척 눈금의 차=$1-\frac{19}{20}=\frac{1}{20}$mm

(5) 버니어캘리퍼스의 눈금 읽는 법

① 부척의 0점이 9mm와 10mm 사이에 있음을 확인한다.
② 본척과 부척의 눈금선이 서로 일치하는 선을 찾는다.
③ 일치하는 선이 부척 1과 2사이에 위치하므로 부척의 한 눈금이 0.05mm이므로 0.15mm이다.

9mm(본척)+0.15mm(부척)=9.15mm(측정값)

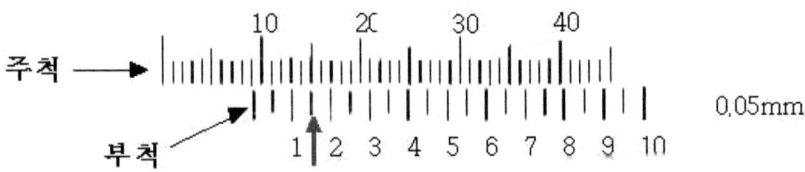

그림 7-23 버니어캘리퍼스 눈금 읽는 법

(6) 버니어캘리퍼스의 오차의 원인

① 측정력을 너무 가해 생긴 오차
② 실린더의 바깥지름 측정시 죠 경사지면 오차 발생
③ 공작물과 버니어캘리퍼스의 온도차에 따른 열팽창으로 인한 오차
④ 작은 구멍 측정시 내측측정면의 두께와 내측정면 간의 틈새에 발생하는 오차
⑤ 죠의 하부 또는 끝에서 측정한 경우 오차가 커질 우려가 있으므로 주의한다.

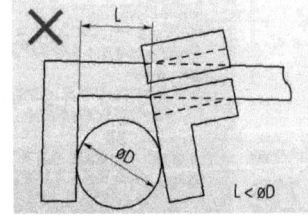

그림 7-24 잘못된 바깥지름 측정 방법

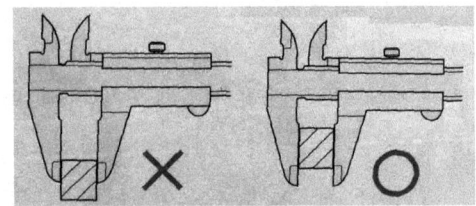

그림 7-25 버니어캘리퍼스 측정법

실기 내용

1. 강철자 측정하기

1) 강철자의 측정 방법

(1) 강철자 측정

① 측정 부품의 이물질 및 녹을 제거한다.
② V블록에 측정부품을 밀착 접촉시킨다.
③ 자의 눈금을 측정 부품에 평행하게 접촉시킨다.
④ 강철자의 눈금 상태, 구부러짐 상태, 끝부분 마모 상태를 확인한다.
⑤ 치수를 측정시 측정부품을 직각으로 세워 읽는다.
⑥ 측정 부품 높이를 측정할 때는 정반 위에 자를 수직으로 세운다.
⑦ 치수를 측정시 가운데부터 측정하지 않고, 측정자 끝에서 측정한다.

그림 7-26 측정 방법

(2) 측정 부품이 작을 경우

① 왼손에 측정 부품을 오른손에는 자를 쥐고
② 측정부품에 평행하고 수직되게 한다.
③ 측정시 엄지손가락 끝이 측정부품의 가장자리에 닿게 하여 자를 안정시킨다.

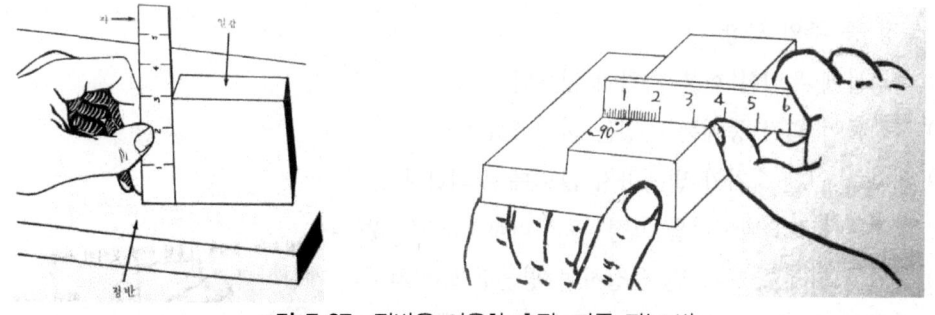

그림 7-27 정반을 이용한 측정, 자를 쥐는 법

2. 버니어캘리퍼스 측정

1) 측정방법

(1) 공작물을 안정된 상태로 놓는다.

(2) 슬라이더를 이동하여 슬라이더를 공작물보다 크게 벌린다.
(3) 내측 측정은 내측 측정면에 공작물을 바르게 밀착한다.
(4) 깊이 측정은 깊이의 기준면을 밀착하여 깊이바를 수직으로 내린다(깊이 측정은 깊이 게이지를 사용한다).
(5) 구멍 및 홈을 측정 시에는 버니어캘리퍼스의 끝을 사용하여 측정한다.

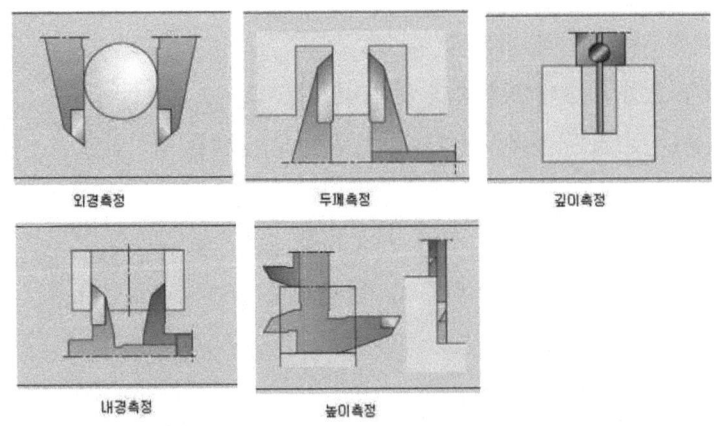

그림 7-28 측정 방법

2) 치수 읽는 방법
(1) 같은 위치를 3회 이상 측정하여 평균값을 기록한다.
(2) 공작물을 끼운 상태에서 눈금선 정면에서 눈금 일치점을 찾는다.
(3) 오른손 엄지로 측정물 크기보다 넓혀 가볍게 슬라이드죠(slide jaw)를 민다.
(4) 눈금을 읽을 수 없는 곳은 고정나사로 고정한 후 공작물에서 빼내서 읽는다.

3) 측정 중 주의 사항
(1) 측정물에 무리한 힘을 가하지 않는다.
(2) 측정물이 회전 중에는 측정을 하지 않는다.
(3) 시차로 인한 오차가 발생하지 않도록 주의한다.
(4) 고정나사로 슬라이더를 고정 후 무리하게 밀지 않는다.
(5) 동일한 자세로 여러 번 측정하여 평균값으로 치수를 계산한다.
(6) 드릴, 리머 등의 공구류를 측정시 날끝을 돌리지 않도록 한다.
(7) 바깥지름 측정시 죠의 길이보다 큰 바깥지름은 측정하지 않는다.
(8) 안지름과 바깥지름을 측정하는 죠는 측정물이 수직과 수평이 되도록 측정한다.

4. 진직도 측정

1) 진직도

(1) 금형 진직도
① 소재를 강철자로 적당한 가공여유를 두고 치수를 측정한다.
② 밀링으로 육면체를 +0.1~0.2를 남겨 두고 절삭한다. 이때 버니어캘리퍼스로 측정한다.
③ 금형부품 가공시 주로 밀링머신을 사용함으로써 절삭 면적의 변화를 피할 수 없다. 이 때 축방향으로 진직도에 많은 영향을 준다.
④ 데이텀이 되는 3면을 거친 평면 연삭 후, 다듬 연삭을 하면서 직각자를 활용하여 직각이 되도록 연삭한다.
⑤ 정밀한 부품을 얻기 위해서는 직각도와 치수는 수 차례 검사와 수정을 반복하며 연삭한다.
⑥ 다듬평면 연삭 과정 중에 진직도, 직각도, 평면도 검사하면서 마무리 가공을 한다.

(2) 진직도 측정 방법
KSB 0425에 의하면 진직도는 형상의 표면이 직선으로부터 어긋남의 크기로 정의하고 있다. 부품의 수평이나 수직 방향의 이상적인 직선에 가까운가 이며, 측정방법으로는
① 진직도 측정기에 의한 방법
② 오토콜리메이터에 의한 방법
③ 3차원 측정기를 이용하는 방법
④ 곧은자와 테스트인디케이터에 의한 방법
⑤ 정밀수준기에 의하여 증분각도로 측정하는 방법
⑥ $\phi 50$인 원통의 축선은 $\phi 0.08$mm인 원통을 벗어나면 안됨.

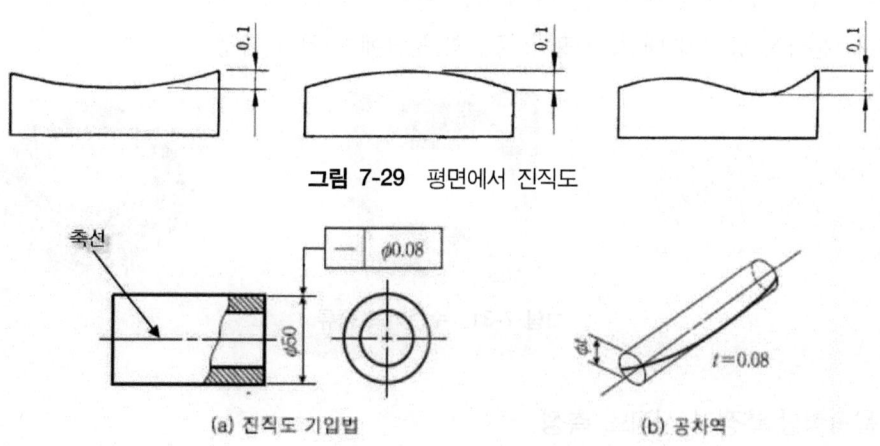

그림 7-29 평면에서 진직도

그림 7-30 원통축선의 진직도

(3) 수준기(precision level)

수준기는 금형부품의 정밀도검사, 조립작업 등에 사용되며 진직도, 평면도의 측정에 사용한다. 수준기는 몸체, 주기포관, 0점 조정장치, 기포관으로 구성되어 있다. 수준기의 감도는 기포관의 기포 1눈금(2mm)를 편위시키는 경사이다.

① 평형수준기는 수평면내에서 경사각을 측정한다.
② 각형수준기는 수평면과 수직면 양쪽을 측정한다.
③ 수준기 표면의 이상 유무를 확인한다.
④ 수준기 밑면의 돌기는 기기의 정밀도에 큰 영향을 미치므로 측정 전에 밑면의 돌기 유무를 반드시 확인한다.
⑤ 돌기를 발견 시에는 오일스톤 등으로 제거한다.
⑥ 수준기의 기포는 온도에 민감하여 측정시 체온이 전달되지 않도록 장갑을 착용 후 측정한다.
⑦ 수준기는 부주의로 인하여 떨어뜨리지 않아야 한다.
⑧ 진동 및 기울어짐이 발생하지 않도록 한다.
⑨ 측정 종료시 수준기를 깨끗한 천으로 닦고 케이스에 넣어 보관한다.
⑩ 기기의 표면과 유리관 사이의 틈으로 액체 등이 유입되지 않도록 한다.
⑪ 평형수준기의 종류
⑫ 마그네틱수준기
    (가) 부착면이 V자형 모양이므로 측정면이 환봉일 경우에도 사용
    (나) 측정시 자석으로 고정하기 때문에 손을 뗀 상태에서도 측정 가능
⑬ 원형수준기
    (가) 원형의 기포관을 사용
    (나) 각종 기계 부품에 부착하여 수평을 확인
    (다) 눈금은 중심에 배열, 기포가 중심의 눈금에 합치시 측정

그림 7-31 수준기의 종류

(4) 윤곽형상 측정기 진직도 측정

윤곽형상 측정기를 사용해서 평면부분, 원통부품의 외경부분, 실린더의 내면의 진직도를 측

정할 수 있다. 이 측정기는 진직성이 우수한 가이드축으로 슬라이더는 움직이고, 이송나사에 의해 좌우방향으로 운동한다. 암(arm)의 회전축은 슬라이드에 고정되어 있고 그 좌측에는 측정자가 고정되어 있다.

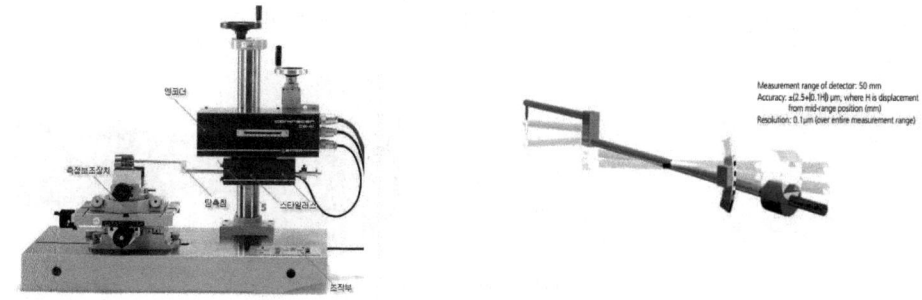

그림 7-32 윤곽형상 측정기

5. 테이퍼 측정

1) 테이퍼

(1) 테이퍼

테이퍼란 동일 직선 내의 공작물에 한쪽의 외경은 크고 다른 한쪽의 외경은 작으며, 원추의 꼭지 부분을 단면에 평행하게 잘라낸 것 같은 형상의 제품을 말한다. 테이퍼는 $\dfrac{D-d}{L}$ 이고 치수는 중심선에 평행하게 기입한다.

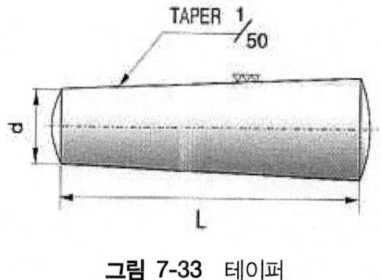

그림 7-33 테이퍼

(2) 테이퍼 측정 방법
① 롤러를 사용하는 방법
② 사인센터를 사용하는 방법
③ 테이퍼게이지를 사용하는 방법
④ 다이얼게이지를 사용하는 방법
⑤ 볼을 이용하여 내측테이퍼를 측정하는 방법

(3) 테이퍼게이지

테이퍼 게이지는 테이퍼 제품의 테이퍼와 테이퍼의 기준지름(대단경 또는 소단경)을 검사시 사용한다. 테이퍼게이지는 플러그게이지와 테이퍼 링게이지가 한조로 되어 있다.

일반적으로 테이퍼의 종류로서 모오스 테이퍼, 내셔널 테이퍼, 브라운 샤프 테이퍼가 있다.

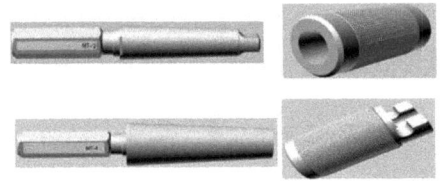
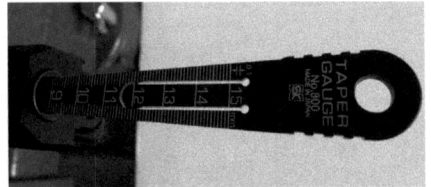

그림 7-34 테이퍼게이지

(4) 롤러를 이용한 테이퍼 측정

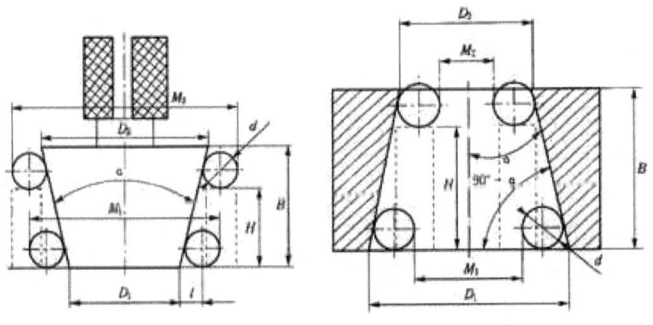

그림 7-35 롤러와 볼에 의한 측정

단원 핵심 학습 문제

01 다음 중 측정 오차의 종류가 아닌 것은?
① 개인오차　　② 기기오차
③ 외부오차　　④ 내부외차

해설 : ④ 측정 오차 - 개인오차, 기기오차, 외부오차, 우연오차

02 다음 보기에서 빈칸에 적당한 단어를 쓰시오.

| 측정 오차, 데이텀, 직접측정, 감도, 자세공차, 검사 교정 |

(1) (　)는 부품의 치수가 공차범위를 안에 있는지 확인하기 위해 go 게이지와 no-go게이지 등을 사용 확인하는 것으로 기준값과의 편차를 확인할 수 있다.
(2) (　)는 버니어캘리퍼스, 마이크로미터, 하이트게이지 등으로 부품에 직접 대고 측정하는 방법이다.
(3) (　)는 측정값이 변화되는 양에 대하여 측정기가 지시할 수 있는 지시량 비율이다.
(4) (　)는 기하요소의 자세에 대한 공차를 규제하기 위하여 사용한다.
(5) (　)는 관련 형체에 공차를 지시할 때 그 공차역을 규제하기 위해서 설정한 이론적으로 정확한 기하학적 기준이다.

해설 : (1) 검사, (2) 직접측정, (3) 감도, (4) 자세공차, (5) 데이텀

03 대표적인 측정 정밀도 영향을 미치는 요인 5가지를 쓰시오.

해설 : ① 환경적 영향(청결 상태, 온도, 복사열, 습도, 소음, 바닥진동)
　　　② 측정방법에 따른 영향
　　　③ 측정물에 따른 영향
　　　④ 측정기의 영향
　　　⑤ 사용자의 영향

04 측정시 오차가 일어나는 원인을 서술하시오

해설 : ① 측정기 자체가 갖는 오차(기차)
　　　② 측정자 습관에 의하여 발생하는 오차
　　　③ 측정기에 사용하는 확대 기구에서 일어나는 오차
　　　④ 시차 및 온도

05 측정기의 구조에 의한 영향으로 발생하는 오차 요인을 쓰시오.

해설 : ① 측정 압력으로 인한 압축에 의한 변형 발생
　　　② 측정면에 대하여 부적절 할 때
　　　③ 긴 물체의 휨에 의한 영향(에어리점, 아베의 원리)

06 다음 공차에 대한 정의 및 기하공차의 종류를 서술하시오.

> 치수공차, 기하공차

해설 : ① 치수공차 - 치수(dimension)의 정밀도를 규정하는 공차로서 금형 부품을 다듬질할 때 그 최대허용치수와 최소허용치수의 차이다.
② 기하공차 - 부품을 구성하는 선, 면, 축선 등의 기하학적인 형상(geometry)의 정밀도를 규정하는 공차이다.
직진도 : 직선부분이 두 점을 지나는 기하학적 직선으로부터 어긋남의 크기
평면도 : 기계의 평면 부분이 이상평면에 대하여 어긋남의 크기
진원도 : 원형부분이 진원에 대한 어긋남의 크기
원통도 : 원통 부분의 두 곳 이상 지름의 불균일의 크기
경사도 : 이론적 각도로부터의 어긋남의 크기
위치도 : 점, 선, 직선, 또는 평면 부분 중 이론적으로 정확한 위치로부터 어긋남의 크기
윤곽 : 이론적인 치수에 의해 정해진 윤곽으로부터 선 또는 면 윤곽의 어긋남의 크기
대칭도 : 기준 직선 또는 평면에 대하여, 서로 대칭이어야 한 부분이 대칭 위치로부터 어긋남의 크기를 말함.
흔들림 : 기준 축선의 둘레에 부품을 회전시켰을 때 고정점에 대해 두 표면이 지정된 방향으로 변위하는 크기

07 금형부품의 정밀도검사, 조립작업 등에 사용되며 진직도, 평면도의 측정에 사용하며, 몸체, 주기포관, 0점 조정장치, 기포관으로 구성되어 있는 것은?

해설 : 수준기

08 테이퍼 측정 방법을 쓰시오.

해설 : - 롤러를 사용하는 방법
  - 사인센터를 사용하는 방법
  - 테이퍼게이지를 사용하는 방법
  - 다이얼게이지를 사용하는 방법
  - 볼을 이용하여 내측테이퍼를 측정하는 방법

7-2 정밀 측정하기

1. 정밀측정

1) 정밀측정

(1) 금형에서 정밀측정
금형부품은 설계부터 가공하여 조립, 시제품 생산까지 측정에서 시작하여 측정으로 마감해야 하고 정밀 및 고품질의 금형을 만들 수 있다. 금형 측정의 최종 목적은 성형품의 정밀도를 확보하는 것이다. 성형품의 고품질 다기능화에 따라 금형 형상도 복잡하게 되어 측정하는 방법도 다양하고 어려워지고 있다.

(2) 금형조립에서 측정
금형 조립은 가공 도면에 의해 가공된 금형부품을 조립도면과 공정에 따라 조립 및 조정 작업을 통하여 금형부품의 결합, 끼워맞춤, 동작확인 등의 순서로 조립하는 과정에서 측정은 필수이다.

(3) 정밀측정 방식에 따른 분류
① 직접측정 : 일정한 길이나 각도가 표시되어 있는 측정기를 이용하여 치수를 직접 읽어 내어 측정하는 방식
② 간접측정 : 측정량과 일정한 관계에 있는 개개의 양을 측정하여, 그 측정값으로부터 계산에 의하여 측정을 정의하는 방식
③ 비교측정 : 이미 알고 있는 표준(기준)량과 비교하여 측정하는 방식
④ 절대측정 : 정의에 따라 정의된 양을 실현시키고 그것을 이용하여 측정하는 것 또는 조립량의 측정을 기본량만의 측정으로 유도하는 것을 절대측정이라 한다. 주로 고정밀측정기 준기 측정에 적용

2) 마이크로미터

(1) 마이크로미터의 원리
마이크로미터는 수나사와 암나사의 정확한 피치의 나사를 이용하여 측정물의 외측 및 내측 길이와 깊이를 측정한다.

① 마이크로미터는 길이 측정용으로 사용되고, 같은 목적의 버니어캘리퍼스 보다 정밀도가 높다.
② 슬리브에는 나사축과 평행을 이루고 있는 기준선의 위아래에 눈금이 있다.
③ 스핀들의 나사의 피치가 0.5mm이고 딤블면을 50등분하여 한눈금은 0.01mm이다.
④ 미터용은 $\frac{1}{100}$mm와 $\frac{1}{1,000}$mm까지 측정 가능하다.

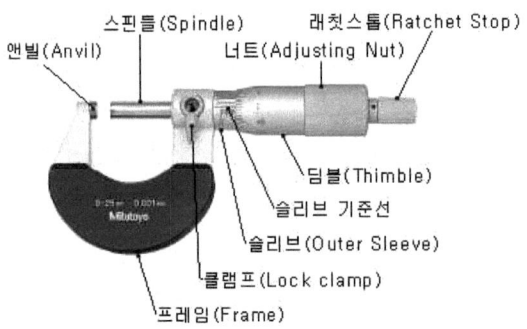

그림 7-36 마이크로미터의 구조

(2) 마이크로미터의 종류

① 내측 마이크로미터

홈의 너비 또는 안지름을 측정하는 측정기로서 단체형, 캘리퍼스형, 삼정식 내측 마이크로미터로 구분된다. 내측 마이크로미터는 2점으로 안지름을 측정하지만, 2점으로 측정할 경우 올바른 안지름을 구하기 위해서는 원 중심선에 맞춰야 하므로 상당한 숙련도가 필요하다.

② 깊이 마이크로미터

깊이 측정에 사용되는 측정기로 깊이 바의 형식에 따라 단체형과 로드 교환형으로 구분된다. 로드 교환형은 공작물의 측정 깊이에 적정한 로드를 교환하여 측정범위를 크게 할 수 있다.

③ 글루브 마이크로미터

스핀들에 플랜지가 부착되어 구멍과 튜브 내외부에 있는 홈의 너비, 깊이, 위치 등을 측정한다.

④ 3점식 내측마이크로미터

초보자도 쉽게 사용할 수 있는 3점식 내측 마이크로미터는 래칫을 돌려 측정할 때의 미세한 진동에 의해 스스로 구심 작용을 하여 안정된 측정을 할 수 있다.

측정자가 구멍 안쪽 면에 일정한 측정력으로 접촉한 상태에서 마이크로미터의 지시값을 읽어내는 것이다.

⑤ 나사 마이크로미터

수나사의 유효지름을 직접 측정할 수 있으며 앤빌 고정식과 교환식이 있다.

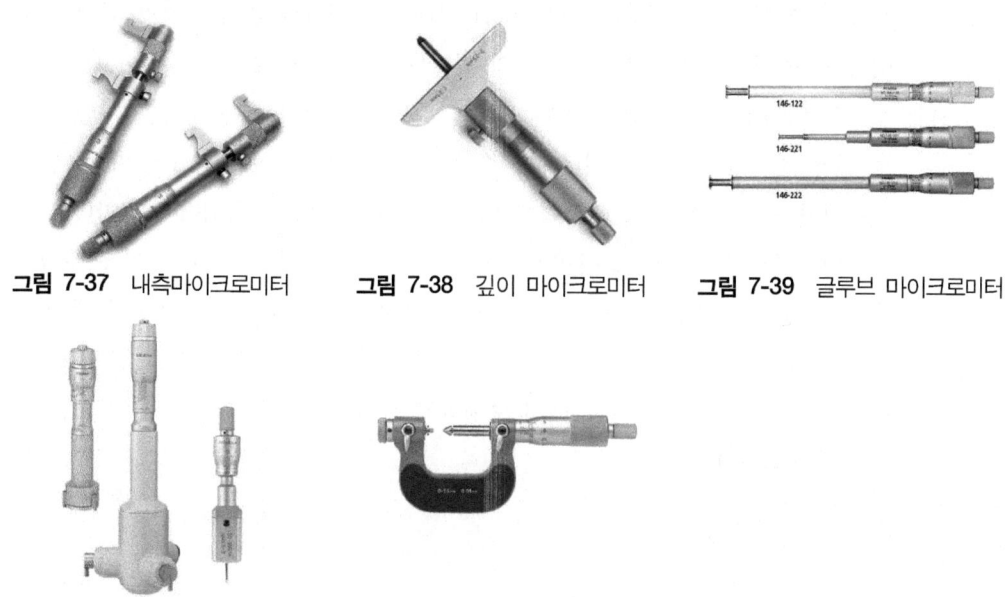

그림 7-37 내측마이크로미터   그림 7-38 깊이 마이크로미터   그림 7-39 글루브 마이크로미터

그림 7-40 3점식 마이크로미터   그림 7-41 나사 마이크로미터

(3) 마이크로미터 측정시 오차

① 아베의 원리(Abbe's principle)

"기준 눈금자와 피측정물은 측정 방향의 일직선상에 배치되어야 한다."는 내용의 원리이다. 측정기의 구조에서 아베의 원리에 어긋나는 측정기는 구조상의 오차가 발생한다. 즉 측정자하는 눈금자와 공작물이 동일선상에 있어야 오차가 적다.

② 시차(parallax)

마이크로미터의 경우 슬리브기선의 면과 딤블의 눈금면과는 같은 평면상에 있지 않으므로 2개선의 합치점이 눈의 위치에 따라 변하기 때문에 눈은 슬리브의 기선의 위치에서 절선에 직각의 방향으로 읽도록 하고 항상 같은 방향에서 읽는 습관을 길러야 한다.

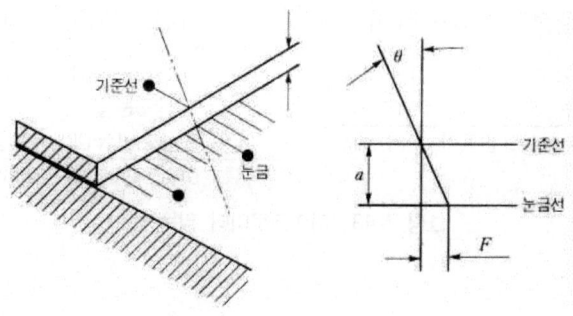

그림 7-42 마이크로미터의 시차

③ 사용상 발생하는 오차

(가) 에어리점(airy point) : 길이가 긴 게이지블록이나, 외측 마이크로미터용 기준 막대나 봉형 내측 마이크로미터 등 가늘고 긴 막대는 지지하는 위치에 따라 휨에 의해 길이가 크게 달라진다. 이 휘는 정도의 크고 작음이 측정 오차의 원인이 된다.

(나) 후크의 법칙(Hooke's Law) : 어떤 길이와 단면을 가진 물체에 하중을 가했을 때 탄성 한계 내에서 전체가 늘어나거나 수축하는 법칙이다. 어떤 곡률을 가진 측정면이 피측정면과 접촉할 경우, 측정력에 의해 접촉면이 서로 압축되어 접근한다.

(다) 온도의 영향 : 물체는 온도에 따라 팽창하거나 수축한다. 따라서 길이를 측정할 경우 측정 온도 조건을 정하지 않으면 서로 문제를 일으키는 원인이 된다. 측정에 있어서 국제적인 온도 표준은 20℃로 되어 있다. 따라서 정밀부품을 가공하고 측정하는 경우에는 가급적 표준온도에서 수행하고 특히 측정기와 가공물 사이의 온도차가 크지 않도록 한다.

실기 내용

1. 마이크로미터 측정하기

1) 마이크루미터 읽는법

딤블과 슬리브가 교차하는 값과 슬리브의 기선과 딤블이 위치한 딤블값을 더해서 읽는다. 나사의 피치 0.5mm 딤블의 원주 눈금이 50등분이 되어 있어, 최소 측정값은 0.01mm까지 읽을 수 있다. 슬리브의 눈금이 7와 8 사이에 있으며, 딤블의 37 눈금이 슬리브와 일치하므로 7.37mm로 읽는다.

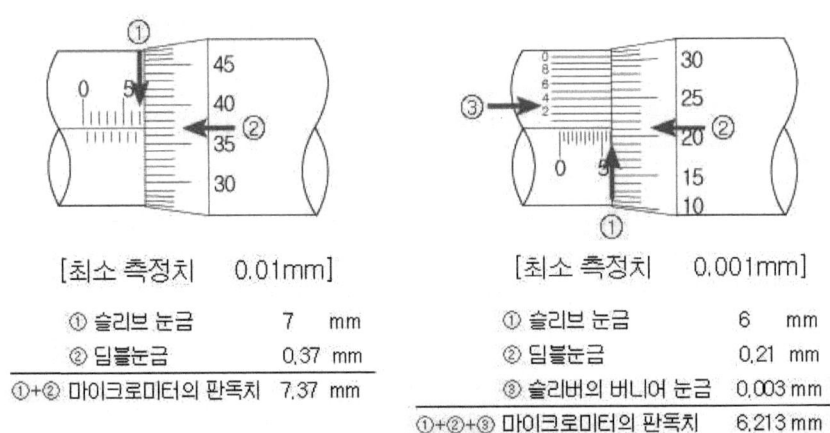

그림 7-43 마이크로미터 읽는 법

2. 마이크로미터 사용시 주의 사항

(1) 측정면의 기름, 먼지 등을 잘 닦아 낸다.
(2) 나사 회전이 일정한지, 딤블이 슬리브와 접촉하지 않았는지, 래칫의 회전이 일정한지, 클램프가 잘 동작하는지 등을 조사한다.
(3) 측정 중에는 항상 영점 변화에 주의하고, 특히 대형 마이크로미터일 경우에는 영점 조정과 동일한 조건(자세와 측정력 등)에서 측정한다.
(4) 측정 중에는 온도가 급격하게 변하지 않도록 주의한다. 직사광선이나 복사열이 있는 곳은 온도차가 커서 이런 장소는 피해야 한다.

2. 나사마이크로미터 측정

1) 나사마이크로미터

(1) 나사마이크로미터(screw thread micrometer)

나사마이크로미터는 나사의 유효지름(pitch diameter)을 측정하는데 사용하는 것으로 고정식과 앤빌식이 있다.

형상은 일반 마이크로미터와 비슷하고 엔빌의 측정면이 V형죠, 스핀들 측정면은 원뿔형 죠로 되어 있다. 사용법이나 측정범위도 외측마이크로미터와 같고, 양측정 죠를 맞물렸을 때 죠의 양측정면이 틈새가 없이 서로 맞물리는 동시에 0점이 맞도록 되어 있다.

① 고정식은 특정죠가 고정된 것으로 한 가지 나사만 측정한다.
② 엔빌식은 나사산의 피치에 따라 죠를 바꾸어 끼울 수 있도록 되어 있다.
  최대 측정길이가 275~300mm, 최소눈금은 0.01mm이다.

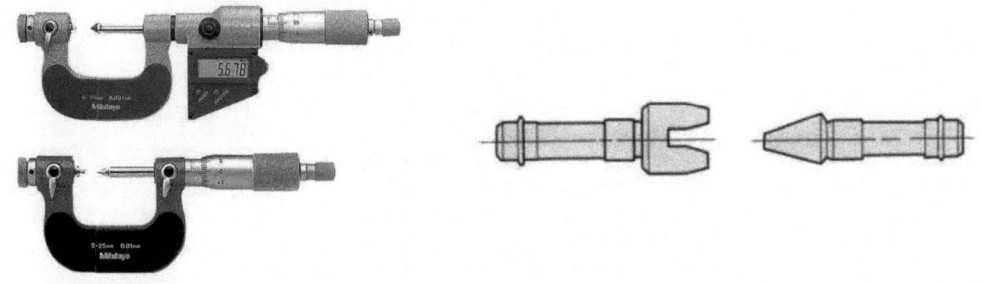

그림 7-44 나사마이크로미터의 형태   그림 7-45 유효지름 측정자

(2) 나사마이크로미터를 사용한 수나사 측정

① 바깥지름, 유효지름, 피치, 산의 각도 등에 따라 적당한 앤빌을 선택한다.
② 측정할 수 있는 치수는 바깥지름, 골지름, 유효지름이다.

③ 나사의 피치, 산의 각도 측정에는 피치게이지를 사용한다.

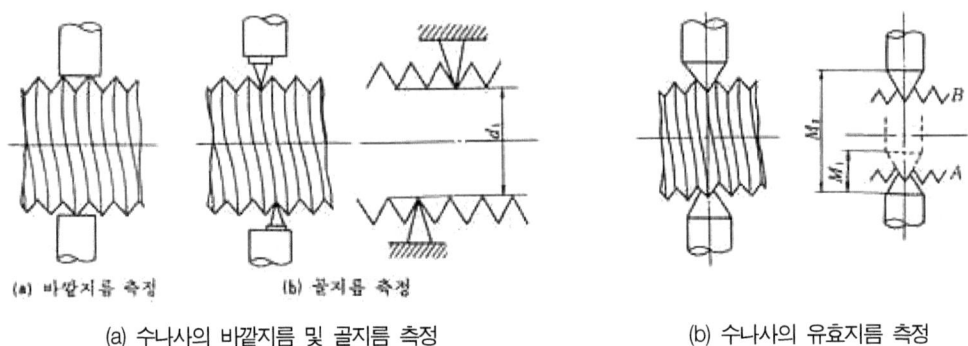

(a) 수나사의 바깥지름 및 골지름 측정   (b) 수나사의 유효지름 측정

그림 7-46 수나사 측정용 엔빌

3. 하이트게이지 측정

1) 하이트게이지의 구조와 명칭

하이트게이지 구조는 버니어캘리퍼스의 본척을 세워 고정한 모양으로 베이스의 밑면으로부터 스크라이버(scriber) 측정 면까지의 높이가 본척 눈금에 나타나며, 사용 방법이나 눈금 읽는 방법도 버니어캘리퍼스와 같고 본척을 따라 위 아래로 이동하는 슬라이더가 붙어있다. 슬라이더에는 죠가 붙어 있고 이 죠에 스크라이버가 클램프에 의해서 고정 되어 있다.

HM형 하이트게이지는 평면으로 연마된 베이스에 직각으로 부착되고 눈금이 표시된 본척, 이 본척을 따라 상·하로 움직이는 슬라이더가 하이트게이지의 기본 구조이다

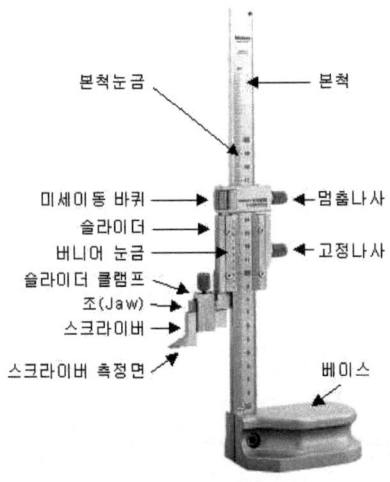

그림 7-47 하이트게이지 구조

2) 하이트게이지 사용법

KS B 5233에서는 하이트게이지 및 버니어하이트 게이지의 규격과 성능이 명시되어 있다. 서피스게이지(surface gauge)와 스케일이 부착되어 있는 직각자를 조합한 측정기로 치공구나 복잡한 형상의 부품 등을 정반 위에 놓고서 정반의 윗면을 기준으로 높이를 측정할 수 있다. 또한 스크라이버를 부착하고 금형부품의 금긋기 작업도 할 수 있는 측정기이며, 측정시 테스트 인디케이터를 장착하여 정밀한 측정작업을 할 수 있다.

3) 하이트게이지의 종류

하이트게이지는 구조와 스케일의 방식에 따라 분류된다.

(1) HT형 하이트게이지
HT형 하이트게이지는 표준형으로 가장 많이 사용되며 그 특징으로는 본척의 이동이 가능하다.

(2) HM형 하이트 게이지
HM형 하이트게이지는 견고하여 금긋기 작업에 적당하고 대형이므로 0점을 조정할 수 없다.

(3) HB형 하이트게이지
무게가 가벼워 측정에 적당하나 본척의 휨때문에 금긋기용으로는 부적합하고 슬라이더가 상자 모양으로 되어 버니어를 조금씩 이동시킬 수 있는 장치가 있다.

(a) 다이얼식   (b) 리니어식   (c) 디지매틱식

그림 7-48 하이트게이지의 종류

4) 하이트게이지의 측정법

하이트게이지에서 측정방법에는 직접측정 방식과 비교측정 방식이 있다. 직접측정 방식은 하이트게이지의 눈금 값을 직접 읽는 방식이고 비교측정 방식은 어떠한 기준이 되는 것을

기준으로 하고, 피측정물이 기준치수의 값에서 벗어나는 정도를 측정하는 방식이다.

(1) 하이트게이지 직접 측정법
정반 위에서 하이트게이지를 사용하여 높이를 직접측정, 하이트게이지 자체의 정밀도 이상은 측정할 수 없으므로 측정의 정확도가 떨어진다.

(2) 하이트게이지 비교 측정법
비교측정법은 높은 정밀도의 측정시 하이트마이크로미터나 게이지블록을 병용하여 측정한다.

5) 하이트게이지 사용시 주의사항
(1) 떨어뜨리거나 충격을 가하지 않는다.
(2) 평면도가 좋은 정반을 선택하여 정반 윗면과 하이트게이지 밑면을 청소한다.
(3) 사용 전에 반드시 0점을 점검한다. 0점 조정이 불가능한 경우에는 그 오차만큼 보정한다.
(4) 버니어식의 경우 눈금선과 눈금을 읽는 높이와 위치를 나란히 하여 판독오차를 줄인다.
(5) 다이얼식 하이트게이지의 경우 슬라이더를 급속히 움직이면 기어가 손상될 수 있으므로 천천히 동작한다.
(6) 스크라이버의 끝이 파손되지 않도록 주의한다.
(7) 사용 목적에 맞는 하이트게이지를 선택한다.
(8) 정밀측정시 정반과 공작물을 잘 닦은 다음 충분한 시간을 두고 온도를 실온과 일치시킨다.
(9) 보관시 습기와 자성이 없는 곳에 보관하고 장기 보관 시에는 방청처리 한다.

4. 실린더게이지

1) 실린더게이지(cylinder gauge)
실린더게이지는 다이얼게이지와 결합하여 측정물체의 내경에 맞춰서 정밀도를 셋팅하여 사용하는 것으로, 실린더 보어 등의 깊이가 있는 안지름을 정밀하게 측정하는 것이 가능한 측정기이다.

(1) 실린더게이지의 구조
하단부의 좌우에 신축하는 측정자의 움직임을 전도자를 경유하여 다이얼게이지를 눌러 올리는 구조로 되어 있으며, 측정부의 크기는 여러 종류의 교환식 로드와 보조 와셔에 의한 조정식으로 되어 있다.

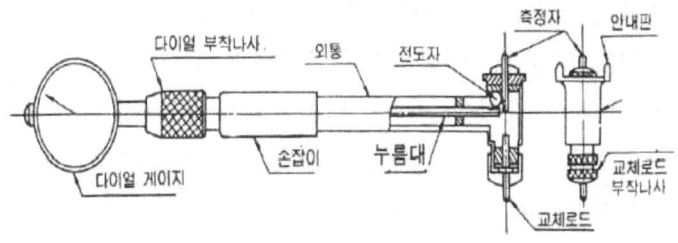

그림 7-49 실린더게이지 구조

(2) 실린더게이지의 영점 조정

① 세트링, 마스터게이지로 영점 조정은 실제 측정 방법과 동일하다.
② 원통축에 수직인 단면 A에 직경 a가 최대이며, 실린더게이지는 최소치이다.
③ 실린더게이지를 사용하는 경우 A에서 a위에, 단면 B에 대해서는 e는 측정자를 일치시켜 측정한다.
④ 측정범위가 6~10mm의 실린더게이지를 제외하고 직경 a는 가이드에 의해 자동으로 구해진다.
⑤ 직경 e를 충족하기 위해서는 실린더게이지를 좌우로 흔들어 다이얼게이지가 최대치를 구한다.
⑥ 구해진 치수를 다이얼게이지의 테두리를 돌려 영점을 맞춘다.

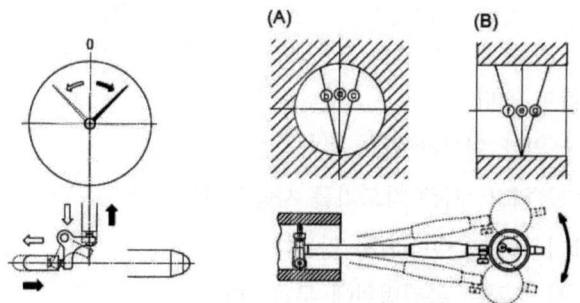

그림 7-50 실린더게이지 0점 조정

(3) 실린더게이지 측정순서

① 측정 전에 이물질이 없도록 깨끗이 청소한다.
② 실린더게이지 측정 범위에 따라 게이지를 선택한다.
③ 공작물 치수에 알맞은 교환로드를 선택한다.
④ 기준게이지는 게이지블록을 조합하거나 링게이지를 이용한다.

⑤ 기준게이지 치수에 실린더게이지를 삽입하여 최소점에서 지침을 기억하고 눈금판을 돌려 0점을 조정한다.
⑥ 실린더게이지를 공작물에 삽입하여 좌우로 움직여 지시하는 최소값을 읽는다.
⑦ 공작물에서 읽은 최소값을 기준게이지 세팅한 값을 뺀 다음 측정값을 구한다.
⑧ 다이얼게이지 지침이 기준치수보다 시계방향으로 회전하면 공작물 치수는 기준치수는 편차만큼 작은 치수이고, 반시계 방향이면 편차만큼 큰 치수이다.
⑨ 안지름 측정시 진원도의 오차를 파악하기 위하여 90° 만큼 회전하여 측정한다.

5. 각도 측정

1) 라디안(radian)

각도의 단위는 도(degree)와 라디안이 있으며, 원주를 360 등분한 호(弧)에 대한 중심각을 1도(°), 1도의 $\frac{1}{60}$ 을 1분('), 1분의 $\frac{1}{60}$ 을 1초(")라 하며, 반지름과 같은 호에 대한 중심각을 1 라디안이라 한다.

$$1\,\text{rad} = \frac{r}{2\pi r} \times 360° = \frac{180}{\pi} = 57.29577°$$

각도의 측정은 길이의 측정에 비하여 정도가 낮다. 이것은 길이의 측정은 현미경으로 확대되나, 각도의 측정은 반사에 의한 방법이기 때문이다.

2) 각도의 특성

(1) 온도에 의한 영향이 적다.
(2) 원이 원기이다. 특별한 원기가 필요 없다.
(3) 언제나 재현이 가능하고, 기준 각도기를 사용한다.
(4) 대부분의 측정에서 오차가 누적되지 않는다.
(5) 대부분의 측정에서 오차는 측정범위에 무관하다.
(6) 대소의 구별이 어렵다. 여러 구간 반복 측정에 의해 정확도가 많이 향상된다.

3) 각도 측정기의 종류

(1) 직각자

두 면의 직각도, 금긋기, 금형부품의 조립 등에 사용 90°를 필요로 하는 곳에 사용하며, 평면의 검사에도 사용한다.

(2) 만능베벨각도기(universal bevel protractor)

2개의 직정규와 눈금 원금판으로 구성된 각도 측정기로 2개의 곧은자가 이루는 각에 의해 각도를 측정한다.

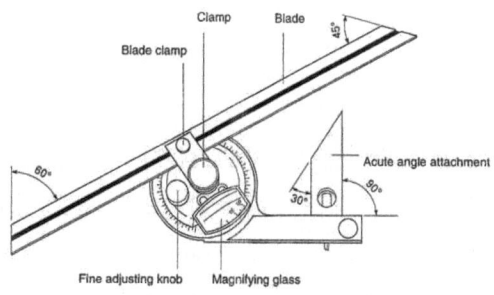

그림 7-51 만능각도기

그림 7-52 만능베벨각도기 측정법

측정 부품의 둔각, 예각을 측정이 가능하며 하이트게이지에 부착하여 사용할 수 있다.

① 만능베벨각도기 측정
  (가) 블레이드 클램프 및 측정 부품을 부드러운 천으로 닦는다.
  (나) 블레이드 클램프 레버를 기준면에 장착한다.
  (다) 측정 부품을 정반 위에 놓고 각도기의 고정 다리를 정반 위에 놓는다.
  (라) 블레이드를 측정 부품에 접촉시켜서 빛이 통과하는지를 확인한다.
  (마) 부척의 0점, 각도 본척 위의 각도를 읽는다.
  (바) 도 단위의 본척 눈금을 읽고 분단위의 값은 본척과 부척 눈금이 일치하는 곳을 읽어서 구한다.

(3) 각도게이지(angle gauge)

각도게이지는 길이 측정에서 게이지블록에 해당된다. 서로 조합하여 임의의 각을 만들 수 있으며, 보통 Johansson식과 N.P.L식이 주로 사용된다. Johansson식은 10~350°사이에서는 1초 간격으로, 0~10°, 350~360°사이에서는 1°간격으로 임의의 각을 조립할 수 있다.

(4) 수준기(level)

평면의 상태를 측정하는 기구, 유리관에 알코올을 넣고 기포가 생기도록 하여 움직이는데 측정하는 면이 수평이면 그 기포가 가운데로 위치된다. 기계의 설치 및 기울기 측정, 진직도 및 평면도를 측정한다.

4) 사인바(sinebar)

측정이나 지그제작 및 금긋기 작업에 사용하며 직각삼각형의 삼각함수(sine)에 의하여 각도를 길이로 계산하여 간접적으로 각도를 구하는 방법으로, 높은 정도를 얻을 수 있다. 직각자와 양끝을 지지하는 같은 크기의 원통롤러로 되어 있으며, 양 롤러는 직각자의 측정면에 평행이고, 롤러 중심 사이의 거리가 일정하도록 만들어져 있어, 이 롤러 중심 사이의 거리를 호칭치수라 한다.

사인바는 아래 그림과 같이 두 개의 롤러위에 폭이 넓은 곧은자를 놓은 형상으로 h블록 게이지 사용 없이 H의 블록 게이지만으로 작업할 수 있도록 되어 있다. 공식은

$$\sin\theta = \frac{H_2 - H_1}{L}$$

일반 각도의 설정 각도를 α 리 히면, 조립하는 세이지블록의 치수 H는 식 H=L × sinα에 의해 산출된다.

예) L=100mm, 설정각도 α=11°의 경우의 H는, 삼각함수표에 따라 sin11°30′=0.1908
   H=100×0.1908=19.08mm

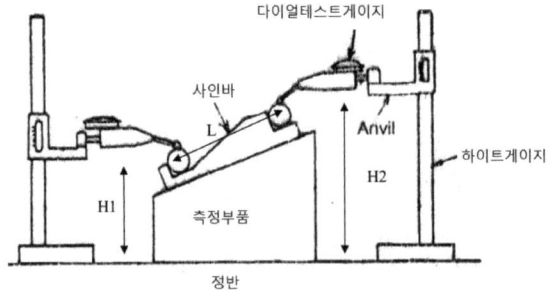

그림 7-53 사인바 사용

(1) 사인바 측정

① 온도 변화가 심한 장소에서의 사용 및 보관은 하지 않는다.
② 사용전에 사용면·롤러 등을 깨끗이 닦아준다.
③ 블록게이지는 반드시 롤러의 중심에 설치하고 롤러와 정반 면이 상하지 않도록 조심한다.
④ 사인바 윗면 및 롤러 등을 깨끗이 닦고, 정반위에 올린다.
⑤ 게이지블록을 측정하려는 각도로 조정하여 밀착한다.

⑥ 사인바를 들어올려, 게이지블록을 사인바의 하측에 넣는다.
⑦ 다이얼게이지의 측정자를 측정부품에 접촉시켜, 다이얼게이지 스탠드 조정나사를 이용하여 지침을 0점으로 조절한다.

5) 게이지블록

(1) 게이지블록의 특징
① 표시하는 정도가 0.01μm로 길이 정도가 매우 높다.
② 기구적인 운동을 하지 않으므로 기계적인 고장이 없다.
③ 마이크로미터, 다이얼게이지와 같은 측정기 점검이나 교정용으로 사용
④ 측정환경 변화에 강하고 취급이 용이하여 실용적인 길이 기준기로 사용
⑤ 게이지블록은 1896년 스웨덴의 요한슨(Carl Edvard Johansson)에 의해 발명

(2) 게이지블록의 치수
게이지블록의 치수는 가장자리 1mm를 제외한 측정면에 밀착시킨 동일표면, 동일재질에 내린 수선의 길이로 표시하며 게이지블록은 사용목적에 따라 4개의 등급으로 표시한다.

표 7-4 게이지블록의 등급과 사용목적

블록게이지의 등급		사용목적
참조용	AA	표준용 게이지블록의 점검, 정밀학술 연구용
표준용	A	검사용 공작용 게이지블록의 점검 측정기류의 정밀도점검
검사용	B	게이지의 정밀도 점검, 기계부품 공구 검사
공작용	C	측정기류의 정밀도 조정, 절삭 공구의 설치

(3) 게이지블록의 밀착법
게이지블록 밀착법(wringing)을 정확히 하여 오차 발생률이 적게 하여야 하며, 얇은 것을 밀착시킬 경우에는 블록게이지의 휨을 방지한다.
① 두꺼운 게이지블록을 그림과 같이 약 60°로 교차시켜 가볍게 누르면서 접착시켜 밀착이 되었으면 전체의 힘을 주어 일치시킨다.
② 얇은 것과 두꺼운 것의 밀착에 있어서는 아래 그림과 같이 얇은 게이지블록을 두꺼운 것에 일직선으로 올려 놓고 좌우로 이동시키면서 밀착한다.
③ 얇은 것끼리의 접착에 있어서는 일단 두꺼운 것과 얇은 것을 밀착시킨 다음 그 위에 다시 얇은 것을 밀착한 다음 두꺼운 것을 떼어낸다.

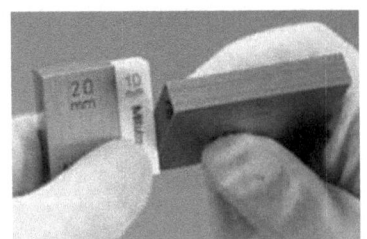

그림 7-54 두꺼운 게이지블록 밀착법

(4) 게이지블록의 사용시 주의 사항
① 작업대 위에 천, 가죽 등을 깔고 게이지블록을 취급한다.
② 온도가 일정하고, 먼지가 적고, 건조한 실내에서 사용한다.
③ 측정면은 깨끗한 천(가제, 포플린 등), 가죽 등으로 지문을 제거한다.
④ 필요한 치수만 꺼내고 쓰지 않는 것은 바로 상자에 넣고 뚜껑을 닫도록 한다.
⑤ 방청을 위하여 사용 후에는 벤젠, 알콜, 에테르, 휘발유 등으로 세척한 후 깨끗하고, 반드시 방청유를 발라둔다.

6) 오토콜리메이터(autocollimator)

오토콜리메이터는 망원경의 대물렌즈의 초점면에 표선을 놓고 대물렌즈를 통과하여 나오는 빛을 망원경 전방에 놓은 반사경에서 반사하여 망원경으로 되돌아오게 하여 대물렌즈의 초점면에 생긴 표선상의 위치의 눈금에 의하여 측정할 수 있다.

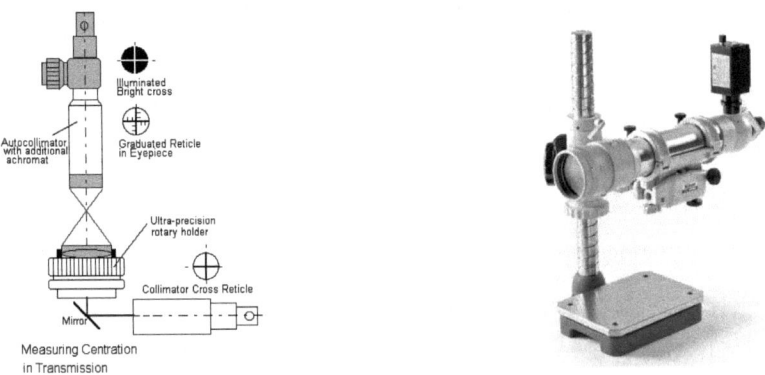

그림 7-55 오토콜리미메이터 구조

(1) 오토콜리메이터에 의한 측정방법
① 기준기에 대한 각도차 측정 : 기준면과 피측정물의 각도차를 NPL식 각도 게이지와의 비교측정으로 구한다.
② 운동의 진직도 측정 : 평면경을 측정 부위에 놓고 각각의 위치에서 평면경의 경사량을 읽

어서 구한다.
③ 안내면의 진직도 측정, 육면체의 직각도 측정
④ 탄성체의 휨에 의한 경사각 측정, 길이의 미소 변화

6. 표면거칠기 측정

1) 표면거칠기

(1) 금형에서 표면거칠기

금형부품 가공시 절삭공구의 노즈(nose) 반지름이나, 숫돌입자에 의해 절삭된 표면, 가공된 금속 표면에 생기는 주기가 짧고, 진폭이 비교적 작은 불규칙한 요철의 크기, 주물표면 등의 매끄러운 정도를 표면거칠기라 한다.

KS에서 표면거칠기의 표시방법은 최대높이 거칠기(Rmax), 10점 평균거칠기(Rz), 중심선 평균거칠기(Ra)의 3가지 방법으로 나타내고 있다.

표면거칠기 측정기의 발달과, ISO규격과 일치하는 도면작성의 필요성 등에 의해 오래 전부터 사용해온 최대높이 거칠기는 중심선 평균거칠기로 대체되었다. 측정방법으로는 육안검사, 표준편과 비교법, 표면거칠기 측정기에 의한 측정방법이 있다.

(2) 표면의 결 표시 방법

표면의 결을 지시하는 경우 지시기호 대신에 사용할 수 있는 다듬질 기호는 금형의 도면에 기호를 써서 표면의 결에 관한 요구사항을 지시하는 방법으로 대상 면, 제거가공의 여부, 표면거칠기 세 가지는 필히 지시하여야 하며, 필요에 따라 가공방법, 줄무늬 방향, 표면파상도를 지시한다.

다듬질 기호		표면 거칠기 구분값			정 도
∇	/////	특별히 규정하지 않음.			일체의 가공이 없는 자연면
	~				고운 자연면을 그대로 두고 아주 거친 곳만 조금 가공
∇_w	∇	25a	100S	100Z	가공 흔적이 남을 정도의 막다듬질
∇_x	∇∇	6.3a	25S	25Z	가공 흔적이 거의 없는 중 다듬질
∇_y	∇∇∇	1.6a	6.3S	6.3Z	가공 흔적이 전혀 없는 상 다듬질
∇_z	∇∇∇∇	0.2a	0.8S	0.8Z	광택이 나는 고급 다듬질

그림 7-56 다듬질 기호의 표시방법

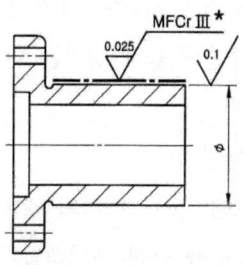

*이 기호는 KSD 0022 전기도금의 표시 방법에 따른다.
M : 도금, F : 소재는 철강
Cr : 크롬 도금
Ⅲ : 도금의 등급, 3급으로 도금두께 10㎛

그림 7-57 금형 표면처리 방법

(3) 표면거칠기의 측정

표면거칠기 측정은 표준시편, 접촉식(프로브), 비접촉식(광학식)로 분류한다.

① 촉침식 측정기

촉침의 움직임을 전기적신호로 변환하여 픽업(pick up), 신호를 증폭시켜주는 증폭기, 신호를 처리하는 거칠기와 파상도를 분리하는 필터, 거칠기값을 표시하는 디스플레이, 거칠기 곡선을 그리는 기록장치, 촉침을 이송하는 이송장치로 되어 있다.

② 광절단식 측정기

광절단법은 측정 평면에 광속을 투상하여 직각으로 관측하는 것으로 면을 광으로 절단하여 그 단면을 광학현미경에서 확대하여 관측한다.

광절단식의 측정기는 조작이 간단하고 신속히 측정할 수 있어 현장에서 사용이 가능하다.

③ 광파간섭식

빛의 간섭을 이용하여 측정면의 요철부분에서 반사광과 표준 반사면으로부터 위상차에 의하여 간섭무늬를 만들어 현미경으로 확대하여 측정하는 방법이다.

④ 표면거칠기 표준편

표면거칠기 측정기는 고가 장비이며 작업현장에서 사용하기가 불편하여 촉감 및 시각으로 측정한다. 이때 사용하는 것이 비교용 표준편이다.

7. 3차원 측정

1) 3차원측정기(3-coordinate measuring machine)

프로빙시스템을 이동수단으로 하는 측정시스템이며, 공작물 표면위에 공간좌표를 결정하는 성능이 있다. 측정점의 위치, 즉 물체의 표면위치를 검출할 수 있는 프로브가 삼차원공간을 이동하면서 각 측정점의 공간좌표를 검출하고, 그 데이터를 처리함으로써 3차원의 위치, 크기, 방향 등을 측정하는 만능측정기이다.

(1) 장점

① 고해상도 카메라와 광학기술 결합으로 자동화가 가능하다.
② 측정한 금형 데이터를 보관, 정리, 비교, 분석이 가능하다.
③ 복잡한 형상도 측정이 간단하고 다양하게 사용이 가능하다.
④ 실시간으로 측정데이터를 관리 가능하며, 부가가치를 생산하는 활동으로 데이터를 서버에서 관리하므로 실시간으로 품질관리가 가능하다.

(2) 단점
① 장비가 매우 고가이고, 측정 환경에 매우 민감하다.
② 제품의 정도에 따라 측정 품질이 매우 다르게 나타난다.
③ 측정 시스템이 복잡하고 활용에 전문적인 지식이 필요하다.
④ 공작물에 대한 지식이 부족할 경우 오류 데이터를 양산한다.
⑤ 온도, 습도, 진동 등의 환경에 민감하므로 별도의 유지비가 들어간다.

2) 3차원측정기 사용 효과
(1) 측정 능률이 향상된다.
(2) 측정보조기구를 거의 사용하지 않는다.
(3) 공작물의 설치 변경에 시간이 절약한다.
(4) 복잡한 측정물의 측정 정도 및 신뢰성을 향상한다.
(5) 설정치에 의해 측정결과를 신속하게 판별할 수 있다.
(6) 측정값을 보관 활용하여 금형의 품질을 향상에 기여할 수 있다.
(7) 측정점의 데이터는 자동으로 연산되고 형상모델링으로 구현된다.

3) 조작방법의 종류
(1) 수동식(floating type) : 측정자가 직접조작을 하여 x, y, z축의 구동부를 움직이며 측정하는 측정기로 단품 소량 측정에 많이 사용된다.
(2) 조이스틱식(joystic type) : x, y, z축에 모터를 내장하고, 조이스틱에 의한 각 구동부의 운동을 제어하며 측정하는 방식이다.
(3) 컴퓨터수치제어(CNC type) : x, y, z축에 모터를 내장하고, 미리 작성된 프로그램에 따라 자동적으로 측정하는 것으로 가장 많이 사용하는 장비이다.

4) 프로브(probe)의 종류
공작물 표면의 위치(X, Y, Z좌표)를 검출하는 센서이며, 접촉식, 비접촉식 등이 있다. 프로

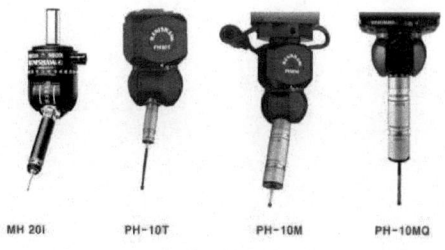

그림 7-58 3차원 측정기 프로브의 종류

브를 측정점에 접촉시켜 좌표값을 읽어내는 작업을 프로빙이라 한다. 프로브구성은 프로브 헤드(probe head), 연결부(extension), 센서(sensor), 탐침(stylus)으로 되어 있다.

5) 비접촉식 3차원측정기

영상처리(image processing) 기술의 발달로 고속, 고정밀 측정이 가능하여 소형기계 가공 및 금형부품 등의 정밀도 측정에 사용한다.
(1) 다양한 형상을 측정 가능
(2) 연질의 재질 측정에 사용이 가능
(3) 다양한 산업계 전반에서 사용이 가능
(4) 신속 정확한 측정으로 데이터를 다양하게 활용이 가능
(5) 렌즈, 카메라, 디스플레이 장치를 이용 공작물의 형상을 모니터에 나타나게 하여 수동이나 반자동으로 측정한다.

6) 측정 보조구

3차원측정기에 의한 측정 능률의 향상은 적절한 보조테이블이나 지지구를 사용하는가에 따라 결정된다. 측정물의 정확한 세팅은 측정값의 신뢰성을 높임과 디불어 측정시간의 단축도 약속된다. 여러 개의 동일한 측정물의 경우에는 전용 세팅용 고정구를 제작하는 쪽이 올바른 대책이지만 일반적으로 범용 보조구를 사용한다.

보조구 종류는 정밀정반, 평행블록, 정밀 바이스, 클램핑 키트, 조정용 잭, 수평분할데이블, 수직분할테이블 등이 있다.

단원 핵심 학습 문제

01 다음 중 정밀측정 방식에 따른 분류가 아닌 것은?
① 직접측정　　　② 간접측정
③ 비교측정　　　④ 기본측정

해설 : ④ 정밀측정 방식에 따른 분류
　　　　- 직접측정, 간접측정, 비교측정, 절대측정

02 수나사와 암나사의 정확한 피치의 나사를 이용하여 측정물의 외측 및 내측 길이와 깊이를 측정하는 게이지는?

해설 : 마이크로미터

03 구조는 버니어캘리퍼스의 본척을 세워 고정한 모양으로 베이스의 밑면으로부터 스크라이버(scriber) 측정 면까지의 높이가 본척 눈금에 나타내어진 게이즈는?

해설 : 하이트게이지

04 다이얼게이지와 결합하여 측정물체의 내경에 맞춰서 정밀도를 셋팅하여 사용하는 것으로, 실린더 보어 등의 깊이가 있는 안지름을 정밀하게 측정하는 것이 가능한 측정기는?

해설 : 실린더게이지

05 측정이나 지그제작 및 금긋기 작업에 사용하며 직각삼각형의 삼각함수(sine)에 의하여 각도를 길이로 계산하여 간접적으로 각도를 구하는 방법으로, 높은 정도를 얻을 수 있는 게이지는?

해설 : 사인바(sinebar)

06 측정점의 위치, 즉 물체의 표면위치를 검출할 수 있는 프로브가 삼차원공간을 이동하면서 각 측정점의 공간좌표를 검출하고, 그 데이터를 처리함으로써 3차원의 위치, 크기, 방향 등을 측정하는 만능측정기는?

해설 : 3차원측정기(3-coordinate measuring machine)

07 다음 측정기로 측정가능한 곳에 ○ 표시를 하시오.

측정기	상자형				구	원통			리브		캠	나사		기어	
	외측단면	내축단면	두께	깊이	외경	외경	내경	두께	외측단면	높이	형상	유효경	피치	외경	편심
버니어캘리퍼스															
깊이 게이지															
외측마이크로미터															
나사마이크미터															
실린더게이지															
하이트게이지															
다이얼게이지															
한계게이지															
3차원측정기															

해설:

측정기	상자형				구	원통			리브		캠	나사		기어	
	외측단면	내축단면	두께	깊이	외경	외경	내경	두께	외측단면	높이	형상	유효경	피치	외경	편심
버니어캘리퍼스	○	○	○	○	○	○	○	○	○	○				○	
깊이 게이지				○						○					
외측마이크로미터	○		○		○	○								○	
나사마이크로미터												○			
실린더게이지		○					○								
하이트게이지	○	○			○	○				○					
다이얼게이지	○	○		○		○			○						○
한계게이지	○	○			○	○	○								
3차원측정기	○	○	○	○	○	○				○					

7-3 비교 측정하기

1. 한계게이지

1) 비교측정기(comparator)

비교측정기는 상한치수 및 하한치수를 표시하나 한계치수를 나타내는 것으로 실제치수를 측정하여 공차를 벗어나는 치수의 경향을 예측할 수 있으므로 금형 성형품 생산에서 불량품을 판별한다. 그러므로 성형품 가공과정에서 치수의 변화 과정을 측정할 수 있기 때문에 다음과 같은 장점이 있다.
① 작업현장에서 편리하게 사용이 가능
② 성형품 치수가 다르거나 주어진 성형품 치수가 변경되어도 쉽게 조정 가능

(1) 기계식 비교측정기
기계식 비교측정기는 레버, 스프링, 기어를 이용해 배율을 높인다. 다이얼게이지 및 다이얼 인디케이터를 이용하여 공작물위에 접촉하여 이 움직임으로 공차에 대한 합격 불합격 판정을 내리게 된다.

(2) 공기식 비교측정기
틈새의 변화에 따른 공기 압력이 유량의 차이를 이용하여 판독을 증폭하기 위한 장치로 측정하는 표면이 좁거나 허용공차가 작은 경우에 사용되며 정밀도는 $12.7 \sim 25.4 \mu m$이므로 접촉에 민감한 부품의 측정에 사용한다.

(3) 전기식 비교측정기
전기의 휘스톤브리지 회로를 구성하여 측정물에 접촉시 저항의 변화를 감지하여 측정하는 방식이다. 이 게이지를 사용하기 위해서는 표준시편이 있어야 한다.

(4) 전자식 비교측정기
앰프와 센서헤드를 측정물에 접촉시켜 주파수의 변화를 이용하여 공작물의 치수변화를 측정할 수 있다. 길이측정은 물론 진원도, 테이퍼, 동심도, 진직도, 윤곽, 표면조도, 외형형상 등에 사용된다.

(5) 광학식 비교측정기

광학식 비교측정기는 렌즈를 이용해 광선을 사용하므로 공작물과 물리적인 측정이 없어 아주 작은 공작물과 특이한 윤곽을 검사하는데 사용한다. 게이지블록 검사, 표면의 결함, 구형의 측정, 평면도 측정, 회전분할 테이블의 정확 등을 측정하며, 각도 측정도 가능해 0.5~1초까지 측정이 가능하다.

(6) 자동식 비교측정기

자동식 비교측정기는 공작물을 호퍼나 슈트에 올려 놓으면 공작물이 측정 위치까지 이송되어 측정한다. 또한 치수에 따라 공작물을 분류, 결함이 있는 공작물을 합격, 불합격 분리하는 용도로도 사용한다.

2) 한계게이지(limit gauge)

성형품은 제작시 경제성과 공정시간 단축을 고려하여 도면상의 기준치수를 기준으로 주어진 허용공차 내에서 가공되도록 한다. 가공 후, 제품이 허용공차 내에 있는지 검사하기 위해서 한계게이지(limit gauge)가 사용된다. 한계게이지는 치수의 한계인 최대허용치수와 최소허용치수를 만족하는지 검사하는 게이지이다.

(1) 한계게이지의 특징

① 한계게이지의 장점
　(가) 비숙련자도 간단하게 검사 가능하다.
　(나) 정해진 길이, 각도 등을 이용하여 제품을 측정 검사한다.
　(다) 부품 가공시 필요 이상 가공을 하지 않으므로 가공이 쉽다.
　(라) 간단한 구조를 가지고 정확한 치수보다 허용되는 치수를 검사한다.
② 한계게이지의 단점
　(가) 제품의 실제 치수를 알 수 없다.
　(나) 바르게 사용하지 않으면 대량의 불량품이 만들어진다.

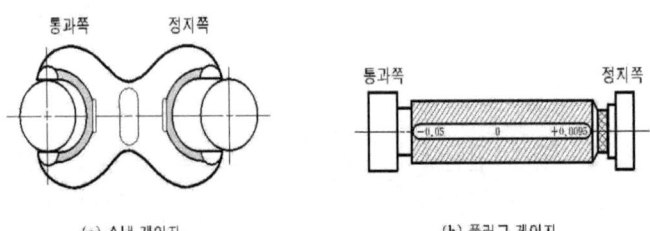

그림 7-59 한계게이지

(다) 측정치수가 정해지고, 1개의 치수마다 통과, 정지의 2개의 게이지가 필요하다.

(2) 한계게이지의 종류

구멍은 최소치수 및 최대치수를 가진 한계로 플러그게이지(plug gauge)를 사용하는데 이때 최대치수 쪽은 구멍에 들어가면 안되므로 정지측(no go size)이라 하며, 최소치수 쪽은 구멍에 쉽게 들어가야 하므로 통과측(go size)이라 한다. 또한 축에는 링게이지(ring gauge)와 스냅게이지(snap gauge)를 사용하며 이때 최소치수 쪽은 정지측, 최대치수 쪽은 통과측이 된다. 성형품의 불량 판정을 쉽고 빠르게 검사하는데 이용되는 유용한 게이지이다.

(3) 구멍용 한계게이지 사용

구멍용으로 사용되는 한계 게이지는 호칭 치수가 비교적 작을 때는 플러그게이지를, 그보다 큰 구멍에 대해서는 평형 플러그게이지를, 그리고 구멍이 더욱 큰 것에는 측정이 간편하도록 봉게이지를 사용한다.

그림 7-60 한계 플러그게이지

(4) 축용 한계게이지 사용

축용 한계게이지는 링게이지와 스냅게이지로 구분하고 링게이지는 비교적 작은 치수나 얇은 공작물에 사용되고, 축의 직경이 315mm 이하에서 스냅게이지는 양구에 비해 검사 시간을 단축시킬 수 있는 장점이 있고 스냅게이지로써 검사할 때는 쐐기작용에 의하여 게이지의 입구가 벌어진다.

그림 7-61 스냅게이지의 종류

그림 7-62 핀게이지

(5) 핀 게이지(pin gauge)

재료나 반가공품을 소정의 가공 위치에, 또는 부품을 바른 체결 위치에 놓기 위한 위치 결정을 위해 마련된 핀으로 부품을 제작 및 가공시 작은 구멍이나 보어를 검사하는데 효율적이고 간편하게 측정하는 게이지이다. 핀게이지는 구멍 측정도 가능하지만 두 개의 핀게이지를 이용하여 구멍의 피치, 도브테일의 홈 측정이 가능한 게이지이다.

3) 기능게이지(위치게이지)

(1) 기능게이지 특징

기능게이지(위치게이지)를 금형 현장에서는 측정지그라 한다. 이는 금형 제품이 성형시 형상 또는 위치 변화에 의한 주로 조립을 위한 성형제품의 구멍 위치가 정확한지 검사하는 것이 목적으로 사출성형품 또는 프레스 제품에 공히 적용되는 것으로 주로 위치 정밀도를 확인한다. 기능게이지는 금형부품 도면에 의하여 가공하여 도면이 요구하는 조건대로 제작되었는 가를 확인하여 합격, 불합격 판정을 하게 된다. 한계게이지에 검사에 의해 합격한 부품이라도 조립시 문제점을 가지고 있으므로 한계게이지 검사와 기능게이지 검사를 동시에 한다.

① 직각도로 규제된 구멍과 축의 기능 게이지

구멍에 지름공차와 직각도로 규제된 부품을 검사시 $\phi 20 \pm 0.1$의 지름 공차 범위에 맞는가를 한계게이지로 통과측, 정지측 게이지로 검사한다.

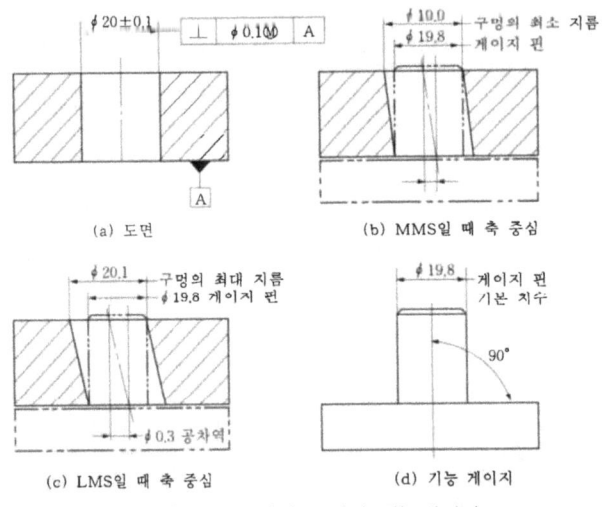

그림 7-63 직각도 검사 기능게이지

2. 다이얼게이지

1) 다이얼게이지(dial gauge)

다이얼게이지는 측정자의 직선 또는 원호 운동을 기계적으로 확대하여 그 움직임을 지침의 회전 변위로 변환시켜 눈금으로 읽을 수 있는 길이 측정기이며 비교측정기이다. 다이얼게이지는 주로 기준게이지와 비교측정하는데 사용된다.

(1) 다이얼게이지의 특징
① 가공시 절삭량 측정이 가능하다.
② 크기가 작고 가벼워서 사용이 간편하다.
③ 보조기구와 같이 사용하면 다양하게 측정할 수 있다.
④ 연속된 변위량의 측정이 가능하므로 형상측정이 가능하다.
⑤ 조립된 면의 측정이나 회전축의 흔들림(편심) 측정이 가능하다.
⑥ 측정 범위가 넓어 다양한 위치를 측정하는 검출기로도 사용한다.
⑦ 공작기계의 정도검사, 평면, 원통의 진원도 및 기계정밀도 측정이 가능하다.

(2) 다이얼게이지의 구조
다이얼 게이지(dial gauge)는 랙(rack)과 피니언(pinion)을 이용하여 미소 길이를 확대 표시하는 기구인 측정기이다.

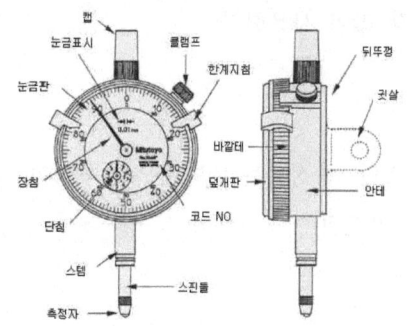

그림 7-64 스핀들식 다이얼게이지 명칭

그림 7-65 레버식 다이얼게이지

스핀들(spindle)식 다이얼(dial gauge)에서는 스핀들이 측정면에 대하여 항상 직각이어야 하므로 좁은 곳, 또는 구멍의 내부 등을 측정할 필요가 있을 때에는 곤란하기 때문에 레버식 다이얼게이지(lever dial gauge)를 사용하면 편리하다.

(3) 다이얼게이지의 종류
다이얼게이지의 종류에는 용도에 따라 깊이, 두께, 구면 측정용 등이 있으며, 눈금량에 따라 최소 눈금 0.01mm에 측정 범위 5mm, 10mm, 20mm, 30mm, 50mm 등의 것이 있고, 최소 눈금 0.001mm에 측정 범위 5mm 이하인 것 등이 있다.

최근에는 디지메틱 인디케이터로 고정도를 보증하는 0.5μm 분해능으로 최대값, 최소값의 흔들림을 측정을 숫자로 표시된다.

그림 7-66 다이얼인디케이터   **그림 7-67** 디지매틱인디케이터   **그림 7-68** 깊이측정용 다이얼게이지

2) 다이얼테스트 인디케이터

다이얼테스트 인디케이터는 원호 운동을 하는 측정자의 움직임이 레버와 기어에 의하여 확대되어 바늘의 움직임으로 나타난다. 일반 다이얼게이지가 닿지 않는 면을 검출하기 위해 정렬과 측정에 사용한다. 레버식 다이얼게이지라고도 하며, 측정자의 움직임에 따라 세로형, 가로형, 수직형이 있다. 일반적으로 세로형을 가장 많이 사용한나.

(1) 다이얼테스트 인디케이터의 특징

최소 측정 단위는 0.01mm, 0.02mm, 0.001mm가 있다. 측정자는 일반적으로 구형이 많이 사용되지만 공작물의 재질에 따라 적당한 것으로 교체한다.

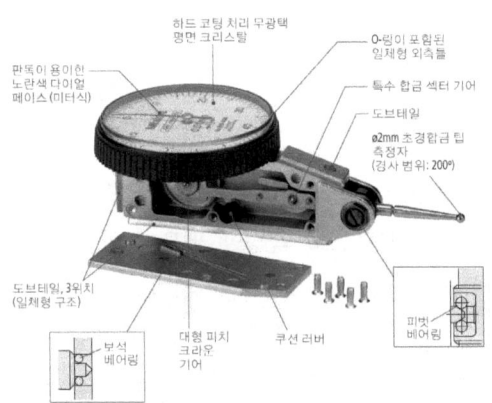

그림 7-69 다이얼테스트 인디케이터

(2) 다이얼테스트 인디케이터 지지구

다이얼테스트 인디케이터는 단독으로 사용할 수 없어 지지구가 필요하다. 마그네틱베이스는 공작기계에 부착하여 주축의 흔들림과 테이블의 평행도 등을 측정할 수 있다.

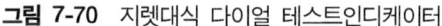

(a) 세로형 (b) 가로형 (c) 수직형

그림 7-70 지렛대식 다이얼 테스트인디케이터

그림 7-71 마그네틱베이스에 부착한 게이지

단원 핵심 학습 문제

01 다음 중 한계게이지의 종류가 아닌 것은?
① 플러그게이지(plug gauge)
② 링게이지(ring gauge)
③ 스냅게이지(snap gauge)
④ 구멍게이지

해설 : ④ 한계게이지의 종류 - 플러그게이지(plug gauge), 링게이지(ring gauge), 스냅게이지(snap gauge)

02 재료나 반가공품을 소정의 가공 위치에, 또는 부품을 바른 체결 위치에 놓기 위한 위치 결정을 위해 마련된 핀으로 부품을 제작 및 가공시 작은 구멍이나 보어를 검사하는데 효율적이고 간편하게 측정하는 게이지는?

해설 : 핀 게이지(pin gauge)

03 성형품은 제작시 경제성과 공정시간 단축을 고려하여 도면상의 기준치수를 기준으로 주어진 허용공차 내에서 가공되도록 한다. 가공 후, 제품이 허용공차 내에 있는지 검사하기 위해서 사용하는 게이지는?

해설 ; 한계게이지(limit gauge)

04 한계게이지의 장점을 쓰시오.

해설 : ① 비숙련자도 간단하게 검사 가능하다.
② 정해진 길이 각도 등을 이용하여 제품을 측정 검사한다.
③ 부품 가공시 필요 이상 가공을 하지 않으므로 가공이 쉽다.
④ 간단한 구조를 가지고 정확한 치수보다 허용되는 치수를 검사한다.

05 한계게이지의 단점을 쓰시오.

해설 : ① 제품의 실제 치수를 알 수 없다.
② 바르게 사용하지 않으면 대량의 불량품이 만들어진다.
③ 측정치수가 정해지고, 1개의 치수마다 통과, 정지의 2개의 게이지가 필요하다.

06 양구에 비해 검사 시간을 단축시킬 수 있는 장점이 있고 스냅게이지로써 검사할 때는 쐐기작용에 의하여 게이지의 입구가 벌어지는 축용 한계게이지는?.

해설 : 스냅게이지

07 상한치수 및 하한치수를 표시하나 한계치수를 나타내는 것으로 실제치수를 측정하여 공차를 벗어나는 치수의 경향을 예측할 수 있으므로 금형 성형품 생산에서 불량품을 판별하는 것은?

해설 : 비교측정기

08 비교측정기(comparator)의 종류를 쓰시오.

해설 : 기계식 비교측정기, 공기식 비교측정기, 전기식 비교측정기,
전자식 비교측정기, 광학식 비교측정기, 자동식 비교측정기

09 측정자의 직선 또는 원호 운동을 기계적으로 확대하여 그 움직임을 지침의 회전 변위로 변환시켜 눈금으로 읽을 수 있는 길이 측정기이며 비교측정기는?

해설 : 다이얼게이지

10 원호 운동을 하는 측정자의 움직임이 레버와 기어에 의하여 확대되어 바늘의 움직임으로 나타난다. 일반 다이얼게이지가 닿지 않는 면을 검출하기 위해 정렬과 측정에 사용하는 것은?

해설 : 다이얼테스트 인디케이터

11 금형 현장에서는 측정지그라 한다. 이는 금형 제품이 성형시 형상 또는 위치 변화에 의한 주로 조립을 위한 성형제품의 구멍 위치가 정확한지 검사하는 것이 목적인 것은?

해설 : 기능게이지(위치게이지)

7-4 측정기 유지 관리하기

1. 금형 표준부품 설계하기

1) 측정기 일상 관리

(1) 측정기 일상 관리의 목적

측정기 사용 실태를 점검하고, 측정기의 정밀 정확도를 유지 관리하여 궁극적으로는 금형의 품질 향상을 도모하는데 있다.

(2) 길이 측정기 일상 관리

측정기의 올바른 취급 방법 및 최적의 상태 유지해야 하며, 측정기는 항상 청결한 상태를 유지해야 한다. 측정기 사용하여 측정시 체온, 땀, 기타 이물질이 측정기에 전달되거나 묻지 않도록 주의한다.

모든 측정기는 충격에 매우 약하므로 고의 또는 부주의로 인해 측정기에 충격이 가해지지 않도록 주의한다. 강한 충격이 가해질 경우 측정기이 정도기 급격히 서하늴 수 있다. 정도가 저하되면 측정이 부정확하므로 항상 신중히 다루는 습관을 들여 측정기의 최적 상태를 유지하도록 해야 한다.

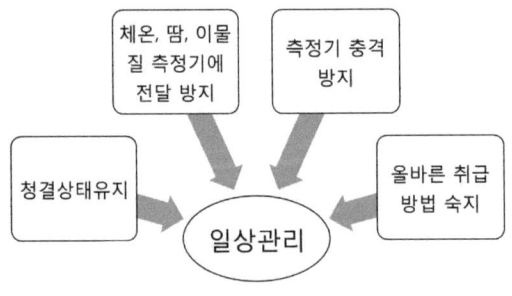

그림 7-72 측정기 일상관리

2) 측정기 관리

(1) 측정기 관리상 분류방법

① 현장측정기 : 제품의 치수, 모양 등에 관해 가공 중 또는 가공 후에 검사 및 측정시 직간접적으로 사용되는 측정기

② 시험 장비 : 시험, 검사 및 측정, 연구 등의 업무에 사용되는 장비로서 수명년한(내용년수)이 통상 10년 이상이거나, 가격이 고가인 측정기

③ 자산성 측정기 : 대부분 측정분야에서 사용되는 측정기기로서 이동이 많고, 사용년한이 통상 1년 이상이거나, 가격이 10만원 이상 500만원 미만인 측정기
④ 소모성 측정기 : 대부분 측정분야에서 사용되는 측정기기로서 수명년한이 1년 미만이거나 가격이 10만원 미만인 측정기

(2) 정밀도에 따른 분류
① 표준기 : 국가교정기관 교정용 장비 및 산업체의 정밀계기에 대한 교정용으로 활용되고 있는 국가표준 원기
② 교정용 표준기 : 산업체의 정밀계기 및 일반계기의 교정용으로 활용되고 있는 국가지정 교정기관 보유의 측정 장비
③ 정밀측정기 : 산업체 및 시험검사기관에서 정밀측정 및 검사용으로 사용되는 측정 장비
④ 일반측정기 : 산업체 및 시험검사기관에서 일반측정용으로 사용되며, 정밀측정기보다 정도가 낮은 측정기

(3) 측정기 사용상 분류

표 7-5 측정기 사용상 분류

분 류	측정기 종류
작업장 측정기	다이얼게이지, 한계게이지, 마이크로미터, 버니어캘리퍼스, 하이트게이지, 직각자, 수준기, 강철자
정밀측정기	게이지블록, 표준플러그, 전기·공기마이크로미터, 다이얼게이지, 표면거칠기, 진원도측정기
측정실 측정기	3차원측정기, 만능측장기, 광학현미경

3) 측정기 정도의 필요성

(1) 금형에서 정밀도
① 금형에 대한 호환성이 우수해진다.
② 고정밀 금형제품 개발을 가능하게 한다.
③ 생산된 금형 제품에 대한 성능을 보장해 준다.
④ 금형 공정에서 정확한 측정으로 효율적인 품질관리를 가능하게 한다.

(2) 측정기 정도 관리 요령
① 측정 불확도의 이해
② 국가측정표준과 소급성 유지

③ 법규에 만족하는 측정환경 유지
④ 신뢰성이 확보된 상위 교정기관에 교정을 받은 측정기 보유
⑤ 우수한 측정 기술력을 보유하기 위해 측정담당자 직무연수를 실시

(3) 측정기 정밀도에 영향을 주는 요소
① 반복 정밀도
② 정도에 알맞은 배율
③ 측정기 구조적인 문제
④ 측정기에 가해지는 측정력
⑤ 전자방식에 의한 디지털오차
⑥ 측정자, 안내면, 이동부의 마모
⑦ 잘못된 보관 방법으로 인한 변형
⑧ 마찰, 백래시, 히스테리시스 및 영점 변화
⑨ 확대기구에 들어오는 전기, 빛, 공기 등의 작용

2. 측정기 검교정 관리

1) 측정의 불확실성

(1) 측정 결과의 불확실성

측정의 목적은 측정값을 결정하는 것이다. 측정을 하기 위해서는 먼저 측정량, 측정방법, 측정절차들을 적절히 정의하고 명시해야 한다. 일반적으로, 측정결과는 측정량의 값에 대한 근사값 또는 추정값일 뿐이므로, 그 값에 대한 불확도가 함께 명시될 때 비로소 완전해진다.

(2) 불확도(uncertainty of measurement)의 원인

측정기의 정도, 측정자의 개인적인 요소, 측정실 환경들은 서로 영향이 있고, 인식되지 않은 계통효과는 불확도를 구하지 못하지만 이것이 오차의 원인이 된다. 실제적으로 측정에서 불확도의 요인이 많이 존재하며 아래와 같은 것을 포함한다.
① 측정기기의 분해능과 검출 한계
② 측정표준과 표준물질의 부정확한 값
③ 측정량에 대한 불완전한 정의 및 불완전한 실현
④ 외관상 같은 조건이지만 반복적인 측정에서 나타나는 변동
⑤ 측정방법과 측정과정에서 사용되는 근사값과 환경적인 요인

⑥ 아날로그 측정기에서 개인적인 판독 차이, 대표성이 없는 표본 추출
⑦ 측정 환경의 효과에 대한 지식 부족 및 환경 조건에 대한 불완전한 측정
⑧ 자료에서 인용하여 데이터분석에 사용한 상수와 파라미터의 부정확한 값

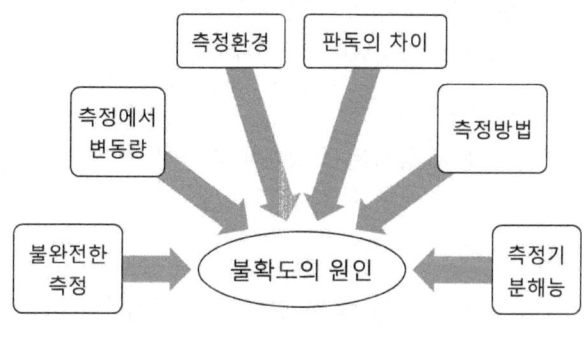

그림 7-73 불확도의 원인

(3) 불확도 구성요소

측정불확도는 측정에 영향을 주는 다음의 구성요소들에 의해 정해진다.
① 표준기류 : 상위 표준기와의 비교를 통해 측정불확도 값이 교정성적서에 표기된다.
② 측정기기 : 기기자체의 특성(분해능, 검출한계, 진직도, 영점변화 등) 및 기기 사용 방법에 따라 불확도에 영향을 미친다.
③ 보정값 : 보정을 통해 조정된 값도 불확도에 영향을 미친다.
④ 측정자 : 측정자의 체온, 숙련도 정도, 눈금 판독시 오차 등이 포함된다.
⑤ 환경 : 시험실의 온도, 습도 등이 해당된다.
⑥ 시료 : 대표성이 없는 시료 선정에 의해 나타난다.
⑦ 이론 및 자료 : 인용되거나 데이터분석에 사용되는 상수와 파라미터의 부정확한 값으로 인해 영향을 받고 측정방법 및 측정과정에서 사용되는 근사값과 여러 가지 가정에 의해 나타난다.
⑧ 반복측정 : 외관상 같은 조건이지만 반복적인 측정에 나타나는 변동이 포함된다.

2) 측정기관리 담당자

(1) 측정기관리 담당자 역할

① 측정기 보유 부서는 보유 측정기에 대한 관리를 위하여 측정기 관리담당자를 선정하고, 측정기 관리 주관부서에 등록한다.
② 측정기 관리담당자의 의무
   (가) 관리용 기준기 관리 계획 수립

(나) 측정기 관련 교육 훈련 계획수립
(다) 측정기의 사양 검토 및 구매 신청
(라) 측정기의 이상 발생유무 확인 및 점검 현황관리
(마) 부서(팀) 보유 측정기의 교정의뢰 및 교정완료 후 회수
③ 측정기 관리담당자가 교체될 경우에는 신규 관리담당자에게 측정기 관리에 대한 모든 사항에 대하여 인수인계를 철저히 한다.
④ 측정기 관리주관부서는 신규 등록된 측정기에 대하여 필요한 제반교육을 주관한다.

(2) 측정기 관리 절차

측정 장비는 구매 전부터 시방과 용도 등이 검토된 후 구매하여 사용 중에는 검교정을 통해 성능에 철저히 유지되어야 한다.
① 필요한 측정 장비를 파악 및 분류하여 구매한다.
(가) 게이지 및 표준기류
(나) 정량적인 계측을 위한 측정기
(다) 측정 환경을 제공하는 항온 항습장치
(라) 검사 및 시험장비, 측정지그 및 측정공구
② 품의서에 측정사양, 제조기업, 검·교정 필요 여부 등을 명시한다.
③ 견적 우수 업체를 선정하고, 구매관리 프로세스에 준하여 측정기 구매 및 검·교정을 실시한 다음 입고시킨다.

(3) 측정기 보관 및 관리

① 자주 사용하지 않는 측정기도 1년에 2~3회 정도는 점검을 실시하고, 점검한 날짜를 기록하여 계획 관리한다.
② 측정기 보관함에는 각 측정기의 관리번호, 품명, 규격, 사용자 등을 기록한 현황판을 비치하여 측정기의 사용 실태를 파악할 수 있도록 한다.
(가) 측정기 이상이 있을 때, 자체 및 외부기관 수리여부를 파악하고, 수리 및 재검·교정을 실시한다.
(나) 수리, 보수가 완료된 측정기는 내용을 이력카드에 기록한다.
(다) 측정 장비의 교정 및 수리결과 재사용이 불가 판정 경우 승인을 득한 후 바로 폐기하도록 한다.

3) 검·교정 관리

(1) 교정기 운영 요령

측정기를 보유 또는 사용하는 자가 자체적으로 교정 주기를 설정하고자 할 때에는 측정기의 정밀·정확도, 안전성, 사용목적, 환경 및 사용빈도 등을 감안하여 합리적으로 그 기준을 설정하여야 한다. 측정 및 시험장비와 관련된 모든 활동에 대한 기록이 작성되고 반복할 수 있는 충분한 정보를 포함하도록 한다. 각 내부 교정 및 검정에 대해 기록되어야 할 정보는 다음과 같다.

① 교정 및 검정이 완료된 일자
② 실시된 유지 보전 및 조정 내역
③ 준비 및 교정·검정을 실시하는 사용자의 경력
④ 실시한 교정·검정과 관련해 불확도에 대한 기술
⑤ 교정·검정결과에 따른 지정된 사용에서의 제한 사항
⑥ 표준성을 확보하기 위하여 사용된 교정 근거(사용규격, 표준물질 등)
⑦ 조정 전 및 수리 후, 필요한 경우 전에 얻은 교정 검정 결과 및 확인된 계량 자료와의 적합에 대한 기술

표 7-6 교정의 종류

종 류	용 도
정기교정	제품생산, 품질관리, 시험검사 용도 등으로 사용되는 측정기는 등록 관리 후 주기적으로 교정을 실시한다.
사용 전 교정	측정기 동작상에는 문제없으나 사용 시기가 분명하지 않아 사용 전에 반드시 교정을 실시한다.
교정 불필요	측정기의 용도상 교정이 요구되지 않는 경우로서 사용자의 일상점검으로 대체한다.
초기교정	측정기가 치수의 변화가 없는 경우로 주기적인 교정을 불필요, 최초 1회에 한하여 교정을 실시한다.
제한교정	다목적 측정용으로 기능 및 사용범위 등에서 제한적으로 사용한다.
사용자 교정	사용자가 기준시료에 의해 사용시 자체 교정하는 측정기이다.

(2) 검·교정 측정기 관리

측정 및 검사장비는 구매 전부터 사양과 용도 등이 검토된 후 구매하고 사용 중에는 검·교정을 통해 성능에 철저히 유지되어야 한다.

(3) 검·교정 성적서 작성

① 교정환경(온도 및 습도)
② 교정일자 및 차기교정일

③ 불확도, 참고사항 및 기타 의견
④ 교정에 사용한 교정 절차명 및 방법
⑤ 측정기 품명, 제작회사 및 형식, 기기번호
⑥ 교정기관 및 교정의뢰기관의 주소, 교정번호
⑦ 교정에 사용한 기준기 소급성(사용기기, 제작회사 및 형식, 차기교정일)

3. 측정실 환경 관리

1) 금형측정실 환경관리

금형은 열처리 이후에 가공정밀도에 따라 조립정밀도가 펀치플레이트(punch plate) 및 다이(die) 기하공차관리는 ±2μm~3μm정도이다. 이러한 이유로 측정의 소급성 유지(현재 사용하는 측정기를 정밀·정확도가 더 우수한 기준기를 이용하여 정기적인 점검, 교정, 비교 등을 통해 측정에 요구되는 정도를 유지)를 위한 표준실 및 측정실에 대한 환경기준을 규격이나 기술수준 등으로 설정해야 한다.

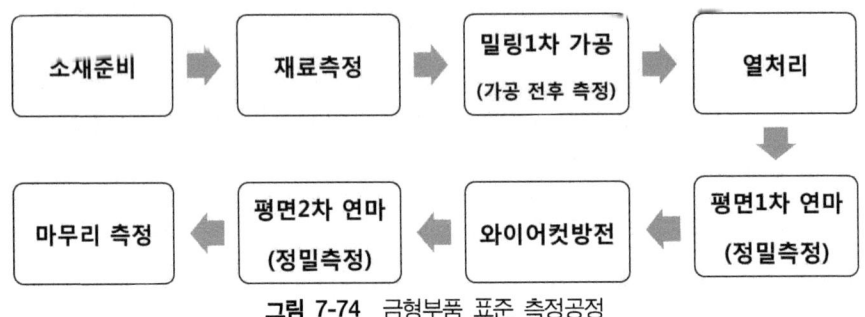

그림 7-74 금형부품 표준 측정공정

성능이 우수한 장비를 가지고 기술적으로 우수한 측정기술로 측정이 이루어졌다 하여도 측정실 환경적인 측면이 먼저 고려되어 있지 않는 상태라면 얻어진 측정데이터는 신뢰할 수 없게 된다.

소음과 진동뿐만 아니라 먼지, 실내 기압, 전자계, 전원, 접지, 조명 등이 측정에 영향을 미칠 수 있는 요소들이 많으므로 오차를 최소화 할 수 있도록 한다.

(1) 온도

표준상태에 대한 온도는 측정 목적에 따라 20℃, 23℃ 또는 25℃로 하고, 표준상태에 대한 상대습도는 50% 또는 60%로 한다.

(2) 습도

금속[알루미늄박(箔), 얇은 강판 등], 렌즈 등의 보관에서 표면에 이슬이 생기면 측정시 여러 가지 장해를 일으키기 때문에 방지해야 한다. 여기에는 제품을 보관할 실내공기의 노점을 품질의 표면온도보다 낮게 할 필요가 있다. 또 한편으로 습도를 너무 내리면 정전기가 발생하기 때문에 주의를 요한다.

(3) 먼지

정밀측정 작업에서는 항온항습에 부가하여 청정 환경에서의 측정 공정을 필요로 하는 경우가 많다. 그 때문에 먼지를 제거해주는 장치를 설치해야 한다. 측정실을 청소할 때에는 가능한 진공청소기를 사용하여 먼지가 공중으로 떠다니다가 다시 내려앉지 않도록 한다. 먼지에 민감한 경우에는 에어샤워 및 필터 등을 설치한다.

(4) 진동

측정실 내에서 정밀측정을 할 경우는 진동을 방지한다. 바닥진동이 $5\mu m$ 이하, 최고정도 부분에서는 $1\mu m$ 이하로 규정되어 있다. 이를 위해서는 가능한 바닥면이 견고하여 주변의 소음, 진동, 충격과 같은 외부의 영향을 받지 않도록 기초 바닥 공사에 신중을 기하고, 움직이는 부분에는 제진대, 무진동 작업대 및 방진테이블과 같은 진동을 흡수하는 보조 기구들을 사용하여 진동을 최소화한다.

(5) 조도 일사량

측정실의 실내조명으로는 500~1,000Lux(측정테이블)이지만, 창문이 이미 설치된 곳은 커튼이나 블라인드를 설치하여 빛과 열의 영향을 덜 받도록 한다. 측정 실무자의 피로를 최소화시키기 위하여 측정실은 정해진 조명의 밝기를 유지하여 오차의 오인을 줄인다.

(6) 풍향

항온항습기가 마련되어 있지 않은 측정실은 에어컨을 설치하되 지나치게 센 기류는 진동을 유발시킬 수 있고 공작물이나 측정기에 직접적으로 바람이 분사되면 바람에 의한 온도 편차가 발생하므로 주의한다.

(7) 전원

전원을 필요로 하는 측정기들은 전기 배선을 전용 닥트를 통해 설치하고 각종 케이블선도 매립형으로 하여 깔끔하고 안전하게 정리한다.

2) 측정기의 보관 장소 및 점검

측정기는 환경적인 측면을 고려하여 측정기가 항상 최적의 상태를 유지할 수 있는 장소에 보관하여야 한다. 또한 측정기의 상태나 사용 빈도수에 따라 각기 다른 장소에 보관하여 사용하는 데에 적합한 측정기를 선정하여 원활한 측정이 이루어지도록 해야 한다. 다음은 측정실에서 보관의 점검 항목들이다.

3) 금형측정실 관리 세부규정 작성

(1) 측정실 일반사항

① 측정실 일반사항
   (가) 측정실 시설의 측정기 유지를 위하여 측정 장비를 보유한다.
   (나) 측정실은 측정 장비 외에 기술향상과 측정 작업의 편의를 위하여 최신의 장비를 보유하도록 노력한다.
   (다) 측정실은 현장 측정자에게 최신의 측정 지식을 전수하기 위해 주기적으로 또는 필요 시 교육을 실시한다.

② 측정기 구분
   (가) 측정기는 사용업무의 구분에 따라 측정 및 검·교정에 활용하는 장비로 구분한다.
   (나) 측정기기는 용도에 따라 기준기와 측정기 등으로 구분한다.
   (다) 측정기는 관리방법에 따라 공동측정기, 검사용 측정기와 표준용 측정기로 구분한다.

③ 검교정 측정기
   (가) 측정실은 검·교정을 실시할 경우 사용할 기준기를 지정하여야 하며, 관리책임자는 항상 사용 가능하도록 성능을 유지시켜야 한다.
   (나) 검·교정장비는 자체교정 또는 검사기관으로부터 교정을 받아 적절하게 유지·관리한다.

④ 측정기 사용 매뉴얼
   (가) 측정기관리 책임자는 측정장비를 인수할 때 매뉴얼을 함께 인수하여야 하며, 다른 지침서와 동일하게 관리한다.
   (나) 측정기관리 책임자는 장비의 사용교범을 작성하여 작업자에게 측정기 사용에 대한 교육을 실시한다.

(2) 측정기 책임자 관리 절차

① 측정기 책임자는 보유한 측정기에 대하여 제품의 명칭, 제작사, 모델, 제품번호, 구입일자, 구입처 등의 내용을 알 수 있는 측정기관리대장을 작성하여 관리한다.

② 측정기관리 책임자는 측정기의 동작 상태를 분기 1회 이상 점검하여 사용하는데 문제가 발생되지 않도록 한다.

(3) 측정기 담당 관리절차 절차

① 측정기 관리 담당자는 보유한 측정기에 대하여 제품의 명칭, 제작사, 모델, 제품번호, 구입일자, 구입처 등의 내용을 알 수 있는 측정기관리대장을 작성하여 관리하며, 수리나 검·교정 등의 변동사항이 있을 경우 그 내용을 기록한다.
② 측정기 관리 담당자는 측정기 동작 상태를 수시로 점검하여 사용하는데 문제가 발생되지 않도록 한다.
③ 측정기 담당자는 연 2회 이상 회사가 보유하고 있는 전체 측정기에 대하여 재물조사를 실시한다.

(4) 사후관리 및 기록

① 담당자는 측정실 내에서 관리하고 있는 측정기 현황이 변경되었을 경우에는 측정기관리 부서장에게 보고한다.
② 측정기관리대장은 그 장비가 폐기처분되는 시점까지 보존한다.
③ 측정기사용 매뉴얼, 카탈로그, 해당 장비가 폐기될 때까지 관리한다.

단원 핵심 학습 문제

01 다음 중 측정기의 정밀도에 따른 분류가 아닌 것은?
① 표준기　　　　　　　　② 교정용 표준기
③ 정밀측정기　　　　　　④ 내부측정기
해설 : ④ 측정기의 정밀도에 따른 분류 - 표준기, 교정용 표준기, 정밀측정기, 일반 측정기

02 측정기 관리상 분류방법을 쓰시오.
해설 : 현장측정기, 시험 장비, 자산성 측정기, 소모성 측정기

03 측정기 사용상 분류방법을 쓰시오.
해설 : 작업장 측정기, 정밀측정기, 측정실 측정기

04 측정기 정밀도에 영향을 주는 요소를 쓰시오.
해설 : ① 반복 정밀도, ② 정도에 알맞은 배율, ③ 측정기 구조적인 문제
④ 측정기에 가해지는 측정력, ⑤ 전자방식에 의한 디지털오차
⑥ 측정자, 안내면, 이동부의 마모, ⑦ 잘못된 보관 방법으로 인한 변형
⑧ 마찰, 백래시, 히스테리시스 및 영점 변화
⑨ 확대기구에 들어오는 전기, 빛, 공기 등의 작용

05 제품생산, 품질관리, 시험검사 용도 등으로 사용되는 측정기는 등록 관리 후 주기적으로 교정을 실시하는 교정은?
해설 : 정기교정

06 금형측정실의 온도관리에 대하여 쓰시오.
해설 : 표준상태에 대한 온도는 측정 목적에 따라 20℃, 23℃ 또는 25℃로 하고, 표준상태에 대한 상대습도는 50% 또는 60%로 한다.

07 금형측정실의 조도 일사량에 대하여 쓰시오.
해설 : 측정실의 실내조명으로는 500~1,000Lux(측정테이블)이지만, 창문이 이미 설치된 곳은 커튼이나 블라인드를 설치하여 빛과 열의 영향을 덜 받도록 한다. 측정 실무자의 피로를 최소화시키기 위하여 측정실은 정해진 조명의 밝기를 유지하여 오차의 오인을 줄인다.

NCS적용

프레스금형 다듬질
(프레스금형조립)

LM1502030806_14v2

8-1 다듬질작업 준비하기

1. 다듬질 조립공구 선정

1) 다듬질용 조립공구

(1) 사포
사포(砂布)는 유리 가루나 금강사(金剛砂) 따위를 종이나 천에 바른 것이다. 연마지는 PAPER에 부착된 모래입자의 크기에 따라서 규격 구분을 하고 있는데, #60~#2000 정도로 숫자가 작을수록 입자가 커서 거친 연마가 되고, 숫자가 높을수록 작은 입자로 구성되어 부드러운 연마가 가능해진다.

(2) L-렌치
수동 공구 중 가장 많이 사용하는 공구로써, 조립된 금형을 분해하거나, 분해된 금형을 조립하는데 쓰인다.

(3) 탭ㆍ다이스 핸들
탭은 금형의 코어 및 베이스 플레이트에 내측 나사를 가공하는 것으로 나사피치 보다 작게 1차 가공을 한 후에 볼트를 삽입할 수 있도록 가공하는 것으로 탭의 직경 크기에 따라 대ㆍ중ㆍ소로 구분되고 있다.

그림 8-1 사포

그림 8-2 L-렌치

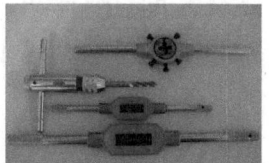
그림 8-3 탭ㆍ다이스핸들

(4) 전동복스
에어를 이용하여, 금형을 분해 조립할 때 사용하는 공구로써, L-렌치의 자동화라고 볼 수 있다.

(5) 금형 면취기
가공된 금형 소재의 외곽부 및 코너부의 날카로운 부위를 모따기 가공을 하는 공구이며, 과거의 스크라이퍼라 하여 사상 작업자들이 수동 형태로 만들어 사용하던 것을 현재는 전동공구 형태의 개량한 공구로 중·대형금형을 조립하는데 많이 사용된다.

(6) 금형 핸드피스
에어를 이용해 회전을 시키고, 툴의 전면에 숫돌을 취부한 후 회전에 의해 가공하는 방법으로, 사상 및 조립작업을 하는데 있어 가장 많이 사용하는 공구중의 하나이다.

  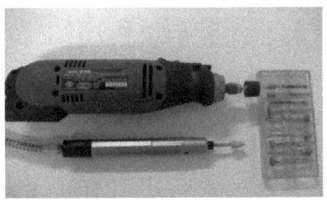

그림 8-4 전동복스   그림 8-5 금형 면취기   그림 8-6 금형 핸드피스

(7) 왕복 사상기
에어를 이용한 왕복 사상기기로 광범위한 면을 경면 사상하는데 용이하다.

(8) 초음파연마기
방전가공 후 미각기용(손 래핑) 및 리브면의 초음파 연마 등에 사용한다.

(9) 다이아몬드 줄
금형용으로 많이 사용되며 특히 경도가 강한 소재를 연마할 때 사용한다. 입도(거칠기)에 따라 사용 용도가 다르며, 보통 거칠기는 #180, #200, #240, #320, #400, #600 구분되고, 형상은 보편적으로 평형, 반원형, 원형, 사각형, 삼각형 5가지로 구분된다.

그림 8-7 왕복 사상기   그림 8-8 초음파 연마기   그림 8-9 다이어몬드 줄

(10) 오일숫돌
순도가 높은 알루미나 연마재(WA)를 사용한다. 결합도 및 외충격 저항이 높고 잘 부러지지 않아 방전가공 표면 마무리 작업과 모서리 가공, 깊은 홈 등에 사용된다. 규격은 #80~#3000 정도로 숫자가 작을수록 입자가 커서 거친 연마가 되고, 숫자가 높을수록 작은 입자로 구성되어 부드러운 연마가 가능해진다. 금형가공면의 정밀 사상 작업을 하기 위한 공구

로 가장 많이 사용된다.

(11) 탁상용 드릴
기계가공 후처리 작업 및 탭을 자동으로 가공하는데 사용한다.

(12) 세라믹 숫돌
세라믹 숫돌은 숫자가 작을수록 입자가 커서 거친 연마가 되고, 숫자가 높을수록 작은 입자로 구성되어 부드러운 연마가 가능해진다. 다음은 세라믹 숫돌의 특징을 나타낸 것이다.
① 높은 강도, 쉽게 부러지거나 찢어지지 않음
② 높은 연마능률, 열 발생이 거의 없음
③ 방전작업 후 거칠어진 표면연마
④ 미세 버(Burr) 쉽게 제거, 앤드밀 날부 연마도 가능

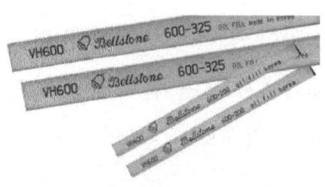  

그림 8-10 오일숫돌(도이시)   그림 8-11 탁상용 드릴   그림 8-12 세라믹 숫돌

2. 다듬질 작업 순서를 고려한 공구 사용

1) 금긋기 작업

(1) 금긋기 작업의 목적
금긋기 작업은 철판 등의 금긋기, 주조품, 단조품의 소재 금긋기, 구조물 등의 구멍 금긋기, 또한 이들의 부품 가공을 하는 도중에 금긋기를 하여 정확한 제품 가공을 용이하게 하기 위한 수단이다.

(2) 금긋기 종류 및 주변공구
① 금긋기용 공구 종류
   금긋기용 공구 종류는 가공할 위치를 명확히 표시하기 위하여 스크라이버, 컴파스, 서피스 게이지, 하이트 게이지 등 각종 금긋기 공구가 있다.

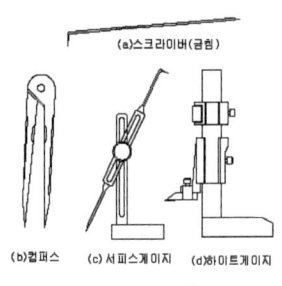
그림 8-13 금긋기용 공구

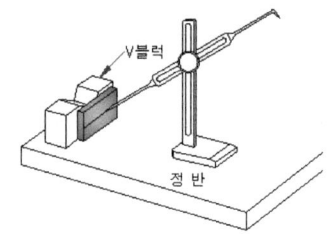
그림 8-14 서피스 게이지 사용방법

② 금긋기용 주변 공구

금긋기 정반은 금긋기를 하기 위해 공작물을 올려놓을 주철제 또는 석재(화강암)로 만들어진 정반이다. 금긋기 작업을 하는데 있어서 서피스 게이지를 정반 위에서 이동시키기 때문에 미끄럼을 타야 될 필요가 있다.

③ V블럭

보통 주철제이고, V형 90°의 홈이 파여 있으며 아랫면은 정확한 평면으로 되어 있다. 동일치수로 된 것을 2개로 1조로 하고 있다. 축의 금긋기, 중심내기 또는 굽힘을 조사하기도 하고, 면에서 45° 경사로 드릴 머신에서 구멍을 뚫을 때 받침대로 잘 쓰인다.

④ 스크라이버(Scriver)를 사용한 금긋기

강제의 바늘로 금긋기를 할 때 강철자 등을 안내로 하여 선을 긋는 것이며, 손을 잡는 곳은 미끄러지지 않도록 평탄한 부분에 비틀림을 주고 있으며, 끝은 열처리하여 갈아놓았다.

⑤ 서피스 게이지를 사용한 금긋기

공작물의 중심내기를 하거나 정반 위에서 미끄러지게 하여 평행선의 금긋기를 할 때, 평행면의 검사 등을 하는 공구이다.

⑥ 하이트 게이지를 사용한 금긋기

정반 위에서 금긋기를 하거나 높이를 측정할 때 대부분 하이트 게이지를 사용하여 직접 금긋기를 한다.

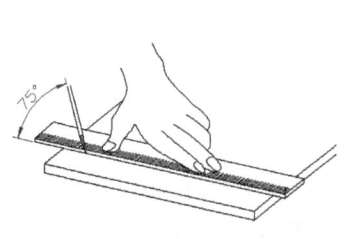
그림 8-15 스크라이버 사용법

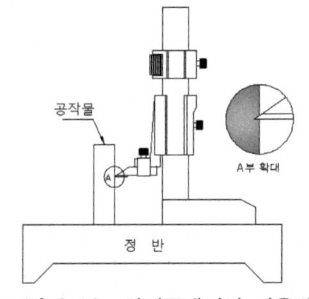
그림 8-16 하이트게이지 사용법

2) 센터 펀치 작업방법

펀치 작업은 도면에 지시된 작업을 할 때, 금긋기 선이나 구멍 가공 위치 등을 정확하게 표시하거나 표시된 부분이 지워지지 않도록 하기 위하여 펀치를 사용해서 공작물 표면에 자국을 내는 작업이다.

(1) 펀치의 종류

① 프릭 펀치(Prick Punch)

프릭 펀치는 날끝 각도가 30°~50°이며, 정확한 구멍 위치를 표시할 때와 금긋기 형상을 나타낼 때 사용한다.

② 센터 펀치(Center Punch)

센터 펀치는 프릭 펀치가 펀칭해 놓은 자국을 확장할 때 또는 직접 중심점에 펀치 자국을 찍을 때 사용하며 원뿔각은 60°~90°이다.

③ 자동 펀치

그림의 (c)는 자동 펀치이며, 펀치의 끝을 금 그은 위치에 대고 슬리브를 손으로 쥐고 밑으로 누르면 내부의 스프링 작용에 의해 강하게 펀치 자국이 찍히게 된다.

(2) 펀치의 사용방법

① 금긋기한 선이 지워질 염려가 있을 때에는 그림과 같이 프릭 펀치나 센터펀치로 공작물 표면에 자국을 내어 두면 편리하다.

② 센터 펀치 작업을 할 때에는 그림과 같이 센터 펀치를 잡고 처음 60° 정도 기울여 정확히 교차점에 맞춘 후 센터 펀치 끝이 공작물과 90°가 되도록 세운다. 그 다음에 해머를 작은 하중으로 가볍게 때려 작은 자국을 만들고 자국의 위치가 정확한지를 확인하여 정확하면 다시 타격한다.

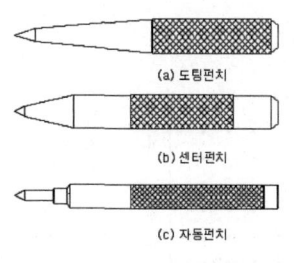

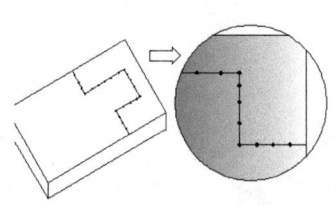

그림 8-17 펀치의 종류   **그림 8-18** 펀치로자국내기   **그림 8-19** 펀치로작업하기

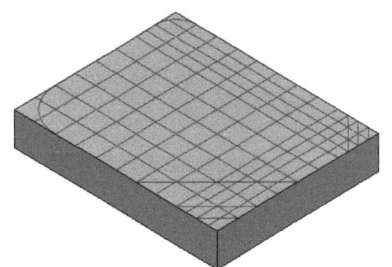 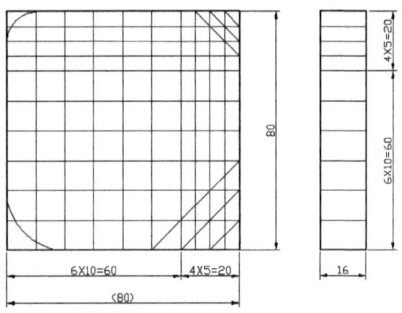

그림 8-20 금긋기 과제 시편

실기 내용 – 금긋기 작업하기

1. 하이트 게이지로 금긋기 작업하기

1) 금긋기를 준비한다.
(1) 하이트 게이지, V블록 등 사용할 공구를 작업대 위에 정리한다.
(2) 작업할 도면을 검토하고 지급받은 재료의 치수가 이상 있는지 확인한다.
2) 가로선 금긋기를 한다.
3) 금긋기 작업을 한다.
(1) 공작물을 V 블록에 밀착하고 왼손으로 지지한다.
(2) 하이트 게이지의 스크라이버를 공작물면 끝에 살며시 접촉시킨다.
(3) 공작물과 하이트 게이지의 접촉각이 금긋기 방향에 대해 75° 정도가 되도록 한다.
(4) 좌측에서 우측으로 하이트 게이지를 가볍게 이동하여 금긋기를 한다.
(5) V블럭에 V홈에 공작물 모서리를 밀착하고 모따기 부위를 수평으로 금긋기 한다.
(6) 위와 같은 방법으로 공작물 전체의 금긋기를 한다.

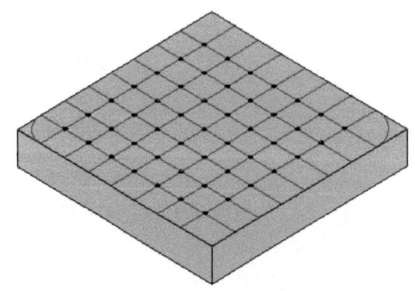 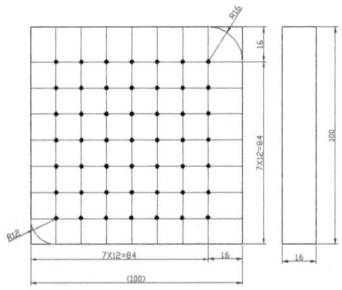

그림 8-21 펀칭작업 시험편

실기 내용 – 센터펀치 작업하기

1. 센터펀치로 작업하기
1) 작업 준비를 한다.
2) 금긋기 작업을 한다.
   (1) 기준면을 선택하여 정반위에 기준면을 밀착하고 금긋기 반대 편에 V블록으로 받친다.
   (2) 하이트 게이지를 사용하여 도면의 치수대로 금긋기를 한다.
3) 공구를 잡는다.
4) 센터 펀치 작업을 한다.
   (1) 펀칭할 공작물을 평판에 놓는다.
   (2) 센터 펀치를 잡고 금긋기 선의 교차점에 60° 정도 기울여 맞춘 다음 수직이 되도록 한다.
   (3) 해머로 센터 펀치를 가볍게 때린다.
5) 검사한다.
6) 반복 작업을 한다.
7) 정리 정돈한다.

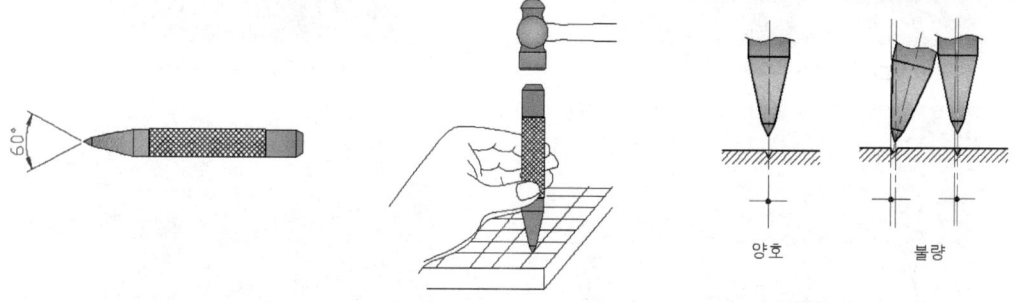

그림 8-22 센터 펀치의 공구각   그림 8-23 센터펀치 잡는 법   그림 8-24 펀치 작업 후 상태

3. 다듬질할 공작물 설치하기

1) 바이스 종류와 구조

(1) 수평바이스
몸통이 네모진 모양으로 작업대에 고정하여 사용하므로 보통 탁상 바이스라 부른다. 물림 조오(Jaw)는 탄소 공구강을 열처리하여 부착되어 있다. 일반적인 손다듬질 및 간단한 단조

작업에 쓰인다.

(2) 수직 바이스

수직 바이스는 주로 배관 작업장에서 파이프를 바이스에 고정하여 절단, 나사내기, 밴딩 등의 작업에 사용된다. 물림면 조오는 V형상에 돌기가 있어 둥근 파이프의 고정시 미끄럼을 막고 형상이 찌그러지지 않도록 되어 있다.

(3) 기타 바이스

그림과 같이 소형 기계 바이스는 드릴 작업시 소형 공작물을 물려 손으로 바이스를 지지하고 작업할 수 있어서 핸드 바이스라는 명칭으로 사용된다.

그림 8-25 수평 바이스

그림 8-26 수직 바이스

그림 8-27 기계바이스

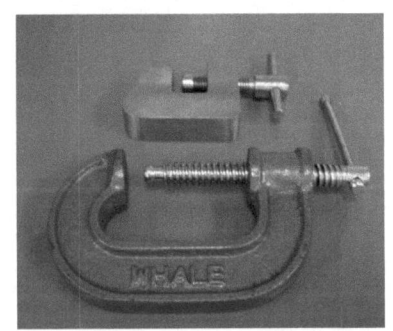

그림 8-28 C형 클램프

(4) 수평 바이스 사용시 유의 사항

① 공작물을 조오로부터 길게 물리지 않고 되도록 짧게 물린다.
② 바이스에 공작물을 물리고 무리하게 정작업을 하면 내부 고정 암나사 부위가 망가지기 쉽다.
③ 바이스에 공작물을 단단히 고정하기 위해 핸들에 파이프를 끼워 무리하게 고정하면 내부

이송 나사부가 쉽게 망가진다.
④ 바이스 몸체는 주강 제품으로 윗면을 앤빌 대용으로 무리한 단조 작업을 하면 깨질 수 있다.
⑤ 외관이 깨끗한 소재를 물릴 때는 연질금속 또는 파이버(Fiber) 등의 마우스피스(Mouth Piece)를 조오에 씌우고 공작물을 물려서 외관에 상처가 나지 않도록 한다.
⑥ 공작물 형상에 따라 바이스에서 공작물을 조일 때 변형이 올 수 있는지를 확인하고 물리는 위치를 조정하거나 지지대를 사용한다.

실기 내용

1. 수평 바이스에 공작물 고정하기

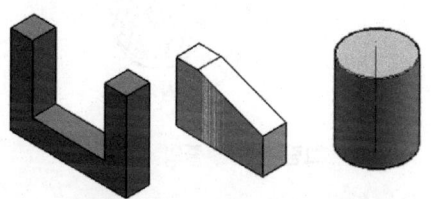

그림 8-29 바이스에 고정용 시험편

1) 바이스를 점검한다.
바이스 핸들을 한손으로 돌리면서 바이스의 열고닫기를 반복해서 실행하고 또한 이송나사가 부드럽게 작동되는지를 확인한다.

2) 바이스에 공작물을 설치한다.
바이스에 공작물을 설치할 때는 한 손에 공작물을 들고 한손은 핸들을 가볍게 돌려 물리려는 소재의 크기보다 조금 크게 조오를 벌려 소재 한쪽 변을 고정측 조오에 수평이 되게 밀착시키고 한 손으로 핸들을 서서히 돌려 공작물을 체결한다.

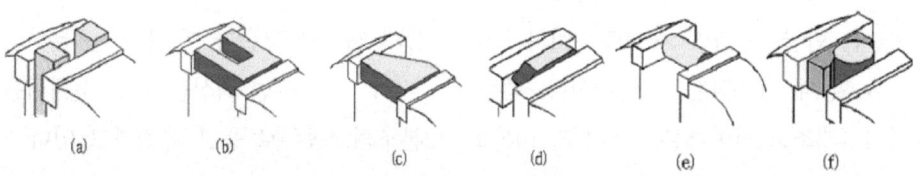

그림 8-30 바이스 조임 방법

4. 다듬질 공구를 사용기준에 맞게 사용하기

1) 줄을 사용하여 다듬질 하기

(1) 줄의 구조 및 종류

줄의 재질은 탄소 공구강(STC4)으로 줄의표면에 45°~71° 쐐기 모양의 돌기를 만들고 강도를 높이기 위해서 열처리하여 사용하며 이 돌기의 절삭 작용으로 공작물을 깎는 수공구이다.

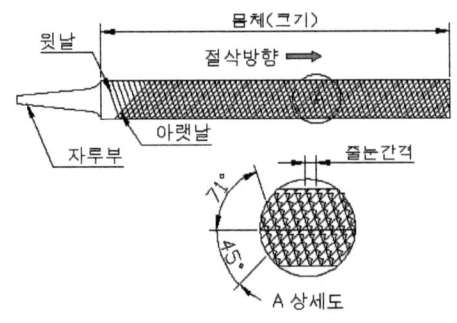

그림 8-31 줄의 구조

① 줄의 크기는 자루부를 제외한 전체 길이로 표시되며, 100[mm]부터 50[mm] 간격으로 400[mm]까지 7종으로 구분하고 있다.
② 줄의 종류에는 용도에 따라 철공용줄, 조줄, 날줄, 톱줄 등이 있고 단면 형상에 따라 평줄, 사각줄, 삼각줄, 원줄, 반원줄 등이 있다.
③ 줄눈의 열처리강도는 HRC 60 이상이 되어야 하고 목재 손잡이를 꽂아 사용한다.
④ 줄눈의 크기는 가장 거친 것을 황목, 중간 것을 중목, 고운 것을 세목, 아주 고운 것을 유목이라 하며 줄눈의 크기는 줄의 호칭 치수에 따라서 약간 다르지만 줄눈 수는 25.4[mm]간격 내에서 정한다.
⑤ 줄눈의 방식에 따라 두줄눈, 홑줄눈, 라스프줄눈, 곡선줄눈 등이 있다.
⑥ 줄은 윤곽에 따라 직선줄과 테이퍼줄이 있다.
⑦ 조줄은 합금공구강(STS8) 또는 이와 동등 이상의 재질로 만든다. 주로 가는 부분의 다듬질을 할 때 사용되는 소형 줄이다. 종류로는 각각 다른 단면 형상을 가진 수개식을 조합하여 1개조로 하여 5본조, 8본조, 10본조, 12본조의 4종류로 등분 규정하고 있다.

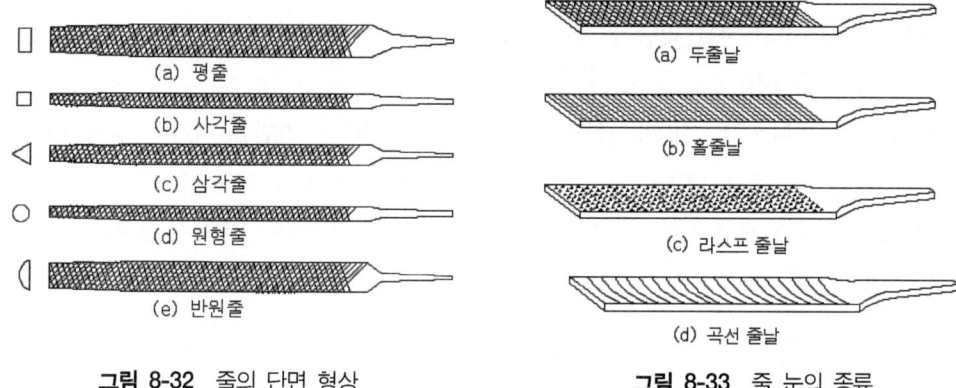

그림 8-32 줄의 단면 형상   그림 8-33 줄 눈의 종류

(2) 줄 작업 방법

공작물을 바이스에 물려서 공작물의 표면에 줄을 눌러 대고 전진시켜 평면이나 곡면 등을 절삭 가공하는 작업이다.

① 직진법

줄을 길이 방향과 평행으로 미는 방법으로 다듬질 면이 곱고 똑바르게 되어 가장 많이 사용되는 작업 방법이다.

② 사진법

줄을 길이 방향과 좌측 또는 우측으로 동시에 움직여 작업에 사용된다.

③ 병진법

줄을 공작물과 직각 방향으로 대고 전·후로 움직여 작업하는 방법으로 좁은 면의 최종 다듬질에 사용된다.

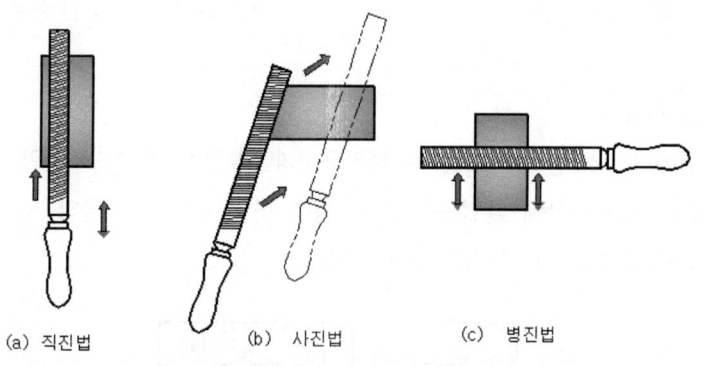

그림 8-34 줄 작업의 종류

(3) 곡면 줄 다듬질 방법

줄로 곡면을 가공한다는 것은 일반적으로는 치수 정밀도가 높지 않고 매끈한 표면을 개략적

인 형상으로 다듬질하는 것이 많다. 하지만 금긋기 선을 눈으로 보고만 작업을 한다든지, 측면 게이지 맞춤이나, 현물 맞춤을 한다든지 하여 다듬질을 한다.

① 외측 곡면 다듬질

각재의 경우에는 그 측면에 금긋기 한 곡선에 외접하는 평면을 다각 형상에 황삭하고, 곡면 형상으로 접근시킨다. 최종 마무리는 그림과 같이 줄의 선단부를 곡면이 있는 쪽으로 향해서 대고 오른손을 위에서 아래로 눌러 밀면서 왼손은 아래에서 위로 곡면을 따라 밀어내는 요동 작업을 되풀이하여 절삭을 마무리 한다.

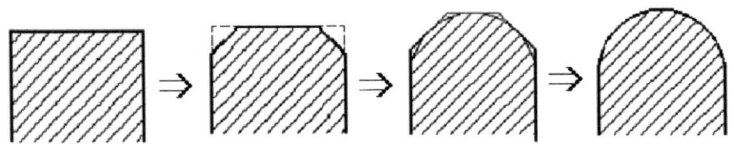

그림 8-35 곡면 줄작업 순서

② 원통형 공작물 다듬질

환봉의 경우 다듬질 여유가 많을 때는 정다각 형상으로 황삭을 하고 나서 곡면 절삭법으로 다듬질 한다.

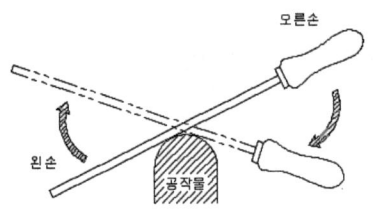 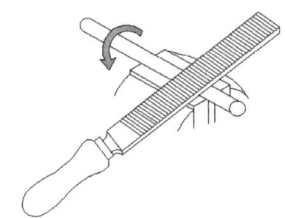

그림 8-36 곡면 다듬질 방법   그림 8-37 가늘고 긴 환봉 다듬질 방법

③ 내측 곡면 다듬질

내측 곡면에서 전체원주가 있는 완전한 구멍과 전체원주가 아닌 반원 정도의 원호 등이 있다. 이와 같은 형상에 줄질하는 것은 외측 곡면 줄질과는 달라, 곡면 방향에 대해서 직각 방향에서 줄을 전진시키는 것이 많다.

그림 8-38 내측 원 줄 다듬질

2) 톱을 사용하여 절단하기

톱 작업은 앞쪽으로 밀었을 때 절단이 되도록 부착한다. 그림과 같이 앞 쪽으로 밀어 눌리면서 재료를 절단하므로 날은 항상 단단하게 장력이 주어지면서 정확하게 설치되어야 한다. 설치방법이 나쁘면 작업 중에 날이 부러지므로 주의를 요한다.

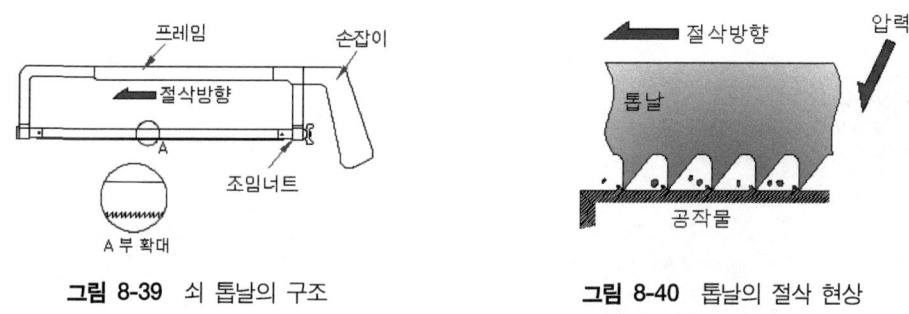

그림 8-39 쇠 톱날의 구조   그림 8-40 톱날의 절삭 현상

(1) 톱날의 절삭원리

톱날은 절삭 방향으로 절삭력과 압력이 동시에 작용하게 되며 톱날에 의해서 공작물이 절삭되고, 이 때 생성된 칩은 톱날의 홈을 통하여 밖으로 배출되어 절삭이 이루어진다.

(2) 톱날의 재질 및 구조

손톱날의 재질은 탄소 공구강, 합금공구강, 고속도강 등으로 만들어지며, 톱날의 크기는 톱날을 지지하는 지지구멍의 중심간의 길이로 표시한다. 톱날의 잇수는 공작물의 재질이나 모양에 따라 적당한 잇수의 톱날을 선택하여 사용한다.

(3) 손톱 틀 잡는 방법

손톱틀의 형상에 따라 다르나, 보통 오른손은 손잡이를 바로 잡고 왼손은 톱틀 앞부분을 잡아 절삭안내를 한다.

(4) 톱작업 바른 자세

톱 작업을 할 때는 그림과 같이 팔에 힘을 주고 몸 전체를 움직이면서 자른다. 몸을 자유롭게 움직일 수 있도록 공작물과 몸 사이에 적절한 거리를 유지해야 한다.

(5) 톱작업 유의 사항

① 공작물 재질, 크기, 두께 등에 따라 톱날의 크기, 피치 등을 결정한다.
② 공작물에 대하여 바른 자세를 취한다.

③ 톱을 일직선으로 민다.
④ 톱날의 전체 길이를 사용하여 절삭한다.
⑤ 너무 무리하게 힘을 주지 말고 균등한 압력을 준다.
⑥ 작업을 시작할 때는 톱대를 약간 숙이고 조금씩 움직여 자른다.
⑦ 공작물이 절단되려고 할 때는 힘을 줄이고 서서히 절단하여 마무리 한다.

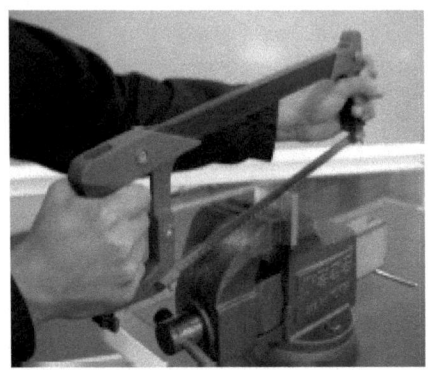

그림 8-41 톱 작업 자세

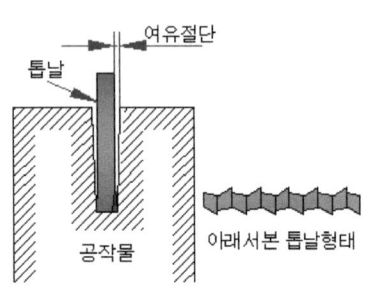

그림 8-42 지그 재그형 톱날 형태

3) 구멍뚫기 작업하기

드릴링머신(Drilling Machine)은 구멍 뚫는 작업뿐만 아니라 태핑, 리밍 등 작은 구멍 가공에 필요한 여러 가지 일반적인 작업에 이용한다. 드릴이 구멍을 뚫을 때 비교적 얇은 금속 부스러기를 절취한다. 이때에 발생한 칩은 드릴의 비틀림 홈을 따라 가공 구멍에서 배출된다. 따라서 드릴과 구멍벽 사이에서 마찰이 생겨 상당한 열을 발생하기 때문에 드릴과 공작물의 냉각 방법에 주의를 필요로 한다. 탁상드릴 머신은 베이스를 탁상 위에 설치하고 공작물은 테이블 위에 고정하여 작업한다. 드릴의 지름이 13(mm) 이하 비교적 작고 구멍이 깊지 않은 가공에 적합하다.

(1) 드릴의 구조

① 드릴의 선단각

드릴의 선단각은 가공되는 재료에 따라 선정되며, 일반적으로 118°가 표준으로 되어 있다.

② 자루부분

드릴 직경이 작은 경우는 자루부분이 곧은 형태로 되어 있으나 직경이 큰 경우는 자루부분이 테이퍼로 되어 있어 슬리브 또는 소켓과 조합하여 드릴머신의 스핀들에 직접 꽂아 사용한다.

(2) 스핀들에 드릴 설치방법

① 스트레이트 섕크 드릴

소켓 대신 세 개의 조가 달린 자콥스(Jacobs)척을 스핀들에 설치하고 지름 13[mm] 이하의 스트레이트 섕크 드릴을 끼운 후 드릴 척 핸들로 고정한다.

② 테이퍼 섕크 드릴

스핀들의 테이퍼 구멍보다도 작은 드릴을 장착할 때는 지정된 테이퍼 번호를 가진 슬리브(Sleeve) 또는 소켓(Socket)을 끼운다.

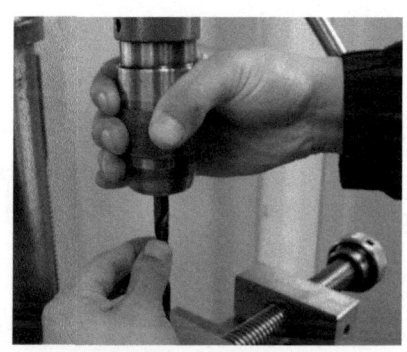

그림 8-43 드릴 설치 방법

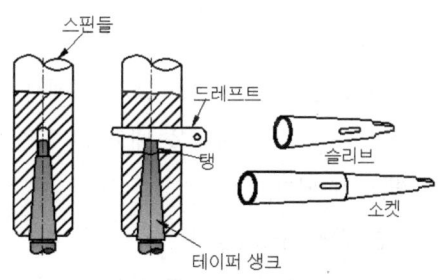

그림 8-44 테이퍼섕크 드릴 설치방법

(3) 드릴의 절삭 조건

드릴에서 절삭 속도는 드릴 바깥둘레의 1분 동안 움직이는 길이를 말하고, 이송은 드릴이 1회전할 때 파고 들어간 깊이이다.

① 절삭속도 스핀들 회전수와의 관계식

$$V = \frac{\pi D N}{1,000}$$

V : 절삭속도[m/min]
N : 스핀들[r.p.m]
D : 드릴 지름[mm]

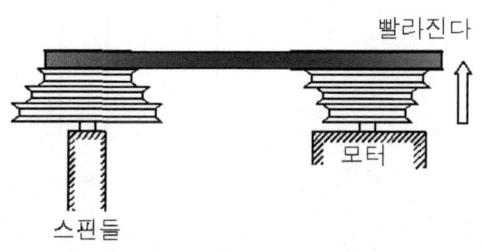

그림 8-45 회전 속도 변환

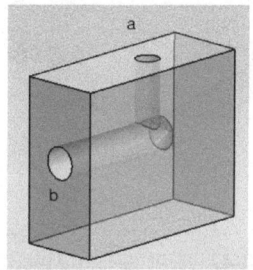

그림 8-46 2면 관통 구멍

(4) 스핀들의 회전 속도 변환

① 공작물과 드릴 지름에 맞는 소요 회전수를 구한다.

② 모터 위치 고정나사를 풀고 모터를 스핀들 쪽으로 움직여 벨트걸이를 느슨하게 한다.
③ 벨트를 지름이 큰 단차부터 벗긴다.
④ 스핀들의 소요 회전수에 맞게 단차에 V벨트를 걸어준다. 이 때 지름이 작은 단차 쪽을 먼저 끼우고 큰 지름을 손으로 돌려가면서 끼운다.
⑤ 모터를 스핀들에서 멀어지도록 움직인 다음 모터 위치 고정나사를 조인다. 이 때 V벨트를 손가락으로 눌러 15~20[mm]의 헐거움이 있어야 한다.

(5) 구멍뚫기 작업

① 정확한 구멍 위치 구멍 뚫기
  정확한 위치에 구멍을 뚫기 위해서는 센터펀치로 작은 자국을 내고, 다음에는 직경이 작은 드릴로 드릴자국을 내고 그 드릴의 선각과 같은 각을 가진 직경이 큰 드릴로 구멍을 뚫으면 된다.

② 2면 관통 구멍 뚫기
  b에 구멍을 먼저 뚫고 다음 a에 구멍을 뚫을 경우에는 b에 구멍을 약간 깊게 뚫어 놓으면 좋다. 만약 깊게 뚫을 수 없을 경우에는 a의 구멍 밑에 단단한 나무나 해머자루를 구멍 끝까지 넣고 뚫으면 좋다.

실기 내용

1. 평면 줄 다듬질 하기

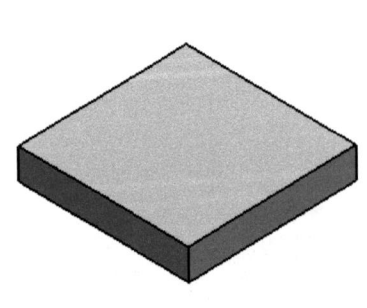 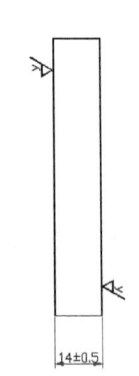

그림 8-47 평면 줄작업 시편

1) 바이스에 공작물을 설치한다.
2) 줄 작업 위치에 선다.

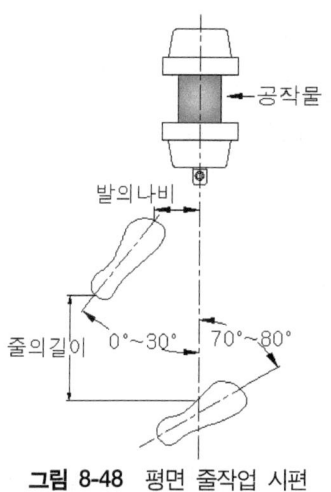

그림 8-48 평면 줄작업 시편

그림 8-49 줄작업 동작 자세

3) 줄을 바르게 잡는다.

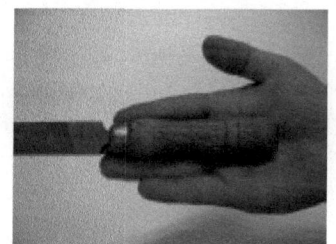

그림 8-50 줄을 잡는 법

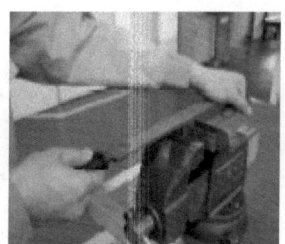

그림 8-51 줄 작업 자세

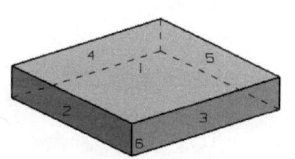

그림 8-52 기준면

4) 자세를 취한다.
5) 줄작업을 한다.
6) 기준면 ①을 가공한다.
(1) 넓은면 ①을 기준면으로 선택한다.
(2) 직진법에 의해 가공 무늬가 일직선이 되도록 옆으로 조금씩 이동시키며 거친 절삭을 한다.
(3) 가공한 평면을 스트레이트 에지를 가공면에 대고 광선투과에 의한 틈새로 오목부를 판정하는 방법이 있다. 그림은 나이프 직각자를 사용하여 평면도를 검사하는 방법을 타낸 것이다.
(4) 평면을 내는 것은 종목줄로 대체적인 평면을 잡고 다음으로 세목줄로 전면으로 다듬는다.
(5) 측면의 거스러미를 제거한다.
(6) 이어서 인접하는 면과 이루는 각도를 측정하면서 평면도를 서로 맞추어 다듬질 해 간다.

그림 8-53 광선 투과 평면도 검사

7) 기준면 ②, ③을 가공한다.
(1) 기준면 ①에 직각이 되도록 기준면을 평면으로 절삭한다.
(2) 기준면 ①에 직각자 기준 단면에 밀착하여 기준면 ②를 직각 및 평면을 수시로 검사하면서 절삭한다.
(3) 기준면 절삭이 끝나면 모서리부의 모따기를 한다.

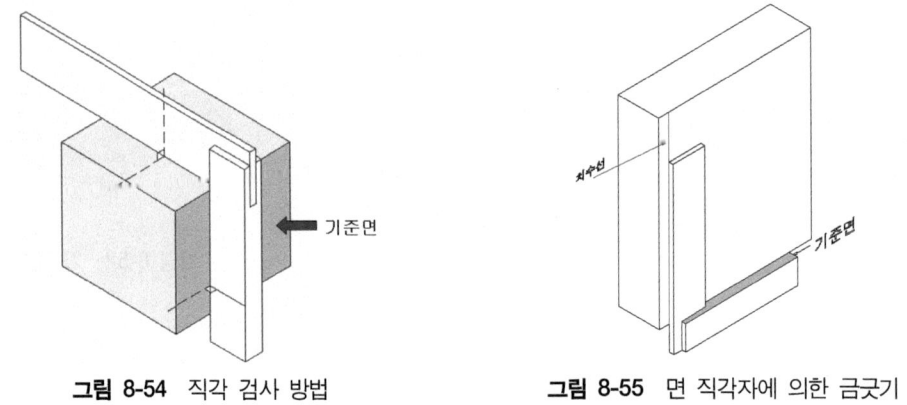

그림 8-54 직각 검사 방법   그림 8-55 면 직각자에 의한 금긋기

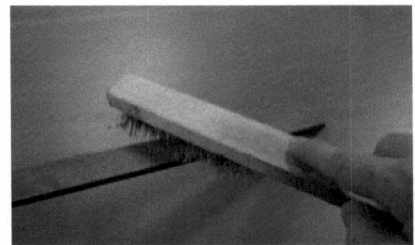

그림 8-56 면 직각자에 의한 금긋기

8) 가공 여유분을 금긋기 한다.
9) 기준면 ④ ⑤를 가공한다.
10) 기준면 ⑥을 가공한다.
11) 정리 정돈한다.

2. 톱 작업하기

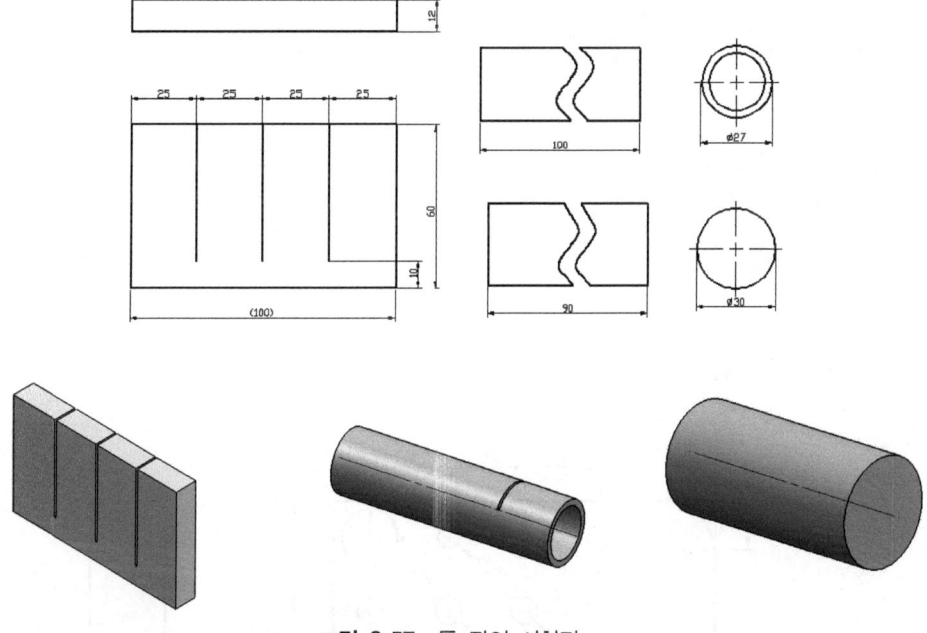

그림 8-57 톱 작업 시험편

1) 작업을 준비한다.
2) 절단할 부분에 금긋기를 한다.

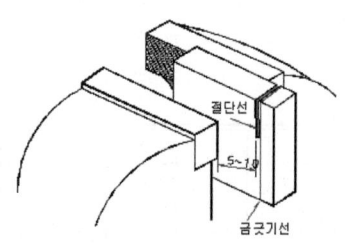

그림 8-58 공작물 고정 방법

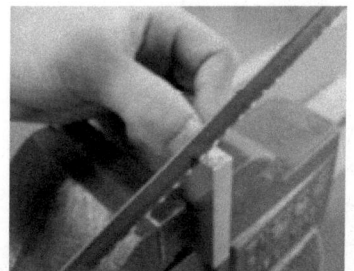

그림 8-59 톱 작업 자리 파기

3) 공작물을 바이스에 고정시킨다.
4) 절단할 자리를 만든다.
5) 각재 절단하기
6) 환봉 및 파이프 절단
(1) 환봉의 경우 그림과 같이 번호 순으로 톱작업을 진행하면서 절단한다.
(2) 원형 파이프 절단시는 파이프를 번호 순으로 돌려가면서 절단해야하며 반드시 수직 파이프용 바이스에 고정하여야 한다.

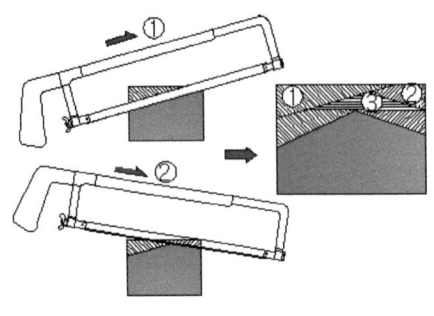

그림 8-60 각재 절단 방법

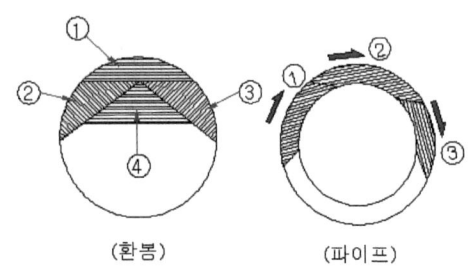

그림 8-61 환봉 및 파이프 절단 방법

3. 평철에 드릴 작업하기

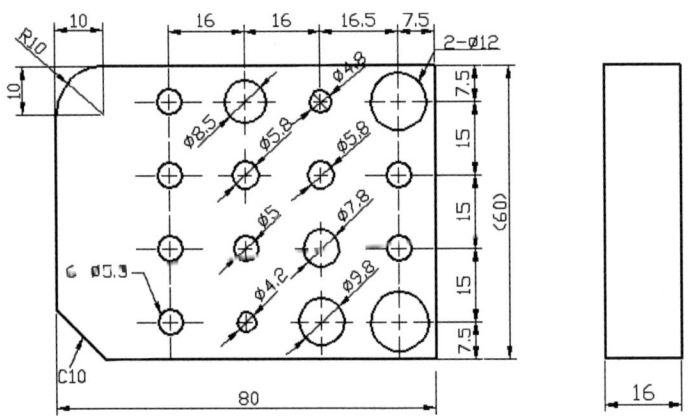

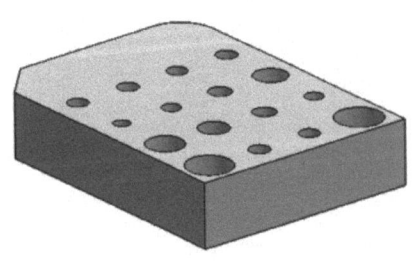

그림 8-62 드릴작업 시편

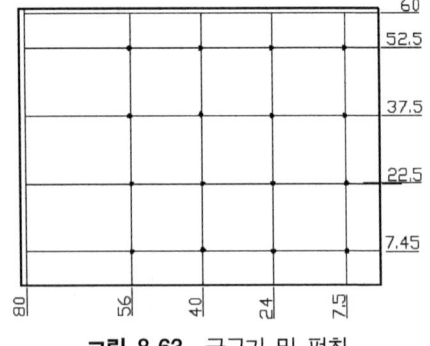

그림 8-63 금긋기 및 펀칭

1) 작업 준비를 한다.
2) 줄 작업한다.
3) 금긋기 작업을 한다.

4) 센터 펀치 작업을 한다.
5) 드릴을 드릴 척에 고정한다.
6) 공작물을 드릴 바이스에 고정한다.
7) 스핀들의 회전수를 결정한다.
8) 테이블의 높이를 조절한다.

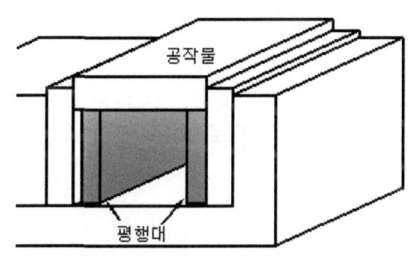

그림 8-64 바이스에 공작물 고정

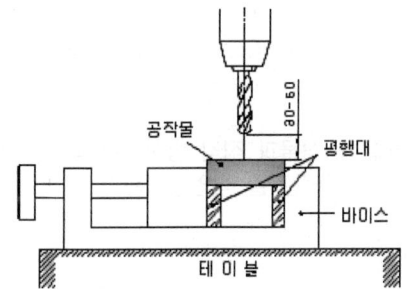

그림 8-65 테이블의 높이 조정

9) 드릴로 구멍을 뚫는다.

단원 핵심 학습 문제

01 다음 중 금긋기용 공구 종류가 아닌 것은?
① 스크라이버　　　　② 컴파스
③ 서피스 게이지　　　④ 다이아몬드 줄
해설 : ④ 금긋기용 공구 종류 - 스크라이버, 컴파스, 서피스 게이지, 하이트 게이지

02 줄을 공작물과 직각 방향으로 대고 전·후로 움직여 작업하는 방법으로 좁은 면의 최종 다듬질에 사용되는 줄 작업방법은?
해설 : 병진법

03 줄을 길이 방향과 평행으로 미는 방법으로 다듬질 면이 곱고 똑바르게 되어 가장 많이 사용되는 줄 작업방법은?
해설 : 직진법

04 줄눈의 크기에 따라 분류하시오.
해설 : 가장 거친 것을 황목, 중간 것을 중목, 고운 것을 세목, 아주 고운 것을 유목

05 탄소 공구강(STC4)으로 줄의 표면에 45°~71° 쐐기 모양의 돌기를 만들고 강도를 높이기 위해서 열처리하여 사용하며 이 돌기의 절삭 작용으로 공작물을 깎는 수 공구는?
해설 : 줄

06 프릭 펀치가 펀칭해 놓은 자국을 확장 할 때 또는 직접 중심점에 펀치 자국을 찍을 때 사용하며 원뿔각은 60°~90°인 공구는?
해설 : 센터 펀치(Center Puch)

07 순도가 높은 알루미나 연마재(WA)를 사용한다. 결합도 및 외충격 저항이 높고 잘 부러지지 않아 방전가공 표면 마무리 작업과 모서리 가공, 깊은 홈 등에 사용되는 공구는?
해설 : 오일숫돌

08 금형용으로 많이 사용되며 특히 경도가 강한 소재를 연마할 때 사용 한다. 입도(거칠기)에 따라 사용 용도가 다르며, 보통 거칠기는 #180, #200, #240, #320, #400, #600 구분되고, 형상은 보편적으로 평형, 반원형, 원형, 사각형, 삼각형 5가지로 구분되는 공구는?
해설 : 다이아몬드 줄

09 유리 가루나 금강사(金剛砂) 따위를 종이나 천에 바른 것이며, 연마지는 PAPER에 부착된 모래 입자의 크기에 따라서 규격 구분을 하고 있는데, #60~#2000 정도로 숫자가 작을수록 입자가 커서 거친 연마가 되고, 숫자가 높을수록 작은 입자로 구성되어 부드러운 연마가 가능한 것은?

해설 : 사포

8-2 다듬질작업 작업하기

1. 리머 작업

1) 리머의 개요 및 종류
리머는 구멍을 더욱 정밀하게 다듬는 공구로 그림과 같이 곧은날 척킹리머(a), 곧은날 수동리머(b), 비틀림날 수동리머(c) 등이 있다.

2) 리머의 기초 구멍
리머가공 기초구멍의 절삭여유가 너무 많으면 절삭저항이 커지고 칩도 또한 홈에 쌓이게 된다. 또한 절삭여유가 너무 적으면 미끄러져 빨리 절삭할 수 없게 된다.

표 8-1 리머 가공의 여유

리머지름(mm)	다듬질 여유(mm)
0.8~1.2	0.05
1.2~1.6	0.1
1.6~3.0	0.15
3~6	0.2
6~18	0.3
18~30	0.4
30~100	0.5

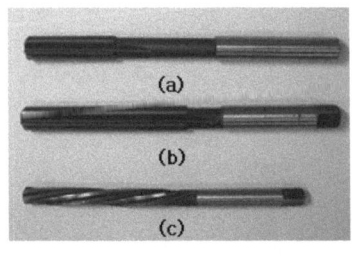

그림 8-66 리머의 종류

3) 리머 작업의 주의점
(1) 리머를 사용할 때는 주철 외 다른 재료의 경우 절삭유를 충분히 주면서 작업한다.
(2) 리머가 절삭을 하기 시작하면 가급적 중지하지 말고 작업을 계속하고 역회전을 절대로 시켜서는 안된다.
(3) 뽑을 때도 절대로 역회전시키지 않도록 한다.
(4) 절삭날에 붙은 칩은 잘 닦아 내고 또한 절삭유를 써서 잘 씻어낸다.
(5) 드릴 머신을 이용하여 리머작업을 할 때는 기초구멍의 중심과 리머의 중심을 잘 맞추어 일치시켜야 한다.

4) 리머의 절삭 조건
(1) 가공 여유
리머 작업을 하기 위해 남겨놓은 여유 치수로서 절삭량이 많으면 리머의 수명이 짧아지고 절삭된 칩의 제거가 어렵게 되기 때문에 표와 같이 리머 지름에 대한 가공여유를 고려해야 한다.

(2) 절삭 속도와 이송량
리머는 날이 많고 절삭량이 적으므로 날의 떨림 및 마모가 작도록 저속으로 절삭하며, 이송량은 허용 한도 이내에서 크게 하는 것이 좋다.

(3) 리머 가공 후 정밀도 검사
∅5H7의 정밀도가 요구되는 구멍을 가공 하기위해 ∅4.8드릴로 구멍을 뚫고 ∅5H7리머로 구멍을 다듬질 후 ∅5H7 플러그 게이지를 사용하여 측정한다. 이 때 플러그 게이지의 통과 측이 통과하지 않을 때는 리머 작업을 반복한다.

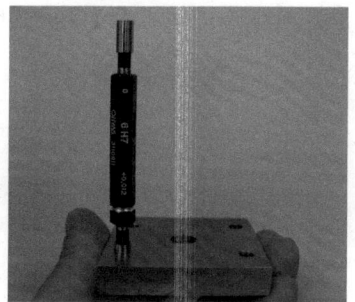

그림 8-67 플러그 게이지 측정

실기 내용 – 리머 작업하기

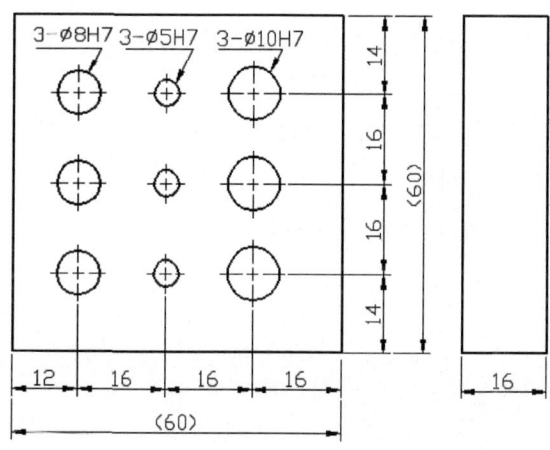

그림 8-68 리머 작업 공작편

1. 리머작업 순서

1) 작업 준비를 한다.
2) 금긋기를 한다.
3) 센터 펀칭을 한다.
4) 드릴링 작업을 한다.
5) 수동 리머 작업을 한다.
   (1) 공작물을 바이스 중앙에 수평으로 고정한다.
   (2) 구멍 치수에 맞는 핸드 리머를 선택하여 핸들에 고정하고 가공 구멍에 리머를 수직으로 세운다.
   (3) 절삭유를 충분히 주고 핸들에 균일한 힘으로 우측 방향으로 회전하면서 아래로 진입시킨다.
   (4) 천천히 수직이 되게 우회전을 시키며 절대로 역회전은 하지 않는다.

그림 8-69 금긋기 작업

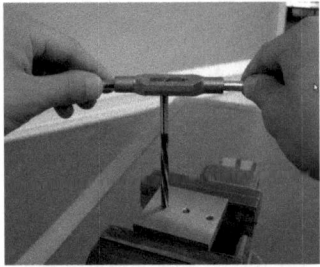
그림 8-70 수동 리머작업방법

그림 8-71 기계리머작업

6) 기계 리머 작업을 한다.
   (1) 척킹 리머를 드릴 척에 고정한다.
   (2) 공작물을 드릴 바이스 중앙에 수평으로 고정한다.
   (3) 스핀들 회전수와 이송량을 결정한다.
   (4) 척킹 리머로 이송을 일정하게 주면서 구멍을 정밀하게 다듬질 가공한다.
   (5) 플러그 게이지로 리머가공을 한 구멍을 측정한다.
   (6) 동일한 방법으로 구멍에 맞는 리머를 교체하여 반복 작업한다.
7) 정리 정돈한다.

2. 자리파기 작업

1) 카운터 보어와 카운터 씽크의 구조

(1) 카운터 보어

기계 부품 조립시 육각 소켓 볼트나 둥근 머리 볼트를 공작물 표면에 돌출하지 않도록 묻힘 작업을 하기위해 자리파기 가공에 사용된다. 구조는 안내축과 동심으로 절삭날 부분으로 구성되어 있다.

(2) 카운터 씽크

공구의 경사각이 60°, 90°, 120° 등이 있으며 접시머리 볼트나 리벳의 자리파기에 사용된다. 또한 구멍 뚫기 가공 후 구멍 가장 자리 모따기 작업에 많이 사용된다.

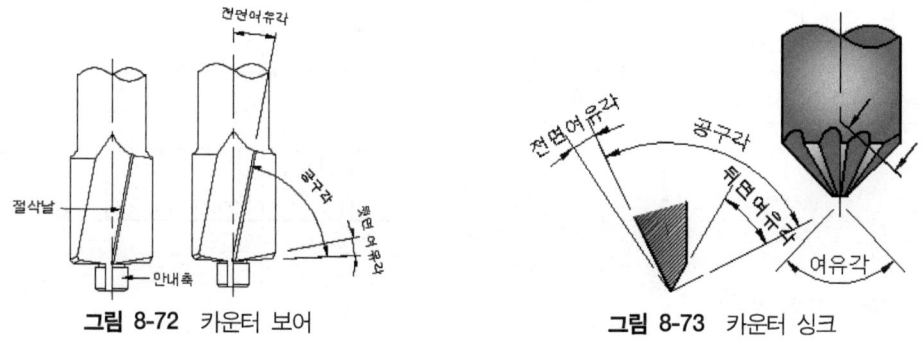

그림 8-72 카운터 보어　　　그림 8-73 카운터 씽크

2) 자리파기 작업방법

(1) 자리파기 작업은 2편 이상의 공작물을 조립할 때 볼트의 머리가 표면으로 나오지 않도록 볼트 안내 구멍을 일정한 치수만큼 넓혀 주거나 일정한 각도로 가공하는 작업이다.
(2) 카운터 보어나 카운터 씽크를 안내 구멍의 중심과 일치시키고 드릴 절삭 속도의 20% 정도로 낮추어 작업 한다.
(3) 접촉면이 넓어 절삭 저항이 크므로 공작물이 흔들려서 가공면이 거칠게 가공되는 경우가 많다. 그러므로 공작물을 단단히 고정하고 절삭이송을 작게 하여 작업한다.

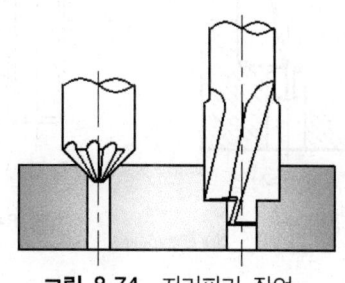

그림 8-74 자리파기 작업

실기 내용

1. 자리파기 작업하기

표 8-2 카운터 보어 규격

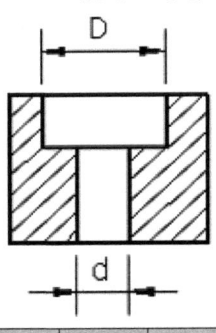

	M4	M5	M6	M8
D	8	9.5	11	14
d	4.5	5.5	6.6	9

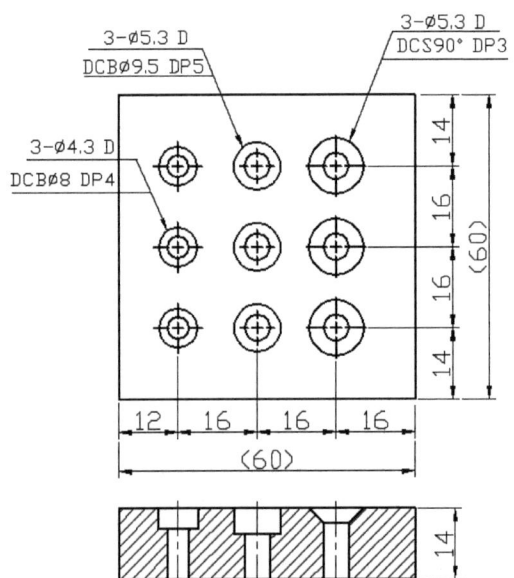

1) 작업 준비를 한다.
2) 금긋기를 한다.
3) 센터 펀칭 및 드릴작업을 한다.
4) 카운터 보링을 한다.
5) 카운터 싱킹을 한다.
6) 마무리 가공을 한다.

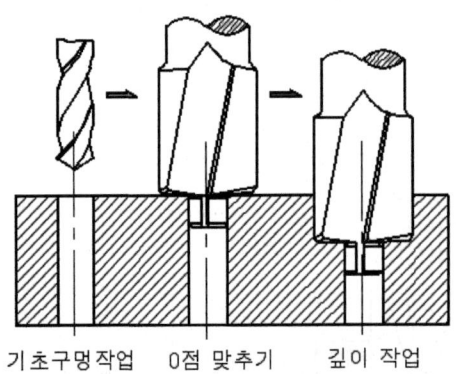

그림 8-75 카운터보링 작업순서

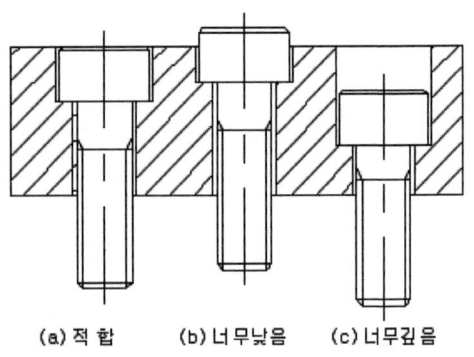

그림 8-76 카운터 보링 깊이 검사

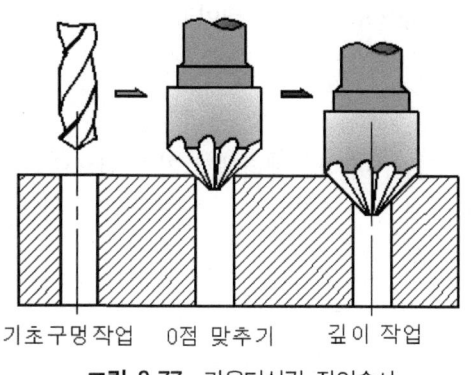
그림 8-77 카운터싱킹 작업순서

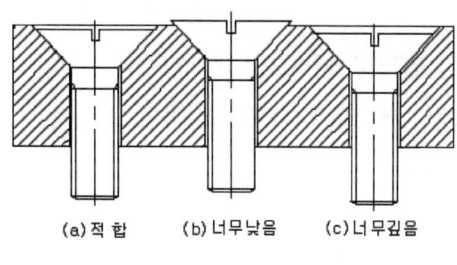
그림 8-78 카운터 싱킹 깊이 검사

3. 손 다듬질에 의한 나사 내기

1) 탭 작업

나사는 기계 구성상 부품의 하나로 나사 형상에 따라 동력 전달을 하는 사다리꼴 나사와 두 개 이상의 부분품의 체결에 사용하는 삼각 나사가 있다. 삼각나사로 원통의 외면에 나선을 감은 것을 수나사(Bolt)라 하고, 내면에 감은 것을 암나사(Nut)라 한다.

또한 암나사를 만드는 공구를 탭(Tap)이라 하며 수나사를 만드는 공구를 다이스(Dies)라고 한다.

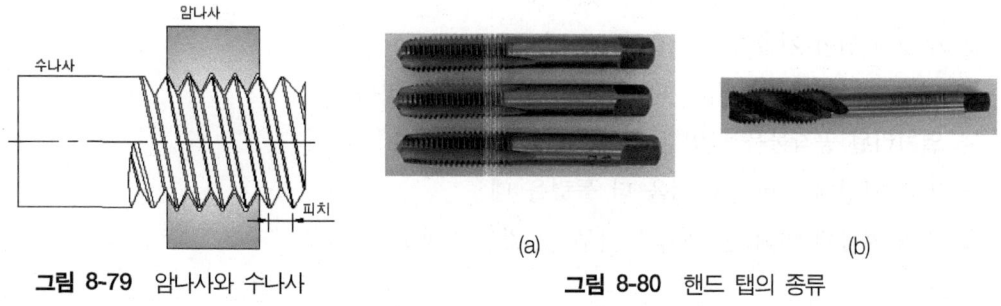

그림 8-79 암나사와 수나사   **그림 8-80** 핸드 탭의 종류

2) 탭의 구조와 종류

(1) 같은 지름의 핸드 탭 [그림 (a) 참조]

수동 나사내기 작업에 사용되는 공구로 3개가 1조로 되어 있으며, 고속도강이나 합금 공구강 등으로 만들어진다.

① 1번 탭(Taper Tap) : 제일 먼저 사용하는 탭으로 9산이 테이퍼로 되어 있다.

② 2번 탭(Plug Tap) : 중간 절삭용으로 5산이 테이퍼로 되어 있다.

③ 3번 탭(Bottoming Tap) : 마지막 끝 마무리 절삭용으로 1.5산이 테이퍼로 되어 있다.

(2) 헬리컬 탭 [그림 (b) 참조]
1개의 탭으로 나사를 완성하며, 드릴링 머신이나 선반, 머시닝 센터에서 기계 탭으로도 사용된다.

3) 탭 구멍의 결정
탭을 내기 위한 드릴 작업시 드릴의 크기 결정은 다음과 같이 계산한다.

① 미터 나사의 경우 : $d = D - P$

② 인치 나사의 경우 : $d = 25.4 \times D - \dfrac{25.4}{N}$

d : 나사의 기초 지름[mm]
D : 나사의 바깥 지름(호칭 치수)
P : 나사의 피치
N : 1인치(1″=25.4[mm])내 산 수

4) 탭이 부러지지는 원인과 빼는 방법

(1) 탭이 부러지는 원인
① 나사 구멍이 작거나 구부러져 있을 때
② 구멍에 탭이 기울어져서 들어갔을 때
③ 탭이 마모되어 2번 각이 닿아 절삭 저항이 커진 경우
④ 열처리된 공작물을 작업할 경우
⑤ 막힌 구멍에 무리하게 탭을 더 돌렸을 때
⑥ 탭의 지름에 비해 탭 핸들을 너무 큰 것을 사용한 경우

(2) 빼는 방법
① 치수가 큰 탭의 경우에는 탭 홈에 정을 사용하여 풀리는 방향으로 돌린다. (그림 참조)
② 암나사에 왕수, 염산, 황산 등을 주입시켜 12~24 시간 정도 그대로 두면 부식되어 나사 구멍이 커져서 간단히 뽑을 수가 있다.
③ 부러진 탭이 돌출되어 있으면 그림과 같이 용접하여 풀리는 방향으로 돌린다.
④ 제품과 함께 750~800℃로 가열하여 재 속에서 서냉시켜 풀림처리를 한 후 드릴로 구멍을 뚫는다.

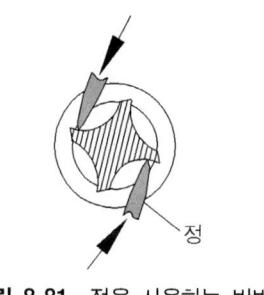

그림 8-81 정을 사용하는 방법

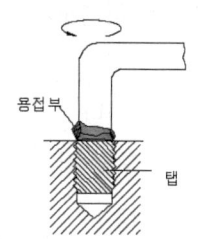

그림 8-82 용접하여 빼는법

5) 다이스 작업

다이스는 그림과 같이 절삭 칩 구멍이 있고 테이퍼부가 있으며 테이퍼부는 표면에서 2~2.5산, 뒷면에서는 1~1.5 산이 표준으로 되어있다. 외형에 따라 둥근 다이스, 스퀘어 다이스, 기능에 따라 분할 다이스, 고정식 다이스로 나누어진다. 그 외에 솔리드다이스(Solid Dies), 날붙이 다이스(Inserted Chaser Dies) 등이 있다. 분할 다이스는 나사 지름을 조정할 수가 있으므로 그 특징을 살리는 것이 중요한 것이다.

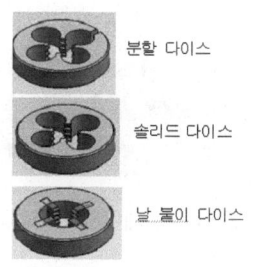

그림 8-83 다이스의 종류

그림 8-84 다이스 핸들의 종류

실기 내용

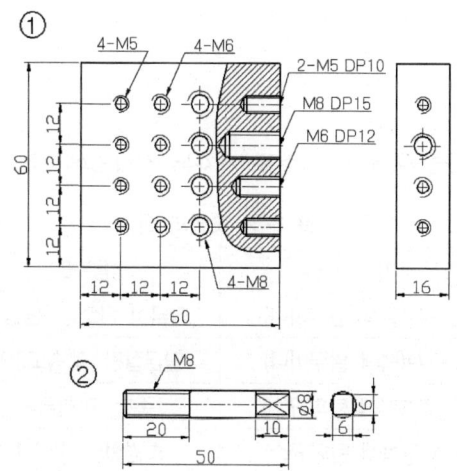

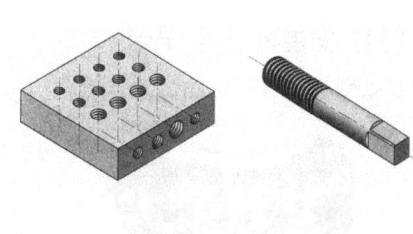

그림 8-85 탭 다이스 작업 공작물

1. 탭 및 다이스 작업하기

1) 작업 준비를 한다.
2) 금긋기 작업을 한다.
3) 센터 펀치 및 드릴 작업을 한다.
4) 탭 작업을 한다.

그림 8-86 탭 작업 자세

그림 8-87 탭의 직각 검사

5) 다이스 작업을 한다.

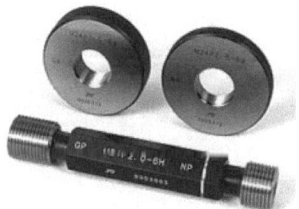

그림 8-88 나사링 게이지

그림 8-89 링 게이지에 의한 검사

6) 정리 정돈한다.

4. 그라인더 작업하기

1) 연삭 숫돌바퀴의 구성

숫돌은 숫돌 입자, 결합체(본드), 기공의 3요소로 구성되고, 숫돌 입자는 절삭날에 상당하며,

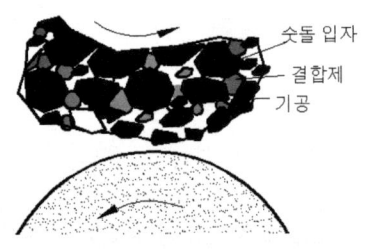

그림 8-90 숫돌의 구성 요소

표 8-3 숫돌의 선택

기호(재질)	용 도
A(흑갈색 알루미나)	담금질 탄소강, 연강재
WA(백색 알루미나)	담금질강, 고속도강재
C(흑자색 탄화규소)	주철, 비철금속
GC(녹색 탄화규소)	초경합금, 특수강

결합제는 숫돌 입자를 결합 유지하는 역할을 한다.

2) 연삭 숫돌의 분류

각종 숫돌바퀴의 입자를 알루미늄계(A, WA)와 탄화규소계(C, GC)로 분류된다. 알루미늄계의 A는 갈색으로 경화되지 않은 강의 연삭, WA는 백색으로 경화된 강의 연삭, 탄화규소계의 C는 흑색으로 주철의 연삭, GC는 녹색으로 초경합금의 연삭에 사용된다. 숫돌 입자의 굵기는 입도로 표시하며 낮은 숫자일수록 거칠고 높은 숫자일수록 미세하다.

3) 숫돌 기호 표시

WA - 46 - L - m - V
[입자 - 입도 - 결합도 - 조직 - 결합제]

4) 드레싱(Dressing)

숫돌 표면을 드레서로 깎아내어 새로운 입자가 생성되어 절삭성이 나빠진 숫돌의 절삭성을 좋게 만드는 작업이다.

실기 내용

1. 탁상 그라인더 작업하기

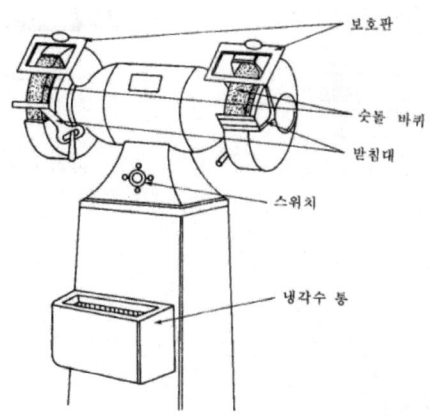

1) 연삭 작업을 준비한다.
2) 정 인선부를 연삭한다.
(1) 정 날의 경사면이 필요한 각도로 연삭 되도록 받침대를 알맞게 조정한다.

① 경도가 큰 금속에 사용할 경우 : 90°
② 주철에 사용할 경우 : 70°
③ 단조강이나 연강에 사용할 경우 : 60°

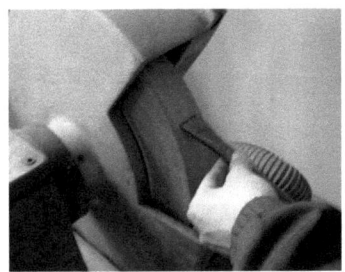
그림 8-91 정 인선부 연삭 자세

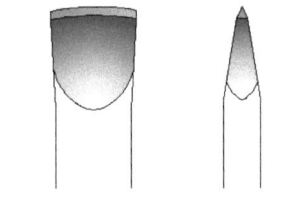
그림 8-92 정 인선부 연삭 형상

3) 센터 펀치를 연삭한다.

센터 펀치의 꼭지 각도는 60~90°이다.

4) 드릴날을 연삭한다.

(1) 드릴날의 연삭은 고운 숫돌을 사용한다.

(2) 드릴날의 표준각은 선단각이 118°, 여유각이 8~12°, 웨브각이 120~135°이다.

그림 8-93 드릴날 연삭 방법

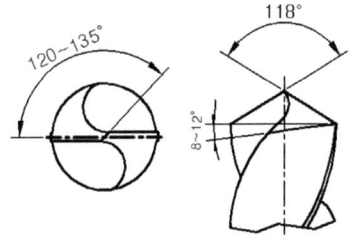
그림 8-94 드릴의 표준각도

5) 정리 정돈한다.

5. 끼워 맞춤 조건설정

1) 끼워 맞춤 공차 관계 용어

(1) 기준치수

가공에 있어서 기준이 되는 치수로 허용한계 치수의 기준이 된다.

(2) 허용한계 치수

가공이나 사용에 있어서 허용되는 한계를 표시하는 치수로 최대 허용치수와 최소 허용치수의 두 가지 치수가 있다.

① 최대 허용치수 : 허용한계 치수 중 큰 쪽 치수로 허용되는 최대치수이다.

　　최대 허용치수=기준치수+위치수 허용차

② 최소 허용치수 : 허용한계 치수 중 작은 쪽 치수로 허용되는 최소치수이다.

　　최소 허용치수=기준치수+아래치수 허용차

(3) 치수 허용차

기준이 되는 치수에서 가공 또는 사용상 허용되는 치수 폭으로 위치수 허용차와 아래치수 허용차가 있다.

① 위치수 허용차=최대 허용치수−기준 치수

② 아래치수 허용차=최소 허용치수−기준 치수

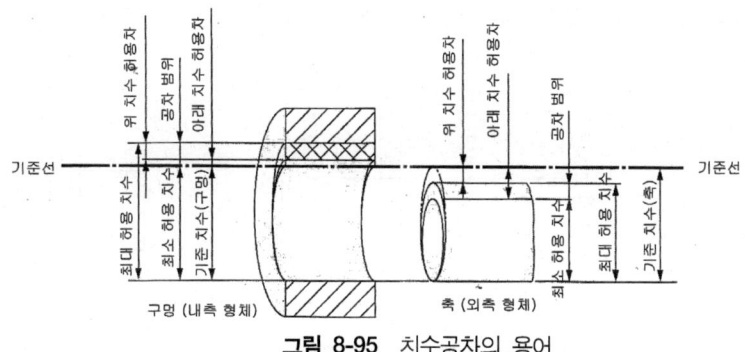

그림 8-95 치수공차의 용어

(4) 치수공차

최대 허용치수와 최소 허용치수와의 차, 즉 위치수 허용차에서 아래치수 허용차를 뺀 값으로 공차(tolerance)라고도 한다.

치수공차(공차)=최대 허용치수−최소 허용치수,

또는 치수공차(공차)=위치수 허용차−아래치수 허용차

(5) 틈새

두 부품을 서로 끼워맞춤할 때 구멍 또는 홈의 치수가 축의 치수보다 클 때 치수 차를 말하며 최대 틈새와 최소 틈새가 있다.

① 최대 틈새 : 틈새가 존재하는 끼워맞춤(헐거운 끼워맞춤 또는 중간 끼워맞춤)에서 구멍의 최대 허용치수에서 축의 최소 허용치수를 뺀 값.

최대 틈새=구명의 최대 허용치수-축의 최소 허용치수

② 최소 틈새 : 틈새가 존재하는 끼워맞춤(헐거운 끼워맞춤 또는 중간 끼워맞춤)에서 구멍의 최소 허용치수에서 축의 최대 허용치를 뺀 값.

최소 틈새=구멍의 최소 허용치수-축의 최대 허용치수

(6) 죔새

두 부품를 서로 끼워맞춤할 때 구멍 또는 홈의 치수가 축의 치수보다 작을 때 치수 차를 말하며 최대 죔새와 최소 죔새가 있다.

① 최대 죔새 : 죔새가 존재하는 끼워맞춤(억지 끼워맞춤 또는 중간 끼워맞춤)에서 축의 최대 허용치수에서 구멍의 최소 허용치수를 뺀 값.

최대 죔새=축의 최대 허용치수-구멍의 최소 허용치수

② 최소 죔새 : 죔새가 존재하는 끼워맞춤(억지 끼워맞춤 또는 중간 끼워맞춤)에서 축의 최소 허용치수에서 구멍의 최대 허용치수를 뺀 값.

최소 죔새=축의 최소 허용치수-구멍의 최대 허용치수

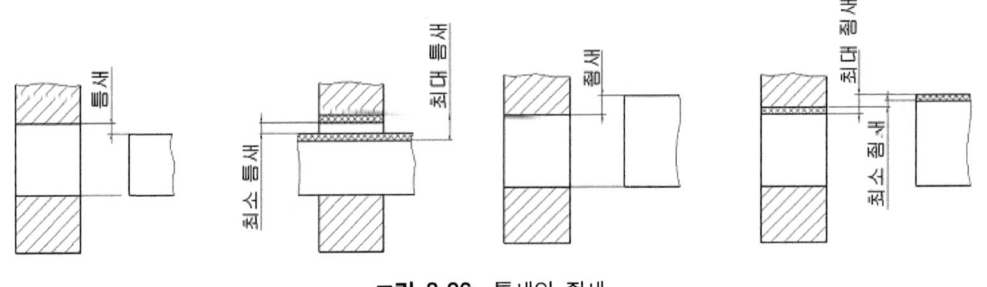

그림 8-96 틈새와 죔새

2) 치수 끼워 맞춤

(1) 끼워 맞춤의 개념

끼워 맞춤이란 두 개의 기계 부품이 서로 끼워 맞추기 전의 치수차에 의하여 틈새 및 죔새를 갖고 서로 접합하는 관계를 말한다.

① 구멍 : 원통형의 내면과 원형 단면이 아닌 것도 포함한다.(기호로써 대문자 표시)

② 축 : 원통형의 외면과 원형 단면이 아닌 것도 포함한다.(기호로써 소문자 표시)

③ 상용 끼워 맞춤

구멍 H : 기준 구멍, 축 h : 기준 축

(2) 끼워 맞춤 종류

구멍과 축을 조합할 때 각각에 주어진 공차에 따라 여러 가지 경우가 있는데 이들은 헐거운 끼워맞춤, 억지 끼워맞춤, 중간 끼워맞춤의 3종류로 대별할 수 있다.

① 헐거운 끼워맞춤

두 부품을 끼워맞춤할 때 항상 틈새가 생기는 끼워맞춤으로 구멍의 최소허용치수보다 축의 최대허용 치수가 작은 경우이다. 구멍의 최대치수에서 축의 최소치수를 빼면 최대 틈새가 생기고, 구멍의 최소 치수에서 축의 최대치수를 빼면 최소틈새가 된다.

② 억지 끼워맞춤

두 부품을 끼워맞춤할 때 항상 죔새가 생기는 끼워맞춤으로 구멍의 최대허용치수보다 축의 최소허용 치수가 큰 경우이다. 축의 최대치수에서 구멍의 최소치수를 빼면 최대 죔새가 생기고, 축의 최소치수에서 구멍의 최대치수를 빼면 최소 죔새가 된다.

③ 중간 끼워맞춤

두 부품을 끼워맞춤할 때 조립되는 구멍과 축의 실 치수에 따라 틈새 또는 죔새가 생기는 끼워맞춤으로 구멍의 최소허용치수보다 축의 최대허용치수가 큼(두 치수가 같은 경우도 포함)과 동시에 구멍의 최대허용치수보다 축의 최소허용치수가 작은 경우이다. 축의 최대치수에서 구멍의 최소치수를 빼면 최대 죔새가 생기고, 구멍의 최대치수에서 축의 최소치수를 빼면 최대틈새가 생긴다.

④ 끼워 맞춤의 표시

기준 치수는 오른쪽에 구멍과 축 기호를 표시하고 치수 숫자와 같은 크기로 쓴다.

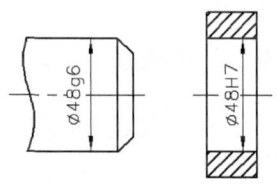

그림 8-97 끼워 맞춤의 표시

끼워맞춤은 구멍·축의 공통 기준 치수에 구멍의 치수공차 기호와 축의 치수공차 기호를 계속하여 표시한다.

보기 : 52H7/g6, 52H7-g6 또는 $52\dfrac{H7}{g6}$

(3) 기입법

① 치수 공차 기입 방법

(가) 기준 치수 다음에 위 치수 허용차와 아래 치수 허용차를 기준 치수보다 작게 쓴다.

(나) 치수 허용차기 0일 때에는 +, -를 붙이지 않고 중앙에 쓴다.

(다) 위아래 치수 허용차가 같을 때는 허용차 치수 하나만 기입한다.

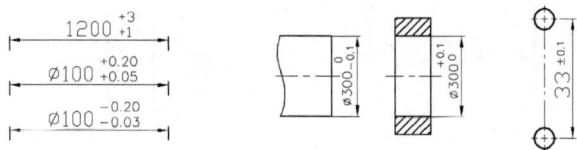

그림 8-98 치수 허용차 기입법

(예) 구멍의 경우 - ∅38H7, 축의 경우 - ∅38g6

⇒ 구멍기준식의 헐거운 끼워맞춤이다.

구멍 ∅38H7은 $\varnothing 38^{+0.025}_{0}$를 의미하고, 축 ∅38g6은 $\varnothing 38^{-0.009}_{-0.025}$를 의미한다.

표 8-4 ∅38H7/∅38g6 치수 공차 값

구 분	구 명	축
a. 최대허용치수	38.025	37.991
b. 최소허용치수	38.000	37.975
c. 치수공차	0.025	0.016
d. 위 치수 허용차	0.025	-0.009
e. 아래 치수 허용차	0	-0.025
f. 기초가 되는 치수허용차	0	-0.009
g. 최소틈새	38.000 - 37.991 = 0.009	
h. 최대틈새	38.025 - 37.975 = 0.050	

(4) IT 기본 공차의 등급

ISO 공차 방식에 따른 기본 공차로서 IT 기본 공차 또는 그냥 IT라고도 부르며, 01급, 0급, 1급, …, 18급의 20등급으로 되어 있고 IT 01, IT 0, …, IT 18 등으로 표시된다.

표 8-5 IT 기본 공차

용도	게이지 제작 공차	끼워맞춤 공차	끼워맞춤 이외 공차
구멍	IT 01 ~ IT 5	IT 6 ~ IT 10	IT 11 ~ IT 18
축	IT 01 ~ IT 4	IT 5 ~ IT 9	IT 10 ~ IT 18

실기 내용

1. 사각 펀치와 펀치 고정판 끼워 맞춤

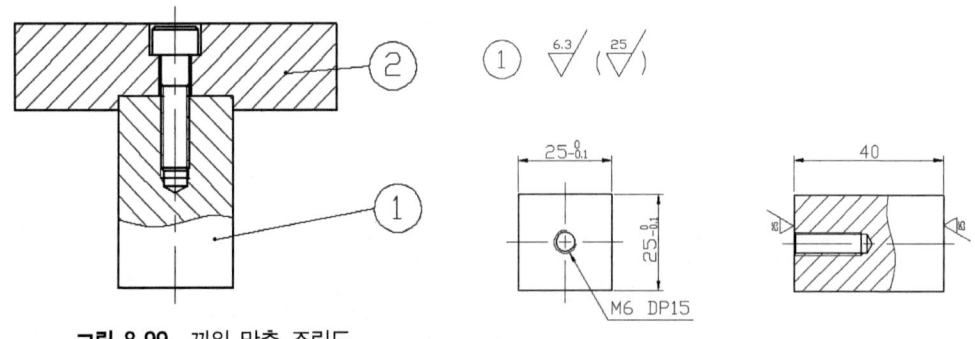

그림 8-99 끼워 맞춤 조립도

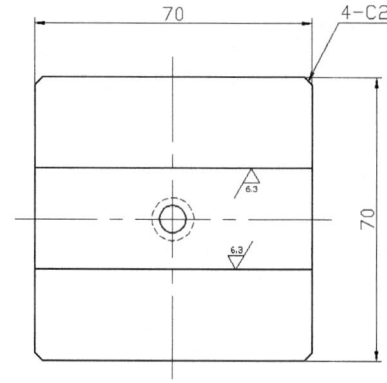
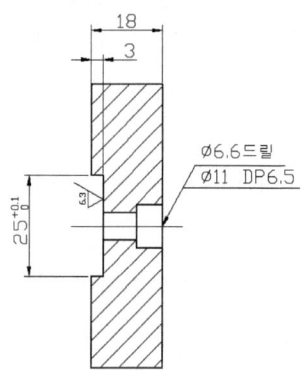

2. 작업 순서

1) 작업 준비를 한다.

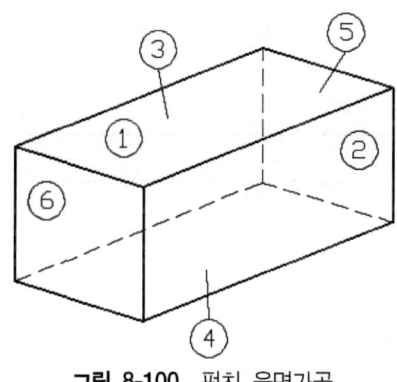

그림 8-100 펀치 육면가공

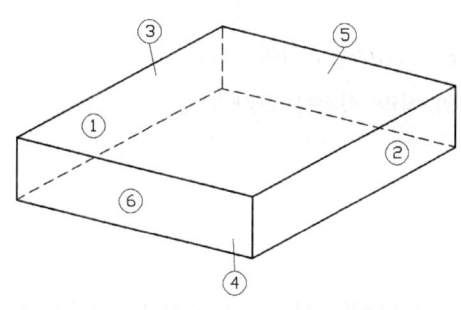

그림 8-101 펀치고정판의 육면 가공

2) 펀치의 육면체를 가공한다. [그림 참조]
(1) 기준이 되는 ①면을 가공한다.
(2) ①면에 직각이 되도록 기준면 ②면을 가공한다.
(3) ②면에 대응이되는 ③면을 치수 25[mm]가 되도록 가공하고, 평행도가 유지되도록 한다.
(4) 기준면 ①면에 대응되는 ④면을 치수 25[mm]가 되도록 가공하고, 평행도가 유지되도록 한다.
(5) 기준면 ①, ②면과 직각이 되도록 ⑤면을 가공한다.
(6) ⑤면에 대응이 되는 펀치 날부 ⑥면을 길이가 40[mm]가 되도록 가공하고 평행도가 유지되도록 한다.

3) 펀치고정판의 육면체를 가공한다. [그림 참조]
  (1) 기준이 되는 ①면을 가공한다.
  (2) ①면에 직각이 되도록 기준면 ②면을 가공한다.
  (3) ②면에 대응이 되는 ③면을 치수 70[mm]가 되도록 가공하고, 평행도가 유지되도록 한다.
  (4) 기준면 ①면에 대응되는 ④면을 치수 18[mm]가 되도록 가공하고, 평행도가 유지되도록 한다.
  (5) 기준면 ①, ②면과 직각이 되도록 ⑤면을 가공한다.
  (6) ⑤면에 대응이 되는 ⑥면을 길이가 70[mm]가 되도록 가공하고, 평행도가 유지되도록 한다.
4) 금긋기를 한다.
5) 펀치고정판의 홈을 가공한다.
6) 드릴링과 태핑을 한다.
7) 카운터 보링을 한다.
8) 조립 및 검사를 한다.
9) 정리 정돈을 한다.

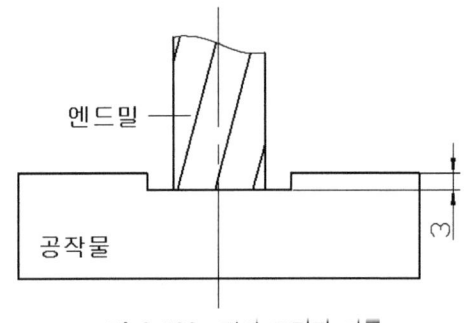

그림 8-102 펀치 고정판 가공

6. 공차에 맞는 펀치와 분할 다이 제작

1) 다이의 분할
  (1) 다이의 분할은 각형, 원형, 직선에 가까운 형상으로 절삭가공, 연삭, 열처리, 측정 등이 용이 하도록 하여야 한다.
  (2) 분할점은 모서리 또는 직선과 곡선의 접점으로 하고 쉽게 밀리지 않도록 키 고정식 또는 맞물림식으로 한다.
  (3) 국부적으로 요철이 있을 때는 맞춤 틀을 이용한다.
  (4) 산업 현장에서의 분할 다이는 대형 금형에서 각 공정별 별도의 다이를 1개의 다이 플레이트에 각 공정별 다이를 제작하여 부착하여 사용하기도 한다.

2) 끼워 맞춤을 위한 다이얼 측정
다이얼 게이지는 측정자의 직선 또는 원호운동을 기계적으로 확대하여 그 움직임을 지침의 회전 변위로 변환시켜 눈금으로 읽을 수 있는 측정기로 블록 게이지와 비교하여 공작물 길이를 측정하는 비교측정기다.

그림에서 우측은 보통 다이얼 게이지로 마그네틱 베이스에 설치하여 사용하며, 좌측은 레버식 다이얼 게이지로 하이트 게이지의 스크라이버를 떼어내고 그 자리에 다이얼 게이지를 설치하여 사용한 것이다.

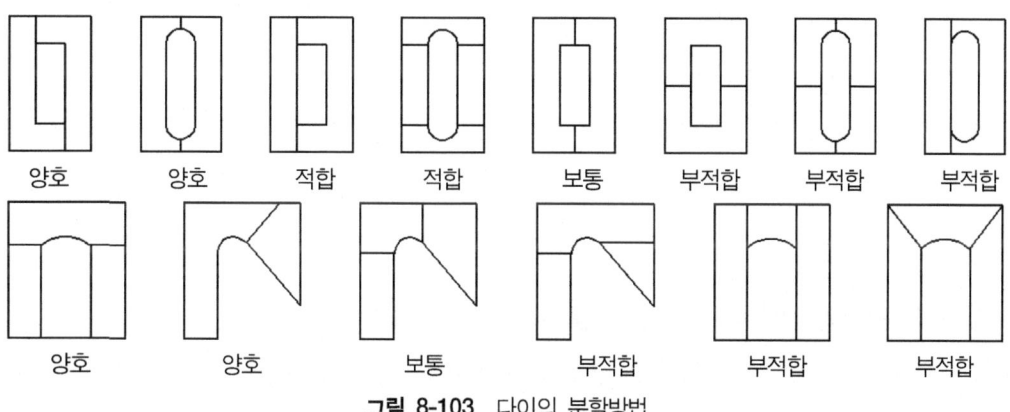

그림 8-103 다이의 분할방법

(1) 보통 다이얼 게이지

일반적으로 다이얼 게이지라고 부르며, 0.01[mm]용과 0.001[mm]용이 있다. 사용시 마그네틱 스텐드에 고정하여 블록 게이지와 비교하여 피측정물의 높이, 두께, 평행도 등을 측정한다.

(2) 레버식 다이얼 게이지

일반적으로 다이얼 테스트 인디케이터라 부르며, 정밀도 범위가 0.01[mm]용과 0.002[mm]용이 있다. 사용 범위는 좁은 홈홈부 높이, 두께 또는 상하 홈 간격 등을 블록 게이지와 비교 측정한다.

그림 8-104 다이얼 게이지 종류

그림 8-105 블록 게이지와 비교 측정

(3) 블록 게이지 사용방법

① 치수 조립

(가) 조합 개수를 최소로 한다.

(나) 정해진 치수를 고를 때는 맨 끝자리부터 고른다.

(다) 소수점 아래 첫째자리 숫자가 5보다 큰 경우 5를 뺀 나머지 숫자부터 선택한다.

(라) 그림은 숫자 조립 예이다.

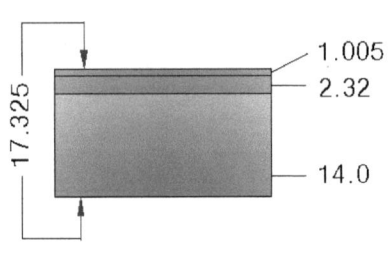

그림 8-106 블록 게이지 치수 조합

실기 내용

1. 사각 펀치와 분할 다이 끼워 맞춤하기

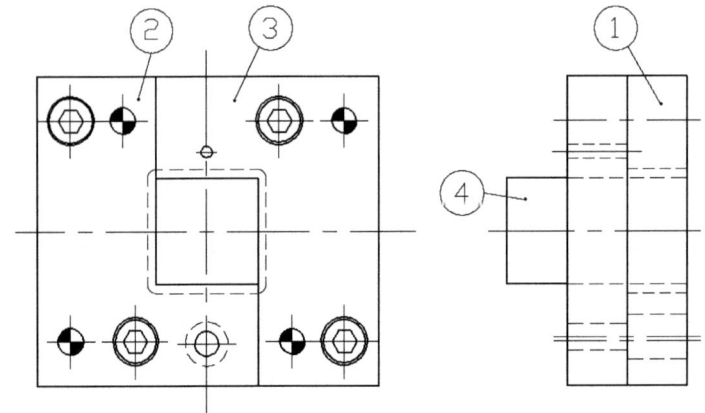

그림 8-107 사각펀치와 분할 다이

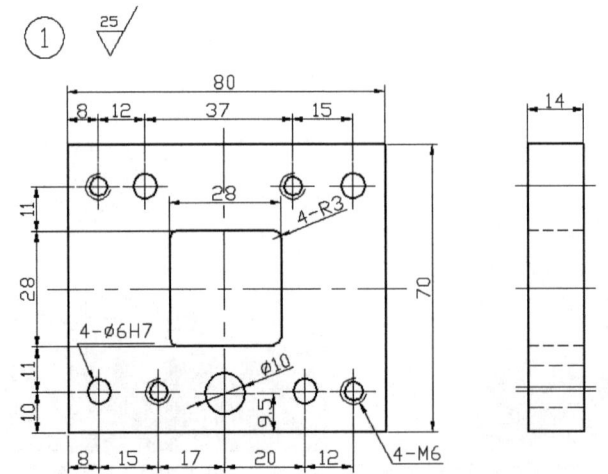

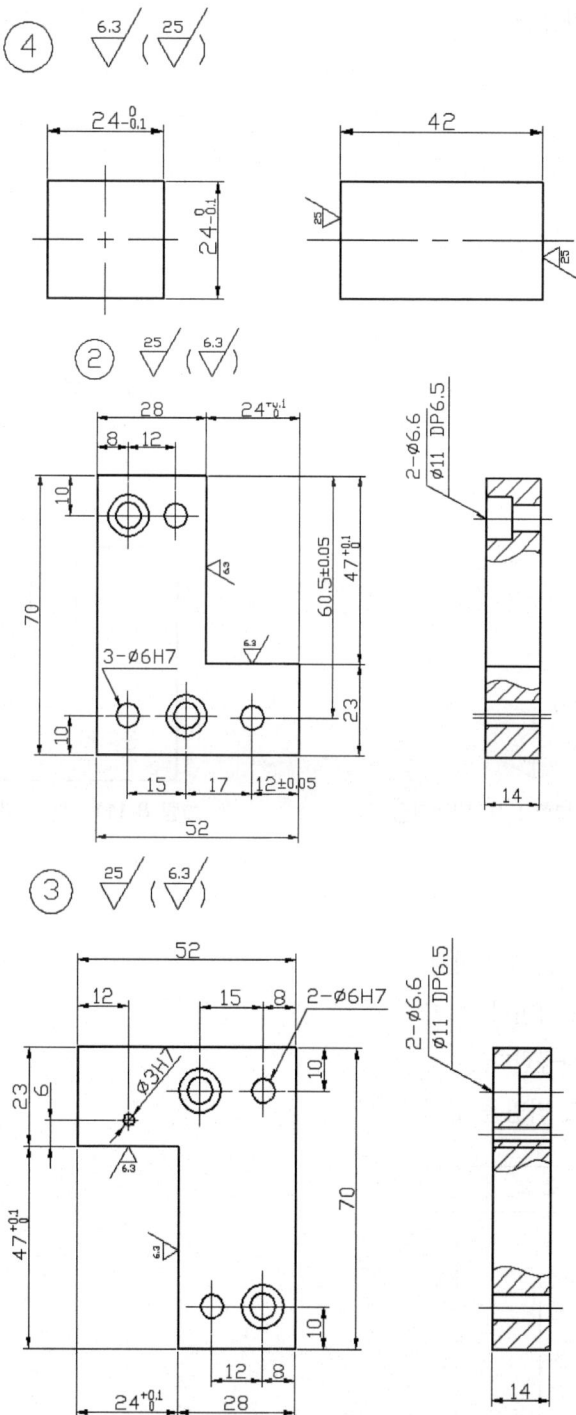

2. 작업 순서

(1) 작업 준비를 한다.

(2) 펀치를 밀링으로 가공한다.

(3) 펀치를 연삭 가공한다.

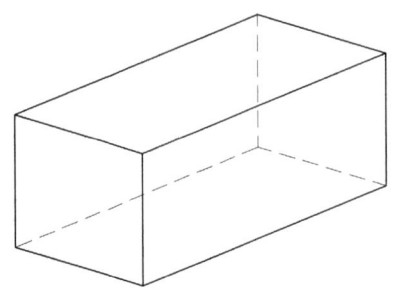

그림 8-108 펀치 밀링가공

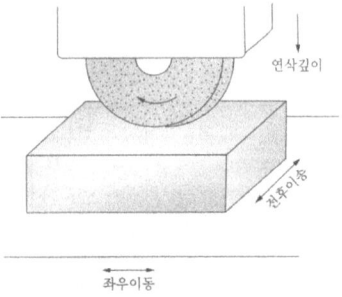

그림 8-109 펀치 연삭가공

(4) 분할다이를 밀링으로 가공한다.

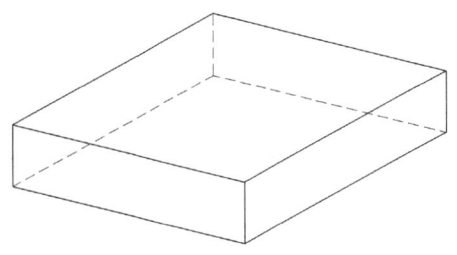

그림 8-110 분할 다이 밀링가공

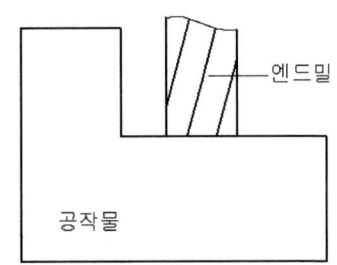

그림 8-111 분할 다이 날 부분 가공

(5) 금긋기 작업을 한다.
(6) 분할다이 날 부분 가공한다.
(7) 분할 다이를 연삭한다.
(8) 다이 홀더를 가공한다.
(9) 드릴링과 태핑, 리밍을 한다.

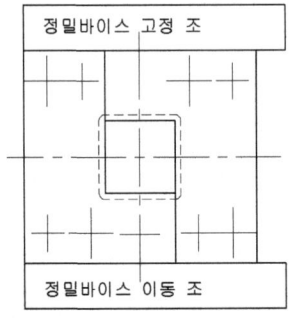

그림 8-112 정림 바이스에 공작물고정

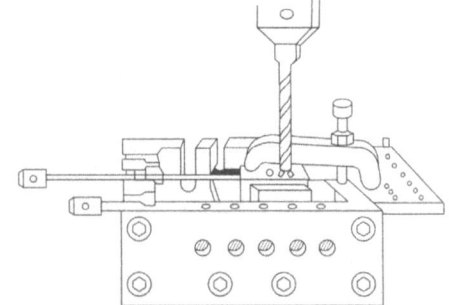

그림 8-113 지그 박스에 의한 리머 작업

(10) 조립 및 검사를 한다.

(11) 정리 정돈을 한다.

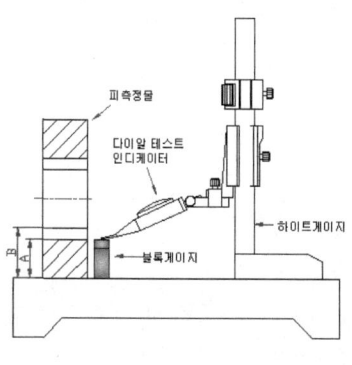

그림 8-114 인디케이터 하향 측정

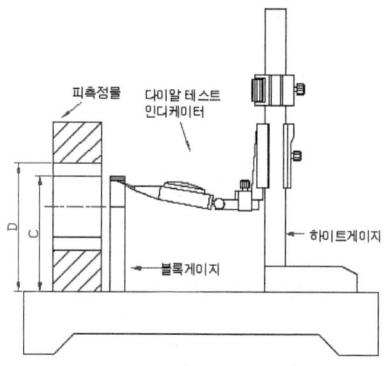

그림 8-115 인디케이터 상향 측정

7. 와이어 컷 방전가공면 다듬질 하기

1) 와이어 컷 방전가공

(1) 타발 펀치류 와이어 컷 방전 가공

① 그림은 책갈피 타발 제품으로 스트립 레이아웃을 나타낸 것이다.

 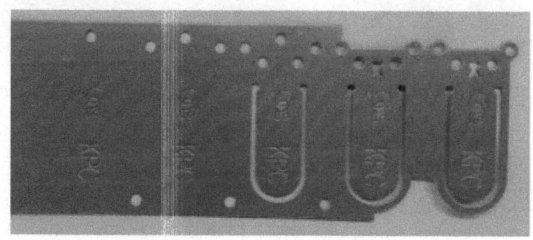

그림 8-116 타발 제품과 스트립 레이아웃

② 그림은 와이어 컷 방전 가공으로 만든 타발 펀치류를 나타낸 것이다.

그림 8-117 펀치류

③ 파팅 펀치와 노칭 펀치는 다음과 같다.
④ 플레이트에서 펀치를 와이어 컷 한 상태이며 펀치형상 위에 있는 둥근 구멍은 가공 시작점이다.

그림 8-118 파팅 펀치

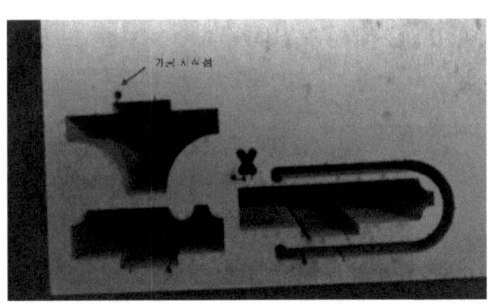

그림 8-119 펀치를 따낸 판

(2) 펀치류의 래핑 작업

그림 8-120 펀치류 랩핑 작업

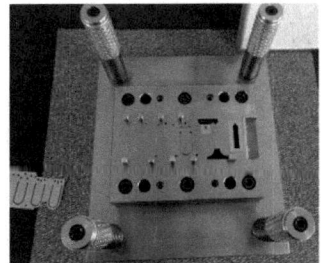

그림 8-121 펀치와 다이를 다듬질 후 조립한 금형

2) 방전가공(EDM)

(1) 방전 전극 준비

제품에서 보면 제품 윗면의 문자와 마크 부분을 방전하는데 필요한 전극은 다음과 같다. 제품 문자와 마크는 음각이며 이것을 타발하는 스트리퍼 편은 양각이 되어야 하므로 방전 전극은 글자와 마크 부분이 음각이 되어야 한다.

(2) 방전 가공 부위의 스트리퍼 판

방전 가공은 가공액이 들어 있는 탱크 내에서 방전 시켜야 하는데 전극을 이용하여 방전을 하면 스파크로 인해 가공이 되기 때문에 최적의 방전 상태로 가공해도 다듬질 면이 거칠게 되기 때문에 반드시 2차 방전 홈의 다듬질을 해야 한다.

그림 8-122 음각 전극

그림 8-123 방전 전극을 이용한 방전 가공

3) 와이어컷 방전 가공면 다듬질 작업

방전 전극을 이용하여 방전을 한 스트리퍼 플레이트의 다음과 같이 표시 부분이다. 이 부분을 랩핑 다듬질 가공하여야 한다.

그림 8-124 상측 스트리퍼 플레이트

(1) 다듬질 작업 준비

(2) 다듬질 작업

① 1차 작업 슈퍼스톤(#400, #600, #800, #1000)

(가) 사용순서 : #400 → #600 → #800 → #1000

2차 작업으로 샌드페이퍼(Sand Paper) #1000 > #1200 > #1500 > #2000 > #3000순으로 매끈하게 작업한다.

(나) 사용용도

㉠ #400 : 기계가공 자국을 없애며 입자의 크기가 가장 거칠다.

㉡ #600 : #400번의 가공 자국(입자에 의한 산높이)을 줄여준다.

㉢ #800 : #600번의 가공 자국을 줄여준다.

㉣ #1000 : #800번의 가공 자국을 줄여주며,

이후의 가공은 샌드페이퍼 #1,200으로 가공한다.
② 숫돌이나 페이퍼 작업을 할 때 연삭액을 사용하면 분진으로 막히는 것을 방지하고 다듬질 효율도 높인다.
③ 오일스톤 사용시 끝을 약 45도로 기울여 사용하고 너무 힘주어 작업하지 않도록 한다.
④ 진동공구나 회전공구를 사용은 숙련도가 있어야 하므로 주의사항과 사용설명서를 읽어본 후 사용한다.
⑤ 스트리퍼 플레이트의 좁은 부위는 이쑤시개나 얇게 만든 대나무에 컴파운드 묻혀 작업한다.
⑥ 최종 마무리는 고은 컴파운드를 1000 > 3000 > 6000 순서에 따라 다듬질 하지만 가공부 형상이나 가공부 크기에 따라 작업 순서가 다르다.

(3) 세척작업

다듬질 작업이 끝나면 세척이 아주 중요하다. 분진이 남아 있지 않도록 에어로 불어내고 방청 스프레이로 구석구석을 씻어내고 다시 한번 고압 에어로 깨끗이 세척한다.

그림 8-125 에어 분사로 이물질 제거

그림 8-126 고운천으로 마무리

단원 핵심 학습 문제

01 다음 중 끼워 맞춤 종류가 아닌 것은?
① 헐거운 끼워맞춤   ② 억지 끼워맞춤
③ 중간 끼워맞춤   ④ 일반 끼워맞춤

해설 : ④ 끼워 맞춤 종류 - 헐거운 끼워맞춤, 억지 끼워맞춤, 중간 끼워맞춤

02 나사를 만드는 공구에 대하여 쓰시오.

해설 : 암나사를 만드는 공구를 탭(Tap)이라 하며 수나사를 만드는 공구를 다이스(Dies)라고 한다.

03 틈새와 죔새에 대하여 쓰시오.

해설 : 틈새 - 두 부품을 서로 끼워맞춤할 때 구멍 또는 홈의 치수가 축의 치수보다 클 때 치수 차를 말하며 최대 틈새와 최소 틈새가 있다.
　　　죔새 - 두 부품를 서로 끼워맞춤할 때 구멍 또는 홈의 치수가 축의 치수보다 작을 때 치수 차를 말하며 최대 죔새와 최소 죔새가 있다.

04 측정자의 직선 또는 원호운동을 기계적으로 확대하여 그 움직임을 지침의 회전 변위로 변환시켜 눈금으로 읽을 수 있는 측정기로 블록 게이지와 비교하여 공작물 길이를 측정하는 비교측정기는?

해설 : 다이얼 게이지

05 두 부품을 끼워맞춤할 때 항상 틈새가 생기는 끼워맞춤으로 구멍의 최소허용치수보다 축의 최대허용 치수가 작은 경우이다. 구멍의 최대치수에서 축의 최소치수를 빼면 최대 틈새가 생기고, 구멍의 최소 치수에서 축의 최대치수를 빼면 최소틈새가 되는 끼워맞춤은?

해설 : 헐거운 끼워맞춤

06 최대 허용치수와 최소 허용치수와의 차, 즉 위치수 허용차에서 아래치수 허용차를 뺀 값은?

해설 : 공차(tolerance)

8-3 경면 작업하기

1. 래핑면 조도 측정하기

1) 표면 거칠기와 다듬질 기호

(1) 표면 거칠기

부품 가공시 절삭공구의 날이나 숫돌입자에 의해 절삭된 표면에 가공 흔적이나 무늬 등으로 형성된 요철(凹, 凸)을 표면거칠기(Surface Roughness)라 한다. 이 요철 크기가 작을수록 다듬질 정밀도가 높은 것이 되며, 필요 이상의 고정밀도 다듬질은 피하도록 한다.

그림과 같이 표면 거칠기 보다 큰 간격으로 반복되는 기복의 상태를 파상도라 한다. 이것은 공작기계나 절삭공구의 변형 및 진동에 의하여 생긴다.

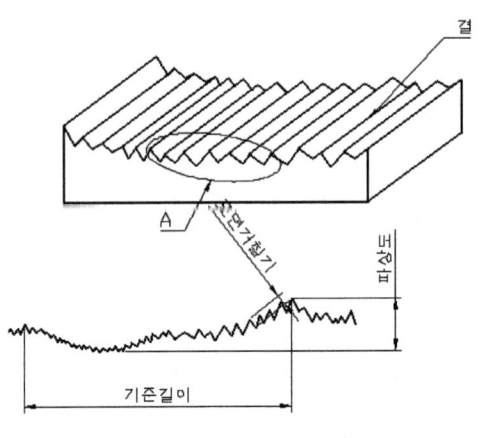

그림 8-127 표면 거칠기와 파상도

(2) 표면 거칠기 측정의 필요성

표면 거칠기 측정의 길이나 형상을 측정하여 그 오차를 나타내는 것도 중요하지만 생산 과정에서 미소한 변화라도 가장 민감하게 영향을 나타내는 것이 바로 표면 거칠기이므로 표면 거칠기 측정은 제품의 규격 면 조도에 있어서 가장 효율적인 방법 중의 하나이다.

(3) 표면 거칠기의 구조

가공 표면 형상을 측정을 통하여 수치로 거칠기, 파상도(Waviness), 결(Lay), 흠(Flaw) 등을 수치와 형상으로 표현한 것이다.

① 거칠기 : 표면 거칠기는 가공된 표면에 가공 면이 나타나는 미세한 형상과 굴곡이며, 가공방법과 가공 조건에 따라 모양과 크기가 다른 거칠기로 나타낸다.

② 파상도 : 파상도는 바다의 파도처럼 거칠기의 간격이 비교적 큰 간격으로 표면의 굴곡을 말하며, 가공의 조건에 따라 여러 변위 즉 진동, 가공기계와 가공물 사이에서 일어나는 자기이변(Chatter)과 열처리 재료의 불균형 등의 원인으로 나타나게 된다.
③ 결(가공 결) : 결은 주로 가공 방식에 따라 다르게 나타나는 표현의 주된 무늬 방향을 말한다. 무늬의 방향은 촉침식 표면 거칠기 측정기로 거칠기를 측정할 때 촉침의 진행 방향을 결정하는 중요한 요소가 된다. 일반적으로 설계 도면상에 특별한 지시가 없는 한 거칠기는 결의 직각 방향으로 측정이 된다.
④ 긁힘(흠집) : 긁힘은 비교적 불규칙하게 공작물의 표면에 나타나는 여러 가지 결함으로 긁힌 자국, 갈라진 틈, 불순물에 의한 작은 형상들이 이에 속한다.

2) 표면 조도 측정

(1) 중심선 평균 거칠기

중심선 평균 거칠기는 거칠기 곡선에서 그 중심선의 방향으로 측정 길이의 부분을 채취하고, 이 채취부분의 중심선을 축, 세로 배율의 방향을 축으로 하고, 거칠기 곡선을 y=f(χ)로 표시하였을 때, 다음 식에 따라 구해지는 값을 마이크로미터(μm)로 나타낸 것을 말한다.

$$Ra = \frac{1}{l} \int_0^l |f(\chi)| dx$$

Ra는 국제적으로 가장 많이 사용되는 표면 거칠기의 표시방법으로 결국은 거칠기 곡선의 요철과 그 중심선에 포함된 면적의 합을 측정 길이로 나눈 것, 즉 중심선에 대한 산술평균편차에 상당한다.

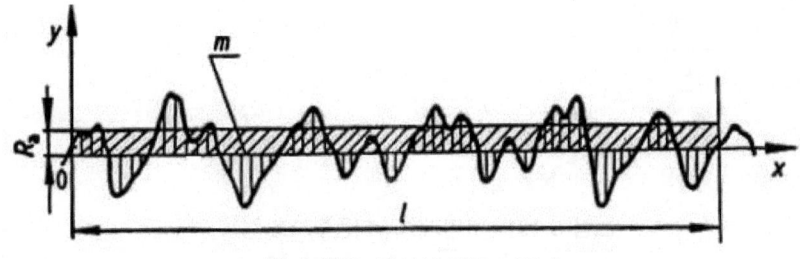

그림 8-128 중심선 평균 거칠기

(2) 10점 평균 거칠기(Ten Point Height, R) 구하는 방법

10점 평균 거칠기는 단면곡선에서 기준길이 만큼 채취한 부분에서 평균 선에 평행하고 단면 곡선을 가로지르지 않는 직선에서 세로 배율의 방향으로 측정한 가장 높은 곳으로부터 5번 째까지 봉우리 표고(標高) 평균값과 가장 깊은 곳으로부터 5번째까지 골밑의 표구 평균값과의 차이를 마이크로미터(μm)로 나타낸 것을 말한다.

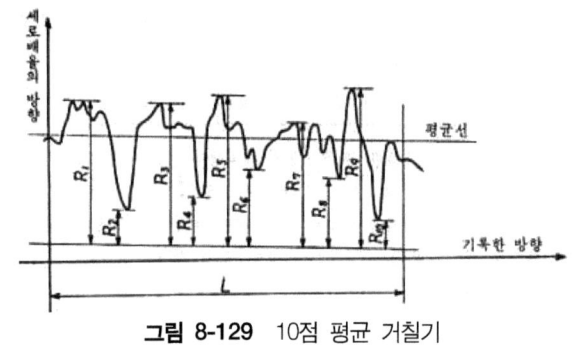

그림 8-129 10점 평균 거칠기

3) 가공 방법별 조도 범위

(1) 표면기호와 다듬질기호

표면 거칠기의 표시방법은 표면의 상태를 기호로 표시하면 표면 기호는 KS에 의하면 원칙적으로 표면 거칠기의 구분치, 기준길이 또는 커트 오프 값, 가공방법의 약호 및 가공 모양의 기호로 되어 있고, 그 배치는 그림에 따른다. 다만 특별히 필요 없는 것은 생략할 수 있으며 또한 구분치 하한의 수치 및 기준길이 또는 커트 오프의 값은 필요한 경우에만 기입한다.

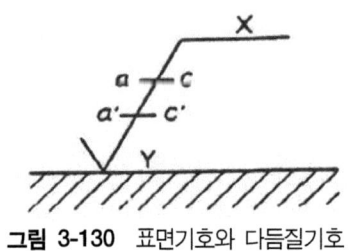

그림 3-130 표면기호와 다듬질기호

a : 표면 거칠기의 구분치(상한)
a' : 표면 거칠기의 구분치(하한)
c : a에 대한 기준 길이 또는 커트오프 값
c' : a'에 대한 기준 길이 또는 커트오프 값

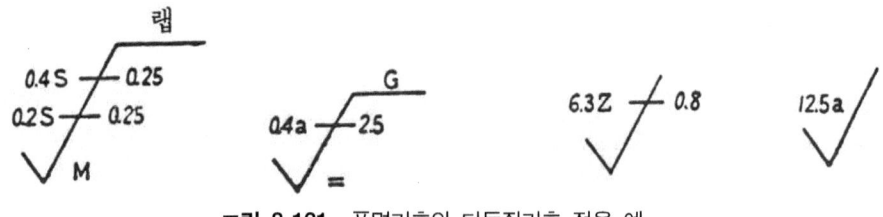

그림 8-131 표면기호와 다듬질기호 적용 예

[그림 8-130]에서 상면에 X : 가공 방법의 약호, 밑면에 Y : 가공 모양의 약호
[그림 8-131]에서 상면에 랩 : 랩핑가공, G : 연삭가공,
　　　　　　　　밑면에 M : 교차 또는 무방향 가공, = : 평행 가공

① 가공 방법의 기호

표 8-6 가공 방법의 기호

가공방법	약호 I	약호 II	가공방법	약호 I	약호 II
선반 가공	L	선삭	호닝 가공	GH	호닝
드릴 가공	D	드릴링	액체호닝 가공	SPLH	액체 호닝
보링머신 가공	B	보링	배럴연마 가공	SPBR	배럴 연마
밀링 가공	M	밀링	버프 다듬질	SPBF	버핑
평삭(플레이닝) 가공	P	평삭	블라스트 다듬질	SB	블라스팅
형삭(셰이핑) 가공	SH	형삭	랩 다듬질	GL	래핑
브로칭 가공	BR	브로칭	줄 다듬질	FF	줄 다듬질
리머 가공	DR	리밍	스크레이퍼 다듬질	FS	스크레이핑
연삭 가공	Q	연삭	페이퍼 다듬질	FCA	페이퍼 다듬질
벨트연삭가공	GBL	벨트 연삭	정밀 주조	CP	정밀 주조

② 줄무늬 방향

표 8-7 줄무늬 방향의 기호

기 호	뜻	설 명 도
=	가공에 의한 커터의 줄무늬 방향이 기호를 기입한 그림의 투상 면에 평행 보기 : 기계가공 면	
⊥	가공에 의한 커터의 줄무늬 방향이 기호를 기입한 그림의 투상 면에 직각 보기 : 기계가공 면	
×	가공에 의한 커터의 줄무늬 방향의 기호를 기입한 그림의 투상 면에 경사지고 두 방향으로 교차 보기 : 호닝 다듬질 면	
M	가공에 의한 커터의 줄무늬가 여러 방향으로 교차 또는 무 방향 보기 : 래핑 다듬질 면, 수퍼 피니싱 면, 가로이송을 준 정면 밀링 또는 엔드밀 절삭 면	
C	가공에 의 한 커터의 줄무늬 방향의 기호를 기입한 면의 중심에 대하여 대략 동심원 모양 보기 : 끝 부분의 절삭 면	
R	가공에 의한 커터의 줄무늬가 기호를 기입한 면의 중심에 대하여 대략 레이디얼 모양	

(2) 곡면의 표면 거칠기 측정하기

3차원 표면 거칠기 측정기는 측정물의 표면 조직을 3차원적으로 측정 분석 및 평가하는 소프트웨어인 SURFPAK-PRO를 포함한 다기능 시스템으로 2차원적 평가도 가능하다. 다양한 그래픽과 3차원적 표면 조도 파라메터 분석에서 부피 및 면적 측정에 이르기까지 다양한 표면 윤곽형상 평가를 자유롭게 수행할 수 있다.

그림 8-132 표면 거칠기 측정기

그림 8-133 표면 거칠기 표준 편

4) 표면 거칠기의 지시와 다듬질 기호

(1) 표면의 결 도시

① 대상 면을 지시하는 기호

표면의 결을 지시할 때에는 그림과 같이 60°로 열린 길이가 각각 다른 꺾인선으로 보통 투상도의 외형 선에 붙여서 지시한다.

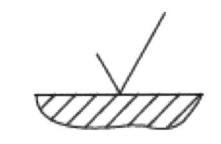

그림 8-134 면의지시기호

② 제거 가공의 지시 방법

(가) "제거 가공을 필요로 한다."는 것을 지시하는 방법

제거 가공을 필요로 한다는 것을 지시하려면 그림 (a)와 같이 대상면의 지시 기호의 짧은 쪽 다리 끝에 가로선을 그어서 지시한다.

(나) "제거 가공을 허락하지 않는다."는 것을 지시하는 방법

제거 가공을 허락하지 않는다는 것을 지시하려면, [그림 3-15] (b)와 같이 면의 지시 기호의 내접하는 원을 그려서 사용한다. 이 기호는 이미 제거 가공 또는 다른 방법으로 얻어져 있는 전 가공의 상태를 그대로 남기는 것만을 지시하기 위하여 사용하여도 좋다.

③ 제거 가공 방법 등을 지시하기 위하 가로선 긋기

특별히 가공 방법 등을 지시할 필요가 있는 경우에는, 그림 (c), (d)와 같이 면의 지시기호가 긴 쪽의 다리에 필요한 길이만큼 수평으로 가로선을 그어서 사용한다.

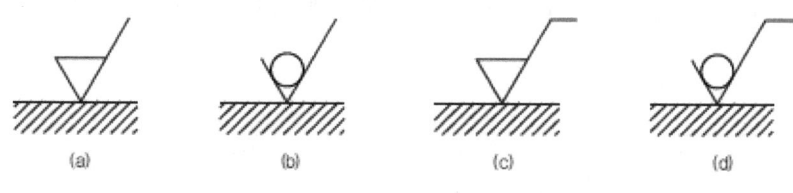

그림 8-135 제거 가공의 지시 기호

(2) 표면 거칠기의 지시 방법

표면 거칠기의 지시 방법은 지시하는 표면 거칠기의 종류에 따라 중심선 평균 거칠기로 지시하는 방법, 최대높이 또는 10점 평균 거칠기로써 지시하는 방법 등이 있다. 표면 거칠기의 지시값의 단위는 μm로 하고, 단위 기호의 기입은 생략한다.

① 중심선 평균 거칠기(Ra)를 지시하는 경우

그림과 같이 허용할 수 있는 최대값만을 지시하는 경우에는, 지시 기호의 위쪽이나 아래쪽에 그 값을 기입한다.

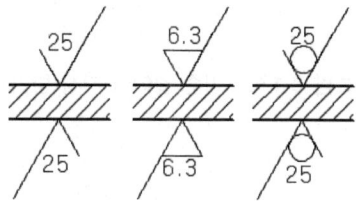

그림 8-136 최대 값 지시하기

그림과 같이 상한 및 하한을 지시하는 경우에는 지시기호의 위쪽에 상한 값을 기입하고 아래쪽에 하한 값을 기입한다.

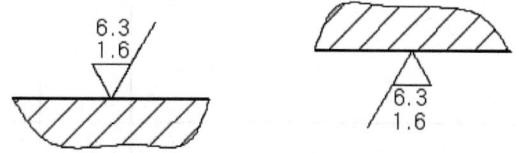

그림 8-137 최대 값 지시하기

② 최대높이(Rmax) 또는 10점 평균 거칠기(Rz)로써 지시하는 경우

표면 거칠기는 원칙적으로 최대높이 또는 10점 평균 거칠기의 표준 수열 중에서 선택하

여 그림 (a)와 같이 지시한다. 특히 필요가 있어서 표준수열에 따를 수 없는 경우에는 표면 거칠기의 허용할 수 있는 최대값을 Rmax≦10S 또는 Rz≦10Z와 같이 지시한다.

표면 거칠기 지시값의 기입위치 : 그림 (b), (c)와 같이 표면 거칠기의 지시값은 면의 지시기호 긴 쪽 다리에 가로선을 붙여 그 아래쪽에 약호와 함께 기입한다.

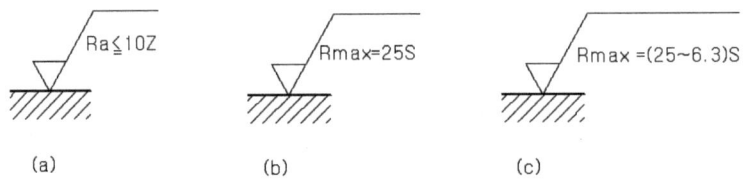

그림 8-138 표면거칠기의 지시 값의 기입 위치

기준 길이의 지시 방법 : 그림과 같이 표면 거칠기의 지시값에 대한 기준 길이를 지시할 필요가 있을 때에는 기준 길이에 규정하는 값에서 선택하여 표면 거칠기의 지시값 아래 쪽에 기입한다.

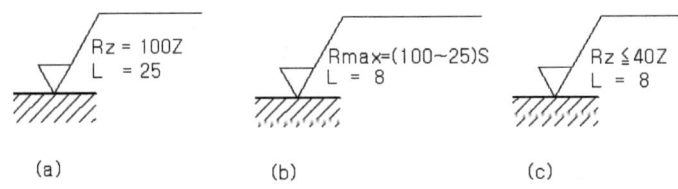

그림 8-139 기준 길이의 지시 방법

실기 내용

1. 평면의 표면 거칠기 측정하기

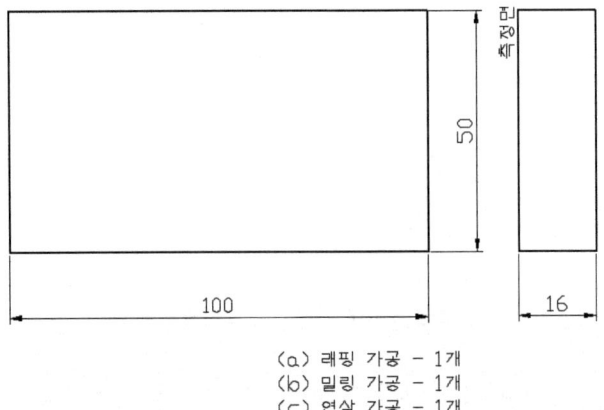

2. 작업 순서

1) 준비한다.

(1) 촉침식 표면 거칠기 측정기, 피측정물 등을 깨끗이 닦아 먼지, 기름 등을 완전히 제거한다.
(2) 그림의 정반 위에 피측정물을 올려 놓는다.
(3) 경사조정대 위에 피측정물을 그림과 같이 올려놓고, 고무점토 등으로 고정한다.
(4) 전원 스위치를 넣는다.

그림 8-140 촉침식 표면 거칠기

2) 평행 조정한다.

(1) 종배율을 저배율(보통 500~1,000배)로 놓는다.
(2) 그림의 수동 손잡이를 좌우로 움직인다. 경사가 있을 때는 경사 조정대의 경사 조정 손잡이를 돌린 다음 반복해서 경사를 확인한다.

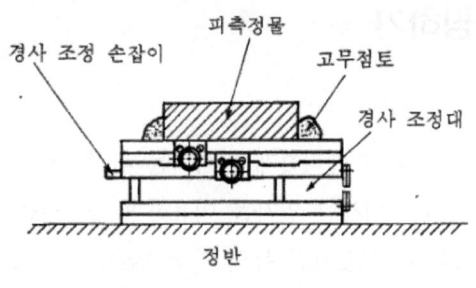

그림 8-141 피측정물의 설치

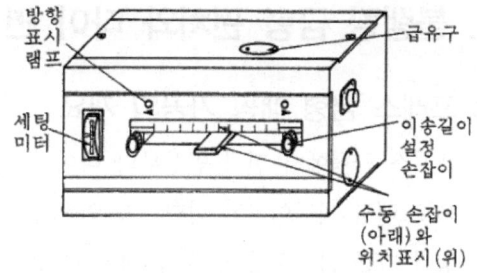

그림 8-142 이송장치

3) 측정한다.

4) 측정값을 정리한다.

(1) 측정 값은 다음과 같이 기록한다.

　　　　　　　　　　[μm]　　Ra　λc　　　　　　　　[mm]
　　　　　　　　　　[μm]　　Rmax　L　　　　　　　　[mm]
　　　　　　　　　　[μm]　　Rz　L　　　　　　　　[mm]

단, λc : 컷 오프, L : 기준 길이

5) 정리 정돈한다.

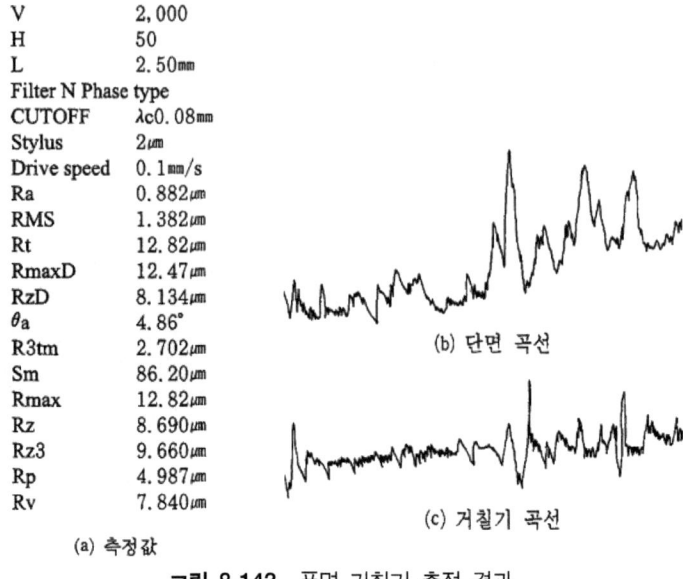

```
V            2,000
H            50
L            2.50mm
Filter N Phase type
CUTOFF       λc0.08mm
Stylus       2㎛
Drive speed  0.1mm/s
Ra           0.882㎛
RMS          1.382㎛
Rt           12.82㎛
RmaxD        12.47㎛
RzD          8.134㎛
θa           4.86°
R3tm         2.702㎛
Sm           86.20㎛
Rmax         12.82㎛
Rz           8.690㎛
Rz3          9.660㎛
Rp           4.987㎛
Rv           7.840㎛
```
(a) 측정값 (b) 단면 곡선 (c) 거칠기 곡선

그림 8-143 표면 거칠기 측정 결과

2. 블랭킹 금형 펀치와 다이 면 래핑하기

1) 프레스 금형 래핑 가공의 개요

프레스 금형에서 펀치 인선부와 다이 인선부를 매끈하고 예리하게 연삭하는 과정을 통상적으로 래핑 가공이라고 한다. 즉 연삭가공은 단단하고 미세한 입자를 이용하여 공작물을 소량씩 가공하는 것이다. 금형 제작 과정에서 밀링이나 방전 가공 등의 작업 후에는 가공면의 표면에 일반적으로 30~50[ ]의 가공 자국이나 방전에 의한 변질층이 발생하고 가공 방법 및 조건에 따라 가공면의 거칠기가 달라진다. 일반적으로 요구하는 금형의 표면 거칠기는 제품 형상에 영향을 미치므로 래핑 가공을 하여 최종 정밀하고 미끈한 다듬질 면이 완성되도록 작업을 한다.

(1) 연삭가공의 개요

연삭 가공은 공작물에 비해 경도가 매우 높은 입자로 만든 연삭숫돌을 고속 회전 시켜 가공물을 정밀하게 작업하는 것을 말한다. 연삭숫돌은 무수하게 많은 숫돌 입자를 결합제로 결합하여 다양한 형상으로 제작한 일종의 다인 커터로 볼 수 있다. 숫돌 입자의 예리한 날들이 가공물을 연삭한다.

연삭숫돌과 일반 절삭공구의 차이점은 절삭공구는 마모가 되면 절삭을 계속 진행할 수 없으나, 연삭숫돌은 숫돌이 마모되어도 연삭을 계속할 수 있는 점이다. 연삭숫돌은 연삭이 계속 진행되면, 날 끝이 마모되어 연삭저항이 증가 하고 증가한 절삭저항을 결합제의 결합도가 견디지 못하고 파손되면서 입자가 탈락되고, 새로운 예리한 입자가 연삭을 계속하게 된다. 연삭은 마모에 의하여 무디어진 입자가 탈락하고 새로운 입자가 생성되어 연삭을 계속하게 되는데 이러한 현상을 연삭의 자생작용(自生作用)이라 한다. 따라서 연삭숫돌은 일반 절삭공구 같이 재연삭을 하여 사용하지 않는다.

2) 성형 연삭

성형 연삭기는 수평형 평면연삭기의 구조와 비슷하며 고정밀, 대량 생산용 금형 및 치공구 부품가공에 많이 사용되며 구조는 그림에서 보는 바와 같다.

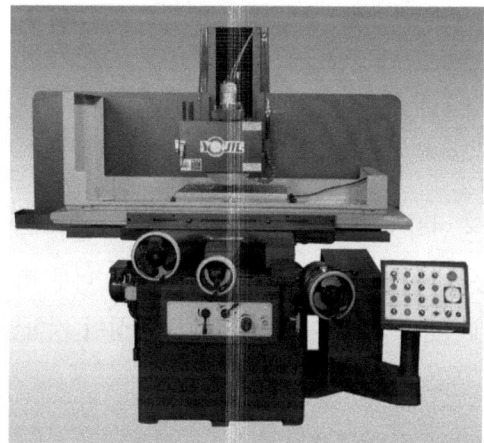

그림 8-144 성형 연삭기

(1) 성형연삭기의 특징
① 고정도 형상 및 치수 가공이 가능하다.
② 표면 거칠기가 양호하다.
③ 표면 변질층이 적고 내마모성이 좋다.
④ 담금질강, 초경 합금강 등의 가공이 가능하다.

(2) 금형가공용 연삭 숫돌
금형가공용 숫돌의 종류는 축이 붙은 숫돌과, CBN숫돌, 다이아몬드 숫돌, 평면용 스틱 숫돌이 있다.

① 축이 있는 숫돌
  축이 붙은 숫돌은 자유 연삭용의 진동 그라인더나 에어 그라인더 등을 설치하여 사용하는 것과 기계연삭용의 지그 연삭기나 내면연삭기에 설치하여 정밀 가공에 사용하는 것

등이 있다.

② 손 연마용 기름숫돌

방전 가공되니 금형 부품의 열경화층의 가공용으로 사용된다.

그림 8-145 에어 그라인더와 숫돌

그림 8-146 기름숫돌

3) 성형가공

(1) 숫돌의 원주 속도

연삭숫돌의 원조 속도는 연삭 능률에 큰 영향을 미친다. 원주 속도가 느리면 연삭숫돌의 마멸이 크고, 충분한 기능을 발휘하지 못한다. 원주 속도가 너무 빠르면 원심력에 의해 파손되어 위험하게 되고, 글레이징(Glazing)이 발생되어 연삭성이 저하된다.

연삭 숫돌의 원주 속도 V는 다음과 같다.

$$V = \frac{\pi \times D \times n}{1,000}, \quad n = \frac{1,000 \times V}{\pi \times D}$$

(2) 가공물의 원주 속도

가공물의 원주 속도는 연삭숫돌의 원주 속도비(速度比)에 따라 가공물의 표면 거칠기, 연삭 능률에 영향을 미치기 때문에 가공물의 재질, 숫돌의 종류, 연삭 방법 등을 고려하여 적절히 선정하여야 한다. 가공물의 원주 속도는 일반적으로 숫돌의 원주 속도의 1/100정도로 한다. 그러나 이 값은 연삭 조건에 따라 일정하지 않다.

(3) 연삭 깊이

가공물의 재질, 연삭 방법, 연삭 정밀도 등에 따라 연삭 깊이를 선정해야 한다.

연삭 능률을 높이기 위해서는 연삭 깊이를 크게 하여야 하나, 연삭은 절삭과 달라 연삭 깊이를 크게 하기 어렵다. 따라서 거칠은 연삭에서는 가능한 최대 연삭 깊이로 연삭하고, 다듬질 연삭에서는 적게 한다.

(4) 이송(feed)

연삭면은 이송을 작게 하면 연삭숫돌의 많은 입자에 접촉하게 되므로 표면 거칠기가 좋아진다. 가공물이 1회전 하는 동안에 이송이 숫돌의 폭보다 크면, 나사모양으로 연삭된다. 따라서 가공물 1회전마다의 이송은 숫돌의 폭보다 적어야 한다. 연삭숫돌의 폭 B에 대한 가공물 1회전마다의 이송을 F[mm/rev]라 하면, 연삭숫돌의 폭 B에 대한 가공물 1회전 마다 이송은 다음과 같다.

① 강　　　$f = (\frac{1}{3} \sim \frac{3}{4})B$

② 주철　　$f = (\frac{3}{4} \sim \frac{4}{5})B$ 정도이며

③ 다듬질 연삭에서는 $f = (\frac{3}{4} \sim \frac{4}{5})B$ 가 적당하다.

거친 연삭의 이송 속도는 1~2[m/min], 다듬질 연삭에서는 0.2~0.4[m/min]의 범위가 적당하다.

4) 연삭숫돌의 수정

(1) 무딤(Glazing)

연삭숫돌의 결합도가 필요 이상으로 높으면, 숫돌 입자가 마모되어 예리하지 못할 때 탈락하지 않고 둔화되는 현상을 무딤이라 한다. 무딤은 마찰에 의한 연삭열이 매우 커서 연삭열에 의한 연삭의 결함 원인이 된다. 무딤의 원인은 다음과 같다.

① 연삭숫돌의 결합도가 필요 이상으로 높을 때
② 연삭숫돌의 원주 속도가 너무 빠를 때
③ 가공물의 재질과 연삭숫돌의 재질이 적합하지 않을 때 무딤이 발생한다.

(2) 눈메움(Loading)

결합도가 높은 숫돌에서 알루미늄이나 구리 같이 연합 금속을 연삭하면 연삭숫돌 표면에 기공이 메워져 칩을 처리하지 못하여, 연삭 성능이 떨어지는 현상을 눈메움이라 한다. 눈메움 현상이 발생하면 연삭 성능이 저하되고 떨림 자국이 발생하며 눈메움의 발생 원인은 다음과 같다.

① 연삭숫돌 입도가 너무 적거나 연삭 깊이가 클 경우
② 조직이 너무 치밀한 경우
③ 숫돌의 원주 속도가 느리거나, 연한 금속을 연삭할 경우에 눈메움이 발생한다.

(3) 입자 탈락

연삭 숫돌의 결합도가 지나치게 낮으면, 숫돌의 입자가 마모되기 전에 입자가 탈락하는 현상을 입자 탈락이라 한다. 연삭량에 비교하여 숫돌의 소모가 커서 효율적인 연삭이 어렵다.

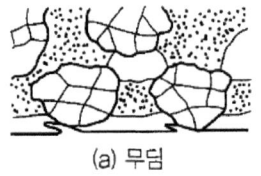
(a) 무딤

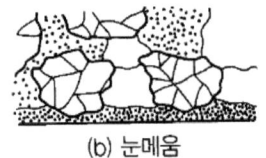
(b) 눈메움

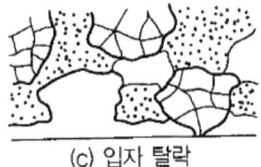
(c) 입자 탈락

그림 8-147 연삭숫돌의 수정 요인

5) 크리프 피드 성형 연삭

크리프 피드 성형 연삭은 전 가공이 없는 소재의 상태로부터 1회의 연삭(One Pass)으로 최종 상태에 가까운 형으로 다듬는 방법이다. 소량씩 몇 번이라도 반복되는 종래의 성형 연삭에 비해서 훨씬 가공 시간을 단축시킬 수 있다. 크리프 피드 연삭은 밀링 등의 전가공이 불필요하기 때문에 절삭이 곤란한 재료에도 이용할 수 있다.

크리프 피드 연삭을 하기 위해서 연삭기, 냉각제, 숫돌과 전용 연삭기가 필요하다.

(1) 연삭기 구조

크리프 피드 연삭기는 다음의 조건을 만족해야 한다.
① 대단히 높은 안전성과 강성
② 숫돌축의 고정도
③ 연삭용 모터의 고출력
④ 숫돌의 회전수가 가변일 것
⑤ 테이블 이송은 전자 제어 방식일 것
⑥ 보정 제어 장치가 붙어 있을 것

크리프 피드 연삭은 연삭시 발열량이 많고 숫돌과 공작물의 적촉부가 길어 연삭액의 공급이 곤란하며 공작물의 이송속도가 작기 때문에 가공부분의 온도가 상승한다. 이것을 막기 위해 고압의 냉각제가 필요하고 이것은 냉각 이외의 고압으로 칩을 배출시켜 숫돌의 눈메움 현상(Loading)을 막고 숫돌을 보호하는 기능을 갖는다.

(2) 연삭숫돌

크리프 피드 연삭에 쓰이는 숫돌은 높은 연삭압, 고온 다량의 칩 발생에 대처하기 위해 다음의 조건을 만족해야 한다.

① 연삭 칩을 다량으로 수용할 수 있도록 여유를 가질 것
② 능률적인 기능을 가질 것(결합제의 종류와 결합도, 연삭 입자의 종류와 조직 등)
③ 안전할 것(경도와 상호 관계에 의해 필요한 안정성)

실기 내용

1. 순차이송형 블랭킹 금형 다이 래핑(연삭)하기

그림 8-148 순차이송 금형 다이

그림 8-149 마그네틱 척을 사용

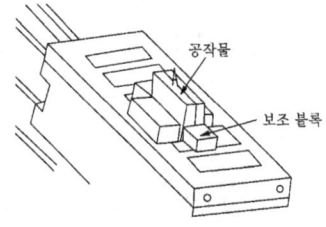
그림 8-150 마그네틱 척에 보조블록 설치

2. 작업 순서

1) 작업을 준비한다.
2) 연삭 숫돌을 설치하고 드레싱한다.
3) 공작물을 자석 척에 설치한다.
4) 다이의 평면 아래 부분을 연삭한다.
   (1) 연삭 깊이를 0.03[mm], 전후 이송은 2~3[mm] 정도로 하여 연삭한다.
   (2) 연삭여유가 작아지면 연삭 깊이는 0.01[mm] 정도로 하고 점차 연삭 깊이를 0.0025~0.005[mm], 전후 이송은 1~2[mm] 정도로 다듬 연삭한다.
5) 가공물을 측정, 검사한다.
6) 다이의 평면 윗 부분을 연삭한다.
   (1) 연삭 깊이를 0.03[mm], 전후 이송은 2~3[mm] 정도로 하여 연삭한다.
   (2) 연삭여유가 작아지면 연삭 깊이는 0.01[mm] 정도로 하고 점차 연삭 깊이를 0.0025~0.005[mm], 전후 이송은 1~2[mm] 정도로 다듬 연삭한다.
7) 가공물을 측정, 검사한다.
8) 정리 정돈한다.

3. 래핑 불량 부위 대책 수립

1) 래핑의 결함과 대책

(1) 연삭 균열

연삭 열에 의한 열팽창(熱膨脹) 또는 재질의 변화 등으로 인하여 연삭 표면에 육안으로 식별하기 힘든 미세한 균열이 발생한다. 연삭 균열에 관한 사항은 다음과 같다.
① C 함유량이 1.6~0.7% 이하인 강에서는 연삭 균열이 거의 발생하지 않는다.
② 공석강에 가까운 탄소강에서는 자주 발생한다.
③ 담금질강에서는 경연삭(經硏削)에서도 자주 발생하나, 뜨임하면 자주 발생하지 않는다. 연삭 균열을 적게 하기 위하여는 결합도가 연한 숫돌을 사용하고, 연삭 깊이를 적게 하고, 이송을 빠르게 하고, 연삭액을 충분히 사용하여 연삭열을 적게 발생시키고, 발생된 연삭 열은 신속하게 제거하는 것이 좋다.

(2) 연삭 과열

연삭할 때 순간적으로 고온의 연삭 열이 발생하여 연삭면이 산화되어 변색되는 현상을 연삭 과열이라 한다. 연삭 과열은 담금질한 강의 경도를 떨어뜨린다. 이와 같은 현상을 방지하기 위해서도 연삭 깊이를 적게하고 이송을 빠르게 하면서 절삭액을 충분히 공급해야 한다.

(3) 떨림(Chattering)

연삭 중에 떨림이 발생하면 표면 거칠기가 나빠지고 정밀도가 저하 된다. 떨림의 원인은 다음과 같다.
① 숫돌의 평형 상태가 불량할 때
② 숫돌의 결합도가 너무 클 때
③ 연삭기 자체의 진동이 있을 때
④ 숫돌축이 편심져 있을 경우 떨림이 발생한다.

(4) 연삭의 결함과 원인 대책

연삭에서 연삭 조건 또는 연삭기의 사용방법이 부적합하여, 발생하는 가장 일반적인 결함과 그의 원인, 대책은 표와 같다.

표 8-8 연삭의 결함과 원인 대책

결 함	원 인	대 책
진원도 불량	센터와 센터 구멍의 불량	센터 구멍의 홈, 먼지를 제거, 센터 구멍의 연삭 삼압축의 정도 조정
	공작물의 불균형	전체를 거친 연삭을 하여 편심을 제거, 불규칙한 공작물에는 밸런싱 웨이트를 붙인다.
	진동 방지구의 사용법 불량	가공물의 크기, 형상에 적합한 진동 방지구를 사용할 것.
원통도 불량	테이블 운동의 정도 불량	정도(精度)검사, 수리, 미끄럼 면의 윤활을 양호하게 할 것.
	가공법 불량	수직 이송연삭에서는 가공물에서 떨어지지 않도록, 플런지컷에서는 숫돌의 폭을 가공물보다 크게 함
떨림 (Chattering)	숫돌, 숫돌축 관계	숫돌차의 균형을 취하고, 숫돌차의 측면 트루잉, 벨트풀리의 평행 검사를 할 것.
	숫돌차의 결합도가 단단하다.	숫돌을 연한 것으로 하고 가공물의 속도를 빠르게 할 것
	숫돌의 눈메움	숫돌을 드레싱 한다.
	센터, 방진구의 사용법 불량	센터 수정, 윤활을 정확히 하고 방진구를 정확히 사용한다.
거친 가공면 이송흔적 (무늬)	숫돌의 결합도가 연함	단단한 숫돌차를 사용한다.
	숫돌의 입도가 거침	가는 입도의 숫돌차를 사용한다.
	숫돌차의 고정의 풀림 연삭기의 정밀도 불량	새로운 흡수지를 플랜지 안쪽에 끼운다. 정밀도를 검사하여 정확한 율활을 한다.
	가공물과 숫돌차면의 불평형	드레서의 고정을 올바르고 확실히 할 것.
	가공물과 숫돌차 면의 불평형	드레싱 마지막에는 절입하지 말고 숫돌차면을 왕복시킨다.

2) 래핑의 영향

래핑에는 건식래핑과 습식래핑이 있으며, 건식은 랩제 만을 사용하는 방법으로 정밀 다듬질에 사용되고, 습식은 랩제와 래핑액을 공급하여 가공하는 방법으로 거친 가공에 이용된다. 일반적인 작업방법은 습식으로 거친 가공을 한 후에 건식으로 다듬질하는 방식으로 한다. 래핑은 절삭되는 양이 적고, 표면 거칠기가 매우 우수하고, 광택이 있는 가공 면을 얻을 수 있다.

래핑은 블록 게이지, 리미트 게이지, 플러그 게이지 등의 측정기 측정면과 정밀기계부품, 광학 렌즈 등의 다듬질용으로 쓰이며, 금형에서 래핑은 성형기를 이용하거나 손 숫돌 등을 주로 사용한다.

(1) 래핑의 장점

① 가공 면이 매끈한 거울면(Mirror)을 얻을 수 있다.
② 정밀도가 높은 제품을 가공할 수 있다.
③ 가공 면은 윤활성 및 내마모성이 좋다.
④ 가공이 간단하고 대량생산이 가능하다.

⑤ 평면도, 진원도, 직선도 등의 이상적인 기하학적 형상을 얻을 수 있다.
⑥ 잔류응력 및 열적 영향을 받지 않는다.
⑦ 가공 면은 내식성과 내마모성이 양호하다 하여 랩핑가공이 하고 있다.

(2) 래핑의 단점
① 가공 면에 랩제가 잔류하기 쉽고, 제품 사용 시 잔류한 랩제가 마모를 촉진시킨다.
② 고도의 정밀 가공은 숙련이 필요하다.

(3) 래핑 다듬질에서 일어나기 쉬운 결점
① 래핑 면의 처짐(아래로 처짐)
  손작업 래핑에서 발생하기 쉬운 것으로서, 공작물의 양측이 비스듬하게 절삭되는 현상이다.
② 래핑 타붙음
  담금질강을 랩다듬질할 때 발생하는 것이다. 다듬질면이 황색에서 다갈색으로 될 때가 있다. 이 원인은 랩제의 절삭성이 나쁘거나, 랩유가 나쁘든지(점성의 문제), 압력이 크거나 또는 잘 부스러지는 랩제를 사용할 때 이것들이 원인이 된다.
③ 변형
  잔유응력이나 또는 공작물, 랩유, 랩제의 온도차에 기인된 것이 원인으로 랩작업 후 공작물에 일어날 때가 있다.

3) 래핑 조건

(1) 래핑 속도
가공물과 랩의 상대 속도를 래핑 속도라 하며, 습식법에서는 랩제나 래핑유가 비산(飛散)하지 않는 정도로 하며, 건식 래핑에서는 50~80[m/min] 정도로 한다. 래핑 속도가 너무 빠르면 발열로 인한 표면 변질층이 발생하므로 주의하여야 한다.

(2) 래핑 압력
랩제의 입자가 크면 압력을 높이고, 입자가 고우면 압력을 낮춘다. 압력을 높이면 흠집이 생길 우려가 있고 압력을 너무 낮추면 광택이 나지 않는다. 일반적으로 습식의 경우는 0.5[kgf/cm^2]보다 다소 낮게 한다. 건식은 1.0~1.5[kgf/cm^2]도로 하고 주철은 다소 낮게 한다.

(3) 래핑의 다듬질 여유

래핑 다듬질 여유는 10~20[μm] 정도가 적당하며 가공 표면의 거칠기는 0.025~0.0125 [μm] 정도로 하는 것이 일반적이다.

4. 래핑 후 부품조립 및 부품 보수

1) 주요 금형부품의 보수

(1) 절단날 공구

피어싱 금형의 펀치와 트리밍 금형의 인선부등은 보전 사이클이 빠른 부품중의 하나이다. 사용 중에 공구의 형상, 클리어런스, 면거칠기, 재질 등이 공구수명을 좌우한다.

(2) 스프링

스프링은 금형의 작동으로 장기 사용에 따른 처짐발생으로 인하여 금형에 치명적인손상이 될 수 있으므로 가공수 등을 감안하여 주기적인 점검과 교환이 이루어져야 한다.

그림 8-151 펀치류 날부 점검 및 수리

그림 8-152 스프링 점검과 교환

(3) 가이드 포스트 및 부시

가이드 포스트와 부시는 서로 한 조를 이루면서 금형의 상형과 하형의 가이드 역할을 하는 정밀도를 유지하는데 필요한 중요한 부품이다. 급유상태, 편심하중 등의 영향에 의한 마모로 포스트와 부시간의 틈새가 커지면 상형과 하형의 관계정밀도를 유지하기 어렵게 되고, 이로 인하여 금형의 여러 곳에서 문제가 발생될 수 있다.

그림 8-153 가이드 포스트와 부시 점검

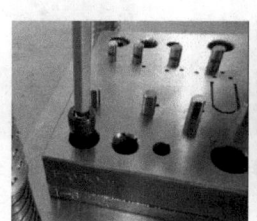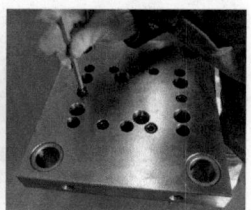
그림 8-154 금형 볼트 점검

(4) 볼트

금형의 조립에는 볼트 사용이 필수적이다. 일반적으로 금형에 많이 사용하는 볼트는 육각볼트로서 사용용도에 따라 일반 육각볼트와 풀림방지용 육각볼트가 있다.

(5) 가공 부품류

금형은 원재료의 입고부터 가공까지 표준품 및 기타 부품들을 조합하여 대량생산을 전재로 제작한다.

실기 내용

1. 프레스 금형 부품 조립하기

1) 상형 조립

(1) 다이세트 FR타입을 준비한다.
(2) 스트리퍼에 스트리퍼 인서트 편을 조립한다.

그림 8-155 FR 타입 다이세트

그림 8-156 스트리퍼 인서트편

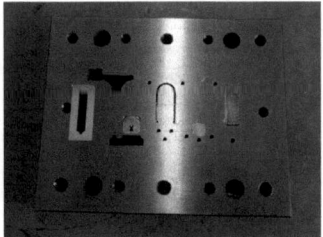
그림 8-157 인서트편 조립상태

(3) 스트리퍼와 스트리퍼 받침판 조립

스트리퍼와 스트리퍼 받침판은 볼트 4개를 사용하여 스트리퍼 받침판에서 조립해서 별도의 세트를 만든다.

그림 8-158 스트리퍼

그림 8-159 스트리퍼 받침판 조립상태

그림 8-160 조립 볼트

(4) 펀치 고정판에 펀치류 조립

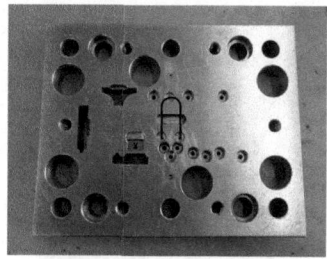
그림 8-161 펀치 고정판

그림 8-162 펀치류

그림 8-163 펀치 조립 상태

(5) 스트리퍼 볼트 조립

펀치 고정판과 스트리퍼를 스트리퍼 볼트로 조립한다.

그림 8-164 스트리퍼 볼트

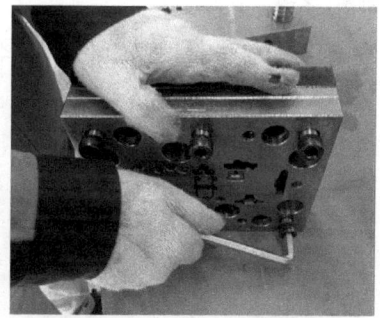
그림 8-165 스트리퍼 볼트 조립

(6) 스프링 장착

펀치 고정판의 스프링 자리에 스프링을 장착한다.

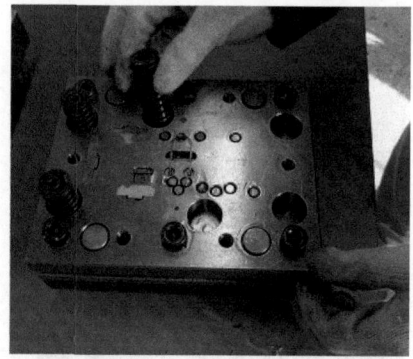
그림 8-166 스프링 조립하기

그림 8-167 스프링 조립 상태

(7) 펀치홀더에 펀치 받침판과 펀치 고정판 조립

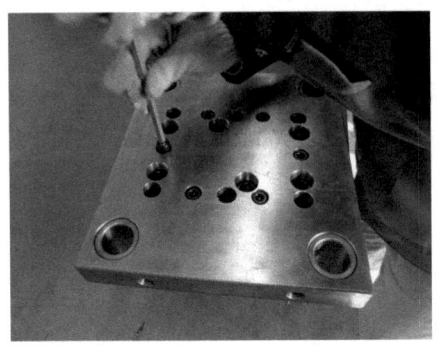
그림 8-168 펀치홀더 볼트 조립

그림 8-169 조립된 상형

2) 하형 조립

(1) 하측 다이세트에 스크랩이 빠질 수 있도록 구멍파기를 해준다.

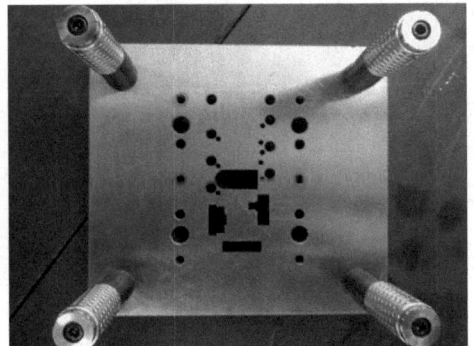
그림 8-170 하측 다이세트 스크랩 구멍 파기

(2) 다이에 다이편과 가이드리프터핀을 조립한다.

그림 8-171 다이편

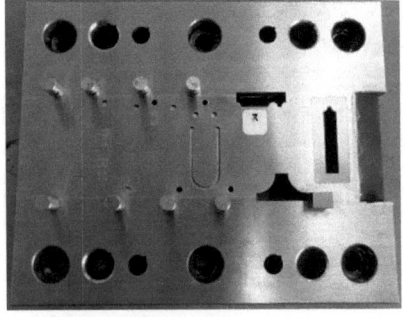
그림 8-172 다이편 조립 상태

(3) 하측 다이세트에 다이 받침판 조립

그림 8-173 하측 다이세트

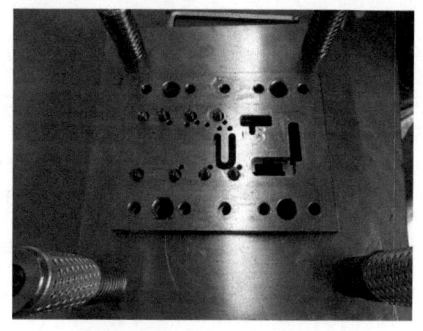
그림 8-174 스프링 조립 상태

(4) 하측 다이세트에 다이 조립

하측 다이세트의 다이받침판 위에 다이판을 볼트로 조립한다.

3) 상·하형 조립

하형 다이세트의 가이드 포스트와 상형 다이세트의 가이드 부싱을 조립한다. 이때 조립되어지는 방향에 주의하여 조립한다.

그림 8-175 받침판위에 다이 조립

그림 8-176 상·하형 조립

단원 핵심 학습 문제

01 다음 중 연삭숫돌의 수정이 아닌 것은?
① 무딤(Glazing)　　② 눈메움(Loading)
③ 입자 탈락　　　　④ 성형 입자
해설 : ④ 연삭숫돌의 수정 - 무딤(Glazing), 눈메움(Loading), 입자 탈락

02 표면 거칠기의 종류를 쓰기오.
해설 : 중심선 평균 거칠기, 최대높이 거칠기, 10점 평균 거칠기

03 부품 가공시 절삭공구의 날이나 숫돌입자에 의해 절삭된 표면에 가공 흔적이나 무늬 등으로 형성된 요철(凹, 凸)을 무엇이라고 하는가?
해설 : 표면거칠기(Surface Roughness)

04 가공에 의한 커터의 줄무늬가 기호를 기입한 면의 중심에 대하여 대략 레이디얼 모양의 줄무늬 방향의 기호는?
해설 : R

05 연삭숫돌의 결합도가 필요 이상으로 높으면, 숫돌 입자가 마모되어 예리하지 못할 때 탈락하지 않고 둔화되는 현상은?
해설 : 무딤(Glazing)

06 결합도가 높은 숫돌에서 알루미늄이나 구리 같이 연합 금속을 연삭하면 연삭숫돌 표면에 기공이 메워져 칩을 처리하지 못하여, 연삭 성능이 떨어지는 현상은?
해설 : 눈메움(Loading)

07 연삭 숫돌의 결합도가 지나치게 낮으면, 숫돌의 입자가 마모되기 전에 입자가 탈락하는 현상은?
해설 : 입자 탈락

08 연삭할 때 순간적으로 고온의 연삭 열이 발생하여 연삭면이 산화되어 변색되는 현상은?
해설 : 연삭 과열

09 블록 게이지, 리미트 게이지, 플러그 게이지 등의 측정기 측정면과 정밀기계부품, 광학 렌즈 등의 다듬질용으로 쓰이며, 금형에서 성형기를 이용하거나 손 숫돌 등을 주로 사용하는 작업은?

해설 : 래핑

8-4 작업 정리 정돈하기

1. 금형 완성품 관리 및 보관

1) 프레스 금형 조립과정의 측정 검사

(1) 프레스 부품 측정 검사
요즘은 프로세스별 품질을 체크할 수 있는 품질체계 및 측정기의 보급 또한 품질을 향상시킬 수 있는 또 하나의 계기가 되었다. 디지털 버니어, 디지털 마이크로, 디지메틱 인디게이터 등의 측정기들이 각각의 가공 공정마다 배치되어 있으며, 가공을 하는 작업자가 자신이 작업한 부분에 대하여 측정을 하고, 품질을 보증하는 시스템이며, 공정별 불량 발생시 즉시 조치 할 수 있는 시스템으로 품질이 향상이 되었다.

(2) 조립된 금형 검사
① 금형의 고정 볼트는 충분히 죄었는가? (금형 파손의 원인)
② 생크의 고정은 좋은가? (파손의 원인)
③ 녹 아웃 핀은 전부 조립되어 있는가? (금형 파손의 원인)
④ 안내 판과 부시는 헐겁지 않는가? (금형 안내의 불량)
⑤ 이젝터의 작동은 잘 되는가? (이송불량의 원인)
⑥ 소재 안내판은 잘 맞추어져 있는가? (이송 불량의 원인)
⑦ 자동 스톱(Auto Stop)의 기능이 잘 되는가? (소재의 낭비, 제품의 불량 원인)

(3) 조립 후 작동상 이상 유·무 확인
① 상형을 하형 위에 조립하고 조립높이, 평행도를 측정한다.
② 상형을 천천히 상하 왕복 운동시켜서 셀로판지를 상하형 사이에 넣고 피어싱 후 틈새를 확인한다.
③ 금형 시방에 맞는 프레스를 선정한다.
④ 블랭킹 가공된 제품을 넣을 수 있도록 금형을 설치하여 금형 다이의 높이에 맞게 행정을 조정한다. 이때 안전 수칙을 철저히 준수하여 작업을 한다.
⑤ 제품이 될 소재를 넣어 시험 작업을 한다.

(4) 작동 확인 후 이상발생 조치
금형의 조립 완료 후 작동상태 확인 및 이상이 발생하는 경우 이상발생 원인을 파악하고 적절한 조치를 해 주어야 한다. 금형 제작 과정 중에 금형 사고가 가장 많이 발생하는 시기가 작동을 확인 하는 과정이며, 금형에 이상이 발생하는 경우에는 사상조립 작업자는 설계자와의 미팅으로 금형이상 원인을 규명하고, 대책을 수립하여야 한다.

(5) 프레스에 장착 후 작동상태 확인
① 제품의 취출공간은 확보되었는가?
② 제품의 자동낙하는 가능한가?
③ 제품의 취출 작업이 가능한가?
④ 주변장치와의 연결에 이상은 없는가?
⑤ 타발조건의 세팅에 무리가 없는가?

그림 8-177 금형의 작동 상태 확인

2) 프레스 금형 보전 관리

(1) 금형 보전의 목적
금형 제작 후 생산 중인 상태에서 초기 상태를 유지할 수 있도록 관리하는 것을 금형 보전이라 한다. 금형 보전의 목적은 다음과 같다.
① 프레스 생산의 안정
② 부품의 정밀도 유지
③ 금형 생산 코스트의 절감

(2) 금형 보전의 종류
① 일상보전

제품 생산 후 생산 전에 금형의 상태를 점검하는 일상적인 제품 칩이나 오일 등의 청소, 점검 및 금형내의 작동상태를 점검하는 등을 위한 작업이며 금형의 정상적인 상태를 확인하여 잘못된 부위를 조기에 발견하기 위함이다.

② 사고 보전

금형으로 제품을 가공하고 있는 상태에서 제품에 불량이 발생되거나 비정상적인 변화가 나타나 계속적인 사용이 곤란한 경우, 즉 이상이 발생한 이후의 보전이며 버가 커지고, 치수가 틀리고, 타흔이 생기고, 금형부품이 늘어붙은 경우에 해당한다.

③ 정기 보전

금형에는 마모 곡선이 존재한다. 금형의 보수는 이상 마모 영역 부근에서 실시한다. 이 시기는 프레스 가공수로 쉽게 파악할 수 있다. 소정의 생산 수량에 도달하였을 때 금형을 보전하는 것으로서 계획적이며, 가장 이상적인 보전 방법이다.

④ 개량 보전

금형의 구조나 부품의 일부를 개선하여 금형 수명(보전 사이클)의 연장, 품질 안정, 보전의 용이 등을 위하여 특별히 실시하는 내용의 보전을 말한다.

(3) 금형의 보수관리는 부품가공에 있어서 러닝코스트의 저감과 모든 문제점을 추출할 수 있으므로 다음과 같은 수리대응의 이점이 있다.

① 통산적인 보수관리(Maintenance) 시간을 삭감할 수 있다.
② 돌발적인 수리를 단시간에 할 수 있다.
③ 부품의 빠른 교환이 가능하다.
④ 트러블에 대하여 신속한 해결책을 강구할 수 있다.

2. 래핑 작업실시 및 작업 정리 정돈하기

1) 랩핑 작업을 위한 폴리싱에 의한 방법

(1) 펀치와 드로잉 다이 폴리싱 작업

랩핑 다듬질 여유는 예비가공의 조도에 따라 틀리지만 보통 5~10 마이크로미터 정도가 적당하며 가공 표면의 거칠기는 0.01~0.025 마이크로미터 정도로 하는 것이 일반적이다. 랩핑하기 위해서는 먼저 기름숫돌을 준비한다. 구입한 기름숫돌은 끝의 모양이 사각 형상이기 때문에 작업을 하기 좋게 끝을 삼각형 형상으로 만들어 가공한다. 삼각 형상의 끝을 금형의 방전면에 대고 랩핑한다. 기름숫돌이 거친 것부터 부드러운 기름숫돌로 바꾸어가며 랩핑을 한다.

사포 작업이 끝나면 연마제 25%, 지방유, 유기용제함유, 계면 활성제가 포함된 광택제인 피칼 작업을 한다. 피칼을 이용한 작업 방법은 부드러운 천에 피칼을 묻혀 드로잉 다이면을 닦는다.

그림은 랩핑 작업이 끝난 드로잉 다이면을 나타낸 것이다. 랩핑 작업 공정은 기름숫돌, 사포, 피칼 작업 순서로 이루어진다.

그림 8-178 피칼

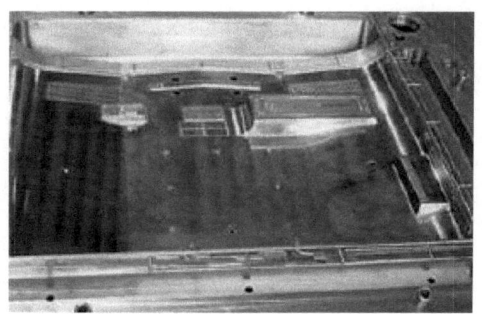

그림 8-179 래핑 작업이 끝난 드로잉 다이

2) 랩핑 작업을 위한 기계에 의한 방법

(1) 호닝

호닝은 직사각형의 숫돌을 스프링으로 축에 방사형으로 부착한 원통형태의 공구, 즉 혼(Hone)을 회전 및 직선왕복 운동을 시켜 공작물을 가공하는 방법이다. 호닝의 특징은 다음과 같다.

① 발열이 적고 경제적인 정밀가공이 가능하다.
② 전 가공에서 발생한 진직도, 진원도, 테이퍼 등에 발생한 오차를 수정할 수 있다.
③ 표면 거칠기를 좋게할 수 있다.
④ 정밀한 치수로 가공할 수 있다.

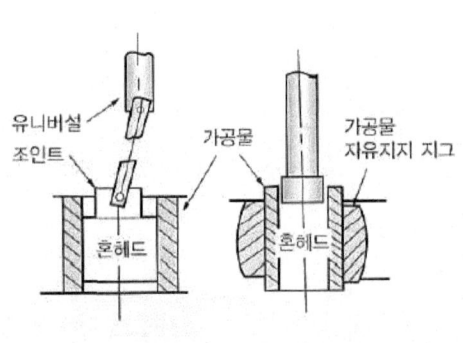

그림 8-180 자유 호닝

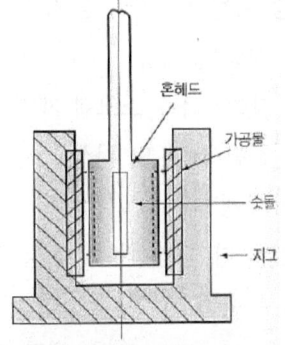

그림 8-181 강제 호닝

(2) 슈퍼 피니싱

슈퍼 피니싱은 입도가 작고, 연한 숫돌에 적은 압력으로 가압하면서, 가공물에 이송을 주고,

동시에 숫돌에 진동을 주어 표면 거칠기를 높이는 가공 방법이다. 다듬질된 면은 평활하고, 방향성이 없으며, 가공에 의한 표면변질 층이 극히 미세하다. 평활하고 방향성이 없으며, 가공에 의한 표면변질 층이 극히 미세하다. 원통형 가공물 외면 및 내면은 물론 평면까지도 정밀한 다듬질이 가능하다. 정밀롤러, 베어링 레이스, 저널, 축의 베어링 접촉부, 각종 게이지의 초정밀 가공에 사용된다.

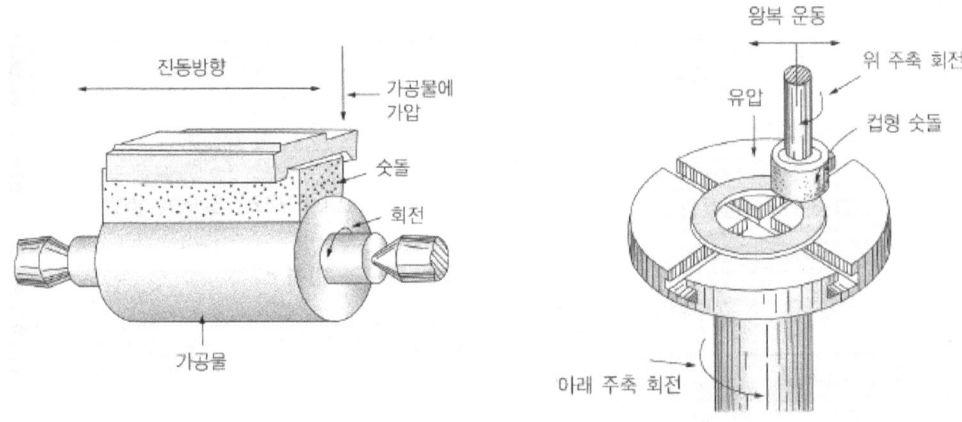

그림 8-182 원통 슈퍼 피니싱   그림 8-183 평면 슈퍼 피니싱

(3) 슈퍼 피니싱 숫돌

슈퍼 피니싱 숫돌은 연삭숫돌과 같이 산화 알루미나계, 탄화 규소계를 사용하며, 결합제로는 비트리파이드를 가장 많이 사용한다.

3) 금형사용 후 관리

(1) 금형 사용 후 관리 정의

① 금형 분리면 세정

　(가) 상측·하측 스크랩 제거

　(나) 눌림 확인 및 사상

② 인선부 랩핑

　펀치류, 다이 인선부를 래핑 후 세정하여 방청

③ 습동부 윤활

　(가) Guide Post, Bush 세정 및 윤활

　(나) CAM Set 세정 및 윤활

　(다) 스프링류 세정 및 윤활

④ 작동부 볼트 이완 방지
   작동부 Bolt 풀림 확인 및 재조임
⑤ 방청
   금형 각 부품류 및 형판 방청 실시
⑥ 금형 이물질 유입 방지
   장・단기 보관 시는 방청유로 모든 면에 도포 하여 보관

단원 핵심 학습 문제

01 다음 중 금형 보전의 종류가 아닌 것은?
① 일상보전 ② 사고 보전
③ 정기 보전 ④ 수정 보전

해설 : ④ 금형 보전의 종류 - 일상보전, 사고 보전, 정기 보전, 개량 보전

02 직사각형의 숫돌을 스프링으로 축에 방사형으로 부착한 원통형태의 공구, 즉 혼(Hone)을 회전 및 직선왕복 운동을 시켜 공작물을 가공하는 방법은?

해설 : 호닝

03 입도가 작고, 연한 숫돌에 적은 압력으로 가압하면서, 가공물에 이송을 주고, 동시에 숫돌에 진동을 주어 표면 거칠기를 높이는 가공 방법은?

해설 : 슈퍼 피니싱

04 금형 보전의 목적을 쓰시오.

해설 : ① 프레스 생산의 안전
② 부품의 정밀도 유지
③ 금형 생산 코스트의 절감

05 금형에는 마모 곡선이 존재한다. 금형의 보수는 이상 마모 영역 부근에서 실시한다. 이 시기는 프레스 가공수로 쉽게 파악할 수 있다. 소정의 생산 수량에 도달하였을 때 금형을 보전하는 것으로서 계획적이며, 가장 이상적인 보전 방법은?

해설 : 정기 보전

06 호닝의 특징을 쓰시오.

해설 : ① 발열이 적고 경제적인 정밀가공이 가능하다.
② 전 가공에서 발생한 진직도, 진원도, 테이퍼 등에 발생한 오차를 수정할 수 있다.
③ 표면 거칠기를 좋게 할 수 있다.
④ 정밀한 치수로 가공할 수 있다.

07 원통형 가공물 외면 및 내면은 물론 평면까지도 정밀한 다듬질이 가능하다. 정밀롤러, 베어링 레이스, 저널, 축의 베어링 접촉부, 각종 게이지의 초정밀 가공에 사용되는 가공은?

해설 : 슈퍼 피니싱

08 드로잉 다이면의 랩핑 작업 공정을 쓰시오.

해설 : 기름숫돌, 사포, 피칼 작업 순서로 이루어진다.

09 금형의 구조나 부품의 일부를 개선하여 금형 수명(보전 사이클)의 연장, 품질 안정, 보전의 용이 등을 위하여 특별히 실시하는 내용의 보전은?

해설 : 개량 보전

10 프레스에 장착 후 작동상태 확인 사항은?

해설 : ① 제품의 취출공간은 확보되었는가?
② 제품의 자동낙하는 가능한가?
③ 제품의 취출 작업이 가능한가?
④ 주변장치와의 연결에 이상은 없는가?
⑤ 타발조건의 세팅에 무리가 없는가?

NCS적용

프레스금형 도면해독
(프레스금형조립)

LM1502030801_14v2

9-1 도면해독 준비하기

1. 전단금형 제품도 해독

1) 전단가공이론

(1) 전단면 형상
전단과정을 거쳐 절단 분리된 블랭크의 전단면은 처짐, 전단면, 파단면, 버로 나누어진다.

① 처짐(shear droop)
눌린면이라고도 하며, 펀치가 피가공 재의 표면을 침입할 때 나타나는 현상으로 클리어런스에 영향을 받으며 그 율은 판 두께의 10~20% 정도이다.

② 전단면(shearing surface)
펀치의 날에 의해서 잘려지는 부분으로 광택이 있으며 제품의 치수정밀도를 결정하는 중요한 면이다. 일반적인 전단면의 크기는 판 두께의 25~50% 정도이다. 전단력은 전단면의 크기에 비례한다.

③ 파단면(surface)
펀치가 더 진행되면 펀치와 다이의 틈새만큼 크랙이 발생하며, 파단면 형상은 거칠게 나타난다. 파단면은 클리어런스의 크기에 영향을 받기 때문에 클리어런스가 크면 파단면도 크게 나타난다.

④ 버(burr)
버는 적을수록 제품은 양호하지만 가공제품의 버를 없애는 것은 불가능하므로 일반적으로 판 두께의 10% 이하로 규제하고 있다.

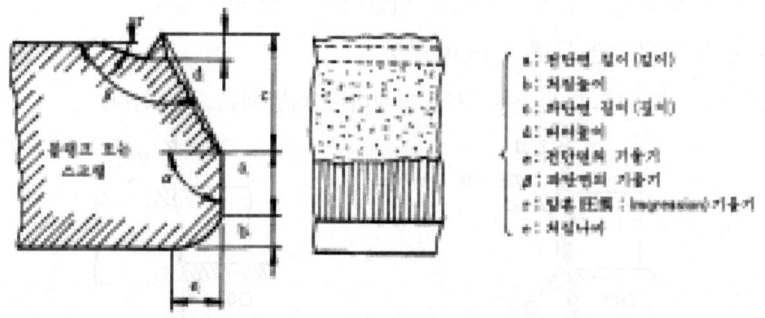

그림 9-1 전단면의 형상

(2) 버(burr)의 방향
① 피어싱 가공 : 버가 제품의 아래쪽에 발생한다.

② 블랭킹 가공 : 버가 제품의 위쪽에 발생한다.

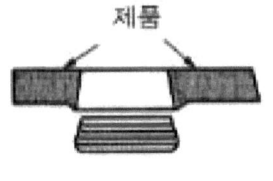

그림 9-2 피어싱 가공

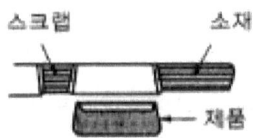

그림 9-3 블랭킹 가공

③ 순차이송금형의 블랭킹 및 피어싱 가공 : 버가 제품의 상, 하에 발생한다.
④ 복합금형의 블랭킹 및 피어싱 가공 : 버가 제품의 같은 방향에 발생한다.

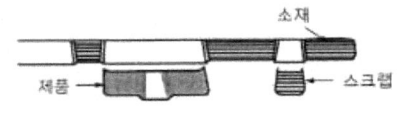

그림 9-4 순차이송금형 가공

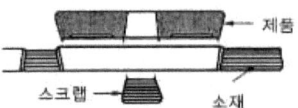

그림 9-5 복합금형 가공

(3) 클리어런스(clearance)

클리어런스는 펀치와 다이의 편측 간격을 말한다. 일반적인 클리어런스는 판 두께의 5~7%t이니, 이론적인 적성 클리어런스는 판 두께의 18%t이다.

① 클리어런스 과소 : 판 두께의 3%t 적용.
  2차 전단이 발생하며, 전단하중은 증가하나 양질의 제품을 얻을 수 있다.
② 클리어런스가 적은 경우 : 판 두께의 5~7%t 적용.
  2차 전단이 부분적으로 발생하며, 양질의 제품을 얻을 수 있다.
③ 클리어런스 적정 : 판 두께의 18%t 적용.
  처짐, 전단면 및 파단면이 나타나고 타발력이 정상적인 상태.
④ 클리어런스 과대 : 판 두께의 18%t 이상.
  전단면은 거칠게 되고 제품은 휨이 발생하나 타발력은 감소한다.

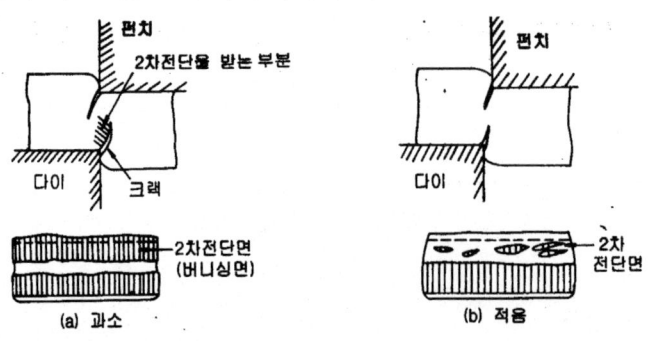

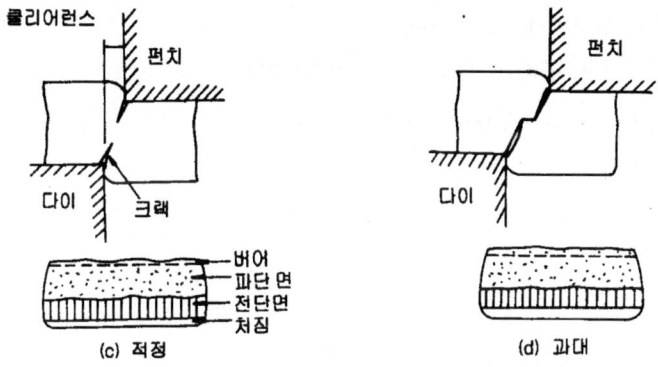

그림 9-6 클리어런스와 전단면의 형상

(4) 클리어런스(clearance) 결정

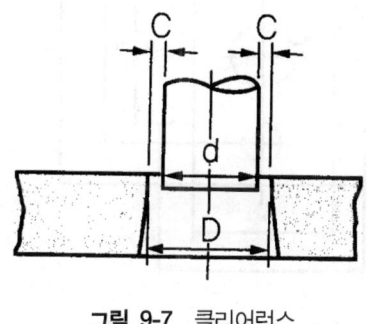

그림 9-7 클리어런스

① 블랭킹의 경우 : 다이직경(D)를 기준치수로 하고, 펀치직경(d)를 클리어런스만큼 적게 한다. (D=0, d=D−2C)
② 피어싱의 경우 : 펀치직경(d)를 기준치수로 하고 다이직경(D)를 클리어런스만큼 크게 한다. (d=0, D=d+2C)

[클리어런스의 결정 예]

블랭킹과 피어싱에서 펀치와 다이의 치수결정
제품 직경 : 20mm, 제품 두께 : 1mm
클리어런스 : 6%, C=1×6/100=0.06mm
ⓐ 블랭킹의 경우
　치수기준 : 다이직경(D) 치수=20mm(제품치수)
　펀치직경(d) 치수=20−0.12=19.88mm
ⓑ 피어싱의 경우
　치수기준 : 펀치직경(d) 치수=20mm(제품치수)

다이직경(D) 치수 = 20 + 0.12 = 20.12mm

ⓒ 클리어런스의 크기를 구하는 식 : C = D − d/2t × 100

C = 20 − 19.88/2 × 1 × 100 = 0.06 = 6%(편측 간격)

실기 내용

1. 제품도 해독

(1) 블랭킹 낙하형식과 Cut-off 형식 제품도 해독

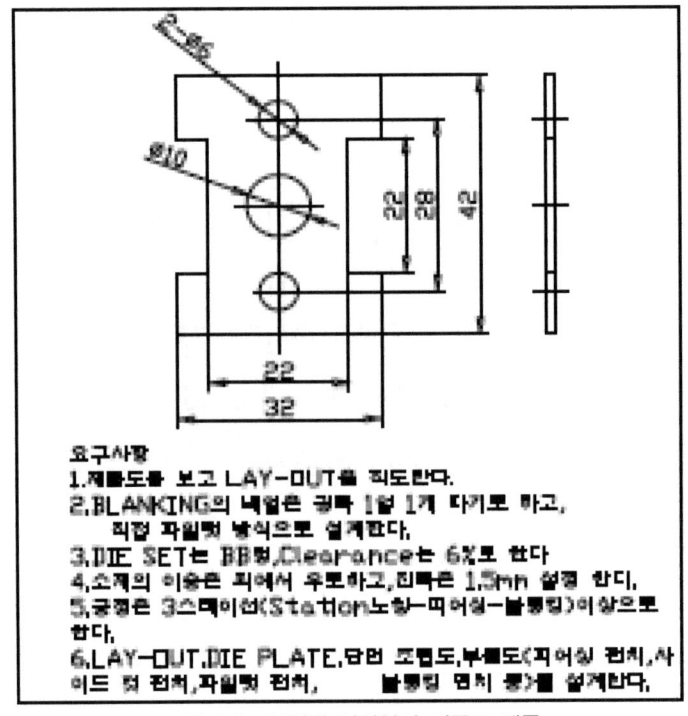

그림 9-8 블랭킹 낙하형식 제품도 해독

2. 조립도 해독

1) 조립도 검토내용

① 전단 가공 검토내용

(가) 주요부분의 치수를 나타내고 프레스기계와의 관계를 나타낸다.

(나) 하사점에서 상형과 하형의 관계 등을 나타낸다.

(다) 각부품의 위치결정방법과 고정방법을 표시한다.

② 굽힘 가공 검토내용
　(가) 주요부분의 치수를 나타내고 프레스기계와의 관계를 나타낸다.
　(나) 이송 때의 안전사항과 도피 홈을 나타낸다.
　(다) 굽힘과 뽑기의 타이밍을 알 수 있도록 표시한다.
③ 성형 가공 검토내용
　(가) 주요부분의 치수를 나타내고 프레스기계와의 관계를 나타낸다.
　(나) 스프링의 휨량을 나타낸다.
　(다) 이송 때 피가공재의 안전에 주의 한다.
　(라) 공기 뽑기, 가공유의 처리 등을 나타낸다.

(1) 조립 하형 평면도
① 금형의 하형에 부착되어 있는 금형의 부품들을 위에서 아래로 내려다 본 상태를 제도한 도면을 말한다.
② 조립 하형 평면도에는 다이블록, 소재 안내판, 패드, 맞춤 핀, 고정 스트리퍼, 나사 등을 표시한다.

(2) 조립 상형 평면도
① 금형의 상형에 부착되어 있는 금형의 부품들을 금형을 뒤집어 위에서 아래로 내려다 본 상태를 제도한 도면을 말한다.
② 조립 상형 평면도에는 생크, 펀치 고정판, 파일럿 핀, 펀치, 백킹 플레이트, 가이드부싱, 가동 스트리퍼, 나사 등을 표시한다.

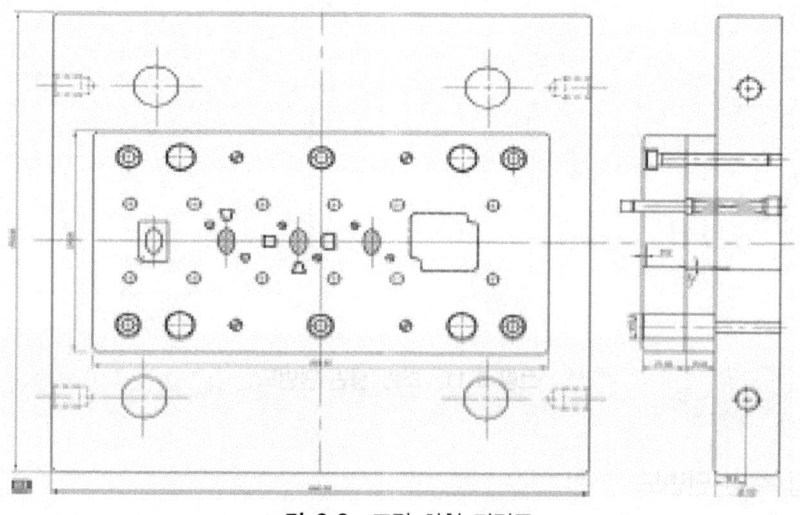

그림 9-9 조립 하형 평면도

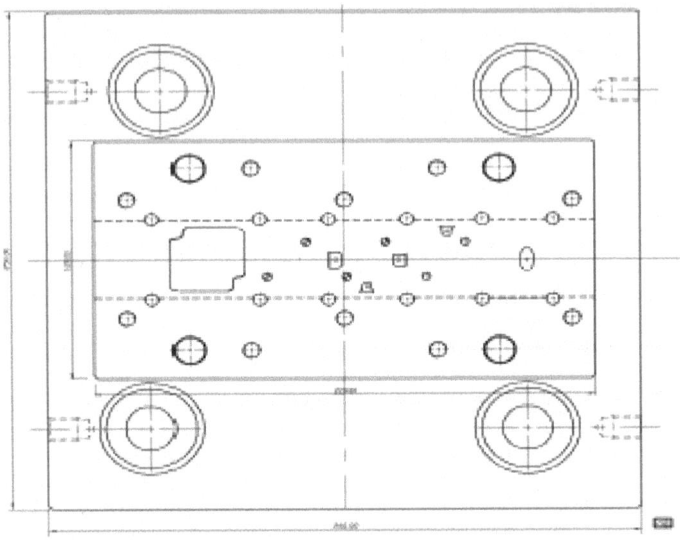

그림 9-10 조립 상형 평면도

(3) 조립 정면 단면도

조립 정면 단면도는 조립된 금형의 평면을 기준으로 가로방향으로 절단하여 본 상태를 제도한 도면을 말한다.

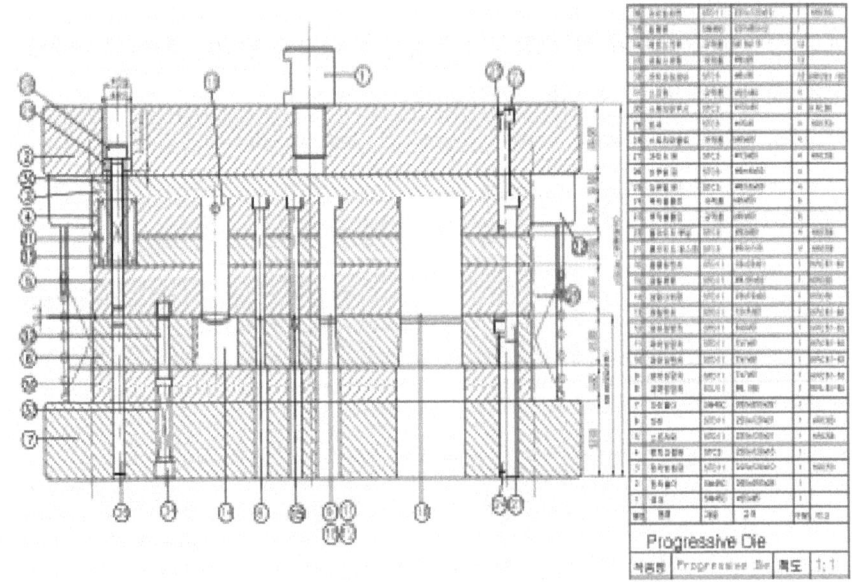

그림 9-11 조립 평면 단면도

(4) 조립 측면 단면도

조립 측면 단면도는 조립된 금형의 평면을 기준으로 세로방향으로 절단하여 본 상태를 제도

한 도면을 말한다.

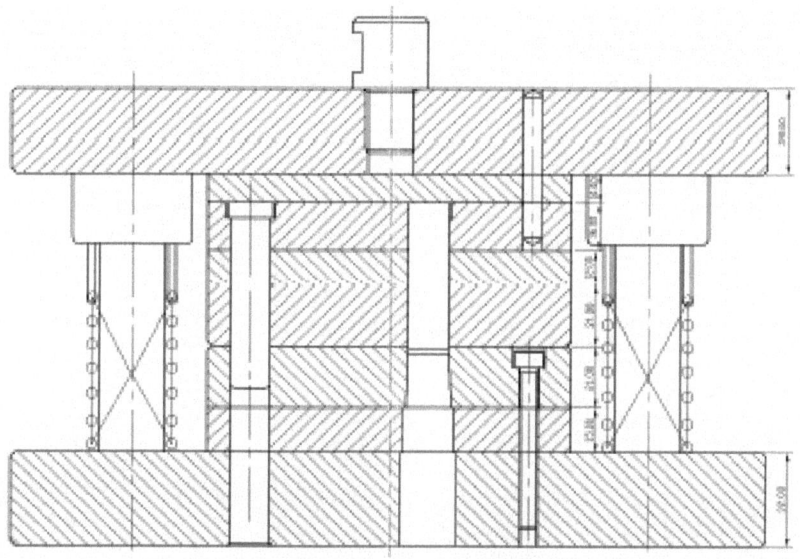

그림 9-12 조립 측면 단면도

실기 내용

1. 간단한 연속금형 조립도 해독

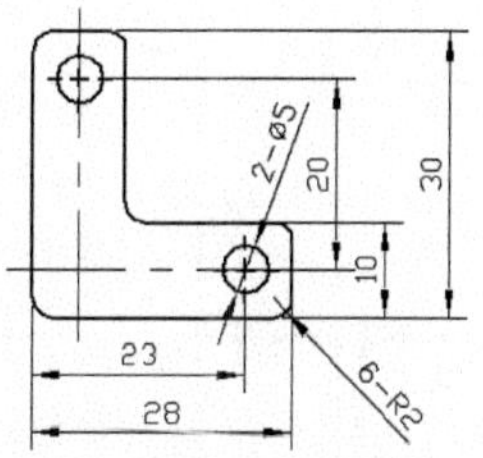

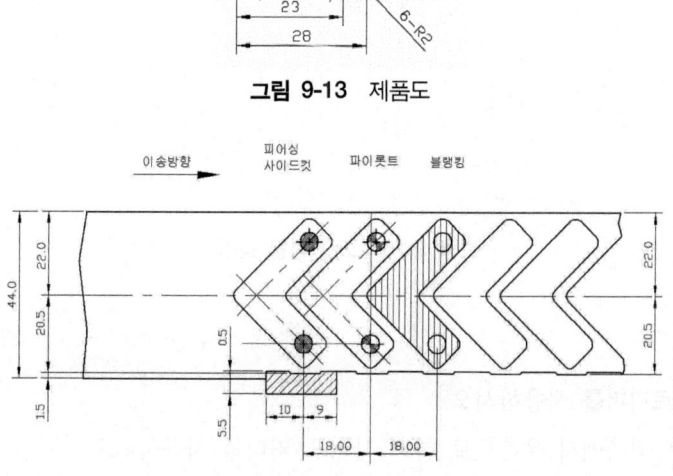

그림 9-13 제품도

그림 9-14 스트립레이아웃

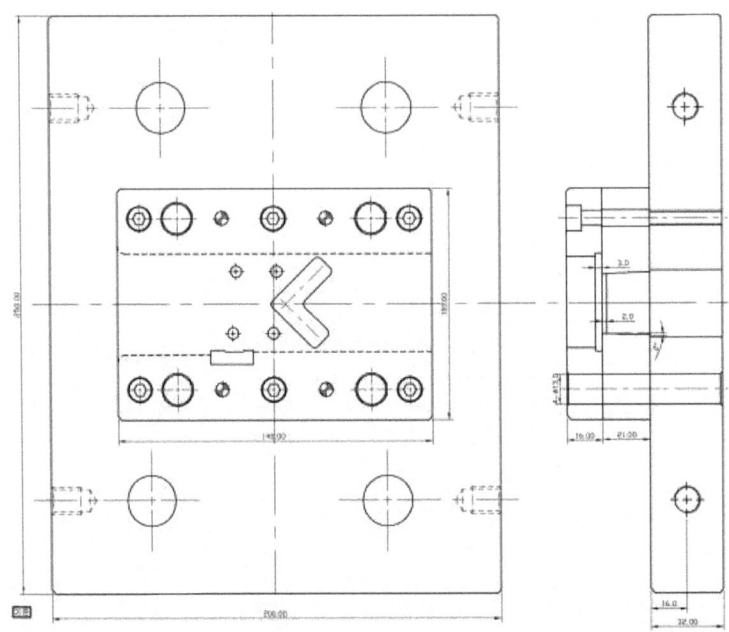

그림 9-15 조립 하형 평면도

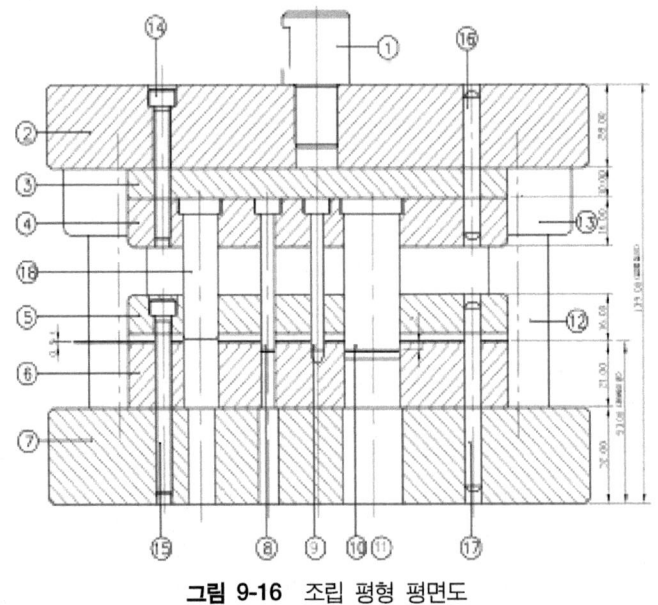

그림 9-16 조립 평형 평면도

[요구사항]

① 고정식 스트리퍼를 사용하시오.

② 소재이송은 좌측에서 우측으로 하고 사이드 커터를 사용하시오.

③ 제품 배열은 1열 1개 따기로 하시오.

④ 다이 셋트는 FB형 스틸 다이 세트를 사용하시오.

⑤ STRIP LAYOUT 작성 : 피치, 소재 폭, 각각의 공정을 기입하시오.
⑥ 조립 하형 평면도, 조립 정면 단면도를 작성하시오.
⑦ 파일럿은 직접 파일럿 방식으로 하시오.
⑧ 제품의 최종 완성은 블랭킹 가공으로 완성한다.

3. 부품도 해독

1) 판재(Plate)

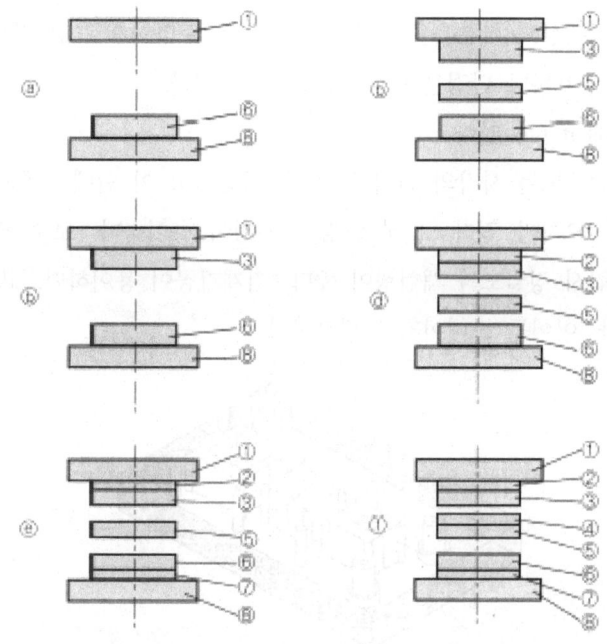

그림 9-17 순 배치형 구조의 플레이트의 구성 종류

① 펀치 홀더 ② 배킹플 레이트 ③ 펀치 플레이트 ④ 스트리퍼 배킹 플레이트
⑤ 스트리퍼 ⑥ 다이 ⑦ 다이용 배킹 플레이트 ⑧ 다이 홀더

2) 다이

(1) 다이의 종류

① 솔리드 타입(solid type)또는 일체형
다이플레이트의 크기를 작게 설계할 수 있으며, 레이아웃을 편하게 결정할 수 있다. 와이어 가공의 보급으로 정밀도가 높은 가공이 가능하게 되었으나 1군데 불량으로 전체를

다시 만들어야 하는 결점이 있다.
② 요크 타입(yoke type)또는 블록 조립형

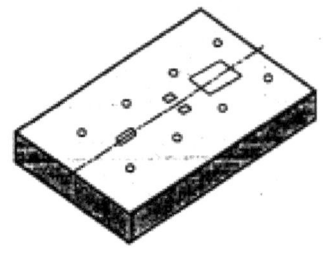

그림 9-18 솔리드 타입

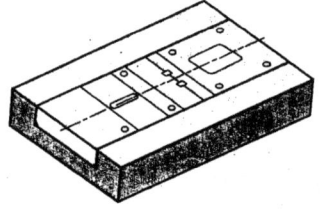

그림 9-19 요크 타입

요철 홈에 블록형상의 부품을 조립한 채널 스프리트타입으로 홈 폭의 조정이 가능하며, 가공정밀도가 양호하나 단점은 다이 강성이 낮아진다.

③ 인서트 타입(insert type)

플레이트에 원형 또는 사각의 인서트포켓을 가공하고 이 안에 블록을 조립한다.

※장단점 : 누적오차가 적다. 설계 변경시 수정이 용이하다. 보수 및 수리가 용이하다. 분해 및 조립시 정밀도와 재현성이 좋다. 기계가공이 용이하다. 고정밀도 포켓 가공기가 필요하다. 이이들 스테이시가 필요하다.

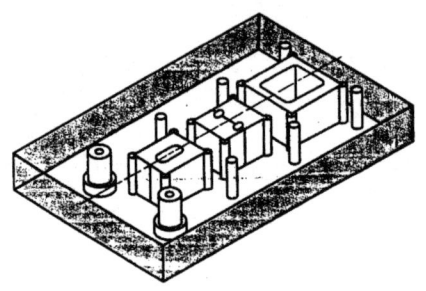

그림 9-20 인서트 타입

④ 분할 다이

다이를 분할하여 열처리 한 후 성형연삭으로 제작, 조립할 경우 분할할 필요가 있다.

※분할시 주의사항 : 모서리의 R검토, 연결부가 약해지는 형상은 피한다. 분할한 블록은 위치를 벗어나지 않을 것.

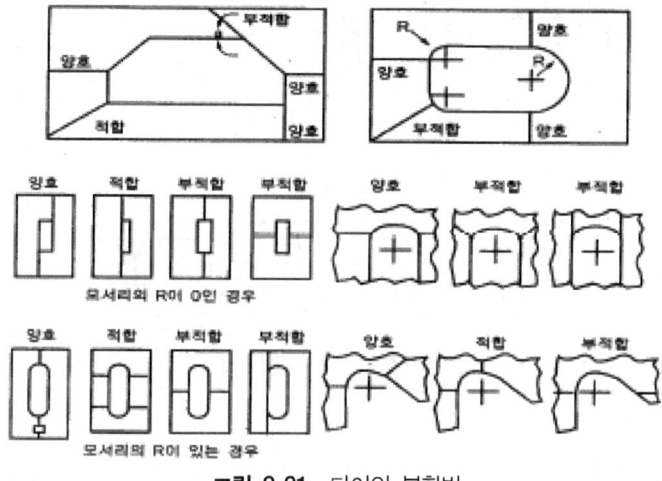

그림 9-21 다이의 분할법

3) 배킹 플레이트(backing plate)

하중을 받은 펀치가 펀치 홀더에 압입되는 것을 방지하는 역할을 한다.

4) 펀치 플레이트(punch plate)

(1) 펀치 플레이트의 역할

펀치 플레이트는 펀치와 억지 끼워 맞춤하며, 펀치를 수직으로 유지하고, 교환이 용이한 구조로 충분한 강도를 갖는다.

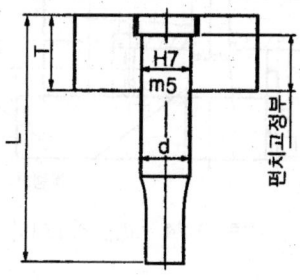

그림 9-22 펀치 고정판

(2) 플랜지 타입 펀치 고정방법

플랜지 표준형, 테이퍼형, 누르기 나사형, 키이 고정형, 핀과 나사 고정형.

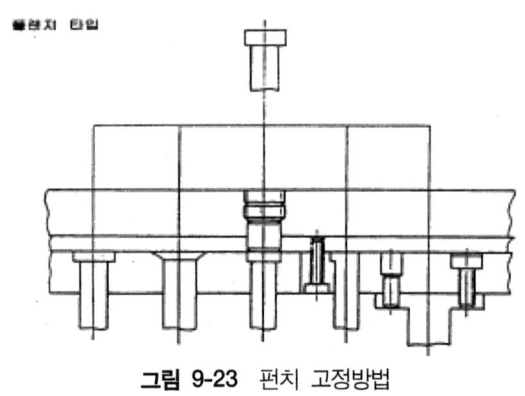

그림 9-23 펀치 고정방법

5) 스트리퍼(stripper)

스트리퍼는 스크랩을 펀치로부터 이탈, 재료의 변형방지, 펀치의 강도 보강 및 펀치의 가이드 역할을 한다.

(1) 스트리퍼의 종류

① 고정 스트리퍼 : 펀치 안내 및 스크랩을 펀치로부터 이탈.

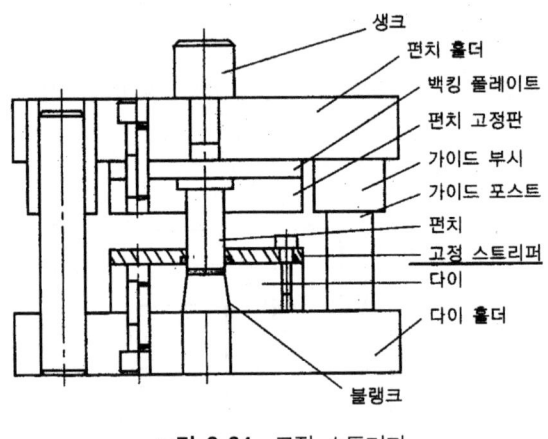

그림 9-24 고정 스트리퍼

② 가동 스트리퍼 : 고속, 대량생산 및 박판용 정밀 생산형으로 사용되며, 펀치 홀더 측에 스프링이나 우레탄고무로 가동하게 하는 형식이다.

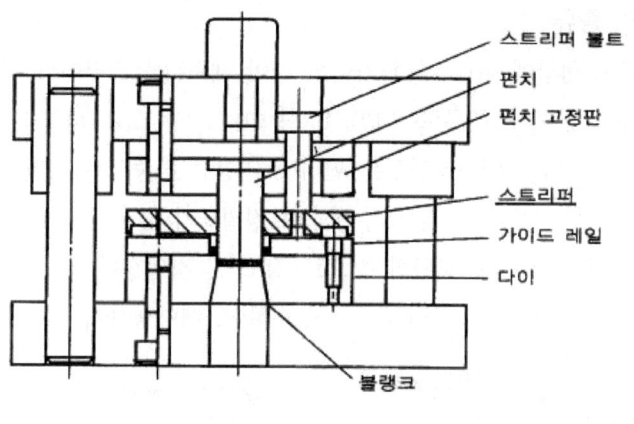

그림 9-25 가동 스트리퍼

6) 생크(shank)

금형의 상형을 프레스 램에 봉상의 자루부분으로 하중의 중심에 위치하며, 100mm에 대해 0.02mm의 직각도를 유지하여야 한다.

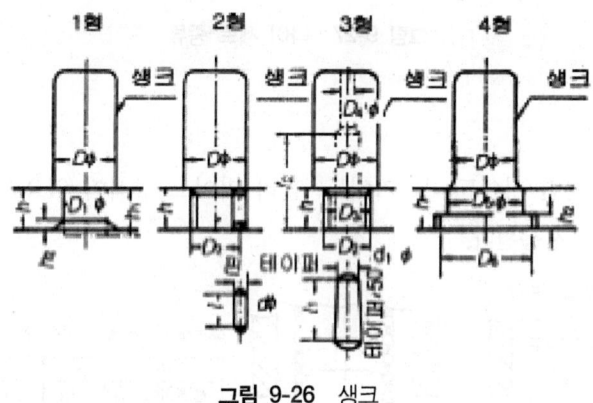

그림 9-26 생크

7) 펀치(Punch)

펀치머리는 스트레이트형과 플랜지형이 있으며, 생크부의 치수와 정밀도는 다음과 같다. 펀치에 사용되는 재질은 STC<STS<STD<SKH<V 등이 있다.

8) 다이 세트(die set)

펀치와 다이의 관계유지를 정확히 하고, 기계에 장착과 장탈을 신속하게 하는 것이 다이 세트이다.

(1) 다이 세트의 종류

다이세트는 가이드 형상에 따라 부시 가이드 다이 세트, 볼 슬라이드 다이 세트, 롤러 가이드 다이 세트 등이 있으며, 종류로는 BB, BR형 CB, CR형 DB, DR형 FB, FR형이 있다.

① B형 : 재료를 전후좌우 이송작업성은 편리하나 편심 하중으로 정밀도 저하됨.
② C형 : 재료를 전후 이송하기 편하고, 비교적 정밀도가 높은 가공에 쓰임.
③ D형 : B형과 C형의 결점을 보완한 것으로 정도 및 작업성이 우수함.
④ F형 : 가이드포스트가 4개로 정도, 강성 우수하여, 대량생산에 적합하다.

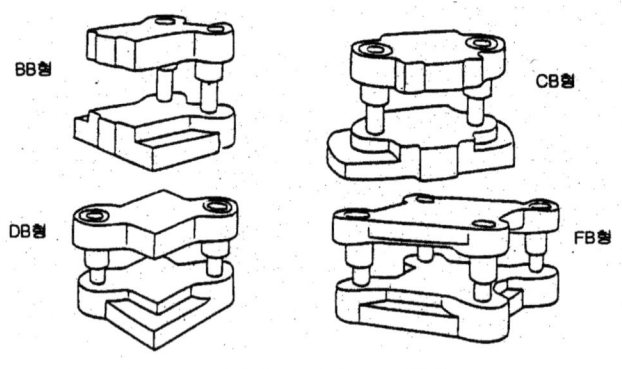

그림 9-27 다이 세트 종류

(2) 가이드 방식

가이드 방식에는 평면 가이드, 볼 가이드, 롤러 가이드 방식이 있으며, 정밀 고속작업에는 볼과 롤러가이드가 사용된다.

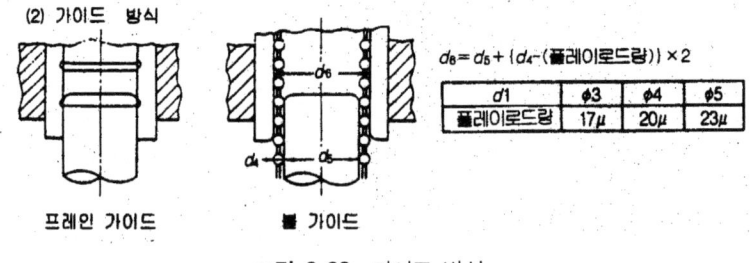

그림 9-28 가이드 방식

실기 내용

1. 부품도 해독

1) 다이

(1) 펀치와 클리어런스를 감안한 홈 가공이 되었는지 확인한다.
(2) 가공 홈의 내면은 샌딩이나 랩핑으로 완성가공 하였는지 확인한다.

(3) 절인부와 여유각은 정상적으로 가공되었는지 확인한다.
(4) 날부는 날카롭게 가공 완성되었는지 확인한다.

2) 배킹 플레이트 해독
① 두께는 연삭가공 완성되었는지 확인한다.
② 볼트 외 맞춤 핀 구멍들은 도면대로 가공되었는지 확인한다.
③ 열처리는 요구사항대로 경도가 나오는지 확인한다.
④ 외각의 면취는 도면대로 되었는지 확인한다.

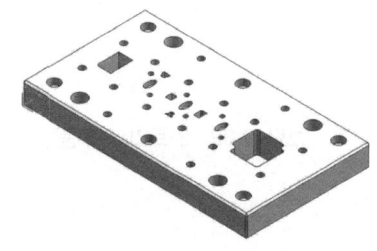 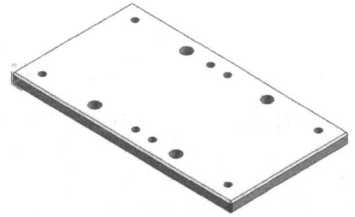

그림 9-29 다이 부품   그림 9-30 배킹 플레이트 부품

3) 펀치 플레이트 해독
① 펀치와 억지끼워맞춤이 되는지 확인한다.
② 펀치 조립시 펀치의 직각유지가 도면대로 이루어지는지 확인한다.
③ 펀치 고정부 홈 가공이 도면대로 이루어졌는지 확인한다.
④ 펀치 조립시 윗면이 일치되는지 확인한다.

4) 스트리퍼 해독
① 펀치와 슬라이딩 맞춤으로 가공되는지 확인한다.
② 도피 홈 가공은 도면대로 되었는지 확인한다.
③ 가동 스트리퍼인지 고정 스트리퍼인지 확인한다.
④ 펀치와 조립부에 기름 홈은 도면대로 되었는지 확인한다.

5) 펀치 해독
(1) 블랭킹 펀치 해독
① 펀치의 외경 면은 랩핑 가공 완성되었는지 확인한다.
② 클리어런스를 감안한 치수적용은 도면대로 되었는지 확인한다.
③ 펀치 고정방법은 도면대로 되었는지 확인한다.
④ 펀치 길이는 도면대로 가공되었는지 확인한다.

(2) 피어싱 펀치 해독
① 펀치 기준식으로 치수가공이 되었는지 확인한다.
② 펀치 고정이 확실하게 설계되었는지 확인한다.
③ 전단가공 중 마찰을 줄이기 위해 코팅처리를 검토한다.
④ 날부는 날카롭게 가공 완성되었는지 확인한다.

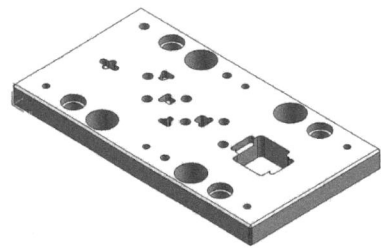
그림 9-31 펀치 플레이트 부품

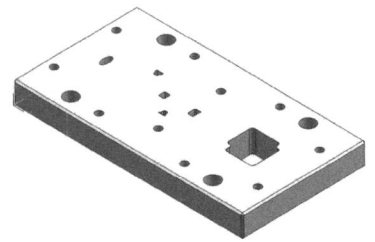
그림 9-32 스트리퍼 부품

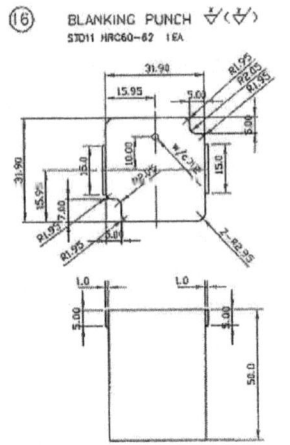

그림 9-33 블랭킹 펀치 부품

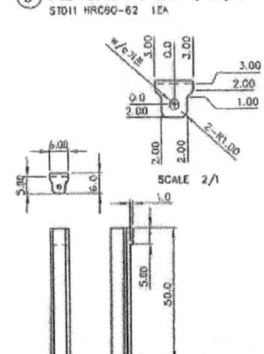

그림 9-34 피어싱 펀치 부품

(3) 포밍 펀치 해독
① 포밍 펀치와 다이의 길이는 도면치수대로 가공되었는지 확인한다.
② 포밍 성형부의 펀치와 다이 단면은 랩핑 가공 완성되었는지 확인한다.
③ 펀치 고정부의 형상은 도면대로 가공되었는지 확인한다.
④ 포밍 펀치와 다이의 조립상태는 도면대로 가공되었는지 확인한다.

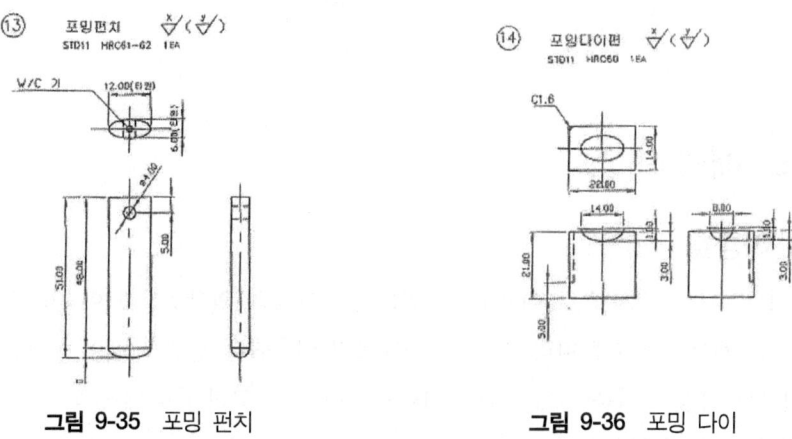

그림 9-35 포밍 펀치   그림 9-36 포밍 다이

(4) 원형 피어싱 펀치와 파일럿 해독
① 파일럿의 길이치수는 도면대로 제작되었는지 확인한다.
② 피어싱 펀치는 수축여유를 감안한 설계가 되었는지 확인한다.
③ 피어싱의 직경과 파일럿의 직경 치수는 도면대로 가공되었나 확인한다.
④ 안내부의 형상은 도면대로 되었는지 확인한다.
⑤ 펀치 머리의 고정 상태는 확실한지 확인한다.

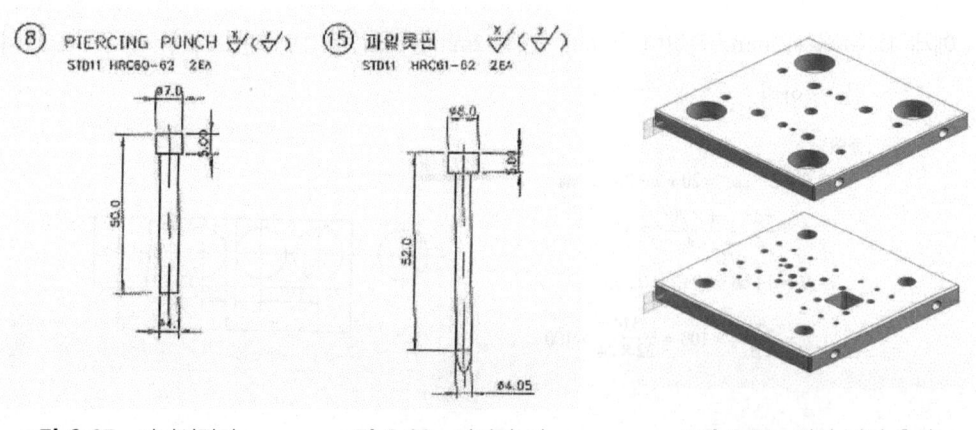

그림 9-37 피어싱펀치   그림 9-38 파일럿 핀   그림 9-39 펀치 다이 홀더

6) 다이 홀더 해독

① 설계에 맞는 다이 홀더 형식인지 확인한다.
② 제품 타발시 소재이송에 문제의 발생은 없는지 확인한다.
③ 프레스기계에 금형을 고정할 클램프부의 여유는 충분한지 확인한다.
④ 상, 하 위치결정 부품들의 상태는 이상이 없는지 확인한다.
⑤ 스크랩과 제품 낙하에는 이상이 없는지 확인한다.

4. 공정도 해독

1) 재료의 이용률

재료를 어느 정도 효과적으로 이용할 수 있는가는 제품의 외곽형상과 이송방향에 재료를 어떠한 위치로 배열하는가에 따라 결정된다. 재료의 이용률은 블랭크 레이아웃에 따라 달라진다. 그러므로 다량 생산품에 있어서는 재료의 이용률을 고려한 설계가 되어야 한다.

재료이용률 식은 다음과 같다.

복열 경우 $\eta = \dfrac{AR}{BV}$

A : 제품의 면적(mm²) R : 제품의 열수 B : 소재의 폭(mm) V : 이송피치(mm)

단열 경우 $\eta = \dfrac{A}{B \times V} \times 100\%$

$$\eta = \dfrac{A}{VB}$$

여기서 A : 제품의 면적(mm), B : 소재의 폭(mm), V : 이송피치(mm)

예제 1) 두께가 2mm, 직경이 20mm, 잔폭 2mm인 제품을 1열 판뜨기 할 경우 재료 이용률을 구하라.

(풀이)
$B = d + 2br = 20 + 2 \times 2 = 24$ mm
$A = \dfrac{\pi d^2}{4} = \dfrac{\pi \times 20^2}{4} = 314$ mm
$V = d + be = 20 + 2 = 22$ mm

$\eta = \dfrac{A}{VB} = \times 100 = \dfrac{314}{22 \times 24} \times 100 = 59.4\%$

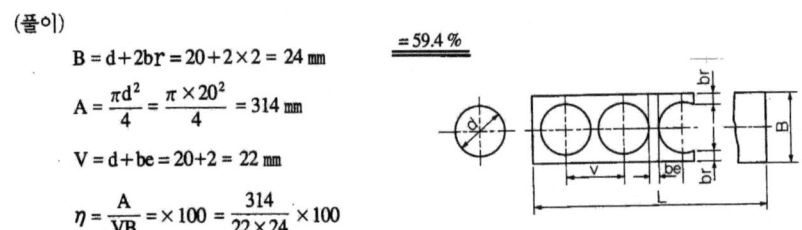

2) 잔폭의 결정

재료의 이용률을 높이기 위해서는 잔폭을 작게 하는 것이 좋다. 블랭크 배열시 고려할 사항으로는 재료의 압연방향과 굽힘선 그리고 버의 방향이다. 잔폭의 종류는 이송 방향의 잔폭을 이송 잔폭(feed bridge) 그리고 측면의 잔폭을 상, 하 잔폭(edge bridge) 또는 가장자리 잔폭이라 하며 이송 잔폭보다 20%정도 크게 한다.

최소 잔폭

프로그레시브 파팅(노칭) : 이송 잔폭 2mm, 앞뒤 잔폭 2.5mm

표 9-1 단일형 금형의 잔폭 데이터   (mm)

재 질	L₁, L₂ 판두께	이송브리지 A			앞뒤잔폭 B
		50 미만	50 이상 100 미만	100 이상	
일반금속	0.5 미만	0.7	1.0	1.2	1.2A
	0.5 이상	0.4+0.6t	0.65+0.7t	0.8+0.8t	
규소강판	0.3 미만	1.2	1.4	1.6	1.2A
	0.3 이상	0.9+t	1.1+t	1.3+t	
페놀플라스틱 마 이 카	0.5 미만	1.2	1.4	1.6	1.5A
	0.5 이상	0.8+0.8t	0.9+t	1+1.2t	
새 이 버 셀롤로이드	0.5 미만	1.0	1.2	1.4	1.5A
	0.5 이상	0.65+0.7t	0.8+0.8t	0.9+t	

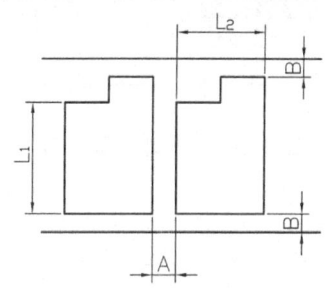

그림 9-40 브리지여유

3) 사이드 컷 결정

프로그레시브 금형에서의 사이드 컷이란 2가지 목적으로 사용된다. 첫째는 재료의 단면이 제품으로 되는 경우에 절단면을 정확하게 다시 자르는 역할, 둘째는 사이드컷부를 스토퍼에 맞닿게 하여 이송 정밀도를 향상시키는 역할을 한다.

(1) 사이드 컷 설계

사이드 컷의 양이 많아지면 재료 이용률의 저하 외에 스크랩 상승, 슬러그(Slug)발생 등의 악영향이 발생하므로 필요한 경우 이외에는 사용을 하지 않는 것이 좋다.

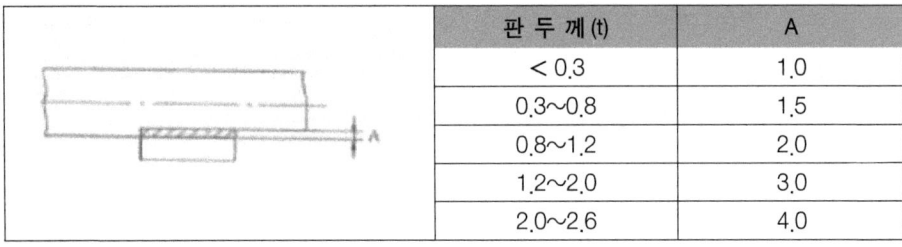

판 두께(t)	A
< 0.3	1.0
0.3~0.8	1.5
0.8~1.2	2.0
1.2~2.0	3.0
2.0~2.6	4.0

그림 9-41 사이드 컷 양

(2) 사이드 컷 위치 설계

사이드 컷의 사용 위치는 사용 목적에 맞게 금형 시작의 맨 앞 공정에 위치시키고 다른 노칭이나 피어싱 부의 반 타발을 방지하는 위치와 파일럿용 피어싱 공정을 필히 포함하고 있어야 제품 생산의 정밀도가 유지됨을 명심해야 한다.

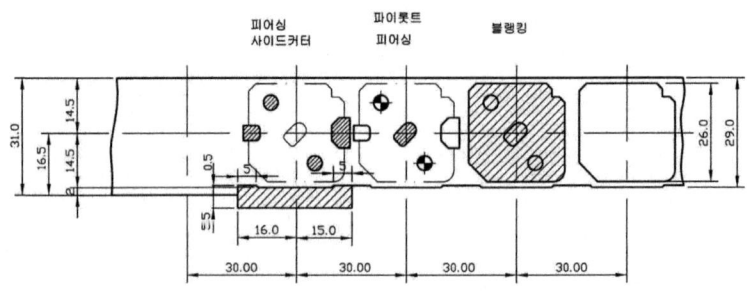

그림 9-42 사이드 컷 위치

(3) 사이드 컷 공정 설계

사이드 커터(Side Cutter)는 가장 정확한 소재의 이송 제한 장치인 동시에 가장 정확한 소재의 안내 장치로서 노치 스톱 장치(Notch Stopper)라고도 한다.

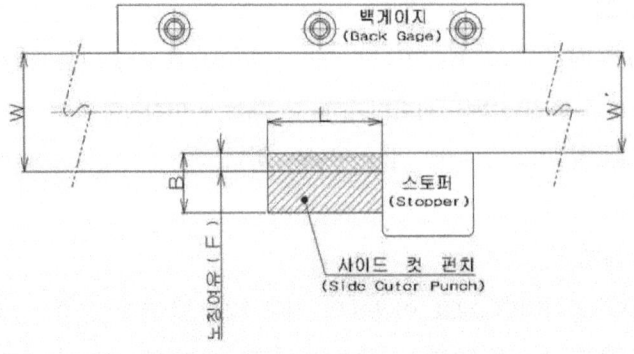

그림 9-43 사이드 컷 공정 설계

표 9-2 사이드 컷 크기 치수

사이드 컷 길이 (이송 피치) L	폭 B	펀치 높이 H
~10	6	50~70
10~20	8	60~80
20~50	10	〃
50 이상	12	〃

(4) 사이드 커터의 이음부에 발생되는 지느러미(Flash)의 대책

① 오버 컷 방법

최종 스테이션에서 전단, 분단으로 완성되며 소재 폭 W를 그대로 제품 치수로 하는 경우 선택한다.

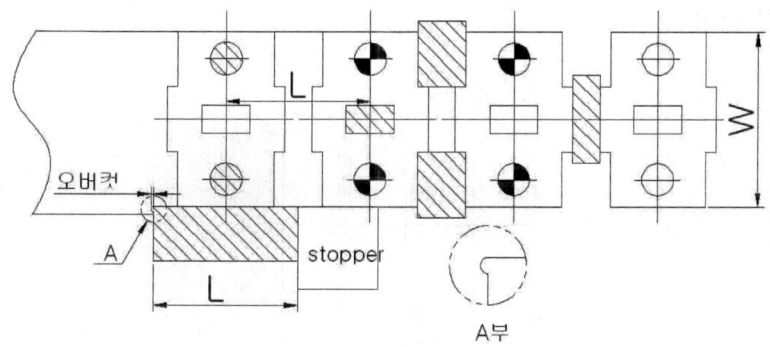

그림 9-44 오버 컷 방법

② 업셋 컷 방법

최종 스테이션에서 블랭킹 할 경우 사용 플래시가 런닝 스토퍼에 걸리지 않도록 한다.

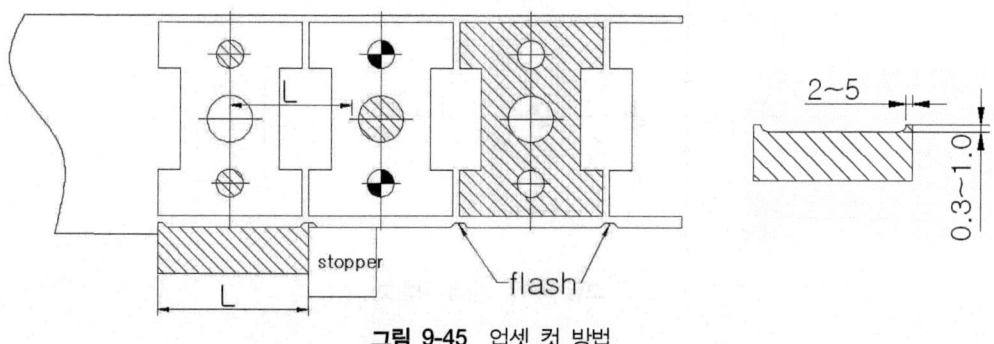

그림 9-45 업셋 컷 방법

4) 블랭크 레이아웃 결정시 고려사항

(1) 제품의 낙하 형식

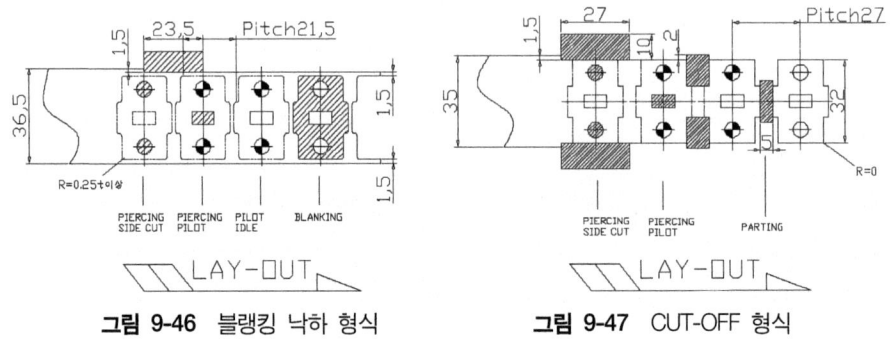

그림 9-46 블랭킹 낙하 형식   그림 9-47 CUT-OFF 형식

(2) 파일럿 형식

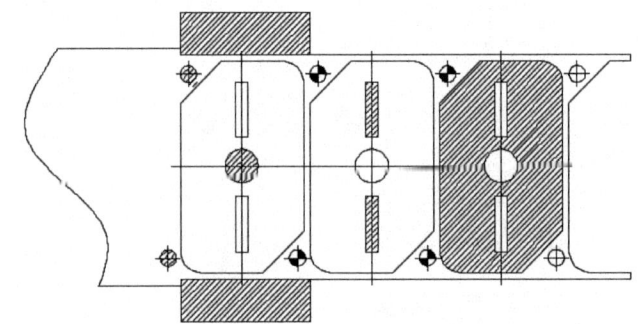

그림 9-48 간접 파일럿

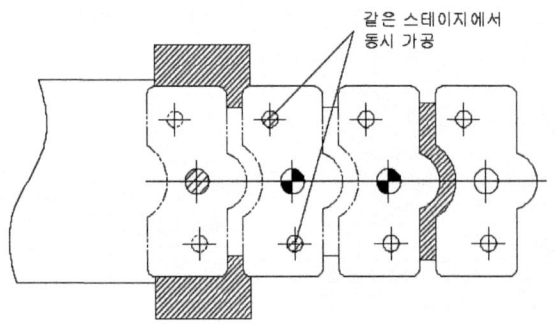

그림 9-49 직접 파일럿

① 금형의 형식에 따라 버 방향에 변함으로 유의한다.
② 제품의 평탄도가 요구 될 때는 CUT-OFF 방식으로 한다.
③ 제품에 직접 파일럿 할 구멍이 없는 경우 간접 파일럿을 한다.

④ 구멍의 위치정밀도를 요하는 경우 동일 스테이지에 레이아웃 한다.

5) 전개길이 개산

(1) 굽힘 변형

그림과 같은 굽힘에 있어 안쪽에서는 압축응력이 발생하여 두께가 증가하고, 바깥쪽에는 인장응력이 발생하여 두께가 감소하게 된다. 이때 압축도 인장도 받지 않는 면을 중립면이라 한다.

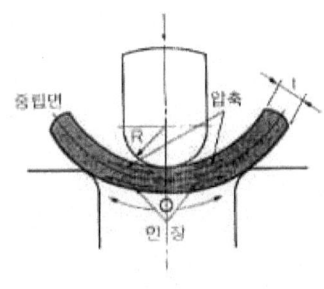

그림 9-50 중립면

(2) 전개길이 개산

굽힘재료의 블랭크는 굽힘 반지름이 클 때에는 중립면은 판 두께의 중앙에 있는 것으로 하고 그 전개길이를 계산한다. 그러나 굽힘 반지름이 작은 경우에는 중립면이 내측으로 이동하므로 Romanowski 상수 k값을 적용하여 전개길이를 계산한다.

※ 전개길이 계산식

$$L = a + b + \frac{\pi}{2}(R + \lambda t)$$

여기서 a, b = 직선부 길이, λ = 중립면의 위치, t = 판 두께, R = 굽힘반경

(3) 원통용기 블랭크 직경계산

드로잉 과정은 펀치 곡률 반경부에서는 원주방향으로 압축되고, 반지름 방향으로 인장을 받으며 성형이 이루어진다.

$$D = \sqrt{d^2 + 4dh}$$

D : 블랭크 직경(mm)
d : 용기의 직경(mm)
h : 용기의 측벽 높이(mm)

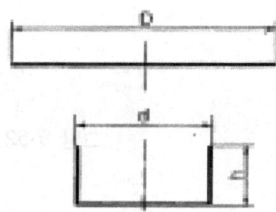

실기 내용

1. 공정도 해독

1) 블랭킹 낙하형식

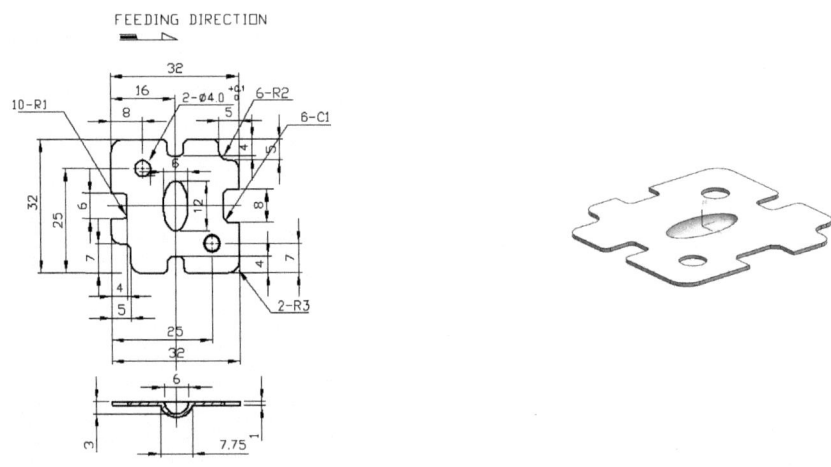

그림 9-51 제품도

[요구 사항]

① 제품도에 공차 있는 치수는 공구의 마모를 고려 기준치수를 보정하여 설계하시오.
② 소재이송은 좌측에서 우측으로 하고 사이드 컷은 1개 설치하시오.
③ 제품배열은 1열 1개 따기로 하시오.
④ 파일럿은 직접 파일럿 방식으로 하시오.
⑤ STRIP LAYOUT을 작성하고, 피치, 소재 폭, 각각의 공정을 기입하시오.
⑥ 이송 잔폭은 2mm, 상하 잔폭은 1.5mm로 하시오.
⑦ 블랭크 형상과 블랭킹 펀치형상은 같게 하시오.

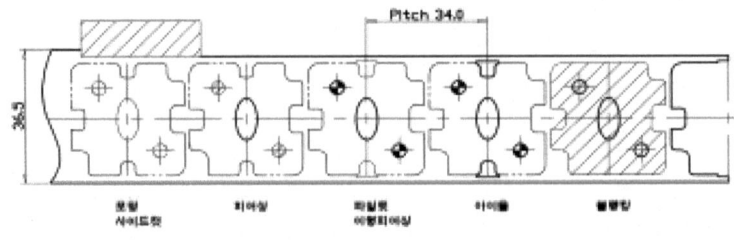

그림 9-52 블랭킹 낙하형식 스트립 레이아웃

2) 파팅 형식

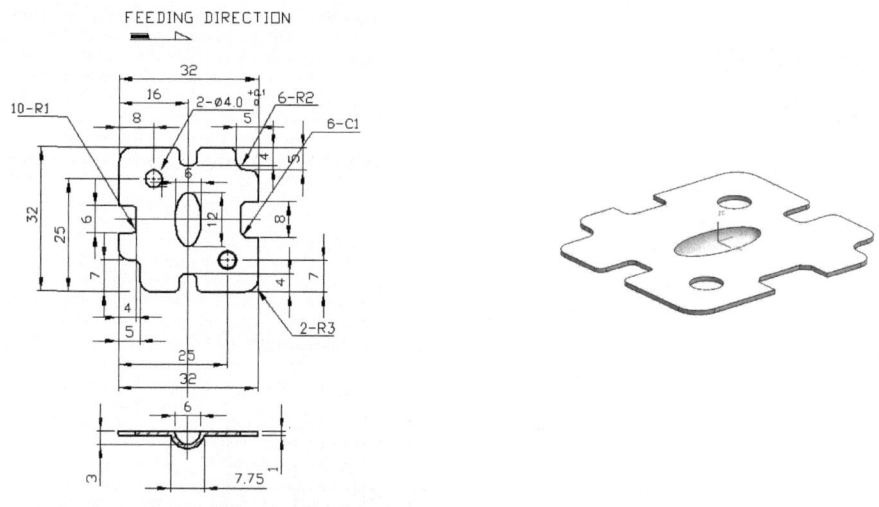

그림 9-53 제품도

[요구 사항]

① 제품도에 공차 있는 치수는 공구의 마모를 고려 기준치수를 보정하여 설계하시오.
② 소재이송은 좌측에서 우측으로 하고 사이드 컷은 노칭을 겸하시오.
③ 제품배열은 1렬 1개 따기로 하시오.
④ 파일럿은 직접 파일럿 방식으로 하시오.
⑤ STRIP LAYOUT을 작성하고, 피치, 소재 폭, 각각의 공정을 기입하시오.
⑥ 이송 잔폭은 2.5mm로 하시오.
⑦ 제품도의 최종완성은 파팅 가공으로 완성하시오.

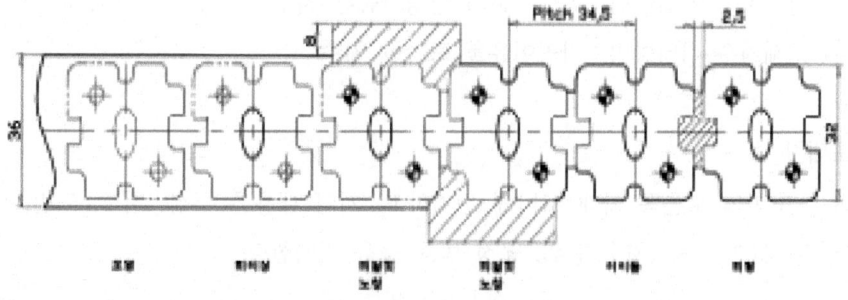

그림 9-54 파팅 낙하형식 스트립 레이아웃

5. 부품명세표 해독

1) 부품명세서의 개요

(1) 부품명세서

부품명세서는 표와 같이 표제란 위에 테이블을 만들어 순번에 따라 품번, 품명, 재질, 수량 및 열처리 등을 기재한 표를 말한다.

표 9-3 부품명세서

4	스트리퍼	SM45C	1	
3	펀치고정판	SM45C	1	
2	뒤판	STC3	1	HRC56
1	펀치홀더	SM25C	1	
품번	품 명	재질	수량	비고
투상	3	척도	NS	도번
도명	순차이송금형		제도	

① 품명(Detail Name) : 금형의 부품명칭을 기입한다.
② 재질(Material) : 금형부품 재질을 기입한다.
③ 수량(Q'TY) : 금형 부품의 수량을 기입한다.
④ 비고(Remarks) : 열처리, 표면처리 및 특수가공을 기입한다.
⑤ 소재치수(Stock Size)기입할 경우 : 금형부품의 원재료 크기치수 기입한다.
⑥ 금형부품의 원재료 크기치수 기입방법(두께×폭×길이)
　　(가) 완성치수 기입방법 : 금형부품의 완성가공된 치수
　　(나) 소재치수 기입방법 : 가공여유를 포함한 치수

(2) 표제란

표제란은 도면의 오른쪽 아래 코너에 위치하고, 기입 내용은 투상, 척도, 도번, 도명, 제도 및 승인자, 설계 일자, 치수 단위, 공정 번호 등을 기입한다.

단원 핵심 학습 문제

01 버(burr)의 방향에 대한 설명 중 아닌 것은?
  ① 피어싱가공은 버거 아래쪽에 발생한다.
  ② 블랭킹가공은 버거 아래쪽에 발생한다.
  ③ 복합금형은 버가 같은 방향에 생긴다.
  ④ 순차이송금형은 버가 같은 방향에 생긴다.
  해설 : ④ 순차이송금형은 버가 상, 하 방향에 생긴다.

02 블랭킹에서 제품직경 : 20mm, 두께 : 1mm, 클리어런스 : 5%t일 경우 펀치와 다이의 치수를 결정하시오.
  해설 : 펀치직경 - 19.9mm, 다이직경 - 20mm

03 프레스금형의 구조를 가장 잘 나타낼 수 있는 단면도는?
  해설 : 조립 단면 정면도

04 컴파운드 금형에 대한 설명하시오.
  해설 : 한 공정으로 완성된 제품을 얻을 수 있다.

05 굽힘에서 압축도 인장도 받지 않는 면은?
  해설 : 중립면

06 스트리퍼의 종류를 쓰고 간단히 설명하시오.
  해설 : 고정 스트리퍼 - 펀치 안내 및 스크랩을 핀치로부터 이탈.
       가동 스트리퍼 - 고속, 대량생산 및 박판용 정밀 생산형으로 사용되며, 펀치 홀더 측에 스프링이나 우레탄고무로 가동하게 하는 형식이다.

07 파일럿 형식의 종류를 쓰시오.
  해설 : 직접 파일럿, 간접 파일럿

08 프로그레시브 금형에서의 사이드 컷의 2가지 목적을 쓰시오.
  해설 : 첫째는 재료의 단면이 제품으로 되는 경우에 절단면을 정확하게 다시 자르는 역할, 둘째는 사이드컷부를 스토퍼에 맞닿게 하여 이송 정밀도를 향상시키는 역할을 한다.

9-2 제품도 해독하기

1. 금형재료 종류와 특징

금형재료는 금형제작용 재료와, 제품가공용 재료로 나눌 수 있으며 여기에서는 주로 사용되는 금형제작용 재료의 종류와 특성에 대하여 설명한다.

(1) 주철 및 주강
① 종류 : 주철재로는 회주철(GC250), 강인주철(GC300), 구상흑연주철(GDC600) 등 주강재로는 탄소강주강, 특수강주강, 구상흑연주강 등.
② 특징
    (가) 주조성이 우수하다.
    (나) 절삭가공이 용이하다.
    (다) 흑연이 윤활작용을 한다.
    (라) 부분적으로 표면처리가 가능하다.

(2) 일반구조용강 및 기계구조용강
① 종류 : 일반구조용강(SM 41), 기계구조용강(SM 35C), (SM 45C), (SM 55C) 등.
② 일반구조용강의 특징
    (가) 가격이 싸다.
    (나) 구입이 용이하다.
    (다) 가공성이 양호하다.
    (라) 열처리하지 않고 사용한다.
③ 기계구조용강의 특징
    (가) 탄소함유량이 높다.
    (나) SM 45C 이상에서는 열처리가 가능하다.
    (다) 소량 생산용 펀치와 다이로 사용된다.
    (라) 수냉처리함으로 균열발생이 생기기 쉽다.

(3) 탄소공구강
① 종류 : STC1-STC7종으로 탄소함유량이 0.6~1.5%이다.
② 탄소강의 특징
    (가) 수냉으로 높은 경도를 얻을 수 있다.

(나) 경도가 불균일 하고 균열 위험이 있다.
(다) 단단하지만 부스러지는 특성이 있다.
(라) 가격이 싸고 가공성이 우수하다.
(마) 가공 열이 집중하기 쉽고 공구인선의 경도가 저하한다.

(4) 저 합금 공구강

① 종류 : STS1~STS4종 등으로 탄소강에 Cr 및 W를 첨가한 강.
② 저합금 공구강의 특징 : 탄소 공구강과 비교해
   (가) 담금질성이 우수하다.
   (나) 열처리 변형도 비교적 적다.
   (다) 절삭성과 연삭성이 우수하다.
   (라) 연질재 타발에 많이 사용된다.

(5) 고 합금 공구강

① 종류 : STD1, STD11, STD12, STD61종 등이 사용되며, 고 탄소 크롬강이며, C가 1~4%, Cr이 12~15%, Mo이 1%, W이 3%, V이 0.4% 함유한 금형용 강이다.
② 고 합금 공구강의 특징
   (가) 경화 내마모성 및 내충격성 높다.
   (나) 공랭으로 열처리 변형이 적다.
   (다) 열처리성이 우수하고 인성이 우수하다.
   (라) 절삭성은 나쁘나 공구와 기계의 발전으로 문제해결 됨.
   (마) 재료비가 고가이다.
③ 열처리온도는 1,000~1,050℃에서 공랭하고, 150~200℃에서 템퍼링 한다. STD11재는 전단용, STD61재는 단조 금형재료로 사용되며, 담금질 후 -70℃에서 서브제로처리 함으로써 담금질조직으로 바꿀 수 있다.

(6) 고속도강

① 종류 : SKH9(텅스텐계), SKH54(몰리브덴계), SKH61종 등이 사용되며, 이른바 18-4-1형의 (W-Cr-V) 공구강이다.
② 고속도강의 특징
   (가) 내마모성과 인성이 뛰어나다.
   (나) 고 합금 공구강보다 강성이 뛰어나다.
   (다) 고온에 특성을 잃지 않고 압축 내력이 크다.

(라) 소형 펀치 및 정밀 블랭킹용 펀치에 사용된다.

(마) 재료비가 고가이다.

③ 열처리온도는 1,100~1,200℃도에서 유랭, 540~570에℃서 템퍼링(공냉) 한다. SKH9재는 고인성, SKH54재는 내마모성용 재이다. 내마모성과 내소착성 향상을 위해 분말야금에 의하여 제조된 분말고속도강이 사용된다.

(7) 초경합금

① 종류 : V1-V6 등. 탄화텅스텐(WC)에 코발트(Co)의 분말로 소결한 재료이다.

② 초경합금의 특징

(가) 내마모성과 내 소착성이 매우 뛰어나다.

(나) 거울면상으로 마무리할 수 있어 마찰계수가 적다.

(다) 프레스 가공시 변형이 적어 다이스강의 10배 수명이 있다.

(라) 값이 비싸고 가공이 대단히 곤란하다.

(마) 초대량 생산에 적합한 재료이다.

③ V1은 경도가 크고 내마모성은 우수하나 인성이 작다. V6는 입자가 굵어 충격이 큰 경우에 적합하다. 초경과 유사한 재료로 페로틱(CM35), 페로티타닛(WFN) 등으로 불리는 재료이며 기계가공이 가능한 재료이다.

실기 내용

1. 제품도 해독

1) 전단 제품도 해독

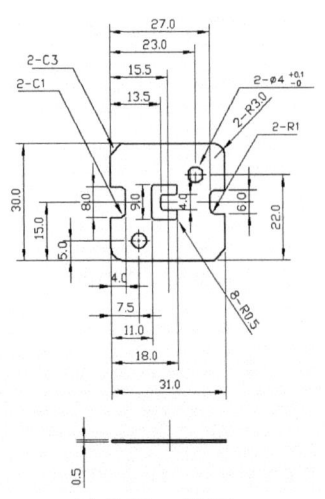

그림 9-55 제품도

[요구 사항]

① 블랭킹과 피어싱의 펀치와 다이 치수를 구해본다.

② 블랭킹 제품의 외경 표준공차를 표 2-1을 이용하여 적용해본다.

③ 피어싱 구멍의 내경 표준 공차를 표 2-2를 이용하여 적용해본다.

④ 피어싱 구멍사이 거리의 표준공차를 표 2-3을 이용하여 적용해본다.

⑤ 구멍의 중심과 가장자리와의 거리 치수 공차를 이용하여 적용해본다.

2) 벤딩 제품도 해독

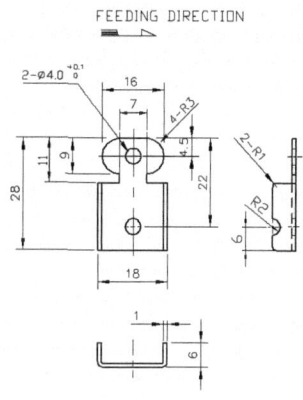

그림 9-56 제품도

[요구 사항]
① 벤딩 제품의 외경 표준공차를 이용하여 적용해본다.
② 피어싱 구멍의 내경 표준 공차를 이용하여 적용해본다.
③ 피어싱 구멍사이 거리의 표준공차를 이용하여 적용해본다.
④ 구멍의 중심과 가장자리와의 거리 치수 공차를 이용하여 적용해본다.

3) 포밍 제품도 해독

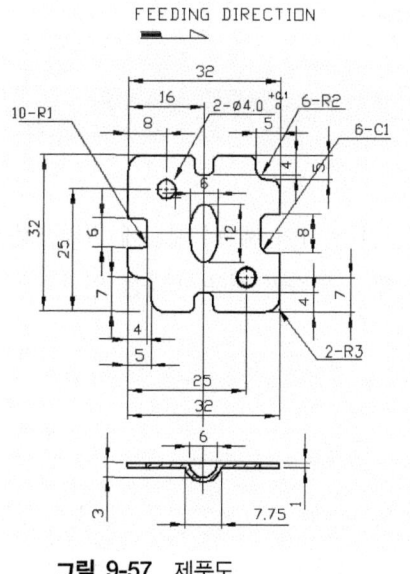

그림 9-57 제품도

[요구 사항]
① 블랭킹과 피어싱, 포밍의 펀치와 다이 치수를 구해본다.
② 블랭킹 제품의 외경 표준공차를 이용하여 적용해본다.
③ 피어싱 구멍의 내경 표준 공차를 이용하여 적용해본다.
④ 피어싱 구멍사이 거리의 표준공차를 이용하여 적용해본다.
⑤ 구멍의 중심과 가장자리와의 거리 치수 공차를 이용하여 적용해본다.

2. 제품형상 치수확인

1) 제품 공차 확인

(1) 제품도 형상별 치수 및 공차 확인

① 형상별 번호 부여

그림과 같이 주어진 제품도에 각 부위별로 작업연계성을 고려하여 관리 번호를 부여함.

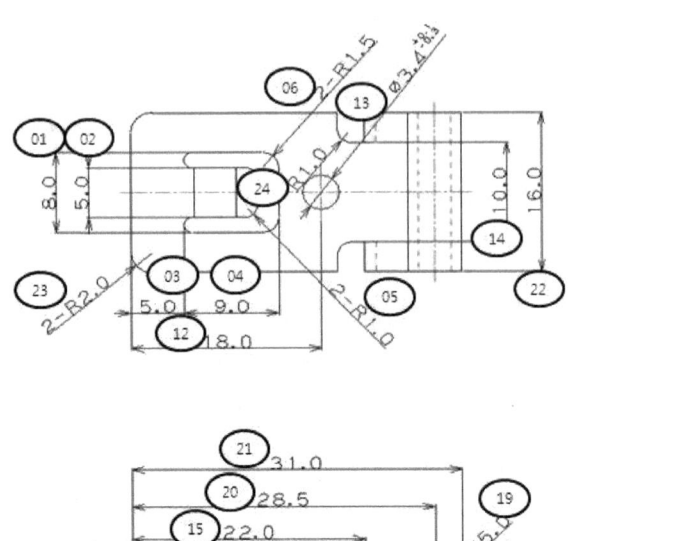

그림 9-58 전단 제품도

② 제품 형상 치수별 공차범위 Sheet 작성

그림의 제품도와 같이 각 부위별 허용공차를 확인하기 위하여 제품설계도에 관련공정에 순서를 정하여 번호를 정하고 이것을 확인용 Sheet에 기록하여 허용 공차를 일괄적으로 확인하는 절차를 거친다.

2) 끼워 맞춤 공차

구멍 H : 기준 구멍, 축 h : 기준 축

(1) 구멍 기준시 H7 : b~g(g6) 헐거운 끼워맞춤 (예) 축과 부시
　　h~m(h6) 중간 끼워맞춤 (예) 축과 풀리의 보스
　　n~x(p6) 억지 끼워맞춤 (예) 부시와 보스

(2) 축 기준시 h6 : B~G(G7) 헐거운 끼워맞춤
　　H~M(H7) 중간 끼워맞춤
　　N~X(P7) 억지 끼워맞춤

① 다듬질 기호

표 9-4 가공 방법에 다른 표면 거칠기 값 비교

제거 가공 기호	면 지시 기호	다듬질 기호 (구기호)	최대 높이 (Rz) 값	중심선 평균 거칠기 (Ra)값	비교 표준 편 게이지 번호	가공 정도
∨	∼		특별히 규정하지 않는다.			주조, 압연, 단조, 주물 등에 생산된 자연 면의 요철(큰 거스러미)을 그라인더나 줄 및 와이어 브러쉬 등으로 따내는 정도의 면
w∨	w∨	▽	50-S	12.5a	N 10	줄 가공, 플래너, 선반, 밀링, 그라인딩, 샌드페이퍼 등에 의한 가공으로써 가공 흔적이 뚜렷하게 남을 정도의 거친 가공 면
			00-S	25a	N 11	
x∨	x∨	▽▽	12.5-S	3.2a	N 8	줄 가공, 선반, 밀링, 부로칭 등에 의한 선삭, 그라인딩에 의한 가공으로 가공 흔적이 희미하게 남을 정도의 보통의 가공 면
			25-S	6.3a	N 9	
y∨	y∨	▽▽▽	3.2-S	0.8a	N 6	줄 가공, 선반이나 밀링 등에 의한 선삭, 그라인딩, 래핑, 보링 등에 의한 가공으로 가공 흔적이 전혀 남아 있지 않은 극히 깨끗한 정밀 고급 가공 면
			6.3-S	1.6a	N 7	
z∨	z∨	▽▽▽▽	0.1-S	0.025a	N 1	폴리싱, 래핑, 버핑 등에 의한 가공으로 광택이나며, 거울 면처럼 극히 깨끗한 초정밀 고급 가공 면
			0.2-S	0.05a	N 2	
			0.4-S	0.1a	N 3	
			0.8-S	0.2a	N 4	
			1.6-S	0.4a	N 5	

② 가공 방법의 약호

표 9-5 가공 방법의 기호

가공방법	약호		가공방법	약호	
	I	II		I	II
선반 가공	L	선삭	호닝 가공	GH	호닝
드릴 가공	D	드릴링	액체호닝 가공	SPLH	액체 호닝
보링머신 가공	B	보링	배럴연마 가공	SPBR	배럴 연마
밀링 가공	M	밀링	버프 다듬질	SPBF	버핑
평삭(플레이닝) 가공	P	평삭	블라스트 다듬질	SB	블라스팅
형삭(셰이핑) 가공	SH	형삭	랩 다듬질	GL	래핑
브로칭 가공	BR	브로칭	줄 다듬질	FF	줄 다듬질

가공방법	약호		가공방법	약호	
	I	II		I	II
리머 가공	DR	리밍	스크레이퍼 다듬질	FS	스크레이핑
연삭 가공	Q	연삭	페이퍼 다듬질	FCA	페이퍼 다듬질
벨트연삭가공	GBL	벨트 연삭	정밀 주조	CP	정밀 주조

3) 치수기입 방법

(1) **연결식 치수기입방법** : 각 부분의 치수를 개별적으로 정밀공차를 표시할 수 있는 방법으로 누적공차에 대한 오차를 생각하여야 한다.

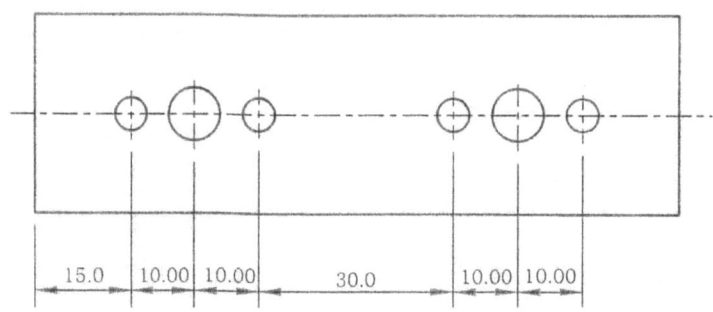

그림 9-59 연결 치수기입 방법

(2) **기준선 치수기입 방법** : 기준선에서 각 부분의 치수를 표시하는 방법으로 누적 공차에 대한 오차의 발생이 없어 금형제작용 도면에 많이 활용된다.

(3) **혼합식 치수기입 방법** : 연결식 방법과 기준선 방법을 혼합하여 사용하는 방법으로 여러 공정으로 되어 있거나 분할구조를 가진 금형의 조립도의 치수 기입할 때 많이 사용된다.

(4) **좌표식 치수기입방법** : 기준선에서 각 부분의 치수를 표시하는 방법으로 대형 부품이나 복잡한 금형부품의 치수기입에 적합한 방법이다.

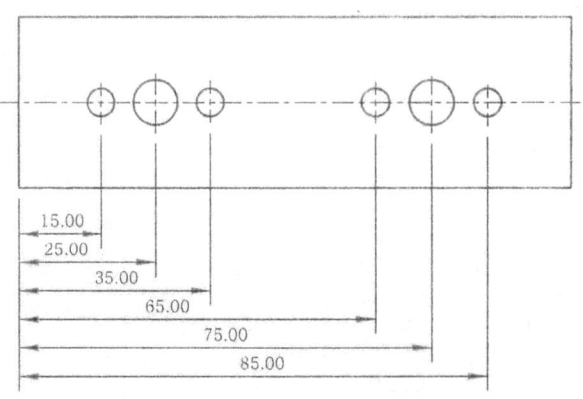

그림 9-60 기준선 치수기입 방법

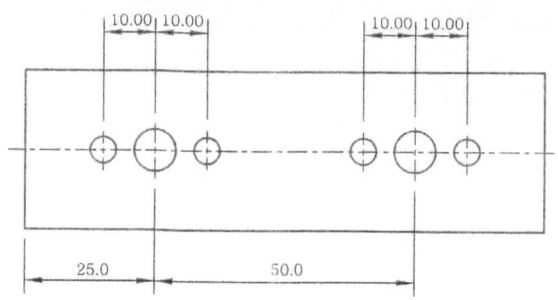

그림 9-61 혼합식 치수기입 방법

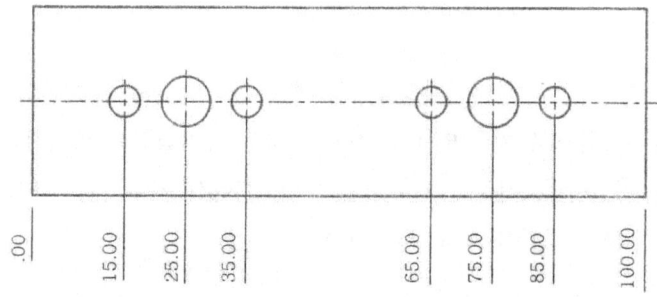

그림 9-62 좌표식 치수기입 방법

실기 내용

1. 제품도와 스트립레이아웃 해독

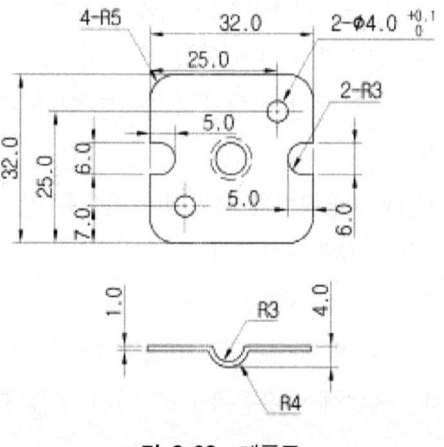

그림 9-63 제품도

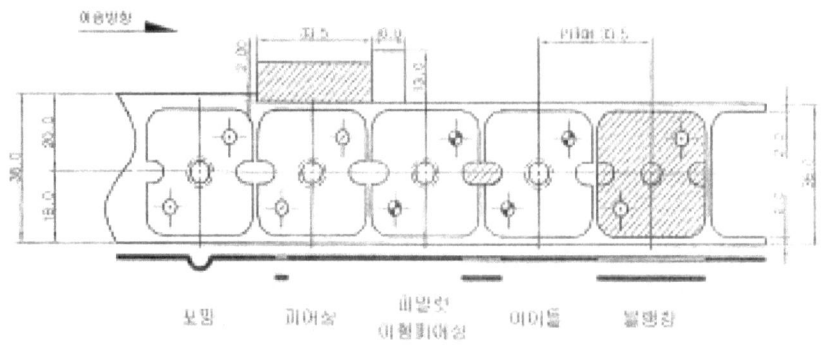

그림 9-64 스트립 레이아웃도

[요구 사항]
① 제품도에 각 부위별로 작업연계성을 고려하여 관리 번호를 부여한다.
② 적용등급은 A등급으로 치수별 공차 값을 정하고 공차범위를 확정한다.
③ 연결식 치수기입방법, 기준선 치수기입 방법, 혼합식 치수기입 방법을 병행하여 도면에 치수 기입해 보고 각각을 비교 분석해 본다.

3. 허용치수 적용여부

1) 제품도의 허용공차

(1) 허용공차

제품도에 명기되어 있는 공차 즉 허용공차는 제품의 기능과 역할을 충실하게 하기 위하여 특별히 요구되는 공차이다. 그렇기 때문에 금형 설계 및 제작 과정에서 특별히 신경을 쓰고 관리하지 않으면 제품의 품질은 물론 금형의 수명에도 영향을 크게 끼치기 때문이다.

① 허용공차가 적용된 제품도

그림의 제품도에는 4곳에 허용공차가 표기되어 있음을 알 수 있다.

(가) 평면도의 외곽치수 50.0에 허용공차 ±0.2
(나) 평면도에 외곽치수 40.0에 허용공차 +0.2, 0.0
(다) 평면도의 홀치수 Ø6.0에 허용공차 +0.2, 0.0
(라) 정면도의 내측치수 38.7에 허용공차 0.0, -0.1 등을 확인할 수 있다.

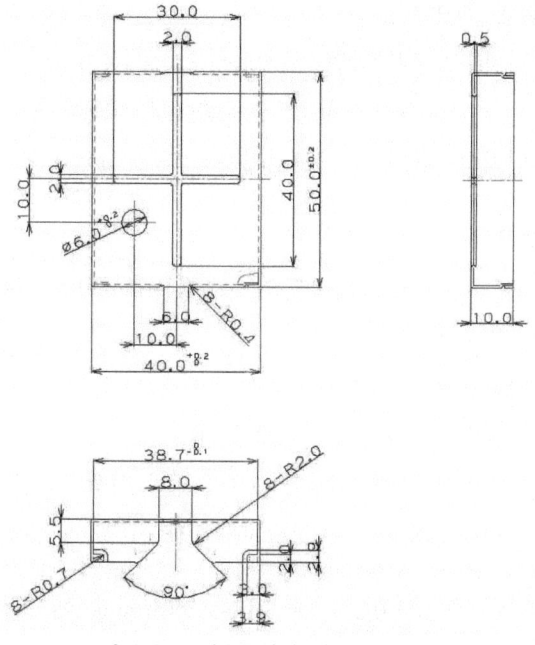

그림 9-65 허용공차가 적용된 제품도

(2) 금형수명이 고려된 금형설계의 보정

① 주요 프레스 가공의 치수 보정

(가) 블랭킹 치수 보정

예 1) 도면의 치수 A가 35±0.2일 때, 치수보정(Arrange)에 의한 설계도면 치수의 보정 계산

① 공차 범위 : 0.4

② 적용보정치수 : 공차 범위×마모율=0.4×0.8=0.32

․․․․․․․․․․․(0.7~0.8 중에서 선택)

③ 보정도면치수 : 최대치수−보정치수=35.2−0.32=34.88

예 2) 도면의 치수 A가 35+0.2일 때, 치수보정(Arrange)에 의한 설계도면 치수의 보정 계산

① 공차 범위 : 0.2

② 적용보정치수 : 공차 범위×마모율=0.2×0.8=0.16

․․․․․․․․․․․(0.7~0.8 중에서 선택)

③ 보정도면치수 : 최대치수−보정치수=35.2−0.16=35.04

예 3) 도면의 치수 A가 35−0.2일 때, 치수보정(Arrange)에 의한 설계도면 치수의 보정 계산

① 공차 범위 : 0.2

② 적용보정치수 : 공차 범위×마모율=0.2×0.8=0.16
　　　　　　　…………(0.7~0.8 중에서 선택)

③ 보정도면치수 : 최대치수－보정치수=35－0.16=34.84

(나) 피어싱 치수 보정

예 1) 도면의 치수 d가 10±0.2일 때, 치수보정(Arrange)에 의한 설계도면 치수의 보정 계산

① 공차 범위 : 0.4

② 적용보정치수 : 공차 범위×마모율=0.4×0.8=0.32
　　　　　　　…………(0.7~0.8 중에서 선택)

③ 보정도면치수 : 최소치수＋보정치수=9.8＋0.32=10.12

예 2) 도면의 치수 d가 10＋0.2일 때, 치수보정(Arrange)에 의한 설계도면 치수의 보정 계산

① 공차 범위 : 0.2

② 적용보정치수 : 공차 범위×마모율=0.2×0.8=0.16
　　　　　　　…………(0.7~0.8 중에서 선택)

③ 보정도면치수 : 최소치수＋보정치수=10＋0.16=10.16

예 3) 도면의 치수 d가 10－0.2일 때, 치수보정(Arrange)에 의한 설계도면 치수의 보정 계산

① 공차 범위 : 0.2

② 적용보정치수 : 공차 범위×마모율=0.2×0.8=0.16
　　　　　　　…………(0.7~0.8 중에서 선택)

③ 보정도면치수 : 최소치수＋보정치수=9.8＋0.16=9.96

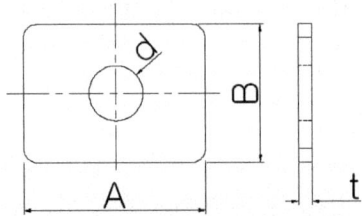

그림 9-66 피어싱과 블랭킹의 치수보정을 위한 예시 도면

(다) 벤딩 치수 보정

예 1) 도면의 치수 L이 25±0.2일 때, 치수보정(Arrange)에 의한 설계도면치수의 보정 계산

　① 공차 범위 : 0.4

　② 적용보정치수 : 공차 범위×길이보정＝0.4×0.8＝0.32

　　　　　…………(0.7~0.8 중에서 선택)

　③ 보정도면치수 : 최소치수＋보정치수＝24.8＋0.32＝25.12

예 2) 도면의 치수 L이 25＋0.2일 때, 치수보정(Arrange)에 의한 설계도면 치수의 보정 계산

　① 공차 범위 : 0.2

　② 적용보정치수 : 공차 범위×길이보정＝0.2×0.8＝0.16

　　　　　…………(0.7~0.8 중에서 선택)

　③ 보정도면치수 : 최소치수＋보정치수＝25.0＋0.16＝25.16

예 3) 도면의 치수 L이 25－0.2일 때, 치수보정(Arrange)에 의한 설계도면 치수의 보정 계산

　① 공차 범위 : 0.2

　② 적용보정치수 : 공차 범위×길이보정＝0.2×0.8＝0.16

　　　　　…………(0.7~0.8 중에서 선택)

　③ 보정도면치수 : 최소치수＋보정치수＝24.8＋0.16＝24.96

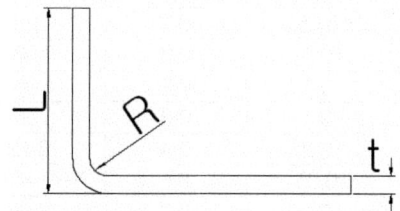

그림 9-67 벤딩 치수보정을 위한 예시 도면

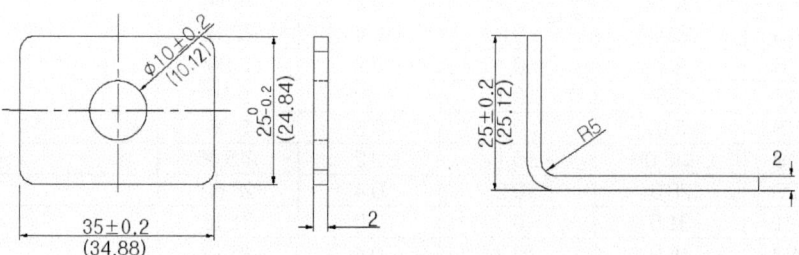

(※괄호 안의 치수가 실제 보정된 치수임)

그림 9-68 치수보정을 완성한 도면

실기 내용

1. 전개도의 작성 및 확인

1) 전개도 작성

(1) 전개도 작성을 위한 성형 공정별 계산

확인된 주어진 제품부위별 목표치수를 확인하고 성형가공이 포함된 부위의 치수는 각각의 계산 공식에 준하여 치수를 계산하고 전개도 그림을 도면으로 완성한다.

그림과 같이 전개도를 완성하면 추가로 확인되는 치수들을 확인할 수가 있다. 이를 아래의 표와 같이 최종 전개도 목표치수 Sheet로 관리한다.

2) 전개도 확인

(1) 부위별 최종 전개치수의 확인 및 승인

표와 같이 목표치수에 의해 전개된 치수를 제품도와 목표치수, 전개치수 등을 관리번호 #01 ~#24까지를 각각 최종적으로 체크, 점검하고 승인하는 절차를 거치며 전개도 확인 절차를 완성한다.

표 9-6 최종 전개도 목표치수 Sheet

No	기준치수	공차 값	공차범위	목표치수	비 고
1	8.0	±0.1	0.2	8.06	
2	5.0	±0.06	0.1	5.03	
3	5.0	±0.06	0.1	5.03	
4	9.0	±0.1	0.2	9.06	
5	R1.0	±0.05	0.1	R1.0	
6	R1.5	±0.05	0.1	R1.5	
7	6.0	±0.1	0.2	6.06	
8	4.0	±0.1	0.2	4.06	
9	3.5	±0.1	0.2	3.56	
10	12.0	±0.2	0.4	12.12	
11	1.0	±0.05	0.1	0.95~1.05	
12	18.0	±0.1	0.2	18.06	
13	Ø3.4	+0.1, −0.3	0.4	Ø3.42	
14	10.0	±0.1	0.2	10.16	
15	22.0	±0.2	0.4	22.12	
16	2.0	±0.1	0.2	2.06	
17	2.5	±0.1	0.2	2.56	
18	5.0	±0.1	0.2	5.06	
19	Ø5.0	±0.1	0.2	Ø5.06	
20	28.5	±0.2	0.4	28.62	
21	31.0	±0.3	0.6	31.18	
22	16.0	±0.2	0.4	16.12	
23	R2.0	±0.05	0.1	R2.0	
24	전체길이	-	-	38.50	전개도 추가 치수

4. 캐리어 부분 확인

1) 캐리어 결정하기

(1) 캐리어란

프로그레시브 금형에서의 캐리어(CARRIER)는 잔폭의 일종으로 작업 중에 제품을 다음 공정에 정확하게 이송하는 역할을 겸하고 있기 때문에 강성이 필요하고 가공의 내용, 블랭크의 크기, 제품의 정밀도, 피 가공재의 재질, 판 두께 등에 따라 적당한 폭이 필요하다.

① 캐리어의 종류

(가) 편측 캐리어

제품을 생산하고자 하는 이송방향에서 측면으로 앞 또는 뒤쪽 한쪽에 만 스트립을 연결하는 방식으로 재료 이용률은 우수하나 생산 중에 소재의 잔류 응력에 의하여 스트립 레이아웃의 만곡 현상 때문에 생산성이 저하될 우려가 있어 이를 보완하기 위하여 캐리어의 휨이나 뒤틀림을 방지하기 위하여 별도의 보완 방법을 택하기도 한다. (그림, a)

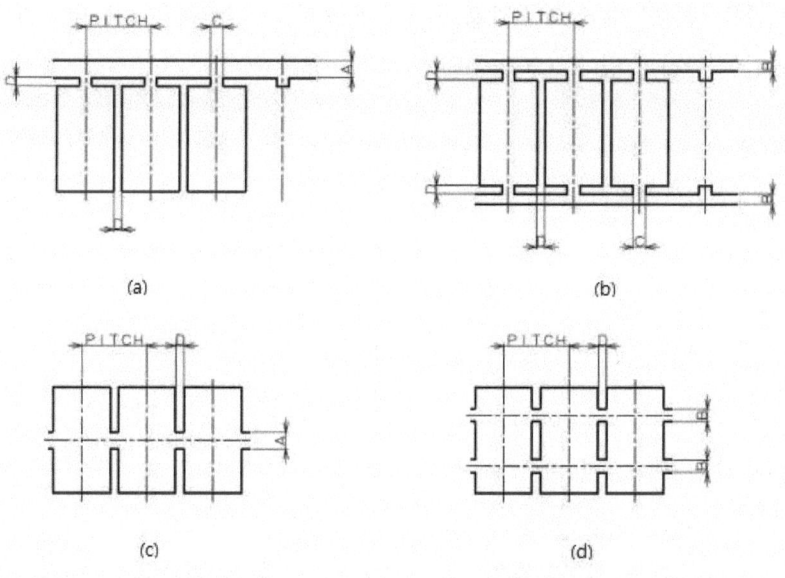

그림 9-69 캐리어의 종류와 치수

캐리어 형상별 치수			
재료두께(t)	A 최소값	B 최소값	C 최소값
<0.3	3	1.5	3
0.3~0.8	4	2	4
0.8~1.2	6	3	6
1.2~2.0	8	4	8

D 최소값		
전단길이	D	D 최소값
0~25	1.2t	1.5mm
25~50	1.5t	1.8mm
50~150	1.5t	2.5mm
150~250	1.7t	3.0mm

(나) 양측 캐리어

제품을 생산하고자 하는 이송방향에서 측면으로 앞 또는 뒤쪽 양쪽 모두에 스트립을 연결하는 방식으로 재료 이용률은 편측 캐리어 방식에 비하여 떨어지나 생산 중에 스트립 레이아웃 휨이나 뒤틀림의 문제가 발생하지 않아 안정된 생산 방식으로 많이 채택된다. (그림, b)

(다) 중앙 캐리어 1열

제품을 생산하고자 하는 이송방향에서 중앙부를 이용하여 스트립을 연결하는 방식으로 재료 이용률이 비교적 좋고 제품생산에 앞뒤 균형이 잡혀 안정되게 제품을 생산할 수 있으나 제품 중앙에 연결부 오버 커팅이 허용되지 않는 제품에서는 사용이 곤란한 단점이 있다. (그림, c)

(라) 중앙 캐리어 2열

제품을 생산하고자 하는 이송방향에서 중앙부 2줄로 스트립을 연결하는 방식으로 한줄 연결방식보다 안정적이며 재료 이용률이 비교적 좋고 제품생산에 앞뒤균형이 잡혀 안정되게 제품을 생산할 수 있으나 제품 연결부에 오버 커팅이 허용되지 않는 제품에서는 사용이 곤란한 단점이 있다. (그림, d)

단원 핵심 학습 문제

01 다음 중 치수기입 방법의 종류에 속하지 않는 것은?
① 좌표식 치수기입방법　② 연결식 치수기입방법
③ 기준식 치수기입방법　④ 절단식 치수기입방법
해설 : ④ 치수기입 방법의 종류 - 좌표식 치수기입방법, 연결식 치수기입방법, 기준식 치수기입방법

02 가이드포스트가 4개로 정도, 강성 우수하여, 대량생산에 적합하고, 볼 슬라이드 다이 세트를 쓰시오.
해설 : FR형

03 재료를 전후좌우 이송 작업성은 편리하나 편심 하중으로 정밀도 저하되며, 부시 가이드 다이 세트를 쓰시오.
해설 : BB형

04 금형의 상형을 프레스 램에 봉상의 자루부분으로 하중의 중심에 위치하며, 100mm에 대해 0.02mm의 직각도를 유지하여야 하는 부품은?
해설 : 섕크(shank)

05 스크랩을 펀치로부터 이탈, 재료의 변형방지, 펀치의 강도 보강 및 펀치의 가이드 역할을 하는 부품은?
해설 : 스트리퍼(stripper)

06 잔폭의 일종으로 작업 중에 제품을 다음 공정에 정확하게 이송하는 역할을 겸하고 있기 때문에 강성이 필요하고 가공의 내용, 블랭크의 크기, 제품의 정밀도, 피 가공재의 재질, 판 두께 등에 따라 적당한 폭이 필요한 것은?
해설 : 캐리어(CARRIER)

07 제품도에 명기되어 있는 공차로 제품의 기능과 역할을 충실하게 하기 위하여 특별히 요구되는 공차는?
해설 : 허용공차

08 기준선에서 각 부분의 치수를 표시하는 방법으로 누적 공차에 대한 오차의 발생이 없어 금형 제작용 도면에 많이 활용되는 치수 기입법은?
해설 : 기준선 치수기입 방법

09 고 합금 공구강의 종류를 쓰시오.

해설 : STD1, STD11, STD12, STD61종 등이 사용

10 기계구조용강의 종류를 쓰고 특징을 쓰시오.

해설 : SM 35C, SM 45C, SM 55C
기계구조용강의 특징
① 탄소함유량이 높다.
② SM 45C 이상에서는 열처리가 가능하다.
③ 소량 생산용 펀치와 다이로 사용된다.
④ 수냉처리함으로 균열발생이 생기기 쉽다.

9-3 금형도면 해독하기

1. 평면조립도 해독

평면조립도는 조립 상형 평면도와 조립 하형 평면도로 나타낼 수 있으며, 여러 개의 부품들을 모두 제 위치에 나타내어야 한다. 또한 표준부품인 맞춤 핀, 스프링, 육각 볼트 및 파일럿 등은 식별을 쉽게 하기위해 그리고 금형의 구조를 이해하기 편리하기 위해 표준제도와 달리 표현하기도 한다.

(1) 평면 조립도에서 고정 볼트의 설계
고정 볼트가 포켓구멍 속에 체결된 경우에는 볼트 포켓의 원주와 볼트머리 외경을 함께 평면도에 나타낸다.

(2) 평면 조립도에서 맞춤 핀의 설계
맞춤 핀의 평면도시는 외경은 공칭직경과 동일하며 굵은 실선으로 표시하고, 안쪽 원의 직경은 외경의 80% 정도이며, 굵은 실선 2/3 원으로 나타낸다.

(3) 평면 조립도에서 나사결합 나사구멍 설계
관통 나사구멍의 체결도시는 나사구멍의 나사산(내경)은 굵은 실선으로 표시하고, 나사구멍의 나사골(외경)은 굵은 은선 3/4 원으로 나타낸다. 막힌 나사구멍의 체결도시는 나사구멍의 나사산(내경)은 굵은 은선으로 표시하고, 나사구멍의 나사골(외경)은 굵은 은선 3/4 원으로 나타낸다.

(4) 평면 조립도에서 스프링의 설계
스프링의 도시는 가는 2점 쇄선으로 나타내며, 스프링의 외경은 스프링 내경의 2배가 되도록 설계한다.

(5) 평면 조립도에서 원의 중심선 설계
원의 중심선 설계는 원의 중심에 간결하게 표시하는 방법과 원의 외경 약 3mm 이상 길게 표시하는 방법이 있으나 복잡한 금형의 설계에서는 원의 중심표시를 간결하게 나타내면 도면의 이해가 쉽다.

실기 내용

1. 상형 평면도 해독

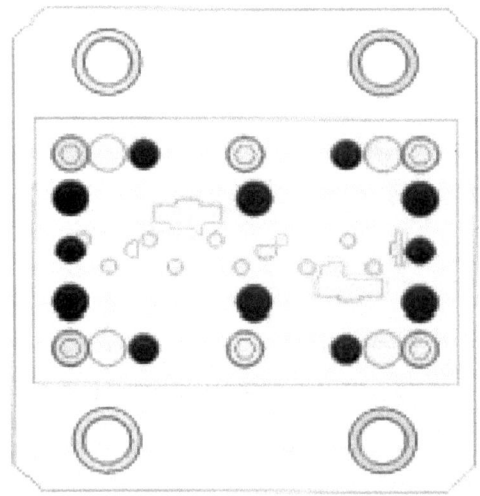

그림 9-70 상형 평면도

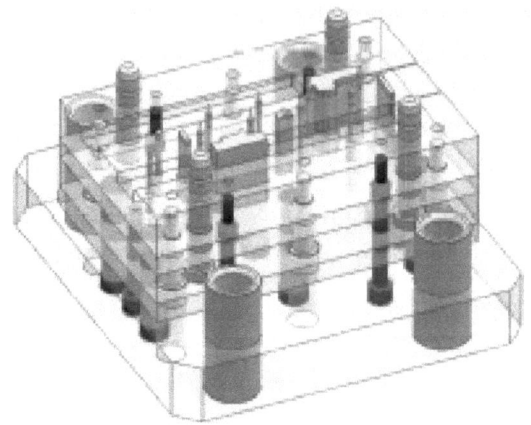

그림 9-71 상형 평면 입체도

① 가동스트리퍼의 면은 펀치 아래 면보다 0.5~1mm 정도 내려와 조립되어야 한다.
② 생크의 위치는 전단하중의 중심에 위치하여야 한다.
③ 스프링 고정 볼트는 스트리퍼의 위치결정이 용이한 구조이어야 한다.
④ 저속가공용 가이드 부시는 면 접촉형으로 하고, 고속가공용 가이드 부시는 점접촉형 구조이어야 한다.

2. 하형 평면도 해독

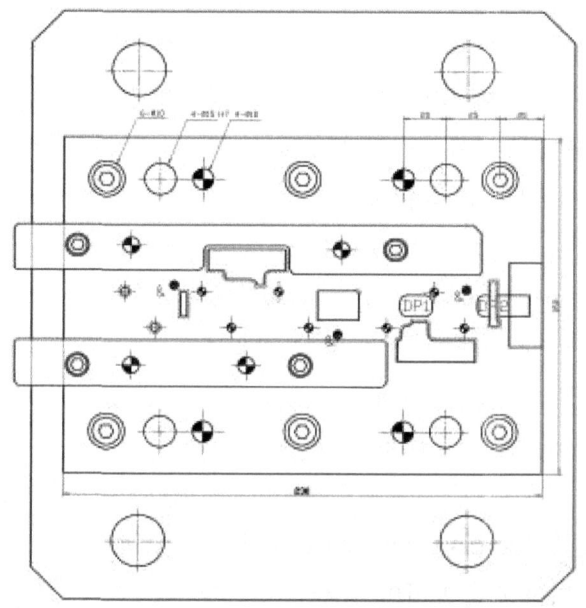
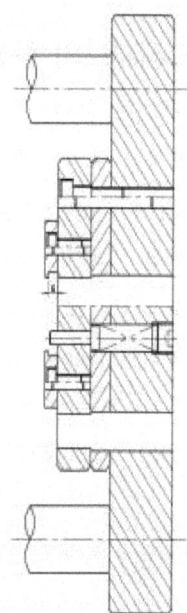

그림 9-72 하형 평면도

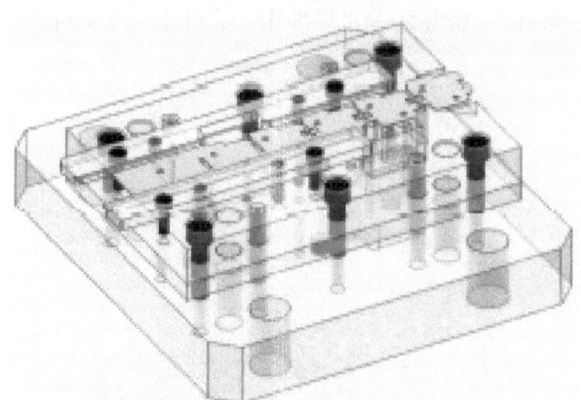

그림 9-73 하형 평면 입체도

① 소재안내 방법은 판형으로 하며, 스트리퍼에는 도피 홈을 파야 한다.
② 파팅에 의한 제품 취출이므로 제품이 자동 낙하할 수 있도록 다이 측면에 도피용 각도홈을 설치한다.
③ 맞춤 핀은 다이와 다이 홀더를 억지끼워 맞춤하고, 정확한 위치결정이 되어야 한다.

2. 금형구조도 해독

1) 프로그레시브의 종류 및 구조

프로그레시브 금형은 가공 내용과 가공 공정에 의해 보통 5종류로 구분하는데, 재료가 차례로 다이 안으로 이송되어 각 스테이지(stage)에서 가공된 상태의 스트립(strip), 즉 스트립 레이아웃의 형상이나 가공 스테이지의 배열 순서를 위주로 구분한다.

① 피어싱·블랭킹 프로그레시브 금형(piercing and blanking progressive die)
② 노칭·파팅 프로그레시브 금형(notching and parting progressive die)
③ 노칭·벤딩 프로그레시브 금형(notching and bending progressive die)
④ 피어싱·드로잉 프로그레시브 금형(piercing and drawing progressive die)
⑤ 블랭킹·포밍 프로그레시브 금형(blanking and forming progressive die)

(1) 피어싱·블랭킹 프로그레시브 금형(piercing and blanking progressive die)
① 여러 가지 형상의 구멍과 윤곽을 가진 평판 모양의 제품을 제작하는 금형이다.
② 종래에는 복합금형(compound die)으로 피어싱하고 블랭킹하였지만, 생산성 및 금형의 안정성이 높은 피어싱·블랭킹 프로그레시브 금형에 사용된다.

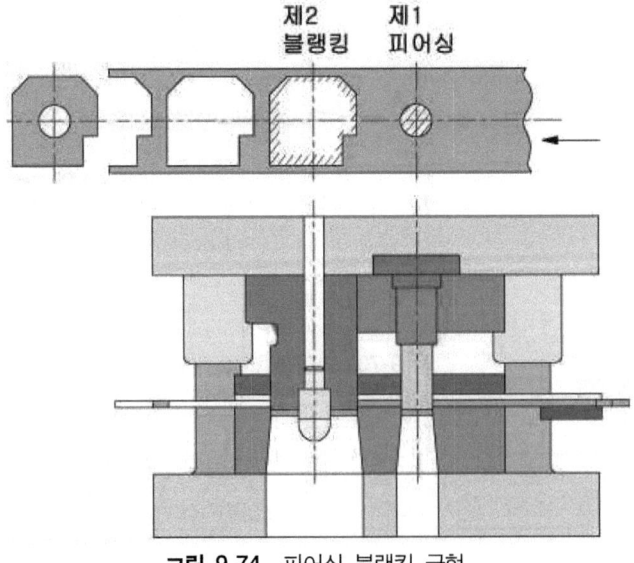

그림 9-74 피어싱 블랭킹 금형

(2) 노칭·파팅 프로그레시브 금형(notching and parting progressive die)
피어싱·블랭킹 프로그레시브 금형에서 얻어진 제품의 형상을 노칭·파팅에 의한 연속 작업으로도 똑같은 제품의 형상 가공이 가능하나 치수정밀도 및 동심도의 정도가 저하된다.

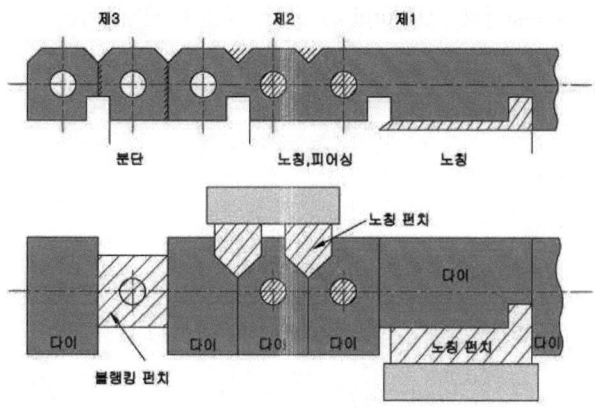

그림 9-75 노칭·파팅 금형

(3) 노칭·벤딩 프로그레시브 금형(notching and bending progressive die)

① 벤딩 가공이 필요한 제품은 벤딩 전에 피어싱·노칭·트리밍 등의 전단가공을 실시하여 블랭크를 형성하고, 블랭크는 브리지(bridge) 또는 제품의 일부분이 되는 평탄한 부분을 연결하여 보내지면서 가공되며, 최종스테이지에서 이브리지를 전단 또는 분단가공에 의해 완료하는 형식이다.

② 중간 스테이지에서의 벤딩 가공은 불완전하므로 아이들(idle)스테이지를 준 후 최종 스테이지에서 절단하면서 벤딩 가공을 실시하는 경우가 많다.

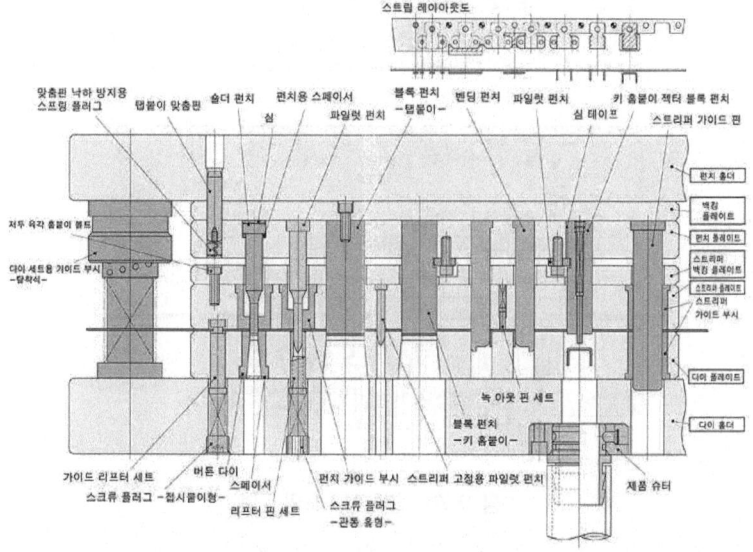

그림 9-76 노칭·벤딩 금형

(4) 피어싱, 드로잉 프로그레시브 금형(piercing, drawing progressive die)

드로잉 가공은 소재가 다이로 끌려 들어가면서 성형되는 것이기 때에 연속 작업에서는 소재의 유입이 쉽도록 아우워글래스(Hourglass : 모래시계의 모양) 형상으로 가공된다.

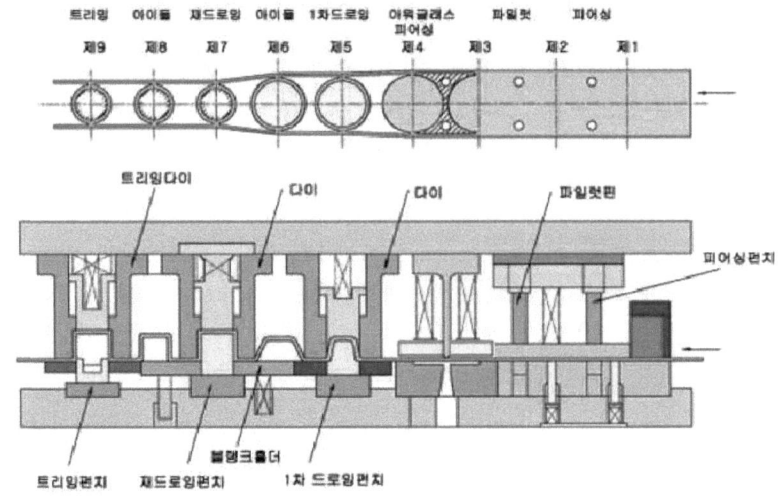

그림 9-77 피어싱, 드로잉 금형

(5) 블랭킹 · 포밍 프로그레시브 금형(blanking and forming progressive die)

블랭킹 된 블랭크를 다음 공정으로 이송하여 성형가공을 하고, 최종 공정에서 제품을 밀어 떨어뜨리는 형식의 금형이다

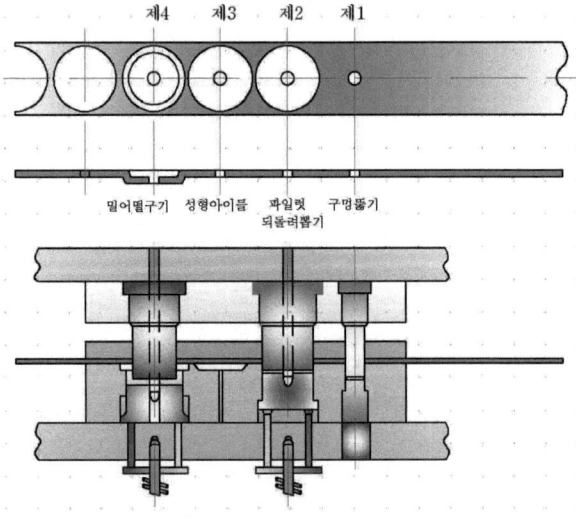

그림 9-78 블랭킹 · 포밍 금형

3. 금형조립도 해독

1) 순차이송형 프레스 금형조립도 해독

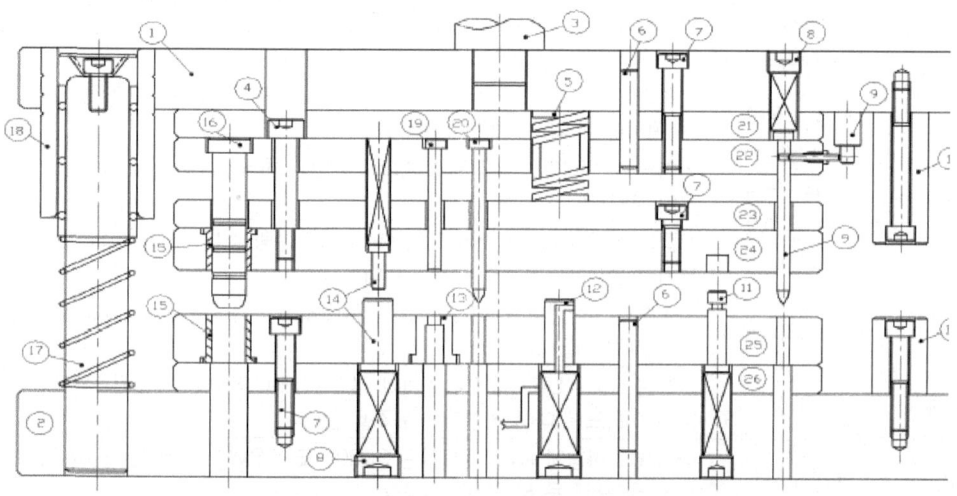

그림 9-79 가동식 순차이송형 프레스 금형 복합조립도

1	펀치 홀더	8	스크류 플러그	15	가이드 핀부시	22	펀치고정판
2	다이 홀더	9	미스피드 검출기	16	가이드 핀	23	압축판
3	생크	10	스트로크 앤드 블록	17	가이드 포스트	24	스트리퍼
4	스트리퍼 볼트	11	가이드 리프터 핀	18	가이드 포스트 부시	25	다이
5	스프링	12	에어홀 리프터 핀	19	피어싱 펀치	26	다이받침판
6	맞춤핀	13	다이부시	20	파일럿 핀		
7	볼트	14	털핀, 밀핀	21	펀치받침판(P.B)		

실기 내용

1. 고정 스트리퍼 블랭킹 금형조립도 해독

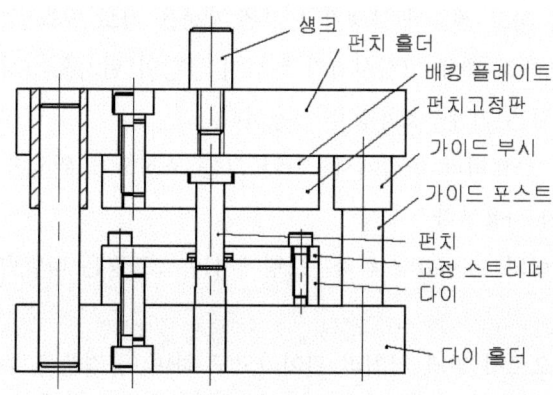

그림 9-80 고정 스트리퍼 블랭킹 금형

상형	섕크	섕크는 상형을 램에 고정할 때 사용되며, 재질은 SM20C, 종류는 4가지이며 표준부품임.
	펀치 홀더	다이세트 상형에 속하며, 재질은 GC200 또는 SM20C, 제품을 정밀 대량 생산시 금형제작용 부품으로 사용함.
	배킹 플레이트	압력판이라고도 하며, 재질은 STC4, 열처리 경도는 HRC58~60, 두께는 6~13mm 정도 사용됨.
	펀치 고정판	펀치고정판은 펀치와 억지 끼워 맞춤이어야 하며, 재질은 SM20C, 기능으로는 펀치를 직각으로 유지하여야 함.
	가이드 부시	가이드 포스트와 중간 끼워 맞춤으로 상형과 하형을 위치결정 해주는 기능을 하며, 재질은 STC4이다.
	펀치	재질은 SCT<STD<SKH로 제품의 재질, 수량에 따라 선택하여 사용되며, 열처리 경도는 HRC58~60정도이다.
하형	스트리퍼	가동형과 고정형이 있으며, 재질은 SM20C, 주 기능은 펀치 안내 및 펀치로부터 재료 이탈이다.
	다이	재질은 SCT<STD<SKH, 열처리 경도는 HRC58~60, 타발된 재료의 낙하가 용이하도록 다이 하면이 여유각을 준다.
	다이 홀더	다이세트 하형에 속하며, 재질은 GC200 또는 SM20C, 제품을 정밀 대량 생산시 금형제작용 부품으로 사용함.

4. 금형부품도 해독

1) 금형 부품의 기능

(1) 프레스 금형 요소 부품의 기능

① 펀치 홀더 : 가이드 핀에 의한 상하운동이므로 금형 상측을 프레스에 고정하는 역할을 한다.

② 다이 홀더 : 금형 하측을 프레스에 클램프를 이용하여 고정하는 역할을 한다. 구멍은 피어싱 스크랩으로 빠지도록 하고 제품이 블랭킹인 경우 제품을 따로 받을 수 있도록 한다.

③ 섕크 : 금형의 상형을 프레스 램에 고정시키기 위하여 금형의 펀치홀더(상홀더)에 고정시킨 봉상의 자루이며 재질은 기계구조용강을 사용한다.

④ 스트리퍼 볼트 : 가동식 스트리퍼 방식에서 스트로크를 조정하기 위하여 스트리퍼 볼트 방식으로 스프링과 함께 사용한다.

⑤ 스프링 : 스프링은 타발력의 15~20%, 컴파운드형에서는 스프링은 타발력의 10% 정도를 유지하여야 한다.

⑥ 맞춤핀 : 위치결정 부품으로서 일명 열처리 핀이라고도 하며, 규격품을 주로 사용하고 각 플레이트의 신속한 분해가 가능하고 재조립시에도 정확한 위치를 결정하여 준다.

⑦ 육각 구멍붙이 볼트 : 금형 부품 체결 요소이다.

⑧ 스크류 플러그 : 금형 부품 체결 요소 및 냉각 막음용 플러그로 사용한다.
⑨ 미스피드 검출기 : 프로그레시브 금형을 이용한 작업에서 이송작동이 잘못되어 금형의 손상을 입는 것을 방지하기 위해 설치하는 것이 미스피드 검출장치다.
⑩ 스트로크 앤드 블록 : 스트로크 조정봉으로 제품 타발시 스트로크를 유지시키고 금형 보관시 보관을 위한 봉으로 플레이트 조립 후 길이에 유의해서 동시연마 가공한다.
⑪ 가이드 리프터 핀 : 소재를 들어 올려주는 기능과 폭 방향의 재료의 위치를 결정하고 안내하는 기능을 한다. Side cutter가 없는 구역에 설치하며, 재료를 들어 올려 주는 높이는 일반적으로 5mm 정도로 사용한다.
⑫ Air Hole Lifter Pin : 다이 플레이트에서 에어를 취출하는 핀으로 타발시에는 다이 속으로 들어가고 금형이 열리면 스프링에 의해 올라와 압축 공기를 이용하여 파팅된 제품을 밖으로 취출하는 핀이다.
⑬ 다이부시 : 피어싱은 다이의 파손을 방지하고 수정, 수리시 빠른 대처를 위해 다이 부시를 사용한다.
⑭ 키커 핀, 밀핀
  • 키커 핀 : 프레스 가공된 제품 또는 스크랩이 펀치의 밑면에 붙어 펀치의 상승과 더불어 올라오는 때가 있는데, 이것은 프레스 작업의 능률을 저하시킬 뿐만 아니라 연속 자동 가공을 할 때는 블랭크에 의하여 가공소재의 이송을 혼란시켜 금형을 손상을 방지위해 설치한다.
  • 밀핀 : 하형에 부착한 소재를 보내기 쉽게 하기 위해 주로 프로그래시브 금형 등에서 재료를 다이 상면에서 들어 올려 이송을 용이하게 하고, 스트립의 전체적인 수평 상태를 유지하며, 끝 피치에서는 제품의 슬라이딩 낙하를 원활하게 하기위해 밀핀을 설치한다.
⑮ 가이드 핀 부시 : 스트리퍼와 다이판에 고정되어 플레이트의 상하 운동을 안내하기 위한 것이다.
⑯ 가이드 핀 : 펀치 고정판과 스트리퍼에 고정되어 플레이트의 상하 운동을 안내하기 위한 것이며 가이드 핀 부시에 의해 안내된다.
⑰ 가이드 포스트 : 다이 세트의 상하 운동을 안내하기 위한 것으로 다이홀더에 고정하여 가이드 포스트 부시에 의해 안내된다. 가이드 방식에는 플레인 가이드(plain guide) 방식과 볼 가이드(ball guide) 방식이 있다.
⑱ 가이드 포스트 부시 : 펀치 홀더에 고정되어 가이드 포스트를 보호하면서 안내 및 제어를 한다.
⑲ 피어싱 펀치 : 펀치는 다이(die)와 함께 제품의 형상을 만드는 부분이고, 제품은 펀치와 다이에서 가공이 되기 때문에 치수 정밀도가 높고 표면조도가 좋은 것을 만들 필요가 있다.

⑳ 파일럿 핀 : 프레스 가공에서 위치결정의 중요한 역할을 하며 특히 순차 이송 금형에서 정확한 가공 소재의 위치를 결정하며 제품의 형상에 따라 트랜스퍼 금형에도 응용된다.
㉑ 펀치받침판 : 펀치 홀더 속에 파고 들어가는 것을 방지하기 위하여 사용한다.
㉒ 펀치고정판 : 각종 펀치를 다이구멍에 수직으로 작동 유지 될 수 있도록 고정하여 주는 기능을 한다.
㉓ 압축판 : 스트리퍼 위에 볼트로 고정하며 정확한 스트로크 조정을 위해 스트리퍼와 펀치고정판 사이에 설치한다.
㉔ 스트리퍼 : 스트리퍼의 가장 중요한 기능은 재료를 펀치로부터 빼주는 것이며, 그 외에 펀치 강도의 보강, 전단 가공시 재료의 변형방지 및 펀치의 안내를 하여 준다.
㉕ 다이 : 다이는 일반적으로 평면 형상의 것이 많으며 열처리에 의하여 변형이 일어나기 쉽기 때문에 충분한 두께가 있어야 한다.
㉖ 다이받침판 : 다이 홀더 속에 파고 들어가는 것을 방지하기 위하여 사용한다.

실기 내용

1. 금형 표준부품의 해독

그림은 금형의 표순부품인 고정 볼트, 맞춤 핀, 스프링, 스트리퍼 볼트 그리고 생크이다. 이러한 표준 부품들은 도면의 간략화를 위해 간결하게 표시하여야 한다.

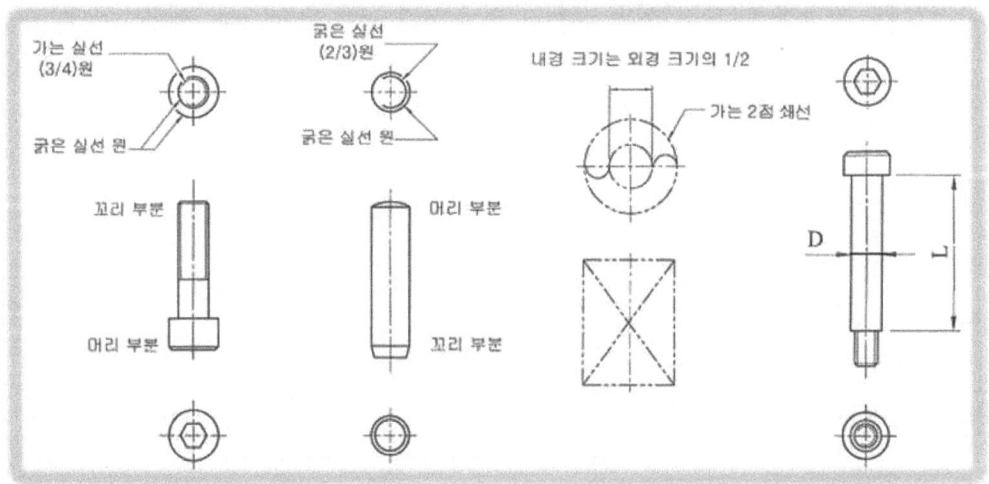

그림 9-81 금형의 표준 부품

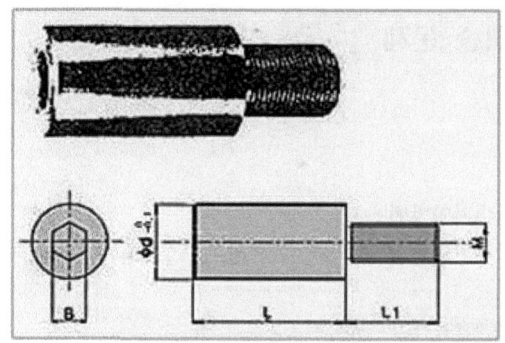
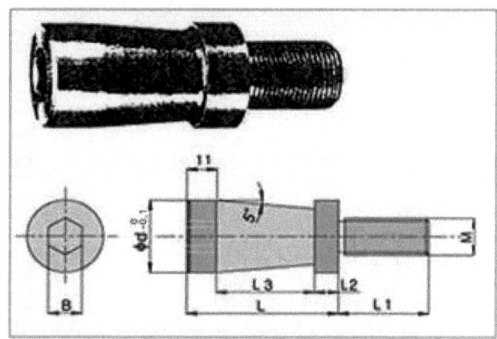

호칭(d)	L	B	L3	L2	L1	M
25	50	12	28	10	18, 25, 30, 35, 40	M18 x P1.5
32	55		30	12	25, 30, 35	M22 x P1.5
38	60	17	32	13	30, 35, 40	M30 x P2.0
50	65			15	30, 35, 40, 45	

그림 9-82 스트레이트 섕크와 언드컷 섕크 규격

단원 핵심 학습 문제

01 다음 중 프로그레시브의 종류가 아닌 것은?
① 좌표식 치수기입방법   ② 연결식 치수기입방법
③ 기준식 치수기입방법   ④ 절단식 치수기입방법

해설 : ④ 프로그레시브의 종류
- 피어싱·블랭킹 프로그레시브 금형(piercing and blanking progressive die)
- 노칭·파팅 프로그레시브 금형(notching and parting progressive die)
- 노칭·벤딩 프로그레시브 금형(notching and bending progressive die)
- 피어싱·드로잉 프로그레시브 금형(piercing and drawing progressive die)
- 블랭킹·포밍 프로그레시브 금형(blanking and forming progressive die)

02 중간 스테이지에서의 벤딩 가공은 불완전하므로 스테이지를 준 후 최종 스테이지에서 절단하면서 벤딩 가공을 실시하는 경우에 사용되는 스테이지는?

해설 : 아이들(idle) 스테이지

03 다이세트 하형에 속하며, 재질은 GC200 또는 SM20C, 제품을 정밀 대량 생산시 금형제작용 부품으로 사용되는 부품은?

해설 : 다이 홀더

04 가이드 포스트와 중간 끼워 맞춤으로 상형과 하형을 위치결정 해주는 기능을 하며, 재질은 STC4인 부품은?

해설 : 가이드 부시

05 위치결정 부품으로서 일명 열처리 핀이라고도 하며, 규격품을 주로 사용하고 각 플레이트의 신속한 분해가 가능하고 재조립시에도 정확한 위치를 결정하여 주는 부품은?

해설 : 맞춤핀

06 프레스 가공에서 위치결정의 중요한 역할을 하며 특히 순차 이송 금형에서 정확한 가공 소재의 위치를 결정하며 제품의 형상에 따라 트랜스퍼 금형에도 응용되는 부품은?

해설 : 파일럿 핀

07 스트리퍼의 가장 중요한 기능은 재료를 펀치로부터 빼주는 것이며, 그 외에 펀치 강도의 보강, 전단 가공시 재료의 변형방지 및 펀치의 안내를 하여 주는 부품은?

해설 : 스트리퍼

08 하형에 부착한 소재를 보내기 쉽게 하기 위해 주로 프로그래시브 금형 등에서 재료를 다이 상면에서 들어 올려 이송을 용이하게 하고, 스트립의 전체적인 수평 상태를 유지하며, 끝 피치에서는 제품의 슬라이딩 낙하를 원활하게 하기위해 설치하는 부품은?

해설 : 밀핀

09 프레스 가공된 제품 또는 스크랩이 펀치의 밑면에 붙어 펀치의 상승과 더불어 올라오는 것을 방지위해 설치하는 것은?

해설 : 키커 핀

10 프로그레시브 금형을 이용한 작업에서 이송작동이 잘못되어 금형의 손상을 입는 것을 방지하기 위해 설치하는 것은?

해설 : 미스피드 검출기

9-4 조립공차 검토하기

1. 조립공차 검토하기

1) 고정 조립부 치수공차

(1) 펀치와 펀치 플레이트의 치수공차

① 펀치 플레이트를 열처리하지 않는 경우

펀치의 삽입부 허용공차 : m5, 펀치 플레이트 구멍 허용공차 : H7

② 펀치 플레이트를 열처리하는 경우

펀치의 삽입부 허용공차 : m5, 펀치 플레이트 구멍 허용공차 : H6

③ 그림은 축과 구멍 허용공차 m5/H7의 적용 예이다.

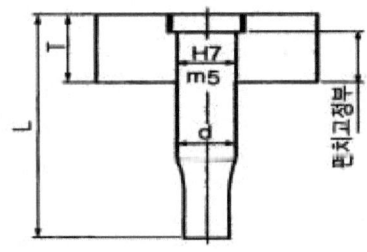 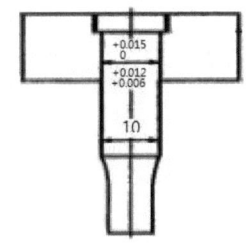

그림 9-83 펀치와 펀치 플레이트의 치수공차   그림 9-84 펀치와 펀치 플레이트의 치수공차 적용 예

2. 가동 조립부 치수공차 확인

1) 가동 조립부 치수공차

(1) 펀치와 스트리퍼의 치수공차

① 스트리퍼가 펀치를 가이드 하지 않는 경우 틈새는 0.05~0.1mm

② 스트리퍼가 펀치를 가이드 하는 경우 틈새는 0.005mm

③ 스트리퍼 하면과 펀치 선단부와의 차이는 0.5~1mm

④ 가이드부의 길이는 3~8mm로 하고 상측 면에 기름 홈을 설치한다.

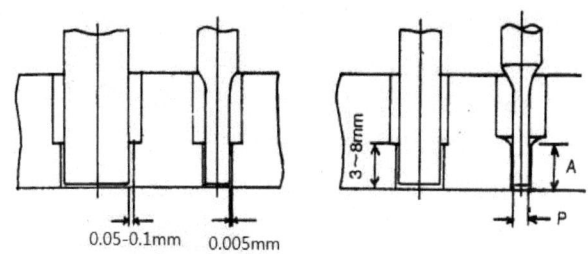

그림 9-85 펀치와 스트리퍼의 치수공차

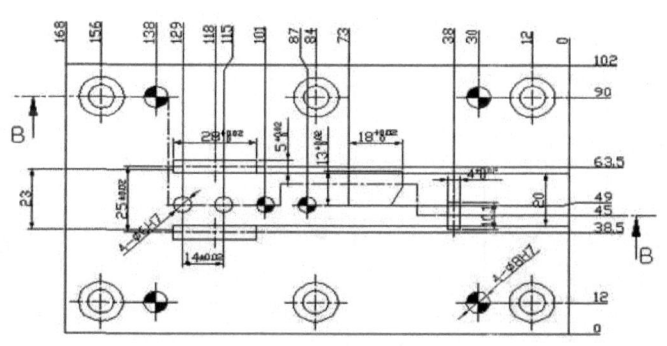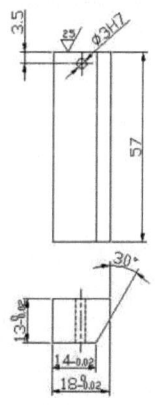

그림 9-86 스트리퍼와 펀치의 치수공차 적용 예

실기 내용

1. 펀치와 스트리퍼, 다이의 치수검사

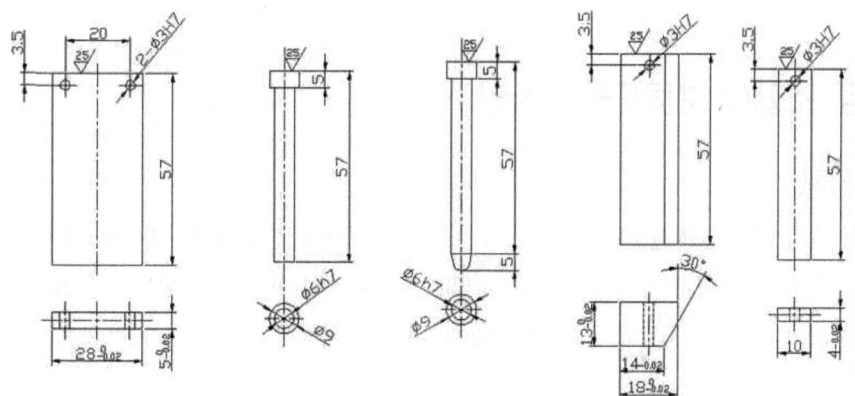

그림 9-87 펀치의 치수공차

펀치와 펀치고정판은 억지 끼워 맞춤이 되고, 펀치와 다이는 클리어런스 만큼의 틈새가 존재하므로 헐거움 끼워 맞춤이 되어야 한다.

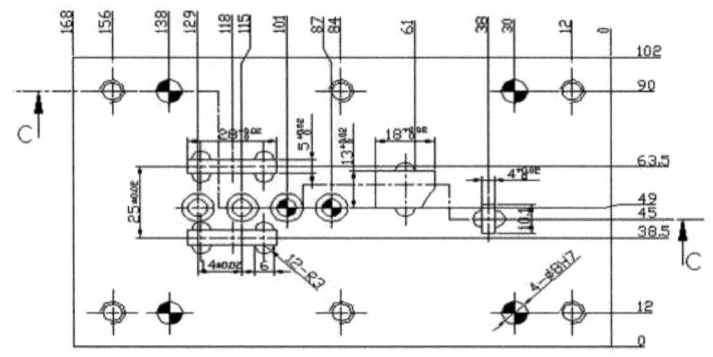

그림 9-88 펀치 고정판 치수공차

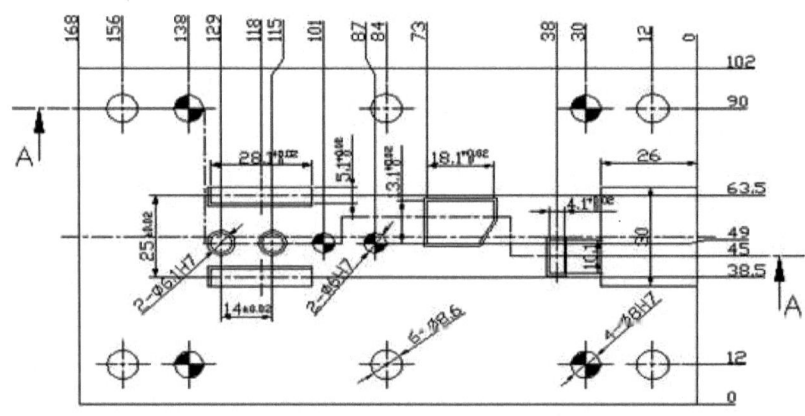

그림 9-89 다이의 치수공차

3. 고정 조립부 기하공차 확인

1) 기하공차

제품을 대량 생산함에 있어서, 각 부품의 정밀도 확보가 중요하다. 부품의 제작이나 조립을 할 때, 보다 더 정확하고 정밀한 제품이 되도록 하기 위하여 치수 허용차나 표면 거칠기 등과 함께 모양이나 자세, 위치 및 흔들림에 대하여 일정한 정밀도의 허용차를 붙일 필요가 있다.

(1) 기하공차 사용에 따른 장점
① 경제적이고 효율적인 생산을 할 수 있다.
② 생산원가를 절감할 수 있다.
③ 최대의 제작 공차를 통하여 생산성을 올릴 수 있다.

④ 결합 부품 상호간의 호환성을 주고 결합상태를 보증할 수 있다.
⑤ 설계 치수 및 공차상의 요구가 명확하게 정해지고 확실해진다.
⑥ 기능 게이지를 사용하여 효율적으로 검사, 측정할 수 있다.
⑦ 도면의 안정성과 통일성으로 일률적인 설계를 할 수 있다.

(2) 기하공차의 정의

표 9-7 기하공차 기호의 종류

적용하는 형체	기하공차의 종류		기 호
단독형체	모양 공차	진직도(공차)	—
		평면도(공차)	▱
		진원도(공차)	○
		원통도(공차)	⌭
단독 형체 또는 관련 형체		선의 윤곽도(공차)	⌒
		면의 윤곽도(공차)	⌓
관련 형체	자세 공차	평행도(공차)	∥
		직각도(공차)	⊥
		경사도(공차)	∠
	위치 공차	위치도(공차)	⊕
		동축도(공차) 또는 동심도(공차)	◎
		대칭도(공차)	═
	흔들림 공차	원주 흔들림(공차)	↗
		온 흔들림(공차)	↗↗

2) 기하 공차의 도시 방법

(1) 공차 기입 틀에의 표시 사항

공차에 대한 표시 사항은 공차 기입 틀을 두 구획 또는 그 이상으로 구분하여 기하 공차의 종류 기호, 공차 값, 데이텀 기호를 그 안에 기입한다.

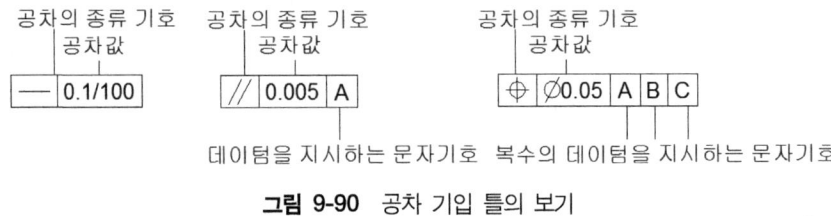

그림 9-90 공차 기입 틀의 보기

4. 가동 조립부 기하공차 확인

1) 기하공차 사용목적

기하공차 방식을 사용하지 않은 도면표시 방법을 그림에 도시하였다. (a)와 공차내에 평행 및 직각이 되는 제품을 만들기 위해 설계자는 (b)와 같이 생각하고 설계하였으나, 실제 ⓒ와 같이 가공되어도 공차규정에 들어가기 때문에 검사시 불합격 판정이 되지 않고 합격으로 처리되어 조립할 때 문제가 발생될 수 있다.

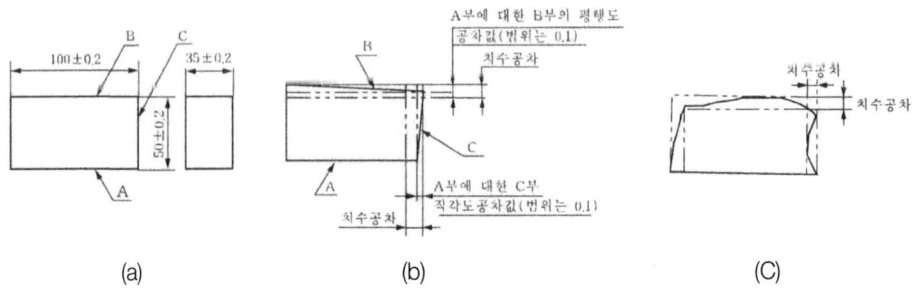

그림 9-91 기하공차방식을 사용하지 않은 경우

기하공차를 사용한 도면을 그림에 나타내었다. (a)처럼 제품에 대한 설계자의 의도를 (b)처럼 표시할 경우 복잡한 내용에 관해서는 사용언어나 설계자의 어법에 따라서 전달되는 정보가 달라질 수 있다. 그러나 (c)와 같이 표준화된 표시와 규격으로 도면의 내용을 정확한 뜻

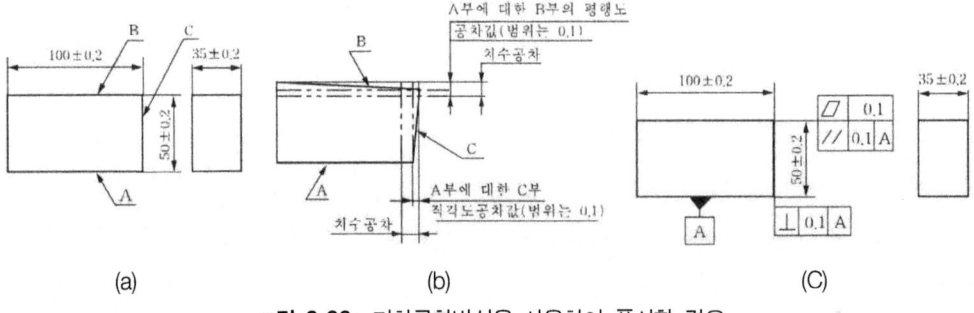

그림 9-92 기하공차방식을 사용하여 표시한 경우

을 전달할 수 있다.

실기 내용

1. 고정조립부의 기하공차

펀치고정판의 두께는 데이텀G에 대해 0.02mm이내 평행일 것.

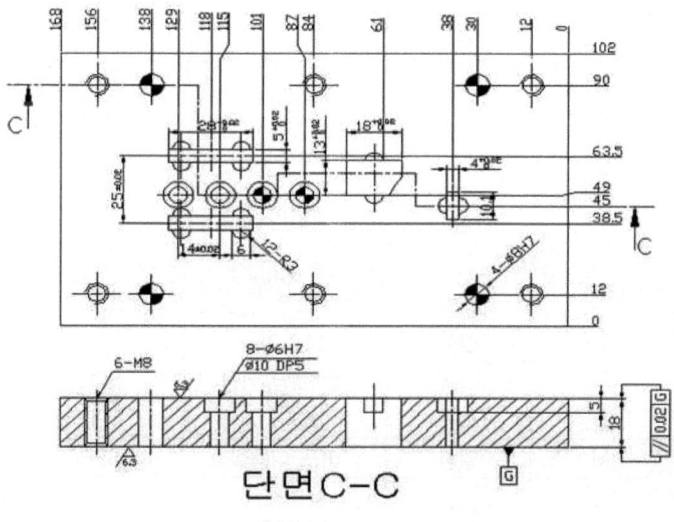

그림 9-93 펀치고정판 기하공차

2. 가동조립부의 기하공차

스트리퍼의 두께는 데이텀F에 대해 0.02mm 이내 평행일 것.

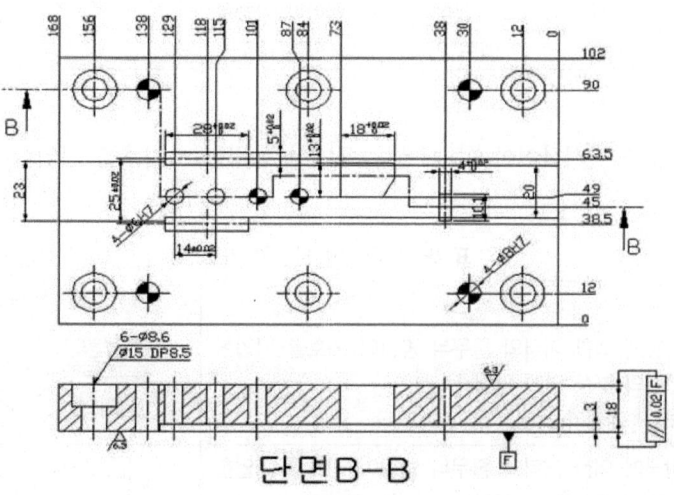

그림 9-94 스트리퍼판 기하공차

5. 고정, 가동 조립부 표면조도 확인

1) 표면 거칠기

(1) 부품 가공시 절삭공구의 날이나, 숫돌입자에 의해 절삭된 표면에 가공흔적이나 무늬 등으로 형성된 요철을 표면 거칠기라 한다. 표면 거칠기를 나타내는 방법에는 중심선 평균거칠기, 최대높이 및 10점 평균 거칠기의 3가지 방법을 규정하고 있다.

(2) 원하는 표면의 결을 얻기 위해 표면처리를 포함한 특정한 가공방법을 지시할 필요가 있는 경우 표의 약호를 사용한다.

표 9-8 가공 방법의 기호

가공방법	약호 I	약호 II	가공방법	약호 I	약호 II
선반 가공	L	선삭	호닝 가공	GH	호닝
드릴 가공	D	드릴링	액체호닝 가공	SPLH	액체 호닝
보링머신 가공	B	보링	배럴연마 가공	SPBR	배럴 연마
밀링 가공	M	밀링	버프 다듬질	SPBF	버핑
평삭(플레이닝) 가공	P	평삭	블라스트 다듬질	SB	블라스팅
형삭(셰이핑) 가공	SH	형삭	랩 다듬질	GL	래핑
브로칭 가공	BR	브로칭	줄 다듬질	FF	줄 다듬질
리머 가공	DR	리밍	스크레이퍼 다듬질	FS	스크레이핑
연삭 가공	Q	연삭	페이퍼 다듬질	FCA	페이퍼 다듬질
벨트연삭가공	GBL	벨트 연삭	정밀 주조	CP	정밀 주조

(3) 줄무늬 방향을 지시하여야 할 때에는 표에서 규정하는 기호를 기입한다.

표 9-9 줄무늬 방향의 기호

기 호	뜻	설 명 도
=	가공에 의한 커터의 줄무늬 방향이 기호를 기입한 그림의 투상 면에 평행 보기 : 기계가공 면	
⊥	가공에 의한 커터의 줄무늬 방향이 기호를 기입한 그림의 투상 면에 직각 보기 : 기계가공 면	

기호	뜻	설명도
×	가공에 의한 커터의 줄무늬 방향의 기호를 기입한 그림의 투상 면에 경사지고 두 방향으로 교차 보기: 호닝 다듬질 면	
M	가공에 의한 커터의 줄무늬가 여러 방향으로 교차 또는 무 방향 보기: 래핑 다듬질 면, 수퍼 피니싱 면, 가로이송을 준 정면 밀링 또는 엔드밀 절삭 면	
C	가공에 의한 커터의 줄무늬 방향의 기호를 기입한 면의 중심에 대하여 대략 동심원 모양 보기: 끝 부분의 절삭 면	
R	가공에 의한 커터의 줄무늬가 기호를 기입한 면의 중심에 대하여 대략 레이디얼 모양	

(4) 면의 지시 기호에 대한 여러 가지 사항의 기입 위치는 그림 9-95와 같이 표시하는 위치에 배치하여 기입한다.

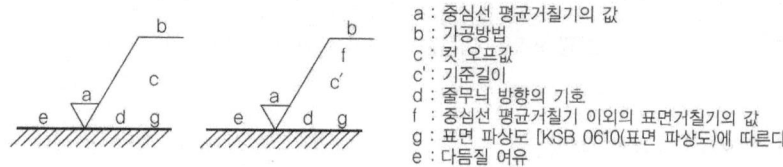

a : 중심선 평균거칠기의 값
b : 가공방법
c : 컷 오프값
c' : 기준길이
d : 줄무늬 방향의 기호
f : 중심선 평균거칠기 이외의 표면거칠기의 값
g : 표면 파상도 [KSB 0610(표면 파상도)에 따른다]
e : 다듬질 여유

그림 9-95 지시 사항의 기입 위치

(5) 다듬질 기호는 삼각기호 및 파형기호로 나타내며 삼각기호는 제거가공을 하는 곳에 사용하고 파형기호는 제거가공을 하지 않는 면에 사용한다.

표 9-10 다듬질 기호의 사용 보기

번호	기호	뜻
1	∼	제거 가공을 하지 않는다.
2	100s ∼	L 8mm에서 Ry가 100㎛보다 작은 주조의 면
3	50Z ▽	L 8mm에서 Rz가 최대 50㎛인 제거 가공을 하는 면
4	▽▽▽	Ra의 경우 1.6a정도의 표면 거칠기 범위에 들어가는 제거가공을 하는 면
5	0.8a ▽▽▽	λc 0.8mm에서 Ra가 최대 0.8㎛인 제거 가공을 하는 면

번호	기호	뜻
6	▽▽▽ G	Ra의 경우 1.6a정도의 표면 거칠기 범위에 들어가는 연삭가공을 하는 면
7	1.6a ▽▽▽ G 2.5	λc 2.5mm에서 Ra 최대 1.6㎛인 연삭가공을 하는 면

표면 거칠기의 표준 수열, 컷오프 값, 기준 길이, 가공방법, 줄무늬 방향의 기호 및 다듬질 여유의 값을 부가할 경우 표와 같이 표면 거칠기의 표준 수열에서 중심선 표면 거칠기는 a, 최대 높이는 S, 10점 평균 거칠기는 Z의 기호를 표준수열 다음에 기입한다.

① 다듬질 기호의 기입

다듬질 기호를 기입하는 경우에는 그림과 같이 기입한다.

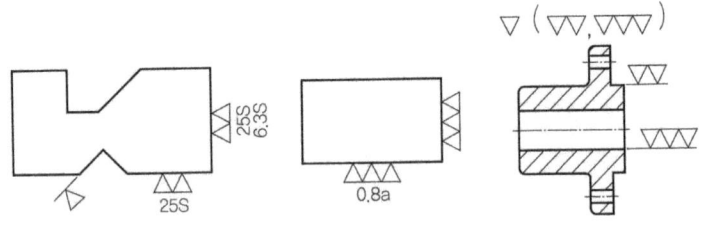

그림 9-96 다듬질 기호의 도면기입 방법

② 다듬질 기호의 기입상 주의

기호는 치수를 기입한 주요부분에 모아서 보기 쉽도록 기입한다.

구멍에 기호를 써 넣을 때는 구멍으로 향한 지시선 위에 기입한다.

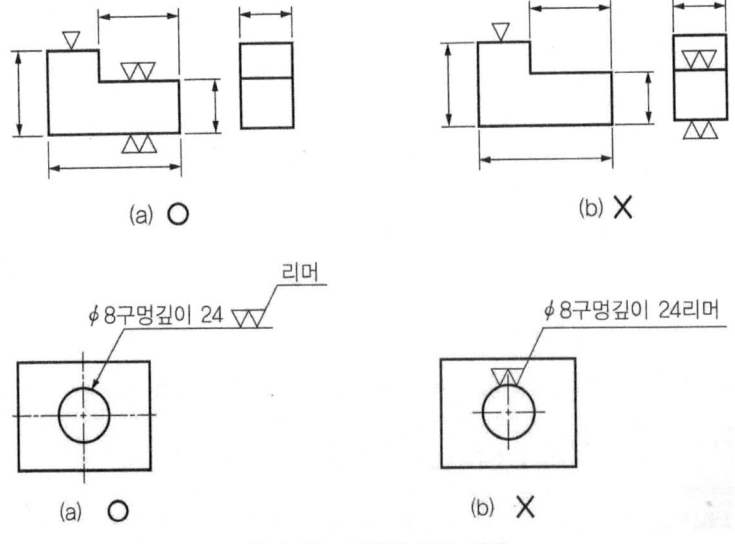

그림 9-97 다듬질 기호 기입

실기 내용

1. 고정 조립부 표면조도 확인

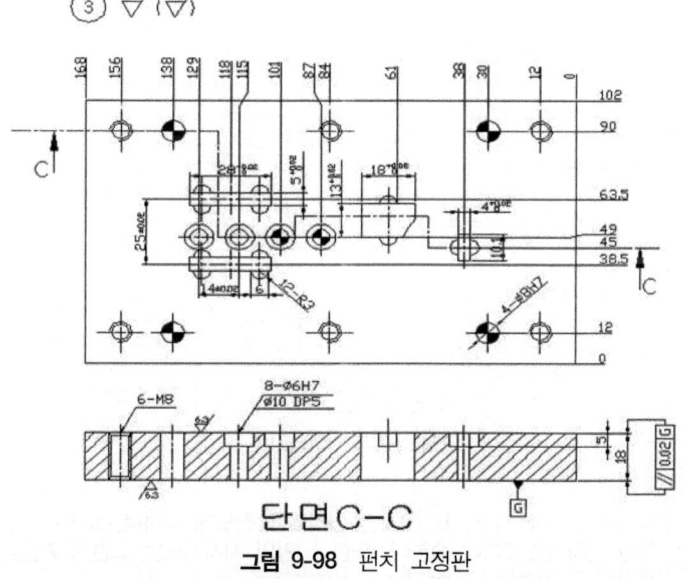

그림 9-98 펀치 고정판

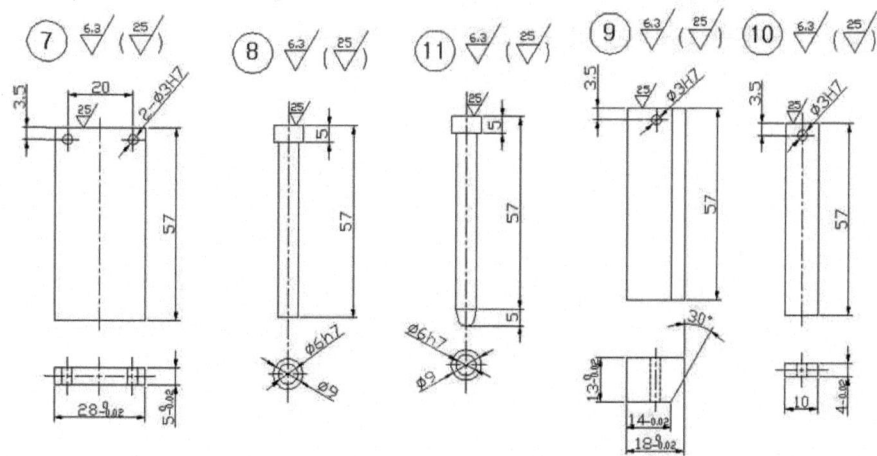

그림 9-99 노칭, 파일럿, 피어싱 펀치

2. 가동 조립부 표면조도 확인

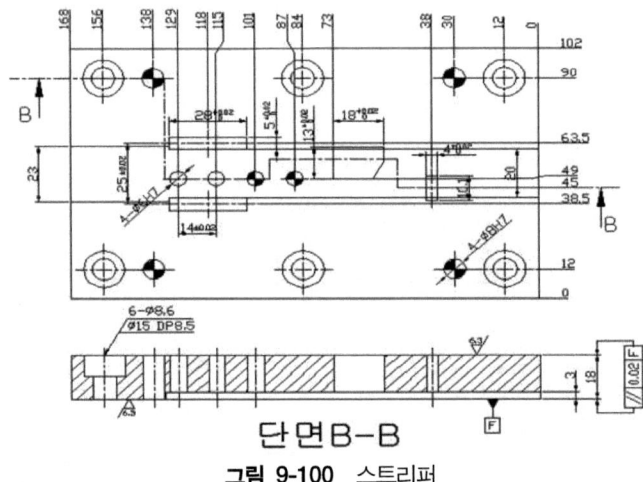

그림 9-100 스트리퍼

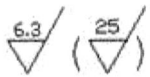 표면거칠기 6.3은 삼각기호 3개인 연삭가공 정도에 속하며, 표면 거칠기 25는 밀링가공 정도인 삼각기호 2개에 속한다. 또한 ( )안의 지시기호는 도면에 기입되어 있지 않는 면 전체의 가공 기호를 나타낸다

∥ 0.02 F   기준면 F에 대한 평행노가 0.02이내 이어야 한다.

∥ 0.02 G   기준면 G에 대한 평행도가 0.02이내 이어야 한다.

단원 핵심 학습 문제

01 다음 중 표면 거칠기를 나타내는 방법이 아닌 것은?
① 중심선 평균 거칠기 ② 10점 평균 거칠기
③ 최대높이 거칠기 ④ 최소높이 거칠기
해설 : ④ 표면 거칠기를 나타내는 방법 - 중심선 평균 거칠기, 10점 평균 거칠기, 최대높이 거칠기

02 펀치와 펀치 플레이트의 치수공차를 쓰시오.
해설 : 펀치의 삽입부 허용공차 - m5, 펀치 플레이트 구멍 허용공차 - H6

03 스트리퍼가 펀치를 가이드 하는 경우 틈새는?
해설 : 0.005mm

04 펀치와 펀치고정판의 끼워 맞춤과 펀치와 다이의 끼워 맞춤은?
해설 : 펀치와 펀치고정판 - 억지 끼워 맞춤
　　　펀치와 다이 - 헐거움 끼워 맞춤

05 가공에 의한 커터의 줄무늬 방향의 기호를 기입한 면의 중심에 대하여 대략 동심원 모양의 줄무늬 방향의 기호는?
해설 : C

06 리머 가공(리밍) 방법의 기호를 쓰시오?
해설 : DR

07 밀링 가공(밀링) 방법의 기호를 쓰시오?
해설 : M

08 원통도(공차) 기하공차 기호의 종류를 쓰시오
해설 : ◯/

NCS적용

CHAPTER 10

기본작업
(밀링가공)

LM1502010204_16v4

10-1 작업 준비하기

1. 밀링커터의 종류

1) 밀링커터의 분류

밀링커터는 다른 절삭공구와 달리 여러 종류가 있으며 대체로 [표 10-1]과 같이 구조에 의한 분류, 절삭날의 위치에 의한 분류, 릴리빙 방법에 의한 분류, 장치 방법에 의한 분류 등으로 나눌 수 있다.

표 10-1 밀링커터의 분류

분류	커터의 종류
구조에 의한 분류	• 솔리드 밀링커터(Solid milling cutter) • 납땜 밀링커터(Soldering milling cutter) • 용접 밀링커터(Welding milling cutter) • 심은날 밀링커터(Inserted milling cutter)
절삭날 위치에 의한 분류	• 외주에만 절삭날이 있는 것 : 각도 밀링커터, 총형밀링커터, 홈파기 밀링커터 등 • 외주 및 경면에 절삭날이 있는 것 : 엔드밀, 정면 밀링커터, 측면 밀링커터 등
릴리빙 방법에 의한 분류	• 윤곽연삭 밀링커터(Profile relieved milling cutter) • 릴리빙 밀링커터(Form relieved milling cutter)
장치방법에 의한 분류	• 아버형 밀링커터(Arbor type milling cutter) • 생크형 밀링커터(Shank type milling cutter) • 페이싱형 밀링커터(Facing type milling cutter)

2) 밀링커터의 종류

(1) 평면 밀링커터(Plane milling cutter)

원통의 원주에 절삭날을 가진 것으로 밀링커터의 축과 평행한 평면을 절삭하는데 쓰이며 곧은날과 비틀림날이 있고 대개 비틀림날이 주로 사용된다. 비틀림날의 나선각은 보통 15°~30°정도로 경사져 있는데 이것은 절삭저항을 적게 받기 위해서이다.

(2) 측면 밀링커터(Side milling cutter)

원주와 측면에 날이 있는 커터로 그 종류는 다음과 같다.
① 측면 밀링커터(Side milling cutter)
    날의 폭이 비교적 좁으며 날은 원주와 양쪽 측면에 있다. 홈파기나 정면밀링작업에 사용한다.

② 엇갈린날 밀링커터(Staggered-tooth milling cutter)

좁은 원통형 커터로서 나선의 날이 서로 반대방향으로 엇갈려 있다. 키이홈 등 홈파기 가공에 사용되고 쾌삭성이 좋으며 공작물을 긁거나 파고들지 않는다.

③ 반측면 밀링커터(Half side milling cutter)

정면밀링, 그밖에 커터 한 측면에만 날이 필요한 가공에 사용되며 원주날은 곧은 날과 나선날이 있으며 원주날은 실제 절삭을 하며 측면날은 다듬질 한다.

④ 조립날 홈파기 커터(Interlocking slotting cutter)

측면 밀링커터와 같은 두 개의 커터를 조립하여 날이 서로 엇갈리게 한 것으로 두 커터 사이에 간격조절판을 끼워서 폭을 조절할 수 있다.

(3) 메탈 슬리팅 쇼(Metal slitting saw)

얇은 평면 밀링커터이며 양측은 중심을 향하여 약간 테이퍼져 있으며 이는 가공 중 공작물과 커터가 마찰하지 않도록 하기 위함이며, 절단이나 홈파기 등에 사용된다.

(4) 엔드밀(End mill)

엔드밀 공구의 구조와 명칭은 [그림 10-1]과 같으며 재료에 따라 고속도강과 초경합금 엔드밀로 구분하며 구조에 따라 고속도강 엔드밀은 자루부의 날부가 일체로 된 것이 많고 초경 엔드밀에는 납접 엔드밀, 날심은 엔드밀과 초경팁을 갈아 끼울 수 있는 삽입식 엔드밀이 있다. 엔드밀은 날의 수에 따라 2날, 3날, 4날 엔드밀로 분류할 수 있고 2날 엔드밀은 칩 포켓이 최대이고 칩 수용능력이 커서 칩의 배출이 좋은 반면 단면적이 적고 이로 인한 휨이 발생하기 쉽다.

3날 엔드밀의 칩 수용 능력은 2날 엔드밀과 거의 같으며 단면적이 크다. 4날 엔드밀의 단면적은 2날 및 3날에 비해 최대로서 강도가 크지만 반면 칩 포켓이 적고 칩 수용 능력이 적어 칩이 충만 되는 관계로 가공면을 손상시키기 쉽다.

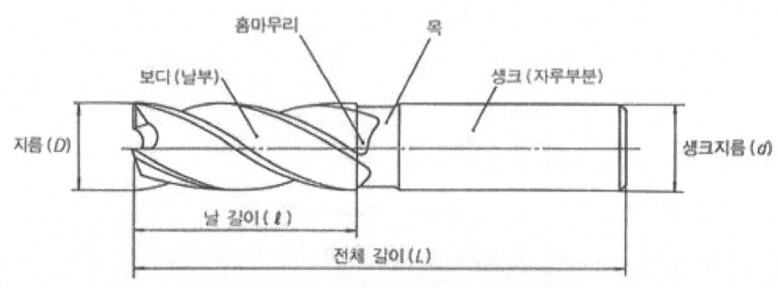

그림 10-1 엔드밀 구조 및 각부 명칭

(5) 각 밀링커터(Angle milling cutter)

① 편각 커터(Single milling cutter)

원추면 위에 날이 있으며 45°, 50°, 60°, 70°, 80°의 날의 경사각이 공구 측면에 대하여 있다.

② 양각 커터(Double angle cutter)

V형 날을 가지며 측면에 대하여 경사진 두 원추면에 45°, 60°, 90°로 되어 있으며 홈, V홈, 래칫휠(Ratchet wheel), 주먹맞춤(Dovetail), 리머(Reamer)홈 등을 가공 하는데 사용된다.

(6) 정면 밀링커터(Face milling cutter)

외주와 정면에 절삭날이 있으며 밀링커터 축에 수직인 평면을 가공 할 때 쓰인다. 정면 밀링커터는 절삭능률과 다듬질 정밀도가 우수한 초경 밀링커터를 많이 사용하며 구조적으로는 납땜식, 심은날식, 스로어 웨이(Throw away)식이 있으나 최근에는 공구관리의 간소화를 위해 스로워 웨이 밀링커터가 널리 사용되고 있다.

(7) 슬리브 밀링커터(Slab milling cutter)

절삭량을 크게 하여 평면을 절삭하는 밀링커터이며, 플레인 밀링커터의 비틀림 날에다 홈을 내어 절삭칩이 끊어지게 한 것이다.

(8) 도브테일 밀링커터(Dovetail milling cutter)

도브테일 부분을 가공하는 밀링커터로 표준 절삭날 각은 60°이다.

(9) T홈 밀링커터(T-slot milling cutter)

T홈을 가공할 때 사용되며, 엔드밀이나 사이드 커터 등으로 좁은 홈 윗부분을 1차 가공하고 난 다음, T홈 밀링커터로 아래의 넓은 홈을 2차로 완성 가공한다.

(10) 플라이 밀링커터(Fly milling cutter)

아버(Arbor)에 고정하여 사용하는 단인공구이며, 날은 요구되는 모양으로 연삭하여 사용한다. 수량이 적은 특수한 형상을 가진 공작물을 가공할 경우 총형밀링커터로 만들어 사용한다. 주로 실험실이나 공구실에서 적합한 다인공구가 없을 때 만들어 사용할 수 있다.

(11) 총형 밀링커터(Form milling cutter)

절삭할 공작물의 단면 형상과 같은 윤곽의 절인(Cutting edge)을 가진 밀링커터를 총형 밀링커터라 한다. 가공 부분의 형상이 특수한 경우에는 그에 맞추어 제작하여야 하지만 특정형상의 것은 규격공구로 만들어 시판되고 있다. 그 종류로는 반원형의 홈을 절삭할 때 사용하는 외환 밀링커터(Convex milling cutter), 블록형의 반원형 부분을 절삭할 때 사용하는 내환 밀링커터(Concave milling cutter), 기어의 이(齒) 절삭을 위한 인벌류우트 밀링커터(Involute milling cutter), 스플라인 홈 절삭시에 필요한 스플라인 밀링커터(Spline milling cutter), 리머(Reamer)나 탭(Tap)의 홈을 깎을 때 사용하는 홈 가공용 밀링커터 등이 있다.

2. 공작물 고정방법

1) 바이스(Vise)에 의한 고정

일반적인 형상의 공작물은 밀링머시인 테이블 위에 바이스에 직접 물려 고정하는 방법이 가장 널리 사용된다. [그림 10-2]

(1) 테이블 위에 바이스를 설치할 때는 다이얼 테스트 인디게이터(Dial test indicator) 등에 의해 평행 및 수직도를 확실하게 맞춘다.
(2) 가공물과 바이스 죠오(Vise jaw)에 틈새가 있을 때는 가공물보다 연한 함석판이나 구리판을 사용하여 견고히 고정한다.
(3) 가공물이 바이스에 물려있는 부분보다 돌출된 부분이 많을 때는 클램프 등으로 보강한다.
(4) 긴 공작물을 가공할 경우에는 바이스 2대를 테이블과 수평으로 설치하여 안전하게 작업한다.
(5) 환봉과 같은 둥근 형상을 바이스에 설치할 때는 V홈 부분에 물리도록 한다.

2) 테이블(Table)에 직접 고정하는 방법

테이블 위에 공작물을 직접 고정할 때는 [그림 10-3]과 같이 볼트, 클램프, 잭 받침틀 등을 사용하여 공작물을 견고하게 고정한다.

(1) 볼트, 너트의 조이기는 전부가 균등하고 강하게 죈다.
(2) 클램프의 위치 및 볼트의 조임 위치는 가능한 이송방향으로 체결한다.
(3) 6각 지지대, 클립 등을 이용하여 공작물을 고정할 때는 항상 수평상태를 유지하며 체결한다.
(4) 테이블 위에 공작물을 직접 장착할 때는 절삭 칩(Chip) 등 이물질이 없도록 깨끗이 한 후 고정한다.
(5) 절삭력에 의한 가공물에 변위가 생길 위험이 있을 때에는 테이블 홈에 블록을 넣거나 스토퍼를 가공물의 측면에 댄다.

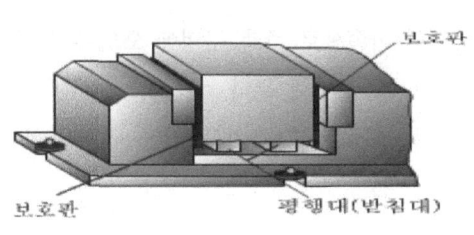
그림 10-2 바이스에 의한 고정

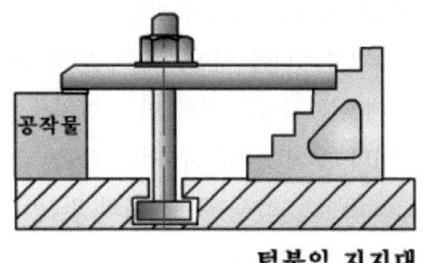
그림 10-3 테이블에 직접 고정

3) 부속장치에 의한 고정 방법

앵글플레이트(Angle plate)나 마그네틱 척(Magnetic chuck) 등을 이용하여 형상이 복잡하거나 얇은 공작물을 고정하는 방법으로 견고하게 고정한다. [그림 10-4]

(1) 마그네틱 척에 의한 고정방법으로 공작물이 얇아 바이스로 고정할 수 없거나 복잡한 형상, 대량생산 시 여러 개의 공작물 고정이 필요할 때 사용한다.
(2) 척킹 바이스(Chucking vise)에 의한 방법으로는 표준바이스로는 고정이 불가능한 가공물을 형상에 맞추어서 가공한다.
(3) 앵글플레이트는 가공물의 기준면을 테이블과 수직면에 장치하여 가공한다.
(4) 분할작업 및 회전테이블(Rotary table)에 의한 고정방법도 있다.

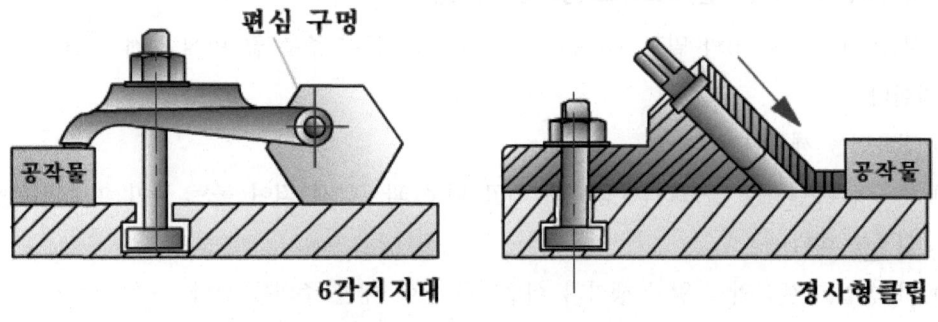
그림 10-4 부속장치에 의한 고정

3. 공구 고정방법

1) 아버에 의한 고정방법

일반적으로 직경 175mm 이하의 커터의 고정은 [그림 10-5]와 같은 아버(Arbor)를 사용하며, 고정 시 다음과 같은 점에 주의한다.

(1) 아버와 커터는 먼저 설치한다.
(2) 정면 밀링커터를 테이블 위에 얹고 니이(Knee)의 이송으로 주축 구멍에 오도록 한다. 이때 테이블 위에는 커터 파손 방지를 위한 보호구를 준비해 둔다.
(3) 테이퍼 부의 접촉 시 먼지 등을 잘 점검한다. 이들은 날끝의 스윙(Swing)과 채터링(Chattering), 가공면 거칠기의 원인이 된다.
(4) 드로잉 볼트(Drawing bolt)는 확실하게 죄여준다.

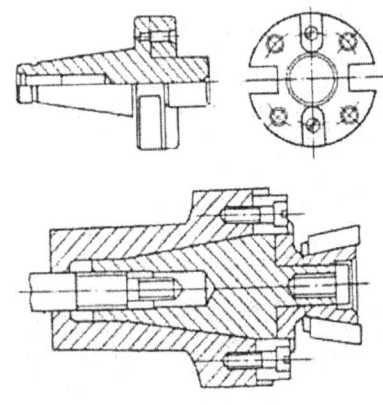 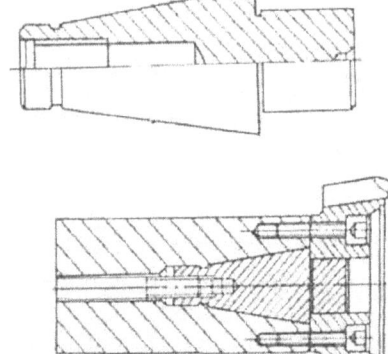

그림 10-5 아버에 의한 고정 방법 　　　　**그림 10-6** 고정 볼트로 고정하는 방법

2) 주축 끝면에 고정 볼트로 고정하는 방법

큰 지름(200~300mm)의 밀링 커터는 [그림 10-6]과 같이 주축 끝 면에 직접 체결용 볼트로 장착한다.

(1) 접촉면을 깨끗이 한다.
(2) 주축에 체결하는 볼트는 균등하게 죄고 너무 과도하게 죄여 볼트 등이 파손되는 일이 없도록 한다.
(3) 이 방법은 센터의 스윙이 생기기 쉬우므로 휨에 대한 주의를 한다.
(4) 장착한 후에는 커터 날 끝의 스윙을 점검하여 스윙이 0.01~0.02mm 이내가 되도록 한다.

3) 퀵체인지(Quick change)에 의한 방법

공구의 부속장치에는 기계의 주축테이퍼에 직접 장착하는 방법과 퀵체인지 홀더(Holder)를 사용하는 방식으로 크게 두 가지로 나눈다. 전자는 충분한 강성이 있어 중절 사용이라 할 수 있으며, 후자의 퀵체인지 방식은 드로잉 볼트를 사용하지 않고 주축 전단의 너트를 풀고 공구를 장착하며 분해할 수도 있기 때문에 여러 가지 종류의 공구를 병용하며 작업에는 조작이 쉽고 편리하다.

4) 롱 아버(Long arbor)에 의한 방법

[그림 10-7]과 같은 롱 아버에 의한 방법은 원통밀링커터나 측면 밀링커터, 총형밀링커터, 메탈 쇼오(Metal saw) 등의 고정용으로 쓰이며, 실제 장착 작업에서는 다음과 같은 사항에 주의한다.

(1) 아버는 가능한 한 굵고 짧은 것을 사용한다.
(2) 밀링커터는 되도록 볼베어링(Ball bearing)에 가까이 장착한다.
(3) 밀링커터의 체결은 아버 서포트(Arbor support)를 고정하고서 한다.
(4) 비틀림 날의 밀링커터는 되도록 스러스트(Thrust)가 주 베어링 방향으로 향하도록 장착한다.

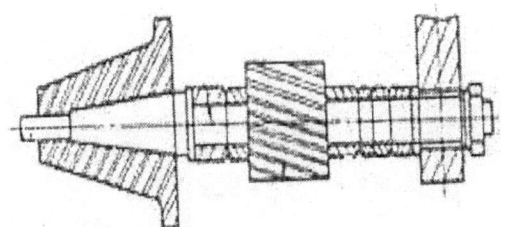

그림 10-7 롱 아버에 의한 고정 방법

4. 기준면 설정

1) 작업 준비

(1) 사용할 공구와 측정기를 준비한다.
(2) 도면을 검토하고 가공할 재료의 가공여유 등을 확인한다.

2) 바이스 설치

(1) 사용할 바이스를 깨끗이 닦는다.
(2) 바이스를 설치할 때 되도록 테이블 중앙에 오도록 하며 평행도와 직각도가 틀어지지 않도록 하면서 설치 완료한다.

3) 공작물 고정

(1) 가공할 공작물의 모서리 부분을 줄로 제거한다.
(2) 공작물은 가능한 바이스 중앙에 위치하도록 하고 단단하게 고정한다.

4) 기준면 설정

(1) 도면을 파악하고 이해하여 작업공정을 세운다.

(2) 작업공정을 줄일 수 있고 쉽게 측정할 수 있는 곳을 기준면으로 설정한다.

5. 실습 1. 육면체 가공

1) 육면체 가공 작업순서

기준면을 설정하고 아래 도면과 같은 육면체를 가공한다.

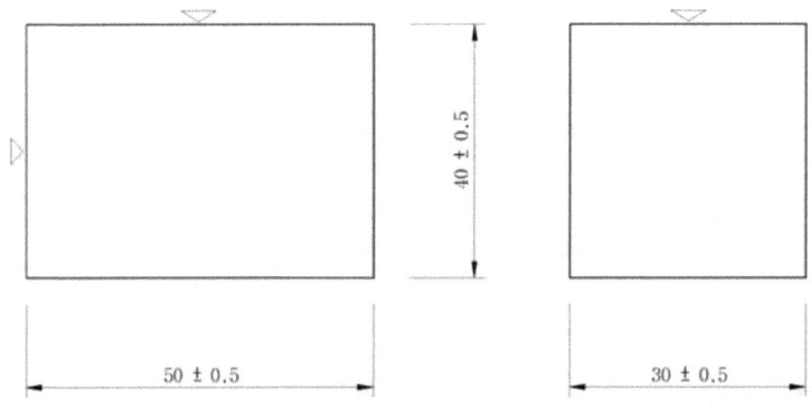

그림 10-8 육면체 가공 도면

(1) 바이스를 고정한다.

① 테이블 윗면을 육안이나 나이프게이지(Knife gauge) 등을 사용하여 흠집 등을 조사한다.

② 바이스 밑면을 깨끗이 닦고 흠집이나 이물질이 있는지 조사한다.

③ 다이얼 게이지나 다이얼 테스트 인디게이터를 컬럼(Column)면에 고정하고 테이블을 좌우 상하로 이송시키면서 평행 및 직각도를 정확하게 맞춘다. [그림 10-9]

④ T-볼트를 좌우 번갈아가며 단단히 고정하다.

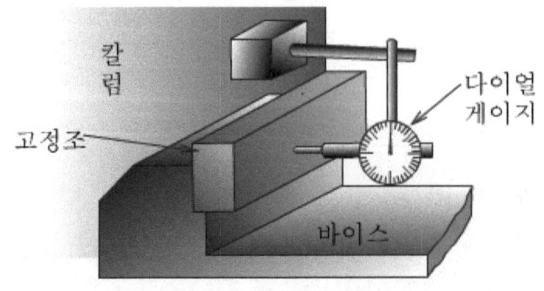

그림 10-9 바이스 고정하기

(2) 도면을 보고 공작물 치수를 확인한다.

① 도면을 파악하고 공작물의 기준면을 설정한다.

② 가공여유가 얼마(mm) 정도인지 확인한다.

(3) 정면 밀링커터를 설치한다.

(4) 육면체 가공을 한다.

① 제1면 가공[그림 10-10]

(가) 이동 죠오에 평행도가 양호한 환봉을 대고 평행대에서 공작물이 뜨지 않게 플라스틱 망치 등으로 가볍게 두드리면서 견고하게 고정한다.

(나) 작업조건을 고려해서 기준면 1면을 가공한다.

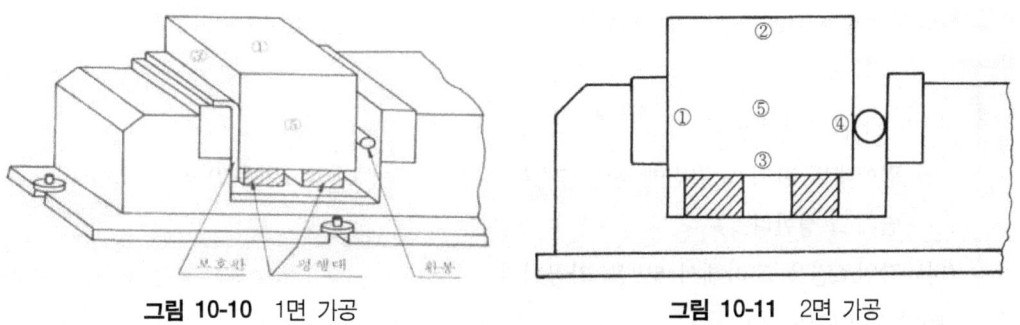

그림 10-10 1면 가공   그림 10-11 2면 가공

② 제2면 가공[그림 10-11]

(가) 평행대를 바이스 밑면에 놓고 1면을 고정 죠오에 대고 이동 죠오에 환봉을 댄 후 평행대에서 공작물이 뜨지 않게 고무망치 등으로 가볍게 두드리면서 견고하게 고정한다.

(나) 작업조건을 고려해서 2면을 가공한다.

③ 제3면 가공[그림 10-12]

(가) 평행대를 바이스 밑면에 놓고 1면을 고정 죠오에 대고 4면은 이동 죠오에 환봉을 대고, 2면을 평행대에서 공작물이 뜨지 않게 고무망치 등으로 가볍게 두드리면서 견고하게 고정한다.

(나) 작업조건을 고려해서 3면을 가공한다.

(다) 2면과 3면의 치수가 30±0.5mm가 되게 버니어 캘리퍼스(Vernier calipers)로 측정하면서 절삭한다.

④ 제4면 가공[그림 10-13]

(가) 평행대를 바이스 밑면에 놓고 3면을 고정 죠오에 대고 2면은 이동 죠오에 대고, 1면

을 평행대에서 공작물이 뜨지 않게 고무망치 등으로 가볍게 두드리면서 견고하게 고정한다.
(나) 작업조건을 고려해서 2면을 가공한다.
(다) 1면과 4면의 치수가 40±0.5mm가 되게 측정하면서 절삭한다.

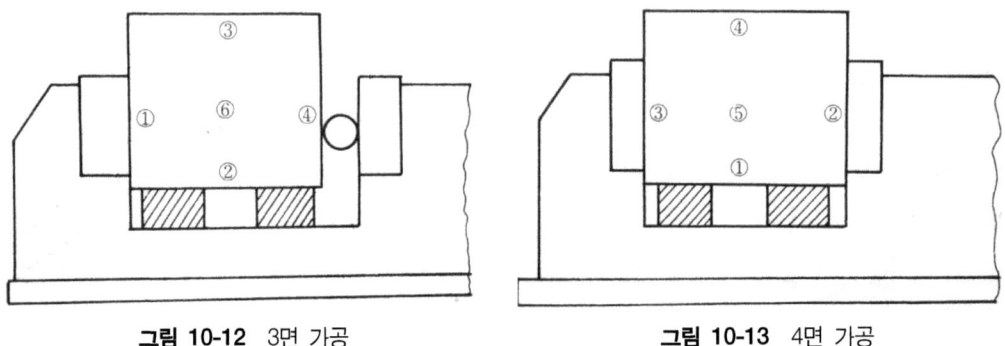

그림 10-12 3면 가공   그림 10-13 4면 가공

⑤ 제5면 가공[그림 10-14]
   (가) 평행대를 바이스 밑면에 놓고 1면을 고정 죠오에 대고 4면은 이동 죠오에 대고, 가볍게 고정한다.
   (나) 작업조건을 고려해서 5면을 가공한다.
⑥ 제6면 가공[그림 10-15]
   (가) 평행대를 바이스 밑면에 놓고 1면을 고정 죠오에 대고 4면은 이동 죠오에 대고, 5면을 바이스 밑면과 뜨지 않게 손으로 누르면서 견고하게 고정한다.
   (나) 5면과 6면의 치수가 50±0.5mm가 되게 측정하면서 절삭한다.
   (다) 바이스를 풀고 가공된 부분의 거스러미를 줄로 제거한다.

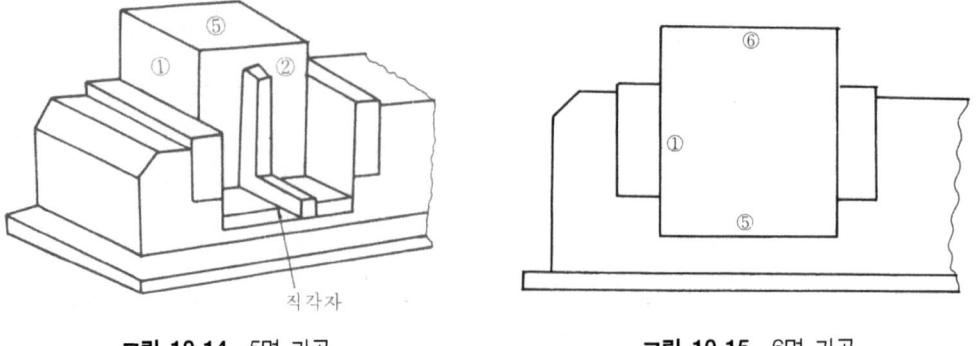

그림 10-14 5면 가공   그림 10-15 6면 가공

단원 핵심 학습 문제

01 다음 중 공작물 고정방법이 아닌 것은?
① 바이스(Vise)에 의한 고정
② 테이블(Table)에 직접 고정하는 방법
③ 부속장치에 의한 고정 방법
④ 클램프에 의한 고정 방법

해설 : ④ 공작물 고정방법 - 바이스(Vise)에 의한 고정, 테이블(Table)에 직접 고정하는 방법
부속장치에 의한 고정 방법

02 공구 고정방법에 대하여 쓰시오.

해설 : ① 아버에 의한 고정방법
② 주축 끝면에 고정 볼트로 고정하는 방법
③ 퀵체인지(Quick change)에 의한 방법
④ 롱 아버(Long arbor)에 의한 방법

03 부속장치에 의한 고정 방법은 무엇을 이용하여 하는지를 쓰시오.

해설 : 앵글플레이트(Angle plate), 마그네틱 척(Magnetic chuck)

04 바이스(Vise)에 의한 고정에 대하여 쓰시오.

해설 : 일반적인 형상의 공작물은 밀링머시인 테이블 위에 바이스에 직접 물려 고정하는 방법이 가장 널리 사용된다.

05 테이블(Table)에 직접 고정하는 방법에 대하여 쓰시오.

해설 : 테이블 위에 공작물을 직접 고정 할 때는 볼트, 클램프, 잭 받침틀 등을 사용하여 공작물을 견고하게 고정한다.

06 밀링커터의 구조에 의한 분류를 쓰시오.

해설 : 솔리드 밀링커터(Solid milling cutter), 납땜 밀링커터(Soldering milling cutter)
용접 밀링커터(Welding milling cutter), 심은날 밀링커터(Inserted milling cutter)

07 롱 아버(Long arbor)에 의한 공구 고정 방법에 대하여 쓰시오.

해설 : 롱 아버에 의한 방법은 원통밀링커터나 측면 밀링커터, 총형밀링커터, 메탈 쇼오(Metal saw) 등의 고정용으로 쓰인다.

08 밀링가공기의 기준면 설정 과정을 쓰시오.

해설 : ① 작업 준비한다.
② 바이스 설치한다.
③ 공작물 고정한다.
④ 기준면 설정한다.

09 퀵체인지(Quick change)에 의한 공구 고정 방법에 대하여 쓰시오.

해설 : 퀵체인지 방식은 드로잉 볼트를 사용하지 않고 주축 전단의 너트를 풀고 공구를 장착하며 분해할 수도 있기 때문에 여러 가지 종류의 공구를 병용하며 작업에는 조작이 쉽고 편리하다.

10 엔드밀(End mill) 공구에 대하여 쓰시오.

해설 : 재료에 따라 고속도강과 초경합금 엔드밀로 구분하며 구조에 따라 고속도강 엔드밀은 자루부와 날부가 일체로 된 것이 많고 초경 엔드밀에는 납접 엔드밀, 날심은 엔드밀과 초경팁을 갈아 끼울 수 있는 삽입식 엔드밀이 있으며 엔드밀은 날의 수에 따라 2날, 3날, 4날 엔드밀로 분류한다.

10-2 본 가공 수행하기

1. 장비설정 및 조작

1) 밀링머신의 종류

(1) 니이형 밀링머신(Knee type milling machine)

일반적으로 가장 널리 사용되는 것으로 수직형, 수평형, 램형, 만능 밀링머신이 있으며, 밀링 주축에 대해 테이블이 전후, 좌우, 상하로 움직인다.

① 수평 밀링머신(Horizontal milling machine)

밀링 주축이 테이블에 대해 수평으로 설치된 밀링머신으로 니이는 상하로 이동하며 니이 위의 새들은 전후로 이동하며 새들 위의 테이블은 좌우로 이동한다. 따라서 테이블 위에 설치되는 바이스는 상하, 전후, 좌우방향으로 이동할 수 있는 구조로 되어 있다. [그림 10-16]

② 수직 밀링머신(Vertical milling machine)

주축 헤드가 테이블에 대해 수직으로 설치된 밀링머신으로 주로 정면커터와 엔드밀 등을 사용한다. 수직 밀링머신의 주축 헤드는 고정형과 경사형이 있으며 경사형은 헤드를 수직면과 필요한 각도만큼 경사시킬 수 있다. [그림 10-17]

③ 만능 밀링머신(Universal milling machine)

수평 밀링머신과 거의 같으나 테이블이 수평면 내에서 일정한 각도로 선회할 수 있고 경사될 수 있으며, 주축 헤드가 임의 각도로 경사할 수 있는 등의 구조로 되어 있다.

수평 밀링머신에서 할 수 없는 곤란한 작업, 즉 각도분할 또는 일정한 회전 운동을 필요로 하는 비틀림 홈, 헬리컬기어, 스플라인 축 등의 가공이 가능하다. [그림 10-18]

④ 램형 밀링머신(Ram type milling machine)

주축 헤드가 수평축을 중심으로 회전할 수 있어서 수평과 수직 사이의 어떤 각으로도 조정할 수 있다. [그림 10-19]

(2) 생산형 밀링머신(Production milling machine)

같은 부품을 비교적 장기간에 계속 대량생산할 때 쓰이며 주축대를 다소 이동시킬 수 있으며 여러 개의 커터로 2~3면을 동시에 가공할 수 있다.

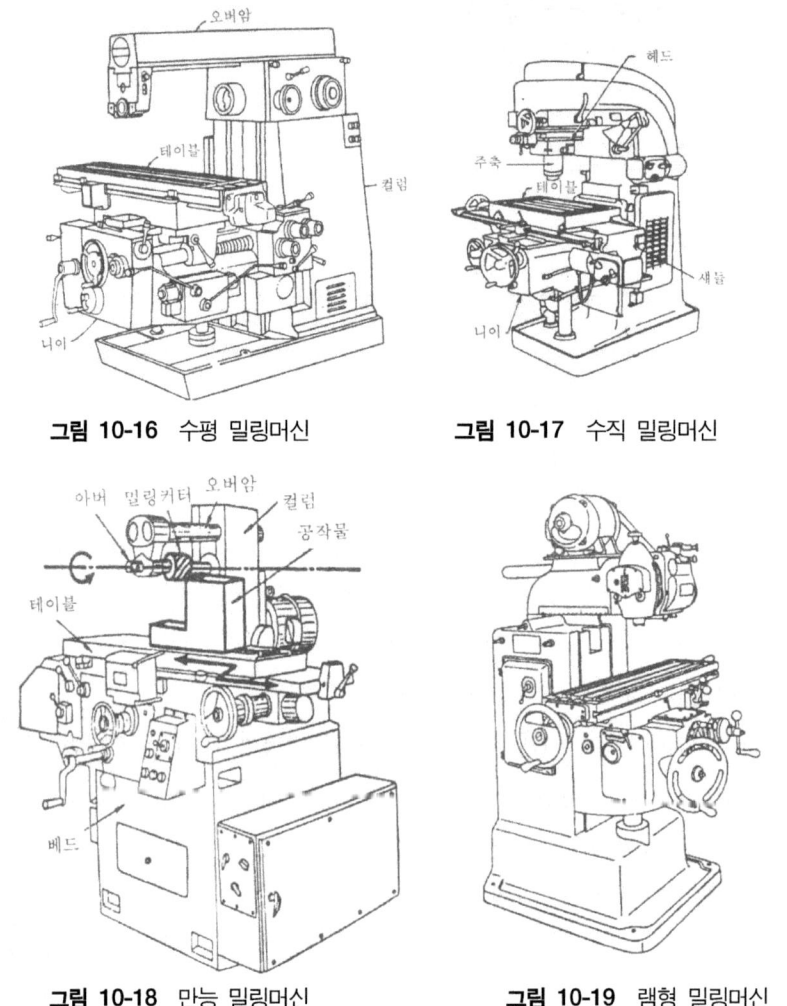

그림 10-16 수평 밀링머신 그림 10-17 수직 밀링머신

그림 10-18 만능 밀링머신 그림 10-19 램형 밀링머신

① 플레이너 밀링머신(Plainer milling machine)

중량물 및 대형 가공물의 중절삭에 사용하기 위한 대형의 베드타입(Bed type) 생산 밀링머신이다. [그림 10-20]

② 트레이서형 밀링머신(Tracer type milling machine)

단조금형 등 복잡한 부품의 곡면이나 윤곽을 밀링머신으로 가공할 때 사용하는 밀링 머신이다. [그림 10-21]

③ 특수 밀링머신(Special milling machine)

모형이나 형판에 의해 커터가 움직여 그것과 같은 형상으로 공작물을 가공할 수 있는 밀링머신으로 모방 밀링머신, 나사 밀링머신, 캠 밀링머신, 조각밀링머신, 회전헤드형 밀링머신 등이 있다. [그림 10-22]

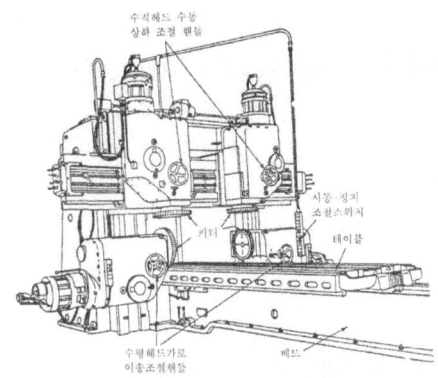
그림 10-20 플레이너형 밀링머신

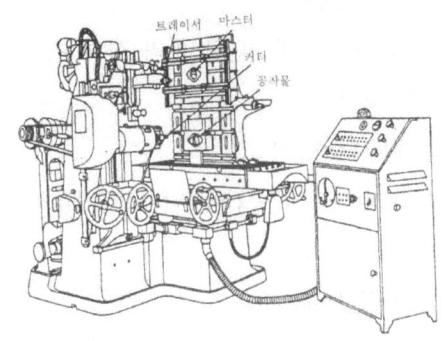
그림 10-21 트레이서형 밀링머신

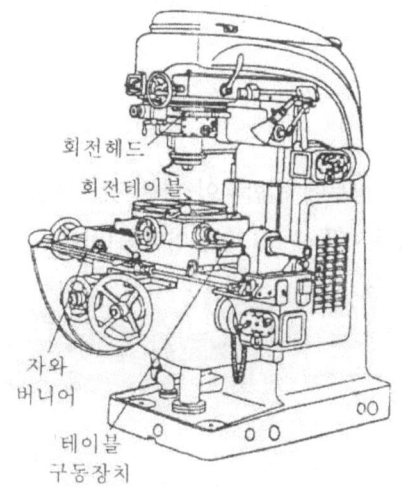
그림 10-22 회전 헤드형 밀링머신

2) 밀링머신의 구조

(1) 주축(Spindle)

컬럼(Column)에 직각으로 설치되어 있으며, 절삭공구에 회전운동을 준다. 테이퍼롤러 베어링(Taper roller bearing)으로 지지가 되어 있으며 공구는 아버(Arbor), 어댑터(Adaptor) 또는 주축구멍에 직접 고정 한다. 강성(剛性)이 크며 기어와 일체로 된 플라이 휠(Flywheel)이 있어 회전이나 절삭력의 변동 및 그 외 진동을 막고 있다.

(2) 컬럼(Column)

밀링머신의 몸체를 이루는 부분으로 베이스(Base)에 장착된다. 니이(Knee)가 수직방향으로 상하 이동할 때 니이를 지지하고 안내하는 역할을 한다.

(3) 니이(Knee)

컬럼 앞부분의 안내면을 따라 상하 이송하는 부분으로서 새들(Saddle)과 테이블을 지지한다.

(4) 새들(Saddle)

니이와 테이블의 중간에 위치하고 있으며, 전후로 슬라이딩(Sliding)한다.

(5) 테이블(Table)

바이스를 설치하거나 공작물을 직접 고정하는 부분으로 새들 상부의 미끄럼 면에 장착되어 좌우로 이송된다. 테이블 상면에는 T홈이 파여 있으며 이는 바이스나 공작물을 편리하게 고정하기 위함이다.

(6) 오버 암(Over arm)

스핀들(spindle) 상부 컬럼의 상부에 결합되어 있는 것으로 아버(Arbor)를 지지하는데 사용되며, 필요에 따라 전후로 이동시킬 수 있고 임의의 위치에 고정할 수 있다.

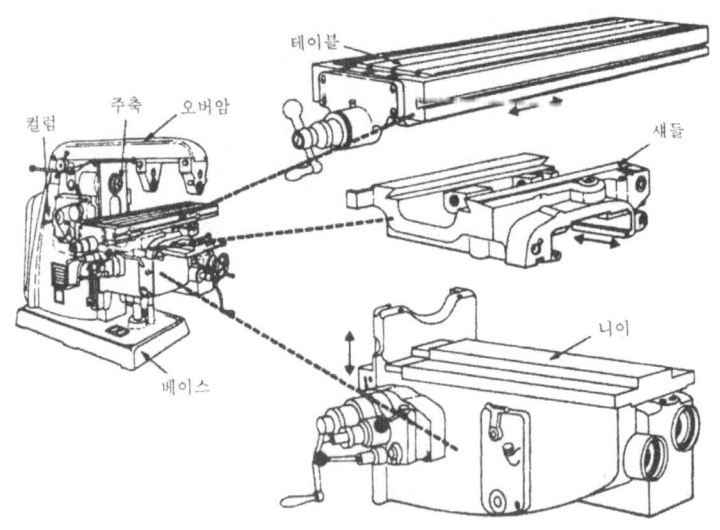

그림 10-23 밀링머신의 구조

3) 밀링머신의 규격 표시

밀링머신의 규격은 테이블의 크기(길이×폭), 테이블의 이동거리(좌우×전후×상하), 주축 중심에서 테이블 면까지의 최대거리로 크기를 표시한다. 그 중에서 테이블의 이동 거리가 주로 사용되며, 테이블의 이동 거리 중 전후 이동거리(새들의 이동거리)를 기준으로 하여 번호로 나타낸다. [표 10-2] 즉, 전후 이동량이 200mm인 것이 No.1이고, 50mm 증가할 때마다

번호가 1번씩 증가한다.

표 10-2 밀링머신의 규격

번 호	No.0	No.1	No.2	No.3	No.4
테이블의 좌우 이동거리(mm)	450	550	700	850	1050
새들의 전후 이동거리(mm)	200	200	250	350	350
니이의 상하 이동거리(mm)	300	400	450	450	450

4) 밀링머신의 조작

(1) 급유한다.

컬럼, 니이 새들 등의 유량을 유량계로 점검하며 유량이 부족할 때에는 지정된 윤활유를 급유한다.

(2) 수동 이송 조작한다.

① 테이블 수동 이송 핸들로 테이블을 좌우로 조작한다.
② 새들 수동 이송 핸들로 새들을 전후로 조작한다.
③ 니이 수동 이송 핸들로 상하로 조작한다.

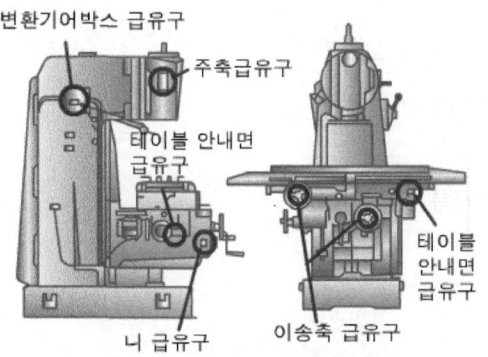

그림 10-24 밀링머신의 급유구

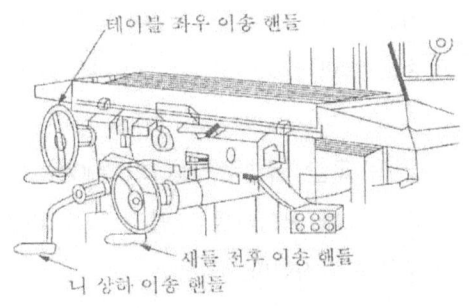

그림 10-25 밀링머신의 이송핸들

(3) 자동 이송 조작한다.

① 테이블의 자동이송 조작 레버를 좌우로 작동하여 본다. 이때, 테이블의 행정 조절 클램프는 적정위치에 고정한다.
② 새들의 행정조절 클램프를 적정위치에 고정하고 새들의 자동이송 조작 레버를 전후로 작동하여 본다.
③ 상하버튼을 사용하여 니이를 상하로 조정하여 작동하여 본다. 이때 니이가 주축 등에 부

딪히지 않도록 세심한 주의를 한다.

(4) 급속 이송 조작한다.
① 급속 이송 레버를 위로 올려 급속 이송으로 작동한다.
② 급속 이송 레버를 놓고 자동이송 레버를 반대로 한다.
③ 같은 요령으로 새들 급속 이송 조작한다.

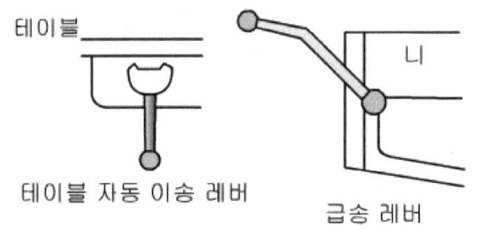

그림 10-26 테이블 자동이송레버 및 급속 이송 레버

(5) 주축 회전수를 변속 조작한다.
주축 속도 레버를 조작하여 필요 회전수로 맞춘다.

(6) 공구 고정 및 분리한다.
① 엔드밀 등 공구류를 깨끗이 닦아 콜렛에 확실하게 고정한다.
② 손으로 먼저 조이고 훅 스패너를 이용하여 단단히 조인다.

(7) 급속 교환 어댑터(Quick change adapter)를 고정한다.
① 급속 교환 어댑터를 그림과 같이 고정한다.
② 공구를 고정한다.

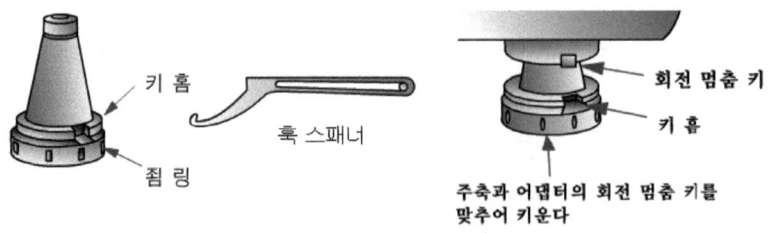

그림 10-27 급속 교환 어댑터

(8) 바이스를 설치한다.
① 바이스 고정용 T볼트를 가볍게 조인다.

② 다이얼 테스트 인디게이트를 컬럼면에 고정하고 게이지 레버를 바이스 고정 죠오에 대고 좌우로 움직이며 평행도를 "0"되게 맞춘다(평행도를 맞출 때는 플라스틱 헤머 등으로 바이스 핸들 부분을 가볍게 두드리면서 맞춘다).

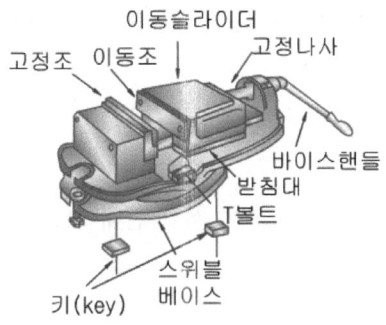

그림 10-28 밀링 바이스

(9) 정리 정돈한다.

2. 밀링 가공 방법

1) 상향 절삭과 하향 절삭

밀링머신에 의한 가공에서 공구의 회전 방향과 공작물의 이송 방향이 반대일 때의 절삭방법을 상향 절삭(Up cutting)이라 하고, 공구의 회전 방향과 공작물의 이송 방향이 같을 때의 절삭방법을 하향 절삭(Down cutting)이라 한다.

정면 커터의 경우에는 커터의 회전 방향과 공작물의 이송 방향에 관계 없이 상향, 하향절삭이 동시에 존재한다.

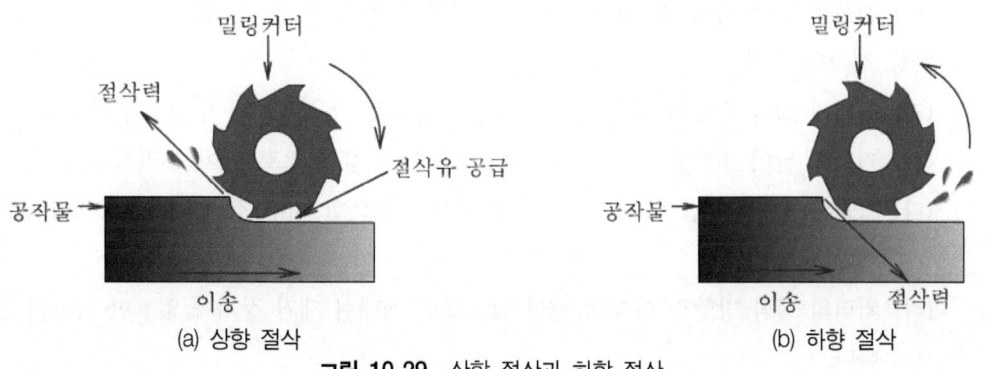

그림 10-29 상향 절삭과 하향 절삭

(1) 상향 절삭과 하향 절삭의 장단점

① 상향 절삭의 장점

    (가) 밀링 커터의 날이 공작물을 들어 올리는 작용을 하므로 기계에 무리를 주지 않는다.

    (나) 절삭이 시작될 때 날에 가해지는 절삭 저항이 0에서 점차적으로 증가하므로 날이 부러질 염려가 없다.

    (다) 칩이 절삭 날을 방해하지 않고 절삭된 면에 쌓이자 않으므로 치수정밀도의 변화가 적다.

    (라) 커터의 날과 공작물의 이송방향이 서로 반대이므로 이송기구의 백래쉬가 자연이 제거된다.

② 상향 절삭의 단점

    (가) 커터가 공작물을 들어 올리는 방향으로 작용하므로 공작물 고정이 불안정하고 떨림이 일어나기 쉽다.

    (나) 커터의 날이 절삭을 시작할 때 재료의 변형으로 절삭이 되지 않고 마찰 작용을 하므로 날의 마멸이 심하다.

    (다) 커터의 절삭방향과 이송방향이 반대이므로 절삭 피치(Pitch)가 길고 마찰 작용으로 인한 가공 면이 거칠다.

    (라) 칩이 가공할 면 위에 쌓이므로 가공을 확인하는 시야가 좁다.

③ 하향 절삭의 장점

    (가) 밀링 커터의 날이 마찰 작용을 하지 않으므로 날의 마멸이 적고 따라서 수명이 길어진다.

    (나) 커터 날이 공작물을 향하여 누르면서 절삭하므로 공작물 고정이 쉽다.

    (다) 커터의 절삭 방향과 이송 방향이 같으므로 절삭날 하나하나 마다의 날 자리 간격이 짧으므로 가공 면이 깨끗하다.

    (라) 절삭된 칩이 가공 면 위에 쌓이므로 가공할 면을 잘 볼 수 있다 .

④ 하향 절삭의 단점

    (가) 커터의 절삭 작용이 공작물을 누르는 방향으로 작용하므로 기계에 무리를 준다.

    (나) 커터의 날이 절삭을 시작할 때 절삭 저항이 가장 크므로 날이 부러지기 쉽다.

    (다) 가공된 면 위에 칩이 쌓이게 되므로 절삭열에 의한 치수 정밀도가 불량해질 염려가 있다.

    (라) 커터의 절삭 방향과 이송 방향이 같으므로 백래쉬 제거 장치가 없으면 가공이 곤란하다.

2) 백래시(Backlash) 제거장치

상향 절삭에서는 이송나사의 백래시가 절삭력을 받아도 절삭에 영향을 주지 않도록 되어 있다. [그림 10-30 (a)]

그러나 하향 절삭일 때에는 절삭력의 영향을 받게 되어 일감에 절삭력을 가하면 백래시 양만큼의 이동으로 이송량이 급격하게 크게 되어 절삭 상태가 불안정하게 된다[그림 10-30 (b)]. 이러한 경우 백래시를 제거해야 한다.

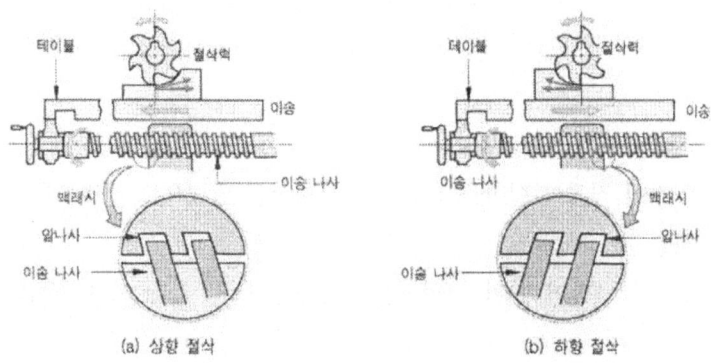

그림 10-30 상·하향 절삭의 백래시

[그림 10-31]은 백래시를 없애는 장치의 예를 나타낸 것으로 고정 암나사 외에 다른 하나의 백래시 제거용 암나사가 있어 핸들을 돌리면 나사 기어에 의해 암나사가 돌아 백래시를 없애준다.

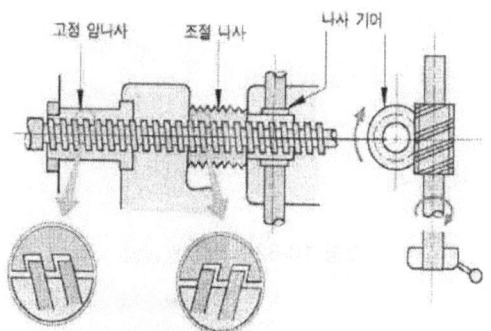

그림 10-31 백래시 제거 장치

3) 분할 가공

밀링 가공 시 원통의 공작물을 필요한 수로 등분하든가지 6각, 8각 등으로 가공하고자 할 때 분할대(Index head)를 사용하여 가공한다. 예를 들면, 기어를 가공할 때 치형과 치형 사이의 분할, 리이머나 밀링커터 절삭 등에서의 각도분할 등에 이용할 수 있다. 분할대에는 브라운 샤프형(Brown & sharpe type), 신시내티형(Cininnati type), 밀워 어키형(Milwakee type) 등이 있다.

브라운 샤프형과 신시내티형은 주축에 잇수 40개의 웜 기어(Worm gear)가 고정되고 웜 축에는 1개의 웜이 있어 이를 1회전 시키면 주축은 1/40 회전한다.

또한, 웜 축과 주축의 앞 끝에는 각각 분할판이 붙어있어 분할 시에는 이것에 설치된 작은 구멍으로 분할한다.

분할대를 이용하여 분할하는 방법에는 직접 분할법, 단식 분할법, 차동 분할법 등이 있으며 부속품으로는 심압대, 분할판, 차동 분할장치, 비틀림 홈 가공을 위한 변환기어 등이 있다.

(1) 직접 분할법(Direct indexing)

[그림 10-32]와 같이 직접 분할판을 사용하여 분할하는 방법으로 정밀도를 요구하지 않는 단순한 분할에 사용하는 방법이다.

분할판은 24등분의 구멍이 있어 24의 약수 인자인 2, 3, 4, 6, 8, 12, 24의 수가 분할가능하다.

예를 들어 8등분을 하려면 n=24/8=3 즉, 분할판의 3구멍마다 핀을 넣는다.

실제 분할작업을 할 경우 분할판의 구멍을 세어가면서 분할하는 것은 불편하므로 [그림 10-33]과 같이 섹터(Sector)를 사용하여 필요한 구멍 수 만큼 벌려 고정시켜 놓고 사용하면 편리하다.

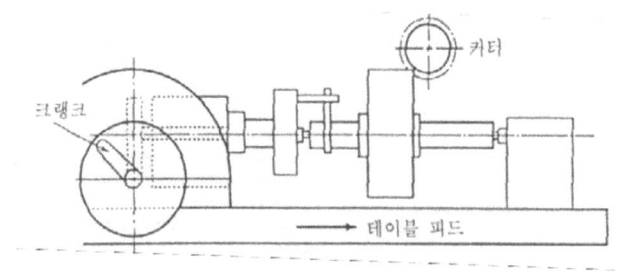

그림 10-32 직접 분할법

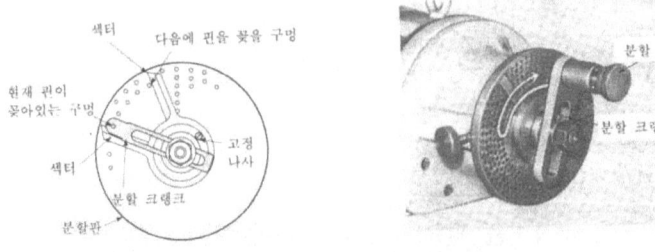

그림 10-33 섹터와 분할 핸들

(2) 단식 분할법(Simple indexing)

단식 분할법은 직접 분할법으로 분할할 수 없는 수, 또는 분할이 정확해야 할 때 쓰이는 방법으로 분할 크랭크(Index crank)와 분할판을 사용하여 분할하는 방법이다.

[그림 10-34]에서 분할 크랭크를 40 회전시키면 주축은 1회전 하므로 주축을 1/N 회전시키려면 분할 크랭크를 40/N 회전시키면 된다.

① 브라운 샤프형과 신시내티형

$$n = \frac{40}{N} = \frac{H}{H'}$$

여기서, n : 분할 크랭크의 회전 수

N : 공작물의 등분할 수

H : 크랭크를 돌리는 구멍 수

N' : 분할판에 있는 구멍 수

분할 크랭크는 N'구멍 중에서 H 구멍 수만큼 돌리면 된다.

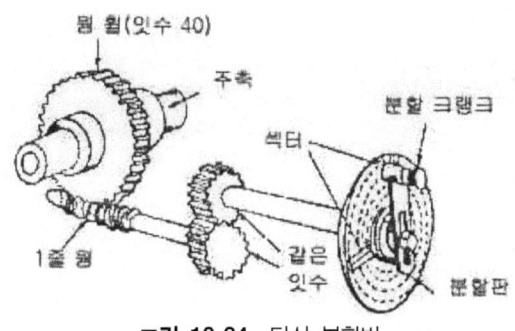

그림 10-34 단식 분할법

② 밀워어키형

$$n = \frac{R}{N} = \frac{5}{N}$$

여기서 n : 분할 크랭크의 회전 수

R : 워엄 기어의 회전 비

N : 분할 수

③ 각도 분할

$$n = \frac{D°}{9}$$

표 10-3 분할판의 구멍 수

형 식		분할판 구멍 수
브라운 샤프형	No.1	15 16 17 18 19 20
	No.2	21 23 27 29 31 33
	No.3	37 39 41 43 47 49
신시내티형	표면	24 25 28 30 34 37 38 39 41 42 43
	이면	46 47 49 51 53 54 57 58 59 62 66
밀워어키형	표면	100 96 92 84 72 66 60
	이면	98 88 78 76 68 58 54

(3) 차동 분할법(Differential indexing)

차동 분할법은 단식 분할법으로도 분할할 수 없는 수를 분할할 때 쓰이는 방법으로 변환기어로서 분할판을 차동시켜 분할하는 방법이다. [그림 10-35]

크랭크 핸들을 회전하면 워엄과 워엄 휠(Worm wheel)에 의하여 주축이 회전하고 주축의 회전은 변환기어에 의하여 분할판으로 전달된다.

변환기어로는 24(2개), 28, 32, 40, 44, 48, 56, 64, 72, 86, 100의 12개가 있다.

① 단식 치차열의 경우

$$n = \frac{40(T' - T)}{T'} = \frac{Z_A}{Z_R}$$

② 복식 치차열의 경우

$$n = \frac{40(T' - T)}{T'} = \frac{Z_A}{Z_C} \cdot \frac{Z_D}{Z_B}$$

여기서, T : 분할 수, T' : T에 가까운 수
Z_A, Z_B, Z_C, Z_D : 변환 기어 잇수

$T' - T$가 (+)이면 크랭크와 분할핀의 회전방향이 서로 같다. 분할판의 회전 방향을 고려하여 단식 치열의 경우 1개, 복식 치차열의 경우 2개의 중간 기어를 사용한다.

$T' - T$가 (-)이면 크랭크와 분할판의 회전방향이 서로 반대방향이다. 이 경우에는 단식에서는 중간기어가 필요 없고 복식 치차열의 경우 1개의 중간 기어를 사용해야 한다.

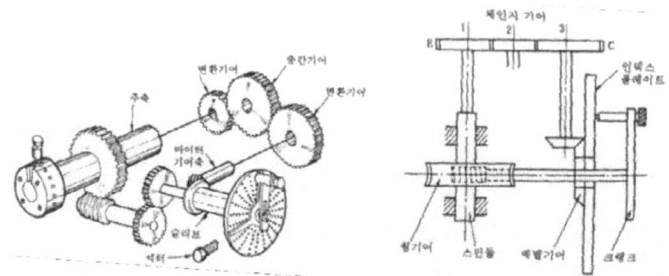

그림 10-35 차동 분할법

3. 작업 지시서

일련번호	O-O	실습명	□□□□ 가공하기	소요시간	△H
실습목표	\multicolumn{5}{l}{1. 공작물의 기준면을 선정할 수 있다. 2. 수직밀링머신에서 정면 커터를 사용하여 평면을 가공할 수 있다. 3. 엔드밀을 사용하여 좁은 홈을 가공할 수 있다. 4. 엔드밀을 사용하여 계단가공을 할 수 있다.}
사용기계 및 공구	\multicolumn{5}{l}{- 사용기계(수직밀링머신) - 절삭 공구(정면밀링 커터, 엔드밀 등) - 측정기(하이트 게이지, 직각자, 다이얼 게이지, 버어니어 캘리퍼스 등) - 기타(연질 헤머, 보호판, 평행대 등)}
재료명	□□(△△00C)	규격	00×00×00	수량	△개
안전 및 유의사항	\multicolumn{5}{l}{① 작업 복장을 단정히 한다. ② 작업 전 기계의 각 부분을 육안 점검하고 작동해 보며 기계의 이상 유무를 확인한다. ③ 육면체 절삭 시 보안경을 착용한다. ④ 주축이 회전 중에 변속 및 측정하지 않는다. ⑤ 절삭공구를 끼울때는 헝겊으로 깨끗이 닦고 정확하게 고정한다. ⑥ 칩 제거는 청소용 솔로 한다.}

실 습 도 면

실 습 도 면

관 계 지 식 (별도 용지)

4. 구배, T홈, 도브테일 가공

1) 구배 가공

[그림 10-36]의 구배를 밀링머신으로 가공하시오.

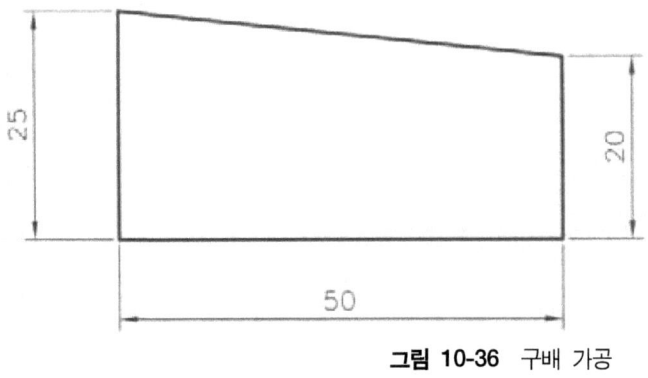 

그림 10-36 구배 가공

(1) 작업 순서

① 바이스를 설치하고 평행도를 맞춘다.
② 육면체 가공(50×25×14)을 한다.
③ 금긋기 공구를 이용하여 구배 금긋기 한다.
④ 공작물을 바이스에 설치한다.
   (가) 금긋기 된 선과 바이스 죠오를 육안으로 수평이 되도록 설치한다.
   (나) 서피스 게이지를 이용하여 금긋기 선과 나란하게 설치되었는지 확인한다.
⑤ 구배 계산을 하고 구배량을 조정한다.
   (가) 공식에 의해 계산한다.

$$\tan\theta = \frac{a-b}{l} = \frac{25-20}{50} = \frac{5}{50}$$

   (나) $\frac{1}{10}$은 밑변의 길이가 10mm일 때 높이가 1mm이다. 따라서 테이블을 40mm 이동시 키면 다이얼 게이지 눈금은 4mm 이동해야 한다. [그림 10-37]
   (다) 테이블 이송 핸들을 10mm 이동시켜 다이얼 게이지 눈금이 1mm 이동되는가를 확인한다. [그림 10-38]
   (라) 연질 헤머를 사용하여 높은 쪽을 살며시 때리면서 구배를 맞춘다.

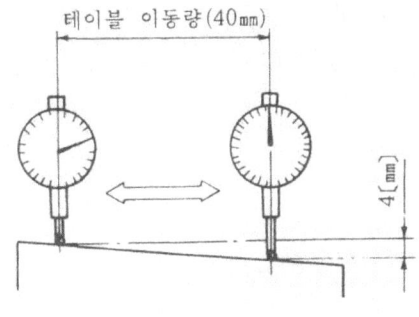

그림 10-37 구배량 조정

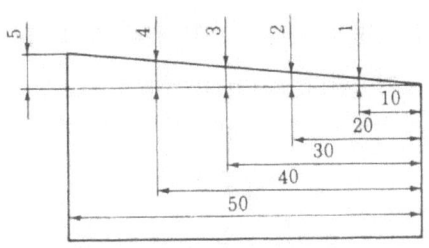

그림 10-38 구배 1/10 일 때 높이치수 변화량

⑥ 구배 가공한다.
⑦ 구배 가공한다.
　(가) 커터를 회전 시키고 니이(Knee)를 올리면서 절삭 시작점을 찾는다.
　(나) 절삭 깊이를 적게 주면서 가공한다(절삭 깊이가 많으면 공작물이 움직일 우려가 있으므로 주의한다).
　(다) 금긋기 선까지 절삭한다.
　(라) 버니어 캘리퍼스로 높은쪽 25mm를 측정하면서 가공한다.
⑧ 공작물을 바이스로부터 풀어내고 모따기 등 마무리 가공을 한다.

2) T홈 가공

[그림 10-39]의 T홈을 밀링머신으로 가공하시오.

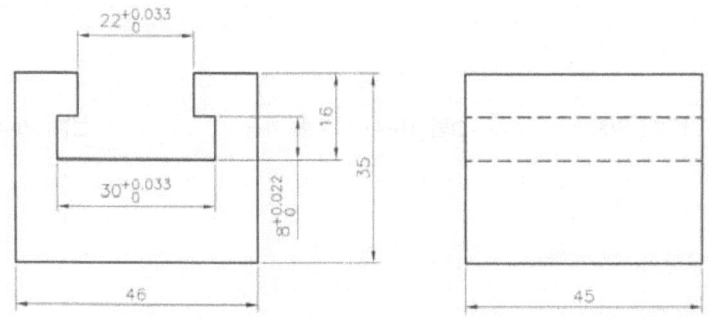

그림 10-39 T홈 가공

(1) 작업 순서

① 바이스를 설치하고 평행도를 맞춘다.
② 육면체 가공(46×45×35)을 한다.

③ 하이트 게이지 등 금긋기 공구를 이용하여 금긋기 한다.
④ 직경 10~12mm 엔드밀로 깊이 a를 15.8mm정도, 내측 폭 b를 요구하는 치수공차에 맞게 가공한다. [그림 10-40]
⑤ 좌측 T홈 가공한다.
　(가) T홈 커터를 설치하고 회전수를 선정한다.
　(나) 공작물의 홈 밑면에 T홈 커터의 날이 닿도록 이송한다.

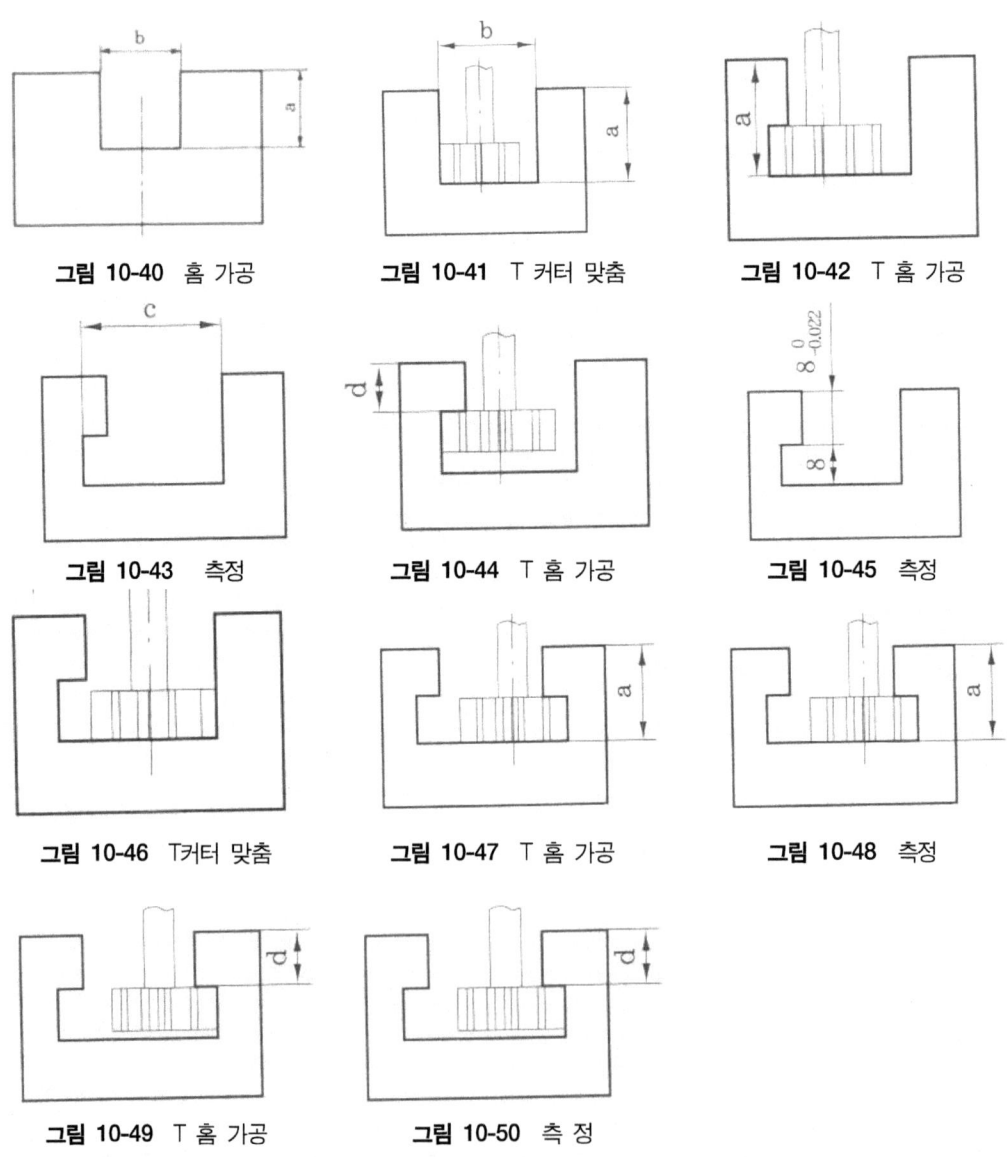

그림 10-40 홈 가공　　그림 10-41 T 커터 맞춤　　그림 10-42 T 홈 가공

그림 10-43 측정　　그림 10-44 T 홈 가공　　그림 10-45 측정

그림 10-46 T커터 맞춤　　그림 10-47 T 홈 가공　　그림 10-48 측정

그림 10-49 T 홈 가공　　그림 10-50 측 정

3) 도브테일 홈 가공

[그림 10-51]의 도브테일 홈을 밀링머신으로 가공하시오.

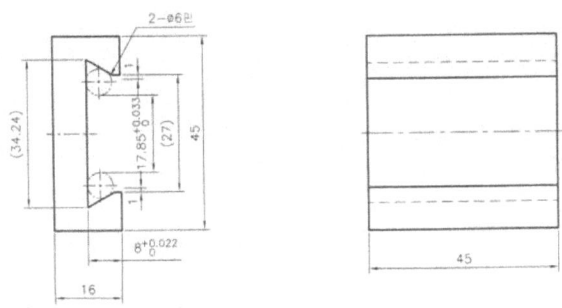

그림 10-51 도브테일 홈 가공

(1) 작업 순서

① 바이스를 설치하고 평행도를 맞춘다.
② 육면체 가공(46×45×16)을 한다.
③ 하이트 게이지 등 금긋기 공구를 이용하여 금긋기 한다.
④ 홈 가공한다. [그림 10-52]

　(가) 45mm 부분을 바이스 죠오에 고정한다.
　(나) 윗면을 기준으로 깊이 c가 7.5mm정도 되게끔 가공한다.
　(다) A면을 기준으로 a의 치수가 36mm가 되게끔 가공한다.
　(라) b부분의 치수(참고치수) 27mm가 되도록 가공한다.

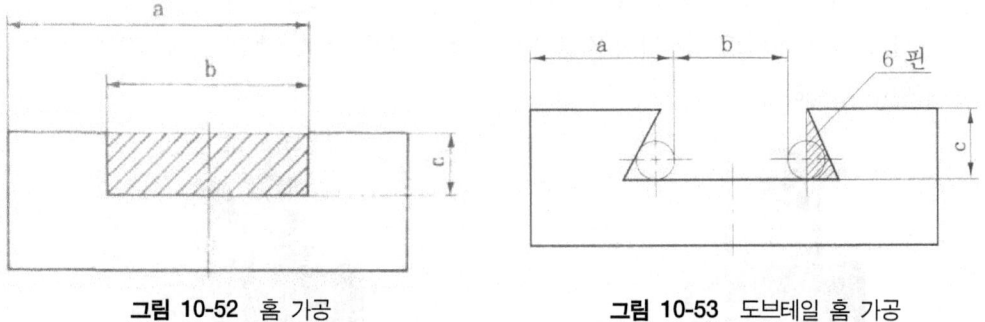

그림 10-52 홈 가공　　　　그림 10-53 도브테일 홈 가공

⑤ 도브테일 홈 가공한다. [그림 10-53]

　(가) 도브테일 홈 커터로 갈아 끼운다.
　(나) 윗면을 기준으로 c부분, 절삭 깊이를 8mm, 요구하는 공차수준으로 가공한다.
　(다) A면을 기준으로 ∅6 핀(Pin)을 사용하여 a치수를 13.58mm로 가공한다.
　(라) b치수가 17.85mm로 주어진 공차 내에 들게끔 ∅6 핀을 이용하여 측정해 가면서 가공한다.

⑥ 공작물을 바이스로부터 풀어내고 모따기 등 마무리 가공을 한다.

⑦ 정리 정돈한다.

5. 절삭 조건

1) 절삭의 정의

공작물보다 경도가 큰 공구(Tool)를 사용하여 공작물에서 칩(Chip)을 깎아 내는 작업을 절삭(Cutting)이라 한다.

(1) 절삭 칩의 생성

① 유동형 칩(Flow type chip)

비교적 연성의 금속을 큰 경사각으로 절삭 속도를 빠르게 하고 절삭제를 사용할 때 발생하기 쉬우며, 절삭저항의 변동이 적고 가공면이 양호하나 칩 처리에 주의가 필요하다. [그림 10-54]

② 전단형 칩(Shear type chip)

칩이 공구의 경사면 위에서 압축을 받아 어느 면에 가서 전단을 일으키므로 칩이 연속되어 나오기는 하나 슬라이딩(Sliding)의 간격이 다소 유동형보다 크다. [그림 10-55]

이 때문에 바이트에 걸리는 힘이 변동되어 진동을 일으킨다. 주로 연성 재료를 저속으로 절삭할 때나 바이트 경사각이 작을 때, 절삭 깊이가 클 때 생긴다. 유동형에 비하여 가공면이 불량하다.

그림 10-54 유동형 칩

그림 10-55 전단형 칩

③ 열단형 칩(Tear type chip)

공구 경사면 위의 재료가 세게 압축되어 슬라이딩 되지 않아 공구 날 끝 앞쪽에서 균열이 나타나는 상태의 칩이다. [그림 10-56]

주로 납 성분이 많이 함유된 연강이나 알루미늄 합금과 같이 피삭 재료가 점성이 있을 때 발생한다. 균열과 파단이 반복적으로 발생하여 절삭 저항의 변동 폭이 커져 진동이 심하고 표면 상태가 불량하다.

④ 균열형 칩(Crack type chip)

주철과 같은 취성이 큰 재료를 절삭할 때 거의 소성 변형을 일으키지 않는 상태에서 발생한 균열이 공작물 표면까지 진행되면서 칩이 발생하는 현상이다. [그림 10-57] 절삭저항의 급격한 변화로 가공표면이 불량하다.

그림 10-56 열단형 칩   그림 10-57 균열형 칩

2) 구성인선(Built-up edge ; BUE)

연강, 알루미늄 등 연성이 큰 공작물을 절삭할 때 공구와 공작물 사이에 높은 압력과 큰 마찰저항, 절삭열 및 친화력 등에 의하여 칩의 일부가 가공 경화되어 절삭 날 끝에 부착되어 절삭날과 같이 실제 절삭을 함으로써 절삭에 나쁜 영향을 끼치는데 이를 구성인선이라 한다.

① 구성인선은 0.001~0.003초의 극히 짧은 주기로 발생 → 성장 → 최대성장 → 분열 → 탈락의 과정을 반복한다. [그림 10-58]
② 구성인선이 생기면 절삭저항이 변화하여 가공면이 거칠게 되고 공구에 진동을 주게 된다.
③ 초경합금 공구에서는 날 끝이 같이 탈락되므로 결손이나 미소파괴(Chipping)가 생기기 쉽다.

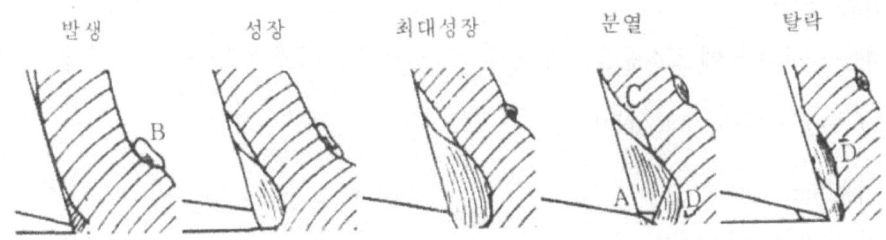

그림 10-58 구성인선의 발생 과정

(1) 구성인선의 방지법

① 경사각을 크게 할 것(30° 이상)
② 절삭속도를 크게 할 것(120m/min 이상)

③ 절삭 깊이를 적게 할 것.
④ 칩과 바이트 사이의 윤활을 완전하게 할 것.

(2) 구성인선의 이용
공구의 날 끝이 구성인선에 의해 보호 되므로 공구수명이 길어지는 이점이 있다.
이 이점을 이용한 것을 실버화이트 절삭법(Silver white cutting method)이라 하며, 이때 사용되는 바이트가 SWC 바이트이다.

3) 절삭 조건

(1) 절삭 속도(Cutting speed)
회전하는 공구의 외경이 단위시간당 공작물을 지나가는 원주의 거리이다.

$$V = \frac{\pi DN}{1,000} \,(\text{m/min})$$

$$N = \frac{1,000\,V}{\pi D} \,(\text{r.p.m})$$

V : 절삭 속도(m/min)
N : 회전수(r.p.m)
D : 공구 직경(mm)

절삭 속도는 절삭 조건 중 가장 중요한 것으로 절삭 온도, 절삭 저항, 공구 수명, 표면 거칠기 등에 가장 많은 영향을 미친다.

(2) 이송(Feed)
회전하는 공구의 날에 절삭운동을 연속적으로 일으키기 위해 공작물을 이동시키는 속도이다.

$$f = f_z \cdot Z \cdot N \,(\text{mm/min})$$

f : 이송(mm/min)
f_z : 날당 이송(mm/tooth)
Z : 날 수
N : 회전수(r.p.m)

이송은 절삭 작업의 능률을 생각할 때 중요한 요소가 되며 이송에 절삭 깊이를 곱하면 절삭 면적이 된다.

(3) 절삭 저항(Cutting resistance)

공구로 공작물을 절삭하는 것은 공작물에 소성 변형을 주어 칩을 분리하는 것이며 이때 공구는 공작물로부터 큰 저항을 받는다. 절삭가공 중 공구 날 끝에 작용하는 힘을 절삭저항이라 하며 [그림 10-59]는 절삭 저항의 3분력을 나타낸다.

① 주분력(Principal cutting force)

가공면에 접해서 회전축과 직각 방향의 분력이며, 절삭 방향과는 평행한 분력으로 주절삭저항이 된다.

② 이송 분력(Feed cutting force)

회전축과 평행한 방향의 분력으로 이송방향으로 작용하는 힘으로 횡분력이라고도 한다.

③ 배분력(Radial cutting force)

가공면에 대하여 반경 방향의 분력, 즉 절삭 깊이 방향의 분력으로 절삭 공구측 방향의 힘이다.

각 분력의 크기 비는 주분력 : 이송분력 : 배분력＝10 : (2～4) : (1～2)로 주분력이 가장 크다.

그림 10-59 절삭저항의 3분력

(4) 절삭 공구

① 공구 재료

(가) 탄소 공구강(Carbon tool steel)

탄소 함유량이 0.6～1.50% 정도의 고 탄소강이며 금속 절삭용으로는 탄소 함유량이 1.30～1.50% 정도이다. 300～350℃의 온도에서 경도의 저하가 심하여 저속 경절삭용에 사용하며 요즈음에는 거의 사용하지 않는다.

(나) 합금 공구강(Alloy tool steel)

탄소 함유량이 0.75～1.50% 정도의 고 탄소강에 소량의 Ni, Cr, V, Mo 등 몇 가지 원소를 함유한 것으로 탄소 공구강보다 절삭 성능이 좋으나 450℃ 정도에서 연화된다. 저속 절삭용 및 총형공구에 사용한다.

(다) 고속도강(H.S.S : High Speed Steel)

C 0.7~1.60% 정도의 고 탄소강에 Cr, Mo, W, V 등을 첨가하여 용융시작 온도 바로 아래인 약 1,200℃에서 담금질 한 후 500~600℃에서 뜨임 처리한 것이다.

열처리에 신중을 기해야 하며 높은 경도와 고온 내구성으로 약 600℃까지는 경도가 크게 저하되지 않는다.

(라) 주조 합금(Cast alloyed hard metal)

비철합금 공구재료로서 단조할 수 없기 때문에 금속 주형으로 주조 후 연마하여 사용한다. 경도가 매우 높고 열처리가 안된다.

대표적인 경질 주조 합금으로는 스텔라이트(Stellite)가 있으며, 이는 Co를 주성분으로 한 Co-Cr-W-C계의 합금으로 상온에서는 고속도강보다 약하나 600℃ 이상에서는 고속도강보다 경하여 절삭 성능이 좋으나 충격에 약한 결점이 있다.

(마) 초경 합금(Cemented carbide)

현재 가장 많이 사용되는 공구 재료로 W, Ti, Ta, Mo, Zr 등의 탄화 분말에 Co, Ni 등의 금속 결합제를 첨가하고 가압 후 소결시킨 분말야금 제품이다. 고속도강보다 절삭 속도를 5배 이상 높일 수 있으며, 다듬질 면도 양호하다. 취성이 있어 진동이나 충격에 약하므로 강성이 큰 고속 정밀 절삭에 사용한다.

(바) 세라믹(Ceramic)

Al_2O_3(산화알루미늄)분말에 산화물(Si, Mg), 또는 탄화물(Ti)을 소량 첨가하여 성형 소결한 공구 재료이다. 공작물과 친화력이 적고 마찰계수가 낮아 구성인선 발생을 억제한다. 단점으로는 진동이나 충격에 약하고 절삭유 사용에 유의해야 한다.

(사) 다이아몬드(Diamond)

절삭공구로는 인조 다이아몬드가 사용되며, 경도가 가장 높다. 비철금속 및 비금속 재료의 절삭에 적합하다. 장시간동안 고속 절삭열에 견디며, 정확하고 아름다운 가공면을 얻을 수 있으며 가공능률이 아주 좋다. 단점으로는 날 끝이 손상되면 재생이 곤란 하다.

(아) 입방정 질화 붕소(C.B.N ; Cubic boron nitride)

초 고온 고압 상태에서 소결한 공구로 다이아몬드 다음으로 경도가 높다. 이 소결체는 1,000℃ 이하에서는 초경합금에 비해 경도가 매우 크므로 초경합금으로 절삭이 어려운 담금 질강(HRC 60 이상), 칠드주철, 초내열합금의 고성능 절삭 가공용으로 사용한다.

② 공구 파손(Tool failure)

(가) 치핑(Chipping)

절삭 날의 미소한 일부분이 파괴되고 탈락하여 무딘 날이 되는 것을 말하는 것으로 초경합금이나 다이아몬드 등과 같이 충격에 약한 공구재료를 사용할 때 발생하기 쉽다. [그림 10-60]

(나) 브레이킹(Breaking)

날 끝이 크게 깨지는 것으로 흑피 절삭이나 단속절삭에서 발생하기 쉽다.

(다) 균열(Crack)

융착 방법이나 연마 방법의 불량이 주원인이 된다.

③ 바이트 마모(Bite wear)

(가) 프랭크 마모(Flank wear)

바이트의 여유면이 절삭 방향에 평행하게 마멸 되는 것으로, 마멸된 폭 부분의 평균치로 표시한다. 프랭크 마멸은 가공치수에 큰 영향을 미치며 가공된 면이 거칠게 된다. [그림 10-61]

(나) 크레이터 마모(Crater wear)

칩이 바이트 경사면에 미끄러질 때 마찰에 의하여 긁혀나가 오목한 홈이 생기는 마모현상이다.

크레이터 마모는 날끝이 심하게 손상되며 오목하게 패인 자국의 깊이로 표시한다. 가공면이 거칠며, 가공치수에 큰 영향을 미친다. [그림 10-62]

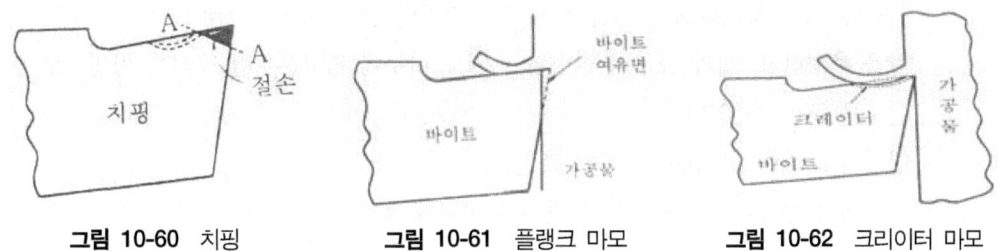

그림 10-60 치핑 그림 10-61 플랭크 마모 그림 10-62 크리이터 마모

④ 공구 수명(Tool life)

새로운 공구를 사용하여 공작물을 일정한 조건으로 절삭하기 시작해서 공작물이 절삭되지 않아 공구를 다시 연삭해야 할 필요가 생기기까지의 실제 절삭 시간을 공구수명이라 한다.

(가) 공구 수명의 판정 기준

㉠ 정삭 가공면 또는 가공 직후 가공면에 광택에 색조 또는 반점이 생길 때

㉡ 공구인선의 마모가 일정량에 달하였을 때

㉢ 완성 가공된 치수의 변화가 일정량에 달하였을 때

㉣ 절삭저항의 주분력에는 변화가 없더라도 이송분력 또는 배분력이 급격히 증가하였을 때

(나) 테일러(Taylor)의 공구 수명식

$$VT^n = Constant$$

여기서 V : 절삭 속도(m/min)

T : 공구 수명(min)

n : 절삭 조건(1/10~1/5)

C : $T=1$min일 때의 절삭 속도(Taylor 정수)

테일러의 공구 수명식을 사용하여 공구의 재질, 형상 및 기타 조건을 일정하게 하면 그 재료의 절삭성을 판정할 수가 있다. 또한 가공물의 재질, 공구의 형상, 절삭 조건을 일정하게 함으로 절삭제의 질을 알아낼 수 있으며 일정 시간에 최적의 절삭량을 얻을 수 있는 절삭속도 등을 알아볼 수 있다.

⑤ 절삭 온도(Cutting temperature)

(가) 절삭 온도의 측정 방법

㉠ 칩(Chip)의 색에 의한 측정

금속을 가공할 때 절삭열에 의하여 칩이 여러 가지 색깔로 변한다. 절삭 조건이 일정한 경우 절삭 온도의 증가에 따라 칩의 색깔은 산화색 → 볏짚색 → 갈색 → 보라색 → 농염색 → 화염색으로 변한다.

㉡ 칼로리미터(Calorimeter)에 의한 측정

가공에 의해 흘러나오는 칩을 즉시 칼로리미터 중에 넣어서, 칩이 가지고 있는 전열량을 측정하고, 칩과 공구의 질량과 비열로 나누어 평균온도를 구하는 방법으로 절삭 온도를 구할 수 있다.

㉢ 열전대(Thermo couple)에 의한 측정

열전대의 한쪽은 가공물, 다른 한쪽은 공구에 접촉하여 열기전력을 측정하여 공구의 온도를 측정 하는 방법이다.

㉣ 공구에 열전대를 삽입하는 방법

공구의 날 끝 근처에 수개의 작은 구멍을 뚫고 열전대를 끼워 넣어서 가공 중 각 점의 온도분포를 측정할 수 있다.

㉤ 복사 고온계에 의한 측정

측정하고자 하는 점에 맞추어 형석(螢石) 등으로 만든 렌즈(Lens)를 놓고, 그 점에서 나오는 열선을 받아 열전대에 주면 온도에 비례하는 기전력이 발생하고 이것을 다시 감도가 큰 갈바노미터(Galvanometer)로 측정하여 그 점의 온도를 알 수 있다.

㉥ 시온 도료에 의한 측정

시온 도료는 온도에 따라 변색 되는 도료로 측정 하고자 하는 공작물 표면에 칠하고 변하는 색상으로 측정 부분의 온도를 측정하는 방법이다.

베어링, 전기기계 등의 표면온도 측정에 널리 이용된다.

바이트의 여유면에 이 도료를 알코올에 녹여 두께 0.03~0.07mm 정도로 칠하고 건조한 후 절삭하면 절삭공구 인선 부분이 변색된다.

6. 실습 2. 끼워 맞춤 가공

1) 구배, T홈, 도브테일 홈 작업 순서

기준면을 설정하고 도면과 같은 구배, T홈, 도브테일 홈을 공차에 맞게 가공하여 조립한다.

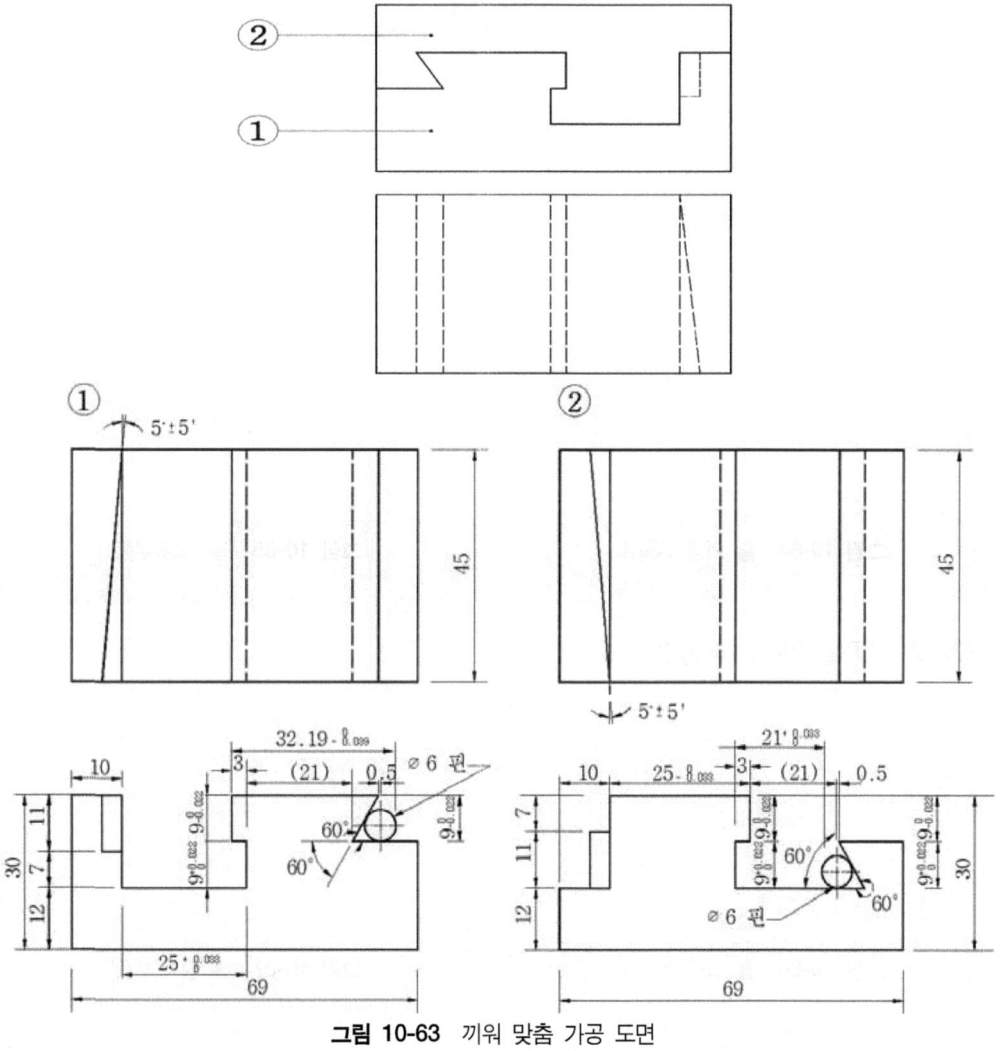

그림 10-63 끼워 맞춤 가공 도면

(1) 바이스를 장착한다.

(2) 도면을 보고 공작물 치수를 확인한다.

(3) 기준면을 가공한다.

(4) 금긋기 한다.

① 하이트 게이지(Hight gauge) 등을 사용하여 금긋기 한다.

② 버니어 캘리퍼스를 이용하여 치수 및 모양을 확인한다.

(5) 육면체 가공을 한다.
① 부품1 육면체 가공
작업조건을 고려해서 69×45×30으로 육면체 가공한다.
② 부품2 육면체 가공
부품1과 부품2가 69×45×30±0.1 공차 내에 있는지 확인한다.

(6) 홈 가공을 한다. (부품1)

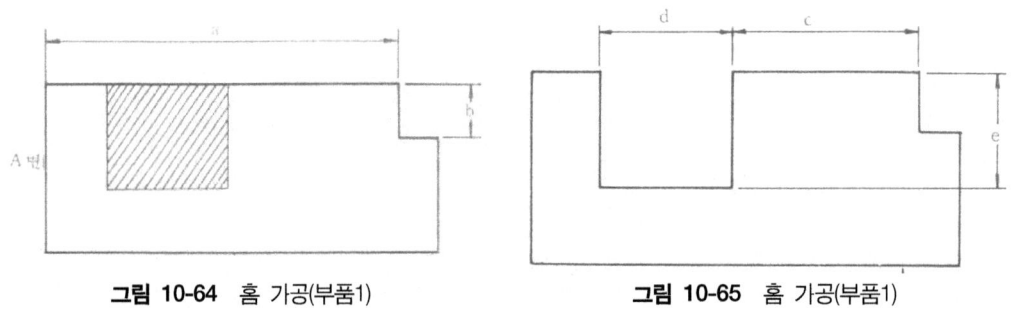

그림 10-64 홈 가공(부품1)   **그림 10-65** 홈 가공(부품1)

(7) 홈 가공을 한다. (부품2)

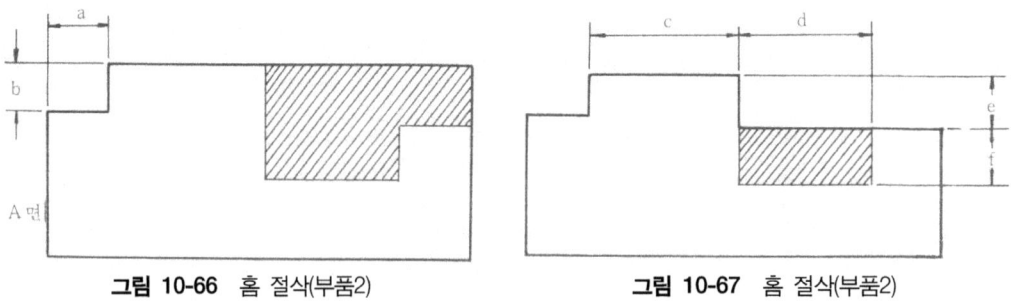

그림 10-66 홈 절삭(부품2)   **그림 10-67** 홈 절삭(부품2)

(8) T홈 가공을 한다. (부품2)
(9) T홈 가공을 한다. (부품1)

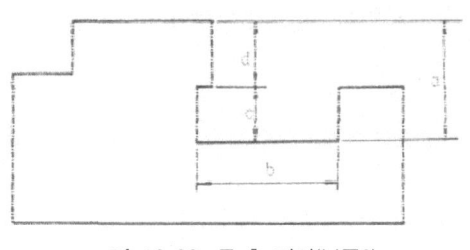
그림 10-68 T 홈 절삭(부품2)

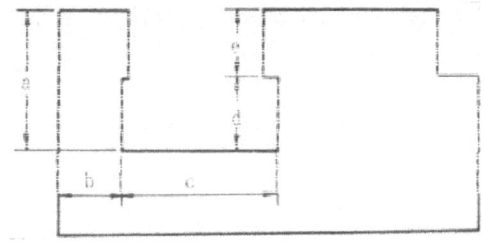
그림 10-69 T 홈 절삭(부품1)

(10) 도브테일 홈 가공을 한다. (부품1)
① a를 9mm정밀치수 공차에 들어오도록 정삭 가공한다. [그림 10-70]
② Ø6 측정핀(Pin)을 이용하여 b가 32.19mm정밀치수 공차에 들어오도록 정삭 가공한다.

(11) 도브테일 홈 가공을 한다. (부품2)
① a를 9mm정밀치수 공차에 들어오도록 정삭 가공한다. 이때, T커터 가공 부분과 도브 테일 가공 부분이 단차되지 않게 가공한다. [그림 10-71]
② Ø6 측정핀(Pin)을 이용하여 b가 21mm정밀치수 공차에 들어오도록 정삭 가공한다.

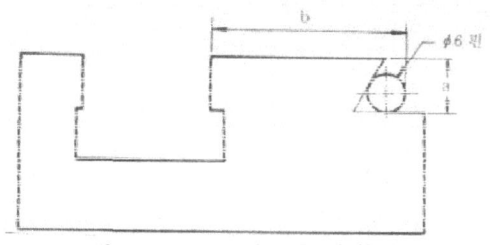
그림 10-70 도브테일 홈 절삭(부품1)

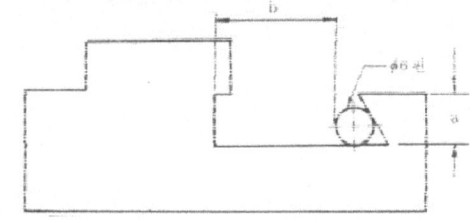
그림 10-71 도브테일 홈 절삭(부품2)

(12) 구배 가공을 한다. (부품2)
① 바이스를 5° 회전시킨다. [그림 10-72]
② 다이얼 게이지(Dial gauge)를 이용하여 바이스를 정확히 맞춘다.
③ 45 부분을 고정한다. 이때 구배의 금긋기 선이 바이스 죠오 위로 5mm정도 올라오게 한다.
④ a부분이 28.936mm, b부분이 18mm가 되도록 가공한다.

(13) 구배 가공을 한다. (부품1)
① 바이스를 반대방향으로 0전에서 5° 회전시킨다. [그림 10-73]
② 다이얼 게이지(Dial gauge)를 이용하여 바이스를 정확히 맞춘다.
③ 45 부분을 고정한다. 이때 구배의 금긋기 선이 바이스 죠오 위로 5mm정도 올라오게 한다.
④ a를 9mm가 되도록 가공한다.

⑤ b를 11mm가 되도록 절삭한 후 부품2를 조립해 보면서 다듬 절삭한다.

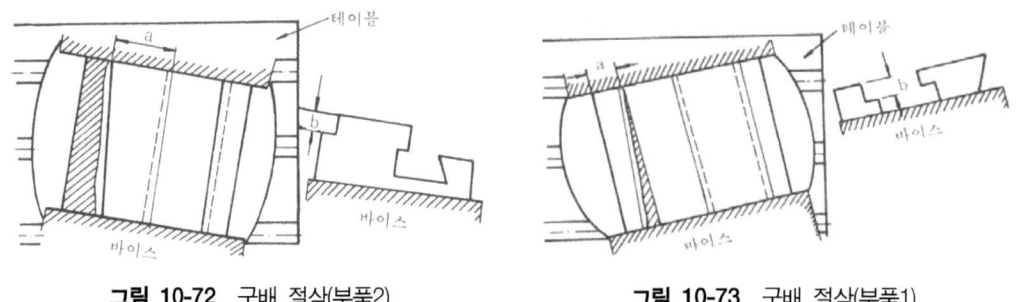

그림 10-72 구배 절삭(부품2)　　　그림 10-73 구배 절삭(부품1)

(14) 모서리 부분을 조줄이나 스크레이퍼(Scraper)를 사용하여 C0.1 가공을 한다. (부품 1, 2)

(15) 제출한다.

단원 핵심 학습 문제

01 다음 중 밀링머신의 규격 표시방법이 아닌 것은?
 ① 테이블의 크기(길이×폭)
 ② 테이블의 이동거리(좌우×전후×상하)
 ③ 주축 중심에서 테이블 면까지의 최대거리
 ④ 밀링머신의 높이

 해설 : ④ 밀링머신의 규격은 테이블의 크기(길이×폭), 테이블의 이동거리(좌우×전후×상하), 주축 중심에서 테이블 면까지의 최대거리로 크기를 표시한다.

02 구성인선의 방지법을 쓰시오.

 해설 : ① 경사각을 크게 할 것(30° 이상)
  ② 절삭속도를 크게 할 것(120m/min 이상)
  ③ 절삭 깊이를 적게 할 것.
  ④ 칩과 바이트 사이의 윤활을 완전하게 할 것.

03 주철과 같은 취성이 큰 재료를 절삭할 때 거의 소성 변형을 일으키지 않는 상태에서 발생한 균열이 공작물 표면까지 진행되면서 발생하는 칩은?

 해설 : 균열형 칩(Crack type chip)

04 밀링 가공 방법에 대하여 쓰시오.

 해설 : ① 상향 절삭(Up cutting) - 밀링머신에 의한 가공에서 공구의 회전 방향과 공작물의 이송 방향이 반대일 때의 절삭 방법
  ② 하향 절삭(Down cutting) - 공구의 회전 방향과 공작물의 이송 방향이 같을 때의 절삭방법

05 칩이 바이트 경사면에 미끄러질 때 마찰에 의하여 긁혀나가 오목한 홈이 생기는 마모 현상이며, 날끝이 심하게 손상되며 오목하게 패인 자국의 깊이로 표시하고, 가공면이 거칠며, 가공치수에 큰 영향을 미치는 것은?

 해설 : 크레이터 마모(Crater wear)

06 분할대를 이용하여 분할하는 방법을 쓰시오.

 해설 : 직접 분할법, 단식 분할법, 차동 분할법

07 절삭 온도의 측정 방법을 쓰시오.

해설 : ① 칩(Chip)의 색에 의한 측정
② 칼로리미터(Calorimeter)에 의한 측정
③ 열전대(Thermo couple)에 의한 측정
④ 공구에 열전대를 삽입하는 방법
⑤ 복사 고온계에 의한 측정
⑥ 시온 도료에 의한 측정

08 절삭 날의 미소한 일 부분이 파괴되고 탈락하여 무딘 날이 되는 것을 말하는 것으로 초경합금이나 다이아몬드 등과 같이 충격에 약한 공구재료를 사용할 때 발생하기 쉬운 공구 파손은?

해설 : 치핑(Chipping)

10-3 검사 및 수정하기

1. 측정의 개요

1) 측정(Measurement) 용어

(1) 최소 눈금(Scale interval)
1눈금이 나타내는 측정량을 뜻한다.

(2) 오차(Error)
측정치로부터 참값을 뺀 값을 오차라 하며 오차의 참값에 대한 비를 오차율이라 하고 오차율을 %로 나타낸 것을 오차의 백분율이라 한다.

(3) 편차(Declination)
기준에서 벗어난 정도의 크기로 측정치로부터 모 평균을 뺀 값을 말한다.

(4) 정확도(Accuracy)
참값에 대한 한쪽으로의 치우침의 작은 정도를 정확도라 한다.

(5) 정밀도(Precision)
측정치의 산포(흩어짐)의 작은 정도를 정밀도라 한다.

(6) 허용차(Permission difference)
기준의 값과 그에 대해서 허용되는 한계치와의 차를 말한다.

(7) 공차(Common difference)
규정된 최대치와 최소치와의 차를 말한다.

2) 측정의 종류

(1) 직접 측정(Direct measurement)
부품에 측정기를 직접 접촉시켜 측정치를 읽을 수 있는 방법으로 자(Scale), 버니어 캘리퍼스(Vernier-calipers), 마이크로미터(Micrometer) 등이 있다.

(2) 간접 측정(Indirect measurement)

측정량과 일정한 관계가 있는 양을 측정하고 그 값을 환산표에서 산출하거나 계산에 의하여 측정값을 알아내는 방법으로 사인바(Sine bar)에 의한 각도 측정, 롤러와 블록게이지(Block gauge)에 의한 테이퍼 측정, 삼침에 의한 나사 유효지름 측정 등이 있다.

(3) 비교 측정(Relative measurement)

이미 알고 있는 표준의 양과 피 측정물 양과의 차를 이용하여 값을 구하는 것으로 다이알 게이지(Dial gauge), 공기마이크로미터(Air micrometer), 옵티미터(Optimeter) 등이 있다. 높은 정밀도를 비교적 쉽게 측정할 수 있으며 계산이 필요 없다. 형상이나 공작기계의 정밀도 검사 등 사용 범위가 넓은 반면에 직접 제품의 치수를 읽지 못하며 기준이 되는 표준 게이지가 필요하다.

(4) 한계 측정(Limit measurement)

제품 치수에 부여된 공차로부터 최대 및 최소 치수가 허용한계 내에 있는가를 측정하는 방법으로 조작이 편리하고 측정의 경험과 기술을 요하지 않으며 측정시간이 짧아 대량 측정에 적합한 반면에 치수의 직접 측정이 안되고 측정지가 고정되어 있어 다양한 부품의 측정에 부적합하고 부품마다의 게이지가 필요하다.

3) 측정 오차

(1) 측정 오차(Measurement error)

① 개인 오차

측정하는 사람에 따라서 생기는 오차로 숙련됨에 따라서 어느 정도 감소시킬 수 있다.

② 계기 오차

(가) 측정기 눈금 등의 불변의 오차 : 기차(器差)라고 하며, 0점의 위치 부정, 눈금선의 간격 부정으로 생긴다.

(나) 측정기 사용 상황에 따른 오차 : 측정기 작동부의 녹이나 마모로 생긴다.

③ 시차(視差)

측정하는 사람의 눈 위치와 측정기의 눈금 위치가 같지 않을 때 생기는 오차를 시차라 하며, 측정 시 반드시 눈과 눈금의 위치가 수직 수평이 되도록 한다.

④ 온도 변화에 의한 오차

표준 온도 20℃, 표준 습도 65%, 표준기압 1,013mb(750mmHg)로 KS에 규정되어 있다.

(2) 감도와 아베의 원리

① 감도(Sensitivity)

측정기가 감지할 수 있는 최소의 변화량을 감도라 하며, 정밀도를 충분히 유지하면서 측정할 수 있는 최저 양을 지닌 측정기를 감도가 좋은 측정기라 한다.

② 아베의 원리(Abbe's principle)

높은 정도의 길이를 측정하기 위해서는 측정물과 측정자의 눈금 선은 일직선상에 있어야 한다는 것이 아베의 원리이며, 이 원리를 만족하는 대표적인 측정기는 외경 마이크로미터, 깊이 마이크로미터 등이 있다.

4) 길이 측정

(1) 길이 측정의 분류

① 선도기 : 측정기에 표시된 눈금선과 눈금선 사이의 거리로 측정

(가) 직접 측정기 : 강철자, 버니어 캘리퍼스, 마이크로미터, 하이트 게이지 등

(나) 비교 측정기 : 다이얼 게이지, 미니미터, 옵티미터, 전기마이크로미터, 공기마이크로미터, 측미현미경 등

② 단도기 : 측정기 자체의 면과 면 사이의 거리로 측정하는 것으로 블록 게이지, 한계 게이지, 틈새 게이지 등이 있다.

(2) 일반 측정기

① 자(Scale)

강철자, 줄자, 접는자

② 퍼스(Pers)

외경 퍼스, 내경 퍼스

(3) 정밀 측정기

① 직접 측정기

(가) 버어니어 캘리퍼스(Vernier calipers)

공작물의 외경, 내경, 깊이 등을 측정 정도 0.02 또는 0.05mm로 직접 측정하기에 간단하여 널리 사용되고 있다. 종류에는 M1형, M2형, CB형, CM형이 있으며, 형식에는 일반 버어니어형, 다이얼형, 디지털형이 있다.

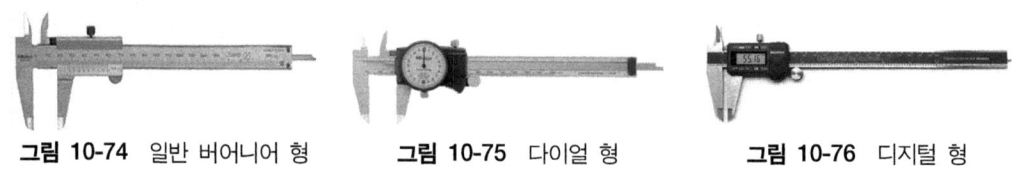

| 그림 10-74 일반 버어니어 형 | 그림 10-75 다이얼 형 | 그림 10-76 디지털 형 |

(나) 마이크로미터(Micrometer)

나사의 원리를 이용하여 스핀들(Spindle)과 같은 축에 있는 피치(Pitch) 0.5mm의 숫나사와 암나사가 맞물려 있어서 스핀들이 1회전하면 0.5mm 이동한다. 심블(Thimble)은 슬리브(Sleeve) 위에서 회전하며 원주방향으로 50 등분 되어 있다. 따라서 심블의 한 눈금은 $0.5mm \times 1/50 = 1/100 = 0.01mm$이다. 다시 말하면 최소 0.01mm까지 측정할 수 있다.

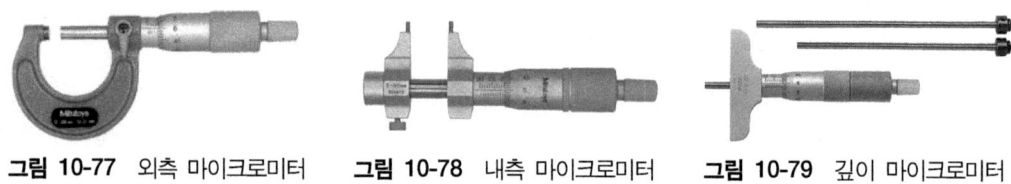

| 그림 10-77 외측 마이크로미터 | 그림 10-78 내측 마이크로미터 | 그림 10-79 깊이 마이크로미터 |

(다) 높이 게이지(Hight gauge)

징반 위에서 공작물의 높이를 측정하거나 평행선을 긋는데 사용한다. 베이스에 본척이 고정되어 있고, 본척에 따라 슬라이더가 상하로 움직이며 눈금의 원리는 버어니어 캘리퍼스와 같다.

② 비교 측정기

(가) 다이알 게이지(Dial gauge)와 다이알 테스트 인디게이터(Dial test indicator)

길이의 비교 측정에 사용하며, 평면도 측정, 원통의 진직도 및 진원도 측정, 축의 흔들림 정도 등의 검사나 측정에 사용한다.

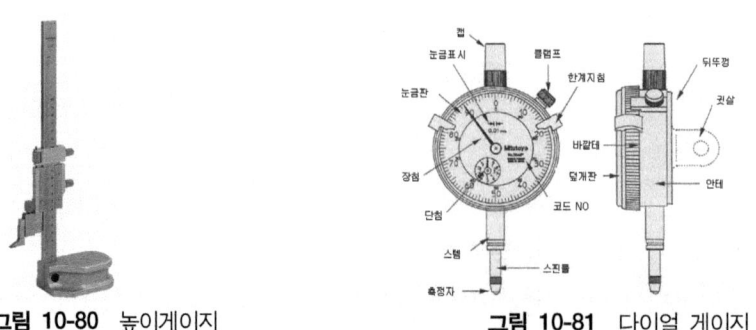

그림 10-80 높이게이지   그림 10-81 다이얼 게이지

(나) 공기 마이크로미터(Air micrometer)

공기 마이크로미터는 비접촉 측정으로 마모에 의한 정도 저하가 없으며 피측정물을 변

형시키지 않으면서 신속한 측정이 가능하다. 노즐 부분을 교환함으로써 바깥지름, 안지름, 진직도, 진원도, 평면도 등을 측정할 수 있다.

(다) 전기 마이크로미터(Electric micrometer)

길이의 근소한 변위를 그에 상당하는 전기치로 바꾸고 이를 다시 측정 가능한 전기 측정 회로로 바꾸어서 측정하는 장치로 0.01 이하의 미소 변위량 측정도 가능하다.

(라) 옵티미터(Optimeter)

측정자의 미소한 움직임을 광학적으로 확대하는 장치로서 800배 이상의 확대율로 최소 눈금 1μ, 측정 범위 ±0.1mm 정도로 원통의 내경 측정, 암나사, 숫나사, 축 게이지 등 고정도의 측정을 한다.

(마) 미니미터(Minimeter)

지렛대 원리를 이용한 것으로서 지침에 의해 100~1,000배로 확대 가능한 기구이다.

③ 단도기

(가) 블록 게이지(Block gauge)

면과 면, 선과 선의 길이를 정하는데 가장 정도가 높고 측정의 기준이 되는 것으로 측정면은 아주 정밀하게 다듬질 되어있다. 필요 치수를 얻기 위해서는 몇 개를 조합시켜 사용하는데 이것을 링깅(Wringing)이라 한다.

그림 10-82 블록 게이지

(a) 두꺼운 것

(b) 두꺼운 것과 얇은 것

그림 10-83 블록 게이지의 밀착 방법

④ 한계 게이지(Limit gauge)

공작물을 가공할 때 기준 치수에 허용 한계를 두게 되는데 이 허용 한계 치수를 쉽게 측정하는 게이지이다. 공작물의 허용치수에는 최대 허용치수와 최소 허용치수가 있는 관계로 게이지의 양 측면에 최대 치수와 최소 치수가 있다.

한계 게이지의 종류에는 구멍용 한계 게이지, 축용 한계 게이지, 테이퍼용 한계 게이지, 나사용 한계 게이지 등이 있다.

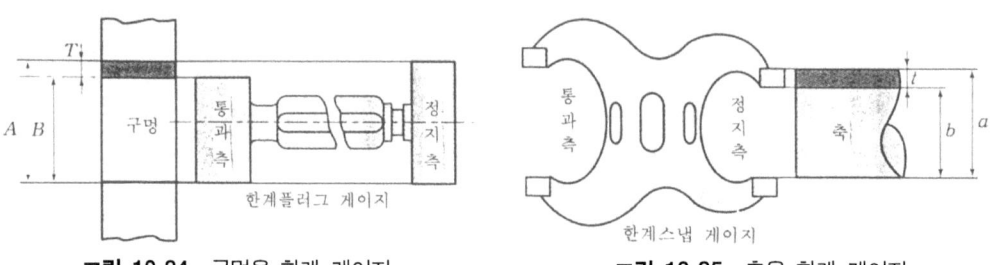

그림 10-84 구멍용 한계 게이지   그림 10-85 축용 한계 게이지

(4) 각도 측정

① 각도 게이지

(가) 요한슨식 각도 게이지(Johansson type angle gauge)

블록 게이지 사용방법과 같이 2개 이상을 밀착시켜 임의의 각도를 만들 수 있는 것이다. 4개의 모서리 또는 2개의 모서리를 정밀도 ±12″로 정밀하게 다듬질한 것으로 84개조, 49개조가 있다.

(나) N.P.L식 각도 게이지(N.P.L type angle gauge)

서로 다른 각도를 가진 12개를 1개조로 한 각도 블록을 쌓아 올려 각도를 만든다. 게이지 블록을 반대 방향으로 조합하게 되면 각도가 음(−)이 된다.

(다) 만능 각도 측정기(Bevel protractor)

회전하는 분도기와 강철자를 이용하여 각도를 측정하며 본척과 부척에 의해 5′단위의 각도를 읽을 수 있다.

(라) 수준기(Level)

수평이나 직각도를 간단하게 조사하는 것으로 기포가 관내에서 항상 최고 위치에 있는 성질을 이용한 것이다.

(마) 사인 바(Sine bar)

직각 삼각형의 2변 길이로 삼각함수에 의해 각도를 구하는 것으로 식에 의해 각도를 계산한다.

   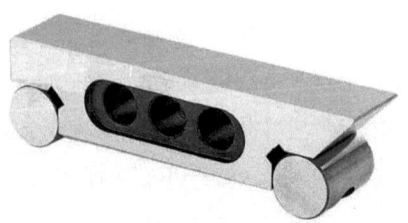

그림 10-86 만능 각도 측정기   그림 10-87 사인 바

(5) 면 측정

① 평면도 측정

(가) 광선 정반(Optical flat)

광학렌즈로 된 지름 30~60mm, 두께 10~12mm의 원판으로서 위, 아래 면이 평행하게 정밀가공 되어있다. 측정물 위에 광선 정반을 놓고 빛을 통과 시키면 측정 면과 광선 정반 사이의 틈새에 의하여 간섭무늬가 나타난다. 간섭무늬의 간격은 사용 광원의 반파장에 상당하며 간섭무늬의 형상과 수에 의하여 측정면의 정밀도를 알 수 있다.

(나) 스트레이트 엣지(Straight edge)

엣지 부는 약간 둥글게 되어있고 열의 전도를 막기 위해 손잡이가 부착되어 있다. 측정물에 접촉시켜 엣지와 측정면 사이의 틈새에서 나오는 빛에 의하여 판단하는 것으로 대체적으로 면의 검사에 사용된다.

② 표면 거칠기 측정

(가) 표면 거칠기 표준편(Surface roughness scales)과 비교하는 방법

가공면의 표면 거칠기를 시각이나 촉감을 통하여 판정하는 방법으로 측정물의 표면을 표면 거칠기 표준 시편에 해당하는 거칠기 면과 비교하여 판정한다.

(나) 촉침식 표면 거칠기(Surface roughness tester)

가장 널리 사용하는 표면 거칠기 측정 방법으로 가공면 위의 촉침의 움직임을 전기적 신호로 바꾸어 증폭된 신호를 처리하여 공작물의 표면 거칠기를 측정하는 방법이다. 그러나 여러 번 반복 사용으로 인하여 촉침 끝 선단의 반경이 커지면 실제 거칠기 값보다 작게 기록되며, 선단의 반경이 너무 작으면 측정압에 의하여 측정면에 손상을 주는 결점이 있다.

(다) 광 절단 표면 거칠기 측정법

측정면 위에 슬릿광(Slot beam)을 주사(Scanning)하여 반사된 광의 요철 형상으로부터 표면거칠기 값을 측정한다.

(6) 나사 측정

① 표준 나사 게이지

암나사를 측정하는 나사 플러그 게이지와 숫나사를 측정하는 나사 링 게이지가 있다.

② 나사 한계 게이지

나사의 공차 범위를 확인하는 방법으로 통과측과 정지측이 있는 플러그 게이지와 링 게이지가 있다.

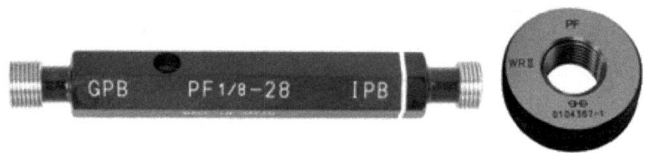

(a) 나사 플러그 게이지   (b) 나사 링 게이지

그림 10-88 표준 나사 게이지

③ 나사 마이크로미터

나사 마이크로미터를 이용하여 숫나사의 바깥지름과 골지름 및 나사의 유효지름을 측정한다.

④ 삼침법

나사의 골에 3개의 침을 끼우고 이들 침의 외측거리를 외경 마이크로미터 등으로 측정하여 수나사의 유효지름을 측정한다.

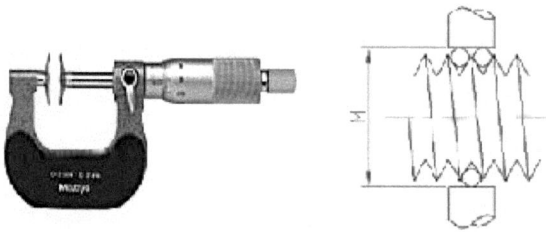

그림 10-89 3점 측정 마이크로미터와 유효지름 측정

(7) 기어 측정

스퍼어 기어, 헬리컬 기어 베벨 기어, 웜 기어, 인벌류트 치형 기어, 사이클로이드 치형 기어 등의 기어를 기어시험기를 이용하여 치형을 검사하는 치형 검사기와 피치 및 편심 오차를 측정하는 기어검사기, 그리고 한쌍의 기어를 맞물려 검사하는 물림검사기와 이 두께를 측정하는 이(齒)두께 측정기 등이 있으며 주로 인벌류트 치형의 스퍼어 기어가 많이 사용된다.

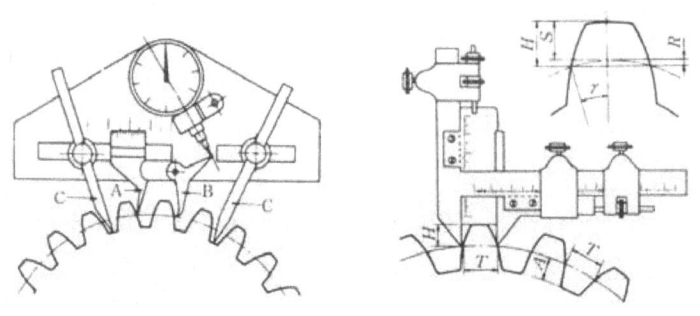

(a) 기어 피치 측정기   (b) 치형 버어니어캘리퍼스에 의한 측정

그림 10-90 기어 측정

2. 치수 공차와 끼워 맞춤

1) 공 차

(1) 공차의 개요

공차(Tolerance)란 측정하는 측정기에 대하여 공인된 오차 또는 규정된 최대치 최소치와의 차(差)를 말하며 기계 부품은 서로 호환성이 유지될 수 있도록 가공되어야 하며 모든 부품은 정확하게 조립되고 요구되는 성능을 얻을 수 있어야 하고, 또한 치수공차, 형상공차, 표면 거칠기는 상호 상관관계를 갖도록 해야 한다.

(2) 관련 용어

① 축(Shaft) : 주로 원통의 외경을 말한다.
② 구멍(Hole) : 주로 원통형의 내경을 말한다.
③ 기준 치수(Basic dimension) : 치수 허용한계의 기준이 되는 치수로 도면상에는 축, 구멍 등의 호칭치수와 같다.
④ 실치수(Actual size) : 물체를 실제 측정한 치수.
⑤ 허용 한계 치수(Limits of size) : 물체의 실치수가 그 사이에 들어가도록 정한 허용할 수 있는 대소(大小)의 치수.
⑥ 최대 허용 치수(Max limits of size) : 물체의 허용되는 최대 치수.
⑦ 최소 허용 치수(Min limits of size) : 물체의 허용되는 최소 치수.
⑧ 공차(Tolerance) : 최대 허용 치수와 최소 허용 치수와의 차로 치수 허용차라고도 한다.
⑨ 치수 허용차(Deviation) : 허용 한계 치수에서 기준 치수를 뺀 값으로 허용차라고도 한다.
⑩ 위 치수 허용차(Upper deviation) : 최대 허용 치수에서 기준 치수를 뺀 값.
⑪ 아래 치수 허용차(Lower deviation) : 최소 허용 치수에서 기준 치수를 뺀 값.

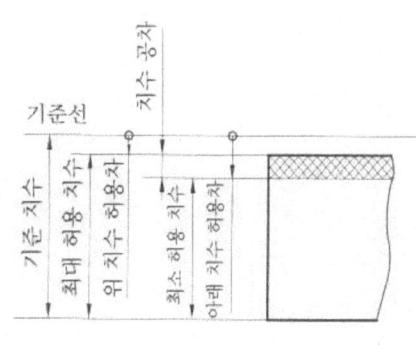

그림 10-91 외측(축 형체)

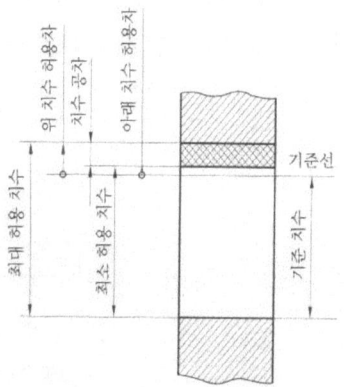

그림 10-92 내측(구멍 형체)

(3) IT 기본 공차

① IT 기본 공차의 구분

IT 기본 공차는 IT01부터 IT18까지 20등급으로 구분하여 규정되고 있다.

② IT 기본 공차의 적용

IT 기본 공차의 적용은 표와 같다.

표 10-4 IT 기본공차의 적용

용 도	게이지 제작 공차	끼워 맞춤 공차	끼워 맞춤 외 공차
축	IT01~IT4	IT5~IT9	IT10~IT18
구멍	IT01~IT5	IT6~IT10	IT11~IT18

2) 끼워 맞춤

(1) 끼워 맞춤(Fitting)

끼워 맞춤이란 축과 구멍이 조립되는 관계를 말한다.

① 틈새(Clearance) : 구멍의 지름이 축의 지름보다 클 때의 차.

  (가) 최대 틈새 : 구멍의 최대 허용 치수 - 축의 최소 허용 치수

  (나) 최소 틈새 : 구멍의 최소 허용 치수 - 축의 최대 허용 치수

② 죔새(Interference) : 축의 지름이 구멍의 지름보다 클 때의 차.

  (가) 최대 죔새 : 축의 최대 허용 치수 - 구멍의 최소 허용 치수

  (나) 최소 죔새 : 축의 최소 허용 치수 - 구멍의 최대 허용 치수

(2) 끼워 맞춤의 종류

① 끼워 맞춤 방식에 따른 종류

끼워 맞춤 부분을 가공할 때 공작물의 상태와 가공 난이도에 따라 축, 혹은 구멍으로 할 것 인지에 따라 축 기준식 또는 구멍 기준식으로 나눈다.

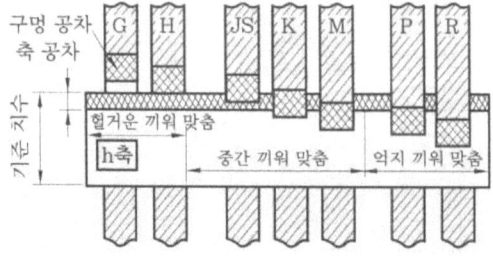

그림 10-93 축 기준식 끼워 맞춤

(가) 축 기준식 끼워 맞춤 : 위 치수 허용차가 0인 h축을 기준으로 하고 이에 적당한 구멍을 선정하여 필요한 틈새나 죔새를 얻는 것으로 h5~h9의 5가지 축을 기준 축으로 사용한다.

(나) 구멍 기준식 끼워 맞춤 : 아래 치수 허용차가 0인 H구멍을 기준으로 하고 이에 적당한 축을 선정하여 필요한 틈새나 죔새를 얻는 것으로 H6~H10의 5가지 구멍을 기준 구멍으로 사용한다.

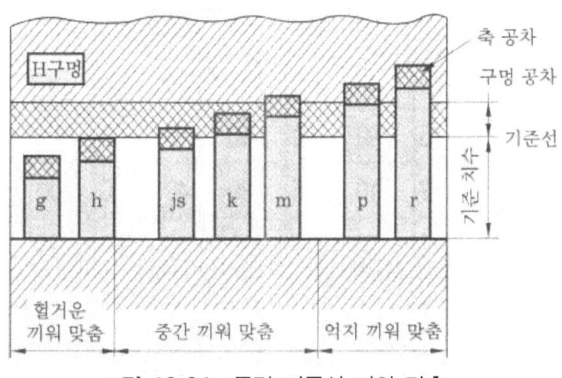

그림 10-94 구멍 기준식 끼워 맞춤

② 끼워 맞춤 상태에 따른 분류

(가) 헐거운 끼워 맞춤 : 항상 틈새가 생기는 끼워 맞춤으로 구멍의 최소 허용 치수가 축의 최대 허용 치수보다 큰 경우이다.

(나) 억지 끼워 맞춤 : 항상 죔새가 생기는 끼워 맞춤으로 구멍의 최대 허용 치수가 축의 최소 허용 치수보다 작은 경우이다.

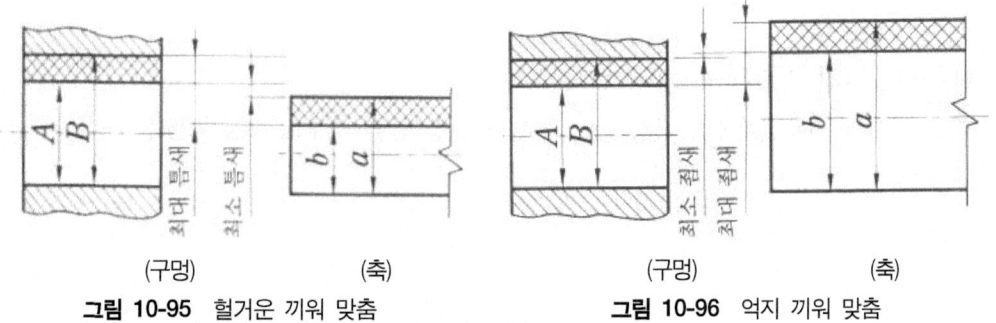

그림 10-95 헐거운 끼워 맞춤   그림 10-96 억지 끼워 맞춤

(다) 중간 끼워 맞춤 : 축이나 구멍의 치수에 따라 틈새 또는 죔새가 생기는 끼워 맞춤으로 헐거운 끼워 맞춤이나 억지 끼워 맞춤으로 얻을 수 없는 더욱 작은 틈새나 죔새를 얻는데 적용한다.

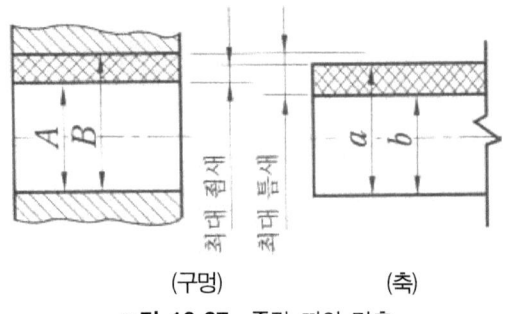

그림 10-97 중간 끼워 맞춤

③ 끼워 맞춤 방식의 선택

축은 구멍보다 가공하거나 측정이 쉬우므로 여러 종류의 구멍을 가공해야 하는 축 기준 끼워 맞춤을 선택하는 것보다는 한 개의 구멍에 여러 가지 축을 가공하여 끼워 맞춤 하는 구멍 기준식 끼워 맞춤을 선택하는 것이 유리하다.

3. 표면 거칠기

1) 표면 거칠기

가공한 면을 수직으로 절단 했을 때 그 단면에 나타난 윤곽을 단면곡선이라 하고, 이 단면 곡선에 나타난 굴곡을 표면 거칠기(Surface roughness)라 한다.

표면 거칠기 표시법에는 최대 높이 거칠기, 중심선 평균 거칠기, 10점 평균 거칠기가 있으며 표면 거칠기 표시 단위는 μ으로 표시한다.

(1) 최대 높이 거칠기(Rmax)

단면 곡선의 기준길이에서 가장 높은 부분과 가장 낮은 부분의 차를 측정한 이다.

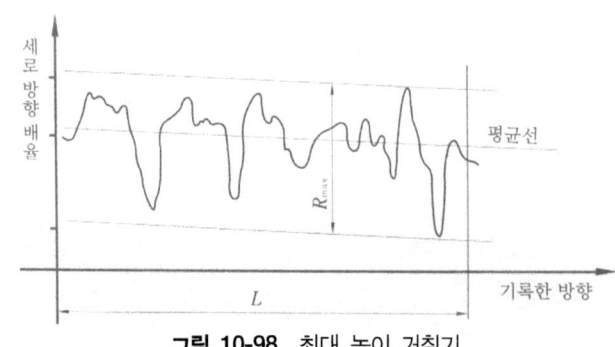

그림 10-98 최대 높이 거칠기

(2) 중심선 평균 거칠기(Ra)

단면곡선의 중심선으로 부터 아래쪽 면적의 합을 S_1, 중심선으로 부터 위쪽 면적의 합을 S_2라 할 때 $S_1 = S_2$가 되도록 그은 선을 중심선이라 한다. 중심선이하의 부분을 중심선 위로 올려 이들의 면적 S_1과 S_2의 합, $S_1 + S_2 = S$를 구하고 이를 측정 길이 l로 나눈 값이 중심선 평균 거칠기가 되며 모든 계산은 측정기에서 자동으로 계산되어 지고 결과 값만을 지시계에서 직접 읽을 수 있게 되어 있다.

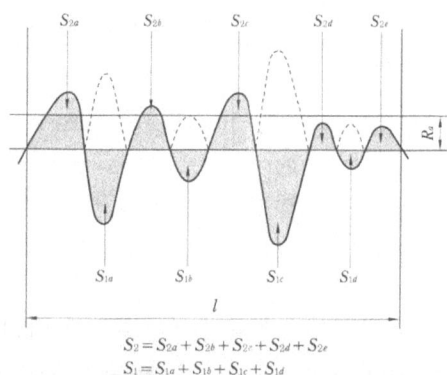

그림 10-99 중심선 평균 거칠기

(3) 10점 평균 거칠기(Rz)

단면 곡선에서 기준 길이만큼 채취한 부분의 평균선에 평행한 직선 가운데 측정한 가장 높은 곳으로부터 5번째 봉우리의 표고 평균값과 가장 낮은 곳으로부터 5번째까지의 골밑의 표고 평균값과의 차이를 μ으로 나타낸 것으로

$$Rz = \frac{(R_1 + R_3 + R_5 + R_7 + R_9) - (R_2 + R_4 + R_6 + R_8 + R_{10})}{5}$$ 이다.

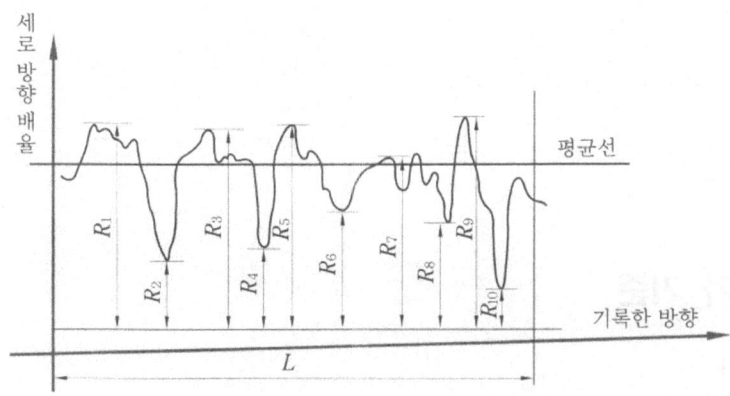

그림 10-100 10점 평균 거칠기

2) 다듬질 기호

다듬질 기호를 사용하여 표면 거칠기를 지시할 때는 역삼각 기호(▽)와 파형기호(～)로 표시하며 다음과 같다.

표 10-5 다듬질 기호와 표면 거칠기의 표준 수열

다듬질 기호	표면 거칠기의 표준 수열		
	Rmax	Ra	Rz
～	특별히 규정하지 않는다.		
▽	100S	25a	100z
▽▽	25S	6.3a	25z
▽▽▽	6.3S	1.6a	6.3z
▽▽▽▽	0.8S	0.2a	0.8z

3) 가공 방법의 약호

가공방법의 기호는 KS B 0107에 규정되어 있으며 주로 금속에 대하여 일반적으로 사용되는 2차가공 이후 가공방법을 도면이나 공정표 등에 표시할 때 쓰이는 기호이다.

표 10-6 가공방법 약호

가공 방법	약 호		가공 방법	약 호	
	I	II		I	II
선반 가공	L	선반	호닝 가공	GH	호닝
드릴 가공	D	드릴	액체호닝 가공	SPL	액체호닝
보링머시인 가공	B	보링	배럴연마 가공	SPBR	배럴
밀링 가공	M	밀링	버프 가공	FB	버프
평삭반 가공	P	평삭	블라스트 가공	SB	블라스트
형삭반 가공	SH	형삭	래핑 가공	FL	래핑
브로치 가공	BR	브로치	줄 가공	FF	줄
리머 가공	FR	리머	스크레이퍼 가공	FS	스크레이퍼
연삭 가공	G	연삭	페이퍼 가공	FCA	페이퍼
벨트샌딩 가공	GR	포연	주조	C	주조

4. 작품평가 기준

1) 측정 평가

(1) 정밀 공차

① 주어진 공차 범위 내에 들어오면 배점 만점, 벗어나면 0점 처리한다.

② 가공면 전체를 측정하여 어느 한쪽이라도 치수공차 범위를 벗어나면 0점 처리한다.
③ 하나의 측정기로 한 포인트를 측정할 때 3회 이상 실시한다.
④ 직접 측정과 비교측정이 가능하면 병행하여 측정해보는 것이 좋다.
⑤ 직접 측정과 한계측정이 가능하면 병행하여 측정해보는 것이 좋다.
⑥ 주어진 공차 치수보다 측정값이 높은 측정기로 확인 측정해보는 것이 좋다.
　(0.0mm → 0.00mm, 0.00mm → 0.000mm)

(2) 일반 공차

① 주어진 공차 범위 내에 들어오면 배점 만점, 벗어나면 0점 처리한다.
② 가공면 전체를 측정하여 어느 한쪽이라도 치수공차 범위를 벗어나면 0점 처리한다.
③ 하나의 측정기로 한 포인트를 측정할 때 3회 이상 실시한다.
④ 주어진 공차 치수보다 측정값이 높은 측정기로 확인 측정해보는 것이 좋다(버어니어 캘리퍼스 → 마이크로미터).

표 10-7 일반 공차표(DMS-004303)

수치 구분	치 수 차		
	정급	중급	하급
0.5 이상 3 이하	±0.05	±0.1	±0.2
3 초과 6 이하			±0.3
6 초과 30 이하	±0.1	±0.2	±0.5
30 초과 120 이하	±0.15	±0.3	±0.8
120 초과 400 이하	±0.2	±0.5	±1.2
400 초과 1000 이하	±0.3	±0.8	±2
1000 초과 2000 이하	±0.5	±1.2	±3

(3) 구배 가공

구배 측정은 요한슨식 각도게이지, NPL식 각도게이지, 사인 바 등 여러 방법이 있으나 밀링가공에서의 각도측정은 먼저 각도 블록을 정확하게 가공하고, 정반위에서 이 각도 블록 위에 공작물을 놓고 다이얼 게이지 등으로 측정하는 것이 편리하다.

(4) 조립 기능도

조립기능 요구조건에 충족하면서 슬라이딩 되는 상태를 측정자가 같은 감각으로 조립하여 상, 중, 하로 판단한다.

(5) 외관 상태

KS에서 표면거칠기라 함은 작은 간격으로 나타나는 표면의 요철로서 "거칠다", "매끄럽다"하는 감각이 근본이 되므로 삼각기호 등 도면에 주어진 거칠기 값에 만족하여야 한다.

① 측정부분 일부를 선택하여 주어진 표면 거칠기 범위 내에 들어오면 배점 만점, 벗어나면 벗어나는 정도에 따라 배점을 달리 한다.
② 공작물 전체를 보고 긁힘 자국 등 정도에 따라 배점을 달리 한다.

2) 작품 평가

(1) 작업 태도

작업 성질에 따라 작업복, 안전화, 보안경, 안전모 등을 착용해야 하며 안전수칙을 준수하고 안전한 작업을 해야 한다.

(2) 재료 사용

지급되는 재료가 불량하다든지, 가공여유 치수가 부족하다든지 등을 반드시 확인하고 난 후 가공에 임해야 한다.

(3) 공구 및 측정기 사용

작업 내용과 이에 따른 공구의 선택 및 측정기의 선정을 잘하여 올바르게 사용해야 하며 필요없는 공구 및 측정기는 작업 주변에 없어야 한다.

(4) 작업 방법

올바른 작업 방법과 최적의 작업 공정으로 가공 시간을 단축하며 불량의 가공을 없앤다.

(5) 작업 안전

작업에서의 안전은 무엇보다도 중요하며 밀링머시인 가공의 안전 및 유의사항은 다음과 같다.

① 작업 시작 전
   (가) 복장을 단정히 하고 보안경 등 안전용구를 착용한다.
   (나) 테이블에 바이스를 수직, 수평이 맞게 하고 견고히 고정한다.
   (다) 밀링머신의 각 부분을 점검하고 급유상태 확인하고 전후, 좌우, 상하 이송을 수동으로 움직여 본다.
   (라) 테이블, 새들을 자동 이송 후 급속 이송해 본다.

(마) 니이를 자동 이송 후 급속 이송해 본다.
(바) 사용 공구를 견고하게 고정한다.
② 작업 중
(가) 밀링머신의 주축 회전이나 이송 등 완전히 멈춘 후에 공구 교환, 회전수 변경, 칩제거 등을 실시한다.
(나) 주축 회전 중에는 공작물에 손을 대거나 측정하지 않는다.
(다) 밀링머시인 작동 중 옆 사람과 잡담 하거나 자리를 떠나서는 안 된다.
(라) 장갑은 절대로 착용해서는 안된다.
③ 작업 종료 후
(가) 공작물의 거스러미는 날카로워 손을 베일 우려가 있으므로 항상 주의하고 거스러미는 줄로 제거한다.
(나) 칩 청소 시 반드시 청소용 솔을 사용한다.
(다) 작업 종료 후 밀링머신 주위를 깨끗이 청소하고 정리정돈 한다.
(라) 자리를 떠날 때 는 반드시 메인 스위치를 끈다.

(6) 정리 정돈
① 사용했던 공구류와 측정기류는 깨끗이 닦아 제자리에 보관한다.
② 밀링머신은 깨끗이 청소 후 활동부 및 페인팅 되지 않은 부분에 기름칠을 해둔다.
③ 테이블은 중앙 위치에, 세들은 컬럼 최대 안쪽으로, 니이는 최대 하단 쪽에 위치하도록 한다. 이는 밀링머신 자체 중량에 의한 휨을 방지하기 위함이다.

(7) 시간 평가
주어진 시간 내에 가공을 완료하고, 제출해야 한다.

5. 가공과 측정

1) 가공하기

도면과 같이 가공과 측정에서 주어진 시간 내에 수직 밀링머신으로 필요 공구를 사용하여 소요 시간 내에 가공 완성하고 측정한다.

(1) 바이스를 장착한다.

(2) 도면을 보고 공작물 치수를 확인한다.

(3) 기준면을 가공한다.

(4) 금긋기 한다.

(5) 육면체 가공을 한다.

① 부품1 육면체 가공

　작업조건을 고려해 가면서 60×49×31이 일반 치수공차에 들어오게끔 육면체 가공한다.

② 부품2 육면체 가공

　부품1과 부품2가 60×49×31±0.1 공차 내에 있는지 확인한다.

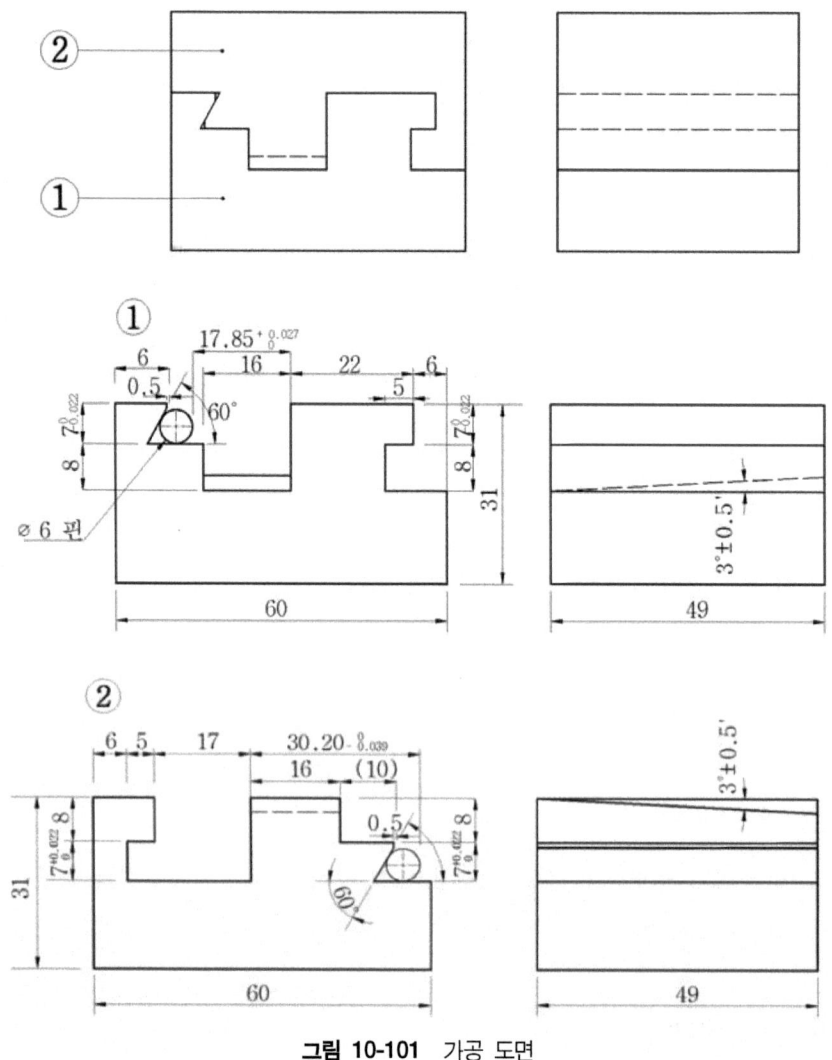

그림 10-101 가공 도면

(6) 부품 ① 홈 가공한다. [그림 10-102]

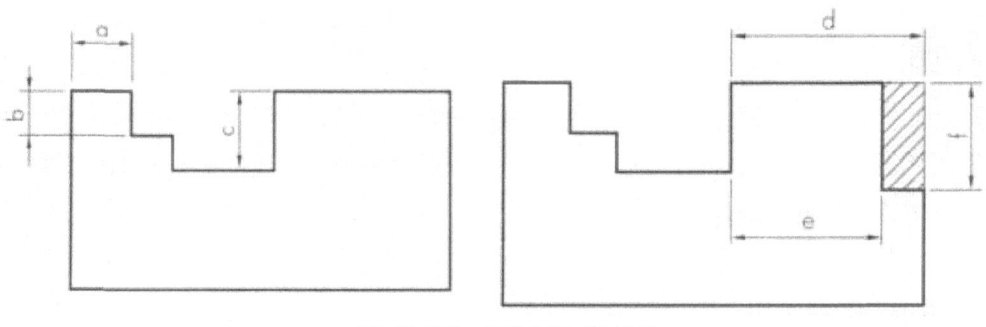

그림 10-102 ①번 부품 홈 가공

(7) 부품 ② 홈 가공한다. [그림 10-103]

(8) 부품 ② T홈 및 도브테일 가공한다. [그림 10-104]

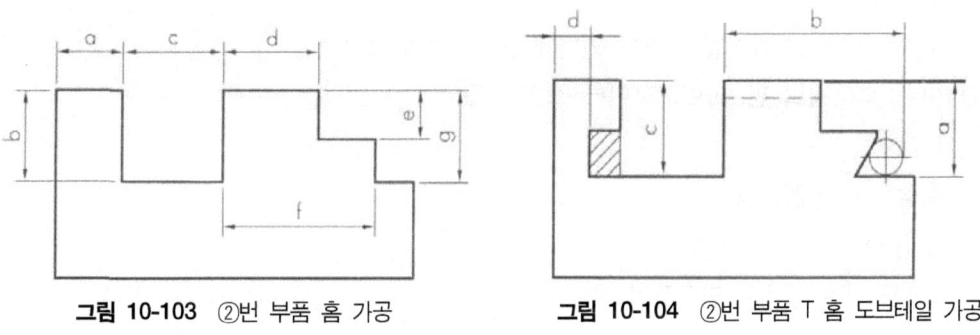

그림 10-103 ②번 부품 홈 가공   그림 10-104 ②번 부품 T 홈 도브테일 가공

(9) 부품 ① T홈 및 도브테일 가공한다. [그림 10-105]

(10) 부품 ①, ② 구배 가공한다. [그림 10-106]

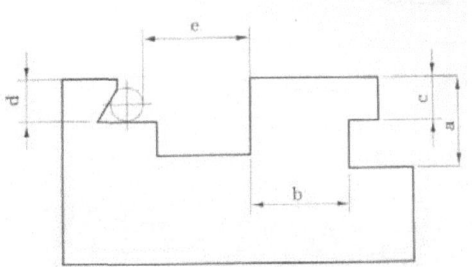   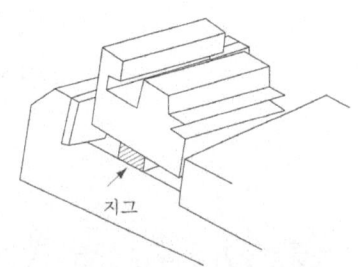

그림 10-105 ①번 부품 T홈, 도브테일 홈 가공   그림 10-106 ②번 부품 구배 가공

(11) 조립검사 및 마무리 작업한다.

(12) 정리 정돈한다.

2) 측정하기

가공과 측정에서 가공된 제품을 버어니어 캘리퍼스, 마이크로미터 등을 이용하여 일반치수 및 주어진 정밀치수 공차에 맞게 측정하되, 치수 및 치수공차에 벗어나면 벗어난 실제 값을 채점 기준표에 기록한다.

(1) 측정기를 준비한다.

① 정반 : 300×400 이상, 정밀 주철정반 혹은 정밀 석정반
② 버어니어 캘리퍼스 : 150mm 이상, 분해능 0.02mm
③ 마이크로미터 : 외측 0~25, 25~50mm, 내측 5~30mm
④ 다이알 테스트 인디게이더 : 분해능 0.002mm
⑤ 블록 게이지 : 0급, 혹은 1급.
⑥ 하이트 게이지 : 다이알 테스트 인디게이터 고정대 포함.
⑦ 기타 : Ø6 정밀 핀, 마이크로미터 스탠드 등

(2) 측정기를 점검한다.

① 버어니어 캘리퍼스 점검
  죠오를 닫은 상태로 밀착하여 버어니어의 눈금이 0점에 일치하는지 확인한다.

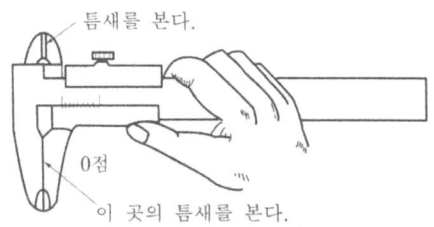

그림 10-107 틈새 검사

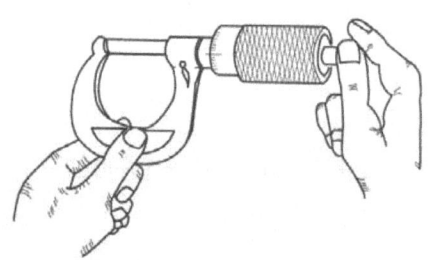

그림 10-108 0~25mm의 0점 조정

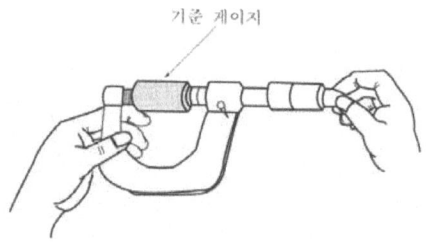

그림 10-109 25~50mm의 0점 조정

② 마이크로미터의 점검

앤빌과 스핀들의 측정면을 밀착시켜 0점 조정을 한다. 25mm 이상의 외측 마이크로미터는 기준게이지 또는 블록게이지로 0점을 확인 및 조정한다.

③ 정반 등 사용할 측정기 모두를 부드러운 천으로 깨끗이 닦는다.

(3) 가공물을 측정한다.

① 버어니어 캘리퍼스로 일반치수 모두를 측정한다.
② 마이크로미터를 사용하여 일반치수 몇 곳을 선택하여 확인 측정해 본다.
③ 마이크로미터를 사용하여 정밀치수 6곳 모두를 측정한다.
④ 정확히 측정된 각도블록을 정반위에 놓고 그 위에 공작물을 놓고 평행도를 측정하여 판정한다.
⑤ 사용했던 측정기를 깨끗이 닦아 원상태로 보관한다.

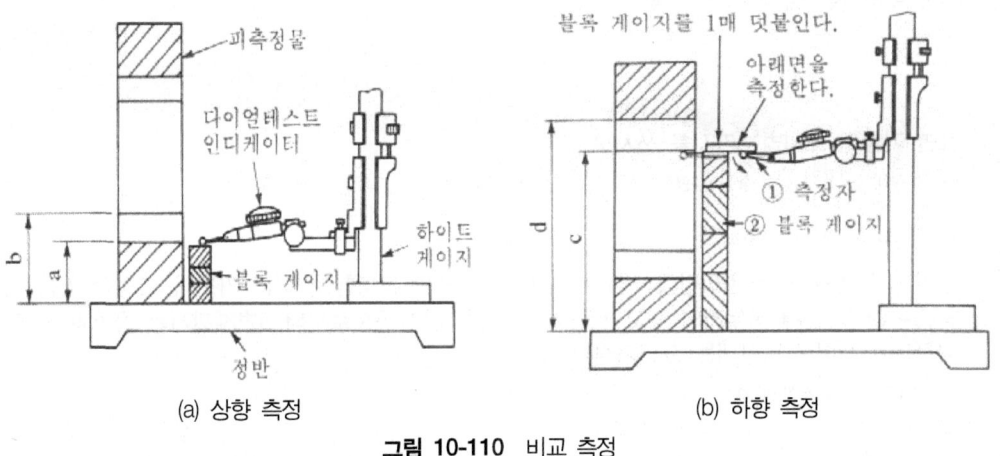

그림 10-110 비교 측정

단원 핵심 학습 문제

01 다음 중 측정 오차가 아닌 것은?
　① 개인 오차　　　　　　② 계기 오차
　③ 시차(視差)　　　　　　④ 밀링머신의 높이
　해설 : ④ 측정 오차 종류 - 개인 오차, 계기 오차, 시차(視差).

02 면과 면, 선과 선의 길이를 정하는데 가장 정도가 높고 측정의 기준이 되는 것으로 측정면은 아주 정밀하게 다듬질 되어 있다. 필요 치수를 얻기 위해서는 몇 개를 조합시켜 사용하는 측정기를 쓰시오.
　해설 : 블록 게이지(Block gauge)

03 끼워 맞춤 상태에 따른 분류를 쓰시오.
　해설 : 헐거운 끼워 맞춤, 억지 끼워 맞춤, 중간 끼워 맞춤

04 표면 거칠기 표시법 3가지를 쓰시오.
　해설 : 최내 높이 거칠기, 중심선 평균 거칠기, 10점 평균 거칠기

05 단면 곡선에서 기준 길이만큼 채취한 부분의 평균선에 평행한 직선 가운데 측정한 가장 높은 곳으로부터 5번째 봉우리의 표고 평균값과 가장 낮은 곳으로부터 5번째까지의 골밑의 표고 평균값과의 차이로 나타내는 표면거칠기는?
　해설 : 10점 평균 거칠기(Rz)

06 직각 삼각형의 2변 길이로 삼각함수에 의해 각도를 구하는 것으로 식에 의해 각도를 계산하는 측정기는?
　해설 : 사인 바(Sine bar)

07 공작물의 외경, 내경, 깊이 등을 측정 정도 0.02 또는 0.05mm로 직접 측정하기에 간단하여 널리 사용되고 있는 측정기는?
　해설 : 버어니어 캘리퍼스(Vernier calipers)

08 직접 측정기를 쓰시오.
　해설 : 강철자, 버어니어 캘리퍼스, 마이크로미터, 하이트 게이지

09 비교 측정기를 쓰시오.
해설 : 다이얼 게이지, 미니미터, 옵티미터, 전기마이크로미터, 공기마이크로미터, 측미 현미경

10 항상 틈새가 생기는 끼워 맞춤으로 구멍의 최소 허용 치수가 축의 최대 허용 치수보다 큰 경우의 끼워 맞춤 상태는?
해설 : 헐거운 끼워 맞춤

11 항상 죔새가 생기는 끼워 맞춤으로 구멍의 최대 허용 치수가 축의 최소 허용 치수보다 작은 경우의 끼워 맞춤 상태는?
해설 : 억지 끼워 맞춤

12 나사의 공차 범위를 확인하는 방법으로 통과측과 정지측이 있는 플러그 게이지와 링 게이지가 있는 나사 측정기는?
해설 : 나사 한계 게이지

NCS적용

CHAPTER
11

기본작업
(연삭가공)

LM1502010305_14v2

11-1 작업 준비하기

1. 제품 형상에 적합한 연삭공구 선정

1) 연삭공구 선택

(1) 연삭숫돌의 개요

① 연삭숫돌

연삭숫돌은 연삭 입자를 결합제로 결합하여 각종 형상으로 만든 것이고, 그 조직은 그림과 같이 입자(abrasive grain), 결합 제(bond), 기공(chip pocket)으로 구성되어 이를 숫돌의 3요소라 한다.

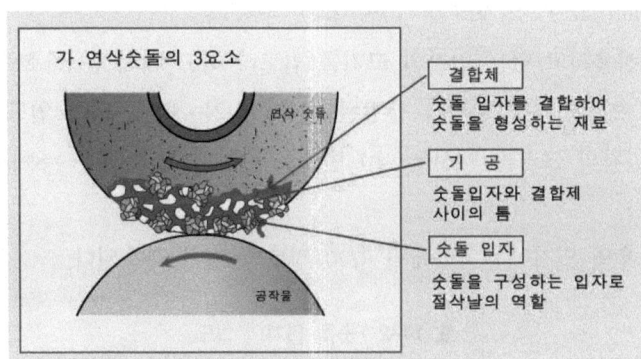

그림 11-1 연삭숫돌의 구조

② 절삭 날의 자생작용

연삭숫돌은 절삭 날이 절삭되지 않게 되면 숫돌 입자가 부러져서 차례차례로 새로운 절삭 날이 생긴다. 이것을 절삭 날의 자생(自生)이라 한다. 연삭숫돌과 다른 절삭공구와 다른 점이다.

③ 연삭숫돌의 5인자

(가) 입자(abrasive grain) : 숫돌구성 입자

(나) 입도(grain size) : 입자크기(#10~#220)

(다) 결합도(grade) : 접착력 정도

(라) 조직(structure) : 단위 체적 내에 들어있는 입자의 수, 즉 밀도

(마) 결합제(bond) : 숫돌을 결합하여 숫돌을 형성하는 재료

(가) 입자(abrasive grain) : 숫돌구성 입자

㉠ 알루미늄질의 숫돌 입자는 인조 숫돌 입자로 순도가 높은 WA숫돌과 암갈색을 한 A숫돌이 있다. WA숫돌은 일반적으로 담금질 강의 연삭에 적합하고, A숫돌은 일반 강

재의 연삭에 적합하다.
ⓒ 탄화 규소질의 숫돌입자는 역시 인조 숫돌 입자로 흙 갈색의 C숫돌과 녹색의 GC숫돌이 있다. C숫돌은 주철·자기 등의 단단하고 취성이 있는 것, 혹은 비철금속의 연삭에 적합하고, GC숫돌은 초경합금의 연삭에 많이 사용되고 있다.

표 11-1 입자의 종류

종 류	기 호	색 상	적용 범위
산화 알루미나 (Al$_2$O$_3$)계	A 숫돌	갈색	일반강재, 중연삭
	WA 숫돌	백색	담금질 강, 경연 강, 열처리 경화된 합금강
탄화규소 (Si C)계	C 숫돌	흑색	주철, 비철금속
	GC 숫돌	녹색	초경합금, 유리

(나) 입도(grain size) : 입자크기(#10~#220)

숫돌바퀴에 사용되고 있는 입자의 크기를 입도라 하고 체의 눈 번호로 표시한다. 입도의 대소에 의해 연삭면의 거칠기가 결정된다. 표 11-2는 KS에 의한 입도의 구분이다.
ⓐ 입도는 입자의 크기를 메시(mesh) 번호로 나타내고, KS에는 #8에서 #3,000까지 규정되어 있다.
ⓑ 연사숫돌용의 입자에는 #10에서 #220 정도의 것이 사용된다.

표 11-2 숫돌 입자의 입도

호칭	황 목 (coarse)	중 목 (medium)	세 목(fine)	극 세목 (extra fine)
입도(#)	10, 12, 14, 16, 20, 24	30, 36, 46, 54, 60	70, 80, 90, 100, 120, 150, 180, 220	240, 280, 320, 400,500, 600, 700, 800
용도	거친연삭	다듬질 연삭	경질연삭	광택내기

(다) 결합도

숫돌 입자를 단단하게 결합하고 있는 결합제의 세기를 결합도라 한다. 숫돌이 단단하다, 연하다 하는 것은 결합도를 말하는 것이며 숫돌입자의 경도를 말하는 것은 아니다.

표 11-3 결합도

극연	연	중	경	극경
A, B, C, D, E, F, G	H, I, J, K	L, M, N, O(많이 사용)	P, Q, R, S	T, U, V, W, X, Y, Z

(라) 조직

숫돌 내부의 숫돌 입자의 밀도를 말하며, 입도가 같으면 일정 용적 안에 숫돌 입자가 많을수록 조직이 빽빽하다고 하고, 반대로 적은 것을 거칠다고 말하고 있다. KS에서는 이것을 조(組), 중(中), 밀(密)로 구분하고 있다.

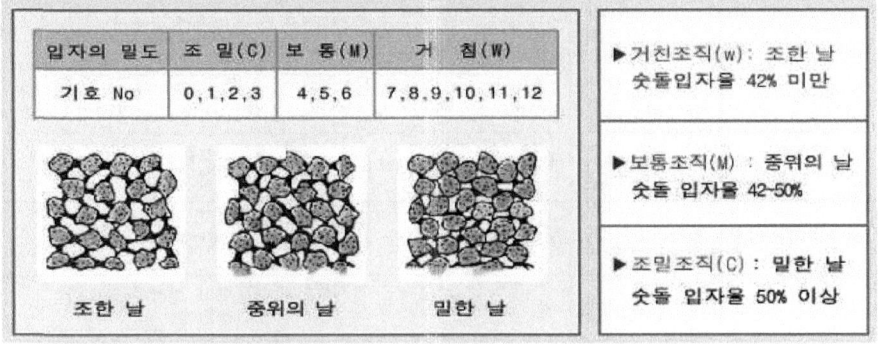

그림 11-2 단위 부피 중 숫돌 입자의 조밀상태

(마) 결합 제

결합 제는 입자처럼 상태가 유지되어 기계적 강도, 균질 접합성, 표면 피복 때의 점착성, 굳어지는 성질 따위를 향상시키는 물질로서 숫돌입자를 결합하여 숫돌바퀴를 형성하는 역할을 하며, 종류에 따라, 설질·용도 등이 다르다.

㉠ 비트리파이드 결합 제

기호는 V로 표기하며, 점토, 장석을 주성분으로 하여 구워서 군힌 것으로 결합 도를 광범위하게 조절할 수 있다.

숫돌바퀴의 대부분이 여기에 속하며, 거친 연삭, 정밀 연삭의 어느 경우에도 적합하다. 다만 강도가 약하여 지름이 크거나 얇은 숫돌바퀴에는 적합하지 못한다.

㉡ 실리케이트 결합 제

기호는 S로 표기하며, 규산나트륨을 주재료로 한 결합제로 만든 것으로 대형의 숫돌바퀴를 만들 수 있다.

고속도강 같이 균열이 생기기 쉬운 재료나 또는 발열을 피해야 할 경우의 연삭에 사용한다.

비트리파이드 숫돌바퀴보다 결합도가 낮으므로 중 연삭을 할 때는 적합하지 않다.

㉢ 결합제가 구비하여야 할 조건은 다음과 같다.

결합력의 조절범위가 넓을 것.

열이나 연삭 액에 대해 안정할 것.

원심력, 충격에 대한 기계적 강도가 있을 것.

성형이 좋을 것.

표 11-4 결합 제에 의한 숫돌바퀴의 종류와 특징

결합제의종류		기호	재질	제조	용도
비트리파이드		V	장석 점토	형에 넣어 성형하여 1,300℃에서 굽는다	숫돌 전량의 80% 이상을 차지하며 거의 모든 재료의 연삭
실리케이트		S	규산소다 (물초자)	프레스 성형하여 적열로 소성한다.	주수연삭, 물초자의 용출로 윤활성이 있으며 대형 숫돌을 만들고 절삭 공구나 연삭 균열이 잘 일어나는 재료의 연삭
탄성물질	고무	R	생 고무 인조고무	고무 만드는 것과 같다	얇은 숫돌, 절단용 쿠션의 작용이 있으며 유리면 다듬질
	레지노이드	B	합성수지	합성수지의 제작과 동일하다.	강도가 커지고 안전 숫돌, 주물 덧쇠떼기, 비렛의 흠 없애기, 석재 연삭
	셀락	E	천연셀락	가열 압착한다.	고무 숫돌보다 탄성이 있으며, 유리며 다듬질에는 최고이다.
	폴리비닐 알코올	PVA	폴리비닐 알코올	PVA를 아세틸화하여 성형한다.	독특한 탄성작용으로 연금속이나 목재 다듬질
메탈		M	연강, 은, 동, 황동, 니켈	금속분과 함께 소결 또는 연금속으로 압입한다.	초경합금, 세라믹 보석, 유리 등의 연삭

(바) 연삭숫돌의 표시 방법

연삭숫돌의 각 요소 및 형상·치수·둘레 모양 등의 표시 방법은 그림에 나타낸 것과 같이 되어 있다. 따라서 숫돌바퀴의 검사 표에 표시되어 있는 것을 보면 바로 그 숫돌의 종류와 성질을 알 수 있다.

㉠ 표시방법 예시

WA(숫돌입자) 46(입도) K(결합도) m(조직) V(결합 제), 1호(모양)

A(연삭 면 모양) ∅203(바깥지름)×16(두께)×∅19.1(구멍지름),

3,000m/min(회전시험 원주 속도), 1,700~2,000m/min(사용원주 속도 범위),

○○회사, 제○○호, ○년○월○일로 표시한다.

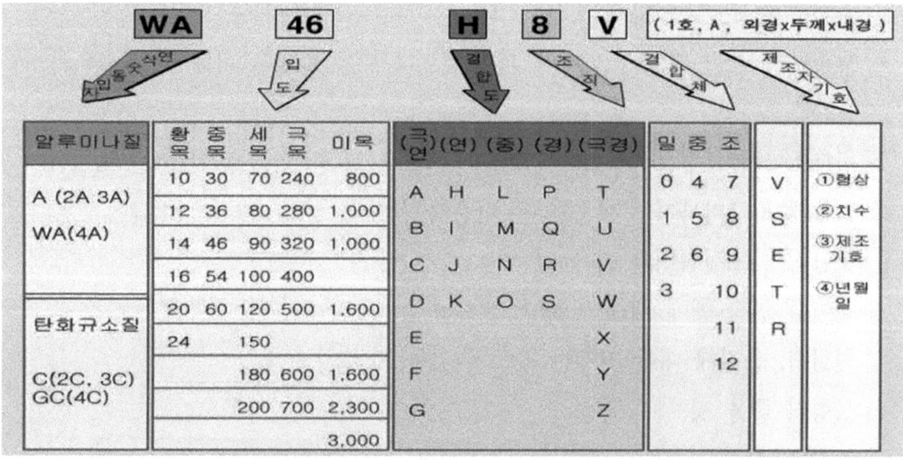

그림 11-3 숫돌바퀴의 표시 방법

④ 연삭공구 안전도 검사

(가) 연삭숫돌은 사용 중 파손되면 매우 위험하므로 사용하기 전에 다음과 같은 순서와 방법으로 반드시 안전도를 검사해야 한다.

㉠ 육안 검사를 한다.

눈으로 숫돌 차의 표면을 살펴보아 균열이 있는지 검사한다.

㉡ 음향 검사를 한다.

육안검사에서 이상이 없으면 그림과 같이 연삭숫돌의 구멍에 손가락이나 막대를 걸어 나무 해머로 숫돌의 외주 면을 가볍게 두드려서 맑은 소리가 나면 이상이 없으나, 둔탁한 소리가 나면 균열이 있으므로 사용하지 않는다.

㉢ 회전 시험을 한다.

위의 검사에서 이상이 없으면, 연삭숫돌을 기계에 장치하여 2~3분간 공 회전시켜 본다.

(나) 연삭에서 안전 및 유의사항

㉠ 연삭숫돌 작업을 하기 전에 반드시 숫돌을 약 3분 정도 공 회전시켜 회전 시험을 하고 본 작업을 실시한다.

㉡ 공작물을 자석 척에 고정한 후 손으로 흔들어 고정상태를 확인한다.

㉢ 자석 척의 작동 상태를 수시로 확인한다.

㉣ 자석 척의 표면에 상처가 나지 않도록 한다.

⑤ 연삭숫돌의 결함

(가) 무딤(glazing) : 자생작용이 잘 되지 않아 입자가 납작해지는 현상으로 마찰에 의한 연삭 열이 매우 커서 연삭균열의 원인이 된다.

㉠ 숫돌의 결합도가 높을 때

㉡ 연삭숫돌의 원주 속도가 높을 때

㉢ 공작물과 숫돌의 재질이 맞지 않을 때

(나) 눈 메움(loading) : 숫돌 입자의 표면이나 기공에 칩이 메워져 나타나는 현상으로 연삭 중 떨림의 원인이 된다.

㉠ 숫돌의 입도(입자의 크기) 및 연삭 깊이가 클 경우

㉡ 조직이 너무 치밀할 경우

㉢ 숫돌의 원주 속도가 너무 느릴 때

㉣ 연한금속(알루미늄, 구리 등)을 연삭할 경우

(다) 입자탈락(Removing) : 숫돌의 결합도가 너무 낮은 경우 숫돌 입자의 마모가 되기 전에 자생작용이 일어나 숫돌의 소모가 커서 연삭 효율이 떨어진다.

⑥ 연삭숫돌의 수정

(가) 드레싱(dressing)

무딤(glazing) 현상이나 눈 메움(loading) 현상이 생길 때 절삭성이 나빠진 숫돌의 면에 새롭고 날카로운 입자를 발생시키는 작업이다.

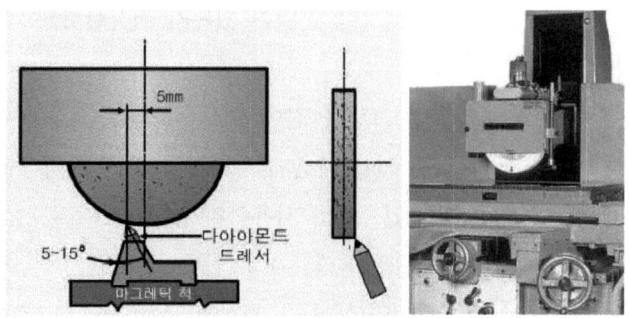

그림 11-4 드레싱 작업

(나) 트루잉(Truing)

연삭하려는 부품의 형상으로 연삭숫돌을 성형하거나 공작물의 영향을 받아 숫돌의 모양이 좋지 못할 때 연삭숫돌을 바르게 고치는 가공을 말하며, 동시에 드레싱 작업도 함께 이루어진다.

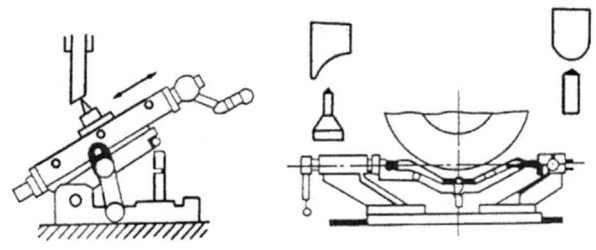

그림 11-5 사인-라운딩 드레서

(다) 연삭의 결함과 대책

연삭균열은 연삭 열에 의하여 열팽창 또는 재질의 변화 등으로 가공물에 연삭균열(硏削龜裂)이 발생할 수 있으며, 이러한 균열은 미세하여 육안으로 식별하기가 어렵다. 연삭균열의 방지책은 다음과 같다.

㉠ 결합도가 낮은 숫돌을 사용하여 예리한 숫돌입자를 출현시킴으로써 연삭저항을 적게 한다.

㉡ 연삭 율이 일정하다면 이송을 크게 한다.

㉢ 연삭 깊이를 작게 취한다.

㉣ 연삭유제를 충분히 공급하여 열의 발생을 적게 하고, 발생 열을 신속히 제거한다.

(라) 연삭과열은 연삭할 때 순간적으로 고온의 연삭 열이 발생하여 연삭 면이 산화되어 변색되는 현상으로 담금질한 강의 경도 저하의 원인이 된다.

(마) 연삭작업에서 떨림(chattering)은 다음과 같을 때 표면 거칠기 및 정밀도 저하의 원인이 된다.

㉠ 숫돌의 평형 상태가 불량할 때
㉡ 숫돌의 결합도가 너무 클 때
㉢ center 및 center rest 등의 사용이 불량할 때
㉣ 연삭기 자체에 진동이 있을 때
㉤ 외부의 진동이 전해졌을 때
㉥ 숫돌축이 편심되어 있을 때

(2) 연삭숫돌 설치

① 작업순서를 고려한 연삭숫돌 설치

(가) 연삭숫돌을 플렌지(flange)에 고정 방법

㉠ 연삭기의 숫돌축의 회전 속도는 대단히 크고 또 연삭숫돌은 그 성질이 무르기 때문에 숫돌바퀴의 파괴에 의한 사고가 일어나기 쉽다.
㉡ 숫돌바퀴의 취급에 대해서는 충분한 주의가 필요하다.
㉢ 그림은 숫돌바퀴의 일반적인 고정 방법을 나타낸 것인데 (A)는 숫돌바퀴를 직접 축에 삽입하여 고정하는 형식으로 양두 연삭기는 대게 이 형식으로 되어 있다.
㉣ (B), (C)는 스리이브를 사용하는 형식으로 많은 연삭기는 이 형식을 채용하고 있다. 숫돌바퀴를 고정할 때 다음과 같은 점에 주의한다.

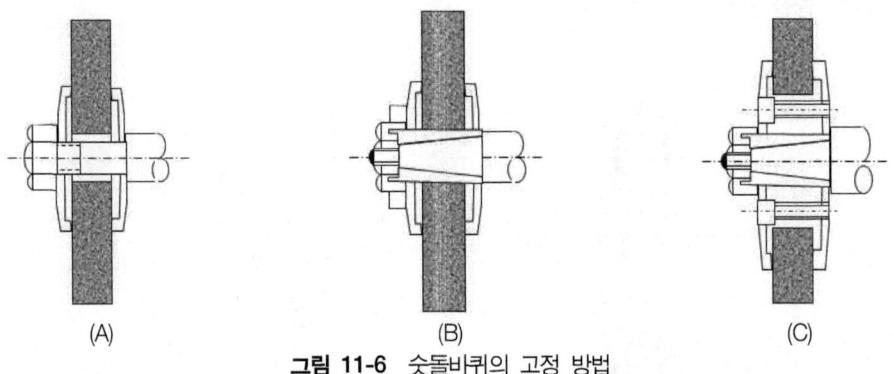

그림 11-6 숫돌바퀴의 고정 방법

(나) 연삭숫돌 고정 시 고려할 점

㉠ 숫돌바퀴는 사용 전에 반드시 육안에 의해 외관을 검사하여 균열·파손 등이 없는가를 확인하다.

ⓛ 나무해머 또는 고무해머 등으로 가볍게 두드려 보고 내부에 결함이 없는지 조사해야 하며, 완전한 비트리파이드 숫돌(Vitrified wheel), 실리게이트 숫돌(silicate wheel)은 맑은 소리가 나지만, 결함이 있는 것은 탁한 소리가 난다.(음향검사)

ⓒ 플랜지를 조이는 힘은 균형 있게 할 것. 그러기 위해서는 그림과 같이 대각선 방향의 나사를 순차로 조여 간다. 한 번에 꽉 조이게 되면 숫돌이 반대쪽으로 기울어질 수 있어 여러 번에 걸쳐 조금씩 조이는 강도를 높게 하여 고정한다.

 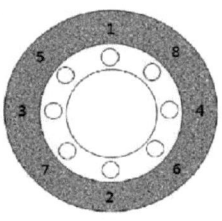 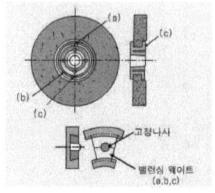  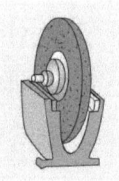

그림 11-7 플랜지 볼트 조임 순서   그림 11-8 연삭숫돌 밸런스 시험

실기 내용

1. 연삭숫돌 설치하기

1) 작업 조건에 알맞은 연삭숫돌을 선택한다.

(1) 연삭숫돌 측면에 붙어 있는 검사 표를 참조하여 숫돌의 치수, 입자, 입도, 결합도, 조직, 결합제 등을 확인한다.

(2) 검사 표는 버리지 말고 보관하여 다음 연삭숫돌의 선택 및 교환 시 참고한다.

(3) 연삭숫돌의 균열 및 음향 검사를 한다.

(4) 연삭숫돌을 플랜지에 고정한다.

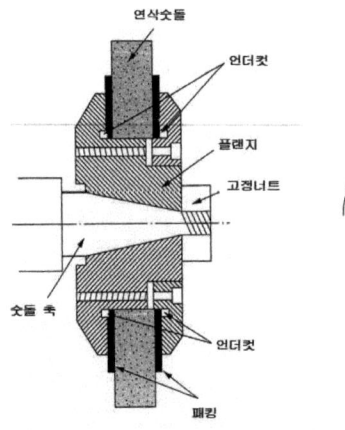 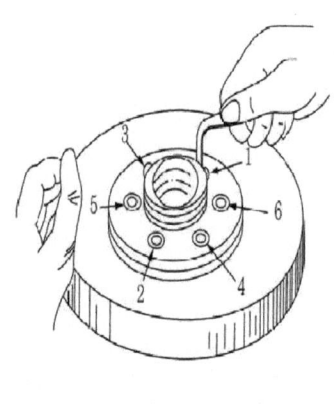

그림 11-9 연삭숫돌의 고정   그림 11-10 플랜지 볼트의 조임 순서

(5) 연삭숫돌의 균형을 맞춘다.
① 숫돌 플렌지 조임 순서는 다음과 같다(1 - 2 - 3 - 4 - 5 - 6).
② 균형조정기(balancing plate)를 정반 위에 수평으로 설치하고 플랜지에 균형 아버(balancing arbor)를 끼워 균형 조정기 위에 올려놓는다(연삭숫돌이 자중으로 회전하여 무거운 부분은 아래로 내려가서 멈춘다).
(6) 연삭숫돌을 드레싱 및 트루잉 한다.

2. 공작물 설치방법

1) 평면연삭

(1) 평면연삭기 공작물 고정 척
① 자석 척
   (가) 자석의 힘을 이용하여 강철, 주철 등의 자성체 공작물을 고정하는 것으로서 평면연삭기의 공작물 고정에 널리 쓰인다.
   (나) 비철 금속, 비금속 등의 비자성체의 공작물은 적당한 부속 공구를 사용하여 고정한다.

(2) 평면연삭기 공작물 설치하기
① 작업 순서
   (가) 테이블을 깨끗이 한다.
   (나) 자석 척의 밑면을 깨끗이 닦고 테이블에 설치한다.
   (다) 자석 척의 윗면을 깨끗이 한다.
   (라) 직육면체의 공작물을 고정한다.
   (마) 밑면이 좁고 높이가 큰 공작물을 고정한다.

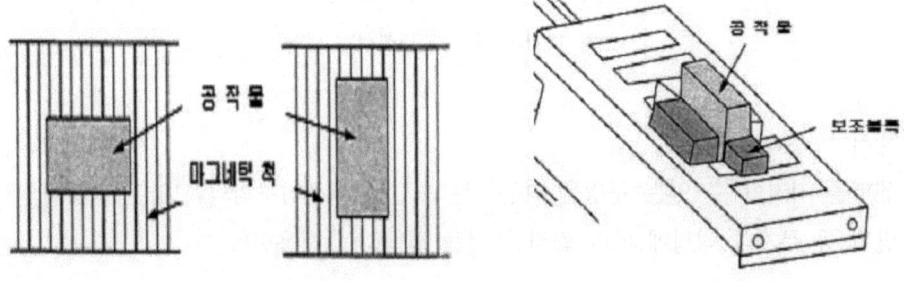

그림 11-11 공작물의 고정(보조 블록 사용)

(바) 공작물을 테이블의 이송 방향에 자석척의 기준 판을 이용하여 공작물을 설치한다.
(사) 다이얼 게이지를 이용하여 설치한다.

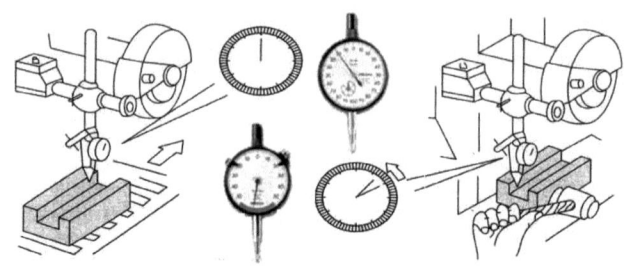

그림 11-12 다이얼 게이지를 이용한 공작물의 평행설치

(아) 바이스를 이용하여 공작물을 고정한다.
(파) 공작물을 떼어 낸다.

(3) 원통연삭기 공작물 설치 시 필요한 부속장치

① 센터(center)

Center는 심압대의 spindle에 끼워 넣어 주축의 chuck 또는 면판과 함께 가공물을 지지하는 부속품으로서, 가공물과 함께 회전하지 않고 정지한 상태에서 회전하는 가공물과 면 접촉을 하면서 지지하는 정지(dead center)와 가공물과 함께 회전하는 회전(live center)가 있다.

(가) 주축에 장착하는 센터의 종류

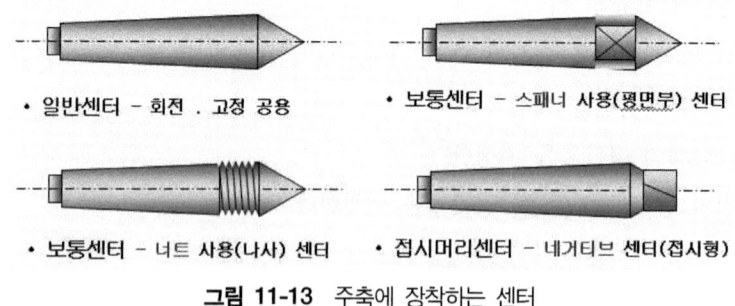

그림 11-13 주축에 장착하는 센터

② 센터 드릴(center drill)

센터를 지지할 수 있는 구멍을 가공하는 드릴로서 센터구멍의 모양은 가공물의 목적과 방법 등 무게나 직경에 따라 적절한 것을 선택하여 사용한다.

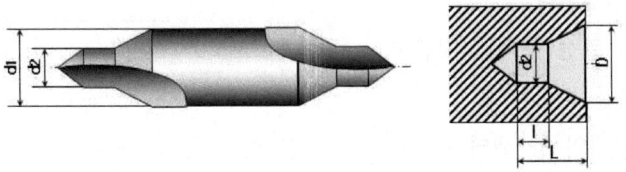

일감지름	호칭치수d2	드릴지름d1	Dmm	Lmm	lmm	일감지름	호칭치수d2	드릴지름d1	Dmm	Lmm	lmm
5이하	0.7	3.5	2	2	0.8	30-45	2.5	8	6.5	6.5	3
5-15	1	4	2.5	2.5	1.2	35-60	3	10	8	8	3.6
10-25	1.5	5	4	4	1.8	40-80	4	12	10	10	4.8
20-35	2	6	5	5	2.4	60-100	5	14	12	12	6

그림 11-14 가공물 지름과 센터드릴 규격

③ 맨드릴(mandrel)

맨드릴이란 공작물을 center로 지지할 위치에 구멍이 있고, 외경을 동심원으로 가공하고자 할 때에 그림과 같이 고정하여 외경이나 측면을 가공하여 부품을 완성하는 부속품이다. 가장 일반적인 형식의 심봉으로 공구강을 열처리한 후 연삭되어 있다.

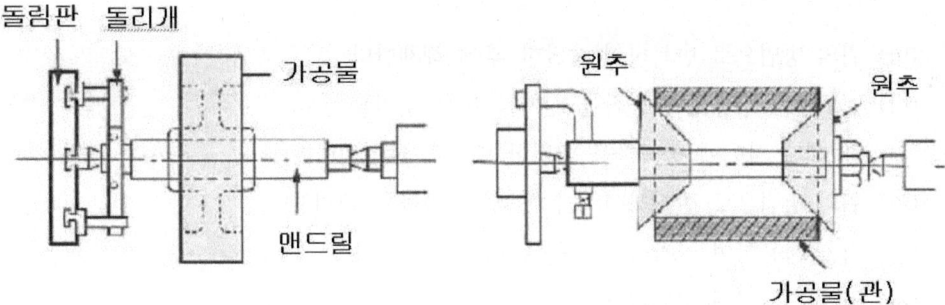

그림 11-15 맨드릴의 종류와 사용 예

(4) 원통연삭기 공작물 설치하기

① 작업 준비하기

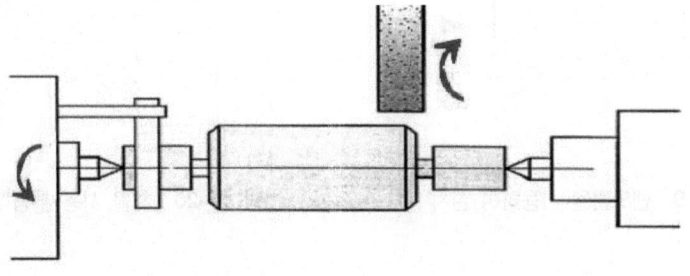

그림 11-16 원통 연삭기에 공작물 설치

(가) 숫돌을 선정한다.
(나) 공작물을 고정 구에 설치한다.
(다) 측정공구를 준비한다.
② 주축대와 심압대의 양 센터 사용하여 중심을 맞춘다.
(가) 양 센터를 깨끗이 닦고 고정한다.
(나) 테스트 바를 테이블의 중앙 위치에 오도록 양 센터 사이에 설치한다.
(다) 테스트 바와 다이얼 게이지로 테이블의 평행도 및 양 센터의 중심을 맞춘다.
(라) 양 센터 사이에 공작물을 고정한다.

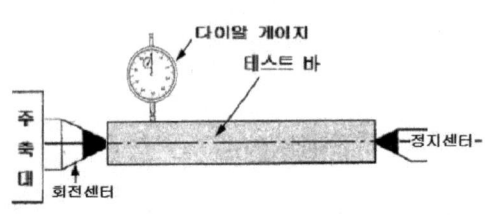

그림 11-17 평행 맞추기

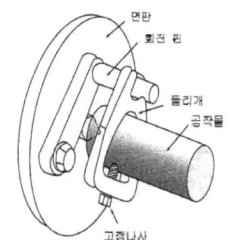

그림 11-18 돌리개 사용하여 고정

(마) 위의 방법으로 반복하여 숙달한 후에 해체한다.
(바) 맨드릴을 사용하여 공작물 설치를 위한 준비를 한다.
(사) 양 센터 사이에 공작물을 고정한 맨드릴을 설치한다.
(아) 위의 방법으로 반복하여 숙달한 후 공작물을 해체한다.
(자) 척을 사용하여 공작물 설치를 준비한다.
(차) 공작물을 척에 고정한다.

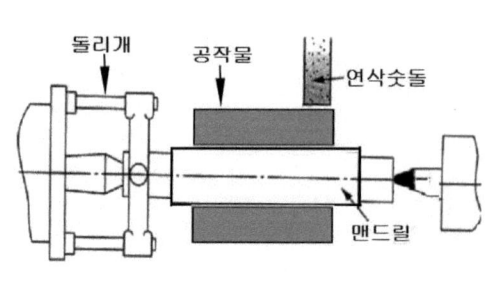

그림 11-19 맨드릴을 사용하여 설치

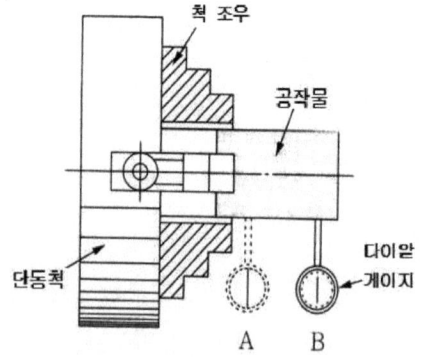

그림 11-20 척을 사용한 공작물 고정하기

3. 공작물 기준설정

1) 공작물 기준설정하기

(1) 평면연삭기에서 육면체 연삭하기

① 평면 연삭 깊이와 이송량

(가) 연삭 깊이(건식 연삭의 경우)

㉠ 거친 연삭 : 0.01~0.03[mm]

㉡ 다듬 연삭 : 0.0025~0.005[mm]

㉢ 전 후 이송(건식 연삭의 경우)

㉣ 거친 연삭 : 2.5~5[mm]

㉤ 다듬 연삭 : 1~3[mm]

(나) 습식 연삭의 경우에는 연삭 깊이를 건식 때보다 50~100(%) 증가할 수 있다.

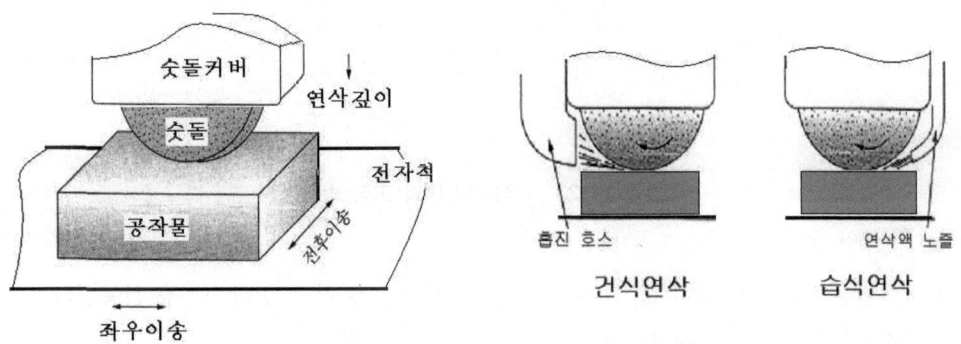

그림 11-21 평면연삭기의 이송방향   그림 11-22 건식연삭과 습식연삭

② 건식연삭과 습식연삭

(가) 건식연삭(dry grinding)

공작물과 연삭숫돌의 접촉면에 절삭유를 주지 않은 상태에서 연삭하는 것을 건식 연삭이라 한다. 건식 연삭에서는 먼지가 많이 발생하므로 숫돌 커버 옆에 설치된 흡진 호스로 먼지를 빨아내는 것이 좋다.

(나) 습식연삭(wet grinding)

공작물의 연삭 면에 절삭유를 주면서 연삭하는 방식을 습식 연삭이라 하며, 연삭 열을 쉽게 냉각시키고 연삭 면에 윤활 작용을 하여, 먼지를 제거시키는 등의 이점이 있어 널리 사용되는데 습식 연삭 시 급유 방법 종류는 다음과 같다.

㉠ 통액급유 법

㉡ 제트급유 법

ⓒ 고속연삭급유 법

실기 내용

1. 공작물 기준설정하기

1) 공작물 설치하기

(1) 작업 순서

작업을 준비한다.

(2) 공작물을 자석 척에 설치한다.

① 공작물의 ②번 면을 밑으로 하여 자석 척 위에 그림과 같이 공작물의 길이 방향이 테이블 좌우 이송 방향과 나란하게 되도록 한다.

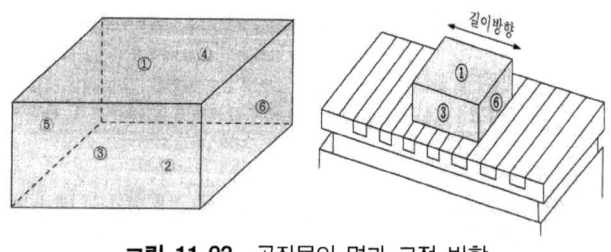

그림 11-23 공작물의 면과 고정 방향

(3) 공작물을 연삭숫돌의 바로 밑에 그림과 같이 오도록 하고 연삭숫돌을 작동한다.

(4) 공작물의 ①번 면을 연삭한다.

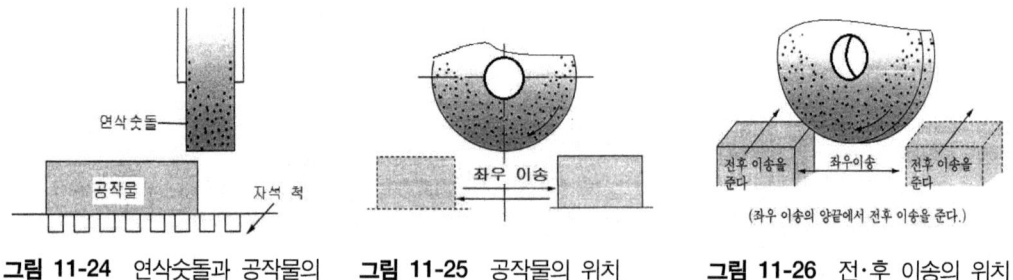

그림 11-24 연삭숫돌과 공작물의 위치

그림 11-25 공작물의 위치 좌·우 이송 위치

그림 11-26 전·후 이송의 위치

[가공 면이 거칠 때]
- 연삭 깊이와 전 후 이송량을 줄여 본다.
- 연삭숫돌 면을 곱게 드레싱 한다. – 가공 면에 진동 무늬가 생길 때
- 연삭숫돌 면을 트루잉하여 숫돌의 흔들림을 없앤다.
- 연삭숫돌의 균형을 바로 잡는다.

(5) 공작물의 ②번 면을 연삭한다.
(6) 연삭된 ①, ②번 면을 기준으로 하여 ③번 면을 직각되게 연삭한다.
(7) 정밀연삭용 바이스를 이용한 방법

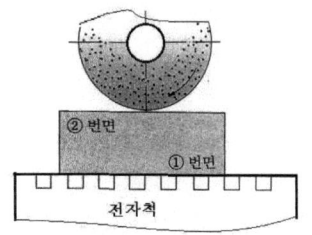

그림 11-27 공작물의 ②번 면 연삭

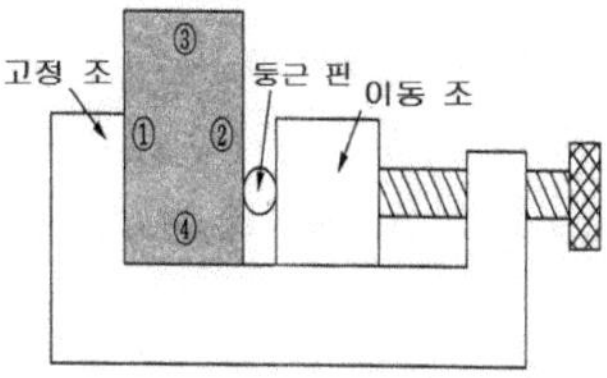

그림 11-28 정밀바이스를 이용한 공작물의 직각 연삭

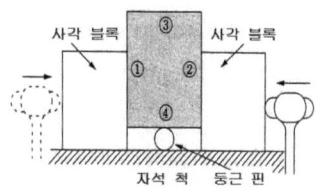

그림 11-29 사각블록을 이용한 공작물의 직각 맞춤

(8) 사각블록을 이용한 방법
(9) 동일한 방법으로 ④번 면을 연삭한다.
(10) ⑤번 면을 연삭한다.
(11) ⑤번 면을 자석 척에 대어 고정하고 ⑥번 면을 연삭한다.
(12) 공작물을 풀어내어 모서리의 거스러미를 제거한다.
(13) 공작물의 치수 및 직각도, 평행 도를 측정한다.
(14) 공작물에 대한 평가를 받은 후 위의 방법으로 3회 반복 가공한다.
(15) 공작물에 남아있는 잔류 자기를 없앤다.

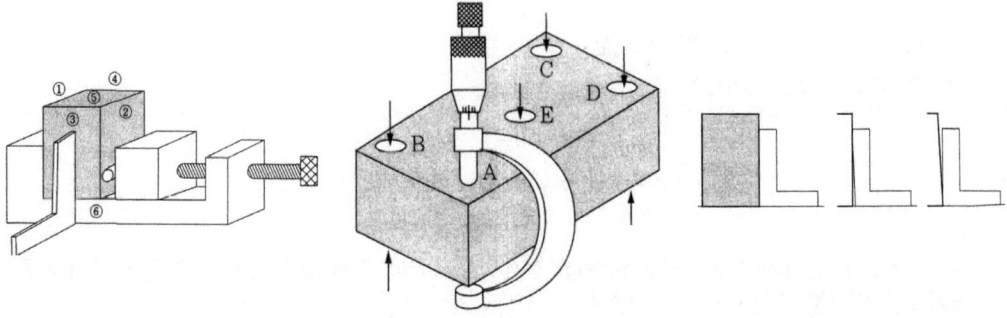

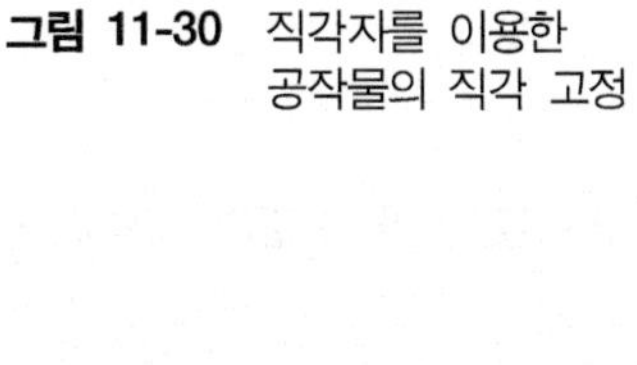

그림 11-30 직각자를 이용한 공작물의 직각 고정

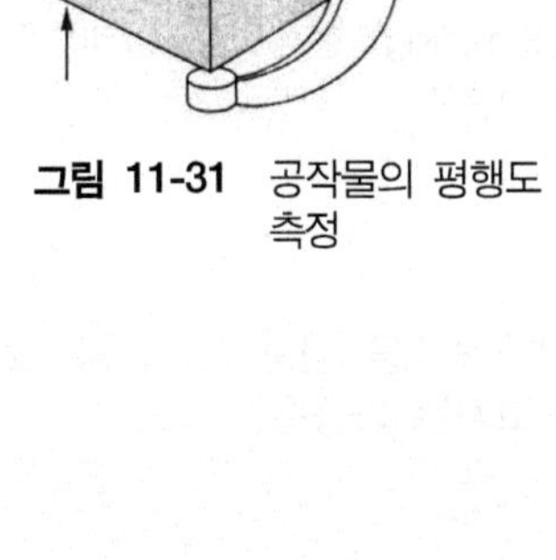

그림 11-31 공작물의 평행도 측정

그림 11-32 공작물의 직각도측정

단원 핵심 학습 문제

01 다음 중 연삭숫돌의 5인자가 아닌 것은?
① 입자(abrasive grain) ② 입도(grain size)
③ 결합도(grade) ④ 기공

해설 : ④ 연삭숫돌의 5인자 - 입자(abrasive grain), 입도(grain size), 결합도(grade), 조직(structure), 결합제(bond)

02 연삭숫돌은 절삭 날이 절삭되지 않게 되면 숫돌 입자가 부러져서 차례차례로 새로운 절삭 날이 생긴다. 이것을 절삭 날의 작용은?

해설 : 자생작용

03 숫돌바퀴(grinding wheel)의 3대 구성 요소는?

해설 : 숫돌입자, 기공, 결합제

04 초경합금 등을 연삭하는데 적합하며 녹색 탄화 규소질인 연삭숫돌은?

해설 : GC숫돌

05 결합제에 의한 연삭숫돌의 분류 중 가장 많이 사용하는 것은?

해설 : 비트리파이드 결합제 숫돌

06 결합제 구비하여야 할 조건을 쓰시오.

해설 : ① 결합력의 조절범위가 넓을 것.
② 열이나 연삭 액에 대해 안정할 것.
③ 원심력, 충격에 대한 기계적 강도가 있을 것.
④ 성형이 좋을 것.

07 무딤(glazing) 현상이나 눈 메움(loading) 현상이 생길 때 절삭성이 나빠진 숫돌의 면에 새롭고 날카로운 입자를 발생시키는 작업은?

해설 : 드레싱(dressing)

08 연삭하려는 부품의 형상으로 연삭숫돌을 성형하거나 공작물의 영향을 받아 숫돌의 모양이 좋지 못할 때 연삭숫돌을 바르게 고치는 가공은?

해설 : 트루잉(Truing)

09 자생작용이 잘 되지 않아 입자가 납작해지는 현상으로 마찰에 의한 연삭 열이 매우 커서 연삭 균열의 원인이 되는 것은?

해설 : 무딤(glazing)

10 숫돌 입자의 표면이나 기공에 칩이 메워져 나타나는 현상으로 연삭 중 떨림의 원인이 되는 것은?

해설 : 눈 메움(loading)

11 숫돌바퀴에 사용되고 있는 입자의 크기는?

해설 : 입도

12 숫돌 입자를 단단하게 결합하고 있는 결합제의 세기는?

해설 : 결합도

13 연삭숫돌의 표시 방법을 예를 들어 쓰시오.

해설 : WA(숫돌입자), 46(입도), K(결합도), m(조직), V(결합제)

14 숫돌의 결합도가 너무 낮은 경우 숫돌 입자의 마모가 되기 전에 자생작용이 일어나 숫돌의 소모가 커서 연삭 효율이 떨어지는 것은?

해설 : 입자탈락(Removing)

15 공작물을 center로 지지할 위치에 구멍이 있고, 외경을 동심원으로 가공하고자 할 때에 고정하여 외경이나 측면을 가공하여 부품을 완성하는 부속품은?

해설 : 맨드릴

16 공작물의 연삭 면에 절삭유를 주면서 연삭하는 방식은?

해설 : 습식 연삭

17 공작물과 연삭숫돌의 접촉면에 절삭유를 주지 않은 상태에서 연삭하는 것은?

해설 : 건식 연삭

11-2 본 가공 수행

1. 작업 요구 사항과 작업 표준서에 따른 장비 선정

1) 장비 선정

(1) 평면 및 원통연삭 작업 표준서에 의한 장비 선정

① 작업순서
- (가) 마그네트 테이블의 수평을 인디케이터를 사용하여 확인한다.
- (나) 가공 표를 확인하여 재질별로 공작물을 고정한다.
- (다) 재질에 적합한 연삭숫돌을 설정하여 고정한다.
- (라) 숫돌 면에 다이아몬드 드레서를 사용하여 드레싱을 한다.
- (마) 사각 코아 치수를 확인하여 연삭량을 확인, 두께부분부터 연삭하여 치수를 맞춘다.
- (바) 가공물의 특성에 맞게 가공을 진행한다.
- (사) 폭과 길이 방향을 연삭하여 치수를 맞춘다.
- (아) 기준면 가공 후 연삭 버(burr)를 기름숫돌이나 사포로 등을 사용하여 완전히 제거한 후 작업한다.
- (자) 치수는 항상 마이크로미터로 측정하여 작업한다.
- (차) 치수공차는 가공 표에 기록되어 있는 데로 작업을 해야 한다.
- (카) 가공이 완료되면 치수를 재차 확인한다.
- (타) 다음 공정으로 이동을 위해 준비한다.
- (파) 부품가공공정표 및 작업일보를 기록한다.
- (하) 기계주위를 깨끗이 정리하고, 정돈한다.

② 주의사항
- (가) 마그네트의 자력을 확인하여 작업할 것.
- (나) 안전사고에 주의 ⇨ 연마석의 파손 가공(가공물의 튕겨져 나감)
- (다) 연마숫돌 떨림 주의
- (라) 적합한 숫돌회전수(rpm) 사용
  - ㉠ 일반가공 시 : 3,600
  - ㉡ GC숫돌 가공 시 : 2,800
  - ㉢ STD61 황삭 시 : 1,800~2,000
  - ㉣ STD61 정삭 시 : 2,400~2,800

③ 평면 연삭기 선정

   [사용 치 공구선정]
   - 고정블록
   - 인디게이트
   - 마이크로미터
   - 버니어캘리퍼스
   - 드세서
   - 측정용 정반

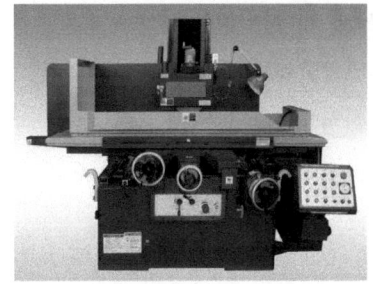

그림 11-33 평면 연삭기

④ 원통 연삭기 선정

   [사용 치 공구선정]
   - 연삭숫돌
   - 정지센터
   - 돌리개
   - 드세서
   - 측정용 정반

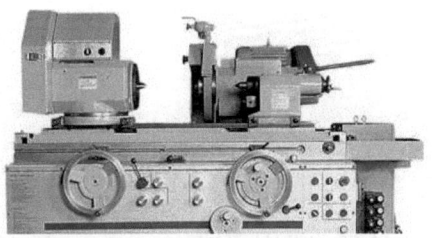

그림 11-34 원통 연삭기

⑤ 만능 연삭기 선정

   [사용 치 공구선정]
   - 연삭숫돌
   - 정지센터
   - 돌리개
   - 드세서
   - 측정용 정반

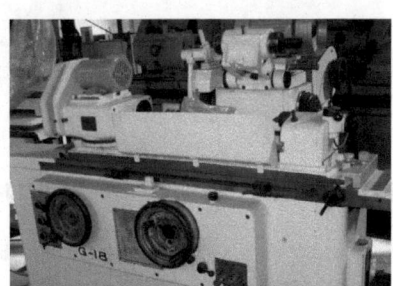

그림 11-35 만능 연삭기

⑥ 성형 연삭기 선정

   [사용 치 공구선정]
   - 고정블록
   - 인디게이트
   - 마이크로미터
   - 버니어캘리퍼스
   - 드세서
   - 측정용 정반

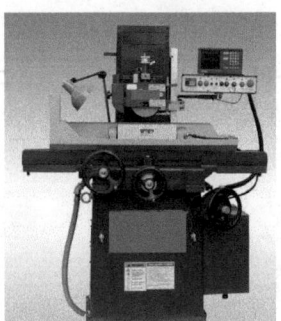

그림 11-36 성형 연삭기

⑦ 문형 연삭기 선정

[사용 치 공구선정]
- 연삭숫돌과 드레서
- 정지센터와 돌리개
- 측정용 정반

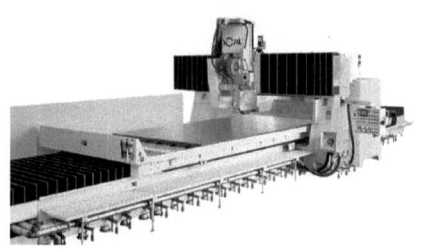

그림 11-37 문형 연삭기

2) 연삭기 부속품 및 부속장치

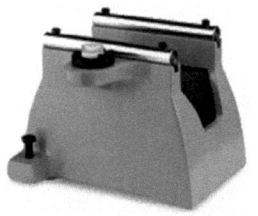

그림 11-38 밸런싱 플래트

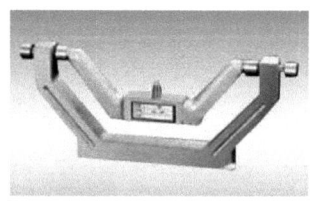

그림 11-39 R-드레서

그림 11-40 라이너 스케일

그림 11-41 사인 드레서

그림 11-42 브이-블록 셋

그림 11-43 마그네틱베이스

그림 11-44 사인 프레트

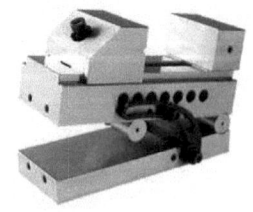

그림 11-45 사인 바이스

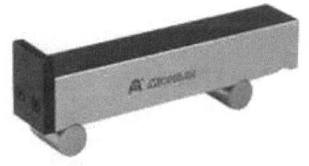

그림 11-46 사인 바

그림 11-47 사인만능바이스

그림 11-48 정밀 바이스

그림 11-49 정밀 랜치 바이스

그림 11-50 펀치 former

그림 11-51 제품 탈자장치

2. 작업공정 분석과 조건

1) 작업절차에 따른 연삭조건 결정

(1) 연삭작업 절차 및 연삭조건

연삭기에는 숫돌을 먹이는 연삭 깊이의 한계가 있으며, 원통 연삭기가 한번 왕복할 때의 트래버스는 0.02mm이고, 평면 연삭 때에는 0.01mm이다. 각 스트로크마다 이 이상 먹이게 되면 연삭 번(burn)이나 휨의 원인이 되며, 드레싱 횟수가 많아지게 되므로 가공 시간을 단축하기보도 오히려 길어진다.

내면 연삭을 할 때, 너무 깊게 반복해서 먹이면 숫돌 축이 휘어지고 큰 효과가 없으며, 오히려 구멍의 양끝이 크게 되어 열이 많이 발생하고 문제의 원인이 된다.

① 연삭방법에 따른 연삭숫돌의 원주 속도

(가) 원주 속도는 가공물의 재질이나 숫돌과 가공물의 접촉 상태 그리고 숫돌의 경도나 결합제의 종류 등에 따라 바꿔져야 한다.

(나) 평면 연삭기에서는 1,200~1,800m/min이 적정한 범위인데 일반적으로 숫돌의 원주 속도가 작으면 연삭 저항은 크게 되며, 숫돌의 소모량이 많게 되어 연삭량은 감소하지만 발열은 낮아진다. 반대로 원주 속도가 빠르면 연삭 저항과 숫돌 소모량은 적어지며, 연삭량은 많아져 발열도 높아지기 쉽다.

표 11-5 공작물의 원주 속도 (단위 : m/min)

작업방식		연 강	담금질강 공구강	주 철
원통연삭	거친 연삭	10~20	15~20	10~15
	다듬질	6~15	6~16	6~16
	정밀다듬질	5~10	5~10	5~10

(다) 일반적으로 연삭숫돌의 원주 속도가 저하되면 숫돌의 마멸이 심하고 충분한 기능을

발휘하지 못하며, 연삭 저항이 커지고 연삭량은 감소되나 발열온도는 낮아진다.
(라) 원주 속도를 구하는 식은 다음과 같다.

$$V = \pi \cdot D \cdot N/1,000$$

V : 원주 속도(m/min)

D : 숫돌의 지름(mm)

N : 숫돌의 매분 전수(rpm)

② 공작물 재질에 따른 공작물의 원주 속도

공작물의 회전 속도 또는 이송 속도(평면 연삭기 경우)는 숫돌의 원주 속도에 비하여 매우 작으며, 원통 연삭이나 평면 연삭에서는 보통 숫돌 원주 속도의 1/100~2/100 정도이다.

③ 연삭 절삭량

절삭량을 많이 하면 연삭 저항이 많게 되어 열이 발생하여, 연삭 면이 거칠게 되며, 숫돌은 결손이나 로딩을 일으켜 숫돌의 소모가 빨라진다.

④ 연삭 깊이

(가) 연삭작업에서 연삭 깊이는 매우 중요한 의미를 갖는다. 깊이가 너무 작으면 연삭시간이 많이 걸리게 되어 생산적이지 못하고, 너무 깊으면 연삭숫돌의 마모가 빨라지거나 연삭 번이 일어나는 등 비효율적인 작업이 되기 때문이다.

(나) 평면연삭에서 연삭 깊이는 거친 연삭은 0.015~0.03(mm)으로 하고, 다듬질 연삭은 0.005~0.01(mm)로 한다.

(다) 연삭작업에서 연삭 깊이는 매우 중요한 의미를 갖는다. 깊이가 너무 작으면 연삭시간이 많이 걸리게 되어 생산적이지 못하고, 너무 깊으면 연삭숫돌의 마모가 빨라지거나 연삭 번이 일어나는 등 비효율적인 작업이 되기 때문이다.

(라) 만약 "얼마나 깊게"가 너무 크다면 연삭입자가 공작물에 깊이 파고들게 되고, 연삭입자에 작용하는 저항이 커지면서 결과적으로 입자가 본드에서 탈락되어진다.

(마) 너무 작으면 연삭입자는 표면을 그냥 가볍게 스쳐지나 가게 되어 마찰로 인한 열이 발생하고, 연삭저항이 크지 않아서 연삭입자의 자생작용이 잘 일어나지 않게 된다.

⑤ 이송 속도

(가) 이송은 거친 연삭일 때에 100~500m/min이고 다듬질 연삭일 때에는 50m/min이 적당한데 이송을 많이 하면 연삭 저항이 증가하여 다듬질 면이 거칠게 된다.

(나) 이송이 적으면 숫돌의 떨림이 일어나기 쉬우며, 반대로 많으면 떨림에다가 입자의 결손까지 일어나 숫돌의 소모가 많게 된다.

(2) 정밀연삭 단계에 따른 연삭조건

① 정밀연삭의 이해
- (가) 정밀 연삭은 경면 연삭과 연결되며, 원통연삭이나 평면 연삭에서 실용화되고 랩 다듬질에 의한 블록 게이지의 표면 정밀도와 같은 정도의 정밀도를 얻을 수 있는 가공이다.
- (나) 정밀기계 부품이나 전자 부품 또는 다이아몬드 휠을 사용한 반도체 연삭 등의 분야에서 성과를 나타내고 있다.
- (다) 이 가공법은 기존의 연삭 가공과 같이 한 장의 숫돌로 거친 연삭부터 다듬질까지 하는 방법이 아니라 표면 거칠기의 단계마다 숫돌을 교환하여 연삭하는 방법이다.

② 연삭 액의 조건
- (가) 연삭 액은 정밀 연삭을 할 때 없어서는 안 되는 중요한 요소이다. 그 작용은 연삭 날의 마모를 방지하고 동시에 연삭 날의 자생 작용을 촉진하며, 가공중의 정밀도가 열 때문에 떨어지는 것을 냉각함으로써 정밀도를 유지하는 커다란 작용을 한다.
- (나) 일반적으로 수용성 연삭 액을 사용하지만, 나사나 기어 등의 연삭에는 불수용성 연삭 액을 사용한다.

③ 드레싱 조건
- (가) 드레싱이란 숫돌 표면을 절삭 날, 즉 숫돌입자에 새로운 날을 재생시키는 작업이며, 숫돌의 입도나 경도 또는 가공 재질이나 다듬질 면 거칠기 그리고 다이아몬드공구의 끝모양 등 여러 가지 요인 때문에 달라지고 일정한 제원에 따라 결정되는 것은 아니다. 더구나 드레싱은 가공 능률이나 정밀도에 큰 비중을 차지하므로 매우 중요한 일이다.
- (나) 다이아몬드공구의 각으로 숫돌 입자를 잘라 보다 많은 절삭 날을 생기게 하는 작업이다. 따라서 서서히 절삭 깊이를 넣고 이송 속도를 느리게 하여, 이것을 몇 번씩 되풀이하면서 드레싱 한다.
- (다) 드레싱을 할 때에는 연삭 액을 충분히 쏟아 부어 숫돌 입자를 잘게 잘라 보다 많은 절삭 날을 생기게 함과 동시에 로딩을 방지하여야 한다.

④ 연삭 속도와 가공물 속도
- (가) 연삭 속도란 숫돌이 회전하여 깎는 속도, 즉 원주 속도를 말하며, 1,500~1,800m/min가 보통이다. 이것은 현재의 연삭숫돌의 능력 중 가장 적합한 값이다.
- (나) 내면 연삭에서는 기계의 사정 때문에 10,000m/min로 하고, 절단용 탄성(Elastic) 숫돌에서는 2,000~3,000m/min의 값이 바람직하다.
- (다) 가공물의 원주 속도는 일반적으로 평면 연삭의 1/100인 15~17m/min이 표준이며, 평면 연삭 때의 테이블 속도는 10~15m/min가 된다.

(3) 연삭조건 수정

① 연삭작업 중 연삭조건 수정

평면 연삭작업에서 발생되는 현상에 따라 조건을 수정하여 작업할 수 있다.

(가) 숫돌의 마모가 많을 때

숫돌의 선정을 재검토하며, 숫돌의 보정량을 크게 해보는 것과 절삭 깊이의 속도를 약간 느리게 하면 마모를 줄일 수 있다.

(나) 연삭 후의 남은 양이 많을 때

절삭 깊이 속도를 느리게 하여 다듬질 시간을 길게 해본다. 또한 숫돌 헤드나 휠의 선정을 다시 검토한다.

3. 연삭조건 산출과 적용

1) 기준면 가공에 적합한 연삭조건 산출

(1) 연삭조건 산출

원통연삭기는 한번 왕복할 때의 트래버스는 0.02mm이고, 평년연삭 때에는 0.01mm이다. 각 스트로크마다 기준을 초과하여 절입하게 되면 연삭 번(burn)이 발생되어 드레싱 횟수가 많아지므로 가공시간을 단축에 중요한 부분이다. 특히, 내면연삭 할 때는 오히려 구멍의 양끝이 크게 되어 열이 많이 발생하는 문제의 원인이 된다.

① 평면연삭 작업

(가) 평면 연삭기에서 가공 정밀도에는 치수 정밀도와 형상 정밀도(직직도, 평면도, 평행도, 직각도, 표면 거칠기 등이 있다.

(나) 정밀도를 높이기 위해서는 가공 절차와 연삭 조건 그리고 숫돌의 선택 방법 등이 결정적인 요소가 된다. 한편, 가공 능률을 올리기 위해서는 원하는 가공 정밀도를 만족시키기 위한 가공 절차를 생각해야만 한다.

② 평면연삭을 하기 전에 주의할 점

(가) 뒤틀림과 비틀림 제거

㉠ 평면연삭 가공을 하려면 가공물의 뒤틀림이나 비틀림을 제거할 필요가 있다.

㉡ 가공물의 뒤틀림이나 비틀림을 미리 정반 위에서 확인하여 끼움쇠 등을 넣어서 변형을 제거한다.

(나) 가공물 설치면의 평면 내기

전자 척을 연삭 가공으로 평면을 내고, 이때 전기를 통한 상태에서 연삭한다.

(다) 치수 정밀도와 형상 정밀도 내기
㉠ 가공물을 측정할 때에는 인체의 열에 의한 팽창 때문에 연삭량이 증가하여 변형의 원인이 되므로 충분히 냉각한 후에 가공하기 시작한다.
㉡ 연삭조건으로서는 연삭 저항에 의한 숫돌의 발열을 적게 하기 위하여 숫돌의 절삭 깊이를 작게 한다. 또한 숫돌의 원주 속도를 크게 하고 이송은 느리게 한다.

(라) 표면 정밀도를 향상시키는 포인트
㉠ 드레싱의 속도를 빠르게 하게 되면 표면이 거칠게 되어 정밀도가 나오지 않는다. 그러나 숫돌의 절삭성은 좋아지므로 거친 연삭이나 뒤틀림 제거 등에는 적합하다.
㉡ 드레싱 속도를 느리게 하면 표면의 정밀도는 좋아지지만 숫돌에 로딩이 일어나 연삭 번이 발행하기 쉽다.

(마) 가공 형상에 따른 주의 점
㉠ 얇은 가공물의 연삭 가공
얇은 가공물을 연삭할 때에는 우선 공정으로서 가공물의 뒤틀림을 확인하고 그림과 같이 블록 면 쪽부터 가공한다.
㉡ 숫돌의 측면으로 가공
숫돌의 측면을 사용하여 연삭할 때에는 그림과 같이 가공물의 가공 면에서 위까지 숫돌의 측면에 릴리프(relief)를 만들 필요가 있다.

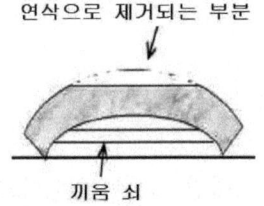
그림 11-52 얇은 공작물 연삭

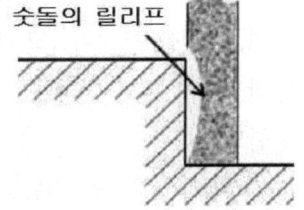
그림 11-53 연삭숫돌의 릴리프

(바) 연삭 조건을 결정하는 포인트
㉠ 절삭량
절삭량을 많이 하면 연삭 저항이 많게 되어 열이 발생하여, 연삭 면이 거칠게 되며 숫돌은 결손이나 로딩을 일으켜 숫돌의 소모가 빨라진다.
㉡ 이송
이송은 거친 연삭일 때에 100~500mm/min이고 다듬질 연삭일 때에는 50m/min이 적당한데 이송을 많이 하면 연삭 저항이 증가하여 다듬질 면이 거칠게 된다.
이송이 적으면 숫돌의 떨림이 일어나기 쉬우며, 반대로 많으면 떨림에다가 입자의 결손까지 일어나 숫돌의 소모가 많게 된다.

ⓒ 숫돌의 원주 속도

평면연삭기에서는 1,200~1,800m/min이 적정한 범위인데 일반적으로 숫돌의 원주 속도가 작으면 연삭 저항은 크게 되며, 숫돌의 소모량이 많게 된다.

또한 연삭량은 감소하지만 발열은 낮아진다. 반대로 원주 속도가 빠르면 연삭 저항과 숫돌 소모량은 적어지며, 연삭량은 많아져 발열도 높아지기 쉽다.

(사) 숫돌의 선택

㉠ 숫돌 입자

숫돌 입자는 절삭 날의 역할을 하는 것이며, 주로 산화알루미늄 계통과 탄화규소 계통이 사용되고 있다.

㉡ 입도

숫돌 입자 하나의 크기를 나타내는 것이 입도이며, 숫돌 입자가 크면 그만큼 절삭날도 크게 되어 절삭 깊이를 크게 할 수가 있다.

입도는 #36~#100까지를 사용하면 된다.

성형용은 가는 입자인 #120 정도가 적당하다.

평면 연삭용은 중간 입자인 #36~#60 사용되고 있다.

다듬질 연삭용은 #60 이상으로 사용하면 좋은 연삭 면을 정밀하게 가공할 수 있다.

㉢ 조직

숫돌의 전체용적 중 얼마의 비율로 숫돌 입자가 들어 있느냐 하는 것이 숫돌 입자율이며, 이것을 조직이라고 한다.

일반적으로 평면 연삭에는 조직 번호 4~6을 사용한다.

㉣ 결합도

숫돌 자체의 강도를 결합도라고 말하며, 결합도가 약하면 결손이 일어나고 강하면 로딩이 일어난다.

일반적으로 단단한 숫돌이나 연학 숫돌이라고 말하는 것은 결합재 의미하는 것인데 평면 연삭용으로서는 H~K가 적당하다.

(아) 평면 연삭기에 의한 성형 연삭

㉠ 성형연삭 가공의 형상 가공을 하는 것이며, R형 숫돌의 오목 형으로 가공물의 불록형을 연삭하는 경우가 많다.

㉡ 성형연삭을 하기 위해서는 숫돌을 가공물의 모양에 맞춰 드레싱 하여 사용한다.

③ 연삭조건

연삭기에는 숫돌을 먹이는 연삭 깊이의 한계가 있으며, 원통 연삭기가 한번 왕복할 때의 트래버스는 0.02mm이고, 평면연삭 때에는 0.01mm이다. 각 스트로크마다 이 이상 먹이게 되면 연삭 번(burn)이나 휨의 원인이 되며, 드레싱 횟수가 많아지게 되므로 가공시간을 단축하기 위해서는 숫돌의 원주 속도, 공작물의 원주 속도, 절삭이송량, 절삭 깊이 등을 표준 값에서 찾아 응용하여 결정하여야 한다.

④ 연삭 액의 조건

(가) 연삭 액의 기능과 효과

㉠ 윤활성

연삭 액의 윤활작용에 의해 절인과 공작물사이에 작용하는 마찰력을 감소시키고, 연삭 열의 발생을 직접적으로 억제한다.

가공 변질층의 두께의 감소, 연삭황화현상과 연삭균열 등의 공작물 표면의 열적손상의 발생방지의 효과를 가진다.

절인의 둔화와 여유면마모의 진행도 억제해서 숫돌수명을 연장할 수 있다.

㉡ 냉각성

공작물에 연삭 열의 유입을 억제해, 열팽창에 의한 치수정도의 저하를 방지한다.

㉢ 침투성

연삭숫돌과 공작물의 접촉영역으로 침투한 연삭 액은 절인과 기공(Pocket)부분에 칩과 공작물금속의 용착을 방지하고, 눈 메움(Loading)을 경감한다.

취성물질인 입자의 열 충격효과를 조장해서 미소파괴를 촉진시키기 때문에 절인의 마모(Glazing)를 줄일 수 있다.

(나) 첨가제의 종류와 역할

㉠ 절인의 연삭 점까지 침투해서 윤활작용을 행하는 연삭 액은 절인의 연삭작용 그것에 아주 많은 영향을 미치기 때문에, 연삭유제에 첨가제(이것에는 계면활성제와 극압 첨가제가 있다)를 첨가해서 효과를 한층 높이고 있다.

㉡ 현재 효과적이라 할 수 있는 대표적인 첨가제용의 원소는 염소, 유황, 인 등으로 이것들이 화합물의 형태로 연삭유제에 포함되어 있다.

(다) 연삭 유제의 종류 및 특징

㉠ 스트레이트 절삭유제

유제 메이커에서 구입한 것을 그대로 사용하며, 열용량이 크므로 숫돌 작업면의 형태를 오래 보존할 수가 있다.

값은 비싸지만, 그 성질을 이용하여 총형 연삭이나 나사 연삭, 기어 연삭 등에 사용한다.

㉡ 솔루션 절삭유제

물로 50~100배로 희석하여 사용한다. 숫돌의 로딩이 적으며, 숫돌 덮개 안에 붙어 있는 절삭분도 동시에 씻어 내는데 가공된 소재는 표면 거칠기가 조금 나빠진다.

ⓒ 솔류블 절삭유제

물로 30~50배로 희석하여 사용하는 연삭 액이지만, 솔류션형과 같이 투명하지는 않다. 최근에 가장 많이 일반적으로 쓰이게 되었다

ⓔ 에멀션 절삭유제

물로 15~20배로 희석하면, 유백색이 된다. 전에는 거의 모두 이형을 사용하는데 최근에는 이보다 좋은 연삭 액이 많아 잘 쓰지 않는다.

(라) 연삭 유제의 효과

㉠ 연삭 액이 노즐에서 나오는 속도는 될 수 있는 대로 빠르게 하고, 많이 쏟아 붓는 것이 일반적으로 좋다고 한다.

㉡ 연삭 액은 충분히 공급하여 연삭작업을 하게 되면 연삭 액자체가 압력이 높은 기류층을 밀어 내기 때문에 매우 효과적으로 작용을 하게 된다.

4. 연삭조건 적용

1) 연삭조건

(1) 불꽃 시험편

① 불꽃 시험편

불꽃 판별용 시험편은 일반적으로 아래 그림과 같은 형태로 쇠톱이나, 줄, 사포 등으로 제작 가공하여 사용하고 있으나 항시 시험편의 어느 부위나 성분이 일정한 표준 시험편을 사용한다. 만약에 시험편에 침탄층이나 질화층, 스케일 등이 존재한다면, 불꽃 파열 및 모양에 많은 변화를 가져오므로 이러한 것에 세심한 관심을 기우려야 한다. 따라서 되도록 공업시험소나 다른 공인기관에서 확인된 시험편을 사용해야 한다.

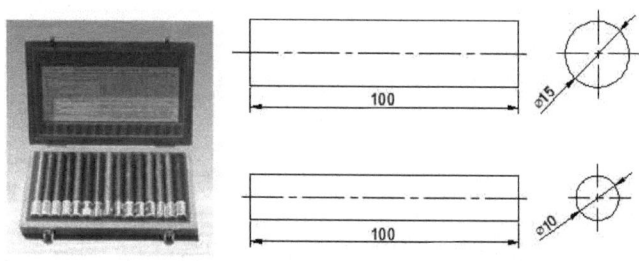

그림 11-54 불꽃 검사기 및 시험편

② 불꽃 시험용 그라인더와 그라인더 불꽃
  (가) 불꽃 시험용 그라인더
  ㉠ 불꽃 시험용 그라인더는 아래 그림과 같이 양 옆에 연삭숫돌이 부착되어 있어 전동기의 회전력에 의하여 작동된다.

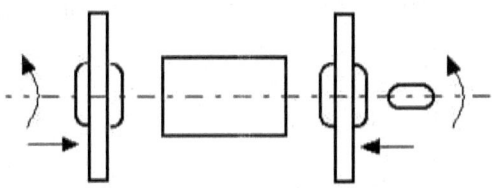

그림 11-55 불꽃 시험용 그라인더

  ㉡ 그라인더의 종류는 전동형, 압축 공기형 등이 있으나 어느 것을 사용해도 좋으며, 고정식이거나 이동식이거나 관계는 없으나 관찰하는데 충분한 불꽃을 방출시킬 수 있는 능력을 가지고 있어야 한다.
  ㉢ 이러한 조건을 만족시킬 수 있는 불꽃 시험용 그라인더는 회전속도가 4,000rpm 정도 1/2~1/4HP, 전동기의 용량 0.2~0.4KW, 결합도는 M~Q가 좋으며 숫돌의 입도는 보통 #36~40 정도를 사용하고 있다.
  (나) 그라인더 불꽃
  ㉠ 그라인더 불꽃의 관찰 방법에는 전방에서 불꽃을 날리고 유선의 후방에서 불꽃을 관찰하는 견농식과 유선의 옆에서 관찰하는 방견식 등이 있다.
  ㉡ 보통 0.2% C의 탄소강에서 유선의 길이가 500mm 정도가 되도록 항상 일정한 압력을 주는 것을 원칙으로 한다.
  ㉢ 올바른 불꽃 시험 자세를 취한 후에 불꽃의 뿌리, 중앙, 끝부분으로 나누어 아래와 같은 사항을 정확하게 관찰하여야 한다.
    • 유선 : 색깔, 숫자, 밝기, 길이, 굵기 등
    • 불꽃파열 : 숫자, 모양, 크기, 꽃가루 등
    • 불꽃다발 : 다발의 크기 차
    • 손의 느낌
  (다) 불꽃의 명칭 및 특성
  ㉠ 불꽃의 구조
    불꽃이 처음 나타나기 시작하는 시점에서부터 3등분하여 뿌리, 중앙, 끝 부분으로 나누며, 길이 방향으로 길게 나타나는 불꽃을 유선이라고 한다.
    유선의 끝 부분에 크고 작은 불꽃 파열이 나타나게 되며, 유선 전체의 둘레를 불꽃다

발이라 한다.
ⓛ 탄소강의 불꽃구조

탄소량이나 합금 원소들의 증가에 따라 유선의 길이, 불꽃의 색깔, 불꽃파열의 크기 및 숫자 등에 큰 차이를 보이고 있다.

0.3%C 탄소강을 70~80°의 각도로 일정한 압력으로 접촉하였을 때 나타난 불꽃의 구조는 그림과 같다.

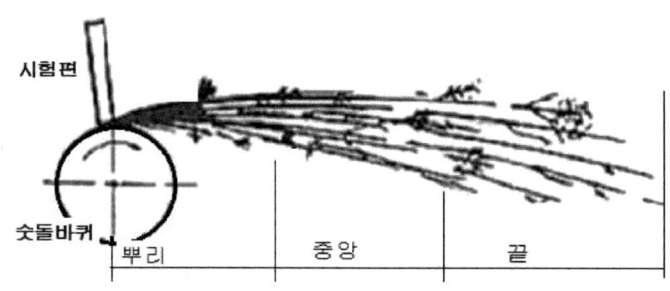

그림 11-56 0.3%C 탄소강 불꽃 구조

ⓒ 불꽃파열은 탄소강에서 탄소량에 변화를 주어 불꽃 모양을 관찰하여 보면 탄소량의 증가에 따라 점점 더 많은 불꽃싸알이 나타나게 되며 불꽃파열 자체에서도 많은 가지가 나타나 결국 국화꽃 송이와 같은 형태의 불꽃 덩어리로 변하게 된다.

(라) 유선의 형태 및 길이

㉠ 그라인더 불꽃시험에 의하여 유선의 수를 관찰하여 보면, 탄소량이 증가함에 따라 굵게 보이던 유선이 점점 가늘어지고 길이도 짧아진다.

ⓛ 색깔도 점점 붉은 색을 띠게 되며 불꽃다발이 커진다.

ⓒ 탄소량이 증가하면 유선의 길이, 유선의 숫자, 파열의 숫자는 점점 증가하는 반면 유선의 길이는 짧아진다.

(마) 합금강의 불꽃

㉠ 합금공구강도 강종에 들어 있는 미량의 다른 원소들에 의해서도 불꽃의 모양이 많은 변화를 가져오고 있다.

ⓛ 크롬과 같은 것은 국화꽃과 같은 형태로 나타나며, 텅스텐은 여우꼬리모양 또는 물결 모양과 같은 형상으로 나타난다.

5. 표준 작업서 작성

1) 이상 발생 시 조치 후 상급자에게 보고

(1) 작업 표준서에 의해 이상 발생 시 상급자에게 보고 사항

① 평면연삭의 주의사항

　(가) 마그네트의 자력을 확인하여 작업할 것

　(나) 안전사고에 주의 ⇨ 연마석의 파손 가공(가공물의 튕겨져 나감)

　(다) 연마숫돌 떨림 주의

　(라) 적합한 숫돌회전수(rpm) 사용

　　㉠ 일반가공 시 : 3,600(rpm)

　　㉡ GC숫돌 가공 시 : 2,800(rpm)

　　㉢ SKD61 황삭 시 : 1,800~2,000(rpm)

　　㉣ SKD61 정삭 시 : 2,400~2,800(rpm)

　(마) 부 적합품 처리 방법

　부 적합품 발생 시 관리자에게 보고하고, 관리자의 검토에 따라 처리한다.

　(바) 사용 치공구 선정에 대한 내용

　　㉠ 고정블록

　　㉡ 인디게이트

　　㉢ 마이크로미터

　　㉣ 버니어캘리퍼스

　　㉤ 드세서

　　㉥ 측정용 정반

　(사) 공작물 치수 관리에 대한 사항

　　㉠ 정밀치수에 관한 사항

　　㉡ 직각에 관한 사항

　　㉢ 평행도에 관한 사항

　　㉣ 조립에 관한 사항

② 연삭 시 떨림에 대한 대책 및 상급자에게 보고

연삭에서 떨림이 일어나는 원인은 여러 가지 있지만, 기본적으로는 연삭저항에 의한 가공물의 처짐과 그 반동에 의한 것, 또는 숫돌면의 회전 정밀도 불량에 의한 것, 연삭숫돌이 2번 마모하는 경우 등이며, 가공물과 숫돌 사이에서 두들김이 일어나는 현상이다. 따라서 이러한 현상이 가공물이나 연삭기와 공진 현상을 일으켜, 표면 거칠기가 떨어지고 연삭 면이 요철로 되는 문제점이 이어진다.

(가) 원통연삭에서 떨림의 원인과 대책

㉠ 가공물의 형상이 불안정할 때

㉡ 일반적으로 원통 연삭에서는 가늘고 긴 가공물이나 비교적 지름이 크더라도 일부에 가는 부분이 있는 가공물은 떨림이 일어나기 쉽다.

㉢ 그 원인으로서는 가공물이 가늘고 길면 휘기 때문이다. 지름이 큰 것은 가는 부분이 있는 곳에서 지지대가 약한 반면에 접촉면이 증대하여 연삭 저항이 많아지기 때문이라고 생각된다.

㉣ 특히 가는 부분을 연삭할 땐 최초의 작은 떨림 때문에 숫돌 면이 파손되고, 다음에는 떨림이 점점 커지면서 가공물이 크게 휘게 되며, 센터 구멍에서 떨어지는 수도 있다.

㉤ 그 대책으로는 가공물을 휘지 않게 하는 것이 제일 중요하며, 방진구 그림을 사용하는 것도 하나의 방법이다.

㉥ 방진구를 사용하려면 설치할 위치의 흔들림을 미리 제거하는 연삭을 해야 하며, 때에 따라서는 한 번의 연삭으로 소정의 위치 연삭을 할 수 없는 때도 있으므로 가능한 부분부터 차츰 위치를 바꾸어 연삭해야 한다.

㉦ 방진구를 설치할 때는 다이얼 게이지를 사용하여 가공물의 중심이 변하지 않게 하는 배려가 필요하다.

㉧ 가공물의 모양에 따라서 한쪽 끝을 척에 고정하여 가공하는 방법도 있지만, 이 방법은 가공 정밀도가 떨어지므로 주의할 필요가 있다.

(나) 평면 연삭에서 떨림의 원인과 대책

㉠ 떨림의 원인은 평면 연삭에서 가공물의 형상이 불안정한 경우라는 것은 가공물이 중공이어서 진동하기 쉬울 때나 고정 접촉 면적보다 가공물 높이가 높을 때, 또는 외팔보 모양으로 지지가 약할 때 등이 작은 떨림이 원인이 되어 가공물에 공진 현상이 일어나고 본격적인 떨림이 된다.

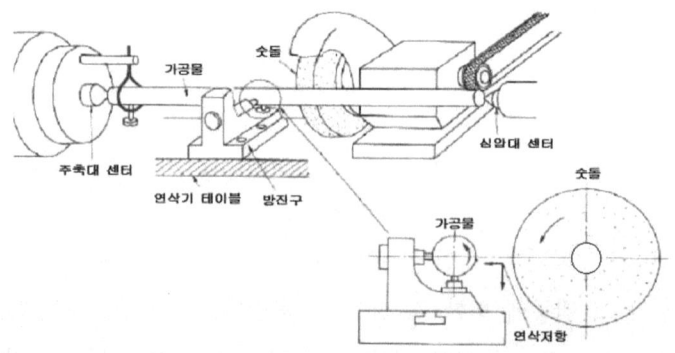

그림 11-57 원통 연삭에서의 공작물 떨림을 방지하기 위해 방진구 설치 예

ⓒ 떨림의 대책은 중공이라면 해면이나 허드레 천 같은 부드러운 소재를 그림과 같이 공간에 채워 넣고, 높이가 높은 불안정한 가공물일 때는 보조 블록 등으로 받쳐서 공진현상을 방지하여야 한다.

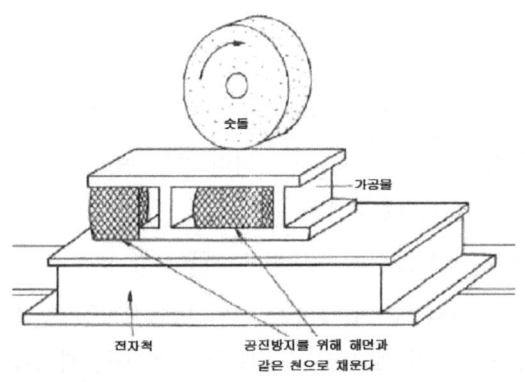

그림 11-58 평면 연삭에서의 중공 가공물 떨림 방지대책

(다) 연삭에서 떨림의 원인과 대책

㉠ 단속 연삭은 원통연삭이나 평면연삭에서 다 같이 떨림이 일어나기 쉬운 가공이며, 이것은 숫돌이 가공물을 타고 올라가기 때문에 일어나는 진동으로 떨림을 유발하기 때문이다.

㉡ 예를 들어 원통 면에 키 홈이 있거나 또는 평면 연삭에서 구멍이나 계단이 된 것을 가공할 때 떨림이 생김과 동시에 연삭 표면에 기복이 나타날 때도 있다.

㉢ 내면 연삭에서는 정상적으로 드레싱 할 수 있는 정도의 길이까지가 최대한의 길이이며, 이것을 최대한의 가공 범위라고 생각해도 좋은 것이다.

(라) 숫돌의 선정과 떨림의 관계

㉠ 떨림 현상을 숫돌 측에서 본다면, 결합도가 높은 숫돌이 연삭 저항 면에서 보아 떨림이 생기기 쉽다.

㉡ 입도는 거친 입도보다는 조밀한 입도가 떨림이 생기기 쉽다.

㉢ 원통 연삭에서도 숫돌 폭의 1/4 정도 되는 귀퉁이 부분이 마모하거나 숫돌입자가 탈락하여 요철 면이 되면 떨림이 발생한다.

(마) 드레싱과 떨림

㉠ 올바른 드레싱이란 단 한 번의 드레싱으로 남김없이 드레싱 하는 것이며, 이때 이미 연삭 면의 상태를 판단할 수 있다.

㉡ 드레싱 속도가 느리면 연삭면도 거칠고 떨림 마크도 그다지 눈에 띄지 않지만 정밀 다듬질을 함에 따라 떨림이 뚜렷해진다.

㉢ 다이아몬드공구의 끝은 언제나 날카로운 것이 좋으며, 둥글고 평탄한 모양에서는 떨

림이 일어나기 쉽다.
② 내면 연삭에서는 60° 정도의 예각으로 정형한 공구를 사용하는 수도 있으며 드레싱을 할 때에는 연삭 액을 충분히 공급하여 드레싱 로딩이 일어나지 않게 하는 것도 중요하다.

(바) 연삭 속도와 떨림
㉠ 숫돌의 원주 속도는 가공물의 재지이나 모양 또는 작업 구분에 따라 다르지만, 일반적으로 원통 연삭에서는 1,800(m/min)이며 평면 연삭 때에 1,600(m/min)이고 내면 연삭 때에 1,000(m/min) 전후이다.
㉡ 숫돌은 원주 속도가 빠를수록 단단하게 작용하고 느릴수록 연하게 작용하므로, 원주 속도와 회전수 관계로서는 변속하는 것이 바람직하지만, 진동이라는 면에서 본다면 공진점이 변화하는 것이므로 그것을 제거하기가 어렵게 된다.

(사) 진동 대책
㉠ 진동 대책이 떨림을 방지하는데 효과적인 조건이라는 것은 앞에서 설명하였으나 일반 연삭에서는 그다지 눈에 띄지 않을지라도 정밀 연삭에서는 눈에 띄게 된다.
㉡ 떨림이 발생하게 되면 그 자체가 표면 거칠기에 직접 나타나게 되면 진원도는 크게 떨어진다.
㉢ 정밀 연삭에서의 떨림 대책은 진동을 제거하는데 있다고 해도 틀리지 않다.
㉣ 진동의 주요 원인은 숫돌의 불균형 때문인 것이 대부분이므로, 이것을 제일 먼저 점검해야 한다.
㉤ 숫돌의 정적 밸런스를 잡는 것도 물론이지만, 특히 표면 정밀도가 필요할 때에는 동적 밸런스도 잡도록 한다.

단원 핵심 학습 문제

01 다음 중 연삭 액의 기능이 아닌 것은?
① 윤활성　　　　　　　　② 냉각성
③ 침투성　　　　　　　　④ 절삭성
해설 : ④ 연삭 액의 기능 - 윤활성, 냉각성, 침투성

02 연삭기에는 숫돌을 먹이는 연삭 깊이의 한계에 대하여 쓰시오.
해설 : 원통 연삭기가 한번 왕복할 때의 트래버스는 0.02mm이고, 평면 연삭 때에는 0.01mm이다. 각 스트로크마다 이 이상 먹이게 되면 연삭 번(burn)이나 휨의 원인이 되며, 드레싱 횟수가 많아지게 되므로 가공 시간을 단축 하기보다 오히려 길어진다.
평면연삭에서 연삭 깊이는 거친 연삭은 0.015~0.03(mm)으로 하고, 다듬질 연삭은 0.005~0.01(mm)로 한다.

03 연삭방법에 따른 연삭숫돌의 원주 속도에 대하여 쓰시오.
해설 : 평면 연삭기에서는 1,200~1,800m/min이 적정한 범위인데 일반적으로 숫돌의 원주 속도가 작으면 연삭 저항은 크게 되며, 숫돌의 소모량이 많게 되어 연삭 량은 감소하지만 발열은 낮아진다. 반대로 원주 속도가 빠르면 연삭 저항과 숫돌 소모량은 적어지며, 연삭 량은 많아져 발열도 높아지기 쉽다.

04 공작물의 회전 속도 또는 이송 속도(평면 연삭기 경우)에 대하여 쓰시오.
해설 : 공작물의 회전 속도 또는 이송 속도(평면 연삭기 경우)는 숫돌의 원주 속도에 비하여 매우 작으며, 원통 연삭이나 평면 연삭에서는 보통 숫돌 원주 속도의 1/100~2/100 정도이다.

05 이송 속도에 대하여 쓰시오.
해설 : 이송은 거친 연삭일 때에 100~500m/min이고 다듬질 연삭일 때에는 50m/min이 적당한데 이송을 많이 하면 연삭 저항이 증가하여 다듬질 면이 거칠게 된다.

11-3 검사 · 수정하기

1. 측정기 파악

1) 측정기 종류 파악 및 정확한 측정

(1) 연삭작업에서 측정의 목적

① 연삭작업에서 사용되는 측정방법

(가) 직접 측정(直接測定)

곧은 자를 직접 제품에 대고 실제 길이를 알아내는 방법이다. 직접 측정에 사용되는 측정기는 버니어 캘리퍼스(Vernier Calipers), 마이크로미터(Micrometer), 측장기(測長器), 각도(角度)자 등이 이용된다.

㉠ 장점

측정 범위가 다른 측정 방법보다 넓다.

측정물의 실제 치수를 직접 측정할 수 있다.

양이 적고 종류가 많은 제품을 측정하기에 적합하다.

㉡ 단점

눈금을 잘못 읽기 쉽고 측정하는데 시간이 많이 걸린다.

측정기가 정밀할 때는 측정하는데 숙련과 경험이 필요하다.

(나) 비교측정(比較測定)

제품을 측정하는데 표준 치수의 게이지와 비교하여 측정기의 바늘이 가리키는 눈금에 의하여 그 차이를 읽는 것이다. 비교측정에 사용되는 측정기는 다이얼 게이지(Dial Gauge), 미니미터, 옵티미터, 공기 마이크로미터, 전기 마이크로미터 등이 이용된다.

㉠ 장점

측정기를 적당한 위치에 고정시킬 수 있으므로 측정이 용이하고, 고정도의 측정 등이 비교적 쉽다.

제품의 치수가 고르지 못한 것을 계산하지 않고 알 수 있다.

길이뿐만 아니라 각종 모양 측정이나 공작 기계의 정도검사 등 사용 범위가 넓다.

치수의 편차(偏差)를 기계에 관련시켜 먼 곳에서 조작할 수 있고 자동화에 도움을 줄 수 있다.

㉡ 단점

측정 범위가 좁고 직접 제품의 치수를 읽을 수 없다.

기준 치수인 표준 게이지(standard gauge)가 필요하게 된다.

(다) 한계 게이지(Limit Gauge) 방법

제품에 주어진 허용차(許容差), 즉 최대 허용 치수와 최소 허용 치수의 두 한계를 정하여 제품의 실제 치수가 이 범위 안에 들었느냐 못 들었느냐에 따라 합격 불합격을 결정한다.

㉠ 장점

대량 측정에 적합하고 합격, 불합격의 판정을 쉽게 할 수 있다.

조작(操作)이 간단하고 경험을 필요로 하지 않는다.

㉡ 단점

측정 치수가 정해지고 한 개의 치수마다 한 개의 게이지(Gauge)가 필요하다.

제품의 실제 치수를 읽을 수가 없다.

(라) 오차와 공차

㉠ 공차(공차=최대 허용치수−최소 허용치수)

기준 치수에 공차가 주어졌을 때의 상한과 하한을 나타내는 2개의 치수를 한계 치수라 하는데, 큰 것을 최대 허용치수, 작은 것을 최소 허용치수라 하며 공차는 아래와 같이 표현한다.

㉡ 오차(오차=측정치−참값)

피 측정물은 어느 결정 값을 가지고 있는데 이 값을 참값이라고 한다. 측정치는 항상 참값과 일치한다고는 할 수 없다.

일치한다는 것은 극히 드문 일로 보는 것이 좋으며 이때 일치하지 않는 측정치와 참값과의 차를 오차(Error)라 하며 다음과 같이 나타낸다.

(마) 오차와 공차의 계통도

표 11-6 오차와 공차의 계통도

(2) 측정용 기구의 종류 및 사용법

① 직접 측정기의 종류

(가) 강철 자(Steel Rule)

KS(한국공업규격) 규격에서는 A형, B형, C형의 3종류로 구분하고 있다. 기계가공 현장에서 흔히 사용되고 있는 것은 C형이며 C형에는 150, 300, 600, 1000, 1500, 2000mm 등으로 구분되어 있다.

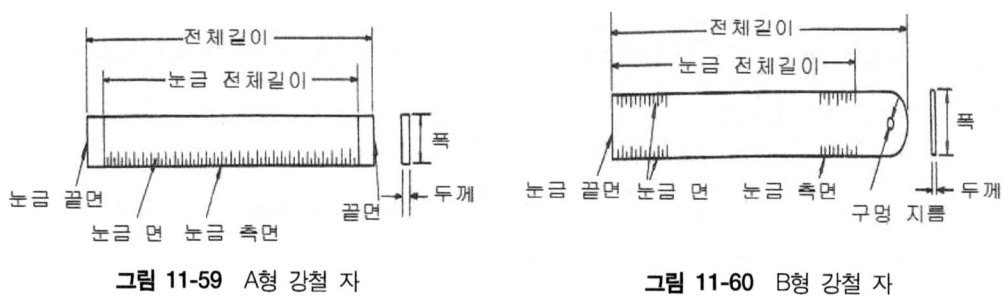

그림 11-59 A형 강철 자   그림 11-60 B형 강철 자

(나) 캘리퍼스(Calipers)

기준 자에 옮겨진 일감의 치수를 양 다리의 벌림에 의해 일감이 인성 정도를 측정하든가 반대로 일감의 실제 치수를 캘리퍼스의 벌림으로 맞추어서 곧은 자에 의하여 그 벌림을 읽어 일감의 치수를 측정할 때 쓰인다.

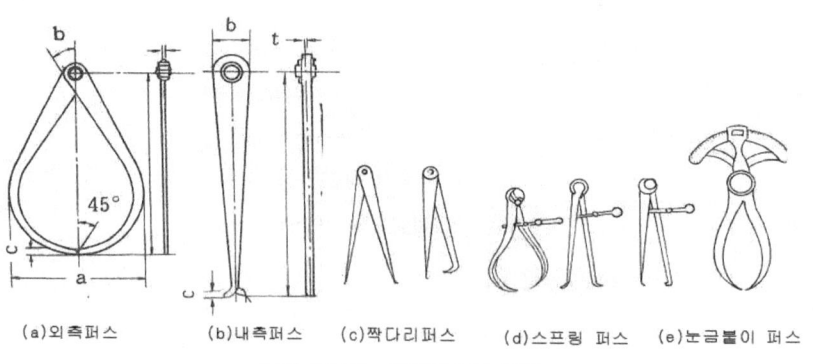

그림 11-61 캘리퍼스의 종류

(다) 버니어 캘리퍼스(Vernier Calipers)

버니어 캘리퍼스는 직선자와 캘리퍼스를 하나로 한 것과 같은 것이며 마이크로미터와 함께 기계공작에서 가장 많이 사용된다. 마이크로미터와 같은 정밀한 측정을 할 수는 없으나, 길이, 바깥지름, 안지름, 깊이 등을 하나의 기구로 측정할 수 있고, 그 측정 범위도 넓어서 대단히 편리하게 사용된다.

㉠ 버니어 캘리퍼스(Vernier Calipers)의 종류
　M형 버니어 캘리퍼스는 가장 많이 사용되고 있는 형식이다.
㉡ 버니어 캘리퍼스(Vernier Calipers) 사용 예

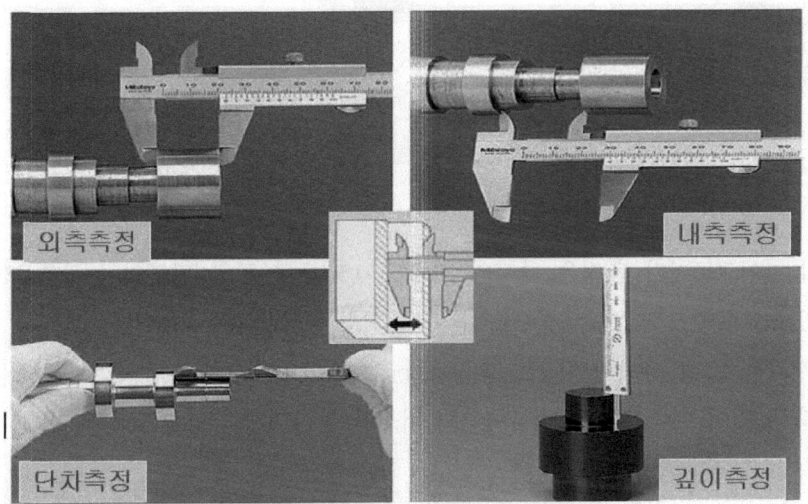

그림 11-62　버니어 캘리퍼스의 사용 예

㉢ 버니어 하이트 게이지 사용 예

　경량 타입으로 소형 부품의 높이를 쉽게 측정할 수 있다.
　무광택 크롬 도금으로 눈금을 처리하여 반짝임을 줄였다.
　빔과 슬라이더는 스테인리스 스틸로 제조된다.
　카바이드 팁 스크라이버
　정도 : ±0.03mm(≤200mm),
　최소 눈금 : 0.02mm

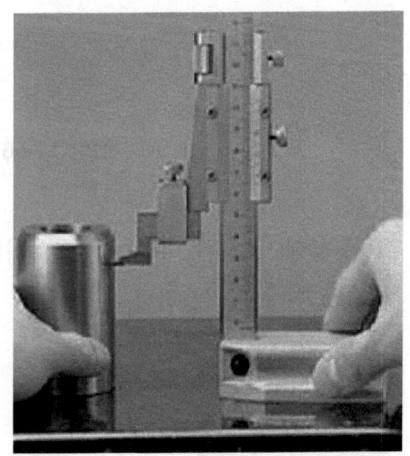

그림 11-63　버니어 하이트 게이지 사용 예

(라) 외경 마이크로미터(Micrometer)
마이크로미터는 버니어 캘리퍼스보다 정밀하게 길이를 측정하는 것으로써 취급이 간단하며 거의 모두 기계 공장에서 사용되고 있다. 마이크로미터의 원리는 길이의 변화를 나사의 회전각과 딤블(thimble)의 직경에 의해서 확대한 것이며 그림과 같이 프레임(Frame)에 고정된 암나사에 스핀들(Spindle)에 눈금이 새겨진 축나사가 끼워져 있다.

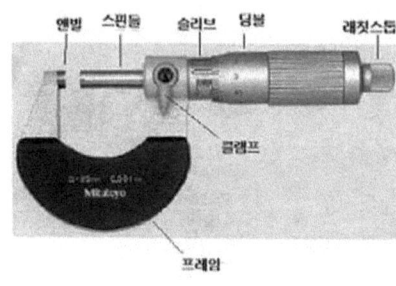
그림 11-64 마이크로미터 구조명칭

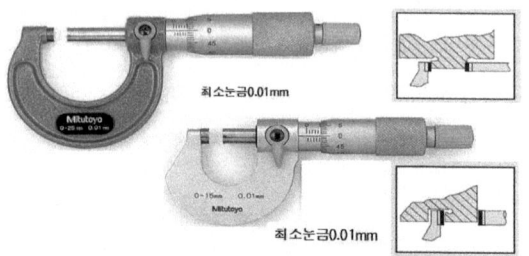
그림 11-65 외측 마이크로미터

보통의 마이크로미터 측정은 나사의 피치를 0.5mm로 하고 딤블의 눈금은 50등분으로 되어 있으므로 0.5mm÷50=0.01mm가 되며 최소 눈금은 0.01mm이다.

(마) 캘리퍼스 형 내측마이크로미터(Caliper Type Inside Micrometer)은 최소눈금 0.01mm, 측정 길이 5~50mm로 버니어 캘리퍼스와 같이 2개의 조오(jaw)가 있다.

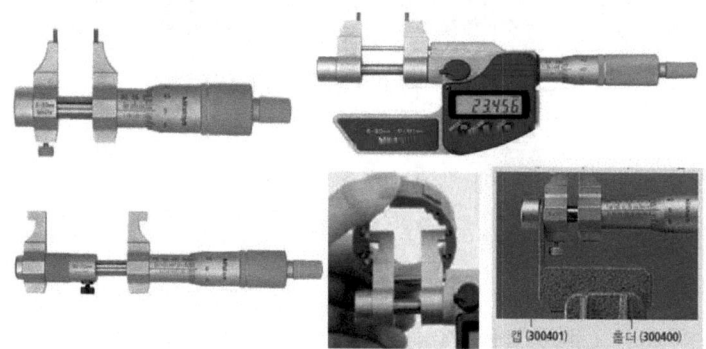
그림 11-66 캘리퍼스형 내측마이크로미터

(바) 봉형(막대형) 내측 마이크로미터(Inside Micrometer)는 최소눈금 0.01mm, 측정 길이 50mm 이상에 적용한다.

 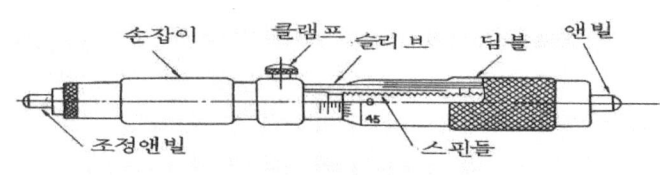
그림 11-67 앤빌-형 내측마이크로미터

(사) 디스크 마이크로미터(비 회전 스핀들 타입 종류)
㉠ 평(spur)기어 및 비틀림(herical)기어의 루트 탄젠트 길이를 손쉽게 측정할 수 있도록

설계되었다.

ⓛ 스핀들이 회전치 않기 때문에 측정물에 측정력이 걸리지 않고 10mm/회전의 빠른 스핀들 이송을 할 수 있다. (퀵-마이크로 타입)

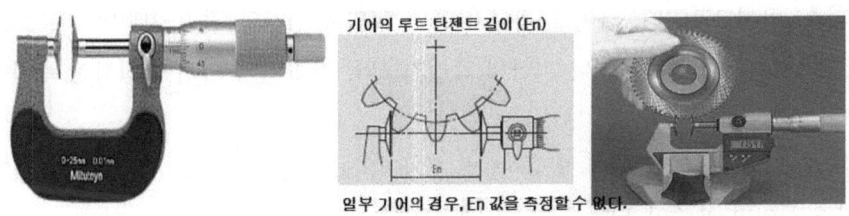

그림 11-68 디스크 마이크로미터 사용 예

(아) 나사 마이크로미터
㉠ 나사의 유효지름 측정. 앤빌 고정식과 앤빌 교환식 등
ⓛ 여러 가지 앤빌을 사용 가능한 앤빌 교환식이 많이 쓰인다.
ⓒ 측정 이외에 앤빌을 적당하게 교환하면 광범위한 용도 사용한다.

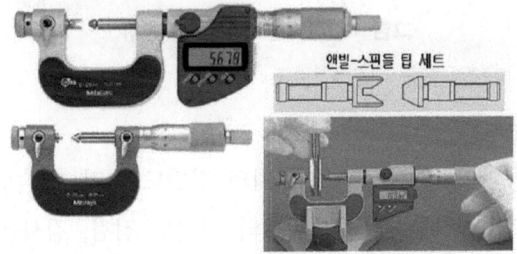

그림 11-69 나사 마이크로미터 사용 예

(자) 깊이 마이크로미터
㉠ 단체형과 25mm의 깊이 차를 가지는 로브 교환하는 로브 교환형으로 구분한다.
ⓛ 단체형 측정범위 : 0~25mm, 로드 교환형은 측정 깊이로 교환하여 사용한다.

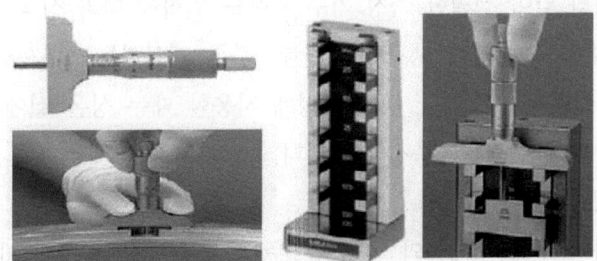

그림 11-70 나사 마이크로미터 사용 예

② 비교 측정기의 종류

(가) 블록게이지(Block Gauge)

블록게이지는 그 측정 면이 정밀하게 다듬질된 구형의 블록으로 되어 있으며, 버니어 캘리퍼스, 마이크로미터, 다이얼 게이지 등의 정밀도 검사와 길이 치수의 기준으로 사용된다. 또 게이지의 부속품이나 기타의 측정기구와 함께 여러 가지 직접적인 측정에도 사용된다.

블록게이지는 세트로 되어 있고 블록 게이지의 조합은 103개조, 76개조, 32개조, 9개조, 8개조 등이며 표준이 되는 것은 103개조이다.

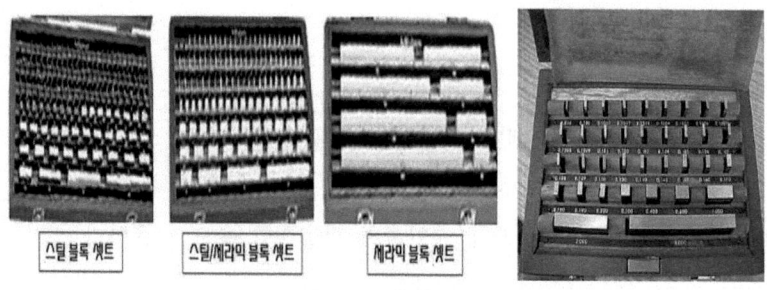

그림 11-71 블록 게이지 종류

㉠ 블록게이지의 등급
- AA급 : 참조용과 표준용 블록 게이지의 정밀도 점검, 학술연구용
- A급 : 표준용과 공작용 블록 게이지의 정밀도 점검, 검사용 블록 게이지의 정밀도 점검, 측정기구류의 정밀도 점검
- B급 : 검사용 게이지 종류의 정밀도 검사/정밀도 조정, 기계부품, 공구 등의 검사
- C급 : 공작용 게이지의 제작측정, 측정기구류의 정밀도조정, 공구/절삭용구의 설치 등에 사용한다.

㉡ 블록게이지 온도의 영향

블록게이지와 같이 정밀한 측정 기구는 온도 변화에 따라 상당히 큰 영향을 받는다. 측정물의 온도도 당연히 생각해야 한다. 블록 게이지는 20°C(68°F)를 기준으로 하고 있으므로, 길이의 기준이나 정밀 측정에 사용할 때는 상온 실에서 실행하고, 측정물도 상온이 되게 한 다음 측정해야 한다.

(나) 다이얼 게이지(Dial Gauge)

다이얼 게이지의 구조는 래크와 기어의 운동을 이용하여 작은 길이를 확대하여 표시하게 된 비교 측정기이며 회전체나 회전축의 흔들림 점검, 공작물의 평행도 및 평면 상태의 측정, 표준과의 비교 측정 및 제품 검사 등에 사용된다. 다이얼 게이지에는 측정자가 상하로 움직이게 된 스핀들과 옆으로 움직이게 된 레버식이 있다. 최소 눈금은 한 눈금이 0.01mm이다.

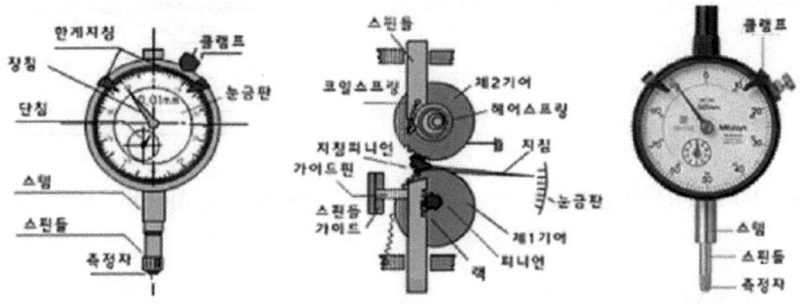

그림 11-72 다이얼 게이지 구조 및 명칭

㉠ 다이얼 게이지를 이용한 여러 가지 측정기
- 실린더 게이지(Cylinder Gauge)
- 안지름 및 홈 폭 측정 게이지
- 두께 측정용 게이지
- 안쪽 홈 지름 및 홈 깊이 측정용 게이지
- 니들-형 다이얼 게이지
- 디지털-형 다이얼 게이지

㉡ 진원도 측정 : 진원도 값=읽음량÷2
- 직경법 : 스탠드에 다이얼게이지를 고정하여 각각 지름 측정 하여 최대 값과 최소 값의 차이로 진원도 표시
- 3점법 : V블록 위의 피 측정물의 정점에 다이얼게이지를 접촉시켜 측정물을 회전시켰을 때 흔들림의 최대와 최소 값의 차이

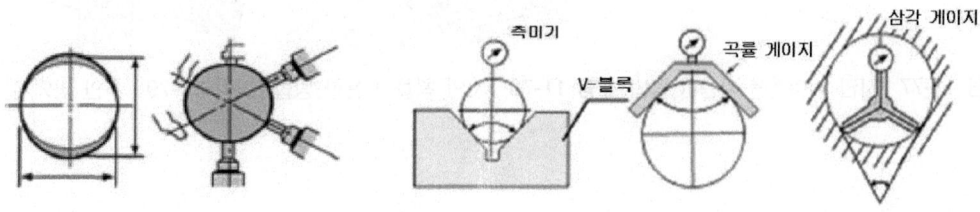

그림 11-73 직경법 측정 　　　　그림 11-74 3점법 측정

- 편위량=게이지 지시눈금 값÷2
- 다이얼 게이지 눈금 수=편심량×2배
- 진원은 피 측정물 돌릴 때 게이지의 바늘이 움직이지 않지만 움직이면 움직인 거리 (최대, 최소) 측정값을 구한다.

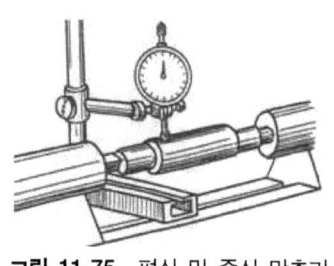
그림 11-75 편심 및 중심 맞추기

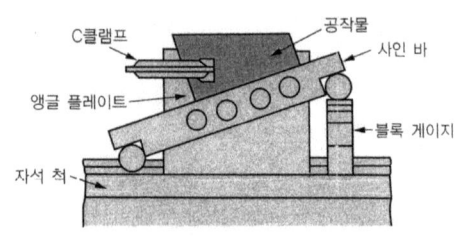
그림 11-76 사인 바 사용한 각도연삭

③ 사인 바에 의한 각도 측정법
   (가) 사인 바(sine bar)와 앵글 플레이트(angle plate)를 이용한 방법은 사인 바를 블록 게이지로 필요한 각도만큼 경사시켜 그 위에 공작물을 얹고 앵글 플레이트에 클램프로 공작물을 고정시켜 윗면을 경사지게 연삭한다.
   (나) 사인 바이스를 이용한 방법은 그림과 같이 사인 바와 바이스가 일체로 되어 있는 형태의 사인 바이스를 블록 게이지로 필요한 각도만큼 경사시켜 연삭하는 방법이다.
   (다) 사인 척(sine chuck)을 이용한 방법은 그림과 같이 사인 바와 일체로 되어 있는 형태의 사인 척을 사용한다.
   (라) 회전식 자석 척과 사이 바를 이용한 방법은 회전식 자석 척 위에 그림과 같이 사인 바를 경사시켜 놓고 사인 바의 윗면을 측정하여 자석 척의 경사를 조정한 다음 경사된 자석 척에 공작물을 설치하여 연삭한다.

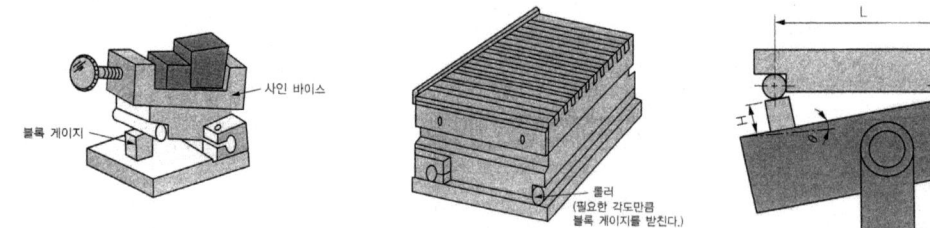
그림 11-77 사인 바이스를 사용한 방법   그림 11-78 사인 척을 사용한 방법   그림 11-79 사인 바의 설치

2. 불량원인 파악

1) 연삭공구 수명단축 원인 및 가공치수 불량원인 파악

(1) 연삭공구 수명단축 원인
① 연삭 비 측정(Grinding ratio)
   (가) 숫돌의 절삭성은 그 마모량(속도)을 연삭량(속도)과 관련지어 보면, 실질적으로 좋고 나쁨을 알 수 없기 때문에, 통상 다음에 나타낸 연삭 비(Grinding ratio) G에 의

해 광범위하게 성능평가가 행해지고 있다.

(나) 연삭 비는 연삭한 공작물의 체적 Z(mm³)를 숫돌의 마모 제적 S(mm³)로 나눈 값으로 정의되고, 다음 식으로 주어진다.

[G=공작물 연삭량(체적)/숫돌 마모량(체적)=Z/S]

(다) G의 값은 연삭조건에 의해 꽤 큰 폭으로 변화가고, 일반 연삭에서는 50~100, 초경합금에서는 1 이하에 되는 것도 있다.

(라) 연삭숫돌은 일반적으로 가장 많이 이용되고 있는 WA 100 J 8 V와 GC 100 J 8 V를 사용하여 경탄소강(SM45C)에 대하여 반경 감 측정법을 이용하여 연삭 비를 측정하였다.

② 반경 감의 측정법

(가) 전사법은 먼저, 그림과 같이 숫돌의 작업 면을 드레싱 할 때에, 그 일부분을 수십 μm만 깊게 잘라 넣어 기초 면을 설치해 둔다.

(나) 설치해 둔 기초 면을 계속해서 피삭성이 좋은 작은 치수의 재료에 절삭 깊이를 넣어 미리 그 스템프를 전사해 둔다.

(다) 다음에 소정의 연삭가공을 끝낼 때마다 같은 전사를 반복하고, 작업을 전부 종료한 뒤 다시 표면 조도 측정기 등으로 전사 편에 찍힌 스템프의 높이를 측정하는 것에 의해 각 시점에서의 △R이 정밀하게 구해진다.

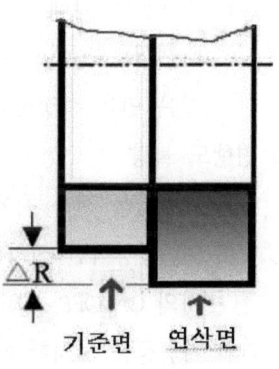

그림 11-80 연삭비율의 정의

(2) 연삭공구 수명의 판정

연삭숫돌의 수명판정은 공작물 표면상의 떨림 모양의 발생, 연삭음의 변화, 연삭연소의 발생, 연삭저항의 급증 및 급감, 다듬질 면 표면상태의 악화, 가공 정밀도의 저하 등으로 판단할 수 있으나 이들 현상들은 각각 독립해서 발생하는 것이 아니라 상호관련을 가지고 발생한다고 알려져 있다.

3. 수정여부 판단

1) 측정 후 불량부위에 대한 수정여부 판단

(1) 측정 후 불량

① 평면도 불량

(가) 평면 연삭은 한 면씩 밖에 가공할 수 없기 때문에 두 번째 면을 가공하는 도중에 처음면이 틀어지는 수가 많으므로 다른 연삭 작업보다 더 숫돌의 절삭성에 주의를 기울이면서 측정하는 데도 같은 주의가 필요하다.

(나) 정반 위에 달라붙게 놓았을 때에는 온도차에 따라 가공물이 뒤틀린다. 석 정반은 열 변위는 적지만, 온도의 영향으로 정반 자체의 평면도에 변화가 일어난다.

(다) 가공물에 관해서는 강성이 낮을 경우는 가상 평면의 3점 지지하는 위치가 조금만 바뀌어도 평면도가 달라지며, 상하면의 한 쪽이 폐 단면이 아니면 상하를 뒤집어 같은 면을 측정하여도 정밀도가 달리지는 경우가 많다.

② 평행도 불량

(가) 가공물을 전자 척에 흡착시켰을 때 먼지가 끼든가, 버나 때린 흠집 등이 영향을 주며, 통상적인 전자식 방식의 척이라면 발열 문제나 내부 구조 때문에 생기는 스위치의 ON/OFF 시의 변형 영향을 받기도 한다.

(나) 가공물을 설치할 때에는 충분히 청소를 하는 동시에 영구 자석식 전자 척을 사용할 필요가 있다.

③ 직각도 불량

(가) 현재 사용되고 있는 대부분의 측정기가 정반의 영향을 받기 쉬운 형이므로, 가공 중에 기계 위에서 간단하게 그리고, 정확하게 측정할 수 있는 방법을 찾도록 직각도를 올바르게 측정하는 것이 필요하다.

(나) 가공물이 점점 더 커질 때에는 참다운 평면도란 무엇인가? 라는 원점으로 되돌아가 생각해 볼 문제이다.

④ 치수 불량

치수 불량은 치수의 편차가 심하게 발생되면 절삭 깊이 장치 안내면의 틈새를 확인하고 칩이나 먼지 등으로 오염될 경우 지브의 틈새 조정을 하여 적당한 틈새로 한다(예, 5~8 μm 정도).

4. 합격 · 불합격 판정

1) 합격 · 불합격 판정

(1) 측정 후 불량에 대한 원인과 대책과 대책

① 직각도 불량

원 인	대 책
① 척의 구조가 적절히 못하다.	- 패킹 플레이트의 모든 면이 닿고 있을 때에는 적절한 틈을 만들어 준다. - 패킹 플레이트의 크기를 적절한 것으로 한다.
② 패킹 플레이트에 침 등의 먼지가 붙어 있다.	- 세정 능력 향상된다. - 패킹 플레이트의 흠집을 수정한다.
③ 가공물 기준 끝 단면에 버 또는 먼지가 붙어 있다.	- 가공물 끝단면의 버를 제거한다. - 가공물을 닦는다.

② 표면 거칠기 불량의 원인과 대책

원 인	대 책
① 숫돌의 드레싱 정밀도가 나쁘다.	- 다이아몬드 드레서의 드레싱 각도를 바꾼다. - 다이아몬드 드레서를 교환한다.
② 드레싱 속도가 너무 빠르다.	- 드레싱 때의 테이블 속도를 느리게 한다. - 허용 원주 속도 범위 내에서 숫돌의 회전수를 빨리한다.
③ 가공물의 재질에 대하여 숫돌이 적당하지 않다.	- 적당한 숫돌 입자의 종류와 입도 그리고 결합도 등을 선정한다.
④ 숫돌에 의한 가공물의 절삭 양이 너무 많다.	- 스파크 아웃 연삭 시간을 길게 한다. - 휠 지름을 되도록 굵게 한다. - 절삭 깊이 이송 속도를 느리게 한다.
⑤ 가공물의 원주 속도가 늦기 때문에 표면이 거칠다.	- 가공물의 원주 속도를 빠르게 한다.

③ 치수의 분산이 클 때의 원인과 대책

원 인	대 책
① 절삭 깊이 장치 안내면의 틈새가 크다.	- 지브의 틈새 조정을 하여 적당한 틈새로 한다. (예, 5~8㎛ 정도)
② 연삭가공 여유에 편차가 있다.	- 전 공정 가공 정밀도를 향상시켜, 연삭 가공여유를 균일하게 한다.
③ 가공물의 경도가 들쑥날쑥 하다.	- 균일한 경도가 되게 한다.
④ 숫돌의 마모가 심하다.	- 숫돌의 선정을 재검토하며, 숫돌의 보정량을 크게 해보는 외에도 절삭 깊이 속도를 약간 느리게 해본다.
⑤ 연삭 후의 남는 양이 많다(테이퍼가 나쁘게 된다).	- 절삭 깊이 속도를 느리게 하여 다듬질 시간을 길게 해본다. - 숫돌 헤드나 휠의 선정을 다시 검토한다.

(2) 정삭 후 합격과 불합격 판정 및 검사내용

① 정삭 후 작업표준서에 의해 검사한 후 판정

    (가) 치수 정도를 판단하여 합격여부 판정한다.

    (나) 직각 정도를 판단하여 합격여부 판정한다.

    (다) 평행도 정도를 판단하여 합격여부 판정한다.

    (라) 조립 정도를 판단하여 합격여부 판정한다.

단원 핵심 학습 문제

01 다음 중 직접 측정(直接測定)의 종류가 아닌 것은?
① 버니어 캘리퍼스　　② 마이크로미터
③ 각도자　　　　　　④ 다이얼 게이지

해설 : ④ 직접 측정 - 버니어 캘리퍼스, 마이크로미터 측장기, 각도자
　　　비교 측정 - 다이얼 게이지, 미니미터, 옵티미터, 공기 마이크로미터, 전기 마이크로미터

02 제품에 주어진 허용차(許容差), 즉 최대 허용 치수와 최소 허용 치수의 두 한계를 정하여 제품의 실제 치수가 이 범위 안에 들었느냐 못 들었느냐에 따라 합격 불합격을 결정하는 게이지는?

해설 : 한계 게이지(Limit Gauge)

03 기준 자에 옮겨진 일감의 치수를 양 다리의 벌림에 의해 일감의 완성 정도를 측정하든가 반대로 일감의 실제 치수를 캘리퍼스의 벌림으로 맞추어서 곧은 자에 의하여 그 벌림을 읽어 일감의 치수를 측정할 때 쓰이는 측정기는?

해설 : 캘리퍼스(Calipers)

04 직선자와 캘리퍼스를 하나로 한 것과 같은 것이며 마이크로미터와 함께 기계공작에서 가장 많이 사용되며, 마이크로미터와 같은 정밀한 측정을 할 수는 없으나, 길이, 바깥지름, 안지름, 깊이 등을 하나의 기구로 측정할 수 있고, 그 측정 범위도 넓어서 대단히 편리하게 사용되는 측정기는?

해설 : 버니어 캘리퍼스(Vernier Calipers)

05 버니어 캘리퍼스보다 정밀하게 길이를 측정하는 것으로써 취급이 간단하며 거의 모두 기계 공장에서 사용되고 있으며, 나사의 피치를 0.5mm로 하고 딤블의 눈금은 50등분으로 되어 있으므로 0.5mm÷50=0.01mm가 되며 최소 눈금은 0.01mm인 측정기는?

해설 : 외경 마이크로미터(Micrometer)

06 측정 면이 정밀하게 다듬질된 구형의 블록으로 되어 있으며, 버니어 캘리퍼스, 마이크로미터, 다이얼 게이지 등의 정밀도 검사와 길이 치수의 기준으로 사용된다. 또 게이지의 부속품이나 기타의 측정기구와 함께 여러 가지 직접적인 측정에도 사용되는 측정기는?

해설 : 블록게이지

07 래크와 기어의 운동을 이용하여 작은 길이를 확대하여 표시하게 된 비교 측정기이며 회전체나 회전축의 흔들림 점검, 공작물의 평행도 및 평면 상태의 측정, 표준과의 비교 측정 및 제품 검사 등에 사용되는 측정기는?

해설 : 다이얼 게이지(Dial Gauge)

08 연삭숫돌의 수명판정에 대하여 쓰시오.

해설 : 공작물 표면상의 떨림 모양의 발생, 연삭음의 변화, 연삭연소의 발생, 연삭저항의 급증 및 급감, 다듬질 면 표면상태의 악화, 가공 정밀도의 저하 등으로 판단할 수 있으나 이들 현상들은 각각 독립해서 발생하는 것이 아니라 상호관련을 가지고 발생한다고 알려져 있다.

NCS적용

CHAPTER

CNC밀링(머시닝센터)조작(CAM)

LM1502010405_14v2

12-1 CNC밀링(머시닝센터) 조작 준비하기

1. 장비 조작 및 유지관리

1) 머시닝센터의 개요

(1) 머시닝센터의 종류

머시닝센터는 CNC 밀링머신에 ATC(자동공구 교환 장치)를 부착한 기계를 말하며, 주로 부품의 평면, 원호, 홈, 드릴링, 보링, 태핑 및 캠과 같은 입체절삭, 복합 곡면으로 구성된 면 등의 다양한 작업을 할 수 있다. 일반적으로 수직형과 수평형이 있으며 최근 대형 머시닝센터에는 수평형이 많이 사용되고 있다. 여기에서는 수직형을 기준으로 설명하기로 한다.

그림 12-1 수직형 머시닝센터

그림 12-2 수평형 머시닝센터

(2) 머시닝센터의 구조

① 주축대

공구를 고정하고 회전력을 주는 부분으로 일반적으로 공압을 이용하여 공구를 고정한다.

② 베이스와 컬럼

주축대와 테이블을 지지하는 새들이 부착되어 있는 부분을 말한다.

③ 테이블 및 이송 기구

T홈이 가공되어 있어 바이스 및 각종 고정구를 이용하여 가공물을 고정하기 쉬운 구조로 되어 있는 테이블과 서보 기구의 구동에 의하여 테이블을 이송하는 이송 기구가 있으며, 이송 기구는 일반적으로 볼 스크루를 사용한다.

④ 조작판

기계를 움직이며 프로그램을 입력 및 편집할 수 있는 각종 키로 구성되어 있다.

⑤ 제어 장치 및 서보 기구

조작판이나 기타 입력 장치에서 입력된 정보를 처리하는데 제어 장치와 서보 기구 및 스핀들 전동기, 기타 주변장치를 제어하는 컨트롤 장치로 구성되어 있다.

⑥ 전기 회로 장치

대부분 기계의 뒷면이나 측면에 부착되어 있으며 전기회로 및 강전반으로 구성되어 있다.

⑦ ATC 및 APC

자동 공구 교환 장치(ATC)는 공구를 교환하는 ATC 암과 많은 공구가 격납되어 있는 공구 매거진으로 구성되어 있다. 매거진의 공구를 호출하는 방법에는 순차 방식과 랜덤 방식이 있다.

가공물의 고정 시간을 줄여 생산성을 높이기 위하여 자동 팰릿 교환 장치(APC)를 부착하기도 한다.

그림 12-3 공구 자동교환 장치

그림 12-4 공구 매거진

(3) 머시닝센터의 운전 및 조작

그림 12-5 CNC밀링(머시닝센터) 조작판

① 핸들운전 조작하기
 (가) 모드 스위치로 "핸들"운전을 선택한다.
 (나) 축 선택(AXIS SELECT) 스위치를 이용하여 이동시킬 축(X, Y, Z)을 선택한다.
 (다) 펄스 선택(RANGE) 스위치로 핸들의 한 눈금 당 이동량(0.001, 0.01, 0.1mm)을 선택한다.
 (라) P.O.S키, 또는 화면의 절대, 상대, 전체키를 누르면 절대좌표 → 기계 좌표 → 상대 좌표 → 잔여이동으로 화면의 좌표 표시가 변한다.
 (마) 핸들을 "+" 방향(시계 방향)과 "-" 방향(반시계 방향)을 확인하여 돌린다.

그림 12-6 핸들과 핸들모드

② JOG운전 조작하기
 (가) 모드 스위치로 JOG 운전을 선택한다.
 (나) 조작판에서 이송 조절 스위치(FEED OVERRIDE)를 선택한다.
 (다) 이송 조절 스위치(FEED OVERRIDE)로 이송속도를 조절한다.
 (라) 이송은 조작판에서 축을 우선 선택 후 "+" 또는, "-" 키로 움직이며 이송한다.

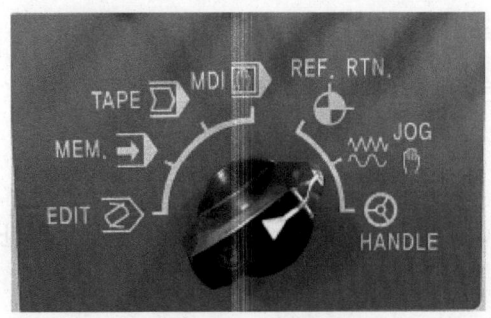

그림 12-7 JOG 모드

(마) 만일 유효 행정을 넘었을 경우 OT(Over Travel) 알람이 발생하는데 이 경우에는 RESET 키를 눌러 알람을 해제한 후, 안전한 방향의 이송 축 버튼을 누르고 축 이송을 한다.

③ 급속 이송 조작하기
(가) 모드 스위치로 급속 이송(RAPID)을 선택한다.
(나) 급속 조절(RAPID OVERRIDE) 스위치를 저속에 위치시킨다.
(다) 조작판에서 이송할 축을 선택한다. "+" 또는, "-" 키와 RAPID 키를 누르고 있는 동안에는 급속이송이 되지만, 손을 떼면 곧바로 정지한다. 공구 또한 주축이 공작물이나 바이스 등에 충돌하지 않도록 주의하여 안전하게 조작한다.
(라) 축 버튼은 x축 +/- , Y축 +/-방향은 축 선택 후 +/- 버튼을 누른다.
Z축 +/-방향은 z축 선택 후 +/- 버튼을 누른다.
(마) 만일 유효 행정을 넘었을 경우 OT(Over Travel) 알람이 발생하는데 이 경우에는 RESET 키를 눌러 알람을 해제한 후, 안전한 방향의 이송 축 버튼을 누르고 축 이송을 한다.

그림 12-8 RAPID 모드(급속 이송 조작 스위치)

④ 반자동 운전 조작하기(MDI)
(가) 모드 스위치로 반자동(MDI)을 선택한다.
(나) 실행시킬 프로그램을 키보드를 이용하여 입력한다.
T01 M06 ;
S600 M03 ;
(다) 자동 개시(CYCLE START) 버튼을 누른다. T01 공구로 교환되고, 주축이 600rpm으로 정회전 한다.

2. 안전 운전

1) 안전 운전

(1) 가공을 하기 전에 프로그램을 충분히 검토하여, 기계에서 알람이나 충돌이 발생하지 않도록 한다.
(2) 작업 중에 공작물이 튀어나가지 않도록 확실하게 고정하고 반드시 확인한다.
(3) 가공을 시작하기 전에 사용될 공구의 상태를 세밀히 점검한다.
(4) 조작판의 각종 스위치의 상태를 확인한다.
(5) 시제품 가공 시 자동 운전을 시작할 때에는 싱글블록(Single Block) 스위치가 ON 상태인 것을 꼭 확인하여 가공한다.
(6) 과대 절삭으로 공구가 소음과 떨림이 발생될 때는 이송 속도와 회전수를 같은 비율로 낮춘다.
(7) 가공 중에 공구와 화면을 항상 주시한다. 정상이 아니라고 판단되면 즉시 FEED HOLD 버튼이나 비상 정지 버튼을 누를 수 있도록 한다. FEED HOLD 버튼을 누른 후 가공 재시작은 Cycle Start 버튼을 누른다.
(8) 운전 중에 부주의로 조작판의 버튼이나 S/W를 건드리지 않도록 주의한다.
(9) 운전이 끝나면 머시닝센터의 주축을 안전한 위치로 이동시키고, 테이블을 중앙에 이동시킨다.
(10) 기계를 청소하고 주변을 정리·정돈한 다음, 비상 정지 버튼을 누르고 전원을 차단한다.
(11) 습동유 및 공유압 게이지 측정 압력 확인한다.
(12) 보정량 입력 확인한다.
(13) 조작판 기능 버튼 정상 위치 확인한다.
(14) 기계 원점 복귀 확인한다.
(15) 비상 정지 버튼 확인한다.

[비상 정지(Emergency Stop) 버튼 확인]
① 돌발적인 충돌이나 위급한 상황에서 작동시킨다.
② 버튼을 누르면 비상정지하고, 메인전원을 차단한 효과를 나타낸다.
③ 해제방법은 화살표 방향으로 돌리면 튀어나오면서 해제된다.

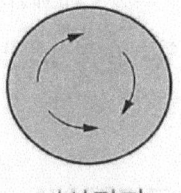
비상정지

3. 공작물 고정

1) 바이스

공작 기계의 테이블에 설치하여 공작물을 고정하는 기구

(1) 기계 바이스

일반적인 밀링용 바이스로 바이스 핸들로 공작물을 고정하는 방식이다. 절삭량이 많고 큰 공작물의 경우 강한 힘으로 핸들을 조작하여 고정하여야 하기 때문에 많은 힘과 시간이 소요되는 불편함이 있다.

(2) 유압 바이스

유압을 사용하여 체결력을 증가시키는 바이스이다. 높은 정밀도가 요구되는 공작물을 가공할 때 쓰이며 기계 바이스에 비해 유압작용으로 강한 압력으로 공작물을 고정할 수 있다. 누유 등의 고장이 발생 시 해결이 번거롭다는 단점을 가지고 있다.

그림 12-9 기계 바이스

그림 12-10 파워 바이스

(3) 파워 바이스

기구식 증력장치(쐐기식)를 사용하여 손쉽게 일정한 고정력을 유지하도록 만든 바이스다. 유압 바이스의 단점을 보완한 장치다. 고정밀도 가공을 하여 병렬사용을 가능하게 한 장치로 많은 추가기능으로 가공 시간 단축에 많이 이점이 생겼다.

(4) 앵글 바이스

기존의 바이스 방식에서 각도를 조절하는 기능을 가진 바이스로 좀 더 다양한 밀링 가공을 할 수 있게 되었다.

2) 척

원형 공작물을 고정하는 기구이다. 선반에서 주로 이용하지만, 밀링에서 원형공작물 고정 시에 사용한다.

그림 12-11 척

3) 로터리 테이블, 인덱스

각도 분할 장치, 공작물을 회전 분할 시 사용한다.

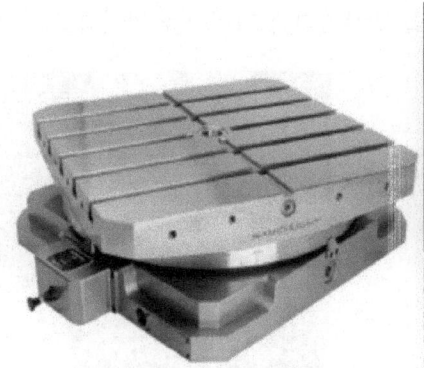 

그림 12-12 로터리 테이블과 인덱스

4) 볼트 고정장치

바이스나 공작물을 직접 잡아주는 장치로 다양한 사이즈로 규격화 되어 있다. 지그를 이용할 수 있으나 단순 고정으로도 가능할 때 쉽게 쓸 수 있는 장치다.

그림 12-13 볼트 고정 장치   그림 12-14 볼트 고정장치 SET

5) 바이스 설치

(1) 테이블과 바이스 밑면을 걸레로 깨끗이 닦고, 돌기 부분이 있을 때에는 기름숫돌 등으로 제거한다.
(2) 테이블 홈에 바이스 고정 키를 맞춘다.
(3) 바이스 고정 위치는 테이블 좌측 또는 우측 1/3 지점에 고정한다.
(4) 바이스 조를 걸레로 깨끗이 닦는다.
(5) 다이얼 게이지를 주축 또는 칼럼 면에 고정하고 측정자를 바이스 고정 조에 대고 0.5 [mm] 정도 밀어 넣은 후, 눈금을 0에 맞춘다.
(6) 조의 전체 길이를 접촉시켜 양단 끝의 지시눈금 차이를 읽는다.
(7) 지시 눈금 차이의 1/2만큼 바이스 핸들 쪽의 옆면을 연질 해머로 두들겨서 눈금 차이를 수정한다.
(8) 조의 양단 차이가 없어질 때까지 수정을 반복하면서 바이스를 완전히 고정한다.

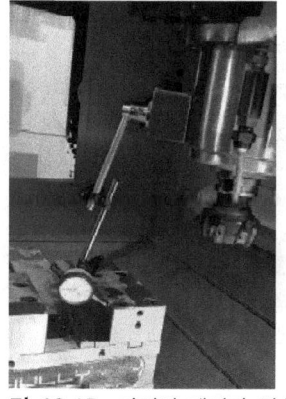

그림 12-15 다이얼 게이지 접촉

그림 12-16 눈금 확인

4. 작업 공정 순서 및 절삭공구

1) 가공 공구 결정

(1) 가공 공구

밀링 또는 머시닝센터에서는 평면가공, 구멍가공, 총형가공, 홈가공 총형가공 등 다양한 종류의 절삭 가공이 가능하며 이에 따라 적절한 공구의 선택과 사용이 매우 중요하다. 일반적으로 밀링 또는 머시닝센터에 많이 사용하는 공구에는 페이스 커터, 측면커터, 엔드밀, 총형커터, 탭, 드릴, 리이머, 카운터 보어, 카운터싱크, 보링바, T홈 커터와 더브테일 커터 등이 있다.

(2) 공구의 이해

① 페이스 커터

넓은 평면을 가공하는 공구로 페이스 커터(Face cutter)가 사용되며 공구 제작회사에서 제작한 것을 선정하여 사용하는데, 가공물의 재질과 작업의 유형에 적합한 커터의 지름, 경사각, 날수, 리드각 등을 고려하여 선택하여야 한다.

② 엔드밀

엔드밀은 머시닝센터에서 가장 많이 사용되는 공구로 평면, 홈, 윤곽, 구멍 등의 다양한 가공에 사용되는 원주면과 단면에 날이 있는 절삭공구를 말하며, 솔리드 타입, 클램핑 타입, 날붙이(Brazed type) 등이 있으며 2날, 3날, 4날, 라핑 등 다양한 형상이 있다.

엔드밀의 재료는 고속도강, 초경합금 등이 가장 많이 사용된다. 일반 구조용강, 비철금속, 주철의 절삭에는 주로 고속도강(HSS)이 많이 쓰이며, 고속도강 중에서도 내마모성을 향상시키기 위하여 Co를 8% 함유한 재질(SKH59)이 많이 생산되고 있다. 보다 능률적이고 긴 수명의 절삭에는 코팅 엔드밀, 분말 고속도강, 초경 엔드밀 등을 사용한다.

그림 12-17 페이스 커터

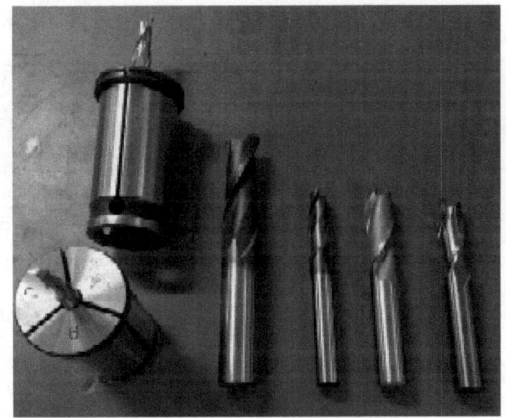

그림 12-18 엔드밀과 콜릿척

③ 조각 엔드밀

주로 문자나 도형 로고 등을 각인하는데 사용하는 공구다. 아래 사진은 인서트 팁과 홀더로 이루어진 공구로 공구 마모 시 팁의 교체로 손쉬운 공구교환이 가능한 조각 엔드밀이다.

④ 드릴

공구를 회전하여 회전축 방향으로 이송을 주어 가공물에 구멍을 뚫을 때 사용하는 공구로 합금강 드릴, 고속도강 드릴, 드릴 날 부분에만 초경합금 팁을 붙인 팁 드릴, 초경합금 드릴, 코팅 드릴 등이 있다.

그림 12-19 조각 엔드밀(인서트 형)

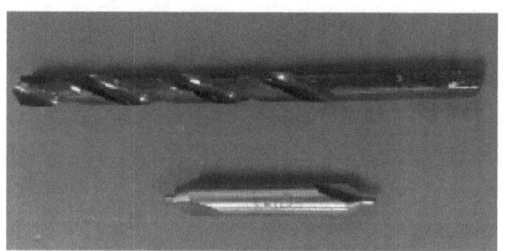
그림 12-20 드릴과 센터드릴

⑤ 카운터 싱크

접시머리 나사의 머리가 들어갈 부분을 60°, 90°, 120°의 원추형으로 가공하는 공구를 말하며 절삭 깊이는 접시머리나사의 규격(KS B 1021, KS B 1017)을 참조하여 깊이를 정한다. 다른 사용 예로는 이미 가공된 구멍의 모따기를 필요로 할 경우 구멍보다 큰 직경의 공구를 사용하여 작업을 할 수도 있다.

⑥ 카운터 보어

볼트로 조립되는 부품의 경우 볼트 머리가 표면으로 나오지 않도록 볼트 머리 안내 구멍을 파는 공구이며, 밀링 머신이나 드릴링 머신에서 작업할 경우에 구멍과 머리 부분 동심도를 높이기 위하여 카운터 보어 공구를 사용하였다.

⑦ 리머

뚫어져 있는 구멍을 정밀도가 높고, 가공 표면의 표면 거칠기를 좋게 하기 위해 사용하는 공구로 리머 작업의 다듬질 여유는 가공물의 재질, 리머의 종류에 따라 다르며 드릴 가공 면이 남지 않도록 구멍의 지름에 따라 다듬질 여유를 두어야 한다.

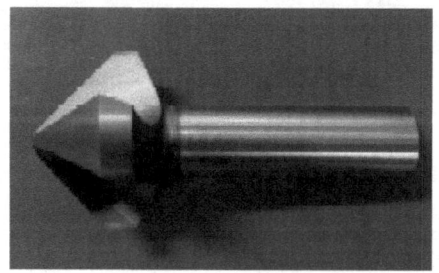
그림 12-21 카운터 싱크

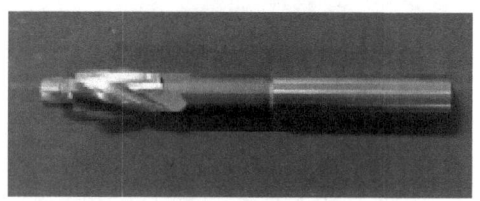
그림 12-22 카운터 보어

⑧ 탭

드릴로 뚫은 구멍에 암나사를 가공하는 공구로 나사의 호칭지름이 적고, 체결 목적이며 정밀도가 높지 않은 암나사를 가공할 때 유효한 방법이다.

탭 작업 시 구멍 가공을 위한 드릴의 크기는 나사의 호칭 지름에서 피치만큼 뺀 치수의 드릴을 선택한다. 탭의 종류로는 손으로 가공하는 핸드 탭, 기계 탭, 관통된 구멍에 일반적으로 가공하는 평행 탭, 막힌 구멍에 칩 배출에 용이한 스파이럴 탭 등이 있다.

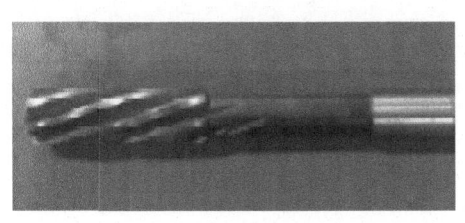

그림 12-23 리머

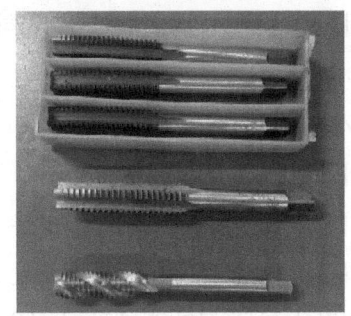

그림 12-24 핸드 탭, 평행 탭, 스파이럴 탭

⑨ 더브테일

조립 부품의 활동면인 더브테일 홈을 가공하는 공구다. 가공을 위해선 엔드밀로 1차 가공을 하여 더브테일 자체의 부하를 줄여 놓고 필요 치수까지 적당한 절입량으로 떨림없이 가공해야 한다.

⑩ T홈 커터

주로 T홈을 가공할 때 사용하는 공구다(예, 밀링 테이블, 원형 테이블의 홈). 더브테일과 마찬가지로 1차 가공을 마치고 커터로 가공하는 것이 공작물의 조도나 공구의 부하에 훨씬 이롭다.

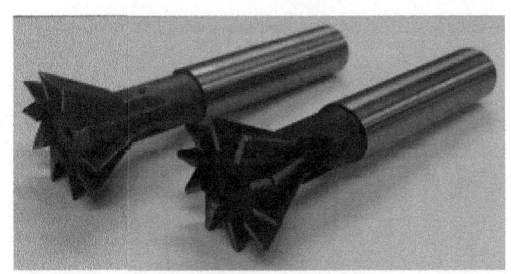

그림 12-25 더브테일

그림 12-26 T홈 커터

2) 작업 공정

(1) 가공 공정 수립

가공 공정을 수립하는데 있어서 우선적으로 도면의 검토와 분석이 이루어져야 한다. 도면 분석에서 요구되는 사항으로는 제품의 치수 및 공차 관계에 따른 형상 공차 이해 및 검토가 이루어져야 한다. 또한 생산 수량 및 고객의 요구사항을 검토하고, 자동화 및 보유 설비의 검토 및 협의가 이루어지고 생산에 따른 가공 공정의 수립 및 기존 가공 방식을 참고로 문제점검토 및 개선사항의 구체적 실시방법을 수립한다.

가공 공정을 수립할 때에는 기존 방식의 고수보다는 제품 품질 및 생산성 향상과 원가 절감의 차원에서 최선의 상태를 찾고자하는 노력이 필요하다.

(2) 가공 공정 계획
① 가공 설비를 결정한다.
② 가공물 고정, 절삭 공구 장착 등 시간을 최소화하고 가공 순서를 결정한다.
③ 가공 공정상 문제점을 파악한다.
④ 비절삭 가공 시간에 대한 손실을 최소화 한다.
⑤ 가공 여유를 사전 검토한다.
⑥ 부품 가공에 어려움이 없는지 검토한다.
⑦ 준비된 치공구를 활용하여 공정을 설계한다.
⑧ 유사형상물에 대하여 사전 분리하여 제작 순서를 결정한다.
⑨ 가공현장의 여건을 고려하여 각각의 부품도를 작성한다.

단원 핵심 학습 문제

01 다음 중 바이스의 종류가 아닌 것은?
① 기계 바이스 ② 유압 바이스
③ 파워 바이스 ④ 수동 바이스
해설 : ④ 바이스 종류 - 기계 바이스, 유압 바이스, 파워 바이스, 앵글 바이스

02 원형 공작물을 고정하는 기구이며, 선반에서 주로 이용하지만, 밀링에서 원형공작물 고정 시에 사용하는 것은?
해설 : 척

03 볼트로 조립되는 부품의 경우 볼트 머리가 표면으로 나오지 않도록 볼트 머리 안내 구멍을 파는 공구는?
해설 : 카운터 보어

04 뚫어져 있는 구멍을 정밀도가 높고, 가공 표면의 표면 거칠기를 좋게 하기 위해 사용하는 공구는?
해설 : 리머

05 접시머리 나사의 머리가 들어갈 부분을 60°, 90°, 120°의 원추형으로 가공하는 공구는?
해설 : 카운터 싱크

06 머시닝 센터에서 가장 많이 사용되는 공구로 평면, 홈, 윤곽, 구멍 등의 다양한 가공에 사용되는 원주면과 단면에 날이 있는 절삭공구는?
해설 : 엔드밀

07 공구를 회전하여 회전축 방향으로 이송을 주어 가공물에 구멍을 뚫을 때 사용하는 공구는?
해설 : 드릴

08 기구식 증력장치(쐐기식)를 사용하여 손쉽게 일정한 고정력을 유지하도록 만든 바이스는?
해설 : 파워 바이스

12-2 CNC 밀링(머시닝 센터) 조작하기

1. 공작물 좌표계 설정

1) 기계 원점 복귀

원점 복귀 방법은 조작판의 원점 복귀 모드에서 각 축을 지정하는 수동 원점 복귀 방법과 프로그램에서 명령하여 원점 복귀하는 자동 원점 복귀 방법이 있다. 보통 최초의 기계 원점 복귀는 수동으로 하고 그 후로부터는 자동 원점 복귀 방법을 사용한다.

기계 원점을 흔히 제1원점이라 하며, 기계 원점으로부터 일정한 거리의 값을 파라미터에 지정하여 3개까지의 원점을 임의로 정하여 사용할 수 있다. 이점들을 제2, 제3, 제4원점이라고 한다.

① 프로그램 원점

도면을 분석하여 프로그래밍이 편리하고 가공이 편리한 임의의 점을 프로그램 원점으로 지정한다.

② 공작물 좌표계

공작물이 도면과 같은 모양으로 가공되도록 하려면 프로그램을 할 때 지정한 절대 좌표의 기준점(프로그램 원점)과 공작물에서 절대 좌표 기준점이 일치되어야 한다. 이를 위하여 프로그램의 원점과 시작점의 위치 관계를 NC에 알려주어 프로그램상의 절대좌표의 기준점(프로그램 원점)과 공작물 절대좌표의 기준점(공작물 좌표계 원점)을 일치시키는 것을 공작물 좌표계 설정이라고 한다.

(1) 자동 원점 복귀(G28)

G28 X Y Z ;

원점 복귀를 명령할 때에는 급속 이송 속도로 움직이므로 가공물과의 충돌을 피하기 위하여 중간 경유점을 경유하여 복귀하도록 하는 것이 좋다. 중간 경유점의 위치를 지정할 때에는 증분 명령(G91)으로 명령하는 것이 충돌을 피하는 좋은 방법이다.

예) G28 G91 Z0 ; … 현 지점에서 Z축만 원점으로 복귀한다.

G28 G91 X30. Y25. Z50. ; … 중간 경유점(현재 위치에서 X30. Y25. Z50.)을 경유하여 X축, Y축, Z축 모두 원점으로 복귀한다.

(2) 제2, 제3, 제4원점 복귀(G30)

G30 P X Y Z ;

P2, P3, 4는 각각 제2, 제3, 제4원점이며, G28 명령 방법과 동일하게 명령한다. P를 생략하면 제2원점으로 자동 선택된다.

예) G30 G91 Z0 ; … 현 지점에서 Z축만 제2원점으로 복귀한다.

(일반적으로 공구 교환 위치로 보낼 때 사용)

(3) 원점 복귀 확인(G27)

G27 G91 X0 Y0 Z0 ;

수동 원점 복귀 후 정확하게 원점에 복귀하였는지 확인하는 기능이다. 주소 X, Y, Z는 복귀한 축을 나타내며, 데이터 수치는 기계 원점이면, 원점 복귀 램프가 점등되고, 원점 위치에 맞지 않으면 알람이 발생한다.

(4) 원점으로부터 자동 복귀(G29)

G29 X Y Z ;

G28, G30으로 원점으로 복귀시킨 경우 원점 복귀할 때에 명령한 중간 경유점을 경유하여 G29에서 명령한 좌표값으로 위치 결정한다. 이 기능은 공구 교환 후 필요한 위치를 이동시킬 때 사용하면 편리하다.

(5) G92를 이용한 방법

G92 G90 X Y Z ;

공작물원점에서 현재 공구의 각 축 위치를 측정하여 G92 G90 X Y Z ; 와 같이 명령하여 공작물 좌표계를 정하는 방법을 말하며, 반자동(MDI)모드 또는 프로그램에 아래에 명령방법과 같은 좌표계 설정 블록을 입력하고 운전을 개시하면 된다.

(6) G54~G59 공작물 좌표계를 선택하는 방법

각 축의 기계 원점에서 각각의 공작물 원점까지의 거리를 공작물 보정 화면의 (01)~(06)에 직접 입력, 또는 파라미터에 입력하여 공작물 좌표계의 원점을 정해 놓고 G54~G59의 명령으로 선택하여 사용한다.

이때 X, Y, Z에 입력되는 수치는 기계 원점에서 공작물 원점까지의 거리이다.

G54~G59의 코드로 다음과 같이 명령하면 공작물 보정 화면(01)~(06)에 입력되어 있는 좌표계를 선택하여 공작물 좌표계가 설정되며, 명령된 위치로 급속 위치를 결정한다.

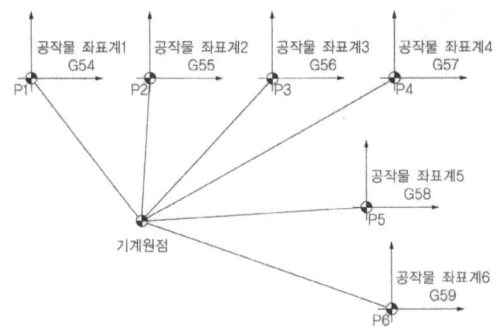

그림 12-27 공작물 좌표계 선택(G54~G59)

① 명령 방법

G54 G00 G90 X0 Y0 Z200.0 ; … G54에 입력되어 있는 수치만큼 기계좌표값을 읽어 좌표계를 설정한 후 절대좌표 X0 Y0 Z200.0인 위치에 급속 위치 결정

[그림 12-27]의 공작물 좌표계는 G10을 이용하여 프로그램으로 공작물 보정량을 입력한 후 선택하여 사용할 수도 있다.

2) 공작물 좌표계 설정 순서

(1) 작업 준비

① 전원을 공급한다.
② 기계 및 매거진을 수동 원점 복귀시킨다.
③ 조작판 → 원점복귀 → X+, Y+, Z+를 입력 → 원점 표시가 점등 상태가 될 때까지 기다린다.

(2) 반자동(MDI) 모드에서 자동 원점 복귀 기능을 익힌다.

조작판 → MDI모드 → G28 G91 X0 Y0 Z0 ; 입력 → CYCLE START

(3) 공작물을 테이블(바이스)에 고정한다.

(4) 아큐센터 (ACCU CENTER)를 툴에 장착 시킨다

(5) X, Y, Z 축을 "핸들운전" 또는 "수동운전"을 이용하여 이동시킨다.

① 핸들 운전의 경우

조작판 → 핸들운전 X, Y, Z축을 선택 → 핸들을 이용해서 이동시킨다.

② 수동 운전의 경우

조작판 → 수동운전 → 숫자판의 화살표 방향대로 스위치를 누르면, 스위치를 누르고 있는 동안 축이 이동한다.

(6) 스핀들 회전

조작판 → 반자동 → S500 M03 ; 입력 → CYCLE START

(7) 공작물 좌표계 설정

① G92를 이용한 방법

공작물 원점에서 현재 공구의 위치를 알려주는 작업으로 G92 코드를 사용한다.

(가) 반자동(MDI) 모드에서 엔드밀을 가공물의 단면에 터치하여 설정하는 방법

㉠ 핸들운전 → X축 선택 → 공구를 가공물 X축 단면에 터치 → MDI 모드 선택 → G92 G90 X-R ; (R : 공구의 반지름)을 입력 → 자동개시 → 절대 좌표 X값이 -R로 설정된다(공구가 가공물의 단면에 충돌하지 않도록 주의하여 접촉시킨다).

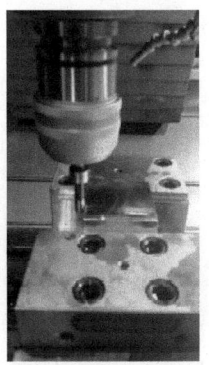 

그림 12-28 x축 터치   그림 12-29 y축 터치

㉡ "핸들운전" → Y축 선택 → 공구를 가공물 Y축 단면에 터치 → MDI 모드 선택 → G92 G90 Y-R ; 입력 → 자동개시 → 절대좌표 Y값이 -R로 설정된다.

㉢ "핸들운전" → Z축 선택 → 공구를 가공물 상면에 터치 → 상대 Oset (F4) → Z0(F7) → MDI 모드 선택 → G92 G90 Z0 ; 입력 → 자동개시 → 절대 좌표 Z값이 0으로 설정된다.

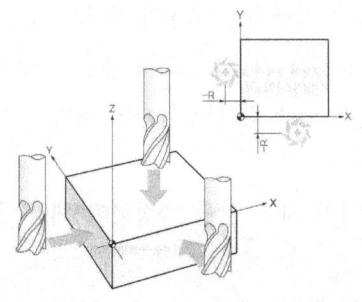 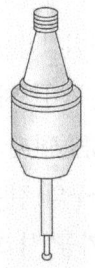

그림 12-30 좌표계 설정을 위한 공구의 터치   그림 12-31 터치센서

2. 공구 보정

1) 공구지름 보정

엔드밀 등 공구의 측면 날로 가공하는 경우 공구의 직경 때문에 공구 중심이 프로그램과 일치하지 않는다. 이와 같이 공구반경 만큼 발생하는 편차를 쉽게 자동으로 보상하는 기능이다.

(1) 기준공구(T01 : ∅10 엔드밀)
① [보정]화면에서 D01에 커서를 위치한다(프로그램 편집 작성 시 지름보정 번호를 D01로 입력한다).
② 공구의 보정값을 반경 치로 입력한다.
　(5.000[Insert] E ∅10엔 엔드밀의 반경 5mm

(2) ∅8 엔드밀(공구호출번호 T02)
① D02에 커서를 위치한다.
② 공구의 보정값을 반경 치로 입력한다.
　4.000[Insert] E∅8 엔드밀의므로 반경 4mm

(3) ∅8 드릴(공구호출번호 T03)
① D03에 커서를 위치한다.
② 공구의 보정값을 반경 치(4mm)로 입력한다.
　4.000[Insert] E∅8 드릴의 반경 4mm

2) 길이 보정

길이가 다른 여러 개의 공구로 공작물을 가공할 때에는 공구길이 보정이 필요하다. 예를 들어 Z축 프로그램원점이 공작물 상면일 때 프로그램 중에서 기준공구보다 짧은 공구를 사용하면 Z0 위치까지 이동시켜도 공작물에 도달하지 않고, 보다 긴 공구를 사용하면 Z0으로 이동시 공작물에 충돌하게 된다.
그러므로 기준공구의 길이를 기준으로 다른 공구의 길이 차이 값을 측정하여 해당 옵셋 화면에 등록하고 가공 시 호출하여 적용한다.
1번 공구의 공작물 좌표계가 완료되면 1번 공구부터 차례대로 다음과 같은 작업을 수행한다.

(1) 기준 공구의 길이 보정

그림 12-32 공구 보정 화면

① [보정]화면에서 H01에 커서를 위치한다.
(프로그램 편집 시 길이 보정 번호를 H01로 입력함).

② 길이 보정값 입력(상대좌표 값)
0.000 ['Insert' 또는 '입력' 버튼]
여기서 ∅10 엔드밀을 기준공구로 사용할 것이므로 길이보정을 "0.000"으로 한다.

(2) 2번 공구의 길이보정

① 반자동 모드를 선택하여 MDI 화면상태로 한다.
② "T02 M06 ; " 입력 후 [Cycle Start] 버튼을 눌러 2번 공구를 주축에 장착한다.
③ "S1000 M03 ; " 입력 후 [Cycle Start] 버튼을 눌러 주축을 정회전 시킨다.
④ 모드를 [핸들]로 변환한 후 핸들을 사용하여 2번 공구를 공작물의 표면에 접촉시킨다. 이때의 Z좌표값을 확인 기록한다(상대좌표).
예) Z-2.946
⑤ [OFFSET]키를 선택하여 보정화면에서 H02에 커서를 위치한다(프로그램 편집 시 길이 보정번호를 H02로 입력함).
⑥ 위에서 기록한 2번 공구의 길이 보정값을 입력한다.
-2.946 입력 → [Insert] 선택
즉, 기준공구의 값을 H01에 "0.000"으로 입력하였으므로 입력한 값 "-2.946"은 기준 공구와의 차이값이 된다.
⑦ 위와 같이 공구의 길이보정이 끝났으면 [JOG]모드에서 공구를 Z+방향으로 이송한 후 "SPINDLE STOP"를 입력하여 주축을 정지시킨다.

(3) 3번 공구의 길이보정

2번 공구의 길이보정이 완료되면 주축의 회전이 정지된 상태에서 3번 공구로 교환을 하여 2번 공구의 경우와 같은 방법으로 길이보정을 한다.

그림 12-33 공구길이 측정 장치

그림 12-34 하이트 프리센터

3. 시제품 가공

1) 시운전

가공 전 우선 이루어져야 하는 것이 시운전이다. 시운전의 목적은 프로그램의 이상 유무와 그래픽 기능이 없는 경우 공구경로를 확인하고 셋팅(공작물 좌표계 설정과 공구보정)이 정확하게 되었는지를 확인한다. 시운전에는 공작물을 물리고 Z값을 상향 조정하여 가상으로 가공하는 방법과 공작물을 고정 장치에서 분리시킨 후 직접 시운전 하는 방법 등이 있다. Z 좌표계를 수정하여 할 경우 현재 입력된 공작물 좌표계의 Z값에 가산을 하여 수정을 하면 된다.

예) G92 G90 X123.456 Y234.567 Z345.678 ;

Z값을 445.678로 수정한다. 시운전 확인 후엔 원래로 돌려 놓는 것을 잊지 말아야 한다.
G54 역시 설정하는 화면에서 바꿔주고 시행하면 된다.

※시운전 시작 전 싱글블록을 ON하고 급속이송 속도를 낮춰 안전하게 조작이 이루어져야 한다. 운전 중 문제점이나 위험한 상황이 발생하면 비상정지 버튼을 누른다.

2) 도안

시운전을 대신하는 방법으로는 위에 언급했듯이 그래픽(도안) 기능이 존재한다(옵션 기능). 가공 전 프로그램을 삽입 후 기계에서 어떻게 경로가 발생하고 혹여 발생되는 ALRAM이나 이상한 공구경로를 예상할 수 있는 기능이다. 방법으로는 FANUC조작판의 그래픽 확인방법을 배운다.

(1) 가공할 프로그램을 입력한다.
(2) 그래픽 버튼을 누른다.
(3) 화면 하단의 G,PRM을 누른다.
(4) 화면 하단의 도형을 누른다.
(5) MEM(자동 모드) 선택한다.
(6) CYCLE START 버튼을 누른다.
(7) 그래픽을 확인한다.
(8) 기계 원점복귀 후 마무리 한다.

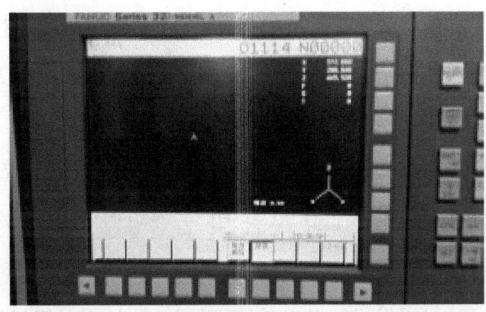

그림 12-35 도안 화면

3) 시제품 가공

(1) 가공을 하기 전에 프로그램을 충분히 검토하여 기계에서 알람이나 충돌이 발생하지 않도록 한다.
(2) 작업 중에 공작물이 튀어나가지 않도록 확실하게 고정하고 반드시 확인한다.
(3) 시제품 가공시 자동운전을 시작 할 때는 싱글블록으로 가공한다.
(4) 가공 중에 공구와 화면을 항상 주시한다. 정상이 아니라고 판단되면 FEED HOLD 버튼이나 비상정지 버튼을 누를 수 있도록 한다.

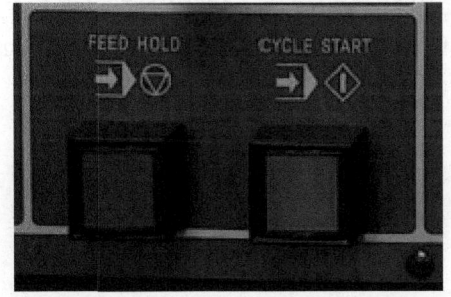

그림 12-36 FEED HOLD와 CYCLE START 버튼

그림 12-37 OVERRIDE 조작기

(5) 시운전 중 이송속도나 회전수가 맞지 않을 경우 OVERRIDE 조절 스위치를 조작하여 맞는 조건을 맞추고, 가공이 완료되면 프로그램을 수정한다.

(6) 운전이 끝나면 주축을 안전한 위치로 이동시키고, 테이블을 중앙에 이동시킨다.

(7) 기계를 청소하고 주변을 정리정돈 한다.

4. 좌표계 및 보정량 수정

1) 절삭공구 사용

머시닝센터에서는 평면가공, 구멍가공, 총형가공, 홈가공 등 다양한 종류의 절삭가공이 가능하며 이에 따라 적절한 공구의 선택과 사용이 매우 중요하다. 일반적으로 밀링 또는 머시닝센터에 많이 사용하는 공구에는 평면커터, 측면커터, 정면커터, 엔드밀, 총형커터, T홈 커터와 더브테일 커터 등이 있다.

첫째, 찍힘, 변형 등 방지하여 완성 가공 후 정밀도를 생각한다. 둘째, 각 공정의 가공부위를 결정하고, 셋째, 각 공정별 Clamping 부위 및 클램핑의 폭과 두께를 결정하고 지그(jig)를 결정한다. 넷째, 가공 공정이 결정되면 구분된 공정에 다라 적합한 기계 종류를 결정한다. 다섯째, 각 공정의 공구를 선정한다. 결정된 공정에 따라 절삭공구를 결정하고, 결정된 기계 종류와 절삭 공구에 맞추어 Tool Holder를 결정한다.

마지막으로 회사별 업무영역의 역할에 따라 실절삭 가공 시간과 비절삭 시간 가공시간(Cycle Time)을 산출하여 원가를 계산해야 하는 경우가 있다. 이때에는 급속 위치 결정과 공작물의 장착과 탈착 및 공구 회전시간을 포함하여 원가를 계산한다.

2) 공차 적용

가공에 있어서 공차 적용을 하지 않고 설계에서 내려온 모델링대로 가공을 한다면 조립할 때 조립이 되지 않는다. 가공하면서 도면과 똑같이 가공할 수 없을 뿐만 아니라 도면대로 했다 하더라도 조립 공차가 적용되지 않으면 안 된다. 조립 공차는 슬라이드되는 부분을 헐거운 끼워맞춤을 적용해야 하며, 제품구간은 도면과 똑같이 가공을 하고, 습합구간은 억지 끼워맞춤 공차를 적용해야 한다.

3) 보정량 수정

(1) 보정값 수정으로 공차 적용 예

① 형상 값에 직접 입력할 수 있겠지만, 추후 반경 보정 호출 시 같은 값이 적용될 수 있으

므로 마모량에 입력하여 상황에 맞춰 수정해 주면 된다.

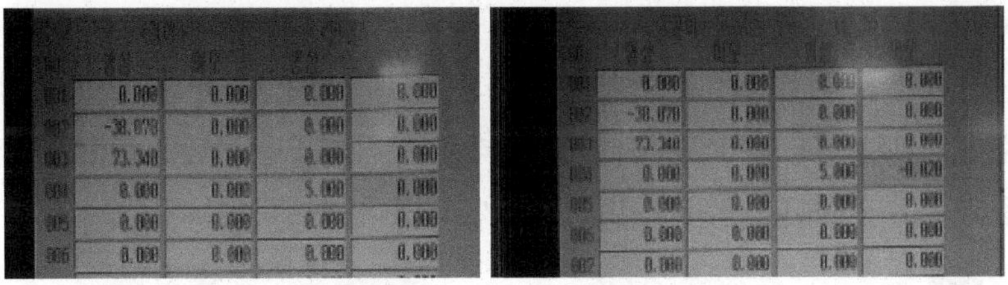

그림 12-38 마모 값을 이용한 보정

표 12-1 공차 구분 표

공차 구분	공차 설명 및 적용
치수 공차	- 2차원적 규제 - 길이, 두께, 높이, 직경 등
형상 공차	- 3차원적 규제 - 진직도 / 평면도 / 진원도 / 원통도 / 윤곽도 - 단독 형체에 적용
자세 공차	- 3차원적 규제 - 직각도 / 평행도 / 경사도 / 윤곽도 등 - 관련 형체에 적용
위치 공차	- 3차원적 규제 - 위치도, 대칭도, 동심도 - 축선 또는 중심면을 갖는 사이즈 형체에 적용
흔들림 공차	- 형상 공차와 위치 공차 복합 부품 형체 상의 원주 흔들림

5. 프로그램 수정

1) 프로그램 입력 방법

(1) 수동 입력 방법

직접 조작판을 눌러 프로그램을 입력하는 방법이다. 간단한 프로그램은 직접 입력하여 가공 시간이 절약될 수 있는 장점이 있다. 복잡한 형상에는 부수적인(계산기 등) 필요 도구가 많으므로 시간이 오래 걸리는 단점이 있다.

(2) Diskette

과거 천공테이프를 쓰던 바로 이후 컴퓨터가 보급되면서 Diskette(디스켓)이라는 저장장치가 생겼다. 데이터의 손상이나 훼손에 취약했던 천공테이프에 비해 안전성이 향상되었으나 최근에 USB나 메모리카드의 등장으로 최근에는 사용량이 많이 줄었다.

(3) 메모리카드

보조 기억 장치로 연결이 없는 프로그램을 컴퓨터로 입력 후 메모리카드에 저장하여 기계에 입력하는 방법이다. 복잡하거나 용량이 큰 프로그램을 쉽게 넘길 수 있는 장점이 있다. 조작판에 삽입 시 완전히 삽입되는 것이 아니라 일부 돌출되는 부분이 있어 불편함이 있고, 최근 이용되는 USB메모리 장치에 비해 크기가 커서 사용이 줄어드는 추세이다.

그림 12-39 Diskette 소켓과 Diskette

그림 12-40 메모리카드 리더기와 메모리카드

(4) USB메모리

컴퓨터의 보편화로 CNC밀링(머시닝센터)에도 입력이 가능하다. 크기가 작아 휴대가 간편하고 용량이 큰 프로그램도 입출력이 가능하다. 단점으로는 단자부분의 많은 접촉이 있으면 고장이 발생하기도 하며, 이로 인한 데이터 손실도 단점이라고 할 수 있다.

(5) RS232C 케이블

컴퓨터와 직접 연결하는 방식(DNC)으로 별도의 장치 없이 바로 전송이 가능하다. 직접 전송하는 방식이기 때문에 NC장치의 용량에 영향을 받는다. 예를 들어 2~3일의 시간이 걸리는 프로그램이라면 NC장치 자체에서 과용량으로 받지 못하기 때문에 큰 용량의 프로그램을 넘기기엔 적합하지 않다.

그림 12-41 USB메모리와 리더기   그림 12-42 RS232C 케이블

그림 12-43 LAN선

(6) LAN(DATA SERVER)

LAN선을 이용 데이터서버로 NC장치를 거치지 않고 프로그램을 입력 가공하는 방법이다.

대용량 프로그램도 문제없이 가공이 가능하고, 컴퓨터로 직접 기계에 명령을 할 수 있다. 단점은 조작판에서는 프로그램의 수정이 불가능하다. 따라서 즉각적인 대처는 어려운 점으로 남는다.

2) NC 프로그램의 편집

(1) 입력되어 있는 프로그램의 수정

이미 입력되어 있는 프로그램을 불러서 수정하고자 할 때에는 아래와 같은 방법으로 한다.

프로그램 ⇨ 일람 ⇨ 원하는 프로그램 선택 ⇨ INPUT ⇨ BG-EDIT ⇨ 편집 ⇨ 조작 ⇨ BG 편집종료

편집에는 두 가지 방법이 있다. FG(포그라운드), BG(백그라운드)편집이 있다. 두 가지의 차이는 메인프로그램이냐 아니냐의 차이다. 메인 프로그램을 편집을 하게 되면 FG라 하여 편집 후 종료가 필요 없다. 바로 메모리 모드로 전환하여 바로 실행이 된다. 반면 BG의 경우 메인 프로그램이 가공 중에도 편집이 가능하여 작업시간이 단축될 수 있다. 대신 이름 그대로 BG(백그라운드)이기에 꼭 종료나 편집종료를 하여야 편집한 내용이 적용이 될 수 있다.

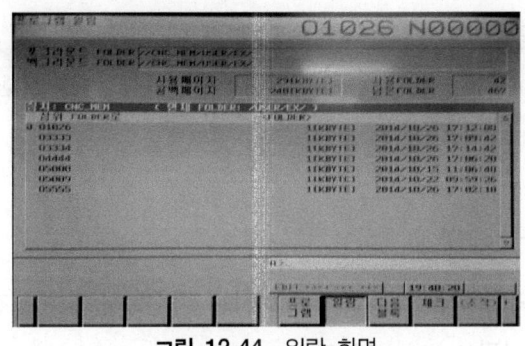

그림 12-44 일람 화면

(2) 불필요한 프로그램의 삭제

① 프로그램 버튼으로 일람 화면을 부른다.
② 일람 화면에서 삭제하고자 하는 프로그램에 커서를 위치해 놓는다.
③ 조작 버튼을 누르고 삭제를 누른다. 다시 프로그램 번호를 확인하고 확실히 삭제해야 할 프로그램이라 판단되어지면 실행을 눌러 삭제한다.

6. 공구 교환

1) 공구의 마모

절삭 공구로 절삭 가공을 할 때, 고온과 고압으로 인한 마찰력으로 공구가 마모되어 절삭성이 감소하고, 가공 치수의 정밀도가 낮아지고, 가공된 면의 표면 거칠기가 불량하게 된다. 따라서 절삭 공구 본래의 형상을 잃게 되며, 소요되는 절삭 동력도 증가하게 된다. 이러한 현상이 어느 한계값을 넘어서게 되면 절삭 공구를 교환하거나 재연삭하여야 한다.

이와 같이 새로운 절삭 공구로 가공물을 일정한 절삭 조건으로 절삭을 시작하여 공구의 교환 또는 재연삭을 할 때까지의 실질적인 절삭 시간의 합을 공구 수명 시간이라 하며 단위는 분(min)으로 나타낸다. 공구 수명에 영향을 주는 요소로는 마모가 가장 주요한 원인이며, 절삭열도 원인이 된다. 일반적으로 이러한 원인의 결과로는 절삭공구의 경사면의 마모와 여유면의 마모, 치핑, 온도 파손 등이 복합적으로 나타난다. 초경 합금이나 세라믹 공구보다는 고속도강 공구에서 뚜렷하게 나타난다.

2) 공구 수명

(1) 절삭 공구의 수명식

테일러는 1907년도에 공구수명과 절삭 속도사이의 관계를 다음 식으로 표시하였다.

$$VT^{\frac{1}{n}} = C$$

V : 절삭 속도, T : 공구 수명, n : 지수, C : 상수

지수(n)는 절삭 공구와 가공물에 의하여 변화하는 지수로서, 고속도강은 0.05~0.2, 초경 합금은 0.125~0.25, 세라믹은 0.4~0.55이다.

상수(C)는 가공물의 절삭조건에 따라 변화하는 값으로, 공구 수명을 1분으로 할 때의 절삭 속도이다.

(2) 공구의 수명 판정

① 가공 면에 광택이 있는 색조 또는 반점이 생길 때
    공구의 인선이 마모되거나 파손되면 광택이 나며, 절삭이 불량하게 된다. 이러한 광택은 버니싱(Burnishing)을 한 것과 같은 광택을 나타낸다.
② 완성 치수의 변화량이 일정량에 달했을 때
    절삭 공구가 마모되면, 가공 치수에 비해 치수가 증가하는데 이 증가하는 치수량이 일정 범위에 도달하면 공구의 수명이 종료한 것으로 판정하는 방법이다. 일반적으로 보통 다

듬질에서는 0.2mm 정도, 정밀 다듬질에서는 0.04mm 정도의 변화가 생길 때에 공구 수명이 종료되는 것으로 판정한다.

(3) 공구 수명과 요소

① 절삭 속도의 영향

절삭 속도가 어느 정도에서는 절삭 열의 영향으로 마찰 계수가 감소하고, 구성 인선이 발생하지 않지만, 절삭 속도가 필요 이상으로 커지면 마모의 증가로 절삭 공구의 수명이 짧아진다.

② 절삭 공구의 재료

절삭 공구의 재료는 고온 경도, 경도, 인성, 내마모성, 열적 충격성 등 여러 가지의 조건을 갖춘 것이 좋다. 가공 재료와 절삭 공구 재료의 친화력이 적어지면 마모 저항이 향상된다. 고속도강은 고온 경도가 낮아 절삭 열이 낮은 상태에서 가공하는 것이 좋다. 세라믹, CBN 공구 등은 특성상 비교적 절삭 열이 높은 절삭 속도로 가공하는 것이 좋다.

③ 가공 재료의 영향

가공 재료가 절삭 공구 수명에 영향을 미치게 되며, 경도, 인성, 마모, 강도 등 재료의 성분이나 기계적 성질이 절삭 공구 수명에 영향을 미치게 된다.

④ 절삭 유제의 영향

칩이 경사면 위에서 일으키는 마찰이 공구 수명에 영향을 미치며, 절삭 유제는 절삭할 때 발생하는 절삭 열과 마찰을 감소시켜 절삭 공구 수명을 연장한다.

(4) 공구 마모와 절삭 유제

절삭 가공을 할 때에는 전단면의 소성 변형과 공구에 마찰이 생겨 열이 발생한다. 이 때, 절삭 유제를 사용하면 공구와 칩 사이의 마찰이 줄고 절삭 열이 냉각된다. 절삭 유제는 절삭 저항을 감소시켜 공구의 수명을 연장시키고 절삭 성능을 높여준다. 또, 공작물의 깎인 부분과 칩을 깨끗이 닦아내어 가공을 쉽게 한다.

① 수용성 절삭 유제

절삭 유제의 원액이 물을 타서 사용하는 것으로, 냉각성이 좋고 성분과 유성에 따라 강재 및 그 합금의 절삭 및 연삭용, 비철금 등의 절삭 및 연삭에 쓰인다. 비교적 다량의 광물성 기름에 소량의 유화제, 방청제 등을 첨가한 것으로 10~20배의 물로 희석하여 사용한다.

(가) Emulsion 형(광유+유성제+유화제극압제)

물로 희석하면 1μ 이상의 O/W형 유백색의 에멀존 형성, 유성이 우수하면 절삭 및 중연삭 가공에 적합하다.

(나) Semi-Synthetic 형(합성유화제+소량의 광유+유성제극압제)

물로 희석하면 1μ 이하의 투명, 반투명 액상 형성, 유성을 필요로 하는 연삭과 일부 절삭작업에 적합하다.

(다) Synthetic 형(무기화합물+유화제+유성제극압제)

물에 완전 용해하며, 투명, 반투명 용액형성, 큰 냉각 특성을 가지고 있으며 연삭작업에 적합하다.

② 불수용성 절삭 유제

광물성인 등유, 경유, 스핀들유, 기계유 등이 있으며, 그대로 또는 서로 혼합하여 사용한다. 이들 절삭유제는 점성이 낮으며, 윤활 작용은 좋으나 냉각 작용은 좋지 못하므로 주로 경절삭에 쓰인다.

(가) 유성유(광유)

불활성이며 경절삭 및 연삭 가공에 적합하다. 래핑, 슈퍼피니싱, 호닝 가공시 사용한다.

③ 혼합유

광물성 기름에 지방유, 지방산 에스터 등의 유성제를 혼합한 것이다. 극압유는 절삭 공구가 고온, 고압 상태에서 마찰을 받을 때에 사용하며 윤활 작용이 주목적이다. 광물성 기름 또는 혼합유의 극압 첨가제로는 황(S), 염소(Cl), 납(Pb), 인(P) 등이 쓰인다.

(가) 유성유[혼합유](광유+지방유)

선삭가공, 밀링가공 등의 비철 금속 가공에 적합하며 동(cupper)에 불활성임

(나) 불활성 염화유(광유+지방유+염소유)

호빙과 같이 공구 플랭크 마모방지와 윤활이 필요한 절삭가공, 비철 금속 가공에 적합하다.

(다) 불활성 유화 염화유(광유+지방유+염소유+불활성 유화유)

호빙, 기어 쉐이빙 등과 같이 공구 수명을 연장하고자 하는 작업에 적합하다. 불활성 염화유에 불활성 유화유 첨가

(라) 활성 유화 염화유(광유+지방유+염소유+활성 유화유)

브로우칭, 태핑 등 저속으로 Tear 되기 쉬운 난삭 가공작업제 적합하다. 반용착성, 윤활성 우수, 공구 수명 연장, 표면 조도 향상에 도움 된다. 활성으로 비철금속은 적합하지 않다.

3) 공구 교환

(1) 공구를 교환을 하기 전에 밀링 척을 잡고 TOOL UNCLAMP 버튼을 눌러서 밀링 척을 뺀다.

(2) 공구를 교체하기 위해 밀링 척과 척 핸들을 아버 클램프 장치에 준비한다.

그림 12-45 주축과 TOOL UNCLAMP 버튼

그림 12-46 아버 클램프 장치와 공구 교환 준비

(3) 밀링 척을 아버 클램프 장치에 고정 시키고 척 핸들을 사진과 같이 잡고 반시계방향으로 밀링 척과 콜릿 척을 분리한다.
(4) 엔드밀을 물릴 때는 작업 상황에 따라 최대한 날장과 가깝게 물린다.

그림 12-47 밀링척과 콜릿척의 분리

그림 12-48 날장에 가깝게 물린 엔드밀

(5) 콜릿 척을 밀링 척에 넣고 척 핸들을 시계방향으로 돌려 고정한다. 그리고 밀링척을 다시 주축대에 끼워 TOOL UNCLAMP 버튼을 눌러 고정한다.
(6) 주변을 정리 정돈한다.

단원 핵심 학습 문제

01 다음 중 머시닝센터의 수동 입력 방법이 아닌 것은?
① Diskette   ② 메모리카드
③ USB메모리   ④ 컴퓨터 하드

해설 : ④ 수동 입력 방법 - Diskette, 메모리카드, USB메모리, RS232C 케이블, LAN

02 공구의 수명 판정 방법을 쓰시오.

해설 : ① 가공 면에 광택이 있는 색조 또는 반점이 생길 때
② 완성 치수의 변화량이 일정량에 달했을 때

03 ∅8 엔드밀인 경우 구의 보정값은?

해설 : 4.0

04 자동 원점 복귀(G28)을 사용하여 원점복귀 명령을 쓰시오.

해설 : G28 X Y Z ;
원점 복귀를 명령할 때에는 급속 이송 속도로 움직이므로 가공물과의 충돌을 피하기 위하여 중간 경유점을 경유하여 복귀하도록 하는 것이 좋다. 중간 경유점의 위치를 지정할 때에는 증분 명령(G91)으로 명령하는 것이 충돌을 피하는 좋은 방법이다.
G28 G91 Z0 ; … 현 지점에서 Z축만 원점으로 복귀한다.
G28 G91 X30. Y25. Z50. ; … 중간 경유점(현재 위치에서 X30. Y25. Z50.)을 경유하여 X축, Y축, Z축 모두 원점으로 복귀한다.

05 절삭 유제의 원액이 물을 타서 사용하는 것으로, 냉각성이 좋고 성분과 유성에 따라 강재 및 그 합금의 절삭 및 연삭용, 비철금 등의 절삭 및 연삭에 쓰이며, 비교적 다량의 광물성 기름에 소량의 유화제, 방청제 등을 첨가한 것으로 10~20배의 물로 희석하여 사용하는 절삭 유제는?

해설 : 수용성 절삭 유제

06 반자동 모드에서 스핀들 회전하는 방법을 쓰시오.

해설 : 조작판 → 반자동 → S500 M03 ; 입력 → CYCLE START

07 ∅8 엔드밀(공구호출번호 T02)의 경우 공구 보정 번호는?

해설 : D02

12-3 측정 및 검사하기

1. 측정기 선정

1) 측정의 개요

(1) 측정의 개요

기계로 가공되는 가공물은 도면에 표시된 가공 방법, 치수, 기하학적 형상, 표면 거칠기, 각도, 열처리 등의 요구조건을 만족시켜야 한다. 이 중에서 치수, 형상, 각도, 표면 거칠기 등을 가공 중 또는 가공 후에 가공된 양이 사용하는 단위 안에 얼마나 포함되었는가를 확인하는 것을 측정이라 한다.

어떤 나라, 어떤 회사에서 가공된 부품이라도 설계 도면이 동일하다면 호환성이 있어야 하기 때문에 각 나라별 규격과 국제 규격을 정하고 있다. 예를 들면

ISO : 국제 표준화 기구(International Organization for Standardization)
KS : 한국 공업 규격(Korean Industrial Standards)
ANSI : 미국 공업 규격(American National Standards Institute)
BS : 영국 공업 규격(British Standards)
DIN : 독일 공업 규격(Deutsches Istitute fur Normung)
JIS : 일본 공업 규격(Japanese Industrial Standards) 등이 있다.

측정 방법에는 측정기 내에 있는 기준편에 의해 치수를 직접 측정하는 직접 측정(절대 측정)방식과 별도의 게이지를 기준으로 피측정물을 측정하여 그 차이로 측정하는 비교 측정방식도 있다.

① 검사 : 가공된 부품이 도면에 충족하게 가공되었는가를 판정하는 것
② 측정 : 가공된 부품의 형상, 치수, 각도, 표면 거칠기 등이 도면에 요구에 따라 필요한 치수로 가공되었는가를 기준 치수와 비교하여 수치로 나타내는 것을 의미하며 결과값은 측정량의 수치와 단위의 곱으로 한다.

2) 측정기의 특성

(1) 최소 눈금과 눈금선 간격

측정기의 최소 눈금은 눈금선 위에 1눈금만큼 지침 또는 기선의 이동에 해당되는 측정량의 변화를 말한다. 눈금선 간격은 이웃한 두 눈금선 사이의 간격을 말한다. 눈금의 읽음 정도는 눈금선 간격의 크기에 영향을 받으며 1/10mm 눈금을 어림하여 읽기위해서는 약 0.7~

2.5mm가 적합하다.

(2) 지시 범위와 측정 범위

측정기에서 읽을 수 있는 측정값의 범위를 측정 범위라고 한다.

대부분 마이크로미터 25mm 단위이고, 다이얼 게이지는 5mm 또는 10mm이다. 또한 대부분의 길이 측정기에서는 지시 범위와 측정 범위는 일치한다.

(3) 측정 압력

피측정물을 양 측정면 사이에 끼워 측정하는 경우, 그 사이에 작용하는 힘을 측정력이라 한다. 대부분 측정기에는 30~200g 정도의 측정력이 소요되거나 큰 측정력은 1kg이 되는 것도 있다.

3) 측정 오차

여러 가지 원인으로 측정 시에 오차가 포함되기 때문이다. 이 원인으로는 부주의로 인한 인위적인 것과 측정기의 구조나 주위 환경의 부적당을 들 수 있다. 그러므로 오차=측정값-참값으로 표시할 수 있다.

(1) 측정기의 오차(계기오차)

측정기의 정도 결정은 KS에서는 온도 20°C, 기압 760mmHg, 습도 58%로 규정하고 있으며, 계기 오차는 측정기의 구조, 측정 압력, 측정온도, 측정기의 마모 등에 따른 오차를 말한다. 이때 온도 변화 T(°C)에 따라 생기는 변화량은(λ)은 길이(l)과 열팽창계수(α)로부터 다음 식을 구한다.

$$\lambda = l \cdot \alpha \cdot t(t0 - t1)$$

또한 측정 방법으로써 가장 이상적인 것은 양 측정면 사이에 기준편을 넣어 0점을 맞추고, 그 상태에서 기준편과 피측정물을 바꾸어 측정하는 치환법이다. 이 방법을 채택할 수 없을 때는 "표준자와 피측정물은 동일 축 선상에 있어야 한다."라는 아베(abbe)의 원리를 지켜야 한다.

(2) 시차

측정자의 눈의 위치에 따라 눈금의 읽음값에 오차가 생기는 경우가 있다.

이의 방지를 위해서 측정자의 눈의 위치가 항상 눈금판에 대하여 수직이 되도록 표시되는 측정기도 있다. 시차와 함께 측정자의 미숙(정확히 중심선을 못 맞추는 등)으로 발생하는 오차를 개인 오차라 한다.

(3) 후퇴 오차
피측정물의 치수를 길이 측정기를 사용하는 구하는 경우, 주위의 상황이 변하지 않는 상태에서 동일한 측정량에 대하여 지침의 측정량이 증가하는 상태에서의 읽음값과 반대로 감소하는 상태에서의 읽음값의 차를 후퇴 오차라 한다.

(4) 우연 오차
기계에서 발생하는 소음이나 진동 등과 같은 주의 환경에서 오는 오차 또는 자연 현상의 급변 등으로 생기는 오차를 우연 오차라 한다.

(5) 긴 물체의 휨에 의한 영향
긴 물체는 자중에 의해 휨이 생기고 정확한 치수 측정이 불가능하다. 따라서 각 지점의 지지 위치에 따라 모양이 각각 달라지므로, 사용 목적에 따라 가장 적합한 것을 선택해야 한다.

4) 길이의 측정

(1) 버니어 캘리퍼스
버니어 캘리퍼스는 자와 캘리퍼스를 조합한 것으로 공작물의 바깥지름, 안지름, 깊이 등을 측정하는데 사용된다. 측정 정도는 일반적으로 0.05mm로 측정 조(jaw)와 어미자 눈금 및 아들자 눈금에 의해 치수를 측정할 수 있다.

① 버니어 캘리퍼스의 구조와 종류
  KS에 규정된 버니어 캘리퍼스는 M1형, M2형, CB형 버니어 캘리퍼스와 이외에 여러 종류가 사용되고 있다.

② 버니어의 눈금 읽는 법
  버니어 캘리퍼스의 눈금 읽는 방법은 아들자의 영점 위치를 우선 확인한 다음 어미자와 아들자의 눈금선이 서로 일치되는 부분의 치수를 읽어주면 된다.

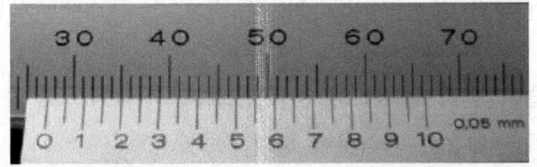

그림 12-49 버니어 캘리퍼스의 눈금원리

(가) 아들자의 영점이 27mm 부분에 있음을 기억해 둔다.
(나) 어미자와 아들자의 눈금선이 서로 일치되는 선을 찾는다.
(다) 일치되는 선이 아들자 2와 3사이에 있는 눈금선에 있으므로 아들자의 한 눈금이 0.05mm이므로 0.25mm임을 알 수 있다.
(라) 따라서, 측정치수는 27.25mm임을 알 수 있다.
③ 사용상의 주의 점
(가) 사용하기 전에 각 부분을 깨끗이 닦아서 먼지, 기름 등을 제거한다.
(나) 어미자와 아들자의 측정면을 가볍게 밀어 닿게 하고, 광선에 비춰 보아 틈새가 있는지를 확인해야 한다. 이 때 광선이 겨우 보일 정도면 $3\sim5\mu m$의 틈이 생긴 것이다.
(다) 버니어 캘리퍼스는 아베의 원리에 맞는 구조가 아니므로 가능한 한 어미자의 기준 끝면(어미자 눈금선 가까이) 가까운 쪽에서 측정하는 것이 좋다.
(라) 측정할 때 조 또는 깊이 바의 측정면은 피측정물에 정확히 접촉하도록 한다.
(마) 내측의 있어서 안지름을 측정할 경우에는 측정값의 최대를 구하며, 홈 나비를 측정할 경우에는 최솟값을 구하는데 유의해야 한다.
(바) 눈금을 읽을 때에는 시차가 생기지 않도록 눈금면의 직각 방향에서 읽도록 한다.
(사) 사용 후에는 각 부분을 깨끗이 닦아 녹이 슬지 않도록 한다.
(아) 보관할 때에는 습기, 먼지가 없고 온도 변화가 적은 곳에 보관해야 한다.
④ 버니어 캘리퍼스의 검사
(가) 눈금면이 외관상 이상이 없는지, 조의 선단 등에 파손이 없는지를 확인한다.
(나) 슬라이더의 작동이 원활한지를 검사한다.
(다) 종합 정밀도는 게이지 블록을 사용하여 외측 및 내측에 대하여 검사하고, 버니어 캘리퍼스로 측정된 치수로부터 게이지 블록의 치수를 뺀 값으로 한다.

(2) 마이크로미터

① 마이크로미터의 원리

표준 마이크로미터는 나사의 피치가 0.5mm, 심블의 원주 눈금이 50등분되어 있으므로 스핀들 이동량(M)은 $M=0.5\times(1/5)=0.01mm$로 최소 측정값은 0.01mm이다.

② 눈금 읽는 법

눈금을 읽는 방법은 먼저 슬리브의 눈금을 읽고, 심블의 눈금과 기선과 만나는 심블의 눈금을 읽어 슬리브 읽음값에 더하면 된다.

[그림 12-50]에서는 스핀들의 눈금이 7이고, 심블의 눈금이 0.37이므로 $7+0.37=7.37mm$이다.

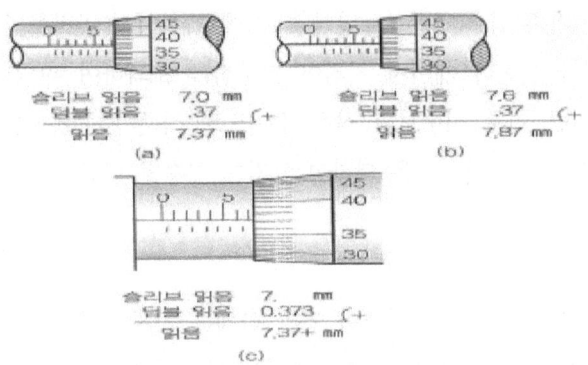

그림 12-50 마이크로미터 눈금 읽는 법

③ 사용상의 주의점

마이크로미터의 0점 조정법은 사용 전에 반드시 양측 정면을 깨끗한 양피나 헝겊 또는 종이로 닦아내고 래칫 스톱을 돌려 양측 정면을 접촉시켰을 때 심블의 0점과 슬리브 기선이 일치하는가를 확인한다.

(3) 실린더 게이지

실린더 게이지는 치수의 변화량을 측정자에 의하여 캠에 전달시키고, 캠의 전도자에 의해 누름핀에 전달되어 다이얼 게이지의 스핀들을 변화시켜 지침으로 표시된다.

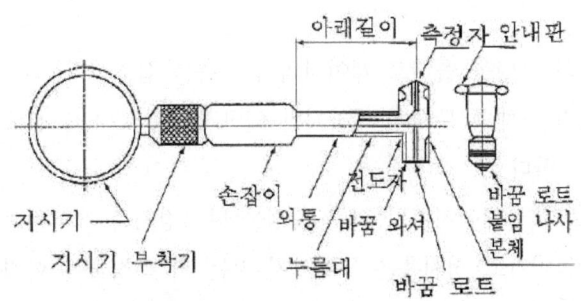

그림 12-51 실린더 게이지의 구조

① 치수 측정

(가) 실린더 게이지 측정자를 마이크로미터 양 측정면 사이에 넣고, 실린더 게이지를 움직이면서 최소점을 찾는다(지침이 최대로 회전하는 점의 눈금).

(나) 최소점의 실린더 게이지 눈금을 기준점으로 잡는다(0점 조정).

(다) 실린더 게이지를 다시 공작물에 삽입하고, 좌우로 움직여서 최소치를 구한다(지침이 최대로 회전하는 점).

(라) 실린더 게이지 눈금을 읽어 기준점에서의 편위를 구한다.

(마) 편위량을 기준 치수(마이크로미터 치수)에 가감하여 공작물의 안지름을 구한다.
(바) 공작물에서 실린더 게이지 지침이 기준점을 초과하여 편위되었으면, 실제 치수는 편위량 만큼 기준 치수보다 작은 값이므로 기준 치수에 편위량을 감하여 구하고, 기준점에 미달된 편위량은 더하여 안지름 치수를 구한다.

(4) 한계 게이지

한계 게이지 방식은 통과측과 정지측의 양측 한계를 가진 게이지를 만들어 통과측은 쉽게 통과하고, 정지측에는 들어가지 않는 제품의 치수를 합격이라고 하는 방법이다.

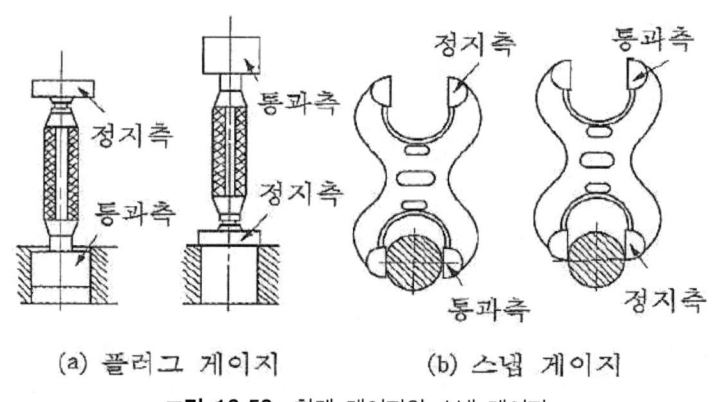

그림 12-52 한계 게이지와 스냅 게이지

① 치수 측정
(가) 피 측정물의 구멍을 플러그 게이지의 통과측을 삽입한다. 게이지를 밀어 넣는 힘은 보통 게이지 자체의 무게에 의하지만 일반적으로 500(gf) 정도(연필로 글을 쓸 때의 힘 정도)로 한다.
(나) 통과 측 플러그 게이지가 통과한 측정물에는 정지측 게이지를 삽입한다.
(다) 통과측은 들어가고 정지측은 들어가지 않는 피 측정물을 합격으로 한다.
(라) 통과측이 들어가지 않거나 정지측이 들어갈 때는 불합격으로 판정한다.
(마) 다른 제품에 대해서도 검사한다.
(바) 축을 검사하는 스냅 게이지는 [그림 12-52]와 같이 사용한다.
(사) 플러그 게이지, 링 게이지(또는 스냅 게이지)는 수시로 마모 상태를 점검하면서 검사한다.

(5) 게이지 블록

게이지 블록은 길이의 기준으로 사용되고 있는 평행 단도기로서 1897년 스웨덴의 요한슨에 의해 처음으로 제작되었다. 102개의 게이지에 의해 1개 또는 몇 개를 조합하여 1mm로부터

201mm까지 0.01mm 간격으로 2만개 정도의 치수를 얻을 수 있다. 조합된 게이지 블록의 치수오차는 측정면이 잘 가공되어 있으므로 밀착하여 사용해도 $1\mu m$ 간격으로 조합할 수 있고, 광파에 의하여 그 길이를 측정하고 있으므로 그 정도가 아주 높고 쉽게 임의의 치수를 얻을 수 있다.

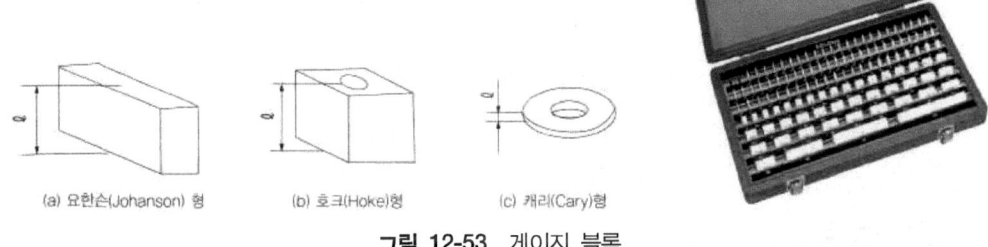

(a) 요한손(Johanson)형   (b) 호크(Hoke)형   (c) 캐리(Cary)형

그림 12-53 게이지 블록

① 치수의 조립
  (가) 조합의 개수를 최소로 할 것
  (나) 정해진 치수를 고를 때에는 맨 끝자리부터 고를 것
  (다) 소수점 아래 첫째자리 숫자가 5보다 큰 경우에는 5를 뺀 나머지 숫자부터 선택할 것

② 밀착 방법
  (가) 밀착하기 전에 깨끗한 천으로 방청유와 먼지를 깨끗이 닦아 낸다.
  (나) 측정면의 중앙에서 서로 직교하도록 댄다.
  (다) 두꺼운 것과 얇은 것과의 밀착은 얇은 것을 두꺼운 것의 한 쪽에 대고 가볍게 누르면서 밀어 넣어 밀착시킨다.
  (라) 얇은 것끼리의 밀착은 먼저 얇은 것 1개를 위 항목과 같은 요령으로 밀착시키고 밀착된 얇은 것 위에 다시 밀착시킨다.

(6) 각도 측정

① 사인 바

사인 바는 곧은 자로서 양 끝에 지름이 같은 롤러를 설치하면 롤러의 중심선은 곧은자의 접촉면과 평행하게 된다. 이때 롤러의 중심 거리를 L, 롤러 아래에 설치한 게이지 블록의 높이를 H라고 할 때 사인바 접촉면과 정반이 이루어지는 각 α는 다음 식과 같다.

$$\sin\alpha = \frac{H}{L} \text{에서} \therefore \alpha = \sin^{-1}\frac{H}{L}$$

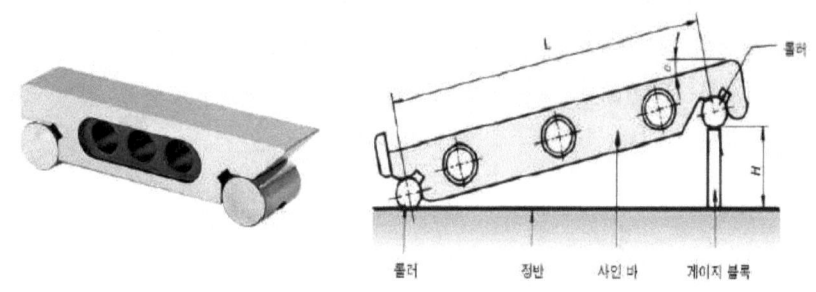

그림 12-54 사인 바

2. 결과 검토

1) 검사 및 수정하기

(1) 측정기의 오류

① 오차

측정자가 측정값을 구했다 하더라도 측정하려는 본래 참값과는 약간의 차이가 난다. 이 때 측정값과 참값의 차이를 절대 오차 또는 오차라 하며, 오차의 참값(측정값)과의 비율을 상대오차라 한다.

② 오차의 원인

(가) 측정기에 의한 것 : 지시 오차, 정밀도 불량

(나) 측정하는 사람에 의한 것 : 눈금읽기 오류, 기록오류

(다) 환경에 의한 것 : 온도 측정 압력 등

(라) 복합적 요소의 중복

③ 오차의 종류

(가) 측정기의 오차(계기 오차) : 측정기의 정도 결정은 KS에서 온도 20℃, 기압 760 mmhg, 습도 58%로 규정하고 있으며, 계기 오차는 측정기의 구조, 측정압력, 측정 온도, 측정기의 마모 등에 따른 오차를 말한다.

(나) 시차 : 측정기가 정확하게 치수를 지시하고 있을지라도 측정자의 부주의 때문에 생기는 오차로서, 측정자의 눈의 위치에 따라 읽음 값에 오차가 생기는 경우이다.

(다) 우연 오차 : 기계에서 발생하는 소음이나 진동 등과 같은 주의 환경에서 오는 오차나 자연 현상의 급변 등으로 생기는 오차를 우연 오차라 한다.

(라) 힘에 의한 영향 : 가늘고 긴 모양의 측정기 또는 피측정물의 변형으로 생기는 오차를 말한다.

(2) 불량 수정

① 불량 부위의 원인

공작물을 설계도면과 같이 가공하였으나 측정·검사 후에 실제 도면과 치수가 다르게 가공되는 경우에는 흔히 발생하는데 발생이유는 미숙한 기능, 절삭가공 조건에 대한 계산 능력 부족, 공구의 노화 등이 있다.

(가) 미숙한 기능에 의한 불량

(나) 작업준비의 미비에 의한 불량

(다) 부적절한 절삭 가공조건의 선정에 의한 불량

(라) 공구의 수명판정 미숙에 의한 불량

(마) 기타

기계의 노후, 가공자의 습관, 측정기의 오차, 공구의 적절한 사용방법의 터득 등 다양한 원인에서 불량이 나온다.

② 대책 수립

(가) 예리한 절삭날 모서리

절삭날 모서리가 예리하게 형성되지 않으면 고정밀도가공은 실현할 수 없다.

(나) 내구성

절삭날 모서리를 예리하게 유지하면 절삭 공구의 날이 잘 들고 절삭 진동이나 채터링 현상이 생기기 어려워져 결손을 방지할 수 있다.

(다) 공구 문제에 의한 대책

㉠ 가공 형상에 맞는 절삭 공구를 선정한다.

㉡ 가공 응력이 일어나기 어려운 절삭 공구를 선정한다.

㉢ 가공 능률이 좋은 절삭공구를 선정한다.

(3) 불량 대책 회의

① 원인의 발생 확인

문제점을 알게 되었으면 발생된 원인을 알고 넘어가야 한다. 원인 규명이 밝혀지면 이 내용을 토대로 문서를 작성하는 것이 좋다.

② 대책 회의

원인에 대한 대책을 토의 해본다. 여기서 나오는 모든 내용은 기록하여 남기든가 녹음해서 다음 과정에 바탕을 만들어 둔다.

③ 최선책 선택

많은 의견을 검토해 보고 작성한 내용을 종합, 최선책을 선정한다.

④ 최선책 실행

정해진 최선책을 실행해 본다.

⑤ 검사

완료가 되었다면 재검사를 통해 확실히 마무리를 짓는다. 혹여 다른 문제나 같은 문제점이 발생 시 차선책 선정에 넘어가 반복해 본다.

⑥ 완료

완료된 공작물을 확인하고 공정을 재정립하여 생산에 들어간다.

3. 검사 보고

1) 검사 보고

(1) 검사성적서 작성

검사성적서는 설정사양에 의한 치수 검사나 강도, 변형 검사 등 품질 특성을 체크하기 위한 검사를 실시한 후 그 성적을 기록한다. 검사규격에 따라 정확하게 검사를 하여야 하며, 판정 결과 및 검사기록에 대하여 책임을 져야 한다.

일반적인 상품을 제작하기 전에 시범적인 상품을 만들어 이를 검사해 보고 성능이니 품길의 이상유무를 확인하기 위한 절차가 필요한데, 이때 작성하는 것이 검사성적서이다.

검사를 시행할 품명을 기재하고, 검사일과 검사원에 따라 검사를 실시한다(회사 자체 규격). 검사항목은 검사 내용에 따라 달라질 수 있다. 합부 판정이 내려지면 불량수 등을 측정하여 데이터를 산출하게 된다.

(2) 검사 성적서 작성하기

품 목		품 명		작성일자		판 정	
업체명		품 번		비 고			

측정 부위	규격 및 관리자	측 정 치				OK	NG	비고
		X1	X2	X3	X4			

단원 핵심 학습 문제

01 다음 중 오차의 종류가 아닌 것은?
① 측정기의 오차(계기 오차)   ② 시차
③ 우연 오차   ④ 기계 오차

해설 : ④ 오차의 종류 - 측정기의 오차(계기 오차), 시차, 우연 오차, 힘에 의한 영향

02 통과측과 정지측의 양측 한계를 가진 게이지를 만들어 통과측은 쉽게 통과하고, 정지측에는 들어가지 않는 제품의 치수를 합격이라고 하는 방법의 계측기는?

해설 : 한계 게이지

03 조합된 게이지 블록의 치수오차는 측정면이 잘 가공되어 있으므로 밀착하여 사용해도 $1\mu m$ 간격으로 조합할 수 있고, 광파에 의하여 그 길이를 측정하고 있으므로 그 정도가 아주 높고 쉽게 임의의 치수를 얻을 수 계측기는?

해설 : 게이지 블록

04 오차의 원인을 쓰시오

해설 : ① 측정기에 의한 것 : 지시 오차, 정밀도 불량
② 측정하는 사람에 의한 것 : 눈금읽기 오류, 기록오류
③ 환경에 의한 것 : 온도 측정 압력 등
④ 복합적 요소의 중복

05 치수의 변화량을 측정자에 의하여 캠에 전달시키고, 캠의 전도자에 의해 누름핀에 전달되어 다이얼 게이지의 스핀들을 변화시켜 지침으로 표시되는 계측기는?

해설 : 실린더 게이지

06 기계에서 발생하는 소음이나 진동 등과 같은 주의 환경에서 오는 오차나 자연 현상의 급변 등으로 생기는 오차를 쓰시오.

해설 : 우연 오차

07 자와 캘리퍼스를 조합한 것으로 공작물의 바깥지름, 안지름, 깊이 등을 측정하는데 사용되며, 측정 정도는 일반적으로 0.05mm로 측정 조(jaw)와 어미자 눈금 및 아들자 눈금에 의해 치수를 측정할 수 계측기는?

해설 : 버니어 캘리퍼스

08 측정기의 정도 결정은 KS에서는 온도 20℃, 기압 760mmHg, 습도 58%로 규정하고 있으며, 측정기의 구조, 측정 압력, 측정온도, 측정기의 마모 등에 따른 오차는?

해설 : 계기오차

08 치수, 형상, 각도, 표면거칠기 등을 가공 중 또는 가공 후에 가공된 양이 사용하는 단위 안에 얼마나 포함되었는가를 확인하는 것을 무엇이하 하는가?

해설 : 측정

참고자료

- 사이트 : 국가직무능력표준(www.ncs.go.kr)
- "사출금형 3D부품 모델링 능력단위 교재", 한국산업인력공단
- "사출금형 부품가공 능력단위 교재", 한국산업인력공단
- "사출금형 다듬질 능력단위 교재", 한국산업인력공단
- "사출금형 도면해독 능력단위 교재", 한국산업인력공단
- "프레스금형 2D 도면작성 능력단위 교재", 한국산업인력공단
- "프레스금형제작 안전관리 능력단위 교재", 한국산업인력공단
- "프레스 금형 측정기 사용요령 능력단위 교재", 한국산업인력공단
- "프레스금형 부품 다듬질 능력단위 교재", 한국산업인력공단
- "프레스금형 도면해독 능력단위 교재", 한국산업인력공단
- "기본작업(밀링가공) 능력단위 교재", 한국산업인력공단
- "기본작업(연삭가공) 능력단위 교재", 한국산업인력공단
- "CNC밀링(머시닝센터)조작(CAM) 능력단위 교재", 한국산업인력공단
- 이상민, "사출 금형 설계도면집", 기전연구사
- 이상민, "프레스 금형 실제도면집", 기전연구사
- 이상민, "프레스 금형 설계", 기전연구사
- 이상민, "사출 금형 설계", 기전연구사
- 이상민, "금형설계 프레스/사출", 기전연구사

과정평가형 국가기술자격
금형기능사

2017년 10월 30일 제1판제1발행
2025년 3월 20일 제1판제2발행

저 자 이상민, 진종우, 박병석, 이대근
발행인 나영찬

발행처 **기전연구사**

경기도 하남시 하남대로 947 하남테크노밸리U1센터
B동 1406-1호
전 화 : 02)2235-0791/2238-7744/2234-9703
FAX : 02)2252-4559
등 록 : 1974. 5. 13. 제5-12호

정가 35,000원

◆ 이 책은 기전연구사와 저작권자의 계약에 따라 발행한 것이
  므로, 본 사의 서면 허락 없이 무단으로 복제, 복사, 전재를
  하는 것은 저작권법에 위배됩니다.
  ISBN 978-89-336-0930-9
  www.kijeonpb.co.kr

불법복사는 지적재산을 훔치는 범죄행위입니다.
저작권법 제97조의 5(권리의 침해죄)에 따라 위반자는 5년
이하의 징역 또는 5천만원 이하의 벌금에 처하거나 이를 병
과할 수 있습니다.